▲ 高 等 学 校 教 材

模拟电子技术基础

王立志 赵红言 齐 凯 石雨荷 张 斌 编著

高等教育出版社·北京

内容简介

本书首先在绪论中介绍了波澜壮阔的电子技术发展简史，通过追寻电子科技发明的足迹，激发读者进一步探寻的热情，引领其步入奇妙无比的电子世界，从而引出半导体二极管和晶体管，进而详细讲解三种基本放大电路、原理和分析方法，然后依次讲述场效晶体管放大电路、集成运算放大器、负反馈放大电路、运算电路、信号检测与处理电路、信号发生电路、功率放大电路和直流稳压电源等。各章末有表格式小结，书末附有模拟测试题和习题参考答案。本书在强化基本电路、基本理论和基本分析方法的基础上，增加了许多实际应用的案例。书页边沿空白处增加有采用二维码引入的学习内容 PPT、部分微课视频和扩展知识，尤其适用于“MOOC”“SPOC”和“翻转课堂”等新型教学模式改革的需要。

本书深浅适度，通俗易懂，适应面广，便于自学，可作为高等院校电子信息工程、电气工程、电子科学与技术、自动化、计算机和仪器仪表等相关专业本、专科生“电子技术基础”、“电子线路”等课程的教材或教学参考书，也可供相关工程技术人员参考。

图书在版编目(CIP)数据

模拟电子技术基础/王立志等编著. --北京：高等教育出版社，2018.2（2025.5重印）
ISBN 978-7-04-049199-9

Ⅰ. ①模… Ⅱ. ①王… Ⅲ. ①模拟电路-电子技术-高等学校-教材 Ⅳ. ①TN710

中国版本图书馆 CIP 数据核字(2018)第 000463 号

策划编辑 平庆庆　责任编辑 王耀锋　封面设计 于文燕　版式设计 马敬茹
插图绘制 杜晓丹　责任校对 殷　然　责任印制 高　峰

出版发行	高等教育出版社	咨询电话	400-810-0598
社　　址	北京市西城区德外大街 4 号	网　　址	http://www.hep.edu.cn
邮政编码	100120		http://www.hep.com.cn
印　　刷	固安县铭成印刷有限公司	网上订购	http://www.hepmall.com.cn
			http://www.hepmall.com
开　　本	787mm×1092mm　1/16		http://www.hepmall.cn
印　　张	23.25	版　　次	2018 年 2 月第 1 版
字　　数	540 千字	印　　次	2025 年 5 月第 7 次印刷
购书热线	010-58581118	定　　价	48.40 元

物 料 号　49199-00

模拟电子技术基础

1 计算机访问http://abook.hep.com.cn/1253821，或手机扫描二维码、下载并安装Abook应用。

2 注册并登录，进入"我的课程"。

3 输入封底数字课程账号(20位密码，刮开涂层可见)，或通过Abook应用扫描封底数字课程账号二维码，完成课程绑定。

4 单击"进入课程"按钮，开始本数字课程的学习。

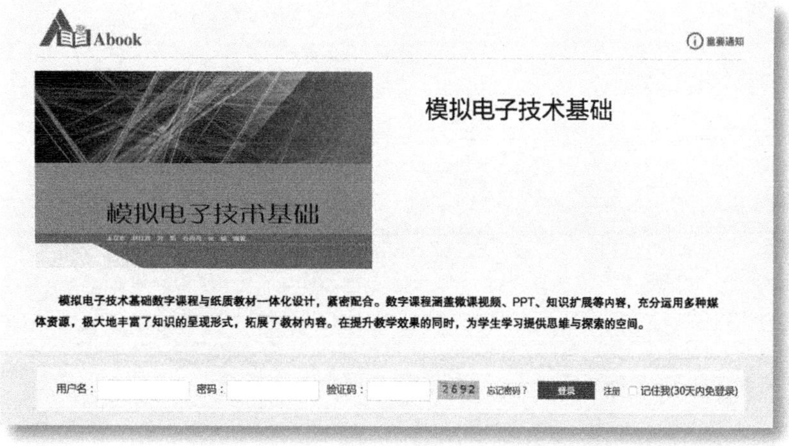

课程绑定后一年为数字课程使用有效期。受硬件限制，部分内容无法在手机端显示，请按提示通过计算机访问学习。

如有使用问题，请发邮件至abook@hep.com.cn。

微课视频

知识拓展

http://abook.hep.com.cn/1253821

资源使用

本书配套的数字资源包括3种类型：视频、电子课件、知识拓展。

——视频：您可以通过扫描二维码或者登录数字课程网站观看。

——知识拓展：您可以通过扫描二维码或者登录数字课程网站观看。

——电子课件：您可以登录数字课程网站观看。

前　言

当今电子技术已经渗透到人们生活和工作的方方面面，可以说是无时不在，无处不及。20世纪以来电子技术以它神秘莫测的力量推动着人类向着信息时代迅猛前行，创造了空前的信息文明，深刻地改变了人类的生产和生活方式，极大地影响着世界的经济、政治的格局。

“模拟电子技术基础”是本科电子信息类、自动化类、电气类、机电类等专业的一门重要的技术基础课，主要研究半导体器件、模拟电子电路及其应用。通过本课程的学习，学生能掌握电子电路的基本概念、基本原理和基本分析方法，能看懂基本的、典型的电路原理图，理解各部分的组成及工作原理，学会对各环节的工作性能进行定性或定量分析与估算，从而提高学生分析和解决实际问题的能力，为后续课程的学习及从事今后的工作打下基础。

“模拟电子技术基础”是一门重要的带有入门性质的技术基础平台课程，在编写中，既要保持多年形成的成熟的知识体系，又要面向未来的发展；既要符合课程的基本要求，又要适当引入新器件、新技术和新方法；既要使学生掌握基础知识，又要培养他们的电子工程思维能力、综合应用能力和创新意识；既要有利于学员的主动学习和思考，又要有利于教师的灵活选取。为此制定了“打牢基础、体现前沿、紧联实际、利于教学”的十六字方针。

在内容的安排上，本书注重从实际出发，由浅入深、由简到繁、由特殊到一般、从感性上升到理性、承前启后、相互呼应、突出重点、分散难点、总结规律、举一反三。

本书的编写以教育部最新颁布的“模拟电子技术基础”课程和“电子线路（Ⅰ）”课程的教学基本要求以及《全国工程教育专业认证标准（试行）》为依据，教材的内容具有以下特点：

1. 在注重讲述基本单元电路的前提下，也强调其实际应用。每章的最后一节均安排了应用举例的内容，逐步培养学生电子工程思维的观念，引导学生“既见树木，又见森林”，从而不断激发学生学习的兴趣，实现专业基础到专业课的无缝对接。

2. 强调基本概念、基本电路设计和性能改进中蕴含的思想、物理意义及方法，而不仅仅局限于繁琐的数学推导，以适应本课程实践性强的特点。

3. 弱化课程入门阶段电子器件中过多的“微观”和“细节”，分散难点，由浅入深、由简到繁，循序渐进，适当重复利用已有重要知识点，加大例题的分析，以帮助学生尽快化解课程入门时的困惑。本书利于自学，更能满足“MOOC”“SPOC”和“翻转课堂”等新型教学模式改革的需要。

4. 为引导学生及时总结归纳所学知识点，每章的结尾均提供表格式的小结。使学生不仅完成“由薄到厚”的读书过程，更重要的是要把书本知识内化为自己的能力，融会贯通，即完成“由厚变薄”的读书过程。

5. 部分概念通过习题呈现，练习与基本概念相互呼应。同时，部分习题采用英文题，训练学生英语使用能力并初步培养阅读英文文献能力。

本书由王立志、赵红言主编，王立志提出整体构架和内容安排，并编写了第1章、第3章和第6章；赵红言编写了第8章、第9章和第10章；齐凯编写了第2章、第4章；石雨荷编写了第5章和第7章，张斌编写了第11章和附录并负责整体的策划；齐凯、王立志和刘嘉录制了部分微课视频；赵红言、刘嘉编写了全书内容的PPT；电子线路教研室的蔡理、张忠友、许杰、杨晓阔、王森和成倩等老师经常参加修改讨论，并提出了许多宝贵意见。

由于编者的能力和水平有限，书中难免存在一些不足，真诚地欢迎尊敬的老师、亲爱的同学和广大的读者提出意见和建议，以便今后不断改进。编者邮箱：029wlz@sohu.com。

编者

2017年6月

于空军工程大学

目　录

第1章 绪 论

站在人类文明发展的历史长河中，毫无疑问，当今社会正处在一个新时代的路口，这个时代被乐在其中的人们冠以各种各样的标称，例如信息社会、第三次浪潮、互联网时代、大数据时代……不管如何称呼，它们都不约而同地指向一个赖于支撑这些的巨大基石——电子技术。本书将引领读者走入奇妙无比、千变万化的电子世界。

微课视频
1.1.1
绪论(一)

1.1 电子技术的发展历程

电子技术是研究电子器件、电子线路及其应用的科学技术，它是19世纪末、20世纪初开始逐步发展起来的，在最近的半个多世纪里获得了突飞猛进的腾飞，成为科技革命史上一颗璀璨的明珠。电子技术的发展通常是以电子器件为标志来划分的，目前，电子器件已经经历了三个时代。

PPT 1.1
绪论

1.1.1 电子管和晶体管

电子管开创了电子学时代。1883年大名鼎鼎的托马斯·爱迪生(T. A. Edison)在真空碳丝灯泡内装入一个金属极板，加上正电压后，偶然发现有电流从真空中流过，这就是历史上著名的“爱迪生效应”。受这个效应的启发，1904年英国物理学家弗莱明(J. A. Fleming)发明了实用的真空二极管，它具有单向导电的特性，可以把交流电变为直流电实现整流的作用。1906年美国科学家福斯特(L. D. Forest)在真空二极管的灯丝阴极和阳极之间加入一个称为栅极的金属网，这就是真空三极管，用它可以产生电压放大作用。随后不久，真空四极管和真空五极管等相继问世，它们和真空二极管、真空三极管一起被称为电子管或真空管，这是第一代电子器件。

在当时，电子管的应用大大促进了无线电通信、广播、雷达、电视以及电子信息系统的发展，电子管曾经统治电子技术50余年，时至今天电真空器件在一些设备或产品中仍有应用，如某些大功率高频发射机中的发射管、微波炉中的磁控管、电视机中的显像管、示波器中的阴极射线示波管。1959年10月我英勇的中国人民解放军，在国土防空作战的超高空角逐中，采用以电子管为基本电子元器件构成的SAM-2地空导弹击落敌高空侦察机，开创了世界上首次利用防空导弹击落敌机的先河。

电子管存在的问题主要是体积大、耗电高和发热严重，譬如1946年2月在美国宾夕法尼亚大学诞生的世界上第一台计算机ENIAC，其包含了18 800个电子管，重达30 t，占地140 m^2，每秒可进行5 000次加法运算，平均无故障工作时间为7 min，耗电150 kW。

为了追求小型化，人们不断探索，终于在1947年12月23日诞生了世界上第一只晶体管，它是由美国贝尔实验室的肖克利(W. Shockley)、巴丁(J. Bardeen)和布拉坦

(W. Brattain)团队发明的,这支世界级优秀团队中的每个成员各有特长,肖克利擅长于理论研究,巴丁善于将理论转化为实际,布拉坦精于实验技术,正是由于他们的绝佳配合和艰苦卓绝的不懈努力,才极其神速地研制出晶体管。晶体管的发明,是电子科学发展史上一个划时代的突破,是 20 世纪最伟大的发明之一,它使电子技术从研究电子在真空中的运动转向研究固体中的电子运动,从而为电子设备的小型化、轻量化和节能化打下了坚实的基础,从此人类拉开了步入微电子时代的序幕,使电子技术的发展走向一条崭新的高速道路。晶体管是第二代电子器件,基于此项发明,肖克利、巴丁和布拉坦团队于 1956 年荣获诺贝尔物理学奖。

微课视频
1.1.2
绪论(二)

图 1.1.1、图 1.1.2 所示为电子管、晶体管的实物图。

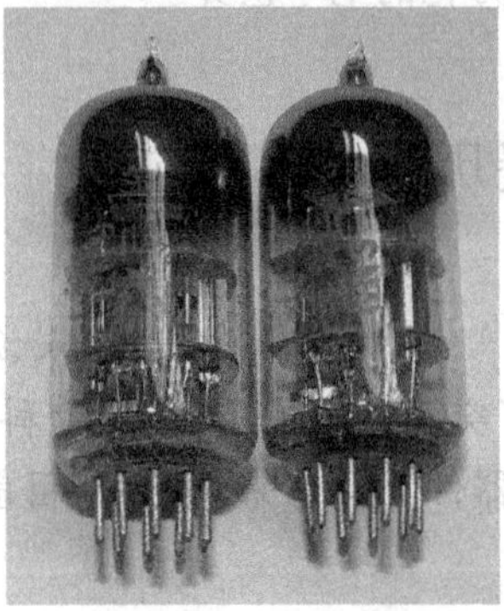

图 1.1.1　电子管

图 1.1.2　晶体管

1.1.2　电子线路和集成电路

知识扩展
1.1
无源元件与有源器件

晶体管虽然比电子管小得多,但是对过于复杂的、功能越来越强大的电子设备,仍需大量的导线和焊点将众多晶体管、电阻、电容等电子元件连接起来。将含有电子器件并能够完成某种特定功能的电路称为电子线路(电子电路),电子线路与普通电路的区别在于电子线路含有如晶体管这样的电子器件,而电子器件的特性都是非线性的。将由各种单个的电子元器件构成的电路称为分立元件电路,它是把许多器件和元件焊接在印制电路板(PCB)上,电子设备越复杂,其 PCB 上的焊点就越多,电子设备发生故障的主要原因之一就是焊点接触不良。为了提高可靠性,需要进一步微型化,能不能把完成一定功能的一个电子电路整个制作在半导体单片上,然后封装作为一种电子器件?这就是当今我们经常听到的集成电路,这一思想最初是由英国皇家雷达公司的电气工程师达默(G. W. A. Dummer)于 1952 年 5 月提出的。1958 年 9 月 12 日美国德克萨斯仪器(TI)公司的年轻工程师基尔比(J. Kilby)研制出了世界上第一块锗集成电路,紧接着,另一位科学和商业奇才诺伊斯(R. Noyce)于 1959 年 7 月发明了平面工艺的硅集成电路,其中仅含有 12 个元件、4 个晶体管,为集成电路的工业大批量生产奠定了坚实基础,从此集成电路由发明时代逐步进入商用时代,第三代电子器件应运而生。

集成电路的出现,为无数的其他发明铺平了道路,让我们今天习以为常的一切电子产品,如平板电脑、智能电话等的出现成为可能,使电子技术的面貌焕然一新,开创了电子技术的新纪元,从此人类迈进了微电子技术时代,集成电路无愧于历史上最重大的发明之一。

伟大的发明与人物总会被历史验证和牢记,42 年后,也就是 2000 年基尔比荣获了诺贝尔物理学奖,评审委员会的评价是“为现代信息技术奠定了基础”。1982 年他的名字进入了美国发明家名人堂,获得了与亨利 · 福特、托马斯 · 爱迪生和莱特兄弟并列的荣耀。

五十多年来,集成电路的发展日新月异、琳琅满目、异彩纷呈,期间经历了小规模、中规模、大规模、超大规模和巨大规模(SSI、MSI、LSI、VLSI 和 GSI)等不同发展阶段,最初的集成电路仅有 4 个晶体管,现在已经可以把几十亿甚至上百亿只 MOS 晶体管集成在一个芯片里,目前特征尺寸 22 ~ 28 nm 的技术已达到批量生产的水平,正在向 20 nm 以内迈进。集成电路基本上是按摩尔定律的规律在发展,以遵循摩尔定律为发展方针的 Intel 公司,取得了巨大的商业成功,而 CPU 也成了摩尔定律的最佳体现,也带着摩尔本人的名望和财富每 18 个月翻一番。摩尔定律之所以如此引人瞩目,就在于工程师们遵循着这一规律,不仅每 18 个月将单片上晶体管的数量翻一番,更是意味着每 18 个月就可以将同样性能的芯片体积缩小一半,成本减少一半,从而让我们生活中的电子产品性能越来越强大,体积越来越小,速度越来越快,可靠性越来越高,价格越来越低廉。如今集成电路正朝着超微精细加工、超高速度和系统级芯片(SOC)方向突飞猛进。

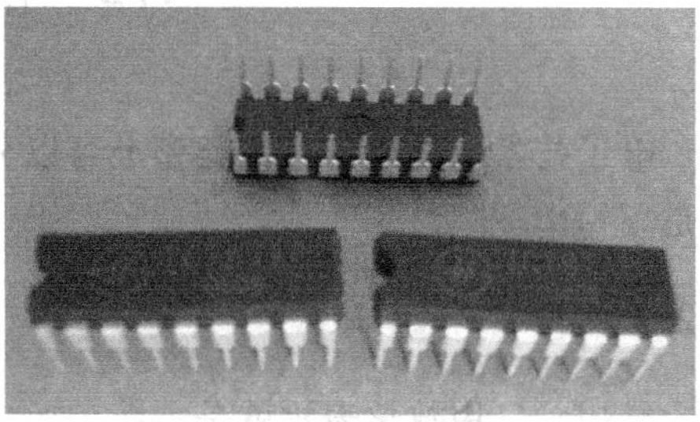

图 1.1.3 集成电路

正是因为集成电路技术的高速发展,今天我们才能将含有数千万只晶体管的计算机和电子控制系统装进巡航导弹的小小弹头里,将过去需要占满整栋大楼的电子设备安装在宇宙飞船上,将微型的雷达安装到喷气式战斗机、火箭和导弹上,才能将移动电话这样过去由达官贵人才能拥有的奢侈品送入寻常百姓的手中,使过去象牙塔中的计算机走进家庭、进入普通人的挎包、口袋,甚至眼镜和手腕上。如今互联网和移动互联网的发展方兴未艾、如火如荼,电子技术和互联网技术催生的电子商务使得中国的阿里巴巴公司一举成为全球最大的电子商务公司,阿里巴巴的 IPO(首次公开募股)于 2014 年 9 月 19 日在美国纽约证券交易所正式挂牌上市,当日收盘市值达到 2 314 亿美元,是全球截至 2016 年 1 月 1 日为止最大规模的 IPO 个案。阿里巴巴的平台交易额在 2014 年 11 月 11 日一天达 571 亿元人民币,2015 年 11 月 11 日一天高达 912.17 亿元人民币,其中移动成交额占 68.67%,产生交易的国家和地区 232 个,且有 3 000 万中国消费者购买了进口商品,2016 年 11 月 11 日一天高达 1 207 亿元人民币,其中移动成交额占 81.87%。“双 11”当天从零点开始,成交量突破百亿元,2014 年用时 38 分钟,2015 年用时 12 分 28 秒,2016 年用时 6 分 58 秒。如果没有电子技术和互联网,这些都将难以想象。

1.1.3 下一代电子器件

近年来,纳米电子技术已取得了重要进展,纳米电子器件的功能将远远超出人们的预期,它将给人类信息科学技术的发展带来新的变革。

进入纳米尺度以后,相应的器件和电路将归入纳米电子学,微电子器件发展为纳米电子器件,包括材料、工艺和理论多个方面,理论将由半导体物理向纳米器件的量子统计理论发展,纳米电子器件在原理上再也不是通过控制电子数目的多少,而最主要是利用电子的量子力学波动的相位来工作,它具有极高的工作速度和更低的功率消耗,由于器件尺度为纳米级,集成度也可大幅提高,同时还具有器件结构简单、可靠性高、超高频、高特征温度和成本低等诸多优点。

纳米电子器件目前主要有:电子共振隧穿器件、量子点单电子器件、量子点阵耦合器件、逻辑存储器件和超高密度信息存储等。特别是单电子器件和电路由于超高灵敏度、超微功耗和极限密度集成,使其在纳米电子领域中具有独特的地位,单电子晶体管很可能将成为纳米电子学的核心器件之一。在有关纳米电子学的具体问题的研究中,人们更关心的是新概念、新效应和新规律的发现,人类探索新的科学技术的脚步将永不停息。

1.2　模拟电子技术

微课视频 1.2 课程介绍

电子技术从处理信号的类型上可以分为模拟电子技术和数字电子技术,本课程涉及的是模拟电子线路。

1.2.1　模拟电路与数字电路

模拟信号用数学表示就是连续函数,它在时间上和幅度上都是连续变化的。现实客观世界中所存在的大多数信号都是模拟信号,如拾音器接收到的语音信号,传感器转换来的温度、压力、速度、距离、生物电信号等,处理模拟信号的电子线路称为模拟电路。

数字信号在时间上和幅度上均是离散的,如电子表给出的时间信号,工厂流水线上记录产品个数的计数信号。处理数字信号的电子线路称为数字电路,有关数字电路的内容将在后续的课程中学习。

PPT 1.2 课程介绍

我们常常听到数字化的电子产品是基于数字电子技术的,但模拟电子技术的发展也空前迅速,千变万化,五彩缤纷。在现代高性能电子设备中,既有数字电路也有模拟电路,模拟电路从根本上被证明是必不可少的,不可能完全被数字电路所取代。模拟电路也许在电子设备中所占的比例并不大,但它的设计和制作往往会成为电子设备制造的瓶颈,目前高性能模拟电路的设计还不能完全依靠计算机自动完成,在很大程度上仍依赖于高水平的设计师。正如美国教授拉扎维(B. Razavi)所说的那样:“好的模拟电路设计者,必须拥有工程师的锐利眼光,能够快速而直觉地理解一个大的电路;具有数学家的智慧,能够量化那些电路中难以琢磨而又重要的效应;富有艺术家的灵感,能够发明新的电路。”

1.2.2　本课程的性质、地位和主要内容

“模拟电子技术基础”是本科电子类、信息类、机电类等专业的一门重要的技术基础课,是电子工程师的基本入门课程,是培养硬件应用能力的工程类课程。通过本课程的学习,使学生掌握电子电路的基本概念、基本原理和基本分析方法,能看懂基本的、典型的电路原理图,理解各部分的组成及工作原理,学会对各环节的工作性能进行定性或定

量分析与估算，从而提高分析和解决实际问题的能力，为深入学习电子技术及其在专业中应用打下坚实的基础。

本课程研究和讨论半导体器件的特性与参数；双极型晶体管和场效晶体管的放大电路；功率放大电路；运算放大器和运算电路；负反馈放大电路；信号的滤波电路和电压比较器；正弦波振荡电路；直流稳压电源等内容。本课程主要围绕放大电路这个核心逐步展开，为什么要以放大电路为纲呢？一是因为在实际的电路中，传感器获得的模拟信号往往都非常微弱，要进行加工和处理，就必须先行将信号放大几十、几百甚至几万倍；二是因为模拟电路中的很多概念和分析方法都要从放大电路的学习中逐步理解和掌握；三是因为放大电路不仅本身是非常重要的单元电路，同时也是学习和理解很多其他单元电路的重要铺垫，如学习振荡电路和稳压电源，就离不开放大环节。所以说，学好放大电路及其相关部分，对于学好模拟电路的基本概念、基本原理和基本分析方法起着举足轻重的作用。

1.2.3 课程的特点和学习方法

"模拟电子技术基础"是一门培养学生电子线路硬件应用能力的入门课程，与高等数学、大学物理和电路分析等先修课程强调严谨的理论性有所不同，它更着眼于解决电子工程中复杂的实际问题。因此"模拟电子技术基础"课程的特点可以从 3 个方面来理解：一是概念术语多、电路类型多、内容庞杂、分析繁琐；二是概念与电路图联系紧密；三是既有基础理论性，又有很强的工程实践性。

在了解这门课程特点的基础上，读者应该结合自己的习惯和实际，及时调整学习的方法。这里我们给出一些参考意见。

1. 快乐学习，培养兴趣

兴趣是最好的老师。在学习过程中，应积极参加各种电子爱好者活动、各种电子竞赛活动，关注生活中和身边的电子产品，不断体验电子世界方寸之间千变万化、奇妙无穷的意境，持续追踪电子技术新产品和新进展。

2. 勤思考、多练习

本门课程初学者往往都有入门难的感觉，要解决这一问题，必须认真看书，多提问题，相互讨论，勤于思考，及时完成由电路分析课程的线性思维向电子线路的非线性思维的过渡，充分重视在基本原理中蕴含的物理意义，要知其然，更要知其所以然。多做课后练习，从中发现学习中的问题，加深对概念和原理的理解，只有基本概念清楚，才能正确运用基本原理和基本分析方法，尽快顺利地通过入门关。

3. 思维逐步向工程观点转变

同学们已经习惯了利用精准的数学分析和严密的逻辑推理来求解问题，但电子线路的分析和设计与工程背景有直接关系，就是同型号电子器件的特性参数也并不完全相同，电阻、电容的标称值与实际值就存在一定的偏差。另外，环境温度的改变、电路中各种寄生参数的影响，使任何貌似严格精确的计算都不可能得到与实际完全一致的结果。因此，在解决工程实际问题时，要抓住问题的主要矛盾，忽略次要因素，这样不仅可以使复杂问题大大地简化，而且可以通过简单的分析计算获得思路清晰的概念和结论，以便于指导电子电路的设计和调试，这就是工程估算法的思维。工程近似分析的观点要尽快逐步地建立起来。

实际电子线路是否满足要求，不是看计算得多么精准，最终要经过实验测试各种指标来判断。实践是检验真理的唯一标准，工程师们只有通过不断地实验调试，才能设计出高性能的电子产品，学生们通过实验调试才能深刻理解许多基本概念，学习到更多实际知识，因此，学习中必须十分重视实验技术，掌握常用电子仪器的使用方法，熟悉电子线路的测试、故障的判断和排除等方法。

4. 及时归纳小结，由厚变薄

模拟电子技术琳琅满目，异彩纷呈，学习中要善于挖掘各种概念、各种基本单元电路相互之间的内在联系，探寻电路基本工作原理背后隐藏的物理本质，及时总结归纳，不仅要完成由薄到厚的读书过程，更重要的是要把书本知识内化为自己的能力，也就是完成由厚变薄。

1.3　应用举例

热敏电阻式温度自动控制电路原理框图如图 1.3.1 所示，热敏电阻是温度传感器，该电路通过对冰箱内温度的检测去控制继电器，通过继电器接通或关闭电源来控制压缩机的工作，从而起到控制冰箱内温度的作用。

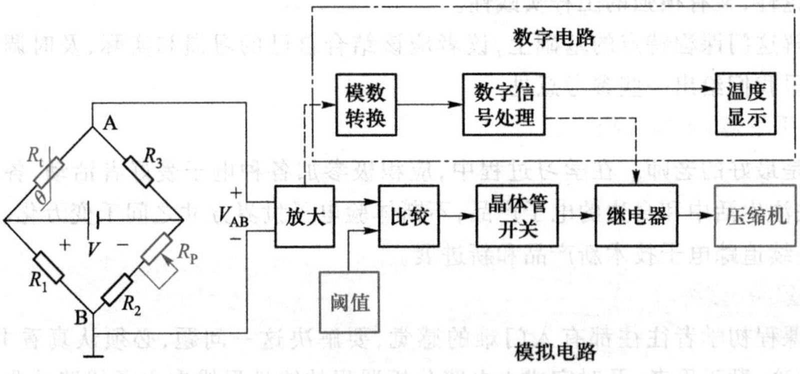

图 1.3.1　热敏电阻式温度自动控制电路原理框图

图 1.3.1 中，温控器所用的感温元件是负温度系数的热敏电阻 R_t，其温度升高时，电阻值会变小，将它放在电冰箱内的适当位置，通过电路中的电桥检测当前的温度，电桥的一个对角接上直流电压 V，R_P 是温度调节可变电阻。当电桥平衡时，另一对角之间的电压 $V_{AB}=0$，放大器输出为零，低于比较阈值，比较器输出低电平，从而晶体管开关断开，继电器不工作，压缩机电源断开，停止工作。随着停机后箱内的温度逐渐升高，热敏电阻 R_t 的阻值不断减小，电桥失去平衡，V_{AB} 逐渐增大，放大后的输出一旦超过阈值，则晶体管开关接通继电器，从而使压缩机通电工作，系统进行制冷，箱内温度逐步降低，热敏电阻 R_t 的阻值也就不断增大，测温电桥的输出 V_{AB} 逐渐减小，放大后的输出低于比较阈值时，经过晶体管开关使继电器释放，压缩机断电停止工作。停机后，箱内的温度又逐渐升高，系统进行下一次的工作循环，周而复始地实现了将箱内温度自动地控制在一个合

适的范围内。

温控系统中间的处理也可以利用数字电路来完成，测温电桥的输出 V_{AB} 放大后，首先经过模数转换器转换为数字信号，然后进行相应的数字信号处理，与设置的数值基准进行比较，产生相应的开关控制信号，去控制继电器，从而实现温度的自动控制，数字信号处理的输出也可驱动液晶显示屏显示箱内的实时温度。

第2章 半导体二极管与双极型晶体管

半导体器件是现代电子电路的核心元件，由于其具有体积小、重量轻、使用寿命长、输入功率小等优点而得到广泛的应用。半导体二极管和双极型晶体管是两种基本的半导体器件，其基础是 PN 结，而 PN 结是由两种不同的杂质半导体构成的。因此，本章将从半导体材料与特性开始，介绍本征半导体和杂质半导体的物理特性，然后介绍 PN 结的各种特性，在此基础上对半导体二极管和双极型晶体管的原理、特性和应用等进行阐述。

2.1 半导体材料与特性

PPT 2.1
半导体材料与特性

2.1.1 半导体材料

半导体是导电性能介于金属和绝缘体之间的一类材料，它们在受到外界光和热激发时，或者掺入微量杂质时，导电能力会发生显著变化。半导体基本上可以分为两类：元素半导体和化合物半导体。元素半导体通常由位于元素周期表Ⅳ族的单一元素构成，如硅(Si)和锗(Ge)，其中 Si 是集成电路中最常用的半导体材料；化合物半导体大部分由Ⅲ族和Ⅴ族元素化合形成，例如磷化铝(AlP)、砷化铝(AlAs)、磷化镓(GaP)、磷化铟(InP)、砷化镓(GaAs)等。

知识扩展 2.1
GaAs 化合物半导体

半导体之所以具有特殊的电学特性，是源于其原子间的结合方式。半导体材料的原子排列在三维空间上是规律而有序的，这一点同金属和许多绝缘体类似，也就是具有晶体结构。但是，半导体材料中原子间是以共价键连接的，这一点却不同于金属材料中的金属键。图 2.1.1 中分别给出了 Si(Ge) 和 GaAs 的晶体结构示意图。

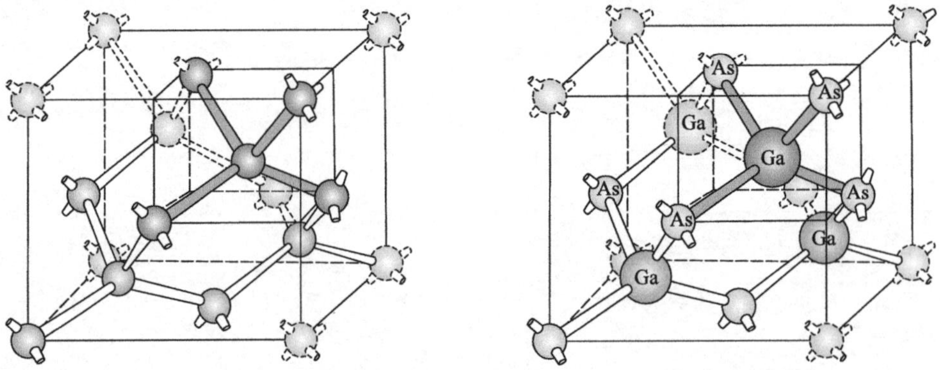

(a) Si或Ge　　(b) GaAs

图 2.1.1　半导体三维晶体结构示意图

图 2.1.1(a)硅的晶体结构中,每个硅原子均有四个与它最邻近的原子;图 2.1.1(b)GaAs 的晶体结构中,每个镓原子有四个邻近砷原子。这里以元素半导体为例定性说明它们原子间的共价键结构:Si 和 Ge 分别是元素周期表中的 14 和 32 号元素,它们均为四价元素。如图 2.1.2(a)、(b)所示,它们原子的最外层均有 4 个电子,称为价电子。由于原子呈电中性,为简化起见,将其原子模型简化为正离子芯(或正离子)和价电子的形式,如图 2.1.2(c)所示,其中正离子芯可视作内层电子和原子核构成的整体。

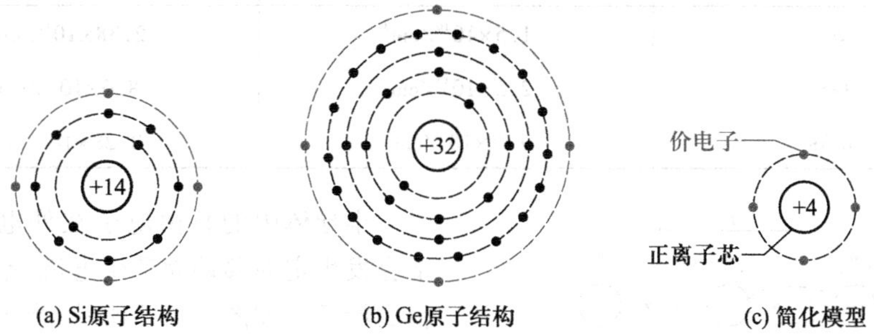

图 2.1.2　半导体的原子结构示意图

原子间的相互作用倾向于形成满价壳层,每个 Si 原子有四个邻近原子,每个原子提供一个共享电子,那么每个原子效果上就有了八个外层电子,每个 Si 原子就形成了外围四个共价键的结构,如图 2.1.3 所示。共价键中的电子称为束缚电子,在没有外加能量作用时是被束缚在两个原子附近的。但是共价键的这种束缚力是比较弱的,在外界因素影响下价电子就可能成为能够在晶体内自由移动的电子(称为自由电子),随之而来的就是半导体材料导电性能的显著变化。

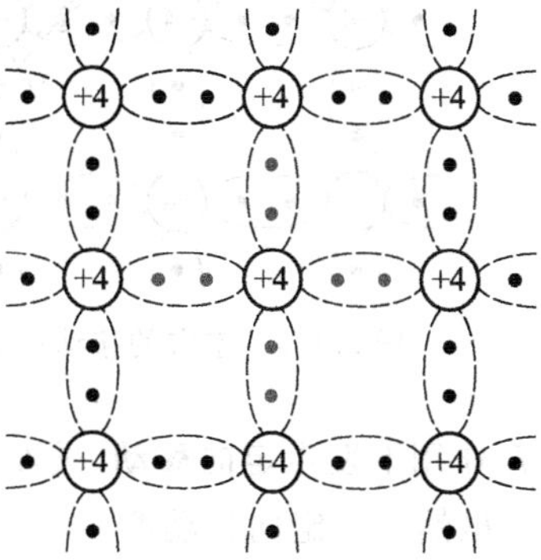

图 2.1.3　Si、Ge 的二维晶格结构图

2.1.2　本征半导体

本征半导体是指完全纯净的、结构完整的半导体晶体。在温度 $T=0$ K 和没有外界激发时,本征半导体中是没有自由电子的,相当于绝缘体。实际上,半导体中的价电子受到的束缚力并不像绝缘体那样强,当吸收外界能量,例如在室温条件($T=300$ K)下,就有部分价电子能获得足够的随机热振动能量而挣脱共价键束缚成为自由电子;相应的共价键中就会留下空位,这种空位称为空穴。如图 2.1.4 所示,这种本征半导体受到外界激发,产生自由电子和空穴的现象称为本征激发。

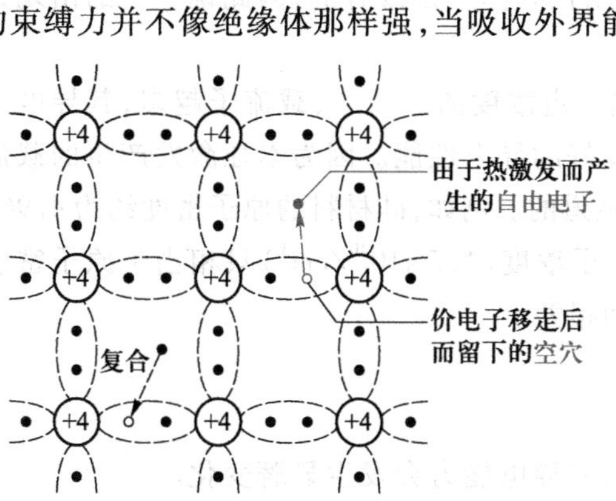

图 2.1.4　本征激发和复合示意图

本征激发会产生成对的自由电子和空穴,因而整个半导体材料依然是呈电中性的,而且温度越高,自由电子和空穴的产生率越高。但另一方面,产生的自由电子又

有可能填补某一空穴的位置,重新形成共价键,这一现象称为复合。复合时自由电子和空穴成对消失。本征激发和复合是同时存在的,在温度一定时,会达到一种动态平衡,即某一时刻的产生率等于复合率,这样半导体内自由电子和空穴的浓度就保持一定。表2.1列出了不同温度时本征半导体中的自由电子浓度 n_i 的值。

表2.1　不同温度时本征半导体中的自由电子浓度 n_i

半导体	T=300 K	T=400 K
Si	$1.5\times10^{10}/cm^3$	$2.38\times10^{12}/cm^3$
Ge	$2.5\times10^{13}/cm^3$	$8.6\times10^{14}/cm^3$
GaAs	$1.7\times10^{6}/cm^3$	$3.28\times10^{9}/cm^3$

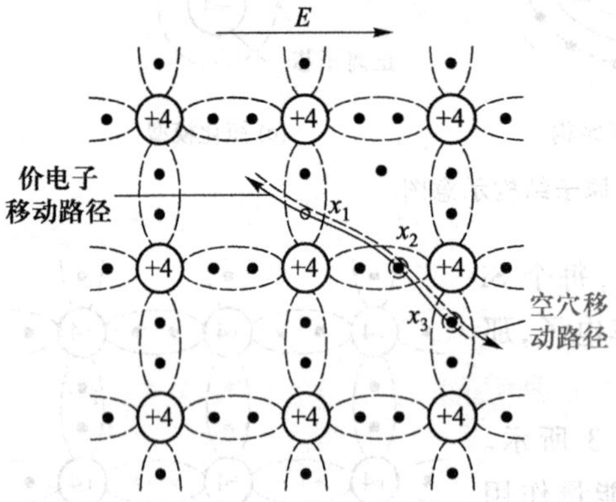

图2.1.5　空穴的移动示意图

半导体中的自由电子在外电场的作用下会发生定向移动而产生电流,空穴也有类似的特征。如图2.1.5所示,当半导体中某一共价键在 x_1 处出现一个空位后,在外电场 E 作用下,邻近位置 x_2 处的价电子就可以转移到这个空位上,而在这个价电子原来的位置 x_2 处留下新的空位,其他价电子又可以从邻近的 x_3 处转移到 x_2 处。整个过程中,价电子通过填补空位产生移动路径 $x_3\rightarrow x_2\rightarrow x_1$,而相应空位(空穴)转移路径 $x_1\rightarrow x_2\rightarrow x_3$。从宏观上可以看作是空穴在外电场 E 作用下发生定向移动,进而产生电流。

虽然空穴定向移动产生电流的实质是价电子填补空位时的定向"转移",但价电子的这种"转移"并不等同于自由电子的移动,价电子在"转移"过程中是始终处于束缚状态,因此只能用空穴的反方向移动来表征。因此可以将空穴"虚拟"地看成一个带正电荷的粒子,其所带电量与电子相等,符号相反,在外电场作用下可以自由地在半导体内运动。这样,半导体内能够自由移动并产生电流的粒子就有两类:自由电子和空穴,它们合称为半导体中的载流子。空穴参与导电的这种机制在导体中是没有的,因此说空穴的出现是半导体区别于导体的一个重要特征。

本征半导体通过本征激发和复合会形成一定浓度的载流子,载流子越多,其导电能力越强,但这并不意味着本征半导体就具有良好的导电性能。因为本征激发产生的载流子浓度同半导体的原子密度相比几乎是微不足道的。例如,硅材料的原子密度约为 $4.96\times10^{22}/cm^3$,室温条件下本征激发产生的自由电子浓度($1.5\times10^{10}/cm^3$)只相当于原子密度的三万亿分之一,因此本征半导体的导电能力很差。

2.1.3　杂质半导体

本征半导体在掺入某种微量杂质元素后,其导电能力会发生显著变化。掺杂过的半导体称为非本征半导体或杂质半导体,它是制造各种半导体器件的基础。根据掺入杂质性质的不同,杂质半导体可分为电子(N)型半导体和空穴(P)型半导体。

1. N型半导体

N型半导体即电子型半导体,它是通过在本征硅或锗中掺入少量五价元素的原子,如磷、砷、锑等形成的。图2.1.6用掺入磷元素的本征硅来说明这种掺杂带来的效果。每个磷原子有5个价电子,其中4个能与周围硅原子组成共价键,而第五个价电子则松散地束缚在磷原子周围。同共价键中的电子相比,这第五个价电子只需要少量的能量就能挣脱束缚,成为自由电子。磷原子失去一个电子后,就变成一个带正电的离子。但这样的正离子与空穴不同,它是由原子核及内层电子组成,不能自由移动,不能参与导电,不是载流子。掺入的五价磷原子能够带来额外的自由电子,因此称为施主原子,相应的五价磷元素被称为施主杂质。

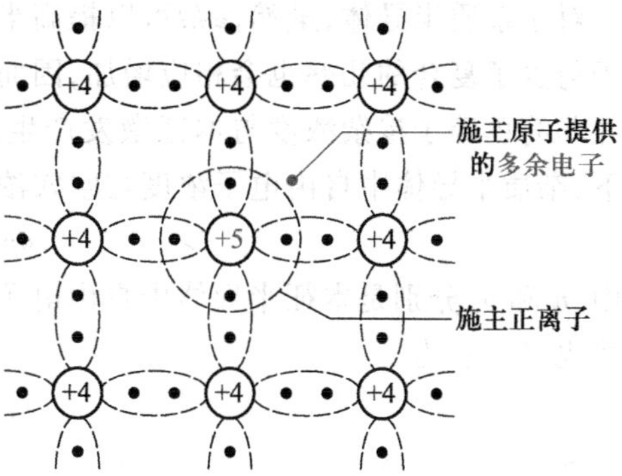

图2.1.6 N型半导体的共价键结构

需要注意的是,半导体是共价键晶体结构,掺入杂质时晶体结构不能被破坏,因而掺入的杂质元素是微量的。例如在硅中掺入的施主杂质,其浓度一般为硅原子密度的万分之一到千万分之一。微量掺杂时可以认为,掺入的施主杂质能够全部电离,即都能形成正离子并"释放"出额外的自由电子。尽管掺入的施主杂质是微量的,但相对于半导体本征激发所产生的载流子浓度,掺杂产生的自由电子数量却是巨大的,这样本征半导体中自由电子和空穴两种载流子数量相等的局面就被打破,其中的自由电子数量会远大于空穴数量,因此将N型半导体中的自由电子称为多数载流子(简称多子),相应地将空穴称为少数载流子(简称少子)。若用N_D表示施主原子浓度,n表示多子(电子)浓度,p表示少子(空穴)浓度,因为材料的整体电中性(即负电荷的总量等于正电荷总量),则有浓度关系

$$n=p+N_D \tag{2.1.1}$$

2. P型半导体

P型半导体即空穴型半导体,它是通过在本征硅或锗中掺入少量三价元素(如硼、铟等)形成的。图2.1.7用掺入硼元素的本征硅来说明这种掺杂带来的效果。硼原子有3个价电子,它在与周围硅原子组成共价键时,因缺少一个价电子,在晶体中便产生一个空位。常温下,相邻共价键上的电子受到热激发获得能量就可能填补这个空位,使硼原子得到一个电子而成为不能移动的负离子,在原来硅原子共价键相应位置处产生一个能自由移动的空穴。掺入的三价硼原子能够"接受"电子并产生空穴,因此称为受主原子,相应的三价硼元素被称为受主杂质。在P型半导体中,空穴是多数载流子,

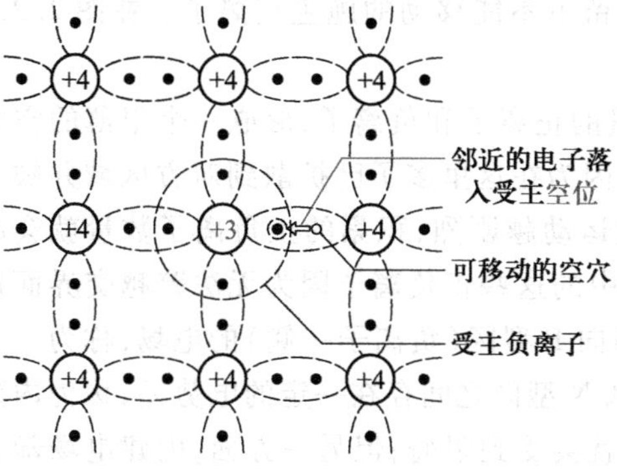

图2.1.7 P型半导体的共价键结构

自由电子是少数载流子。若用 N_A 表示受主原子浓度，n 表示少子（电子）浓度，p 表示多子（空穴）浓度，则有浓度关系

$$N_A + n = p \tag{2.1.2}$$

对于杂质半导体，虽然掺杂可以提高半导体内多子浓度，但是多子浓度增加的同时，多子与少子复合的几率也会相应增加，因而本征激发所产生的少子浓度会降低。多子浓度并非简单等于掺杂浓度与本征激发产生的自由电子（或空穴）浓度之和。一定温度条件下，杂质半导体中自由电子浓度与空穴浓度的乘积是一个常数，即

$$np = n_i p_i \tag{2.1.3}$$

式中，n_i 和 p_i 分别是本征半导体中自由电子与空穴的浓度。考虑到本征半导体中 $n_i = p_i$，上式也可表示为

$$np = n_i^2 \tag{2.1.4}$$

在杂质半导体中，多子的浓度近似等于掺杂的浓度，而少子的浓度与 n_i^2 成正比，随着温度的升高而迅速增加。少子的温度特性是半导体器件参数随温度漂移的主要因素。

PPT 2.2 PN 结的形成及特性

2.2　PN 结的形成及特性

上节介绍了两种杂质半导体，利用它们就可以构建最简单的半导体器件——半导体二极管。半导体二极管的基础是由 P 型半导体和 N 型半导体构成的 PN 结，因此本节主要对 PN 结的形成过程、伏安特性、击穿特性、电容特性等进行介绍。

2.2.1　PN 结的形成

图 2.2.1 给出了 PN 结的形成原理图，在本征半导体的一边掺入受主杂质形成 P 型半导体，相邻的另一边掺入施主杂质形成 N 型半导体。这样，两种半导体交界面附近就会存在自由电子和空穴的浓度差，P 型区内空穴浓度远高于 N 型区，而 N 型区内自由电子浓度远高于 P 型区，自由电子和空穴将会由浓度高的一侧向浓度低的一侧运动。这种载流子因为浓度差所产生的运动称为扩散。发生扩散时，P 型区内的多子空穴会向 N 型区一侧运动并被复合；而 N 型区的多子会向 P 型区一侧运动，并被空穴复合。扩散的结果使得 P 型区和 N 型区交界处原来的电中性被打破，P 型区一侧失去空穴留下不能移动的受主负离子，而 N 型区一侧则失去自由电子留下不能移动的施主正离子。在图 2.2.1 中，⊖代表受主负离子；⊕代表施主正离子。

多子的扩散运动使得交界面处积累了大量的正离子和负离子，形成一个很薄的空间电荷区。空间电荷区也称为耗尽区（耗尽层），因为在这里多子已扩散到对方区域并被复合或者说被消耗掉了。常规掺杂条件下，扩散运动越剧烈，积累的正负离子数量就会越多，相应的空间电荷区就会越宽。空间电荷区中的这些正负离子因为无法跨越交界面进行移动，所以会产生由 N 型区（正离子一侧）指向 P 型区（负离子一侧）的电场，称为内建电场。内建电场的出现也就意味着在 P 型区和 N 型区之间存在一定的电势差，称为内建电势差。内建电场一旦出现，多子的扩散运动就会受到阻碍；但另一方面，内建电场却会促使 P 型区内的少子自由电子向 N 型区运动，同样也会使 N 型区内的少子空穴向 P 型区

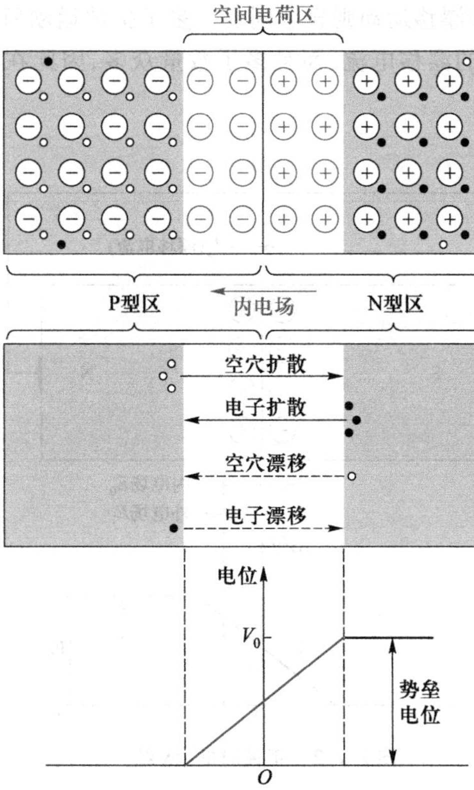

图 2.2.1 PN 结的形成原理图

运动。这种电场作用下载流子的运动称为漂移。从 P 型区漂移到 N 型区的自由电子会补充 N 型区失去的一部分自由电子,使空间电荷(正离子)数量减少;而从 N 型区漂移到 P 型区的空穴则会补充 P 型区失去的一部分空穴,使空间电荷(负离子)数量减少;漂移运动最终的作用效果刚好和扩散运动相反,就是使耗尽层变窄。

扩散和漂移是半导体中载流子的两种基本运动机制,它们既相互联系又互相对立,扩散使交界面处出现的正负离子增多,耗尽层变宽,内建电场增强;内建电场增强,多子扩散的"阻力"就会增加,少子漂移的"动力"也会增加;少子漂移运动的增强,又会使空间电荷减少,耗尽层变窄,内建电场减弱。一定温度条件下,在没有外电场影响时扩散运动和漂移运动会达到一种动态的平衡,把这种动态平衡下的空间电荷区称为 PN 结。

2.2.2 PN 结的特性

1. 单向导电性

当 PN 结的热平衡状态被打破,也就是给 PN 结施加一定的外电场时,PN 结又将表现出怎样的电学特性呢?可以分两种情况进行分析。

第一种情况:P 型区一侧电位高于 N 型区,称 PN 结正向偏置(简称 PN 结正偏),如图 2.2.2 所示。此时外电场 E_F 方向同内电场 E_0 方向相反,抵消了部分内电场,PN 结上的势垒电位由原来的 V_0 减小为(V_0-V_F),其中 V_F 是 PN 结正偏电压。PN 结内电场的作用就是阻碍多子扩散,促进少子漂移。显然,随着耗尽层变窄,内电场的削弱,多子的扩散运动将得到加强，少子的漂移运动则显著削弱。多子扩散运动所产生的扩散电流将远远大于少子漂移运动产生的漂移电流，而且多子数量众多，因此在外电路中将形成比较大的正向电流 I_D。

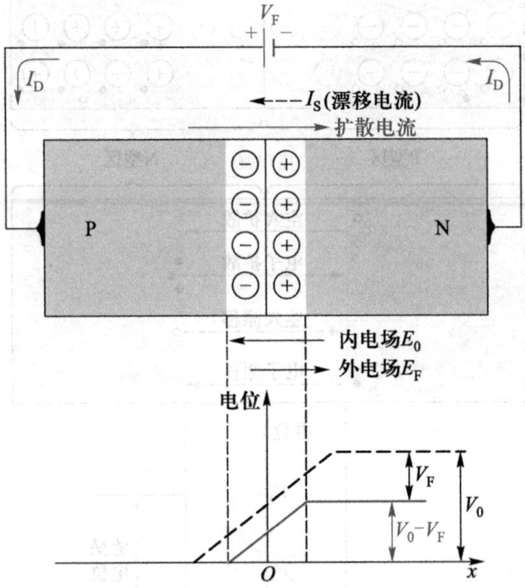

图 2.2.2　正偏时的 PN 结

第二种情况：N 型区一侧电位高于 P 型区，称 PN 结反向偏置（简称 PN 结反偏），如图 2.2.3 所示。此时外电场 E_R 方向与内电场 E_0 方向相同，在外电场 E_R 作用下，耗尽层与 P 区或 N 区交界附近的多子将被“推离”空间电荷区，使得交界附近更多的正、负离子“暴露”出来，耗尽层变宽。从电场角度看相当于外电场增强了内电场，PN 结上的势垒电

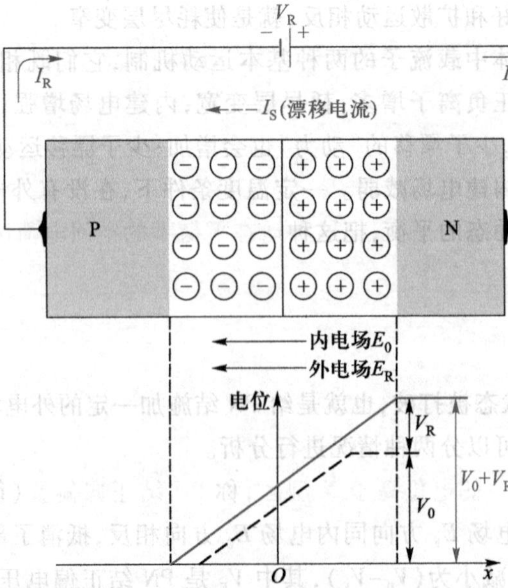

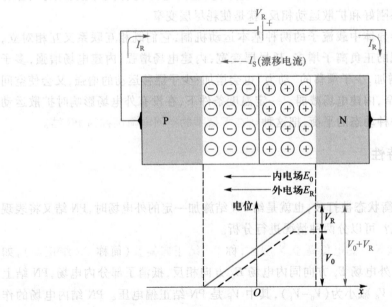

图 2.2.3　反偏时的 PN 结

位由原来的 V_0 增加为(V_0+V_R),其中 V_R 是 PN 结反偏电压。PN 结内电场的作用就是阻碍多子扩散,促进少子漂移。显然,随着耗尽层变宽、内电场的增强,多子的扩散运动将更加困难,少子的漂移运动则显著增强,漂移电流大于扩散电流,在外电路中将形成以漂移电流为主的反偏电流 I_R。但因为漂移电流是少子形成的,因此 PN 结反偏电流 I_R 是非常小的。

PN 结反偏时,即使将反偏电压 V_R 适当加大,反偏电流 I_R 也并不会随之增加,而是基本维持不变。这是因为温度一定时,本征激发所产生的少子浓度是一定的,它几乎与外加反偏电压无关,因此反偏电流 I_R 基本不变。也正因为如此,常常将 PN 结反偏电流 I_R 称为"反向饱和电流",用 I_S 表示。

综合上述两种情况:PN 结正偏时,只需要较小的电压就能产生较大的电流,其具有低阻特性;PN 结反偏时,电流非常微弱,近似为 0,其具有高阻特性。因此认为,PN 结具有单向导电性。根据理论分析和实验验证,PN 结的单向导电性可以描述为

$$i_D=I_S(e^{\frac{v_D}{V_T}}-1) \tag{2.2.1}$$

式中,I_S 为 PN 结反向饱和电流;v_D 为 PN 结所加电压,正偏时 v_D 为正,反偏时 v_D 为负;V_T 为温度电压当量,其表达式为 $V_T=\frac{kT}{q}$,T 为绝对温度(单位 K),k 为玻尔兹曼常数(1.38×10^{-23} J/K),q 为一个电子的电荷量(1.6×10^{-19} C),室温($T=300$ K)条件下,$V_T\approx26$ mV。

由式(2.2.1)得到 PN 结伏安特性,如图 2.2.4 所示。当加正偏电压 $v_D\geqslant 4V_T$ 时,$e^{\frac{v_D}{V_T}}\gg 1$,则 $i_D\approx I_S e^{\frac{v_D}{V_T}}$,即正向电流较大,且按指数规律增长很快;当加反偏电压 $v_D\leqslant -4V_T$ 时,$i_D\approx -I_S$,即反向电流很小,且为常数,基本不随外加反向电压的变化而变化。

2. 击穿特性

当 PN 结上所加反偏电压增大到一定值之后,PN 结的反向电流会急剧增加,如图 2.2.5 所示,这种现象称为 PN 结的反向击穿,发生击穿时 PN 结上所加反偏电压称为反向击穿电压,用 V_{BR} 表示。按照反向击穿产生的机理,通常可以分为齐纳击穿和雪崩击穿两类。

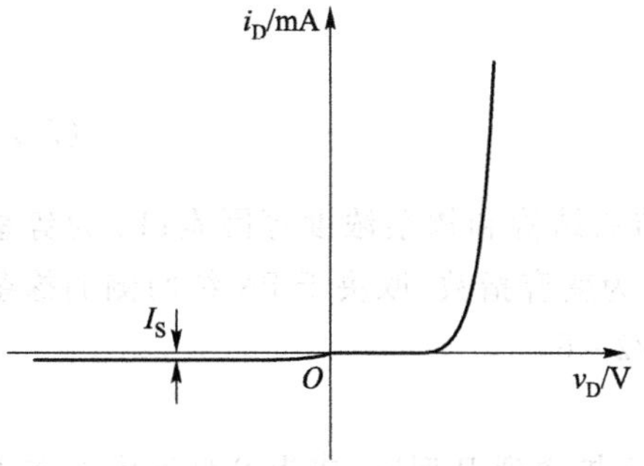

图 2.2.4 PN 结的伏安特性

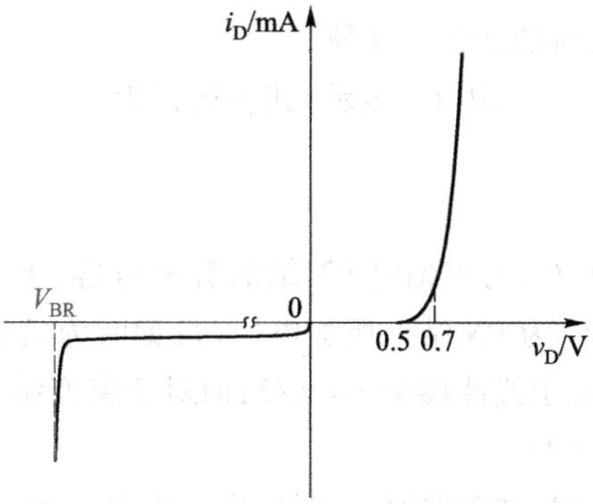

图 2.2.5 PN 结的击穿特性

齐纳击穿一般发生在重掺杂的 PN 结中。因为掺入的杂质浓度较高,因而形成的耗尽层很窄,即使外加反向电压不太高,PN 结内的电场强度就可以达到非常高的数值,能

直接将共价键中的电子“拉出来”，产生大量自由电子-空穴对，使反向电流急剧增加。这种过程也可以用量子力学中的量子隧穿效应来解释：耗尽区很窄，P 区价带中的电子直接遂穿过禁带到达 N 区中的导带。正因如此，齐纳击穿也称为隧道击穿。

雪崩击穿一般发生在轻掺杂的 PN 结中。当 PN 结上的反向电压足够高时，耗尽区中的电场相当强，少数载流子在结内受到强电场的加速，获得很大的动能，在和其他原子发生碰撞时使其价电子摆脱共价键的束缚，从而产生新的自由电子-空穴对，这种现象称为碰撞电离。发生碰撞电离后，新产生的载流子和原有载流子一起，又在强电场的作用下加速-碰撞-电离，产生更多的载流子。通过这种连锁反应，产生如同雪崩一样的载流子倍增效应，使 PN 结反向电流急剧增加。

发生齐纳击穿和雪崩击穿所需要的反向击穿电压是不同的。一般对硅材料 PN 结而言，反向电压达到 7 V 以上时发生的击穿属于雪崩击穿，反向电压在 4 V 以下时发生的击穿属于齐纳击穿，反向电压在 4 ~ 7 V 之间时的击穿则属于两种击穿都有的情况。

齐纳击穿和雪崩击穿属于电击穿，并不意味着 PN 结就被破坏，当反向电压降低后 PN 结特性就会恢复正常。但是，发生击穿时，需要控制反向电流的大小，否则当反向电流超过某一数值，PN 结就可能因为过热而烧坏，这时称 PN 结发生热击穿。

虽然反向击穿破坏了 PN 结的单向导电性，但从图 2.2.5 中可以看出，发生击穿后，尽管电流可以在很大范围内变化，但 PN 结上的反向电压基本保持不变。只要将反向电流控制在安全范围内，就可以利用 PN 结上的反向电压实现稳压的效果。常用稳压二极管的稳压原理就是基于 PN 结的这一特性。

3. 电容特性

具有电荷存储作用或电压变化引起电荷量的变化就体现了电容效应。PN 结能够存储电荷，而且外加电压改变后电荷量也随之变化，说明 PN 结具有电容效应。从存储电荷的机理上，将 PN 结电容分为势垒电容和扩散电容。

(1) 势垒电容

PN 结的空间电荷区中，一侧为带负电的受主负离子，一侧为带正电的施主正离子，它们本身带电又不能自由移动，相当于 PN 结存储的电荷。当 PN 结外加电压发生变化时，耗尽区的宽度会发生变化，存储的电荷量随之发生变化，类似于平行板电容器两极板上电荷的变化。这种结内空间电荷区的电荷量随外电压变化所呈现出的电容效应称为势垒电容，用 C_B 表示，其表达式为

$$C_B=\frac{C_{B0}}{(1-V_D/V_0)^m} \tag{2.2.2}$$

式中，C_{B0} 为零偏时 PN 结的势垒电容，取决于结的结构和掺杂浓度等因素；V_0 为势垒电位，V_D 为 PN 结上所加电压（反偏时为负值），m 为变容指数，取决于 PN 结两侧的掺杂情况，对于线性掺杂 $m=1/3$；而对于突变结，$m=1/2\sim6$。

(2) 扩散电容

PN 结正偏时，N 型区中自由电子通过耗尽区扩散到 P 型区，成为 P 型区中的非平衡少子（因为 P 型区中的少子是自由电子），在此过程中形成电子扩散电流。但是，到达 P 型区的自由电子并不会马上全部复合，而是在向 P 型区纵深继续扩散的过程中逐步被复合，这意味着其在 P 型区中的浓度是呈由高到低的梯度分布，即靠近耗尽区边缘浓度高，

远离耗尽区浓度逐渐降低，如图 2.2.6 中 n_P 曲线所示，其中 n 表示自由电子，角标 P 表示是在 P 型区。虚线 n_{P0} 表示 P 型区中热平衡时少子浓度。

类似地，P 型区中空穴通过耗尽区扩散到 N 型区成为 N 型区中的非平衡少子（因为 N 型区中的少子是空穴），在此过程中形成空穴扩散电流。也会导致 P 型区空穴浓度呈由高到低的梯度分布，即靠近耗尽区边缘浓度高，远离耗尽区浓度逐渐降低，如图 2.2.6 中 p_N 曲线所示。这些非平衡少子的浓度分布说明了 PN 结存在电荷的积累，所积累电荷的多少可以用 n_P 和 p_N 曲线下方的面积来表征。

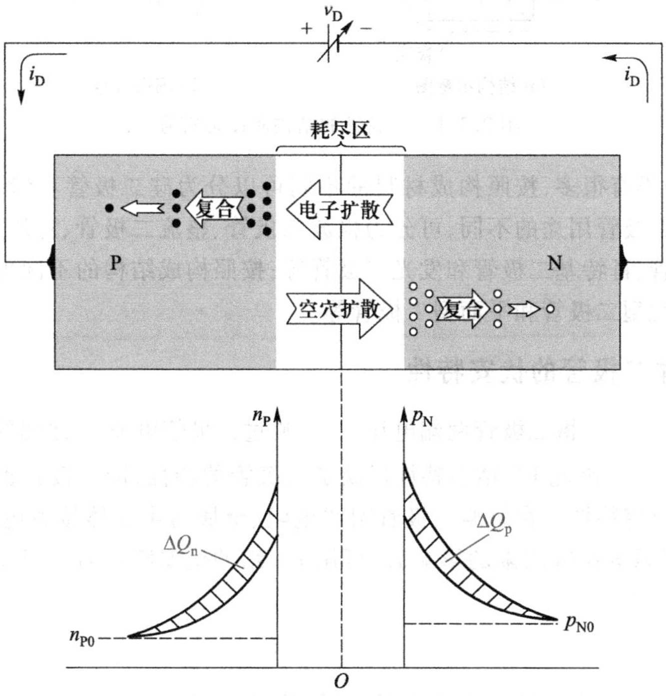

图 2.2.6 PN 结的电容特性原理示意图

当正偏电压 v_D 有一个微小的增量 Δv_D 时，非平衡少子浓度分布也将相应发生变化，PN 结上积累的电荷量 Q 也将产生增量，相当于电容的充电，如图 2.2.6 中的 ΔQ_n 和 ΔQ_p。相应地，如果 v_D 减小 Δv_D 时，存储电荷总量将减少 ΔQ，相当于电容的放电。这种因载流子扩散所产生的电容特性称为扩散电容，用 C_D 来表示。对于 PN 结的电容特性，还需要注意以下几点。第一，PN 结的势垒电容和扩散电容并不像普通电容那样是一个常数，它们是与 PN 结所加正/反偏电压有关的非线性电容。总体来说，反偏电压越大，C_B 越大；正偏电压越大，C_D 越大。第二，PN 结的结电容 C_J 是势垒电容与扩散电容之和，即 $C_J=C_B+C_D$，但是因为正偏时 $C_D \gg C_B$，反偏时 $C_B \gg C_D$，所以正偏时主要考虑扩散电容，反偏时主要考虑势垒电容。第三，PN 结具有电容特性，相当于 PN 结并联有一个电容，通常 C_D 在几十皮法至几百皮法，C_B 在几皮法至几十皮法，所以在 PN 结应用于频率较低的场合时可以忽略电容特性；但当频率较高时，电容的容抗明显减小，使用时应予以考虑。

PPT 2.3 半导体二极管

2.3 半导体二极管

在PN结的基础上,增加相应的电极引线并封装,就构成了半导体二极管(diode),或称晶体二极管,简称二极管,其结构和图形符号如图2.3.1所示。

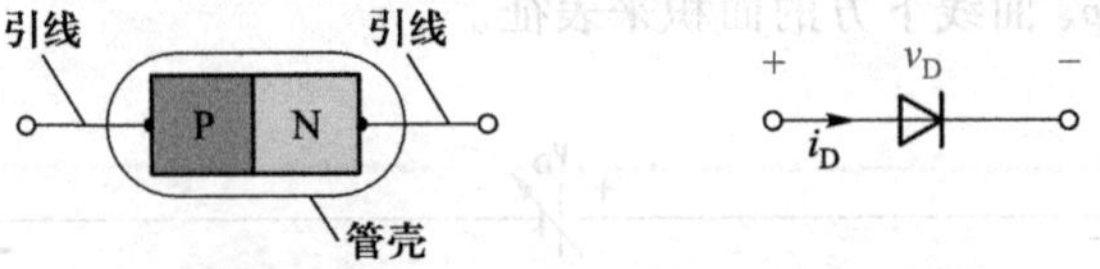

(a) 结构示意图 (b) 图形符号

图2.3.1 二极管的结构和图形符号

二极管的种类有很多,按照构成材料的不同可以分为硅二极管和锗二极管,简称硅管和锗管;按照二极管用途的不同,可分为检波二极管、整流二极管、稳压二极管、开关二极管、隔离二极管、肖特基二极管和发光二极管等;按照构成结构的不同可以分为点接触型二极管、面接触型二极管和平面型二极管等。

2.3.1 半导体二极管的伏安特性

二极管的伏安特性指二极管两端电压 v_D 与流过二极管电流 i_D 之间的变化关系。二极管的核心是PN结,因此PN结的特性反映了二极管的特性,即二极管也具有单向导电性、击穿特性和电容特性。在忽略二极管引线电阻、金属与半导体接触电阻、P型区与N型区体电阻以及漏电流等因素的影响后,可用PN结的伏安特性对二极管的伏安特性进行描述,即

$$i_D = I_S(e^{\frac{v_D}{V_T}}-1) \approx I_S e^{\frac{v_D}{V_T}} \tag{2.3.1}$$

需要说明的是,在没有发生击穿情况下,虽然可以利用上式来对二极管伏安特性进行近似,但要获取某一具体型号二极管的伏安特性曲线,应该通过查阅晶体管手册得到或者借助晶体管特性图示仪进行测试。下面对二极管的几个特性分别进行介绍。

1. 单向导电性

图2.3.2中给出了三种材料二极管的伏安特性曲线。从图中可以看出,无论何种二极管,当外加电压 v_D 较小时,正向电流几乎为零;当 v_D 超过一定数值后,才有明显的正向电流,这个数值就是所谓的门限电压 V_{th}。硅管门限电压 V_{th} 通常约为0.5 V,锗管约为0.1 V,砷化镓管约为1 V。正偏电压 v_D 大于门限电压 V_{th} 时,称为二极管导通。而当二极管反偏时,反偏电流很小(没有被击穿时),而且基本不变,称为二极管截止。当然,当正偏电压达不到门限电压时,也认为二极管是截止的。二极管的导通和截止说明二极管具有单向导电性。

当然,导通和截止是有条件的。不同材料二极管导通时导通电压 v_D 是不同的。对硅管而言导通电压约为0.6~0.7 V,对锗管而言是0.1~0.2 V,对砷化镓二极管约为1.1~1.2 V。工程上,为计算和分析方便,通常认为硅管导通电压为0.7 V,锗管为0.3 V。二极管导通后,当 i_D 较小时,i_D 与 v_D 呈指数关系;当 i_D 较大时,i_D 与 v_D 近似呈线性关系。

这是因为电流较大时，对应的PN结较窄，结内电阻已远小于结外P型区和N型区的体电阻，可以忽略。而半导体的体电阻属于线性电阻，所以 i_D 与 v_D 近似呈线性关系。

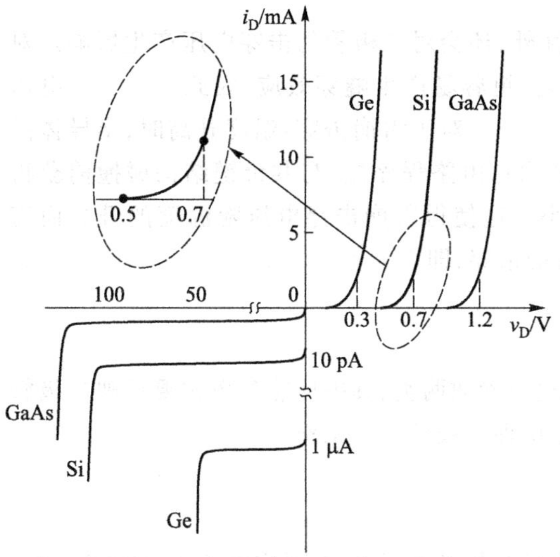

图 2.3.2 不同材料二极管的伏安特性

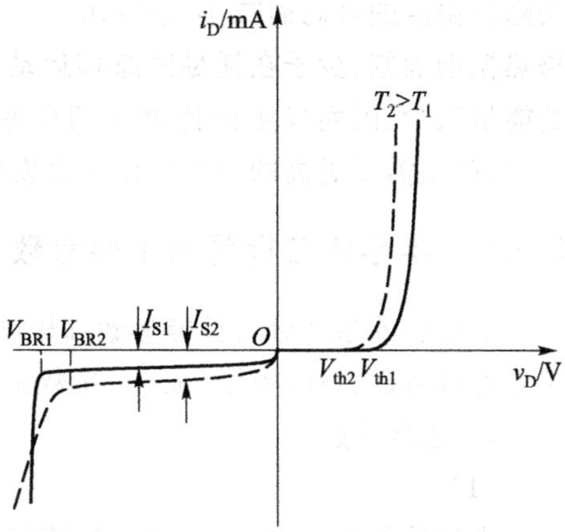

图 2.3.3 二极管的温度特性

另外需要注意的是，整体而言二极管电流上升段（导通后）对应的电压变化范围非常小，大约只有几百毫伏，这反映了正向电压对电流控制的灵敏性。

当二极管反偏时，反偏电流要比其PN结反向饱和电流 I_S 大一些，并且随反向电压的增加而略微增大。这是因为二极管反向电流中还包含有PN结的漏电流，这种因为工艺不完善造成的漏电流会随着反向电压的增加而略微增加。尽管如此，二极管反向电流依然在微安数量级以下，所以工程上一般用PN结的反向饱和电流 I_S 来替代二极管的反向电流，并将其称为二极管的反向饱和电流。硅管的反向电流比锗管的小得多。

2. 击穿特性

当二极管的反向电压达到击穿电压时，反向电流会急剧增加，二极管发生击穿。对于普通二极管，反向击穿电压一般在几十伏以上。而且对于不同的材料，所对应的反向击穿电压也不尽相同，如图2.3.2所示，砷化镓二极管最高，锗管最低。虽然理论上，反向电压数值下降后，二极管会从击穿状态中恢复，但是实际中，一般要避免普通二极管进入击穿状态，因为普通二极管一般不能承受较大的反向电流。只有一些特殊的二极管，例如稳压二极管，才会工作于击穿状态。其击穿电压一般也比较低，大约为几伏到十几伏。

3. 温度特性

二极管对温度很敏感，无论是正向特性还是反向特性都与温度有关。如图2.3.3所示，当温度升高时，正向特性曲线会向左移动，反向特性曲线会向下移动。其规律是：在室温附近，温度每升高1℃，二极管导通电压下降2～2.5 mV；温度每升高10℃，二极管反向电流增大1倍。出现这种特性的原因是：温度升高时，本征激发加剧，少子浓度增加，PN结漂移电流增加，即反偏时PN结反向饱和电流 I_S 增大，反映在特性曲线上就是反向特性曲线下移。另外，少子浓度的增加也会使PN结形成时两侧半导体中同种载流子的浓度差减小，内建电场减弱，因而二极管导通电压减小，反映在特性曲线上就是正向特性曲线向左移动。而且二极管导通电压与温度变化关系是近似的线性关系,可以利用二极管的这一特性作为温度传感器。因为硅二极管比锗二极管的反向电流小得多,所以硅管的温度特性远好于锗管。

温度除了影响二极管的正向和反向特性外,还会对二极管的击穿电压产生影响。对于齐纳击穿:温度升高时,价电子的能量较高,更容易产生隧穿效应,因此齐纳击穿电压会随着温度的升高而减小,呈现出负的温度系数。对于雪崩击穿:温度升高时,半导体晶格热振动加剧,少子在耗尽区漂移运动的平均自由路程缩短,与共价键结构碰撞前获得的能量减少,因而发生碰撞电离的概率减小。这使得雪崩击穿电压随温度的升高而变大,也就是需要更高的反向电压才会发生雪崩击穿,即雪崩击穿电压具有正的温度系数。

2.3.2　半导体二极管的主要参数

二极管的参数分为性能参数和极限(安全)参数两类,其中性能参数主要反映二极管工作的各方面特性,极限(安全)参数主要是确保二极管安全工作。

1. 性能参数

(1) 直流等效电阻 R_D

直流等效电阻 R_D 定义为二极管特性曲线上各点电压 V_D 与对应电流 I_D 的比值,即

$$R_D=\frac{V_D}{I_D} \tag{2.3.2}$$

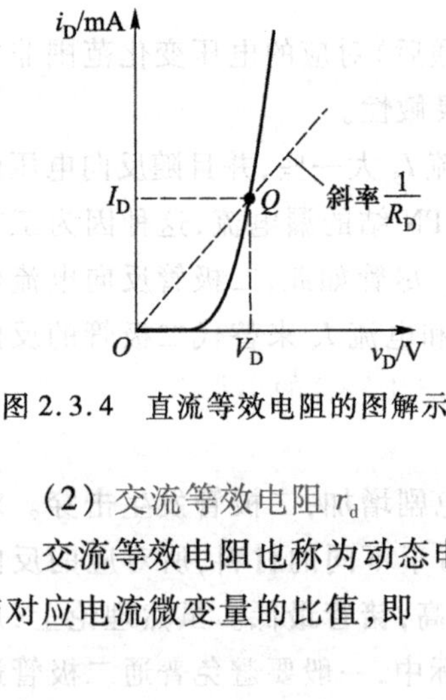

图 2.3.4　直流等效电阻的图解示意

因为二极管的特性曲线是非线性的,因此直流等效电阻 R_D 并不是一个固定的值,它取决于二极管特性曲线上不同的"点"。特性曲线上不同的点,实际上代表了二极管在直流工作时不同的状态,称为静态工作点,通常用 Q 来表示,如图 2.3.4 所示。同时,从二极管特性曲线不难看出,二极管导通后电流越大,曲线越陡峭,直流等效电阻越小。

(2) 交流等效电阻 r_d

交流等效电阻也称为动态电阻,它定义为静态工作点附近二极管两端电压的微变量与对应电流微变量的比值,即

$$r_d=\left.\frac{dv_D}{di_D}\right|_Q \quad 或\ r_d=\left.\frac{\Delta v_D}{\Delta i_D}\right|_Q \tag{2.3.3}$$

交流等效电阻的含义是:当二极管工作在交流小信号时,可以用一个电阻 r_d 来等效(频率高时还需要考虑电容特性)。交流等效电阻 r_d 同样是一个非线性电阻,理论上可以按照定义,通过作图的方法获取,但因为电压、电流变化范围很小,直接作图获取不太方便。但是,在 Q 点附近很小的区域内,可以用直线替代曲线,这样 r_d 就可以看作是二极管静态工作点处的切线斜率的倒数。如图 2.3.5 所示。

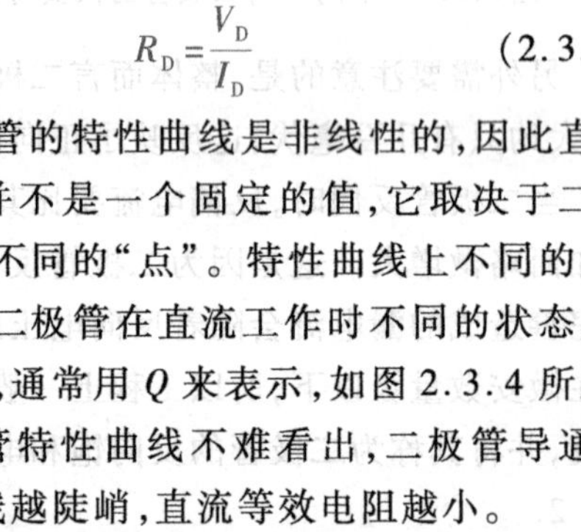

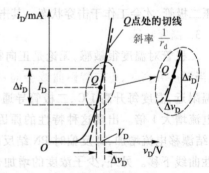

图 2.3.5　交流等效电阻的图解示意

交流等效电阻 r_d 也可以利用二极管的伏安关系式求出,根据式(2.3.1)可得

$$di_D = d\left[I_S\left(e^{\frac{v_D}{V_T}}-1\right)\right] = \frac{I_S}{V_T}e^{\frac{v_D}{V_T}}dv_D \tag{2.3.4}$$

结合动态电阻的定义可得

$$r_d = \left.\frac{dv_D}{di_D}\right|_Q = \frac{V_T}{I_S e^{\frac{v_D}{V_T}}} \approx \frac{V_T}{I_D} \tag{2.3.5}$$

上式说明:交流等效电阻可以通过静态电流来估算,其大小依然是与静态工作点的位置有关。在室温(T=300 K)条件下,因 $V_T \approx 26$ mV,所以

$$r_d \approx \frac{26\ \text{mV}}{I_D} \tag{2.3.6}$$

(3) 反向电流 I_R

I_R 是指二极管未击穿时的反向电流,其值越小,则管子的单向导电性越好。由于反向电流会随温度的升高而增加,因此使用时应注意环境温度的影响。

(4) 极间电容 C_d

C_d 是反映二极管中 PN 结电容效应的参数,它是 PN 结势垒电容与扩散电容之和,在高频或开关状态运用时应充分考虑其影响。

(5) 反向恢复时间 T_{RR}

由于二极管中 PN 结存在电容特性,当二极管外加电压极性发生翻转时,类似于电容因存在的充放电过程导致其上电压不能突变一样,二极管的工作状态也不会在瞬间随之变化,而是需要一定的恢复时间。

当二极管外加电压由正偏变为反偏时,二极管中的电流由正向变为反向,但翻转后瞬间反向电流却较大,经过一定时间后才会变得很小,如图 2.3.6 所示。其中 I_F 为正向电流,I_{RM} 为最大反向恢复电流,反向电流减小为 $0.1I_{RM}$ 时所需要的时间 T_{RR} 为反向恢复时间。

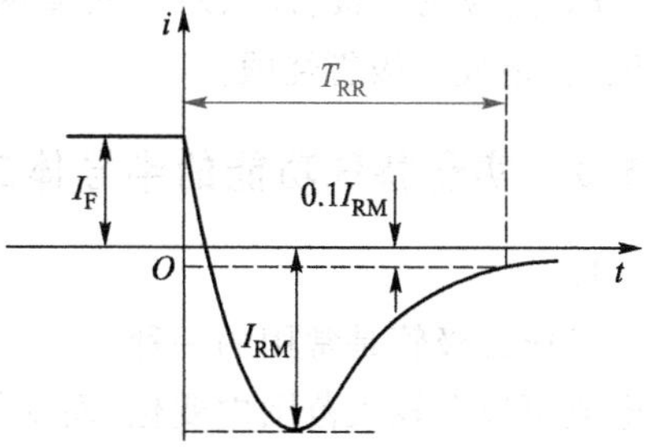

图 2.3.6 二极管由正偏导通到反偏截止时电流的变化

出现这种现象的原因是:当二极管由正偏变为反偏(称二极管由“开”态→“关”态)瞬间,耗尽区两侧存在大量从对方区域扩散过来的载流子,这些载流子因电场方向改变没有办法继续扩散,就积累在耗尽区边缘,如图 2.3.7 所示。此时 PN 结内外电场方向一致,会促使这些积累的载流子发生漂移,因为扩散所积累的载流子数量较多,所以反向电流较大。随着时间的推移,积累的载流子逐渐消散,反向电流逐渐恢复到正常值。

当二极管外加电压由反偏变为正偏时(称二极管由“关”态→“开”态),因反偏时电流主要是少子的漂移电流,因为几乎没有载流子积累,需要的恢复时间极短,所以二极管在开关应用时主要考虑由“开”态→“关”态时的反向恢复时间。从上述分析可以看出,二极管扩散电容越小,反向恢复时间就越短,状态切换时间就越快,二极管的工作频率就越高。

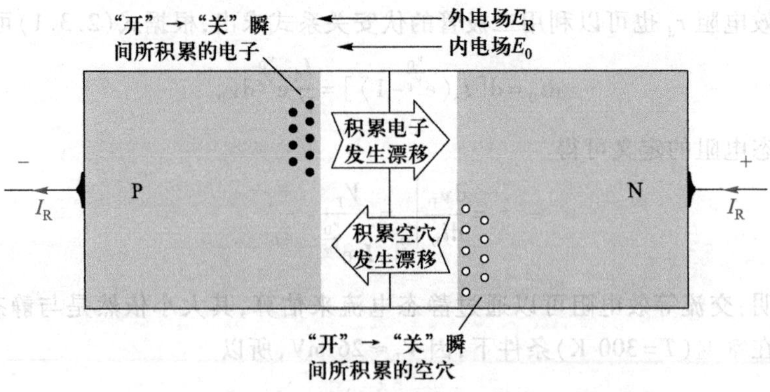

图2.3.7　二极管由"开"到"关"时内部载流子的变化

2. 极限参数

（1）最大允许反向工作电压 V_{RM}

为了避免二极管反向工作时发生击穿，同时留有一定的余量，需要对反向电压进行限制，这个值就是最大允许反向工作电压 V_{RM}。通常，器件厂商给出的 V_{RM} 要比二极管实际的反向击穿电压要小，一般 V_{RM} 取反向击穿电压 V_{BR} 的二分之一。

（2）最大整流电流 I_F

I_F 是指二极管长期运行时，允许通过的最大正向平均电流。如果使用时超过此值，二极管将会因过热而烧毁。I_F 的大小取决于PN结面积、材料以及散热情况。

（3）最大允许功率损耗 P_M

P_M 是应用二极管时，对二极管两端直流电压电流乘积的限制。如果实际乘积超过此值，会造成二极管烧毁。

2.3.3　实现特殊功能的半导体二极管

1. 稳压二极管

稳压二极管是常用的一种稳压器件，也称为齐纳二极管。它利用了PN结反向击穿后电流可以在较大范围内变化，而反偏电压的变化范围很小的特点进行稳压。通过调整掺杂浓度，可以控制PN结的击穿电压，进而可以制成各种型号的稳压二极管，其图形符号如图2.3.8(a)所示。

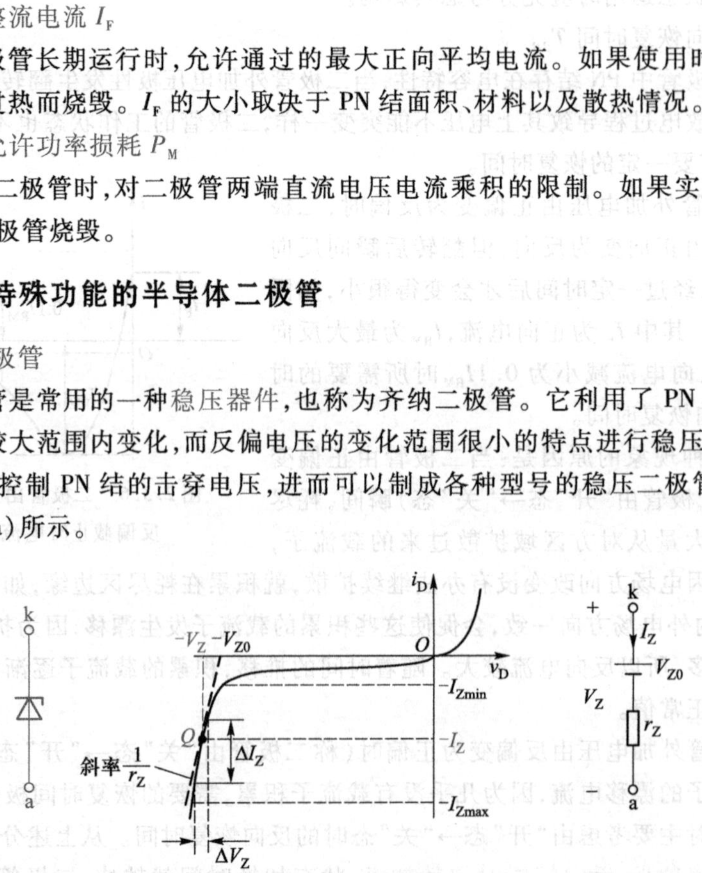

图2.3.8　稳压二极管

图 2.3.8(b)所示为稳压二极管的特性曲线,为了能让稳压管工作于正常稳压状态,其反向电流的数值必须介于 I_{Zmin} 和 I_{Zmax} 之间。如果反向电流过小,稳压二极管可能无法进入击穿区;如果电流过大,则有可能发生热击穿而烧毁器件。图中 Q 点为某稳压二极管工作点,对应的反向电流和电压分别是 I_Z 和 V_Z,当电流有一个较大的变化量 ΔI_Z 时,引起的电压变化量 ΔV_Z 却很小,也就是此时稳压管上的反向电压几乎保持 V_Z 不变。通常稳压二极管反向击穿后,电流在 I_{Zmin} 和 I_{Zmax} 变化时,对应的电压变化范围很小,因此认为 V_Z 就是二极管的反向击穿电压。从图中还可以看出,动态电阻 r_z 越小,曲线越陡峭,稳压效果越好。r_z 可看作是 Q 点切线斜率的倒数,这条切线与横轴交点对应的电压数值为 V_{Z0},这样就可以将稳压管等效为图 2.3.8(c)所示的电路。一般情况下,当 V_Z 的值较大时,r_z 的值很小,可以忽略其影响,认为稳压管工作时其两端电压为恒定值。

2. 发光二极管(LED)

发光二极管通常用砷化镓或磷化镓等元素周期表上Ⅲ、V族元素的化合物制成,其PN 结中的自由电子和空穴在复合过程中,会以光子的形式释放能量,因此在通过正向电流时就能发光,发光的波长取决于使用的基本材料。如果发出的是可见光,称为可见光发光二极管;如果发出的是红外线,则称为红外发光二极管。发光二极管的图形符号如图 2.3.9 所示,其工作电流一般在几毫安到十几毫安之间。

图 2.3.9 发光二极管图形符号

发光二极管目前已广泛应用于各种电子电路、家用电器、仪表、数码产品等设备中,作为电源指示或状态显示器件。除了单个使用外,也常制成特殊形状来显示字符,例如数码管、矩阵式显示屏等。此外,发光二极管还作为光电转换器件广泛地应用于光纤通信系统中。

3. 光电二极管

光电二极管是一种能将光能转化为电能的半导体器件,常用来将光信号转换为电信号。它的管壳上具有能够接收外部光照的玻璃窗口,其 PN 结面积一般较大,PN 结的结深较浅(一般小于 1 μm),以便接收入射光照。光电二极管工作时采用 PN 结反偏的方式。反偏时,PN 结没有光照时反向饱和电流很小,耗尽区较宽;受到光照时,耗尽区本征激发加剧,本征激发形成的载流子会在反偏电场的作用下形成较大的反向电流,其反向电流与照度成正比,灵敏度的典型值为 0.1 μA/lx(lx 为照度 E 的单位)数量级。图 2.3.10 所示为光电二极管的图形符号和特性曲线。

(a) 图形符号

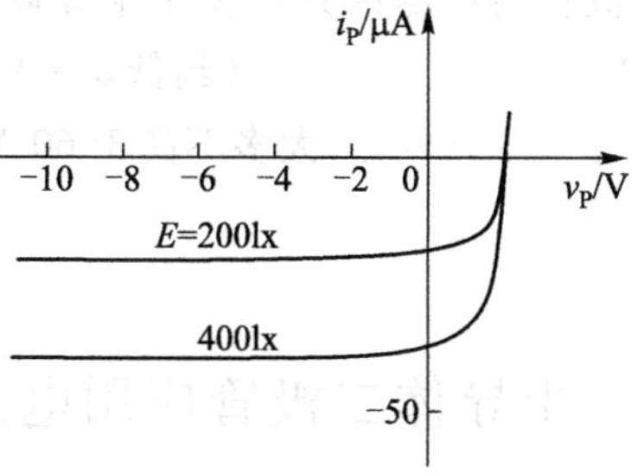

(b) 特性曲线

图 2.3.10 光电二极管

4. 变容二极管

如前所述,PN 结具有电容特性,其势垒电容随反偏电压增加而减小,利用这种特性制作的二极管称为变容二极管,图 2.3.11 所示为变容二极管的图形符号和典型特性曲线。一般二极管往往希望结电容尽量小,但变容二极管却是要利用结电容。对于不同型号的变容二极管,电容最大值不同,一般在 5~300 pF 之间。变容二极管工作时采用 PN 结反偏方式,其结电容与反偏电压的关系由式(2.2.2)决定。目前,变容二极管的应用已经非常广泛,例如电视机中的电子调谐器,就是通过控制直流电压来改变变容二极管的结电容,进而改变谐振频率,实现频道的选择。

5. 肖特基二极管(SBD)

除了 P 型半导体与 N 型半导体可以形成 PN 结外,一些金属如铝、金、钼、镍、钛等,在与半导体材料接触时,当满足一定的条件下也可以在交界面处形成势垒,从而构成类似 PN 结的结构。所形成的势垒称为肖特基势垒,利用该势垒制作的二极管称为肖特基二极管,也称为金属–半导体结二极管或表面势垒二极管。图 2.3.12 中为肖特基二极管的图形符号,其阳极 a 端对应连接的是金属,阴极 k 端对应连接的是半导体。

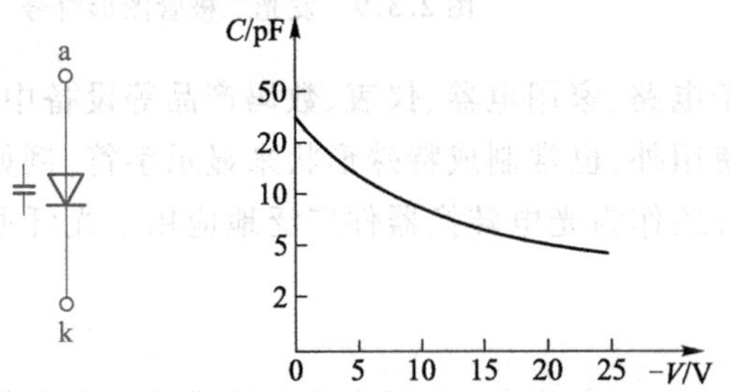

(a) 图形符号　(b) 电容与电压的关系曲线

图 2.3.11　变容二极管

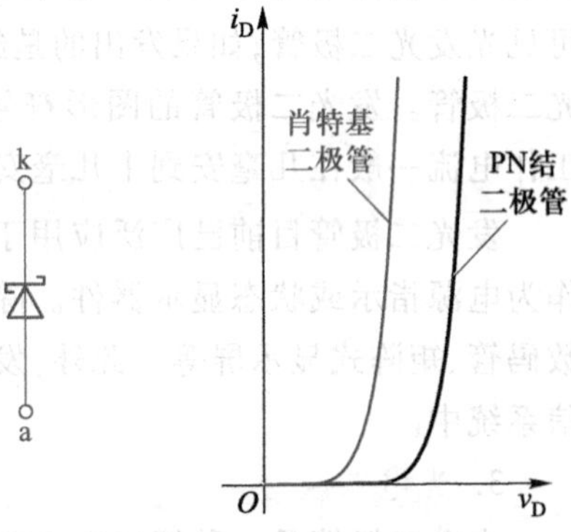

(a) 图形符号　(b) 特性曲线

图 2.3.12　肖特基二极管

肖特基二极管具有类似 PN 结二极管的伏安特性,其伏安关系同样满足式(2.2.1),但与 PN 结二极管相比具有两个重要的差别。第一,由于肖特基二极管是一种利用多数载流子导电的器件,不存在少子在耗尽区边缘积累和消散的过程,因此结电容非常小,反向恢复时间极短,工作速度非常快,特别适合于高频和开关状态应用。第二,因为金属是良导体,所以肖特基二极管的耗尽区只存在于半导体一侧。耗尽区相对较薄,因而其正向导通时的门限电压要比 PN 结二极管低(约低 0.2 V),如图 2.3.12(b)所示。但也因为耗尽区薄,所以反向击穿电压比较低,大多不高于 60 V,而且反向漏电流要比 PN 结二极管大。

2.4　半导体二极管应用电路及分析方法

PPT 2.4
二极管应用电路

利用二极管和其他电子元器件可以构成整流电路、稳压电路、温度补偿电路、开关电路等多种实用电路。但不同于电阻等线性元件，二极管是一种非线性器件，由它构成的各种功能电路具有分析方法上的特殊性，因此本节从简单二极管电路入手，通过对图解分析法和常用的工程分析方法的阐述，介绍二极管的几种典型应用电路。

2.4.1 二极管电路的图解分析法

图解分析法比较直观，需要已知非线性器件的伏安特性，下面通过一个具体例子对其进行说明。

【例 2.4.1】 二极管电路如图 2.4.1 所示，图中 V_{DD}为直流电压源，v_S 为交流电压源，$v_S=V_m\sin\omega t$ (V)，$V_m\ll V_{DD}$，R 为限流电阻，试分析二极管 D 两端的电压 v_D 和流过二极管的电流 i_D。

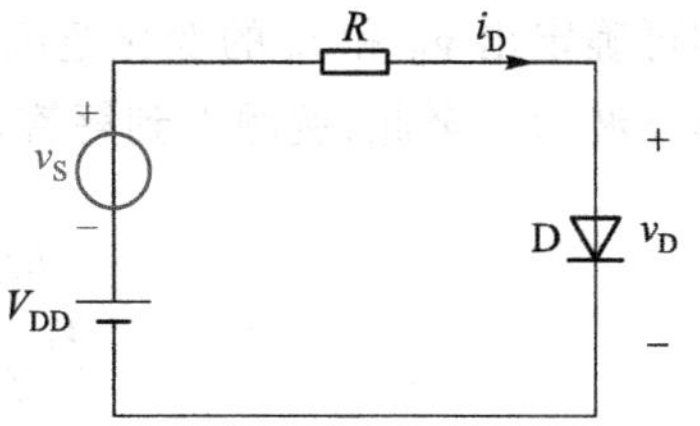

图 2.4.1 例 2.4.1 电路

解 理论上，根据电路结构，可以列出该电路的回路电压(KVL)方程

$$v_D=(V_{DD}+v_S)-i_DR$$

再联立二极管的伏安关系式(2.3.1)，就可将 v_D 和 i_D 求解出。但是二极管的伏安关系式近似是一个指数关系式，求解过程比较繁琐，因此这种方法一般并不常用。

如果已知二极管的伏安特性曲线，则可以用图解的方法进行分析。当 $v_S=0$ 时，电路中仅有直流电流，其直流电路如图 2.4.2(a)所示，可以将此时的电路看成线性和非线性两部分，非线性部分伏安关系就是二极管的伏安特性，而线性部分(沿图中虚线)的端口伏安关系式为

$$v_D=V_{DD}-i_DR$$

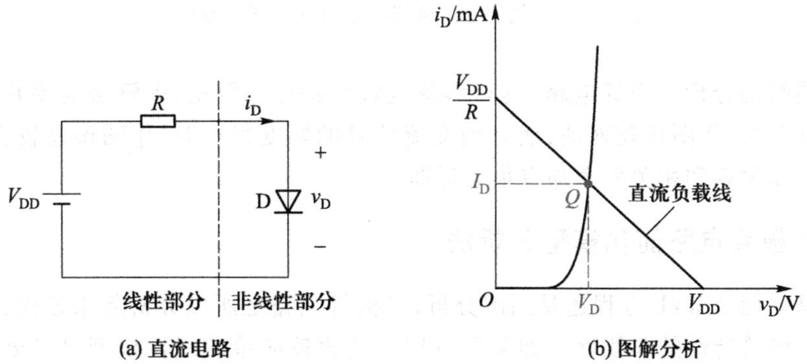

(a) 直流电路　(b) 图解分析

图 2.4.2 例 2.4.1 电路静态工作点的图解分析

如果将上式画到图 2.4.2(b)坐标系中，就是一条直线，我们将其称为直流负载线。直流负载线和二极管特性曲线的交点 Q 称为静态工作点。Q 点对应的电流、电压值就是需要求解的 I_D、V_D。这样，通过两点作图的方法做出直流负载线，确定出其与特性曲线的交点，直接从图中读出交点对应的电压、电流值，可以避免繁琐的解方程过程。

刚才只是考虑了直流电源 V_{DD}单独作用时的情况，如果增加了交流电源 v_S，情况又将如何呢？因为 $v_S=V_m\sin\omega t$，是交流信号，不同的时刻 t 对应的值不同，所以交流负载线对应到 I–V 坐标系中应是一系列直线，虽然无法全部画出，但可以定出其范围。当 v_S 等于

正负峰值，即$+V_m$和$-V_m$时，可以得到以下两式

$$v_D=(V_{DD}+V_m)-i_DR$$

$$v_D=(V_{DD}-V_m)-i_DR$$

上述两式在$I-V$坐标系中对应的两条直线就是交流信号变化的范围，如图2.4.3中虚线所示，它们与二极管伏安特性曲线的交点分别为Q'和Q''。也就是说，在不同的时刻t，v_S的瞬时值不同，v_D和i_D的瞬时值也不同，对应负载线与特性曲线的交点不同（这些点称为工作点）。但可以肯定的是，这些点是在Q'和Q''之间进行变化的。由Q'和Q''点即可确定出v_D和i_D的变化范围，求出其变化量Δv_D、Δi_D，进而甚至可以画出v_D和i_D的具体波形。至此，例题得到解答。

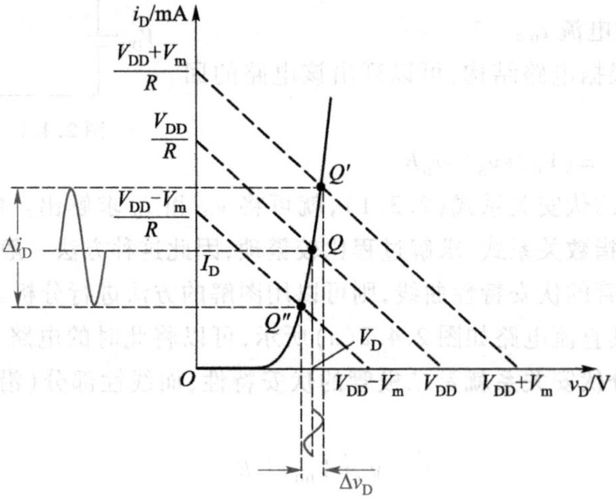

图2.4.3　例2.4.1电路动态情况的图解分析

利用图解法分析二极管电路，具有形象直观的特点。但是，图解法需要知道二极管的伏安特性曲线，作图比较繁琐，而且当交流信号的幅度很小时，作图误差较大，但它对理解电路工作原理和相关概念却有很大帮助。

2.4.2　二极管电路简化模型分析法

无论是采用解KVL方程还是图解分析，二极管电路之所以分析起来显得比较复杂，其根源是二极管特性的非线性。如果可以用一些比较简单的线性模型对二极管的特性进行近似，将会极大简化分析过程，这种思路称为简化模型分析法。常用的简化模型有四种：理想模型、恒压降模型、折线模型和小信号模型，下面分别进行介绍。

1. 理想模型

理想模型建立的原理如图2.4.4(a)所示。其中虚线代表实际二极管的伏安特性曲线，实线表示理想化后的特性。该模型的含义是：当二极管正偏时即导通，导通后等效电阻为零，相当于短路或是闭合的开关；当二极管反偏时即截止，截止后等效电阻无穷大，电流为零，相当于开路或开关断开，如图2.4.2(c)、(d)所示。理想模型是对二极管单向导电性的粗略近似，在实际中，当电源电压远比二极管的管压降大时，利用该模型进行分析是完全可行的。

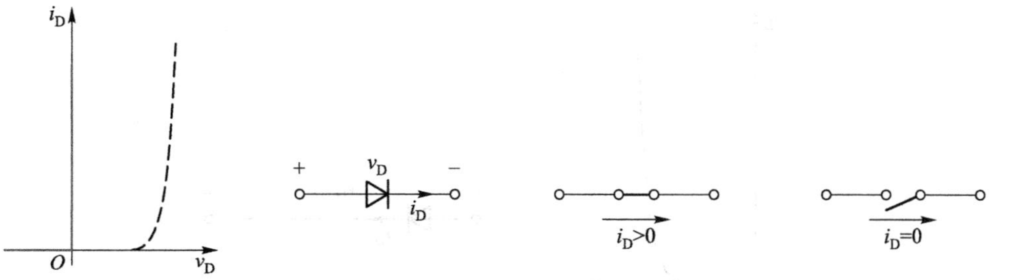

(a) 伏安特性 (b) 图形符号 (c) 正偏时的电路模型 (d) 反偏时的电路模型

图 2.4.4 二极管的理想模型

2. 恒压降模型

恒压降模型也称为管压降模型。其建立的基本思路是：当二极管上的正偏电压达到二极管导通压降 V_D 时，二极管导通，此后保持这一管压降不变，管压降对硅管而言为 0.7 V，锗管为 0.2 V；当二极管反偏或正偏电压达不到管压降时，二极管是截止的，等效电阻无穷大。恒压降模型的建立原理及等效电路模型如图 2.4.5 所示。恒压降模型是在二极管实际工作基础上对其伏安特性的合理近似，是工程估算中应用最广的一种模型。

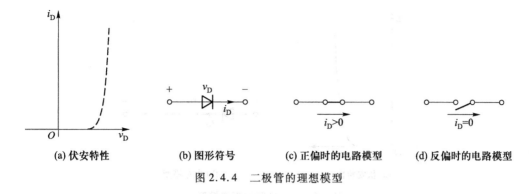

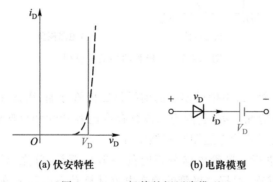

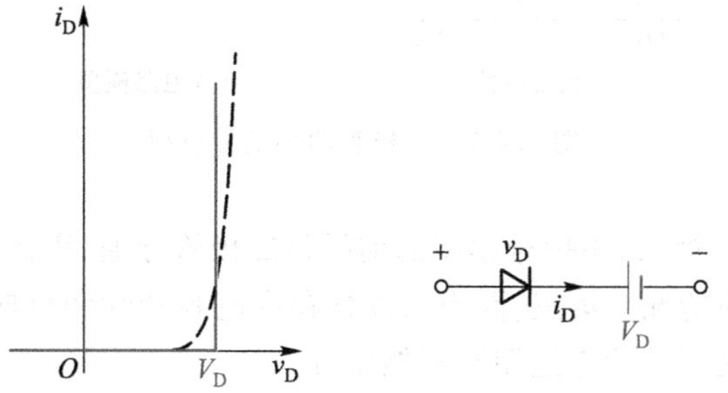

(a) 伏安特性 (b) 电路模型

图 2.4.5 二极管的恒压降模型

3. 折线模型

折线模型是在恒压降模型基础上修正得来的，它比恒压降模型更接近管子的特性。其基本思路是：当二极管正偏电压达到门限电压时，二极管导通，但导通之后管压降不再恒定，而是随二极管电流的增加而线性增加，图中电流随电压增加而线性增加的一段，可以理解为一个电阻，因此在其电路模型中，用一个电池和一个电阻 r_D 来表示，如图 2.4.6(b)所示。这个电池的大小即为门限电压 V_{th}。至于 r_D 的值，可以这样来估算：当通过二极管的电流为 1 mA 时，管压降为 0.7 V，因此 $r_D=(0.7\ V-0.5\ V)/1\ mA=200\ \Omega$。

4. 小信号模型

小信号模型的含义是：当二极管工作在交流小信号时，将二极管等效为一个非线性电阻，即上节中所说的动态电阻 r_d，如图 2.4.7(a)所示。关于小信号模型需要注意以下三点。第一，r_d 的大小与 Q 的位置有关，Q 的位置不同，r_d 的大小不同，因此使用小信号模型需要先确定静态工作点的位置，即先获取直流情况下二极管上的电压和电流。r_d 的

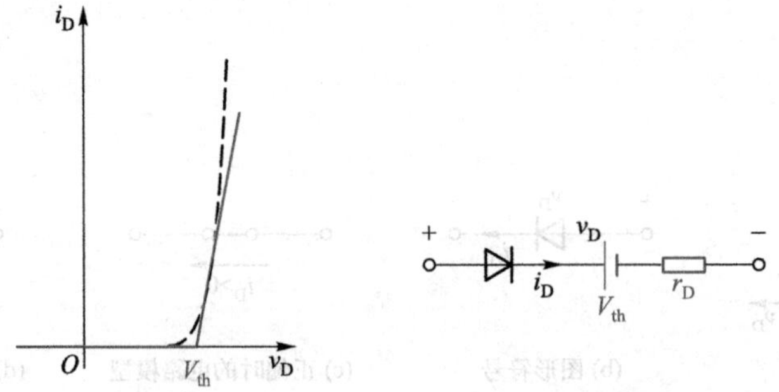

(a) 伏安特性　　(b) 电路模型

图 2.4.6　二极管的折线模型

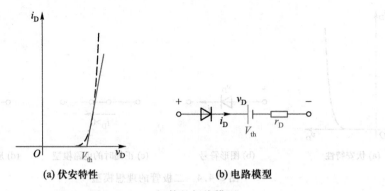

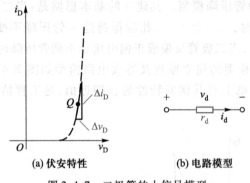

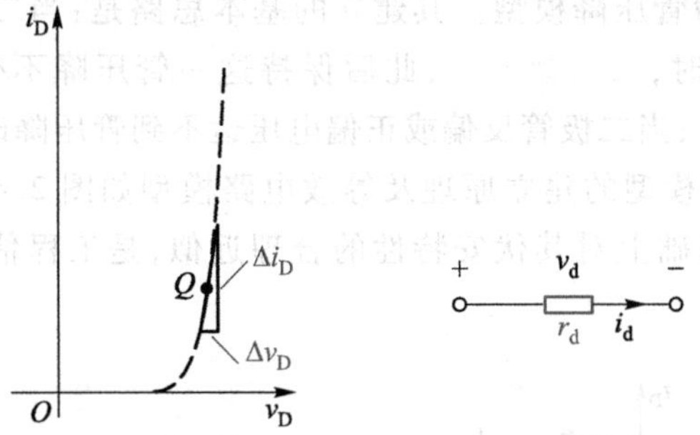

(a) 伏安特性　　(b) 电路模型

图 2.4.7　二极管的小信号模型

表达式见式(2.3.5)。第二,小信号模型的前提是二极管导通,因此主要用于二极管处于正向偏置,且 $v_D>V_{th}$ 的情况。第三,因为二极管存在电容特性和反向恢复时间,低频时可以不用考虑,但高频或开关状态运用时不能忽视。

利用小信号模型进行二极管电路分析时的一般步骤是:首先,计算电路的静态工作点,得出 V_D、I_D 的值;其次,根据二极管的静态电流计算动态电阻 r_d 的大小;再次,根据交流电源作用时电路的结构,求出相应的交流电压、电流;最后,将交流成分与直流成分进行叠加,得到完整的结果。

二极管的四种模型有其适用范围和条件,合理地选择模型是分析二极管电路的关键。下面仍然以图 2.4.1 所示电路为例进行分析。

【例 2.4.2】 电路如图 2.4.1 所示,其中 $V_{DD}=6\ \text{V}$,$v_S=V_m\sin\omega t\ \text{V}=0.2\sin\omega t\ \text{V}$,$R=4\ \text{k}\Omega$,试分析二极管 D 两端的电压 v_D。

解　第一种情况:V_{DD} 单独作用,此时电路的状态称为静态。可以利用恒压降模型将二极管替换掉,得到图 2.4.8(a)所示的电路,该电路只考虑了电路在直流电源作用下的状态,称为直流通路;在直流通路中,二极管正向偏置,则二极管上的直流电压 $V_D=0.7\ \text{V}$(假设为硅管),流过二极管的直流电流 $I_D=(V_{DD}-V_D)/R=1.325\ \text{mA}$。

第二种情况:v_S 单独作用,此时电路的状态称为动态。因为 $V_m\ll V_{DD}$,可以利用小信号模型将二极管等效为动态电阻 r_d,得到图 2.4.8(b)所示的电路。该电路只考虑了电路交流信号作用下的情况,称为交流通路。

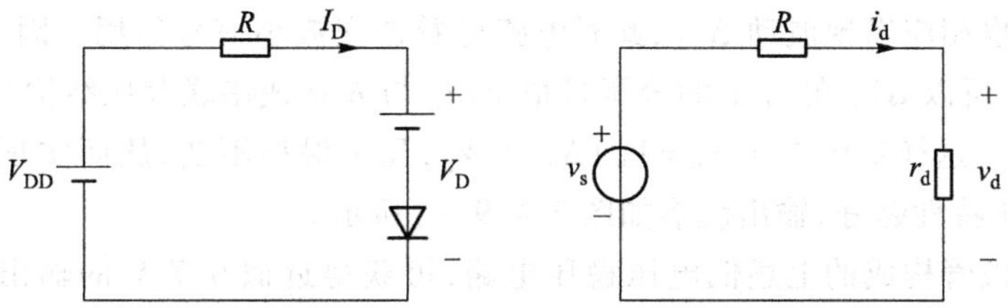

(a) 直流通路　　(b) 交流通路

图 2.4.8　例 2.4.2 的分析电路

由式(2.3.5)计算得

$$r_d \approx \frac{26\ \text{mV}}{I_D} \approx 20\ \Omega$$

进一步可根据 r_d 与 R 的分压关系计算得到 r_d 上的交流电压

$$v_d = \frac{r_d}{r_d + R} v_s = \frac{r_d}{r_d + R} V_m \sin \omega t \approx 0.005 \sin \omega t\ \text{V}$$

综合上述两种情况,二极管上的电压近似应为直流分量与交流分量之和,即

$$v_D = V_D + v_d = (0.7 + 0.005 \sin \omega t)\ \text{V}$$

此外,对于该电路,可以将 v_S 看作是直流电源 V_{DD} 的波动,即 V_{DD} 在 6 V 基础上有 0.2 V 的波动,而二极管导通后,其两端电压只有 0.005 V 波动,基本保持 0.7 V 不变,从这个角度讲,该电路实现了低电压稳压的功能。

2.4.3　二极管典型应用电路

1. 低电压稳压电路

低电压稳压电路如图 2.4.9(a)所示,其中 V_I 为某直流电源电压,V_O 为电路的输出电压,R 为限流电阻,"⊥"为接地符号,表示零电位点。图 2.4.9(a)是电子电路的一种习惯简化画法。

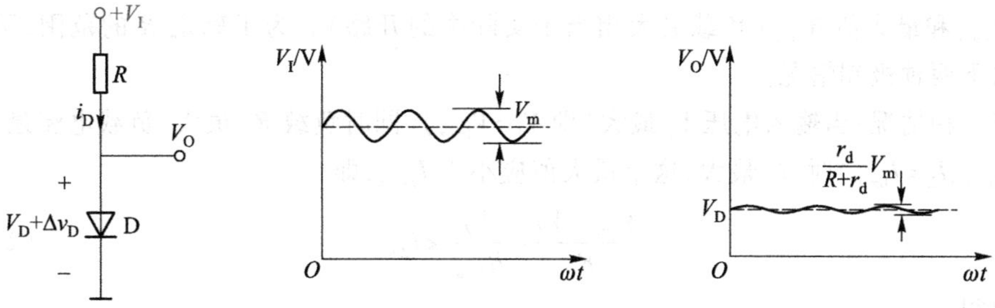

(a) 电路结构　　(b) 输入波形　　(c) 输出波形

图 2.4.9　二极管低电压稳压电路

电子电路中的直流电源大多由电网电压变换得到,理想情况下是恒定不变的,但实际中因电网电压波动等因素影响,V_I 会有所波动,其波动分量用 ΔV_I 表示,可理解为附加在直流成分 V_I 上的交流分量。设 ΔV_I 的峰-峰值最大为 V_m,如图 2.4.9(b)所示。为了形象说明,图中 ΔV_I 画为正弦波,实际 ΔV_I 波形是任意的。当 V_I 无波动时,V_I 达到二极管 D 导通管压降,二极管导通,导通后保持管压降 V_D 不变;当 V_I 出现 ΔV_I 波动时,二极

管两端的电压也相应出现波动 Δv_D，此时电路可看作交流小信号作用。因为二极管的动态电阻 r_d 很小，所以 ΔV_I 在 r_d 上的分压量很小（r_d 与 R 构成串联分压结构），即 r_d 上的波动 Δv_D 会很小。这样输出电压 $V_O=V_D+\Delta v_D\approx V_D$，几乎保持不变，从而实现稳压功能，而且 r_d 越小，稳压特性越好，输出波形如图 2.4.9(c) 所示。

利用硅二极管构成的上述低电压稳压电路，可获得近似 0.7 V 的输出电压，如果采用几只二极管串联的方式，则可以获得 1 V 以上的输出电压。

2. 稳压二极管构成的稳压电路

低电压稳压电路利用的是普通二极管导通后动态电阻小、管压降恒定的特性，而由稳压管构成的稳压电路则是利用了器件的反向击穿特性（见图 2.3.8），典型电路如图 2.4.10 所示。图中 V_I 为待稳定的输入电压，R 为限流电阻，R_L 为负载电阻，R_L 上的电压 V_O 为输出电压。

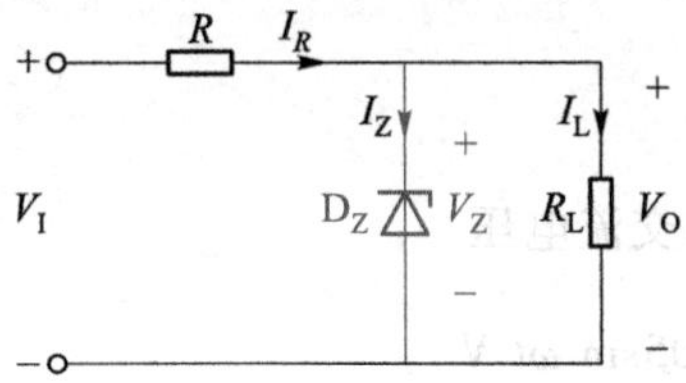

图 2.4.10　稳压二极管构成的稳压电路

该电路稳压的基本原理是：当 V_I 波动或 R_L 变化时，会引起稳压管 D_Z 上的电流 I_Z 发生变化，只要 I_Z 不超出 I_{Zmin} 到 I_{Zmax} 的范围，就能保证 D_Z 两端的电压依然保持其稳定电压 V_Z 不变，即输出电压 V_O 保持 V_Z 不变。为了保证 $I_{Zmin}<I_Z<I_{Zmax}$，需要选择合适的限流电阻值，以保证稳压电路正常工作，R 太小，可能会使 I_Z 过大，烧毁稳压管；R 太大，可能会使 I_Z 过小，稳压管无法反向击穿。

根据电路结构，可列出 R 的表达式

$$R=\frac{V_I-V_Z}{I_Z+I_L} \tag{2.4.1}$$

适当变形后可得 I_Z 的表达式

$$I_Z=\frac{V_I-V_Z}{R}-\frac{V_Z}{R_L} \tag{2.4.2}$$

实际应用中，V_I 会有所波动，即 V_I 存在最大值 V_{Imax} 和最小值 V_{Imin}，负载 R_L 也存在最小值 R_{Lmin} 和最大值 R_{Lmax}（负载最大相当于实际中的开路）。为了确定 R 的范围，可分别考虑以下两种极端情况。

第一种情况：当输入电压 V_I 最大（即 $V_I=V_{Imax}$），同时负载 R_L 最大、负载电流最小（即 $R_L=R_{Lmax}$、$I_L=I_{Lmin}$）时，I_Z 最大，这个最大值应小于 I_{Zmax}，即

$$\frac{V_{Imax}-V_Z}{R}-\frac{V_Z}{R_{Lmax}}<I_{Zmax} \tag{2.4.3}$$

解得

$$R>\frac{V_{Imax}-V_Z}{I_{Zmax}R_{Lmax}+V_Z}R_{Lmax}=R_{min} \tag{2.4.4}$$

第二种情况：当输入电压 V_I 最小（即 $V_I=V_{Imin}$），同时负载 R_L 最小、负载电流最大（即 $R_L=R_{Lmin}$、$I_L=I_{Lmax}$）时，I_Z 最小，这个最小值应大于 I_{Zmin}，即

$$\frac{V_{Imin}-V_Z}{R}-\frac{V_Z}{R_{Lmin}}>I_{Zmin} \tag{2.4.5}$$

解得

$$R<\frac{V_{\text{Imin}}-V_{\text{Z}}}{I_{\text{Zmin}}R_{\text{Lmin}}+V_{\text{Z}}}R_{\text{Lmin}}=R_{\max} \tag{2.4.6}$$

综合以上两式可得 R 的取值范围

$$\frac{V_{\text{Imax}}-V_{\text{Z}}}{I_{\text{Zmax}}R_{\text{Lmax}}+V_{\text{Z}}}R_{\text{Lmax}}<R<\frac{V_{\text{Imin}}-V_{\text{Z}}}{I_{\text{Zmin}}R_{\text{Lmin}}+V_{\text{Z}}}R_{\text{Lmin}} \tag{2.4.7}$$

关于稳压二极管构成的稳压电路,还需要注意以下三点。

第一,分析电路时,应首先判断稳压管能否处于反向击穿状态(稳压状态)。判断的方法是:先假设稳压管截止(即稳压管所在的支路开路),看电源电压的分压值能否达到稳压管的击穿电压,若能达到,再按照稳压电路进行分析计算;否则,说明稳压管反向截止,按照一般二极管进行处理。

第二,限流电阻的确定可根据上述式子,但如果计算发现 $R_{\min}>R_{\max}$,说明稳压管对应 I_{Z} 的范围太小,则需要更换为 I_{Zmax}更大的稳压管。实际中有时也会先确定一个限流电阻的值,再计算符合条件的 I_{Zmin}、I_{Zmax},最后再根据 V_{Z}、I_{Zmin}、I_{Zmax}合理地选择稳压管型号。

第三,设计电路时,除了要考虑稳压管 I_{Z} 范围、稳定电压值 V_{Z}、限流电阻理论值外,还应该考虑稳压管最大耗散功率 P_{ZM}、电阻标称值、电阻额定功率等因素。

【例 2.4.3】 电路结构如图 2.4.10 所示,具体参数为 $V_{\text{I}}=15$ V、$V_{\text{Z}}=6$ V、$R_{\text{L}}=1$ kΩ、$R=4$ kΩ,求输出电压 V_{O} 和负载上的电流 I_{L}。

分析:若根据电路结构,因为 $V_{\text{I}}>V_{\text{Z}}$,所以这就是一个能正常工作的稳压电路,则很容易得出 $V_{\text{O}}=V_{\text{Z}}=6$ V,$I_{\text{L}}=V_{\text{O}}/R_{\text{L}}=6$ mA 的错误结论。如果 $I_{\text{L}}=6$ mA,则 R 上的电压最小为 4 kΩ×6 mA=24 V,则 V_{I} 等于 R 上的电压与 V_{O} 之和,即 $V_{\text{I}}=24$ V+6 V=30 V,显然这和 $V_{\text{I}}=15$ V 是矛盾的。所以,$V_{\text{I}}>V_{\text{Z}}$ 并不一定能够保证稳压管处于反向击穿状态,正确的方法是先判断稳压管能否正常稳压,然后再进行相关计算。

解 假设 D_{Z} 截止,此时 D_{Z} 两端的分压值(即 R_{L} 上的电压)为 3 V,根本达不到 D_{Z} 的反向击穿电压 V_{Z},说明 D_{Z} 处于反向截止状态。因此 V_{O} 应是 V_{I} 在 R_{L} 上的分压值,故 $V_{\text{O}}=3$ V,$I_{\text{L}}=V_{\text{O}}/R_{\text{L}}=3$ mA。

3. 限幅电路

限幅电路是能够对输出信号幅度进行限制的一类电路,也称为削波电路。根据其具体的限幅形式,可分为上限幅电路、下限幅电路和双向限幅电路。典型二极管限幅电路如图 2.4.11(a)所示,v_{i} 为交流输入信号,$v_{\text{i}}=V_{\text{m}}\sin\omega t$ V,V_{REF}为直流电压源($V_{\text{m}}>V_{\text{REF}}$)。

假设 D 为理想二极管,根据电路结构可分析得出:当 $v_{\text{i}}\geqslant V_{\text{REF}}$时,二极管导通,导通后管压降等于零,此时输出电压 $v_{\text{O}}=V_{\text{REF}}$;当 $v_{\text{i}}<V_{\text{REF}}$时,二极管截止,$v_{\text{O}}=v_{\text{i}}$。由此可以定性画出 v_{O} 的波形如图 2.4.11(b)所示。从图中可以看出,v_{i} 幅度值超过 V_{REF}的部分被限制掉,因此该电路属于上限幅电路。相应地,所谓下限幅电路就是只对信号负半周的幅度进行限制,双向限幅就是对正、负半周的幅度都进行限制的电路。当然,上述分析中使用的是二极管的理想模型,如果采用恒压降模型,则当 $v_{\text{i}}-V_{\text{REF}}\geqslant V_{\text{D}}$(二极管管压降)时,二极管导通,$v_{\text{O}}=V_{\text{REF}}+V_{\text{D}}$,反之二极管截止,$v_{\text{O}}=v_{\text{i}}$。最终的波形应该是 v_{i} 超过($V_{\text{REF}}+V_{\text{D}}$)的部分被“削去”。

二极管限幅电路并非只有上述一种,通过改变 V_{REF}的极性、大小,变换二极管的接法,增加二极管支路等方法,可以获得不同限幅特性的具体电路。

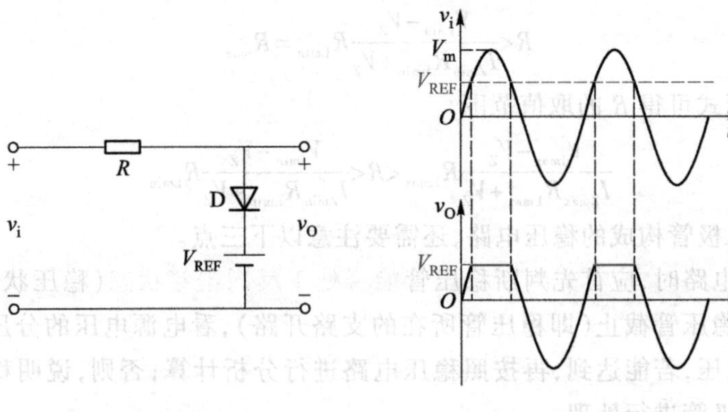

(a) 电路结构　　　　(b) 输入输出波形

图 2.4.11　二极管限幅电路

4. 整流电路

整流电路是小功率直流稳压电源中重要的组成部分，通常由二极管电路构成。所谓整流，是指将交流信号变为直流信号。一种简单的二极管半波整流电路如图 2.4.12 所示。图中 v_i 为正弦交流输入信号，$v_i=V_m\sin\omega t$ V。

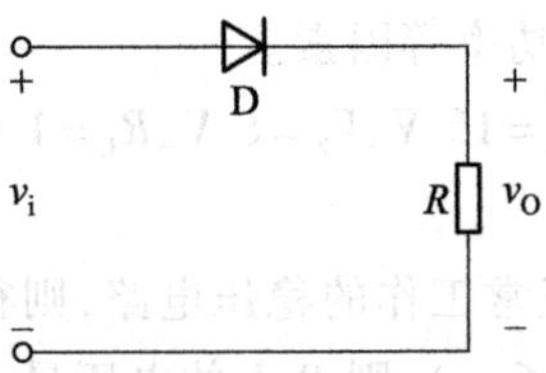

图 2.4.12　二极管半波整流电路

假设二极管是理想的，根据电路结构可知：在 v_i 的正半周期内（$v_i>0$ 时），二极管正偏导通，输出电压 $v_O=v_i$；在 v_i 的负半周内（$v_i<0$ 时），二极管反偏截止，输出电压 $v_O=0$。这样可以画出 v_O 的波形如图 2.4.13(a)所示。如果采用二极管的恒压降模型，也可以得出类似的结论：当 $v_i>V_D$（二极管导通电压），二极管正偏导通，输出电压 $v_O=v_i-V_D$；当 $v_i<V_D$（包括 $v_i<0$）时，二极管截止，输出电压 $v_O=0$。此时 v_O 的波形如图 2.4.13(b)所示。

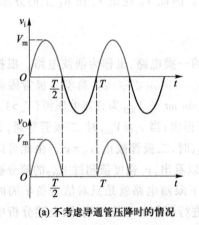

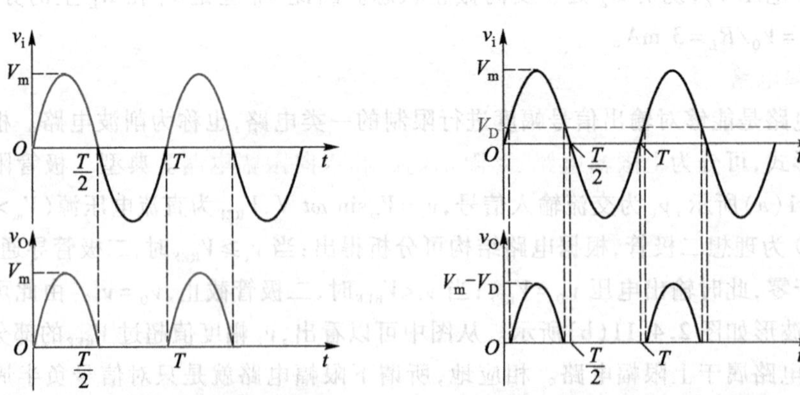

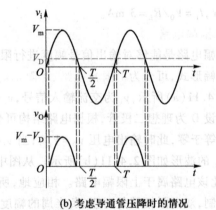

(a) 不考虑导通管压降时的情况　　　　(b) 考虑导通管压降时的情况

图 2.4.13　半波整流电路的输入输出波形

从 v_i 和 v_O 的波形对比可以看出，输入信号 v_i 为交流，即其幅值有正有负，平均值为零；输出信号 v_O 的幅值虽然不恒定，但均大于等于零，其平均值大于零，因此属于直流信号（尽管与理想“直流”相比，特性较差）。基于此，该电路可实现整流的功能。另外，从输出波形角度看，在 v_i 的一个周期内，仅半个周期有输出波形，因此该电路称为半波整流电路。

【例 2.4.4】 二极管桥式全波整流电路如图 2.4.14 所示，假设图中的二极管均是理想的，输入信号 v_i 为正弦信号，试定性画出输出信号 v_O 的波形。

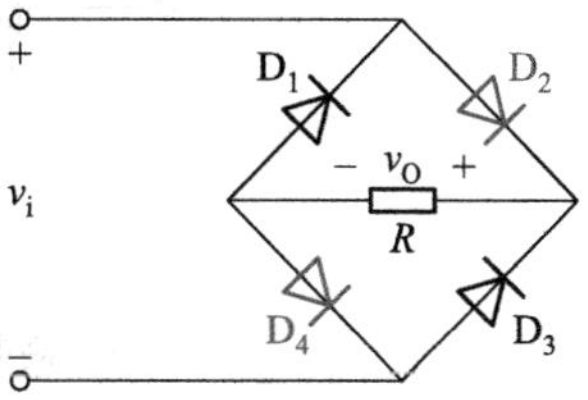

图 2.4.14 二极管桥式整流电路

解 在 v_i 的正半周内（即 $v_i>0$ 时），二极管 D_2、D_4 处于正偏状态，二极管 D_1、D_3 处于反偏状态，因此可认为 D_2、D_4 导通，D_1、D_3 截止，如图 2.4.15 所示。此时，v_O 的"+"端相当于同 v_i 的"+"相连，v_O 的"−"端相当于同 v_i 的"−"相连，因此 $v_O=v_i$。

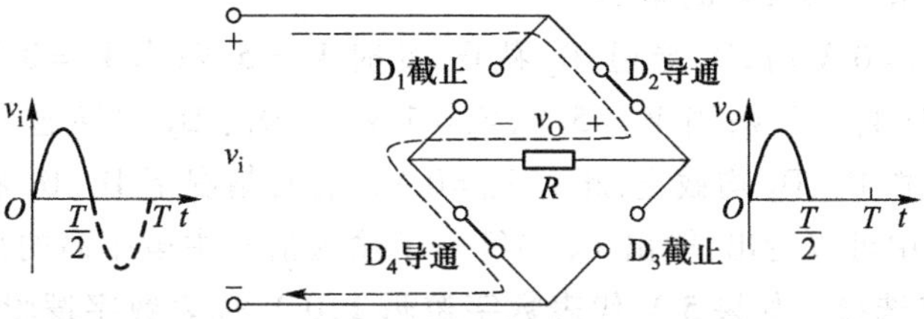

图 2.4.15 v_i 正半周内二极管桥式整流电路工作原理

在 v_i 的负半周内（即 $v_i<0$ 时），二极管 D_2、D_4 处于反偏状态，二极管 D_1、D_3 处于正偏状态，因此可认为 D_2、D_4 截止，D_1、D_3 导通，如图 2.4.16 所示。此时，v_O 的"+"端相当于同 v_i 的"−"相连，v_O 的"−"端相当于同 v_i 的"+"相连，因此 $v_O=-v_i$。

根据上述两种情况可画出 v_O 的波形如图 2.4.17 所示。在 v_i 的一个周期内，均有输出波形，因此该电路属于全波整流电路。

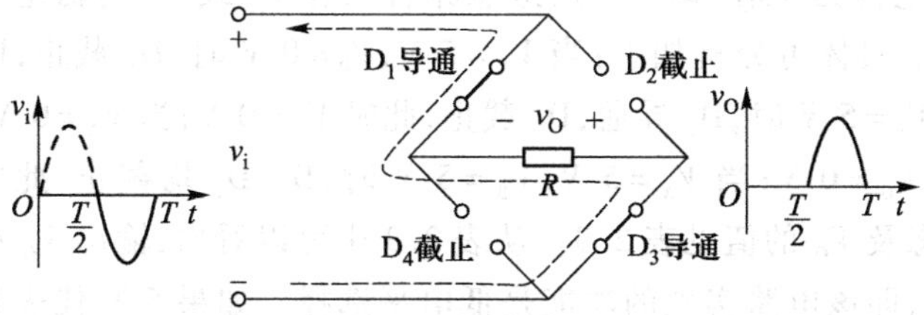

图 2.4.16 v_i 负半周内二极管桥式整流电路工作原理

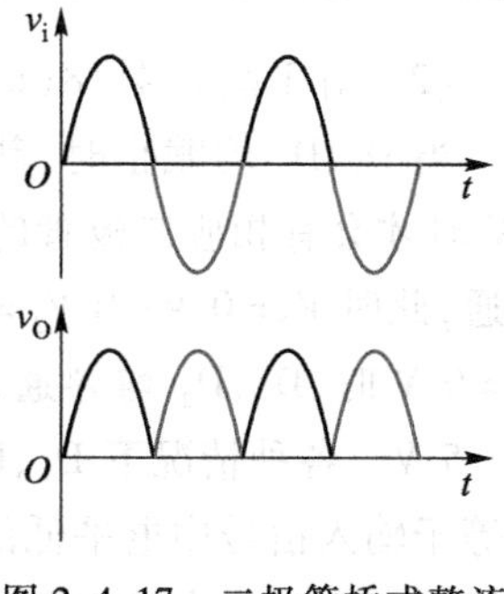

图 2.4.17 二极管桥式整流电路输入输出波形

5. 电平选择电路

电平选择电路是指能够从多路输入信号中选出最低电平或最高电平作为输出的电路，通常分为低电平选择电路和高电平选择电路。如果多路输入信号只有"高""低"电平两种状态，相当于数字逻辑 **1** 和 **0**，则电平选择电路可实现数字电路中的**与**、**或**逻辑运算。典型电平选择电路如图 2.4.18 所示，其中图 2.4.18(a)为高电平选择电路，图 2.4.18(b)为低电平选择电路。下面以例题形式对其功能进行分析。

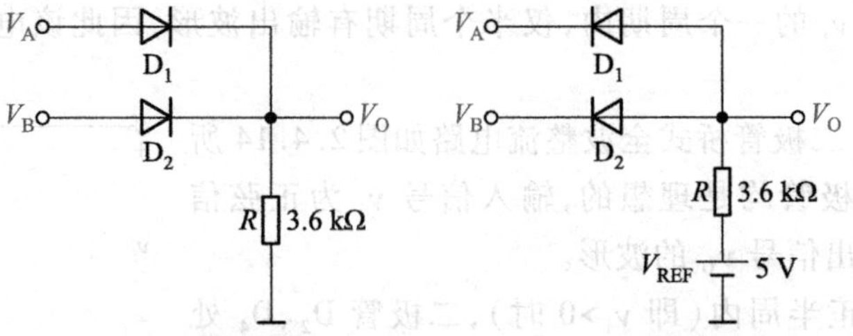

(a) 高电平选择电路　　(b) 低电平选择电路

图 2.4.18　电平选择电路

【例 2.4.5】 电路如图 2.4.18 所示,假设图中的二极管均是理想的。当 V_A、V_B 分别是 5 V 和 0 V 的不同组合时,分别求电路的输出 V_O 并分析电路功能。

解　(1) 对于图 2.4.18(a)电路

当 $V_A=5$ V,$V_B=0$ V 时,D_1 导通,D_2 截止,此时 $V_O=5$ V;当 $V_A=0$ V,$V_B=5$ V 时,D_1 截止,D_2 导通,此时 $V_O=5$ V;当 $V_A=5$ V,$V_B=5$ V 时,D_1、D_2 均导通,此时 $V_O=5$ V;当 $V_A=0$ V,$V_B=0$ V 时,D_1、D_2 均截止,此时 $V_O=0$ V。各种情况下 D_1、D_2 状态及 V_O 的值见表 2.2。从表 2.2 中可以看出,输出 V_O 始终等于输入信号中电平高的那个,即该电路实现的功能是高电平选择。如果 5 V 代表数字逻辑 **1**,0 V 代表数字逻辑 **0**,只要 V_A 和 V_B 中有一个为 **1**(高电平)时,输出就为 **1**(高电平),相当于数字电路中的**或**运算。

表 2.2　逻辑或运算

V_A/V	V_B/V	D_1 状态	D_2 状态	V_O/V
5	0	导通	截止	5
0	5	截止	导通	5
5	5	导通	导通	5
0	0	截止	截止	0

(2) 对于图 2.4.18(b)电路

当 D_1、D_2 均截止时,其正极电位为 V_{REF}(即 5 V),这意味着只有 V_A 或 V_B 为低电平 0 V 时才会有相应二极管的导通。具体可分析如下:当 $V_A=5$ V,$V_B=0$ V 时,D_1 截止,D_2 导通,此时 $V_O=0$ V;当 $V_A=0$ V,$V_B=5$ V 时,D_1 导通,D_2 截止,此时 $V_O=0$ V;当 $V_A=0$ V,$V_B=0$ V 时,D_1、D_2 均导通,此时 $V_O=0$ V;当 $V_A=5$ V,$V_B=5$ V 时,D_1、D_2 均截止,此时 $V_O=5$ V。各种情况下 D_1、D_2 状态及 V_O 的值见表 2.3。从表 2.3 中可以看出,输出 V_O 始终等于输入信号中电平低的那个,即该电路实现的功能是低电平选择。如果 5 V 代表数字逻辑 **1**,0 V 代表数字逻辑 **0**,V_A 和 V_B 中只要有一个为 **0**(低电平)时,输出就为 **0**(低电平),只有在两输入信号均为 **1** 时输出才为 **1**,这就相当于数字电路中的**与**运算。

表 2.3　逻辑与运算

V_A/V	V_B/V	D_1 状态	D_2 状态	V_O/V
5	0	截止	导通	0
0	5	导通	截止	0
0	0	导通	导通	0
5	5	截止	截止	5

在逻辑**与**、**或**电路的基础上，还可以利用二极管构建出更为复杂的数字逻辑。当电路中二极管数量较多时，直接判断其导通截止往往较困难，这时可以先假设二极管均是截止的，再由二极管两端电位判断是否导通，直至多个二极管状态之间没有矛盾出现，二极管状态和电位关系之间逻辑正确为止。

6. 检波电路

众所周知，常见的一些模拟信号如音频信号，因为频率较低无法直接进行无线传输，需要将其“搬移”到高频段才能传输，这个过程称为调制，常见的模拟调制方式有调频(FM)和调幅(AM)。相应地，在接收端将所需模拟信号“恢复”出来的过程称为解调，检波电路就是解调过程中常见的一种电路。由二极管构成的调幅波检波电路如图 2.4.19 所示，其中 D 为检波二极管，C_1 为高频滤波电容，C_2 为值较大的耦合电容(通常是电解电容)，R 为检波电路负载电阻，v_I 为输入的调幅波。调幅波可理解为幅度随调制信号(图中的音频信号)变化的高频载波信号，即高频载波的正向及负向幅度变化(包络)就是所需要“恢复”出的音频信号。

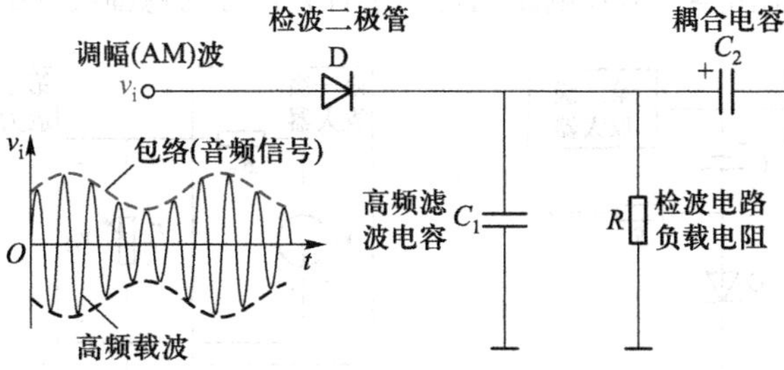

图 2.4.19　二极管检波电路

检波电路的基本原理如图 2.4.20 所示。二极管具有单向导电性，当 v_i 大于零(正半周)时，二极管导通，利用类似“整流”的作用，获取 v_i 正半周的信号；进一步，利用电容 C_1 对高频信号容抗小的特点滤除高频载波，得到附加在一定直流之上的音频信号，如图中的 v_{O2}；最后，利用耦合电容 C_2 隔直通交的特点，将直流分量隔离(滤除)掉，获取所需的音频信号。

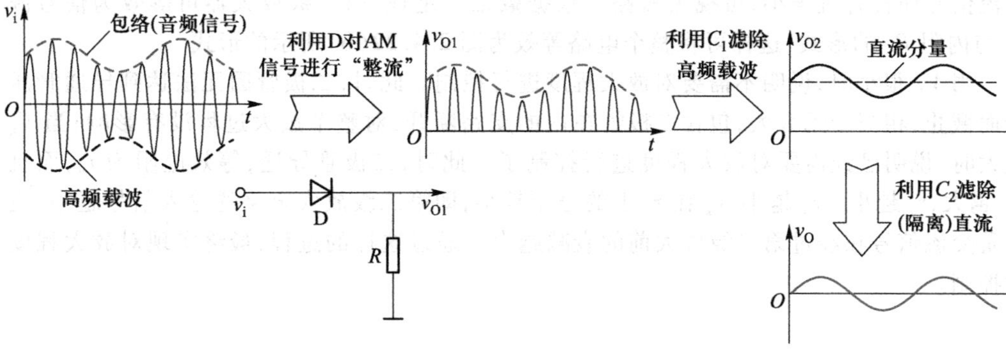

图 2.4.20　二极管检波电路工作原理

7. 电调谐振电路

二极管电调谐振电路如图 2.4.21 所示，其中 D 为开关二极管，控制电压 V_A 通过电

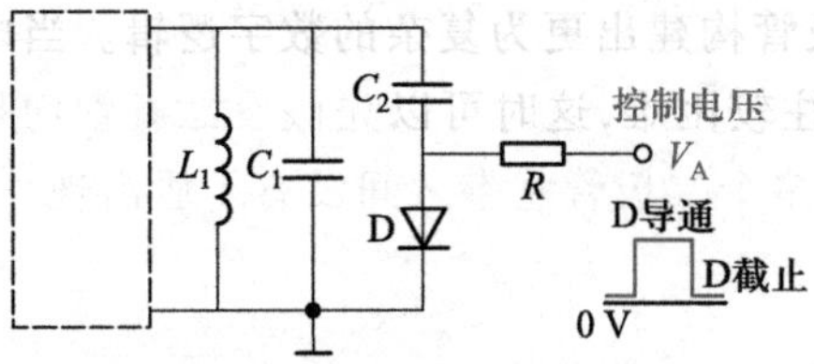

图 2.4.21　二极管电调谐振电路

阻 R 加至二极管的正极。V_A 为矩形脉冲，如图中所示。当 V_A 为低电平时，二极管截止，电感 L_1 和电容 C_1 并联，形成并联谐振回路，其谐振频率由 L_1 和 C_1 决定；当 V_A 为高电平时，二极管导通，电容 C_1、C_2 和电感 L_1 并联形成谐振回路，其谐振频率由 L_1 和 (C_1+C_2) 决定，即此时谐振频率发生改变。由此可见，该电路中二极管 D 相当于一个开关，它的导通与截止控制着电路的谐振频率。

8. 自动电平控制电路（ALC 电路）

前述应用电路，主要是应用二极管的单向导电性，往往只关注二极管的状态是导通还是截止。根据上节所述，二极管导通后，具有等效交流电阻，该电阻的大小会随电流大小变化而有微小改变，正向电流越大，特性曲线越陡峭，等效电阻越小，反之越大。利用二极管正向电流与等效电阻之间的关系，可以构成自动控制电路。图 2.4.22(a) 所示就是一种由二极管构成的自动电平控制电路（ALC 电路），可用于音频信号的稳幅或测试技术中。

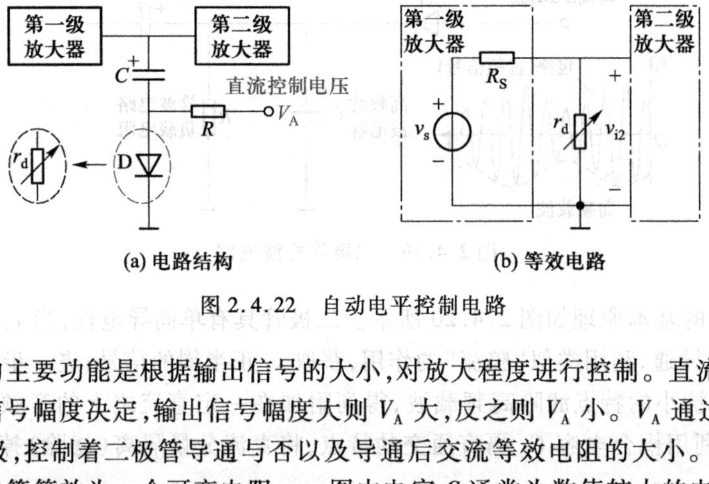

(a) 电路结构　　(b) 等效电路

图 2.4.22　自动电平控制电路

该电路的主要功能是根据输出信号的大小，对放大程度进行控制。直流控制电压 V_A 由最终输出信号幅度决定，输出信号幅度大则 V_A 大，反之则 V_A 小。V_A 通过电阻 R 接二极管 D 的正极，控制着二极管导通与否以及导通后交流等效电阻的大小。为分析方便，可直接将二极管等效为一个可变电阻 r_d。图中电容 C 通常为数值较大的电解电容，对于交流信号而言容抗很小，可视为短路。根据戴维宁定理，第一级放大器可等效为信号源 v_S 与内阻 R_S 的形式，这样可将整个电路等效为图 2.4.22(b) 所示的形式。

当 V_A 很小时，说明不需要对放大程度进行控制。此时，二极管因无法达到导通管压降而截止，相当于无穷大，包含二极管在内的支路断开，对整个放大过程没有影响；当 V_A 过大时，说明已经需要对放大程度进行控制了。此时，二极管导通，等效电阻为 r_d，而且 V_A 越大，r_d 越小。r_d 越小，v_s 在 r_d 上的分压越小，即第二级放大电路的输入信号越小，也就是交流信号在经过第二级放大前的衰减越大。通过这样的过程，最终实现对放大程度的控制。

PPT 2.5
双极型晶体管

2.5　双极型晶体管

双极型晶体管（Bipolar Junction Transistor，BJT）作为一种电流放大器件，它是组成现代电子电路的核心器件之一，了解它的原理、特性和参数，对熟悉电子电路中的各种功能电路具有重要意义。

本节将首先介绍 BJT 的结构和符号，然后在阐述其内部载流子运动规律和电流分配关系的基础上，分析其伏安特性以及温度对特性的影响，最后对 BJT 的各种参数进行介绍。

2.5.1 BJT 的结构和图形符号

BJT 的种类有很多，按照材料可分为硅管和锗管；按照功能可分为开关管、功率管、达林顿管和光敏管等；按照功率可分为小功率管、中功率管和大功率管；按照频率可分为低频管和高频管；按照结构工艺可分为合金管和平面管；按安装方式分为插件晶体管和贴片晶体管等。常见 BJT 的外形如图 2.5.1 所示。

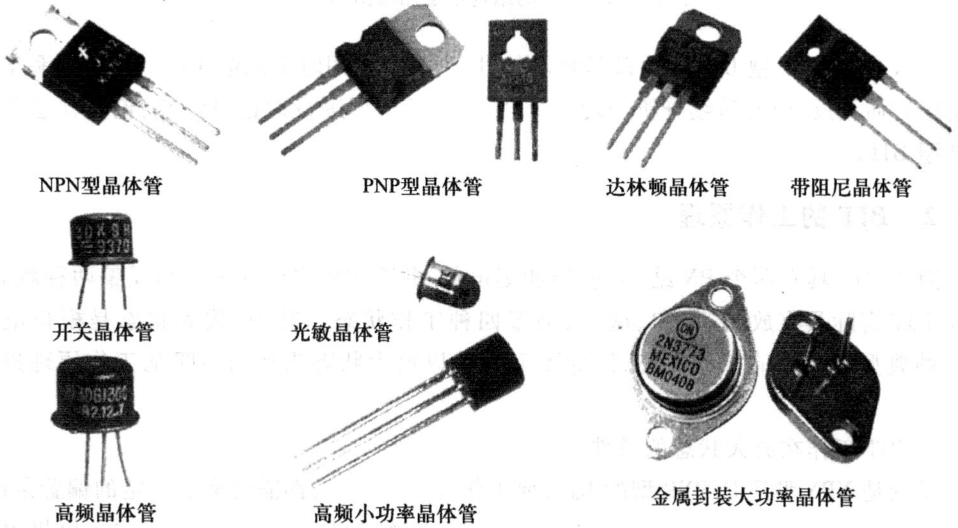

图 2.5.1 常见 BJT 外形图

BJT 按照结构可分为 NPN 和 PNP 两种类型，其结构示意图及图形符号如图 2.5.2 所示。在一块本征半导体上通过多次掺杂的方法形成三个半导体区，分别称为集电区（C 区）、基区（B 区）和发射区（E 区）；三个半导体区分别引出三个电极，对应称为集电极（用 c 表示）、基极（用 b 表示）和发射极（用 e 表示）。集电区和基区间两种杂质半导体所形成的 PN 结称为集电结，发射区和基区间两种杂质半导体所形成的 PN 结称为发射结。因此 BJT 的结构可简单总结为：三个半导体区，三个电极，两个 PN 结。

虽然从结构示意图上看，BJT 的三个区并没有太大区别。但实际上，它们在掺杂浓度、薄厚以及面积上是不尽相同的。具体地讲：发射区掺杂浓度比集电区高许多，且均高于基区；基区为轻掺杂，而且很薄，一般只有零点几微米到数微米；集电区面积远大于发射区。也正因为如此，所形成的发射结要比集电结薄。

图 2.5.2 中分别给出了 NPN 型和 PNP 型 BJT 的图形符号，标有箭头的电极为发射极，箭头指向管外的是 NPN 型，指向管内的是 PNP 型。发射极箭头的方向代表了器件正常工作时发射极电流的实际方向。

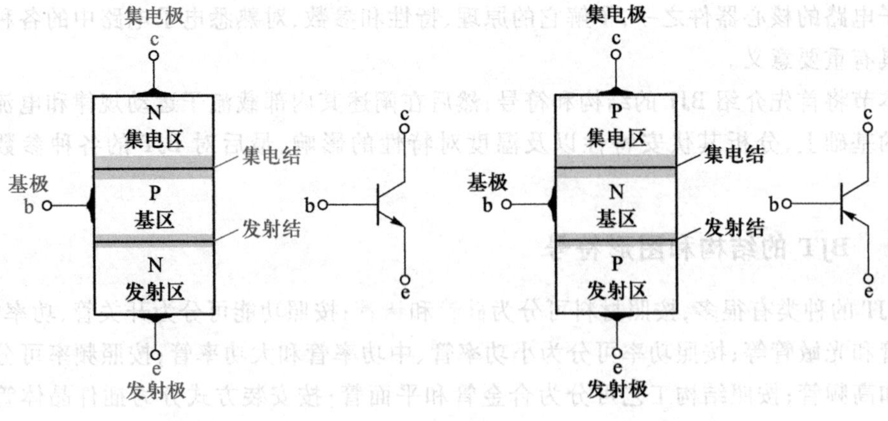

(a) NPN型　　(b) PNP型

图 2.5.2　BJT 的结构示意图与图形符号

NPN 型和 PNP 型 BJT 的原理是相同的,区别只是使用时电源电压的极性相反和实际电流的方向相反,因此后续分析中均以 NPN 型 BJT 为例进行讨论,所得结论同样适用于 PNP 型 BJT。

2.5.2　BJT 的工作原理

因为 BJT 具有两个 PN 结:发射结和集电结,每个 PN 结具有正偏和反偏两种状态,因此 BJT 实际具有放大、饱和、截止、倒置四种工作状态。其中,放大状态是模拟电路中一种典型而常用的工作状态,因此下面着重以放大状态为例对 BJT 的工作原理进行分析。

1. BJT 工作在放大状态的条件

无论是 NPN 型还是 PNP 型的 BJT,要工作在放大状态,都需要满足一定的偏置条件,那就是:发射结正偏、集电结反偏。对于 NPN 型来说,就是 $V_{BE}>0$, $V_{BC}<0$,或各电极电位满足 $V_C>V_B>V_E$;对于 PNP 型来说,就是 $V_{BE}<0$, $V_{BC}>0$,或各电极电位满足 $V_C<V_B<V_E$。例如 NPN 型 BJT 可以采用如图 2.5.3(a)所示结构。图中电源 V_{BB} 正极通过电阻 R_b 接 BJT 的基极能够保证 b-e 两电极间电压 $V_{BE}>0$,电源 V_{CC} 正极通过电阻 R_c 接 BJT 的集电极能够保证 c-e 两电极间电压 $V_{CE}>0$,而 $V_{CE}=V_{CB}+V_{BE}$,只要电源电阻选取合适,使 $V_{CE}>V_{BE}$,就能保证 $V_{BC}<0$,从而满足偏置条件。PNP 型 BJT 的偏置方式如图 2.5.3(b)所示。

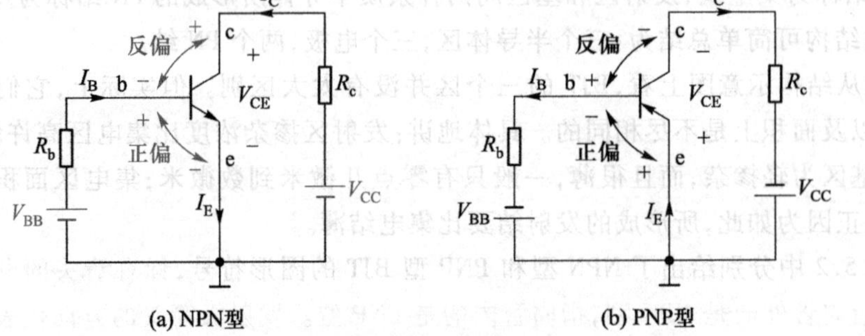

(a) NPN型　　(b) PNP型

图 2.5.3　BJT 的直流偏置电路(固定式)

需要说明的是,实际放大电路应用过程中,通过外电路实现正确偏置的具体结构并不是唯一的。如图 2.5.4 所示,给出了 BJT 其他几种常见偏置方式。

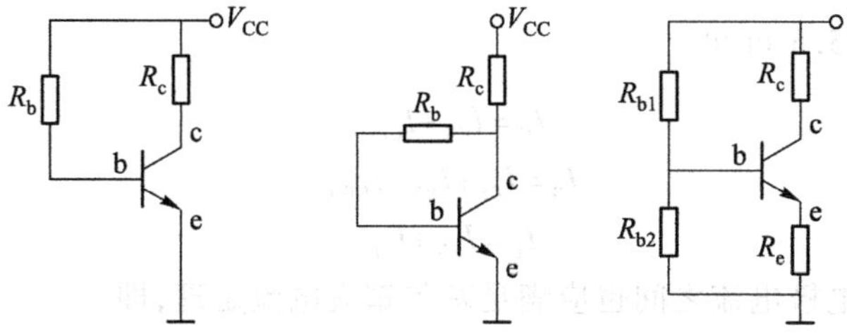

(a) 单电源固定式　(b) 单电源反馈式　(c) 分压式

图 2.5.4　几种常见的 BJT 直流偏置电路

对 BJT 放大工作原理的分析,就是在合理的偏置条件下,采用由内而外的思路,先分析载流子运动规律,再推导电流分配关系。

2. 内部载流子的运动规律

NPN 型 BJT 内部载流子的运动如图 2.5.5 所示。内部载流子具体运动过程为:在发射结正偏电压作用下,发射结扩散运动增强,发射区中的多子自由电子扩散到基区形成电子注入电流 I_{EN},基区中的多子空穴扩散到发射区形成空穴电流 I_{EP}。因为基区轻掺杂,基区空穴浓度远小于发射区自由电子浓度,所以 $I_{EN} \gg I_{EP}$,即 I_{EP} 很小,可以忽略不计。扩散到基区的自由电子称为基区的非平衡少子(因为基区的少子类型为自由电子),它们中的一部分与基区空穴发生复合,形成复合电流 I_{BN}。另一部分则因为浓度梯度而继续扩散,因基区很薄,所以大部分自由电子将很快扩散至集电结的边缘;到达集电结边缘的自由电子,在集电结反偏电压的作用下做漂移运动,到达集电区,形成电流 I_{CN},因集电区面积很大,所以到达集电区的自由电子绝大部分被集电区收集;此外,在集电结反偏电场的作用下,基区和集电区中的原有少子也会发生漂移运动。基区的自由电子漂移至集电区,集电区中空穴漂移至基区,它们运动方向相反但形成的电流方向一致,用 I_{CBO} 表示,称为反向饱和电流,此电流数值很小,是集电极电流中的不可控部分,与外加电压的关系不大,但受温度影响很大。

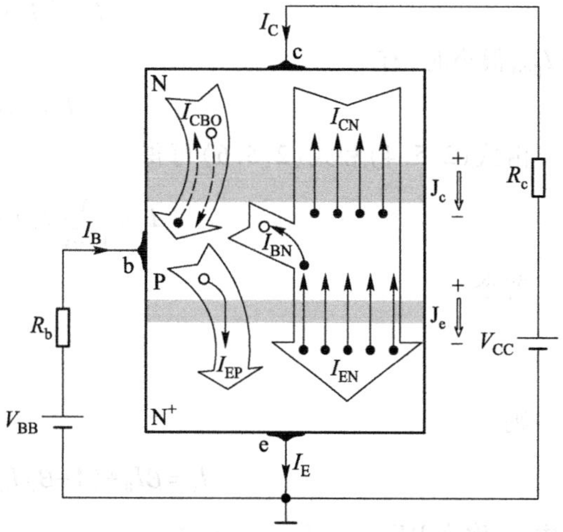

图 2.5.5　放大状态 BJT 内部载流子的运动示意图

上述载流子的运动过程可概括为:(1)发射区向基区注入电子形成注入电流 I_E(忽略了 I_{EP});(2)自由电子在基区边扩散边复合,形成复合电流 I_{BN};(3)集电区收集基区扩散过来的自由电子,形成收集电流 I_{CN};(4)集电结两侧原有少子漂移形成反向饱和电流 I_{CBO}。

3. 各电极电流分配关系

BJT 中载流子的运动过程是一个动态过程，某一区所"损失"的部分载流子会由外电路来"补充"，这就意味着，BJT 各电极内外电流之间应满足基尔霍夫电流定理，对于 BJT 的三个电极，由图 2.5.5 可知

$$I_C = I_{CN} + I_{CBO} \tag{2.5.1}$$

$$I_B = I_{EP} + I_{BN} - I_{CBO} \tag{2.5.2}$$

$$I_E = I_{EN} + I_{EP} \tag{2.5.3}$$

同时，BJT 三个电极电流之间也应满足基尔霍夫电流定理，即

$$I_E = I_C + I_B \tag{2.5.4}$$

通常为衡量传输至集电极的电流分量 I_{CN} 与发射极电流 I_E 之间的关系，引入一个参数 $\overline{\alpha}$（称为 BJT 共基极直流电流放大系数，见后续 BJT 参数部分），其定义为

$$\overline{\alpha} = \frac{I_{CN}}{I_E} \tag{2.5.5}$$

显然，$\overline{\alpha}<1$，但接近于 1，一般为 0.95～0.99。将 $\overline{\alpha}$ 的定义带入式（2.5.1）可得

$$I_C = \overline{\alpha} I_E + I_{CBO} \tag{2.5.6}$$

当 I_{CBO} 很小时，有

$$I_C \approx \overline{\alpha} I_E \tag{2.5.7}$$

由式（2.5.4）和式（2.5.6）可得

$$I_C = \frac{\overline{\alpha}}{1-\overline{\alpha}} I_B + \frac{1}{1-\overline{\alpha}} I_{CBO} \tag{2.5.8}$$

若令

$$\overline{\beta} = \frac{\overline{\alpha}}{1-\overline{\alpha}} \tag{2.5.9}$$

则

$$I_C = \overline{\beta} I_B + (1+\overline{\beta}) I_{CBO} = \overline{\beta} I_B + I_{CEO} \tag{2.5.10}$$

式中，$\overline{\beta}$ 称为 BJT 共发射极直流电流放大系数，由于 $\overline{\alpha}<1$，但接近于 1，所以 $\overline{\beta}$ 是一个比较大的值，一般为几十至几百之间。$I_{CEO} = (1+\overline{\beta}) I_{CBO}$ 称为集电极到发射极之间的穿透电流，它的值一般很小，当它可忽略时，上式变为

$$I_C \approx \overline{\beta} I_B \tag{2.5.11}$$

将上式带入式（2.5.4），可得

$$I_E = (1+\overline{\beta}) I_B \tag{2.5.12}$$

根据上述分析，最终可将 BJT 电流分配关系归纳为

$$\begin{cases} I_C = \overline{\alpha} I_E + I_{CBO} \approx \overline{\alpha} I_E \\ I_C = \overline{\beta} I_B + I_{CEO} \approx \overline{\beta} I_B \\ I_E = I_C + I_B \approx (1+\overline{\beta}) I_B \end{cases} \tag{2.5.13}$$

关于 BJT 的电流分配关系，有如下三条重要结论。

第一，电流分配关系反映了 BJT 不同连接方式时，输入电流与输出电流间的控制关

系。BJT有三个电极，在放大电路中往往需要两个电极作为输入端，两个电极作为输出端，这样势必有一个电极要作为公共电极，据此可将BJT连接方式分为共基极、共发射极和共集电极三种，称为BJT放大电路的三种组态，如图2.5.6所示。式(2.5.13)中，第一条反映的是共基极连接时输出电流 I_C 与输入电流 I_E 之间的关系；第二条反映的是共发射极连接时输出电流 I_C 与输入电流 I_B 之间的关系；第三条反映的是共集电极连接时输出电流 I_E 与输入电流 I_B 之间的关系。

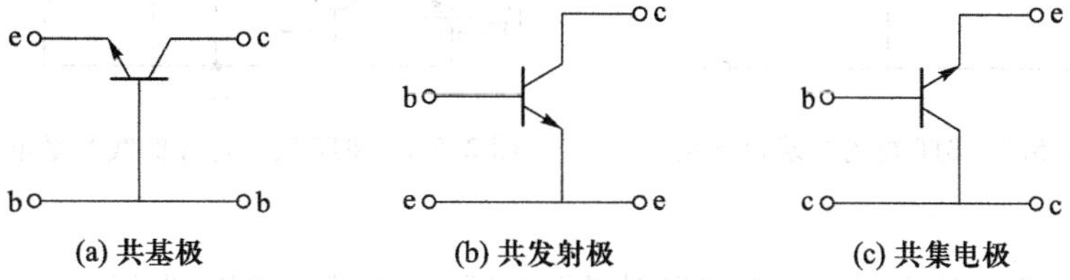

图2.5.6 BJT的三种组态

第二，电流分配关系体现了BJT的电流放大作用。通过上述式子可以看出，放大状态下BJT集电极电流是基极电流的 $\bar{\beta}$ 倍，发射极电流是基极电流的 $(1+\bar{\beta})$ 倍，可以认为BJT是一种电流放大器件。基极电流若有一个微小的变化，这种变化会被放大 $\bar{\beta}$ 倍，并体现在集电极电流上，合理地利用这一特性可以将微弱的电信号进行放大。需要说明的是：实际上，发射极电流 I_E 是受发射结电压 v_{BE} 控制的，因为正偏结电压 v_{BE} 的微小改变意味着基区注入载流子的较大改变，即 I_E 的较大变化，因此 I_B、I_C 实际上都受 v_{BE} 控制，实际中的放大电路往往就是将微弱信号叠加在 v_{BE} 上，通过改变 v_{BE} 进而改变电流，最终实现信号的放大。

第三，上述BJT电流分配关系虽然是根据NPN型BJT得到的，但对于PNP型BJT同样适用，区别只是具体电流的方向不同而已。也就是，只要满足发射结正偏、集电结反偏，能够工作在放大状态下的BJT，都具有上述电流分配关系。

2.5.3 BJT的伏安特性曲线

BJT的伏安特性曲线是反映BJT各电极电压和电流关系的直观图形，通常由实验测量逐点绘图的方法或晶体管特性图示仪的方式来获取。通过特性曲线，既能全面准确地了解BJT的性能，又能从中求出器件的相关直流和低频参数，还能利用图解的方法对所构成的放大电路进行分析，因此从使用的角度讲，了解器件的特性曲线比了解内部的物理过程更为重要。

BJT具有三种不同的连接方式，因此特性曲线也分为共发射极特性曲线、共基极特性曲线和共集电极特性曲线。因为共集电极特性曲线和共发射极特性曲线类似，因此重点对共发射极连接时的特性曲线进行阐述。

无论采用何种连接方式，BJT均可以看作是一个二端口网络，涉及输入电压、输入电流、输出电压和输出电流四个参数，如图2.5.7所示的共发射极连接时，涉及输入电压 v_{BE}、输入电流 i_B、输出电压 v_{CE} 和输出电流 i_C 四个参数，无法在一个坐标系中集中反映，因此将BJT的特性曲线分为输入特性曲线和输出特性曲线两类。输入特性曲线主要反映输入电压与电流之间的关系，输出特性曲线主要反映输出电流与输出电压之间的关系。

测量 BJT 共发射极连接时特性曲线的电路如图 2.5.8 所示。

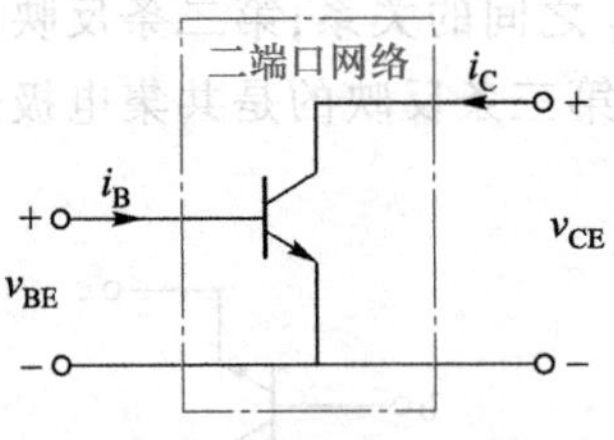

图 2.5.7　BJT 视为二端口网络

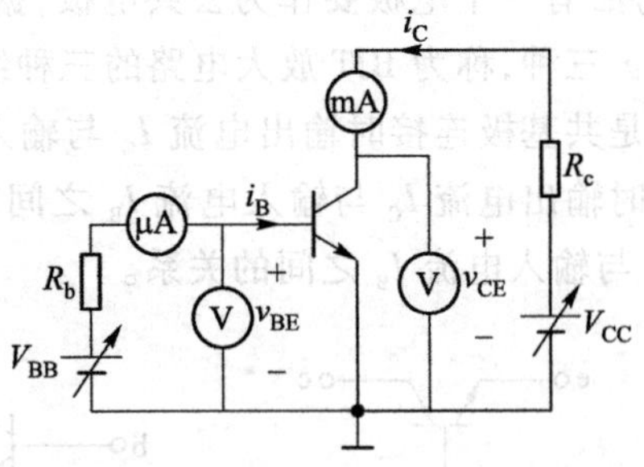

图 2.5.8　BJT 伏安特性曲线测量电路

1．输入特性曲线

输入特性曲线是指当集电极与发射极间电压 v_{CE} 为某一数值（即以 v_{CE} 为参变量）时，输入回路中晶体管发射结上电压 v_{BE} 与基极电流 i_B 之间的关系曲线，用函数表示为

$$i_B = f(v_{BE})\big|_{v_{CE}=\text{常数}} \tag{2.5.14}$$

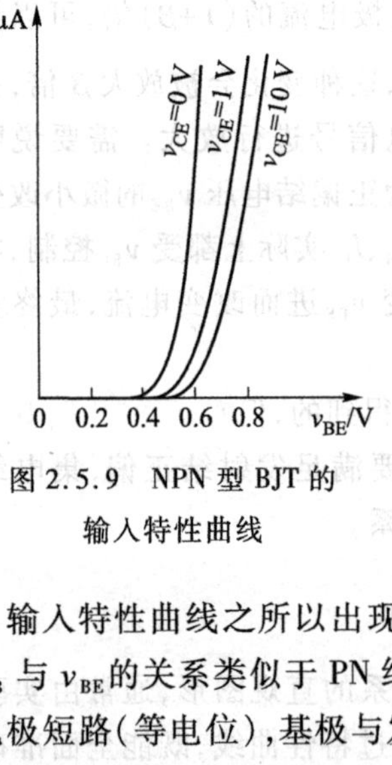

图 2.5.9　NPN 型 BJT 的输入特性曲线

测量输入特性曲线时，可在图 2.5.8 所示电路中固定一个 v_{CE} 的值，从小到大调节 V_{BB} 的值，在此过程读出对应 v_{BE} 和 i_B 的值，这样可以得到一条曲线；变换一个 v_{CE} 的值（调 V_{CC} 即可），重复刚才的过程得到另外一条曲线。以此类推，可以得到一簇曲线，这就是 NPN 型 BJT 的输入特性曲线，如图 2.5.9 所示。图中只画出了 v_{CE} 等于 0 V、1 V、10 V 时的三条曲线。

从图中可以看出，输入特性曲线具有以下特点：每一条曲线都有类似二极管伏安特性的形状；曲线从 $v_{CE}=0$ V 开始，随着 v_{CE} 值的增加依次向右排列；当 $v_{CE}>1$ V 后曲线之间的间隔变得很小，几乎重合。

输入特性曲线之所以出现上述特点，其原因分别如下。第一，BJT 的发射结正偏，因此 i_B 与 v_{BE} 的关系类似于 PN 结正偏时的电流电压关系；当 $v_{CE}=0$ V 时，相当于发射极与集电极短路（等电位），基极与发射极之间是正偏，则基极与集电极之间也是正偏，相当于两个 PN 结并联，此时的伏安特性就相当于两个并联二极管的正向特性。第二，$v_{CE}=v_{CB}+v_{BE}$，可认为 v_{CE} 电压一部分成为发射结上的正偏电压 v_{BE}，一部分成为集电结上的反偏电压 v_{CB}（实际上，因为集电结反偏，等效电阻大，所以 v_{CB} 将分得电压 v_{CE} 的大部分）。当 v_{CE} 很小时（$v_{CE}<0.7$ V），集电结处于正偏或反偏电压很小的状态，其收集电子的能力很弱，则基区的复合作用较强，所以相对于 v_{CE} 较大的时候，同样的 v_{BE} 条件下（即注入程度相同）产生的电流 i_B 更大，也就是曲线会依次向右排列。第三，当 $v_{CE}>1$ V 后，集电结上的反偏电压增加，收集电子的能力已经足够强，已经能够将集电结边缘大部分电子收集到集电区。但因为 v_{BE} 一定时发射极注入电子数量一定，所以即便是 v_{CE} 再增加，收集到集电区的电子数量也不会显著增加，i_B 也不再明显减小，也就是曲线在 $v_{CE}>1$ V 后几乎重合。正因为如此，实际中常用 $v_{CE}=1$ V 时的这条曲线来替代之后的其他曲线。

在实际的放大电路中，v_{CE} 一般能够满足使集电结有效反偏的条件，所以 $v_{CE}>1$ V 的输入特性曲线更有实际意义。

除此之外，BJT 输入特性曲线中也存在一段死区，即存在门限电压。硅管的门限电压 V_{BEth} 约为 0.5 V，锗管的门限电压约为 0.1 V。只有在 v_{BE} 超过门限电压时，晶体管才正向导通。在正常情况下，NPN 型硅管的发射结电压 v_{BE} 约为 0.6～0.7 V，PNP 锗管的 v_{BE} 约为 -0.3～-0.2 V。

2. 输出特性曲线

输出特性曲线是指当基极电流 i_B 为某一数值（即以 i_B 为参变量）时，输出回路中晶体管集电极电流 i_C 与集电极与发射极间电压 v_{CE} 之间的关系曲线，用函数表示为

$$i_C = f(v_{CE})\big|_{i_B=\text{常数}} \tag{2.5.15}$$

测量输出特性曲线时可在图 2.5.8 所示电路中固定一个 i_B 的值，从小到大调节 V_{CC} 的值，在此过程读出对应 v_{CE} 和 i_C 的值，这样可以得到一条曲线；变换一个 i_B 的值（调 V_{BB} 或 R_B 即可），重复刚才的过程得到另外一条曲线。以此类推，可以得到 BJT 的输出特性曲线，如图 2.5.10 所示。

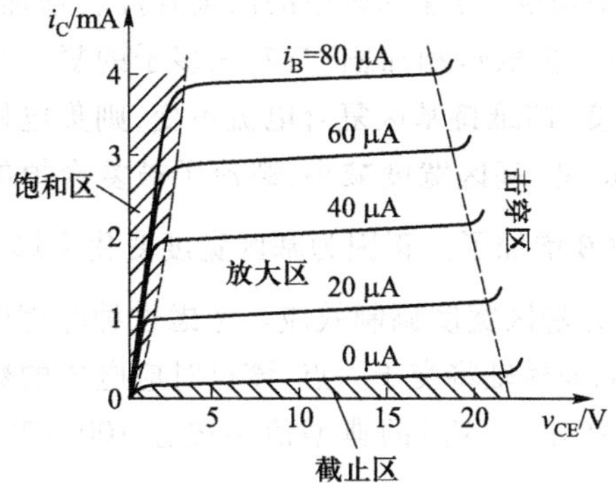

(a) NPN型

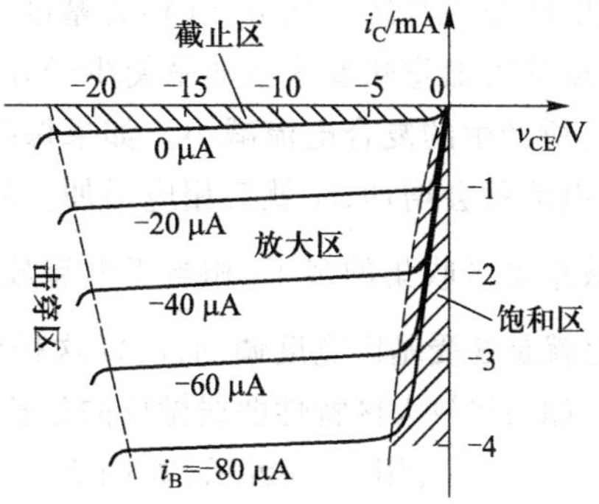

(b) PNP型

图 2.5.10　BJT 的输出特性

输出特性曲线同样是一簇曲线，每一条曲线都具有类似的特点，即：当 $v_{CE}=0$ 时，$i_C=0$。随着 v_{CE} 的增大，i_C 会迅速增加，但 v_{CE} 增大到某一值后，i_C 基本保持恒定，不再随 v_{CE} 增大而增加。根据输出特性曲线的特点，可将其划分为三个区域，即截止区、放大区和饱和区，分别对应 BJT 的截止、放大、饱和三种工作状态。需要注意的是，为了便于说明，图 2.5.10 中特地将截止区进行了夸大，实际特性中 $i_B=0$ 的曲线是几乎与横轴重合的。

（1）截止区

截止区是输出特性曲线上 $i_B=0$ 以下的部分。在这个区域内，BJT 各电极电流基本上都等于 0，BJT 没有放大作用。实际上，$i_B=0$ 时 i_C 并不为 0，根据式（2.5.10）可知 i_C 数值上等于穿透电流 I_{CEO}。穿透电流 I_{CEO} 非常小，一般硅管 $I_{CEO}<1$ μA，锗管 I_{CEO} 也仅为几十微安，因此实际的截止区几乎与横轴重合。在截止区，晶体管发射结和集电结均反偏。

（2）放大区

放大区是输出特性曲线中比较平坦的部分，即输出特性中每一条曲线几乎都与横轴平行的部分。放大区对应的 BJT 偏置情况为发射结正偏，集电结反偏。放大区中，对于

某一条固定 I_B 的曲线，i_C 几乎不随 v_{CE} 的变化而变化。这是因为，I_B 的恒定意味着发射结上所加的正偏电压恒定，发射区注入的电子量一定，而集电区因集电结有效反偏已经能够收集绝大部分电子，因此即便 v_{CE} 增加，收集到的电子数量也不会明显增加，因此 i_C 几乎恒定，这也体现了 BJT 的恒流特性。

根据 BJT 的电流分配关系可知，在放大区 $I_C=\bar{\beta}I_B+I_{CEO}$，如果 $\bar{\beta}$ 为常数，则当 I_B 等量增加时，输出特性曲线也会等间隔地平行上移。理想情况下，BJT 输出特性曲线的放大区，每条曲线都是与横轴平行的，即对于固定的 i_B 值，i_C 不随 v_{CE} 的增加而增加；实际上，放大区中各曲线都会随着 v_{CE} 的增加略微向上倾斜，即 i_C 会随 v_{CE} 的增加而略微增加，特性曲线的这种特点反映的正是 BJT 的基区宽度调制效应，也称为厄利效应。之所以出现这种效应，是因为当 v_{CE} 增加时，集电结上的反偏电压 v_{CB} 也增加，PN 结反偏时耗尽层厚度会增加，这样集电结边缘将向基区扩展，基区的有效宽度将减小，如图 2.5.11(a)所示。当然，正偏发射结耗尽层变薄对基区的有效宽度也会有影响，但对于正偏的 PN 结，本身耗尽层就比较薄，因此它对基区有效宽度的影响可以忽略。基区有效宽度的减小，意味着发射区注入基区的载流子(称为基区中的非平衡少子)在基区中的浓度梯度会增加，浓度梯度的增加意味着这些非平衡少子在基区中的扩散运动加剧，与基区多子的复合几率减少，所产生的复合电流减小。如果保持 i_B 不变，即维持基区复合电流不变，则集电极的收集电流就会增加，i_C 就会相应增加。简单说就是，基区宽度减小，载流子被复合掉的少了，被集电区收集的多了，相当于电流放大系数 $\bar{\beta}$ 增加了。正因为基区宽度变化会影响 $\bar{\beta}$ 值，也就是 $\bar{\beta}$ 受基区宽度调制，所以这种效应称为基区宽度调制效应。考虑这种非理想效应后，如果将放大区特性曲线做反向延长，则它们同横轴将交于一点，该点对应电压的数值称为厄利电压，用 $|V_A|$ 表示，如图 2.5.11(b)所示。$|V_A|$ 的典型值一般在 100 ~ 300 V 之间。

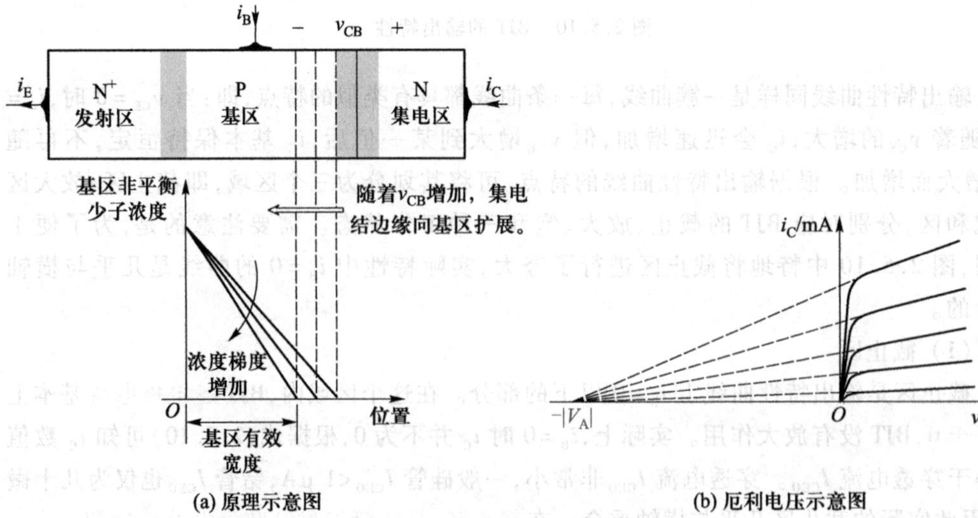

图 2.5.11　BJT 的基区宽度调制效应

(3) 饱和区

饱和区是输出特性曲线中 i_C 随 v_{CE} 的增大而迅速增加的部分。饱和区对应的 BJT 偏置情况为反射结和集电结均为正偏，一般有 $v_{CE} \leqslant v_{BE}$。当 $v_{CE}=v_{BE}$ 时，即 $v_{CB}=0$ V（集电结为零偏）时，BJT 处于临界饱和状态，此时的 C、E 间的压降称为饱和管压降，用 V_{CES} 表示。图中的虚线就表示饱和区与放大区的分界线，称为临界饱和线。在饱和区，v_{CE} 很小，集电结因正偏导致收集载流子的能力很弱，这使得即使 i_B 增加，i_C 也基本不变，即各条曲线几乎重叠在一起。这也说明，饱和区 $I_C \approx \bar{\beta} I_B$ 的关系式不再成立，i_C 不再受 i_B 控制，BJT 失去放大作用。

此外，从输出特性曲线上还可以看出，当 v_{CE} 的值大到一定程度后，原本几乎不变的 i_C 会突然增加，曲线发生明显“上扬”。这是因为 v_{CE} 电压过大，导致 BJT 发生击穿，从而引起电流骤增。这部分区域称为击穿区，它并不属于 BJT 的安全工作区，使用时应当避免 BJT 工作在该区域。

综上所述，根据 BJT 的伏安特性可以得到以下三条重要结论。

第一，通常认为 BJT 的工作状态有放大、饱和、截止三种，其工作状态由发射结和集电结上的偏置情况共同决定，如图 2.5.12 所示。需要注意的是，图中电压只要大于 0 就认为是正偏，实际判断时，正偏电压必须达到管子门限电压（0.1 V 或 0.5 V）左右才能认为是正偏，反之认为是反偏。另外，虽然 BJT 也可工作在反向放大状态，即载流子由集电区注入，由发射区收集，但因为集电区为轻掺杂，载流子数量有限，形成电流很小，无法有效体现放大效果，因此一般不会让 BJT 工作在反向放大状态。

第二，BJT 特性曲线各工作区的特点是不同的，简单地说，截止区电流均为 0；饱和区 v_{CE} 比较小，集电极电流 i_C 随 v_{CE} 增加而增加，此时基极电流 i_B 增加，集电极电流 i_C 基本不变；放大区 i_C 恒定，i_C 的大小只取决于 i_B 的大小，即 i_C 受 i_B 的控制，体现了 BJT 的放大特性。

第三，PNP 型与 NPN 型 BJT 特性曲线的特点相同，区别只是所使用偏置电压的极性不同。

利用 BJT 的伏安特性，可以对 BJT 的工作状态进行判断，也可以利用器件工作时各电极电位进行器件类型的判定，下面通过一个例题进行说明。

【例 2.5.1】 （1）用万用表直流电压挡测得电路中晶体管（硅管）各电极对地电位如图 2.5.13（a）所示，试判断其处于哪种工作状态；（2）晶体管放大电路中测得其三个管脚的电位如图 2.5.13（b）所示。试判断晶体管的类型（NPN 型或 PNP 型，硅管或锗管）。

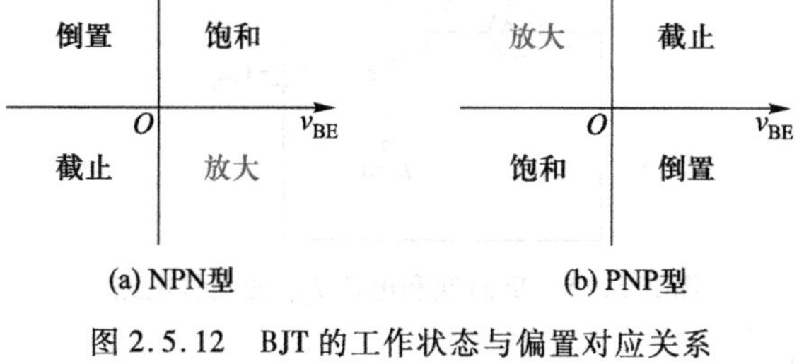

(a) NPN型 (b) PNP型

图 2.5.12 BJT 的工作状态与偏置对应关系

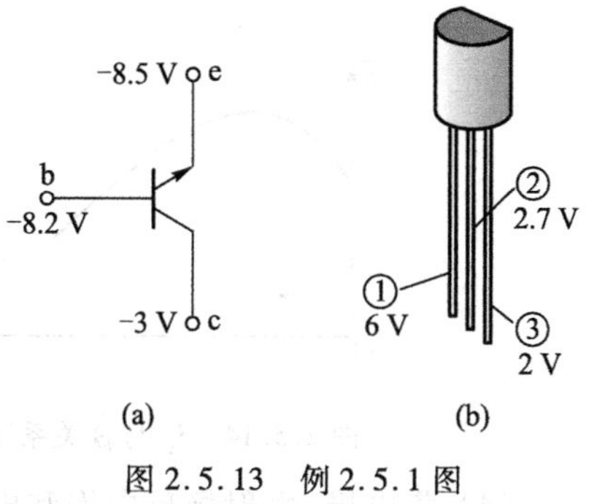

(a) (b)

图 2.5.13 例 2.5.1 图

解 （1）由图中电位可知，$V_{BE}=V_B-V_E=0.3$ V，虽然 $V_{BE}>0$，但 V_{BE} 小于硅管的门限电

压，$V_{CB}=V_C-V_B=5.2$ V，即集电结反偏，因此 BJT 工作在截止状态。

（2）因该 BJT 工作在放大状态，因此有两管脚间的电压应为 0.2 V 或 0.7 V，这两个管脚即为基极和发射极，相应第三个管脚为集电极，据此判断，①应为集电极；同时因②③间电压为 0.7 V，故该 BJT 为硅管；又因为集电极①的电位在三个管脚中最高，故该 BJT 为 NPN 型，NPN 型电位最低的③为发射极，相应②为基极。最终可知，这是一个 NPN 型的硅管，①②③管脚分别为集电极、基极和发射极。

2.5.4　BJT 的主要参数

BJT 的主要参数分为直流参数、交流参数和极限（安全）参数三类。这些参数是描述 BJT 性能、评价 BJT 质量以及选择 BJT 的重要依据。

1. 直流参数

（1）共基极直流电流放大系数 $\overline{\alpha}$

$$\overline{\alpha}=\frac{I_C-I_{CBO}}{I_E}\approx\frac{I_C}{I_E} \tag{2.5.16}$$

如图 2.5.6（a）所示，BJT 共基极连接时，发射极电流 I_E 是输入端电流，集电极电流 I_C 是输出端电流，因此 $\overline{\alpha}$ 是反映此时 BJT 的直流电流放大特性的参数。

（2）共发射极直流电流放大系数 $\overline{\beta}$

$$\overline{\beta}=\frac{I_C-I_{CEO}}{I_B}\approx\frac{I_C}{I_B} \tag{2.5.17}$$

$\overline{\beta}$ 是反映 BJT 共发射极连接时直流电流放大特性的参数，可以按照定义从特性曲线上求得。$\overline{\beta}$ 的大小反映在输出特性曲线上就是不同 i_B 曲线的间距，间距越大，说明 $\overline{\beta}$ 越大。一般认为放大区 $\overline{\beta}$ 是常数。但确切地讲，$\overline{\beta}$ 仅在 i_C 的一定范围内是常数，当 i_C 过大或过小时，$\overline{\beta}$ 都会减小，如图 2.5.14 所示。

（3）集电极-基极反向饱和电流 I_{CBO}

I_{CBO} 表示发射极开路，集电极和基极之间加一定反偏电压时，集电区和基区的少子各自向对方区域漂移形成的反向电流。I_{CBO} 的测量电路如图 2.5.15 所示。I_{CBO} 实际上和单个 PN 结的反向电流是一样的，因此它只决定于温度和少子的浓度。一定温度下，I_{CBO} 是一个常数，所以称为反向饱和电流。

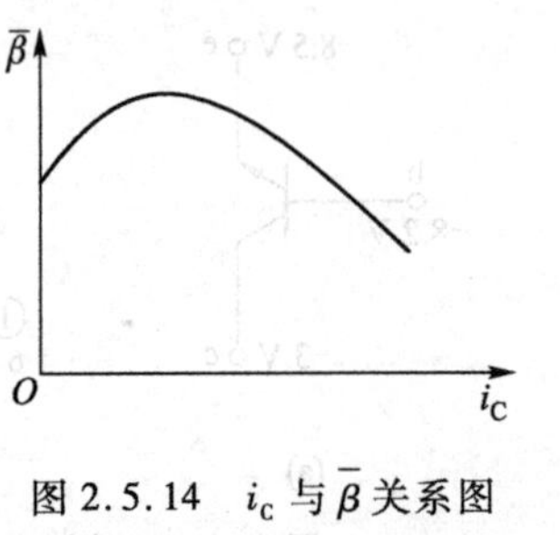

图 2.5.14　i_C 与 $\overline{\beta}$ 关系图

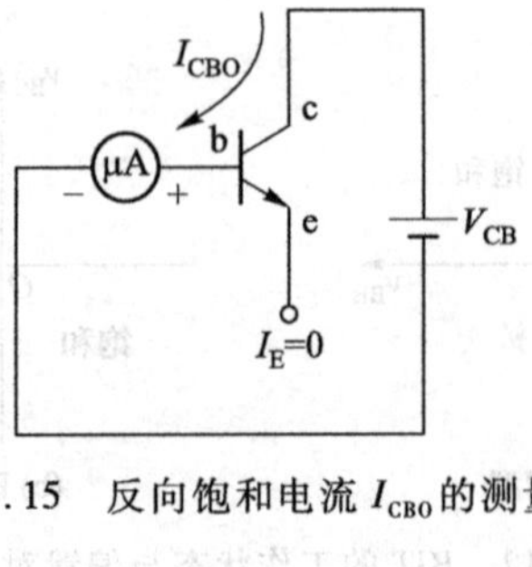

图 2.5.15　反向饱和电流 I_{CBO} 的测量电路

（4）集电极-发射极反向饱和电流 I_{CEO}

I_{CEO} 表示基极开路时，集电极与发射极之间的电流，测量电路如图 2.5.16（a）所示。

因为这个电流是通过集电区穿过基区到达发射区的，所以也称为 BJT 的穿透电流。

I_{CEO}与I_{CBO}之间的这一关系可以通过分析 BJT 内部载流子运动来说明。如图 2.5.16 (b)所示，在V_{CC}作用下，发射结正偏，发射区电子扩散进入基区；集电结反偏，集电区少子空穴漂移至基区形成电流I_{CBO}。因基极开路，漂移至基区的空穴无法同外电路补充的电子进行复合，只能与来自发射区的电子复合。发生复合的电子与最终被集电区收集的电子之间是 1 : $\bar{\beta}$ 的关系，最终被集电区收集的电子所形成的电流是$\bar{\beta}I_{CBO}$，因此$I_{CEO}=(1+\bar{\beta})I_{CBO}$。

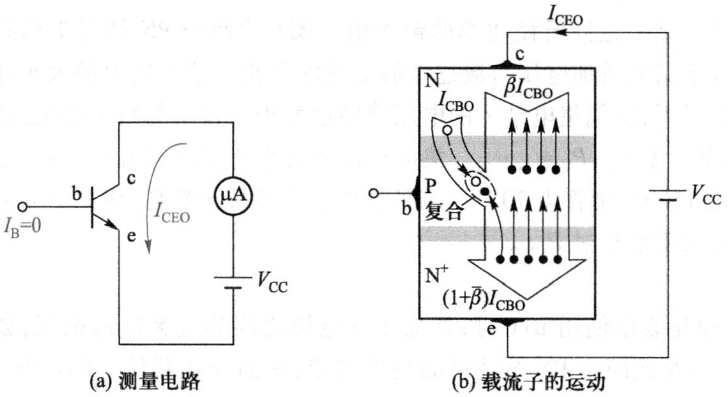

图 2.5.16 穿透电流 I_{CEO}

选用 BJT 时，$\bar{\beta}$一般选几十至一百多，I_{CEO}和I_{CBO}应尽量小，反向电流越小，管子的温度稳定性越好，硅管比锗管的反向电流小 2 ~ 3 个数量级，因此硅管的温度稳定性比锗管好得多，故硅管实际应用更多。

2. 交流参数

(1) 共基极交流电流放大系数 α

$$\alpha=\left.\frac{\Delta i_C}{\Delta i_E}\right|_{v_{CB}=\text{常数}} \tag{2.5.18}$$

α是反映共基极连接时集电极电流变化量与发射极电流变化量之间关系的参数，在输出特性曲线比较平坦，各曲线间距相等的条件下，可认为$\alpha\approx\bar{\alpha}$。

(2) 共发射极交流电流放大系数 β

$$\beta=\left.\frac{\Delta i_C}{\Delta i_B}\right|_{v_{CE}=\text{常数}} \tag{2.5.19}$$

β称为 BJT 共发射极交流电流放大系数。β与$\bar{\beta}$的含义是不同的，$\bar{\beta}$反映的是直流工作状态（静态）时集电极电流与基极电流之间的关系；β则反映的是交流工作状态（动态）时基极电流对集电极电流的控制作用，它体现的是 BJT 的交流电流放大特性。β可以按照定义从输出特性图上求得，如图 2.5.17 所示。

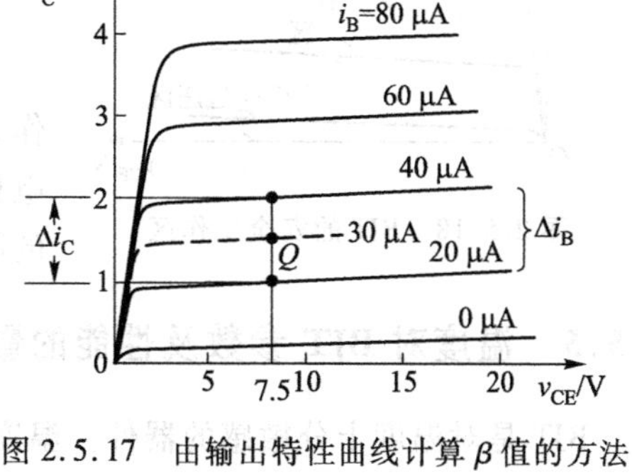

图 2.5.17 由输出特性曲线计算 β 值的方法

α、β 和 $\bar{\alpha}$、$\bar{\beta}$ 的物理含义不同，但低频范围内，其相应的数值接近，因此工程上通常不分直流和交流，都用 α、β 来表示。

3. 极限参数

（1）集电极最大允许电流 I_{CM}

如前所述，BJT 的 β 值与工作电流有关，电流过大，β 会下降太多，导致器件性能下降，放大信号过程中将产生严重失真。一般定义当 β 值下降到正常值的1/3 到 2/3 时所对应的集电极电流即为 I_{CM}。

（2）集电极最大允许的耗散功率 P_{CM}

P_{CM}表示集电结上允许损耗功率的最大值。BJT 的两个 PN 结在工作时都会消耗功率，功率大小等于结上所加电压与流过结的电流的乘积。消耗功率的大小往往表示发热的多少，一般情况下，反偏集电结上的电压降要远大于正偏发射结上的电压降，因此主要考虑集电结耗散功率 P_C，$P_C \approx i_C v_{CE}$。集电结耗散功率将使结温升高，当结温超过最高工作温度（硅管为 150℃，锗管为 70℃），器件性能会变差甚至烧坏，因此必须对结上耗散功率加以限制，最大不能超过 P_{CM}。

（3）反向击穿电压

反向击穿电压表示使用 BJT 时，外加在各电极之间的最大反向电压，如果超过这个限度，BJT 的某一个或两个 PN 结就可能发生击穿，从而损坏器件。BJT 的反向击穿电压不仅与器件本身特性有关，还取决于外部电路接法，常用的有以下几种。

$V_{(BR)EBO}$指集电极开路时，发射极-基极间的反向击穿电压。正常放大时，发射结是正偏的，但在大信号或开关状态时，发射结上可能出现较大的反偏电压，此时应保证其小于 $V_{(BR)EBO}$。普通晶体管的 $V_{(BR)EBO}$较小，仅有几伏。

$V_{(BR)CBO}$指发射极开路时，集电极-基极间的反向击穿电压。一般决定于集电结的雪崩击穿电压，$V_{(BR)CBO}$的值通常为几十伏。

$V_{(BR)CEO}$指基极开路时，集电极-发射极间的反向击穿电压。

$V_{(BR)CER}$指基极-发射极之间接有电阻时，集电极-发射极间的反向击穿电压。当所接电阻为 0 时，该反向击穿电压用 $V_{(BR)CES}$表示。因为基极电阻 R_b 的分流作用会延缓集电结雪崩击穿的发生，因此一般有 $V_{(BR)CER} > V_{(BR)CEO}$。

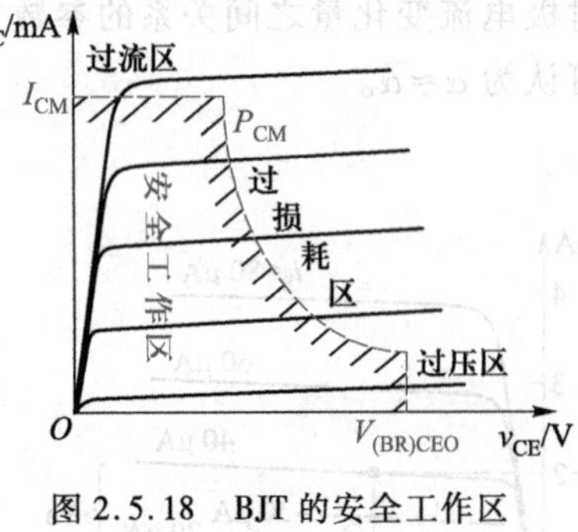

图 2.5.18　BJT 的安全工作区

上述集电极反向击穿电压大小与相应的反向电流或穿透电流大小有关，它们之间存在如下关系

$$V_{(BR)CBO} > V_{(BR)CES} > V_{(BR)CER} > V_{(BR)CEO} \tag{2.5.20}$$

由上述极限参数可知，为使 BJT 能够安全工作，使用时集电极电流 i_C、集电结耗散功率 P_C、集电极-发射极电压 v_{CE} 必须要受到 I_{CM}、P_{CM}、$V_{(BR)CEO}$ 的限制，BJT 的安全工作区如图 2.5.18 所示。

2.5.5　温度对 BJT 参数及性能的影响

BJT 是对温度十分敏感的器件。温度对 BJT 的影响主要集中在以下三个方面。

1. 温度对门限电压 V_{BEth} 的影响

温度对 BJT 发射结门限电压 V_{BEth} 的影响类似于温度对二极管门限电压的影响。当温度升高时，本征激发加剧，发射区和基区少子浓度增加，同种载流子的浓度差减小，PN 结内电场减弱，导通电压减小，反之亦然。具体影响是，温度每升高 1℃，V_{BEth} 降低 2 ~ 2.5 mV。

2. 温度对反向饱和电流 I_{CBO} 及穿透电流 I_{CEO} 的影响

I_{CBO} 是基区和集电区少子漂移形成的漂移电流，因此，温度升高，少子浓度增加，I_{CBO} 增加，I_{CEO} 也会相应急剧增加。具体影响是，温度每升高 10℃，I_{CBO} 增加约一倍。

3. 温度对电流放大系数 β 的影响

温度升高时，BJT 内部载流子的扩散能力增强，基区内载流子的复合作用减小，因而电流放大系数 β 随温度升高而增大。温度每升高 1℃，β 约增大 0.5% ~ 1%。

4. 温度对反向击穿电压 $V_{(BR)EBO}$ 及 $V_{(BR)CEO}$ 的影响

由于 BJT 的集电区和基区掺杂浓度较低，因而集电结较宽，如果发生反向击穿，一般为雪崩击穿（齐纳击穿一般发生在高掺杂的 PN 结）。雪崩击穿具有正温度系数，即当温度升高时击穿电压增大，因此温度升高时，$V_{(BR)EBO}$ 及 $V_{(BR)CEO}$ 会有所提高。

温度对 BJT 参数的影响最终会反映在特性曲线的变化上，V_{BEth} 降低意味着输入特性曲线会向左移动，I_{CBO} 及 I_{CEO} 增大意味着输出特性曲线会向上平移，β 增大意味着输出特性曲线的簇间距会扩大，如图 2.5.19 所示。

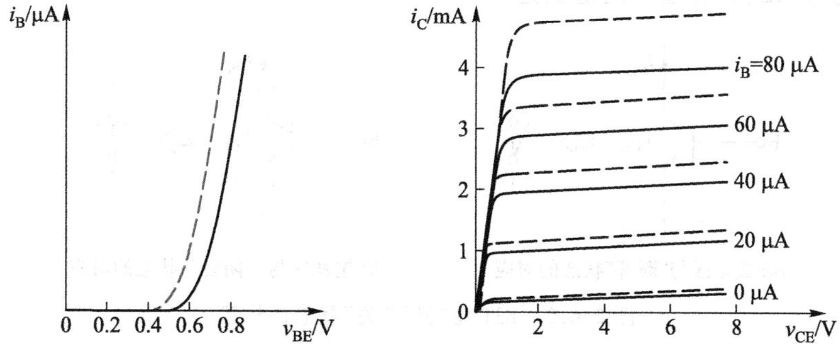

(a) 输入特性　　(b) 输出特性

图 2.5.19 温度升高时 BJT 特性的变化

2.6 双极型晶体管的应用举例

PPT 2.6 双极型晶体管的应用

BJT 是一种具有放大特性的器件，合理地构建其外围电路使其工作在特定的状态，可构成基本放大电路、调谐放大电路、功率放大电路、差分式放大电路等多种放大电路。除了用于实现各种放大功能外，BJT 电路还可实现恒流源、电子开关、振荡器、逻辑运算、阻抗变换等功能，本节将对 BJT 的几种典型应用进行简要介绍，关于放大电路，后续章节还有详细阐述。

2.6.1　构成恒流源

BJT 工作在放大区时具有恒流特性,即:当基极电流 I_B 一定,集电极电流 I_C 几乎不随电压 v_{CE} 变化而变化,维持恒定,因此电流可提供给其他电路作为恒定的偏置电流。典型的 BJT 恒流源电路如图 2.6.1 所示,该电路中 BJT 处于放大区,电源电压 V_{CC} 通过 R_{b1}、R_{b2} 两个电阻的结构为 BJT 发射结提供正偏电压,电路结构一定时发射结正偏电压一定,进而基极电流 I_B 一定,集电极电流 I_C 恒定,尽管负载电路工作时可能引起 BJT 集电极电位变化,但集电极电流 I_C 将始终维持恒定,对负载电路而言,BJT 及外围器件构成了恒流源。

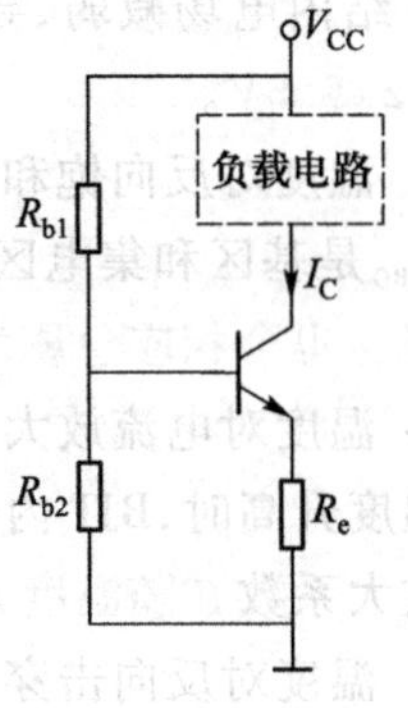

图 2.6.1　BJT 恒流源电路

2.6.2　实现逻辑运算

根据上节介绍,BJT 除了可以工作在放大区外,还可以工作在截止区和饱和区。当发射结和集电结均反偏时,BJT 截止,各电极电流为 0,C、E 极之间电压等于电源电压 V_{CC},相当于开关的断开,如图 2.6.2(a)所示;当发射结正偏,集电结也正偏时,BJT 饱和,集电极电流 $I_C = I_{CS}$,C、E 极之间电压等于饱和电压 V_{CES},V_{CES} 很小,相当于开关的闭合,如图 2.6.2(b)所示。工作在截止区和饱和区的 BJT 实际上相当于一个开关,利用这一特性可以实现与、或、非等基本的逻辑运算。

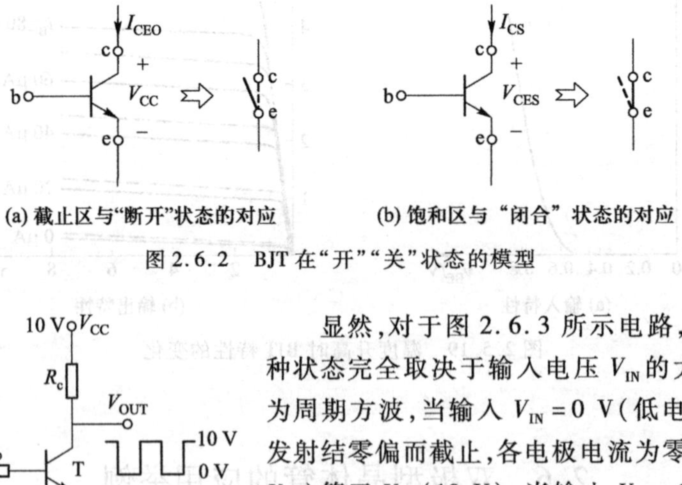

图 2.6.2　BJT 在"开""关"状态的模型

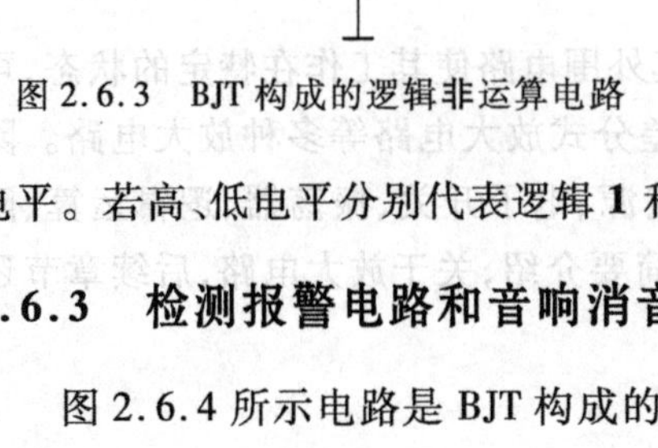

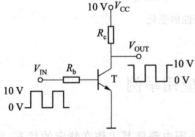

图 2.6.3　BJT 构成的逻辑非运算电路

显然,对于图 2.6.3 所示电路,BJT 工作在何种状态完全取决于输入电压 V_{IN} 的大小。假设 V_{IN} 为周期方波,当输入 $V_{IN}=0$ V(低电平)时,BJT 因发射结零偏而截止,各电极电流为零,输出 V_{OUT}(即 V_{CE})等于 V_{CC}(10 V);当输入 $V_{IN}=10$ V(高电平)时,BJT 因集电结无法反偏而饱和,输出 $V_{OUT}=V_{CES}\approx 0$。综合可得,该电路实际上是一个反相器,即输入低电平时输出高电平,输入高电平时输出低电平。若高、低电平分别代表逻辑 **1** 和 **0**,则该电路实际上就是一个逻辑非门。

2.6.3　检测报警电路和音响消音电路

图 2.6.4 所示电路是 BJT 构成的检测报警电路原理图,可用于防盗报警或其他环境

的检测，其中用于检测的传感器可理解为一个开关 S，正常情况下开关 S 闭合，环境出现异常触动传感器时开关 S 断开。从图 2.6.4 中可见，按键开关 SW 接通后有电压（12 V）给报警电路供电。当开关 S 闭合时，二极管 D_1 因阳极接地而截止，BJT 因基极电位为 0（发射结零偏）而截止，集电极电流为 0，发光二极管 D_2 不发光；当出现异常，开关 S 断开时，电源 V_{CC} 经电阻 R_1 和二极管 D_1，为 BJT 的发射结提供正偏电压，使晶体管满足导通条件，即发射结正偏，集电结反偏，发光二极管处于工作状态，D_2 发出报警信号。

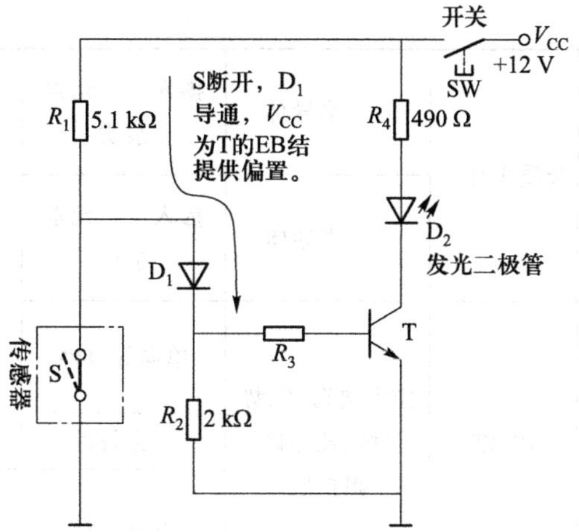

图 2.6.4 BJT 构成的监测报警电路

上述电路中，BJT 的作用就相当于一个电子开关，当电路结构和集电极偏置确定时，BJT 的导通或截止完全取决于基极电位的高低（或有无）。基于同样的思路，用 BJT 构成的音响消音电路如图 2.6.5 所示。音频信号经放大后，由 *RC* 电路送到功率放大器。在功率放大器的输入端接一个晶体管，当消音控制高电平加到晶体管的基极时，晶体管集电极和发射极之间的阻抗降低，输入给功率放大器的音频信号被晶体管分流到地，扬声器无声。

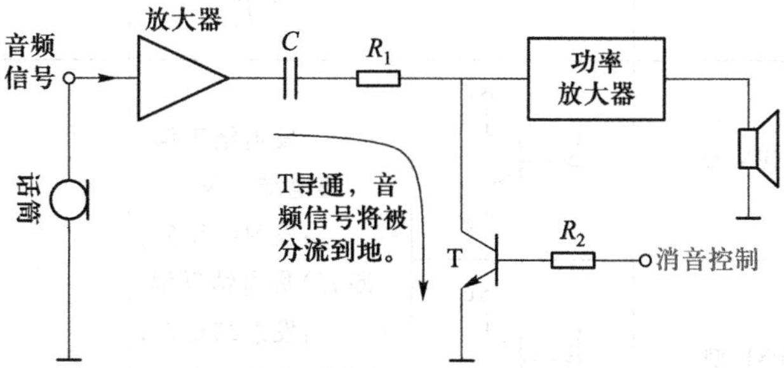

图 2.6.5 BJT 构成的音响消音电路

本章小结

表 2.4 本章重要概念、知识点及需熟记的公式

1	常用半导体材料	硅、锗	四价元素、共价键结构	载流子：空穴、自由电子
2	本征半导体	本征激发	温度越高本征激发越强	$n_i = p_i$

续表

3	杂质半导体	N型半导体	掺入五价元素杂质	多子：自由电子	多子浓度决定于掺杂的密度；少子的浓度与温度密切相关
		P型半导体	掺入三价元素杂质	多子：空穴	
4	PN结	空间电荷区、势垒区、耗尽区、阻挡层	单向导电性	正偏，导通； 反偏，截止	$i_D = I_S(e^{\frac{v_D}{V_T}}-1)$
			击穿特性	稳压二极管，反偏	稳定电压 V_Z
			电容特性	势垒电容 扩散电容	变容二极管
5	半导体二极管	核心为PN结	理想模型	$i_D=0, v_D=0$	整流、限幅、检波、稳压等应用
			恒压降模型	$v_D=\begin{cases}0.7\ \text{V，硅管}\\0.2\ \text{V，锗管}\end{cases}$	
			折线模型	$V_{th}=\begin{cases}0.5\ \text{V，硅管}\\0.1\ \text{V，锗管}\end{cases}$	
			小信号模型	交流电阻 $r_d \approx \frac{V_T}{I_D}$	
6	半导体晶体管BJT	NPN型	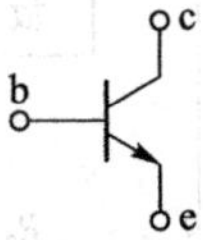	放大区：发射结正偏，集电结反偏 截止区：发射结反偏，（断开）集电结反偏 饱和区：发射结正偏，（短路）集电结正偏	放大区时 $I_C=\alpha I_E+I_{CBO}\approx\alpha I_E$ $I_C=\beta I_B+I_{CEO}\approx\beta I_B$ $I_E=I_C+I_B\approx(1+\beta)I_B$
		PNP型	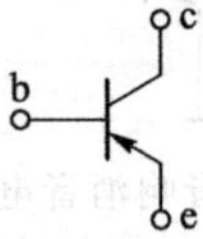		
7	BJT是电流控制型非线性器件	温度T升高时，输入特性左移，V_{BEth}减小、β增大、I_{CEO}急剧增大	α、β、I_{CBO}、I_{CEO} I_{CM}、P_{CM}、$V_{(BR)CEO}$		$\alpha=\frac{\beta}{1+\beta}$

习　题

2.1　电路如图P2.1所示。其中二极管D为硅二极管，完成以下选择题。

(1) 二极管 D 在正向电压 $V_D=0.6$ V 时，正向电流 i_D 为 10 mA，若 v_D 增大到 0.66 V（即增加 10%），则电流 i_D ________。

A. 约为 11 mA（也增加 10%）

B. 约为 20 mA（增大 1 倍）

C. 约为 100 mA（增大到原先的 10 倍）

D. 仍为 10 mA（基本不变）

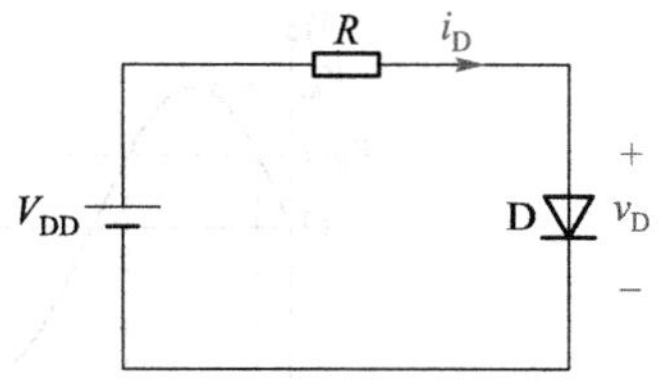

图 P2.1

(2) 当电源 $V_{DD}=5$ V 时，测得 $i_D=1$ mA。若把电源电压调整到 $V_{DD}=10$ V，则电流的大小将是________。

A. $i_D=2$ mA　　B. $i_D<2$ mA　　C. $i_D>2$ mA　　D. 无法确定

(3) 电源 $V_{DD}=5$ V 保持不变。当温度为 20℃时，测得二极管正向电压 $v_D=0.7$ V。当温度上升到 40℃时，则 v_D 的大小是________。

A. 仍等于 0.7 V　　B. 大于 0.7 V　　C. 小于 0.7 V　　D. 无法确定

2.2　电路如图 P2.2 所示，假设图中二极管均是理想的，分别判断它们是导通还是截止的，并计算 AB 端之间的电压 V_{AB}。

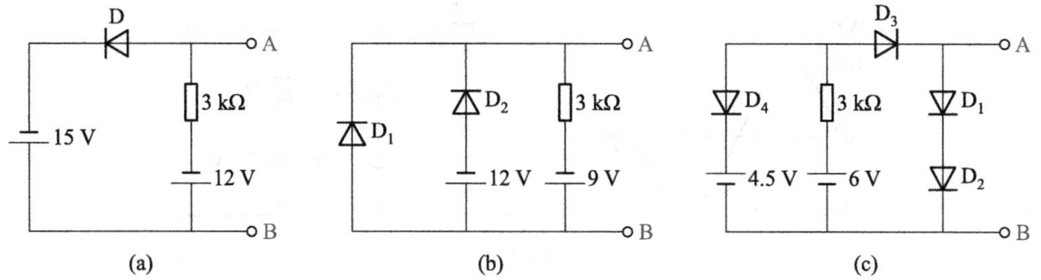

图 P2.2

2.3　电路如图 P2.3 所示，二极管 D 为硅二极管。$V_{DD}=2$ V，$R=1$ kΩ，$v_S=50\sin\omega t$ mV。求输出电压 v_O。

2.4　二极管限幅电路如图 P2.4 所示。输入电压 $v_i=6\sin\omega t$ V，假设图中的二极管均为理想的，画出输出电压 v_O 的波形。

2.5　根据图 P2.5 所示的输入输出电压波形，利用理想二极管，设计出合适的限幅电路。

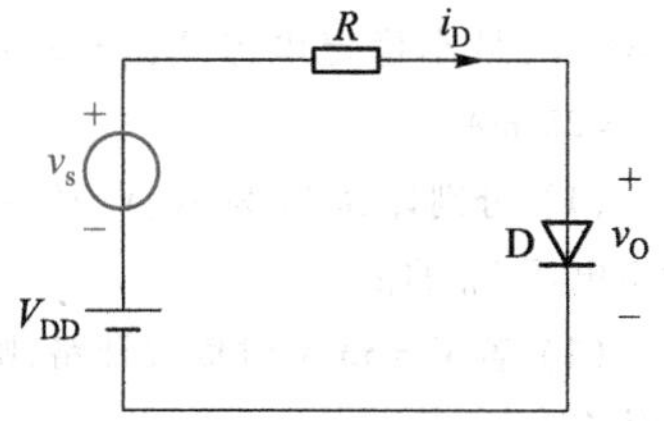

图 P2.3

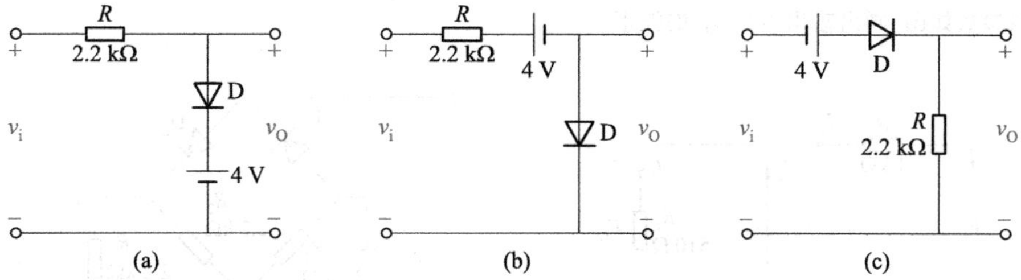

图 P2.4

2.6　二极管双向限幅电路及输入正弦信号波形如图 P2.6 所示。图中 D_1、D_2 均为硅二极管，导通管压降为 0.7 V，试画出输出电压的波形。

2.7　图 P2.7 是一个由稳压二极管构成的汽车收音机供电电源。已知汽车收音机的直流电源为 9 V，音量最大时需要供给的功率是 0.5 W。汽车电源 V_I 在 12～13.6 V 之间波动。若稳压管 D_Z 使用 2CW107（$V_Z=9$ V，$I_{Zmin}=5$ mA，$I_{Zmax}=100$ mA），试确定限流电阻 R 的大小。

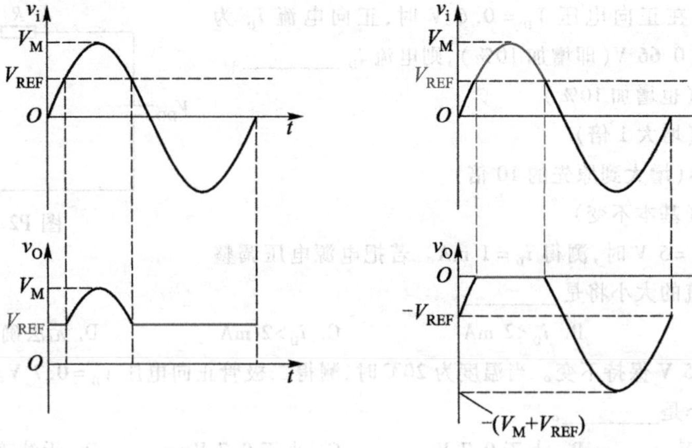

(a) (b)

图 P2.5

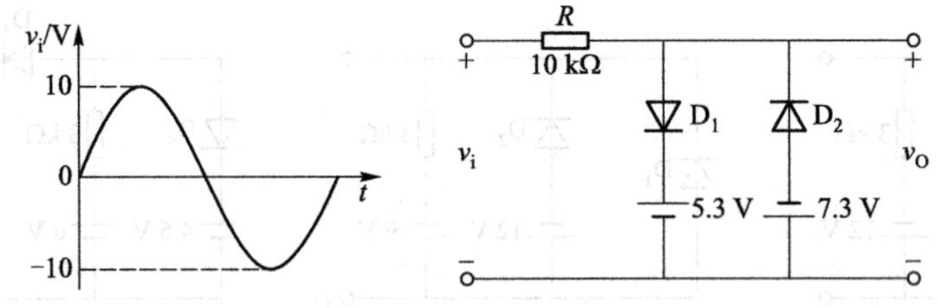

图 P2.6

2.8 已知图 P2.8 所示电路中稳压管的稳定电压 $V_Z=6$ V，最小稳定电流 $I_{Zmin}=5$ mA，最大稳定电流 $I_{Zmax}=25$ mA。

(1) 分别计算 V_I 为 10 V、15 V、35 V 三种情况下输出电压 V_O 的值；

(2) 若 $V_I=35$ V 时负载开路，则会出现什么现象？为什么？

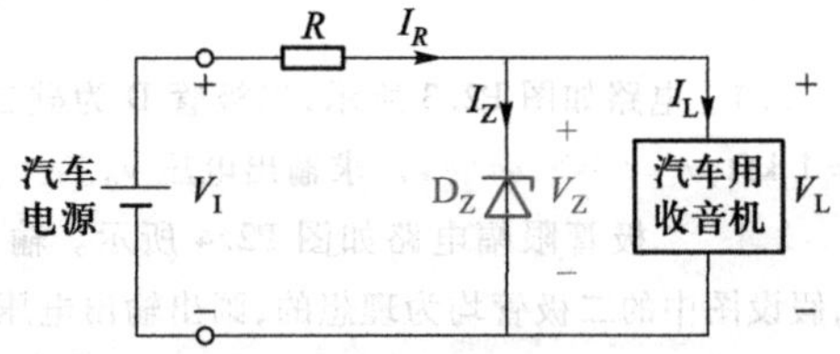

图 P2.7

2.9 电路如图 P2.9 所示。其中 D_1、D_2 可视为理想二极管，输入电压 v_i 是幅度为 100 V 的正弦信号，其他参数如图，画出输出电压 v_O 的波形。

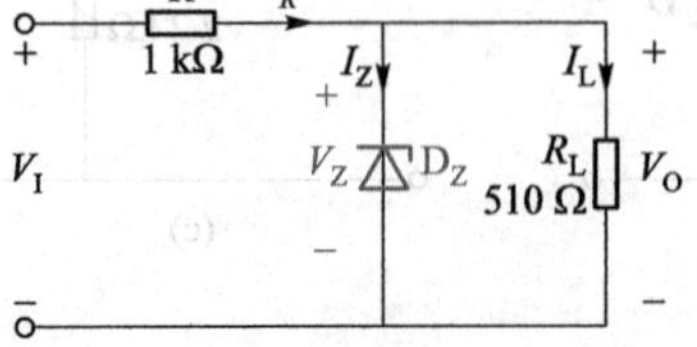

图 P2.8

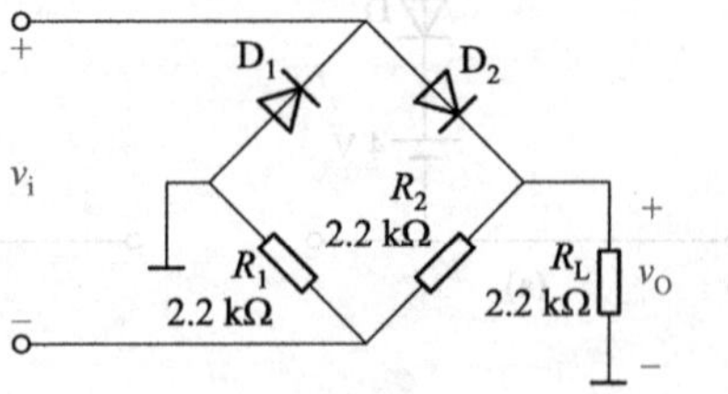

图 P2.9

2.10 Sketch V_O for the circuit in Fig. P2.10. Assume the "turn on" voltage V_D of each diode is 0.7 V.

2.11 Determine the output voltage V_O for each of the configurations of Fig. P2.11 using the ideal model for the diode.

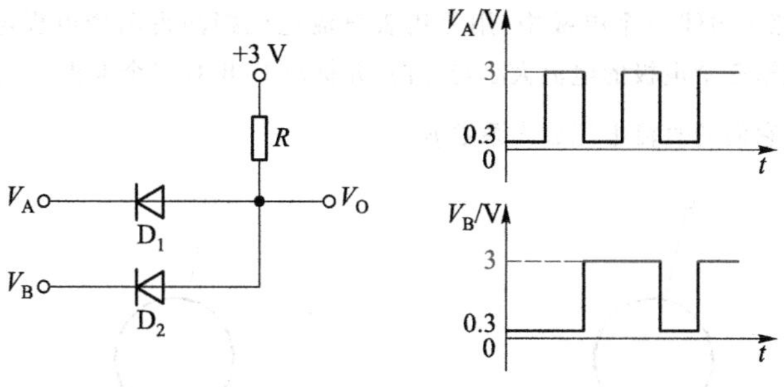

(a) (b)

Fig. P2. 10

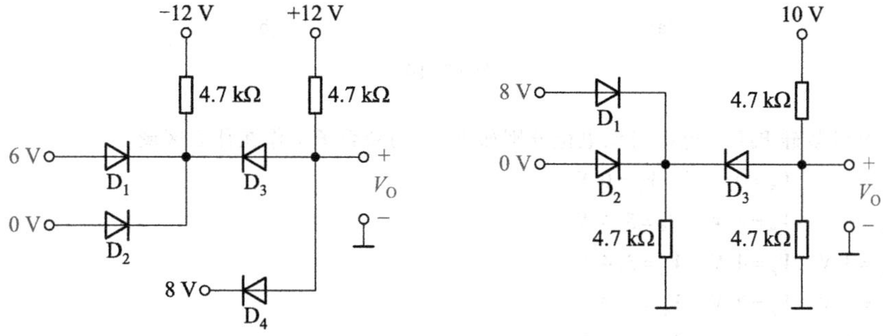

(a) (b)

Fig. P2. 11

2.12 The three dc voltages for each transistor are shown in Fig. P2. 12. Determine the operation state of the transistor.

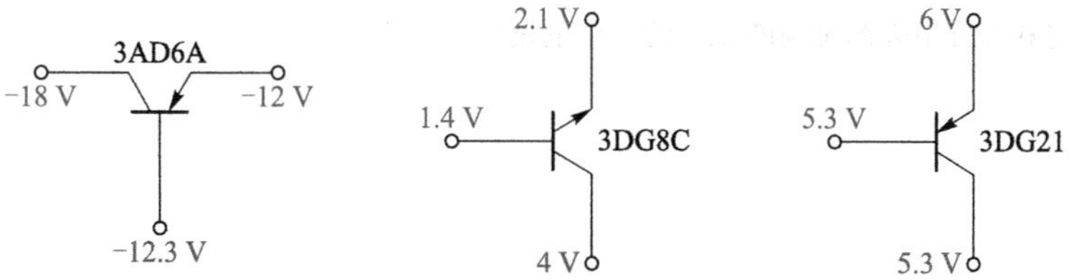

(a) (b) (c)

Fig. P2. 12

2.13 For a amplifier, the three dc voltages for each transistor are shown in Fig. P2. 13. Determine the type of each transistor. (NPN or PNP, Silicon or Germanium).

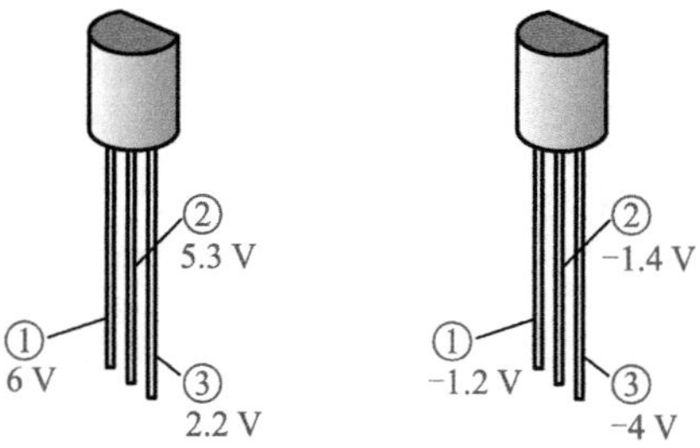

(a) (b)

Fig. P2. 13

2.14　某放大电路中 BJT 三个电极中,用万用表直流电流挡测得两个电极电流大小及方向如图 P2.14 所示。(1)确定第三个电极的电流大小与方向,并标出 E、B、C 三个电极;(2)判断它们是 NPN 管还是 PNP 管;(3)估算它们的直流电流放大系数 $\bar{\beta}$。

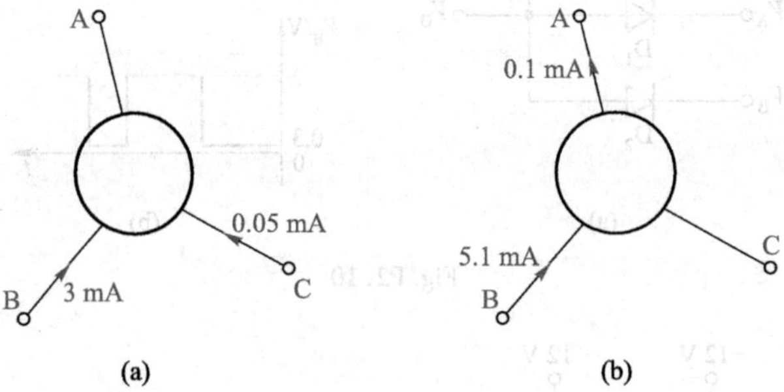

图 P2.14

2.15　测量某硅 BJT 各电极对地电位分别如下,试判断管子工作在什么区域。

(1) $V_C=6\ V$　$V_B=0.7\ V$　$V_E=0\ V$

(2) $V_C=6\ V$　$V_B=6\ V$　$V_E=5.4\ V$

(3) $V_C=3\ V$　$V_B=4\ V$　$V_E=3.4\ V$

(4) $V_C=6\ V$　$V_B=2\ V$　$V_E=1.3\ V$

(5) $V_C=6\ V$　$V_B=4\ V$　$V_E=3.6\ V$

2.16　某 BJT 的极限参数为 $I_{CM}=100\ mA$,$P_{CM}=150\ mW$,$V_{(BR)CEO}=30\ V$,若它的工作电压 $V_{CE}=10\ V$,则集电极电流 I_C 不得超过多大?若工作电流 $I_C=10\ mA$,则工作电压 V_{CE} 的极限值应为多少?

2.17　有两个 BJT,其中一个管子的 $\beta=50$,$I_{CBO}=10\ \mu A$,另一个管子 $\beta=150$,$I_{CBO}=100\ \mu A$,其他参数均相同,选用哪个管子好?原因是什么?

2.18　如何利用万用表测量判断 BJT 的三个电极?

第 3 章
晶体管基本放大电路

放大电路是应用极为广泛的一类电子电路，其功能是将输入的电信号不失真地放大到需要的数值。因为实际传感器获得的初步电信号往往很微弱，要进行相应的处理，就必须进行放大，所以说，电子设备中几乎都离不了放大电路。放大电路不仅本身非常重要，而且它还是其他很多电子电路的重要基础，因此，放大电路是本课程讨论的重点内容之一。

本章首先讨论放大电路的概念、电路组成原理，然后重点讨论三种基本组态放大电路、多级放大电路及差分放大电路，最后分析放大电路的频率特性。

微课视频
3.1.1
放大电路的组成与原理
(1)

3.1 放大电路的组成与工作原理

3.1.1 放大的概念

扩音机是放大电路应用的一个实例，其组成原理框图如图 3.1.1 所示。先利用麦克风（信号源，传感器）把语音信号转换成相应的微弱音频电信号，其输出电压大约是几毫伏至几十毫伏，这一信号经晶体管音频小信号放大器和功率放大器进行放大，最后推动扬声器（负载，执行机构）放出更大的声音，扬声器把放大器的输出音频电信号转换为语音信号。音频小信号放大器和功率放大器都属于低频放大器，本章要讨论的是低频小信号放大器。

PPT 3.1
放大电路的组成与原理

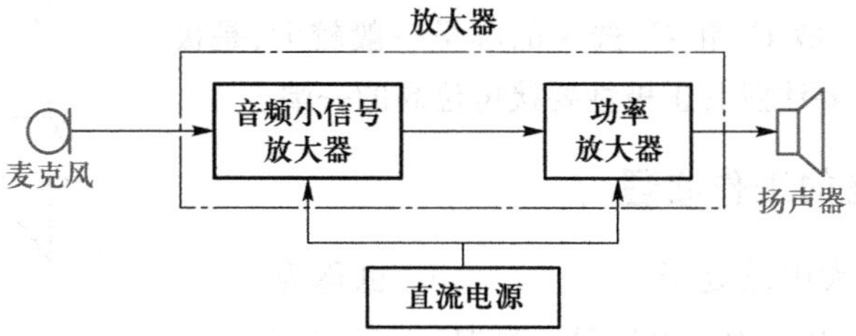

图 3.1.1　扩音机组成原理方框图

3.1.2 放大电路的组成

为了便于以后的分析讨论，我们对所用的符号作简要地约定，现以晶体管的基极到发射极之间的电压为例，将所用的符号规定如下：

V_{BE}（大写字母，大写下标），表示直流量（或静态值）；

v_{be}（小写字母，小写下标），表示交流量；

v_{BE}（小写字母，大写下标），表示瞬时值（直流量和交流量之和）；

V_{be}(大写字母,小写下标),表示交流有效值;

$\dot{V}_{be}$(大写字母上面加点,小写下标),表示正弦相量;

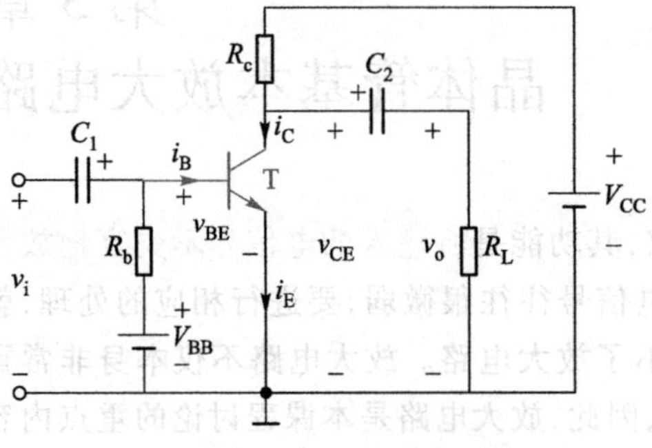

图3.1.2　放大电路原理图

V_{bem},表示交流振幅。

放大电路主要包含信号源、放大器件、直流电源和相应的偏置电路以及输出负载,其中放大器件是核心部分。图3.1.2是一个双电源供电的交流放大电路,电路中各元件的作用如下。

1. 晶体管T

它是该放大电路的放大器件,当输入交流信号电压 v_i 在输入回路引起基极交流电流 i_b 时,经过晶体管的正向电流受控作用,可以得到受输入 v_i 控制的输出集电极电流 i_c。

2. 集电极电源 V_{CC}

V_{CC}一方面使集电结反向偏置;另一方面它又是放大电路的能源。

3. 集电极电阻 R_C

R_c 将集电极电流 i_c 的变化转换为电压的变化,从而在输出回路得到放大的电压。

4. 基极电源 V_{BB}和基极偏置电阻 R_b

V_{BB}使晶体管的发射结正偏,并与 R_b 一起决定基极偏置电流 I_B,从而保证晶体管工作在放大区的合适位置。

5. 耦合电容 C_1 和 C_2

C_1 和 C_2 起到隔直流、通交流的作用。C_1 用来隔断输入信号源和放大电路之间的直流通路,C_2 用来隔断放大电路输出端与负载之间的直流通路,使三者之间的直流无联系,直流相互不影响;同时交流信号通过 C_1 耦合到放大电路输入端,通过 C_2 耦合输出到负载上,我们希望在工作的频率上,C_1 和 C_2 的容抗非常小,故 C_1 和 C_2 选用的容量一般较大,是极性电容器,在连接时要注意其正极性要接电位高的一端。

微课视频
3.1.2
放大电路的组成与原理(2)

3.1.3　放大电路的工作原理

当 $v_i=0$ 时,放大电路处于直流工作状态,也称为静态,晶体管各极的电压、电流均为直流量。这时,由于 C_2 电容的隔离,使输出电压 $v_o=0$,即无交流输入时,输出信号为零。

当有 $v_i=V_{im}\sin\omega t$ 时,晶体管发射结的电压 v_{BE}便在其静态值 V_{BEQ}的基础上按 v_i 的规律变化。这时,放大电路中各极的电压和电流均在其静态值的基础上随 v_i 作相应的变化,其波形如图3.1.3所示,即

$$v_{BE}=V_{BEQ}+v_i \tag{3.1.1}$$

$$i_B=I_{BQ}+i_b \tag{3.1.2}$$

$$i_C=I_{CQ}+i_c \tag{3.1.3}$$

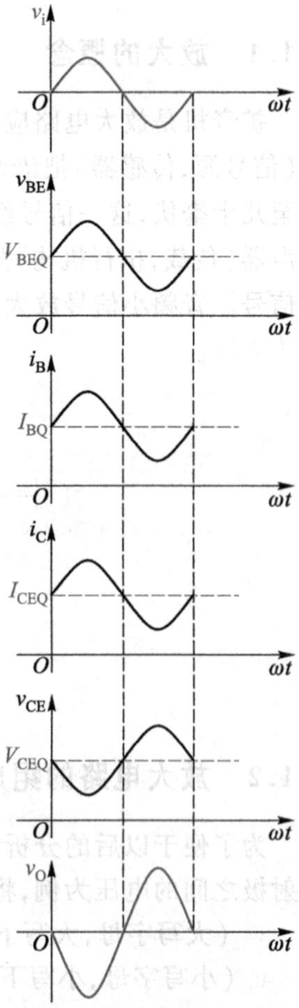

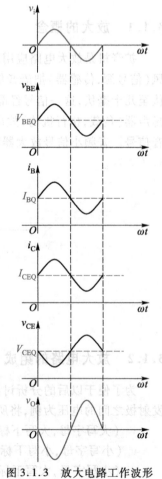

图3.1.3　放大电路工作波形

$$v_{CE}=V_{CEQ}+v_{ce} \tag{3.1.4}$$

$$v_o=v_{ce}=-V_{om}\sin\omega t \tag{3.1.5}$$

通过上述各式可以看出,当交流小信号 v_i 加入放大电路后,经过耦合电容送入晶体管的输入端,使得晶体管发射结的瞬态电压 v_{BE} 在其静态值 V_{BEQ} 的基础上随 v_i 的变化而变化,从而使基极瞬态电流 i_B 作相应地变化,又因为晶体管位于放大区(发射结正偏,集电结反偏),其具有电流放大作用,所以集电极电流 i_C 也随 v_i 的变化而变化,而且变化的幅度是基极电流幅度的 β 倍。集电极电阻 R_C 将集电极电流 i_c 的变化转换为电压的变化,经过输出耦合电容取出变化的电压,送到负载 R_L 上就为输出信号电压 v_o。若 R_C 选的合适,V_{om} 就比 V_{im} 大得多,这就是该电路实现电压放大的基本原理。由图 3.1.3 可见,v_o 与 v_i 相位相反,所以此电路是一个反相电压放大电路。

微课视频
3.1.3
放大电路的组成与原理(3)

3.1.4　放大电路的交、直流通路

放大电路实际工作时,往往既有直流信号,也有交流信号,两者是相互交织在一起的,交流信号叠加在直流量之上。为了简化分析,我们把直流分量的分析和交流分量的分析分离开来进行。放大电路中只与直流有关的部分,称为直流通路,只与交流有关的部分,称为交流通路。

在图 3.1.2 所示的放大电路中,由于直流电流不能通过耦合电容 C_1 和 C_2,所以直流电流无法流经信号源和负载,其直流通路如图 3.1.4(a)所示。画直流通路的一般原则是:电路中所有的电容均断开,所有直流电源都保留,并标注出各极电压和电流的参考方向。

交流通路是交流信号流经的通路,是用来分析交流分量的,画交流通路的一般原则是:电路中所有理想直流电压源均短路,理想直流电流源均开路,容量足够大的电容(如耦合电容)视为短路,其他与交流有关的部分照画,并要标注出各极电压和电流的参考方向。图 3.1.2 所示放大电路的交流通路如图 3.1.4(b)所示。

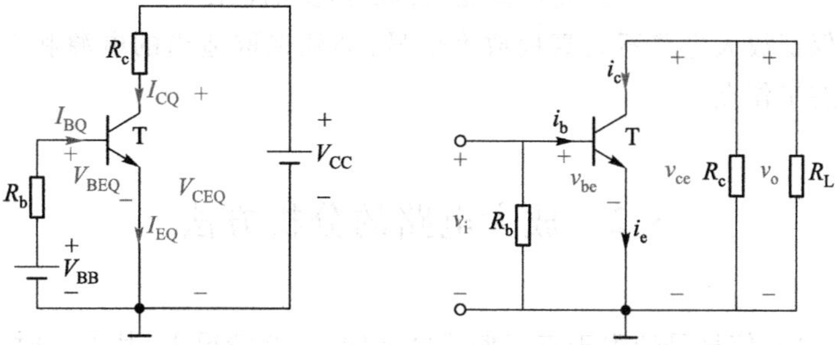

(a) 直流通路　　(b) 交流通路

图 3.1.4　图 3.1.2 所示放大电路的直流通路和交流通路

3.1.5　放大电路的三种工作组态

1. 单电源放大电路

图 3.1.2 所示的放大电路用两个电源 V_{CC} 和 V_{BB} 供电,既不方便,也不经济。实际电路中往往把两个电源合并为同一个电源 V_{CC} 供电,其习惯画法如图 3.1.5 所示。

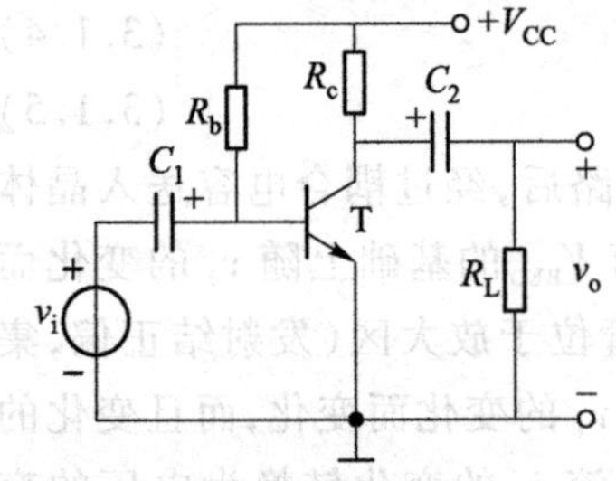

图3.1.5　单电源供电的共发射极放大电路

2. 三种基本放大电路

由图3.1.5可见,放大电路实际上是一个二端口网络,但作为其核心器件的晶体管只有三个电极,因此其中必有一个电极作为输入和输出信号的公共端。由于公共电极的选择不同,处于放大电路中的晶体管可以有三种不同的连接方式,从而构成三种基本放大电路。图3.1.5就是共发射极放大电路,简称共射极放大电路。需要指出的是,所谓"共某极电路",都是对交流信号而言的,由交流通路决定。图3.1.6所示为共基极放大电路的交流通路,图3.1.7是共集电极放大电路的交流通路。

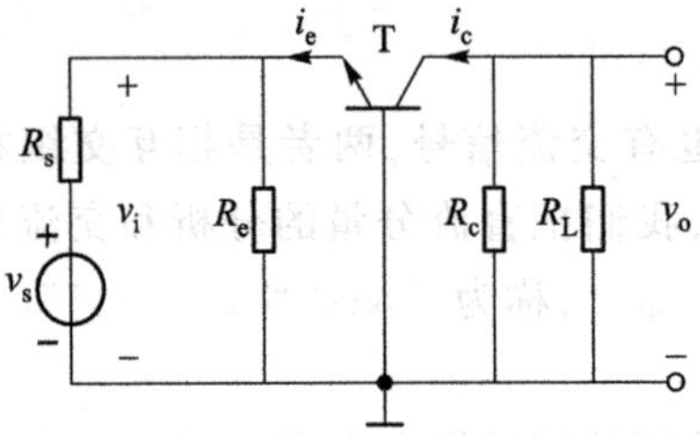

图3.1.6　共基极放大电路的交流通路

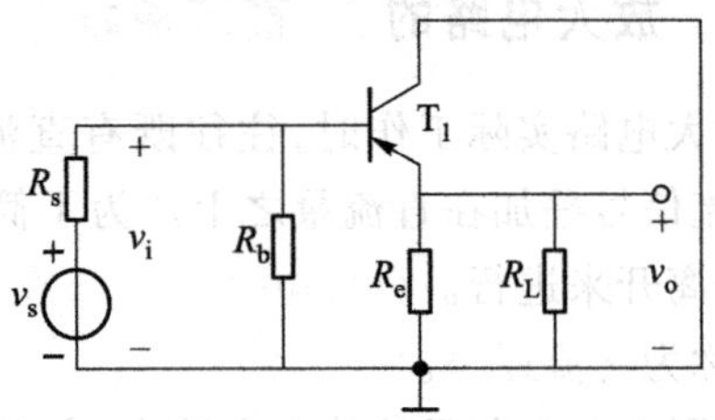

图3.1.7　共集电极放大电路的交流通路

3. 放大电路的组成原则

无论哪一种晶体管放大电路,其组成都必须遵循以下几个基本原则:

(1) 直流电源的极性必须使发射结正偏、集电结反偏,以保证晶体管始终工作在放大区;

(2) 输入信号要能加入到放大管的输入回路。即输入信号能够改变发射结的电压(或电流);

(3) 输出信号要能取得出。使负载能获得所需要的输出;

(4) 为了保证放大电路不失真地放大信号,必须选取适当的电源和电阻,使放大电路有合适的静态工作点。

3.2　放大电路的分析方法

在放大电路中,信号是依附于直流偏置之上的,一般情况下,其工作时,既有直流量,又有交流量。因此放大电路的分析可分两步进行:首先进行静态分析,求出晶体管各极的静态工作电压和电流;然后进行动态(交流)分析,求出各极的交流信号电压和电流,以及放大电路的性能指标。

3.2.1　放大电路的静态分析

静态分析有近似估算法、图解法和计算机EDA(电子设计自动化)软件辅助分析法。无论采用哪种方法,首先必须画出需要分析的放大电路的直流通路。以图3.1.5共射放大电路为例，其直流通路如图 3.2.1 所示。

1. 近似估算法

在工程上，静态分析一般采用近似估算法，这种方法的根据是处于放大状态的晶体管其 V_{BEQ} 的值就在导通电压附近，即 V_{BEQ} 的绝对值，对硅管取 0.7 V，若是锗管取 0.3 V。

这样，对于图 3.2.1 所示的直流通路，就可直接求出各极静态的电压和电流，即

$$I_{BQ}=\frac{V_{CC}-V_{BEQ}}{R_b} \tag{3.2.1}$$

$$I_{CQ}\approx\beta I_{BQ} \tag{3.2.2}$$

$$V_{CEQ}=V_{CC}-I_{CQ}R_C \tag{3.2.3}$$

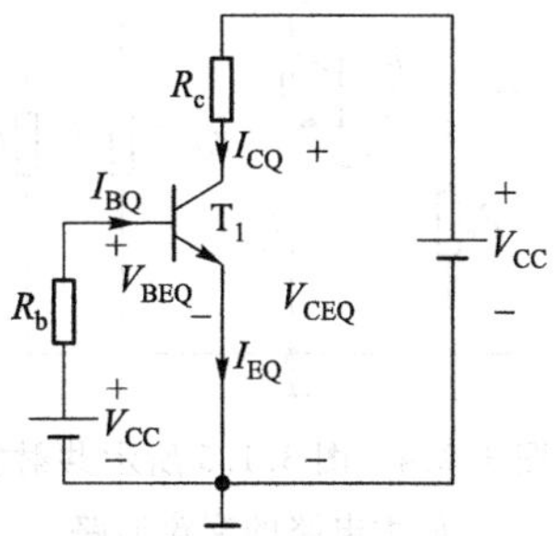

图 3.2.1 图 3.1.5 放大电路的直流通路

PPT 3.2 放大电路的分析方法

2. 图解法

直流工作的图解，就是在晶体管的特性曲线上通过作图的方法来确定放大电路的静态工作点。下面以图 3.2.1 电路的输出回路为例进行图解分析。

静态工作点既要满足晶体管的输出特性曲线，又要满足外电路约束的直流负载线方程

$$v_{CE}=V_{CC}-i_C R_c \tag{3.2.4}$$

在输出特性曲线上，画出直流负载线，它与横轴的交点为 $(V_{CC},0)$，与纵轴的交点为 $(0, V_{CC}/R_c)$，斜率为 $-1/R_c$，直流负载线与 $i_B=I_{BQ}$ 的输出特性曲线相交于 Q 点，则该点就是静态工作点，其纵坐标就是 I_{CQ}，横坐标就是 V_{CEQ}，如图 3.2.2 所示。

电路中各参数对静态工作点 Q 的影响，可以用图 3.2.3 来说明。若其他条件不变，仅 R_c 增大时，将使负载线更平，Q 点左移到 Q_1；若仅 V_{CC} 提高时，保持 I_{BQ} 不变，则负载线斜率不变，平行上移，Q 点右移到 Q_2；若仅 R_b 增大时，则 I_{BQ} 减小，Q 点下移到 Q_3。

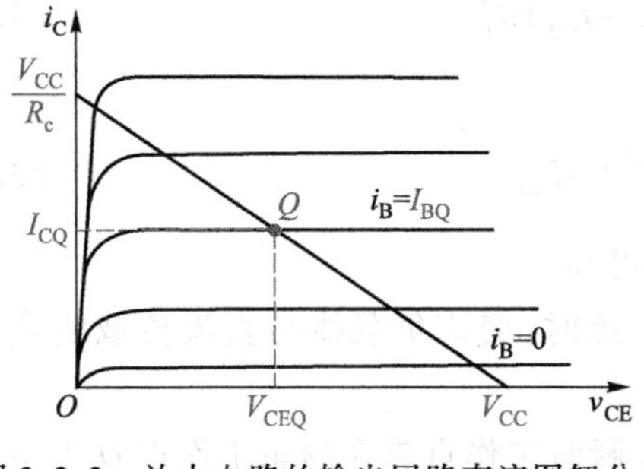

图 3.2.2 放大电路的输出回路直流图解分析

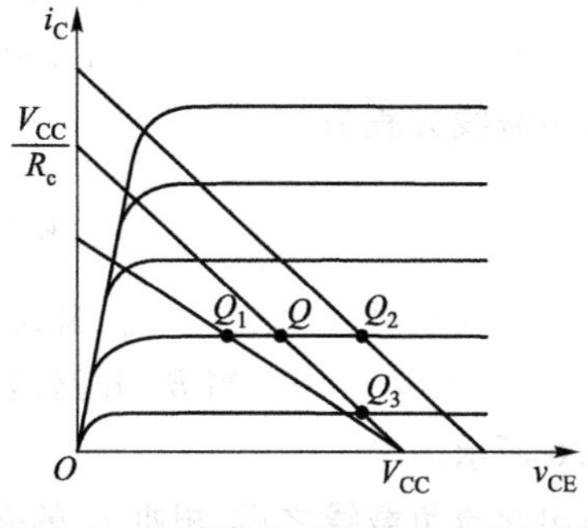

图 3.2.3 电路参数对静态工作点的影响

3.2.2 放大电路的动态分析

动态分析有微变等效电路法、图解法和计算机 EDA 软件辅助分析法。无论采用哪种方法，首先必须画出需要分析的放大电路的交流通路。以图 3.1.5 共射放大电路为例，其交流通路如图 3.2.4 所示。

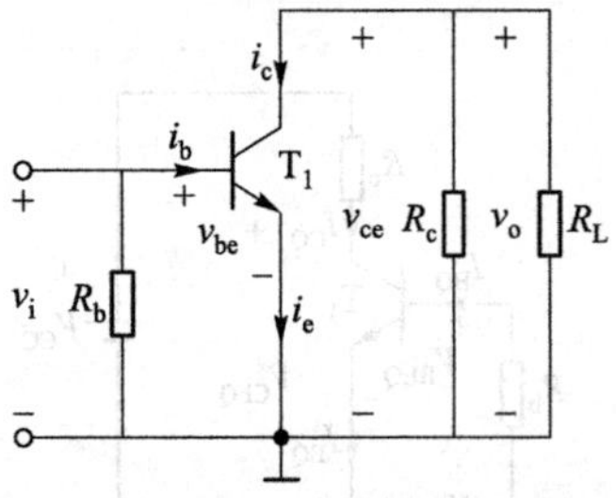

图 3.2.4 图 3.1.5 所示共射极放大电路的交流通路

1. 图解法

动态图解就是根据已知的输入电压 v_i 的波形，在管子特性曲线上，用作图的方法画出 i_b、i_c 和 v_{ce} 的波形，并计算出放大电路的增益。

当输入电压 v_i 为正弦波时，$v_{BE}=V_{BEQ}+v_i$，随着 v_{BE} 瞬时值的变化，瞬时工作点就在静态工作点 Q 上下，沿输入特性移动，使 i_B 在 I_{BQ} 的基础上叠加一个交流分量，如图 3.2.5 所示。

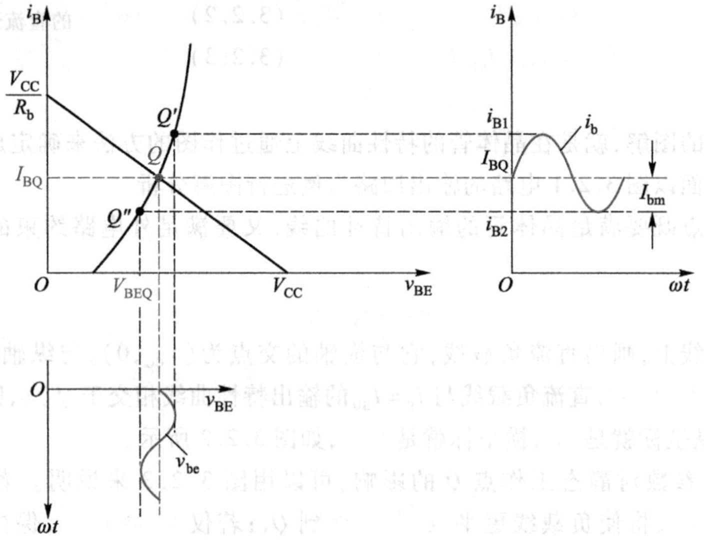

图 3.2.5 共射极放大电路输入回路动态图解

对图 3.2.4 所示电路的输出回路有

$$v_o=v_{ce}=-i_c(R_c /\!/ R_L)=-i_cR'_L \tag{3.2.5}$$

$$v_{CE}-V_{CEQ}=-(i_C-I_{CQ})R'_L \tag{3.2.6}$$

即交流负载线方程为

$$i_C=-\frac{v_{CE}-V_{CEQ}}{R'_L}+I_{CQ} \tag{3.2.7}$$

其中交流等效负载 $R'_L=R_c /\!/ R_L$。由式(3.2.7)可知，交流负载线是一个过静态工作点 Q，且斜率为 $-1/R'_L$ 的直线。当 R_L 开路时，$R'_L=R_c$，此时，交流负载线与直流负载线重合，如图 3.2.6 所示。

画出交流负载线之后，根据 i_B 的变化规律，瞬时工作点就在静态工作点 Q 上下，沿着交流负载线在 Q' 和 Q'' 之间移动，从而可画出 i_C 和 v_{CE} 波形图，v_{CE} 的交流分量就是输出电压 v_o，如图 3.2.6 所示，可以看出 v_o 与 v_i 相位相反，说明共射极放大电路是反相放大器。由图解的过程也可以看出，在放大电路中，信号是叠加在直流偏置之上，就像是一叶小舟荡漾在波平如镜的水面上急速前行，由此可进一步加深对放大原理的理解。

图解法的优点是直观、形象，但作图麻烦，小信号时，误差较大。因此，通常采用微变等效电路法来分析小信号放大电路。

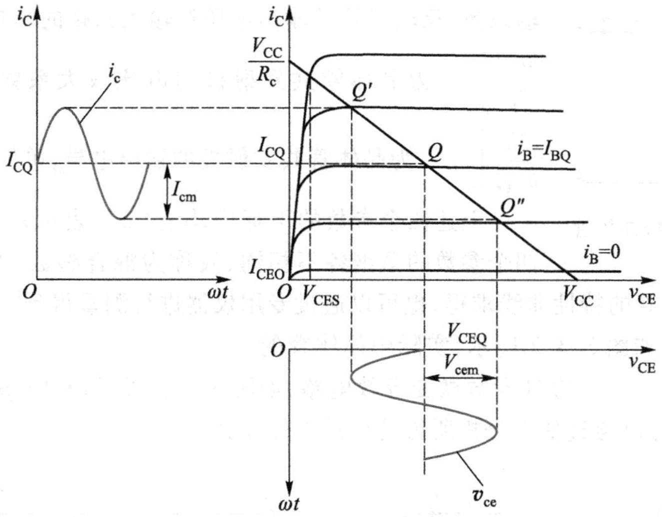

图 3.2.6 共射极放大电路输出回路动态图解

微课视频 3.2.2 微变等效电路分析法

2. 微变等效电路法

晶体管本质是一个非线性器件，但当所加入的信号为小信号时，其实际就工作在静态工作点的附近，在这一小范围内，可以近似地认为晶体管的特性是线性的。也就是说，对加在静态工作点上的小信号来说，晶体管可当作线性电路来处理。因此，总可以找出一个线性二端口网络来等效这个线性有源的晶体管，此等效电路就是晶体管的微变等效电路。

当晶体管用其微变等效电路表示后，放大电路的交流通路就成为一般的线性电路，我们称其为放大电路的微变等效电路，此时运用线性电路理论可方便地求出各点的信号量，从而求得放大电路的各种性能指标。这就是研究小信号放大电路的基本分析方法——微变等效电路法。

微课视频 3.3.1 共射电路的等效电路分析

3.3 共射极放大电路的微变等效电路分析

微变等效电路法的关键是要获得晶体管的微变等效电路，下面以共射极放大电路为例，讨论其性能指标的微变等效电路分析法。

3.3.1 晶体管的 H 参数微变等效电路

晶体管可看作一个二端口网络，如图 3.3.1 所示。根据电路理论，其在静态工作点 Q 周围的小信号特性，可用 H 参数方程表述为

$$\begin{cases} v_{be} = h_{ie} i_b + h_{re} v_{ce} & (3.3.1) \\ i_c = h_{fe} i_b + h_{oe} v_{ce} & (3.3.2) \end{cases}$$

式中，$h_{ie} = \left.\frac{\partial v_{BE}}{\partial i_B}\right|_Q = r_{be}$ 为晶体管共射极的输入电阻，单位为 Ω；$h_{re} = \left.\frac{\partial v_{BE}}{\partial v_{CE}}\right|_Q$ 为反向电压传

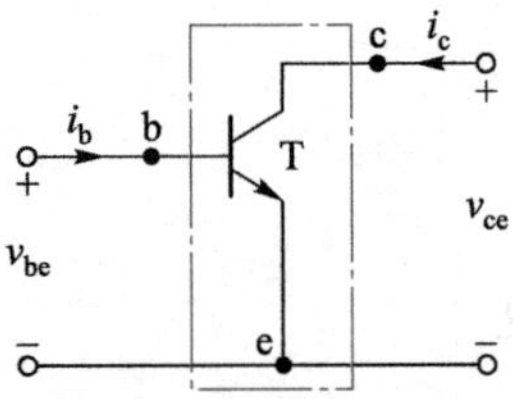

图 3.3.1　共射极晶体管

输系数，反映了管子输出电压对输入回路的影响，无量纲；$h_{fe}=\left.\frac{\partial i_C}{\partial i_B}\right|_Q=\beta$ 为晶体管共发射极的电流放大系数，无量纲；$h_{oe}=\left.\frac{\partial i_C}{\partial v_{CE}}\right|_Q=\frac{1}{r_{ce}}$为晶体管共发射极的输出电导，单位为 S。

上述四个参数的下标中均有“e”，表示是共射极的参数。四个参数的量纲各不相同，故称为混合参数，即 H 参数，这些参数可以由晶体管的特性曲线求得，也可以通过专用仪器进行测量得到。晶体管的 H 参数微变等效电路如图 3.3.2 所示，实际中晶体管的 h_{re} 和 h_{oe} 均比较小，往往可以忽略，这时的等效电路称为简化的 H 参数微变等效电路，如图 3.3.3 所示，其中，β 可以用仪器很容易地测出，r_{be} 可以通过如下分析所得的公式近似计算。

PPT 3.3
共射电路的等效电路分析

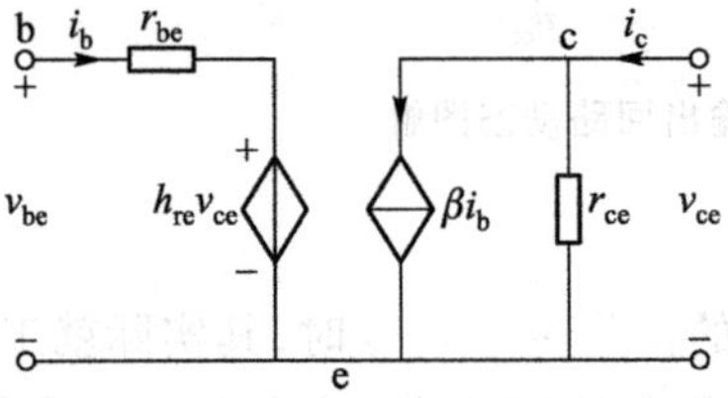

图 3.3.2　晶体管 H 参数微变等效电路

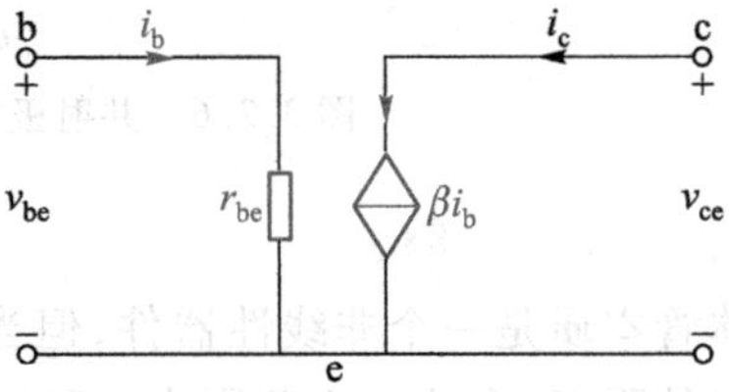

图 3.3.3　简化 H 参数微变等效电路

图 3.3.4 所示为晶体管的结构示意图，$r_{bb'}$ 为 BJT 基区的体电阻，r'_e是发射区的体电阻，二者仅与杂质浓度和制造工艺有关，由于基区很薄且掺杂浓度比发射区低得多，所以 $r_{bb'}$ 比 r'_e大得多，对于小功率管，$r_{bb'}$ 约为几十欧到几百欧，可通过查阅器件手册得到，而 r'_e仅为几欧，可以忽略。r_e 是发射结的动态电阻，$r_e=V_T/I_{EQ}$。由图 3.3.4 可以推出

$$r_{be}=r_{bb'}+(1+\beta)\frac{26\ \mathrm{mV}}{I_{EQ}(\mathrm{mA})} \tag{3.3.3}$$

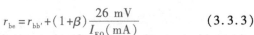

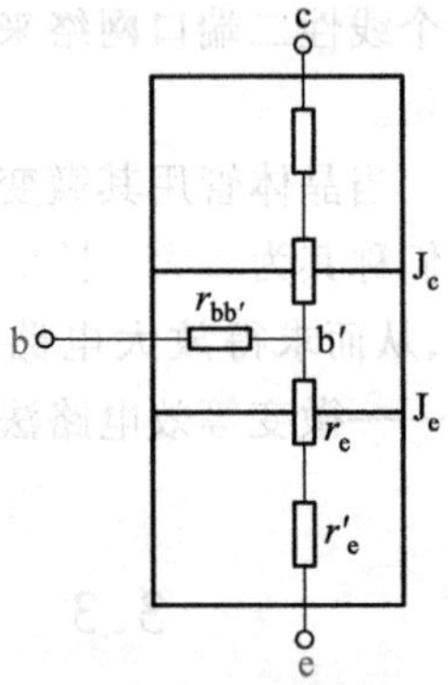

图 3.3.4　晶体管的结构示意图

值得注意的是晶体管的微变等效电路只对小信号的动态电路有效，是用来分析放大电路动态性能指标的，不能用于静态分析，但 r_{be} 这个动态电阻与静态电流 I_{EQ} 密切相关。

微课视频
3.3.2
共射电路的动态性能分析(1)

3.3.2　共射极放大电路的动态性能分析

一个典型的实用共射极放大电路如图 3.3.5 所示，要分析该电路的性能指标，就要估算 T 管的 r_{be}，因此必须首先进行静态分析。

1. 求静态工作点 Q

图 3.3.5(a)共射极放大电路的直流通路如图 3.3.5(b)所示，当 I_{BQ} 较小时，T 管的基极电位

$$V_{BQ}\approx\frac{R_{b2}}{R_{b1}+R_{b2}}V_{CC} \tag{3.3.4}$$

$$I_{CQ} \approx I_{EQ} = \frac{V_{BQ} - V_{BEQ}}{R_e} \tag{3.3.5}$$

$$I_{BQ} = \frac{I_{CQ}}{\beta} \tag{3.3.6}$$

$$V_{CEQ} = V_{CC} - I_{CQ}R_c - I_{EQ}R_e \approx V_{CC} - I_{CQ}(R_c + R_e) \tag{3.3.7}$$

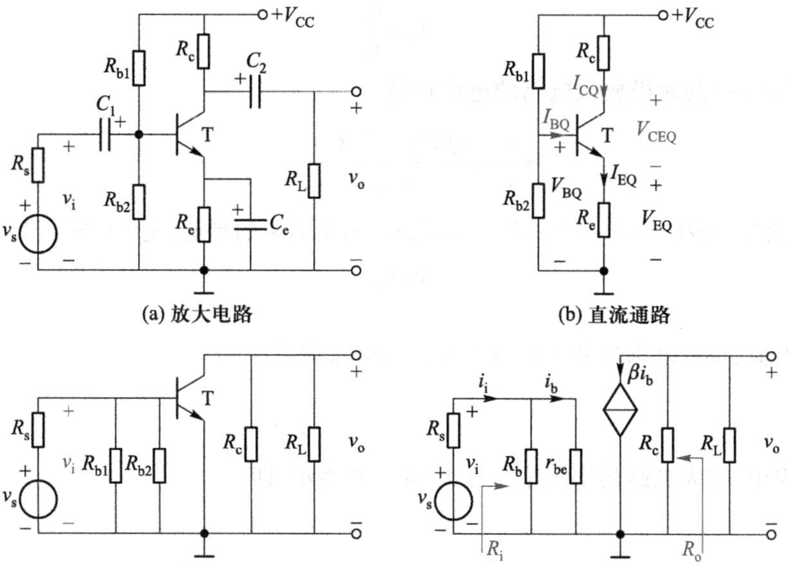

(a) 放大电路　(b) 直流通路　(c) 交流通路　(d) 微变等效电路

图 3.3.5　实用的共射极放大电路

微课视频
3.3.3
共射电路的动态性能分析(2)

2. 画放大电路的微变等效电路

图 3.3.5(a)共射极放大电路的交流通路如图 3.3.5(c)所示,把此图中的晶体管 T 用其简化的 H 参数微变等效电路代替后就得到放大电路的微变等效电路,如图 3.3.5(d)所示,其中

$$R_b = R_{b1} /\!/ R_{b2} \tag{3.3.8}$$

$$r_{be} = r_{bb'} + (1+\beta)\frac{26\ \text{mV}}{I_{EQ}(\text{mA})} \tag{3.3.9}$$

3. 求输入电阻 R_i

放大电路的输入电阻就是从信号源两端向放大电路输入端看进去的等效电阻,定义为输入电压与输入电流之比。图 3.3.5(a)共射极放大电路的输入电阻

$$R_i = \frac{v_i}{i_i} = R_b /\!/ r_{be} \tag{3.3.10}$$

4. 求输出电阻 R_o

放大电路的输出电阻就是从负载两端向放大电路输出端看进去,而其中独立电源置零时的等效电阻。对于图 3.3.5(a)共射极放大电路的输出电阻,利用图 3.3.5(d)的微变等效电路,令 $v_s = 0$,R_L 移开,在输出端施加电压 v,从而产生电流 i,此时,$i_b = 0$,则受控源 $\beta i_b = 0$,故共射极放大电路的输出电阻

$$R_o = \frac{v}{i} = R_c \tag{3.3.11}$$

R_o 反映了放大电路带负载的能力，对电压输出，R_o 越小，放大电路带负载的能力越强。

5. 求电压增益 A_v

放大电路的电压增益 A_v 反映了放大电路放大电压信号的能力，定义为输出电压与输入电压之比。即

$$A_v=\frac{v_o}{v_i} \tag{3.3.12}$$

图3.3.5(a)共射极放大电路的电压增益

$$A_v=\frac{v_o}{v_i}=\frac{-\beta i_b(R_c /\!/ R_L)}{i_b r_{be}}=-\frac{\beta R_L'}{r_{be}} \tag{3.3.13}$$

其中，等效交流负载电阻 $R_L'=R_c /\!/ R_L$。若考虑信号源内阻的影响，则可以求出源电压增益

$$A_{vs}=\frac{v_o}{v_s}=\frac{v_i}{v_s}\frac{v_o}{v_i}=\frac{R_i}{R_s+R_i}A_v \tag{3.3.14}$$

与此类似，也可以求出共射极放大电路的电流增益

$$A_i=\frac{i_c}{i_b}=\beta \tag{3.3.15}$$

在工程中，放大电路的增益常用分贝(dB)来表示，即

$$\text{电压增益}=20\ \lg A_v(\text{dB})$$

$$\text{电流增益}=20\ \lg A_i(\text{dB})$$

电压增益 A_v、输入电阻 R_i 和输出电阻 R_o 均是放大电路的重要性能指标，从以上共射极放大电路的分析，可以总结出用微变等效电路法分析放大电路的一般步骤：

(1) 若晶体管的 r_{be} 未知，首先必须根据放大电路的直流通路求出静态工作点，然后由式(3.3.9)估算出 r_{be}；

(2) 画出放大电路的微变等效电路，即用简化的晶体管H参数微变等效电路代替交流通路中的晶体管就得到放大电路的微变等效电路；

(3) 按照放大电路性能指标的定义，分别计算出各项动态指标。

以下通过例题进一步熟悉用微变等效电路法来分析具体放大电路的性能。

【例3.3.1】 放大电路如图3.3.6(a)所示，已知 $r_{bb'}=200\ \Omega$，$\beta=80$。试求 A_v、A_{vs}、R_i 和 R_o。

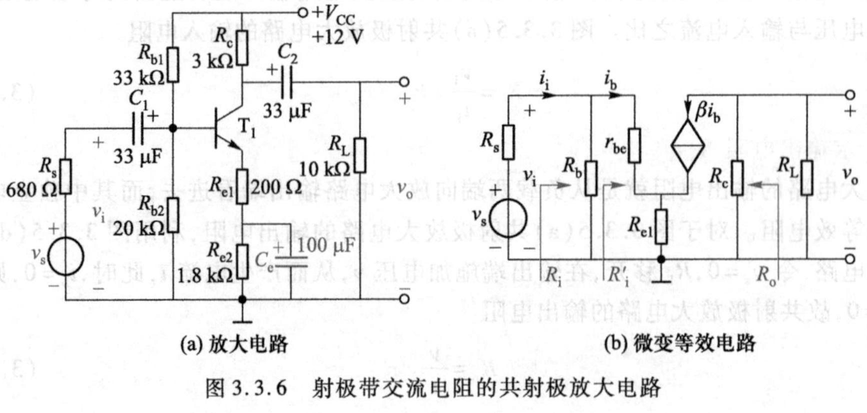

(a) 放大电路　　(b) 微变等效电路

图3.3.6　射极带交流电阻的共射极放大电路

解 (1) 求静态工作点

$$V_{BQ} \approx \frac{R_{b2}}{R_{b1}+R_{b2}}V_{CC} = \frac{20\times12}{33+20}\ \text{V} \approx 4.53\ \text{V}$$

$$I_{CQ} \approx I_{EQ} = \frac{V_{BQ}-V_{BEQ}}{R_{e1}+R_{e2}} \approx \frac{4.53-0.7}{0.2+1.8}\ \text{mA} \approx 1.9\ \text{mA}$$

$$\begin{aligned} V_{CEQ} &= V_{CC}-I_{CQ}R_c-I_{EQ}(R_{e1}+R_{e2}) \approx V_{CC}-I_{CQ}(R_c+R_{e1}+R_{e2}) \\ &= [12-1.9\times(3+0.2+1.8)]\ \text{V} = 2.5\ \text{V} \end{aligned}$$

$$r_{be} = r_{bb'}+(1+\beta)\frac{26\ \text{mV}}{I_{EQ}(\text{mA})} \approx \left[200+(1+80)\times\frac{26}{1.9}\right]\ \Omega = 1\ 308\ \Omega$$

(2) 画出放大电路的微变等效电路

该放大电路的微变等效电路如图 3.3.6(b)所示。

(3) 求动态指标

$$R_L' = R_c /\!/ R_L = \frac{3\times10}{3+10}\ \text{k}\Omega \approx 2.31\ \text{k}\Omega$$

$$R_b = R_{b1} /\!/ R_{b2} = \frac{33\times20}{33+20}\ \text{k}\Omega = 12.45\ \text{k}\Omega$$

$$R_i' = \frac{v_i}{i_b} = \frac{i_b r_{be}+(1+\beta)i_b R_{e1}}{i_b} = r_{be}+(1+\beta)R_{e1} \approx [1.308+(1+80)\times0.2]\ \text{k}\Omega = 17.508\ \text{k}\Omega$$

$$R_i = \frac{v_i}{i_i} = R_b /\!/ R_i' = \frac{12.45\times17.508}{12.45+17.508}\ \text{k}\Omega \approx 7.276\ \text{k}\Omega$$

$$R_o \approx R_c = 3\ \text{k}\Omega$$

$$A_v = \frac{v_o}{v_i} = \frac{-\beta i_b(R_c /\!/ R_L)}{i_b r_{be}+(1+\beta)i_b R_{e1}} = -\frac{\beta R_L'}{r_{be}+(1+\beta)R_{e1}} \approx -\frac{80\times2.31}{17.508} \approx -10.56$$

$$A_{vs} = \frac{v_o}{v_s} = \frac{v_i}{v_s}\frac{v_o}{v_i} = \frac{R_i}{R_s+R_i}A_v \approx \frac{7.276\times(-10.56)}{0.68+7.276} \approx -9.66$$

3.4 共集电极放大电路

微课视频
3.4
共集放大电路

共集电极放大电路如图 3.4.1(a)所示,这种放大电路输入信号通过管子的基极与“地”之间加入,输出信号由发射极和“地”之间取出,所以也称为射极输出器。对此放大电路,我们采用与共射极放大电路一样的思路和方法分析之。

3.4.1 静态分析

$$I_{BQ} = \frac{V_{CC}-V_{BEQ}}{R_b+(1+\beta)R_e} \tag{3.4.1}$$

$$I_{EQ} \approx I_{CQ} = \beta I_{BQ} \tag{3.4.2}$$

$$V_{CEQ} = V_{CC}-I_{EQ}R_e \approx V_{CC}-I_{CQ}R_e \tag{3.4.3}$$

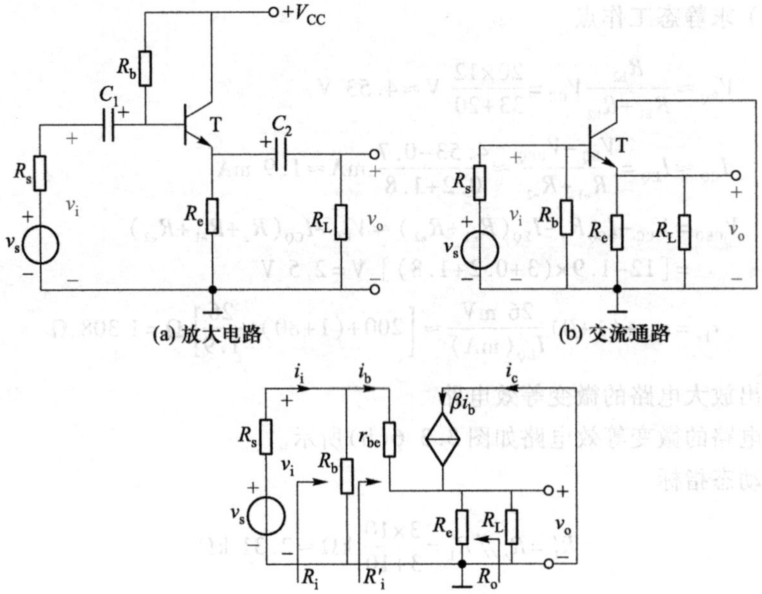

PPT 3.4 共集电极放大电路

(c) 微变等效电路

图 3.4.1　共集电极放大电路

3.4.2 动态分析

画微变等效电路如图 3.4.1(c)所示。

1. 电压与电流增益

$$A_v=\frac{v_o}{v_i}=\frac{(1+\beta)i_b(R_e /\!/ R_L)}{i_b r_{be}+(1+\beta)i_b(R_e /\!/ R_L)}=\frac{(1+\beta)R'_L}{r_{be}+(1+\beta)R'_L} \tag{3.4.4}$$

式中，$R'_L=R_e /\!/ R_L$。由于一般有$(1+\beta)R'_L \gg r_{be}$，所以

$$A_v=\frac{(1+\beta)R'_L}{r_{be}+(1+\beta)R'_L}\approx 1 \tag{3.4.5}$$

由此可见，共集电极放大电路的电压增益 A_v 小于 1，但接近于 1，且 v_o 与 v_i 同相。换句话说，就是 v_o 与 v_i 几乎相同，v_o 跟随着 v_i 变化，基于此，该放大电路又称为射极跟随器。

尽管射极跟随器没有电压放大能力，但是它有电流放大能力和功率放大能力。其电流增益

$$A_i=\frac{i_e}{i_b}=1+\beta \tag{3.4.6}$$

2. 输入电阻 R_i

由图 3.4.1(c)可知

$$R'_i=\frac{v_i}{i_b}=\frac{i_b r_{be}+(1+\beta)i_b R'_L}{i_b}=r_{be}+(1+\beta)R'_L \tag{3.4.7}$$

$$R_i=\frac{v_i}{i_i}=R_b /\!/ R'_i=R_b /\!/ [r_{be}+(1+\beta)R'_L] \tag{3.4.8}$$

3. 输出电阻 R_o

根据输出电阻 R_o 的定义，可画出求 R_o 的等效电路如图 3.4.2 所示。由图可见

$$i'=-(1+\beta)i_b$$

$$v=-i_b(R_s'+r_{be})$$

则

$$R_o'=\frac{v}{i'}=\frac{-i_b(R_s'+r_{be})}{-(1+\beta)i_b}=\frac{R_s'+r_{be}}{1+\beta}$$

$$R_o=\frac{v}{i}=R_e /\!/ R_o'=R_e /\!/ \frac{R_s'+r_{be}}{1+\beta} \qquad (3.4.9)$$

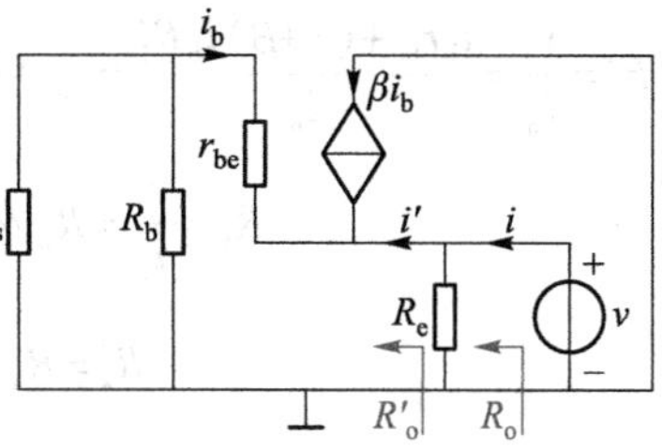

图 3.4.2 求射极跟随器输出电阻的等效电路

式中，$R_s'=R_s /\!/ R_b$。

【例 3.4.1】 放大电路如图 3.4.3 所示，已知晶体管 T 为锗管，其参数 $r_{bb'}=300\ \Omega$，$\beta=100$。试求：(1) 静态工作点 Q；(2) A_v、A_{vs}、R_i 和 R_o。

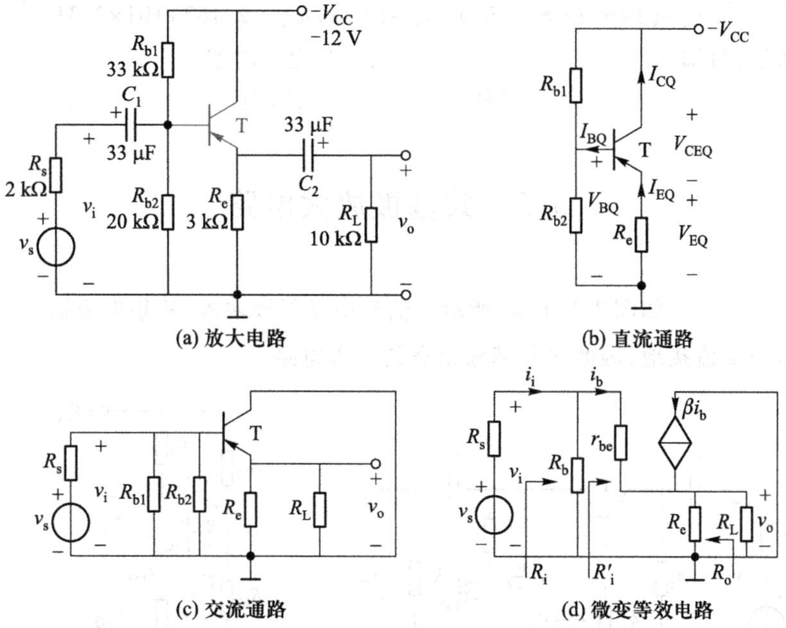

图 3.4.3 例 3.4.1 的放大电路

解 (1) 求 Q 点

$$V_{BQ}\approx\frac{R_{b2}}{R_{b1}+R_{b2}}V_{CC}=-\frac{20\times12}{33+20}\ \text{V}\approx-4.53\ \text{V}$$

$$I_{CQ}\approx I_{EQ}=\frac{-V_{EQ}}{R_e}=\frac{-(V_{BQ}-V_{BEQ})}{R_e}\approx\frac{-(-4.53+0.3)}{3}\ \text{mA}=1.41\ \text{mA}$$

$$V_{CEQ}=-V_{CC}+I_{EQ}R_e\approx(-12+1.41\times3)\ \text{V}=-7.77\ \text{V}$$

$$r_{be}=r_{bb'}+(1+\beta)\frac{26\ \text{mV}}{I_{EQ}(\text{mA})}\approx\left[300+(1+100)\times\frac{26}{1.41}\right]\ \Omega\approx2\ 162\ \Omega$$

(2) 求指标

$$R_L'=R_e /\!/ R_L=\frac{3\times10}{3+10}\ \text{k}\Omega\approx2.31\ \text{k}\Omega$$

$$R_b=R_{b1} /\!/ R_{b2}=\frac{33\times20}{33+20}\ \text{k}\Omega=12.45\ \text{k}\Omega$$

$$R_i'=\frac{v_i}{i_b}=\frac{i_b r_{be}+(1+\beta)i_b R_L'}{i_b}=r_{be}+(1+\beta)R_L'\approx[2.162+(1+100)\times 2.31]\ \text{k}\Omega\approx 235.47\ \text{k}\Omega$$

$$R_i=\frac{v_i}{i_i}=R_b /\!/ R_i'=\frac{12.45\times 235.47}{12.45+235.47}\ \text{k}\Omega\approx 11.82\ \text{k}\Omega$$

$$R_s'=R_s /\!/ R_b=\frac{2\times 12.45}{2+12.45}\ \text{k}\Omega\approx 1.72\ \text{k}\Omega$$

$$R_o'=\frac{R_s'+r_{be}}{1+\beta}\approx\frac{1.72+2.162}{1+100}\ \text{k}\Omega\approx 0.0384\ \text{k}\Omega$$

$$R_o=\frac{v}{i}=R_e /\!/ R_o'=\frac{3\,000\times 38.4}{3\,000+38.4}\ \Omega\approx 37.9\ \Omega$$

$$A_v=\frac{v_o}{v_i}=\frac{(1+\beta)i_b(R_e /\!/ R_L)}{i_b r_{be}+(1+\beta)i_b(R_e /\!/ R_L)}=\frac{(1+\beta)R'_L}{r_{be}+(1+\beta)R'_L}\approx\frac{101\times 2.31}{2.162+101\times 2.31}\approx 0.99$$

综上所述，可知共集电极放大电路的特点：一是电压增益 A_v 小于1，但接近于1；二是输出电压 v_o 与输入电压 v_i 同相；三是输入电阻很大；四是输出电阻很小，带负载能力强。

3.5　共基极放大电路

PPT 3.5
共基极放大电路

共基极放大电路如图3.5.1(a)所示。信号由发射极输入，从集电极输出，电容 C_B 使晶体管的基极交流接地，因此是共基极组态的放大电路。

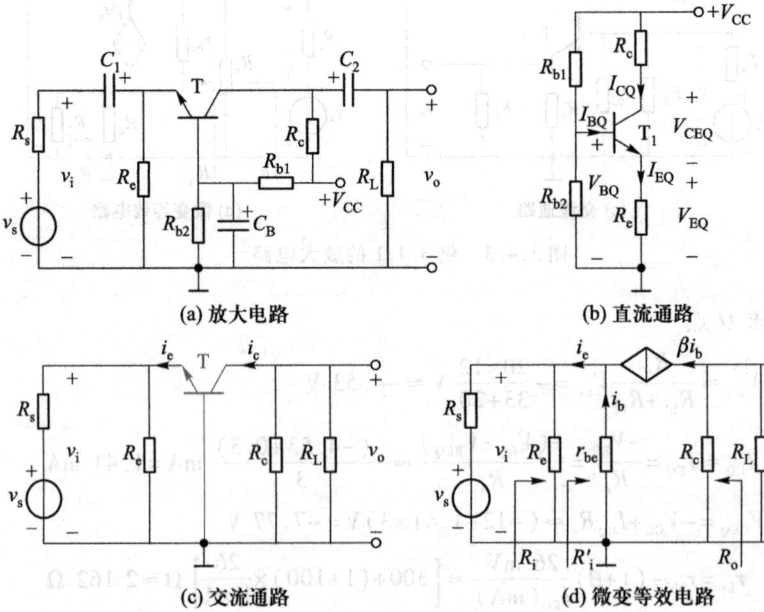

图3.5.1　共基极放大电路

微课视频
3.5
共基极放大电路

3.5.1　静态分析

该放大电路的直流通路如图3.5.1(b)所示，可见与图3.3.5共射极放大电路的直流通路相同,因此静态工作点的求法相同,此处不再赘述。

3.5.2 动态分析

画出共基极放大电路的交流通路和微变等效电路分别见图 3.5.1(c)和图 3.5.1(d)。

1. 电压与电流增益

$$A_v=\frac{v_o}{v_i}=\frac{-\beta i_b(R_c /\!/ R_L)}{-i_b r_{be}}=\frac{\beta R'_L}{r_{be}} \tag{3.5.1}$$

式中,$R'_L=R_c /\!/ R_L$,电压增益为“正”值,说明 v_o 与 v_i 同相。

电流增益

$$A_i=\frac{i_c}{i_e}=\frac{\beta}{1+\beta}=\alpha\approx 1 \tag{3.5.2}$$

可见,共基极放大电路的电流增益接近于 1,据此,该电路也称为电流传输器。

2. 输入电阻 R_i

$$R'_i=\frac{v_i}{-i_e}=\frac{-i_b r_{be}}{-(1+\beta)i_b}=\frac{r_{be}}{1+\beta} \tag{3.5.3}$$

$$R_i=\frac{v_i}{i_i}=R_e /\!/ R'_i=R_e /\!/ \left(\frac{r_{be}}{1+\beta}\right) \tag{3.5.4}$$

3. 输出电阻 R_o

按照输出电阻的定义,画出计算输出电阻 R_o 的等效电路如图 3.5.2 所示。由于输入信号置零后,由图 3.5.2 可知

$$\beta i_b=0$$

$$i=\frac{v}{R_c}$$

故

$$R_o=\frac{v}{i}=R_c \tag{3.5.5}$$

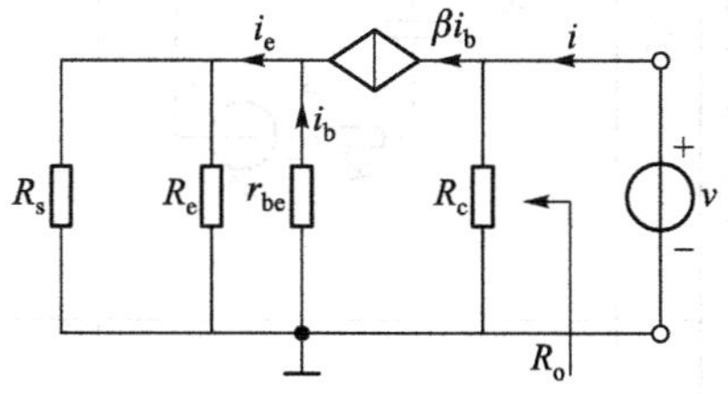

图 3.5.2 求共基极放大电路输出电阻的等效电路

从以上分析可以看出,共基极放大电路的特点是:

(1) 电压增益的幅值与共射极放大电路基本相同,但其输出电压与输入电压同相;

(2) 电流增益接近于 1;

(3) 输入电阻很小,输出电阻与共射极放大电路相同。

3.6 三种基本放大电路的比较

经过以上几节的分析可知,所谓不同组态就体现在放大电路的交流通路上,而直流通路基本相同。将三种基本放大电路比较于表 3.1,综合后可以看出:

1. 共射极放大电路既有大的电压增益又有大的电流增益,三种基本放大电路中只有共射极放大电路是反相电压放大,其他两种放大电路均是同相电压放大;

2. 共集电极放大电路电压增益最小,共基极放大电路电流增益最小;

表 3.1　三种基本放大电路比较

	共射极放大电路	共集电极放大电路	共基极放大电路
放大电路图	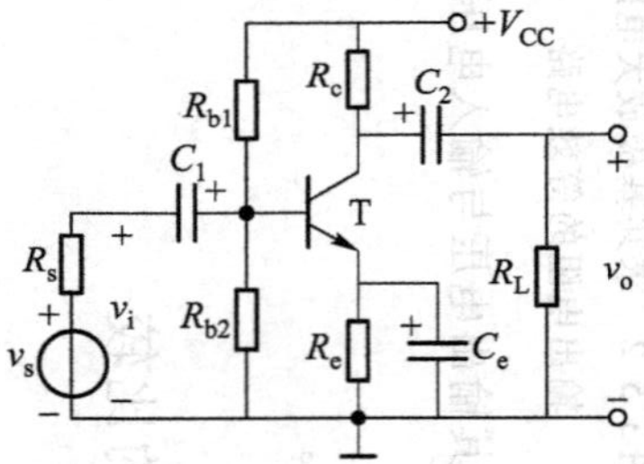	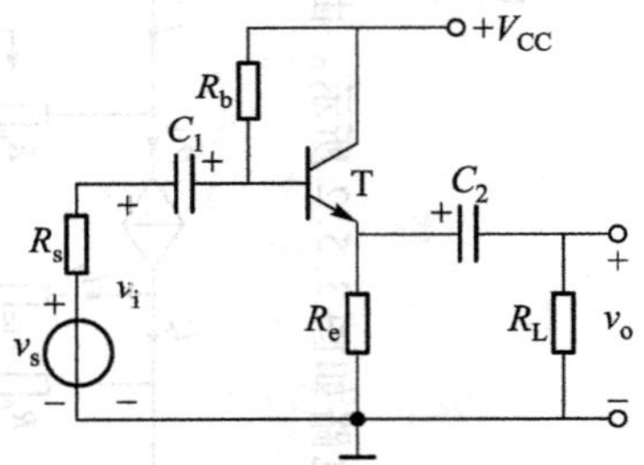	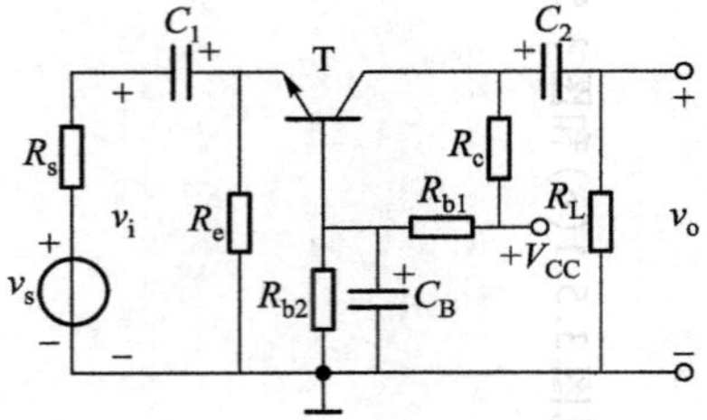
交流通路	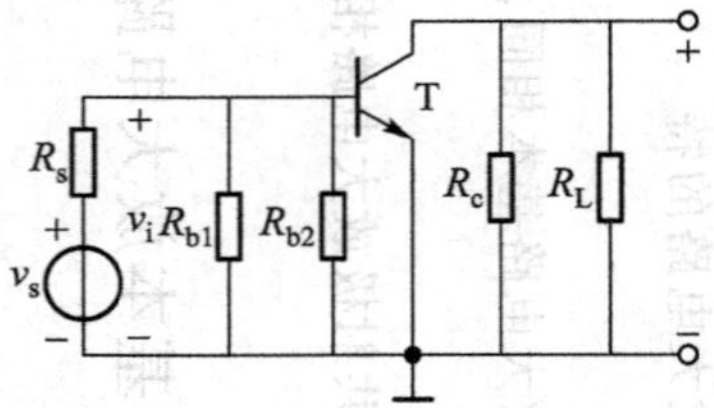	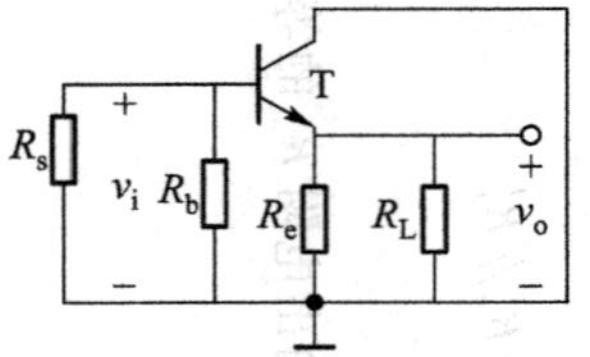	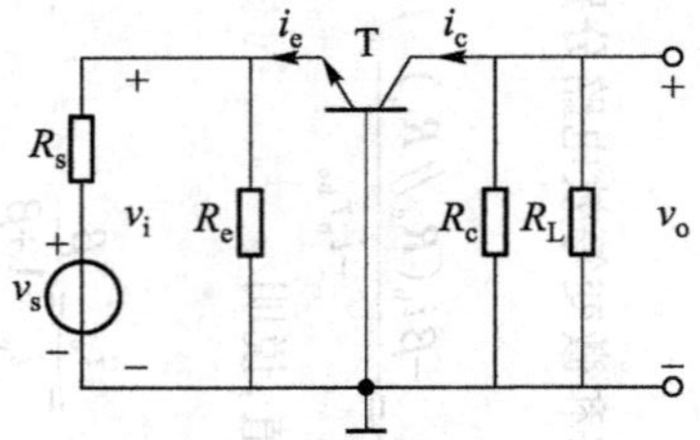
电压增益 A_v	$A_v=-\dfrac{\beta(R_c/\!/R_L)}{r_{be}}$（反相）	$A_v=\dfrac{(1+\beta)R_L'}{r_{be}+(1+\beta)R_L'}\approx 1$（同相）	$A_v=\dfrac{\beta(R_c/\!/R_L)}{r_{be}}$（同相）
电流增益 A_i	$A_i=\beta$	$A_i=1+\beta$	$A_i=\alpha\approx 1$
输入电阻 R_i	$R_i=R_{b1}/\!/R_{b2}/\!/r_{be}$	$R_i=R_b/\!/[r_{be}+(1+\beta)R_L']$	$R_i=R_e/\!/\left(\dfrac{r_{be}}{1+\beta}\right)$
输出电阻 R_o	$R_o=R_c$	$R_o=R_e/\!/\dfrac{R_S/\!/R_b+r_{be}}{1+\beta}$	$R_o=R_c$

3. 输入电阻共集电极放大电路最大,共基极放大电路最小;

4. 输出电阻共集电极放大电路最小;

5. 共射极放大电路多用作多级放大电路的中间级,共集电极放大电路可用作输入级、输出级或隔离级,共基极放大电路频率特性好,适用于宽频带场合(见 3.11 节)。

3.7 晶体管放大电路静态工作点的稳定

PPT 3.7 晶体管放大电路静态工作点的稳定

晶体管放大电路静态工作点由其偏置电路提供,对偏置电路的要求,一是要提供合适的静态工作点,二是在外界条件变化时,所提供的静态工作点应保持稳定。

3.7.1 静态工作点与非线性失真

所谓静态工作点合适,就是要求偏置电路所提供的静态工作点必须位于晶体管的放大区,更进一步的要求是,当输入信号的变化较大(即动态范围大)时,晶体管仍能工作在放大区。晶体管是非线性器件,如果信号动态范围太大或静态工作点设置不合适,超出线性范围,则会使放大电路的输出波形与输入波形的形状不一致,即出现了失真,这种由于器件的非线性而引起的失真称为放大电路的非线性失真。

1. 静态工作点设置合适,且信号不大

此时,放大电路仅工作在静态工作点 Q 附近的一个很小的区域,近似认为是线性范围,即这种情况下,放大电路不产生非线性失真。

2. 静态工作点设置过低,且信号较大

此种情况下,放大电路的工作如图 3.7.1 所示,静态工作点 Q 设置过低,在输入信号的负半周的一段时间内,放大电路的工作进入晶体管的截止区,从而造成的失真,称为截止失真。对 NPN 型晶体管构成的共射极放大电路的输出电压波形,就是顶部失真。

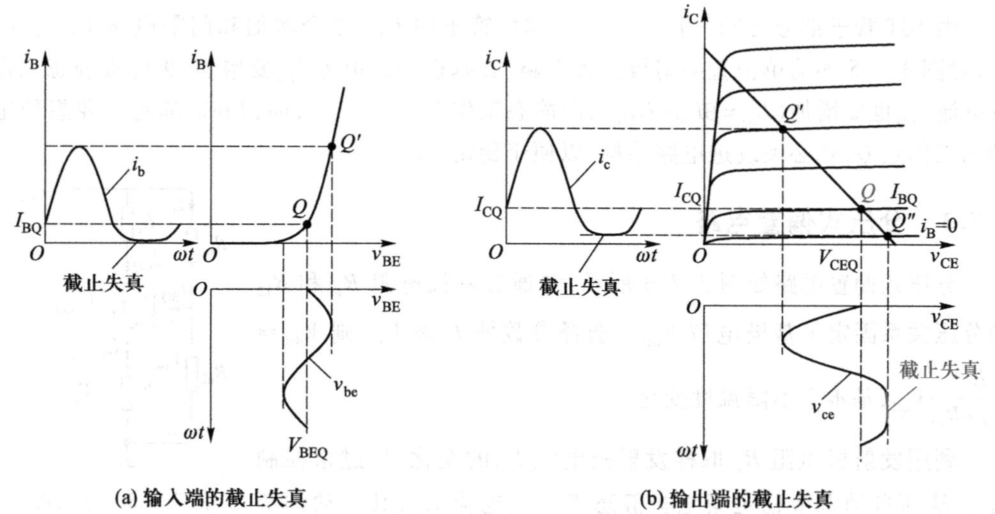

(a) 输入端的截止失真　　(b) 输出端的截止失真

图 3.7.1 静态工作点过低,共射放大电路出现截止失真

3. 静态工作点设置过高，且信号较大

此时，放大电路的工作如图 3.7.2 所示，静态工作点 Q 设置过高，在输入信号正半周的一段时间内，放大电路的工作进入晶体管的饱和区，从而造成的失真，称为饱和失真。对 NPN 型晶体管构成的共射极放大电路的输出电压波形，就是底部失真。

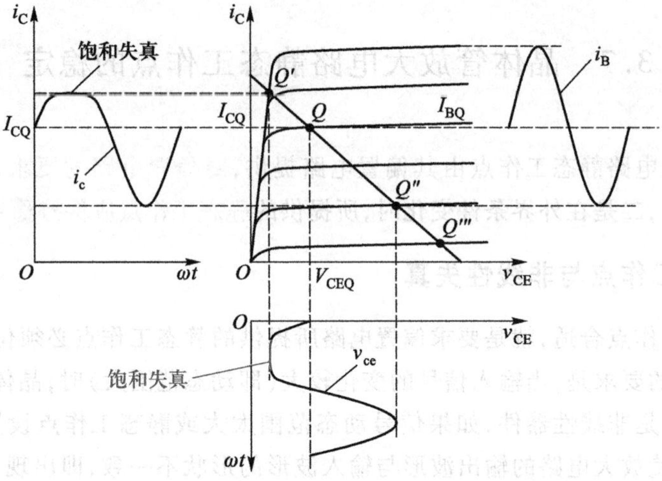

图 3.7.2　静态工作点过高，共射放大电路出现饱和失真

读者不妨依据同样的道理，思考 PNP 型晶体管构成共射极放大电路的输出电压波形失真的情况。事实是，此时输出电压的底部失真是截止失真，而顶部失真属于饱和失真。

3.7.2　温度对静态工作点的影响

静态工作点与波形失真关系极为密切，所以希望静态工作点不仅要设置合适，而且要保持稳定，但在实际中存在许多不稳定因素（如电源电压、环境温度、电路参数的老化等），都会使静态工作点发生移动。对于晶体管电路来说，影响工作点稳定的最主要因素是温度。

由 BJT 管子部分可知，当温度 T 升高时，管子的 I_{CEO}、β 会增加和门限电压 V_{BEth} 会减小，对图 3.1.5 的简单偏置共射极放大电路，其基极静态电流 I_{BQ} 要增加，集电极静态工作点电流 I_{CQ} 也要增加（$I_{CQ}=\beta I_{BQ}+I_{CEO}$），即静态工作点 Q 要升高，向饱和区靠近。要想稳定静态工作点 Q，就必须改进电路结构，以便于稳定 I_{CQ}。

3.7.3　分压式偏置电路

分压式偏置电路如图 3.7.3 所示，它通过基极电阻 R_{b1} 和 R_{b2} 的分压关系固定了基极电位 V_{BQ}。选择参数使 $I_1 \gg I_{BQ}$，则 $V_{BQ} \approx \dfrac{R_{b2}}{R_{b1}+R_{b2}}V_{CC}$，基本上不随温度变化。

利用发射极电阻 R_e 取样发射极电流 I_{EQ} 的变化，反过来控制 V_{BEQ}，从而自动调节稳定集电极静态工作点电流 I_{CQ}，其自动调节的过程为

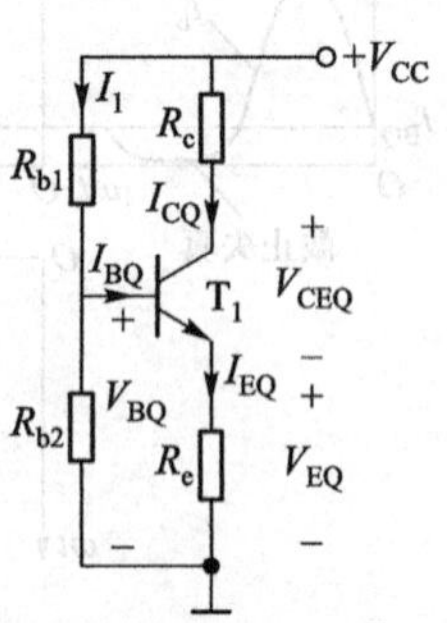

图 3.7.3　分压式偏置电路

$$\begin{array}{c} T\uparrow \rightarrow I_{CQ}\uparrow \rightarrow I_{EQ}\uparrow \rightarrow V_{EQ}\uparrow \rightarrow V_{BEQ}\downarrow \\ I_{CQ}\downarrow \leftarrow I_{BQ}\downarrow \leftarrow \end{array}$$

可见，当某种原因使 I_{CQ} 增大时，由于分压式偏置电路的自动调节作用，却使 I_{CQ} 有减小的趋势，结果使集电极静态工作点电流 I_{CQ} 趋于稳定。同样，当某种原因使 I_{CQ} 减小时，自动调节作用也能稳定 I_{CQ}。也就是说，分压式偏置电路能够稳定静态工作点，因此，在各种组态的放大电路中分压式偏置电路得到了广泛应用。在实际放大电路中，还广泛采用电流源为晶体管提供偏置电流，此方法主要应用于集成电路中。

3.8 电流源电路及其应用

提起电流源，大家似乎已经很熟悉，知道它的电路符号，其电流恒定，内阻为无穷大，但这是抽象出来的理想情况。实际上，目前仍未制造出可作为电流源使用的电池，但可以用电子电路的方法设计和制造出能实际使用的电流源，此种电流源不再仅仅是分析电路的一种符号，而是可以构造实际电路的基本元器件，其输出电流比较稳定，而且具有较大的交流等效电阻，常用来为放大电路提供恒定的偏置电流或作为有源负载，取代高阻值的电阻，以便大大地提高电压增益。还可在模数和数模转换器中提供基准电流，在信号处理中实现电流存储和转移等功能。

本节先讨论几种常用的电流源电路，然后介绍其简单的应用。

3.8.1 基本型镜像电流源

PPT 3.8 电流源电路及其应用

BJT 管组成的基本型镜像电流源如图 3.8.1 所示，T_1 和 T_2 是两个参数完全相同的配对晶体管，T_1 管接成二极管的形式，且由 V_{CC} 通过 R 提供基准电流 I_{REF}，由图 3.8.1 可得

$$I_{REF}=\frac{V_{CC}-V_{BE}}{R} \tag{3.8.1}$$

又因为 $V_{BE1}=V_{BE2}$，故 $I_{B1}=I_{B2}=I_B$，

$$I_{C2}=I_{C1}=I_{REF}-2I_B=I_{REF}-\frac{2I_{C2}}{\beta} \tag{3.8.2}$$

所以

$$I_{C2}=\frac{I_{REF}}{1+\dfrac{2}{\beta}} \tag{3.8.3}$$

当 $\beta\gg 2$ 时，

$$I_O=I_{C2}\approx I_{REF}=\frac{V_{CC}-V_{BE}}{R} \tag{3.8.4}$$

可见，输出电流 I_O 与基准电流 I_{REF} 之间，如同镜像一样，故称之为基本型镜像电流源，又称为基本型电流镜(Basic Current Mirror)。

3.8.2 改进型镜像电流源

为了减小 β 对镜像电流源的影响，可采用图 3.8.2 所示的改进型镜像电流源。图中

增加一个 T_3 管，利用它的电流放大作用，减小了基极电流对基准电流 I_{REF} 的分流，使 I_O 更接近于 I_{REF}，从而提高了电流源的精度。

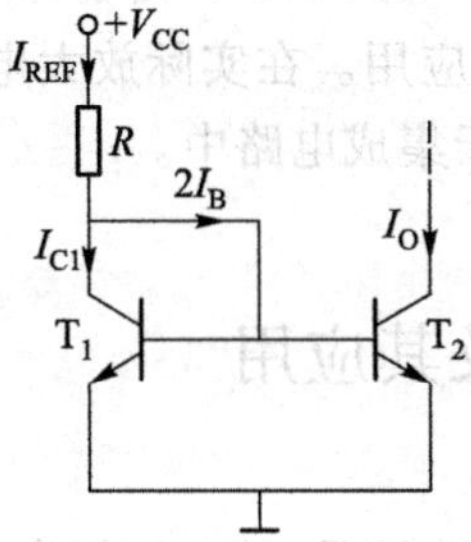

图 3.8.1　基本型镜像电流源

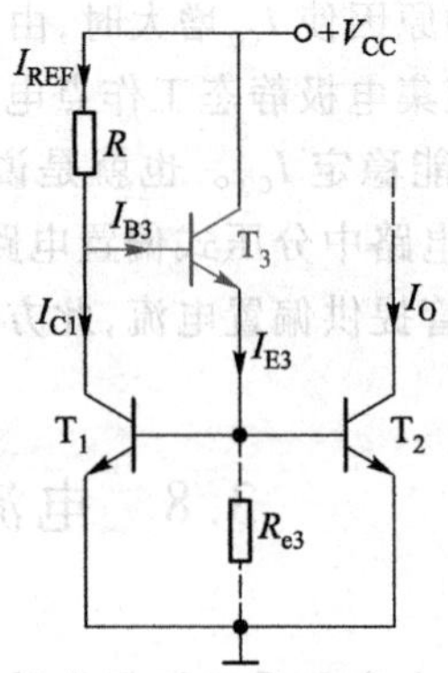

图 3.8.2　改进型镜像电流源

图 3.8.2 中的 T_1、T_2 和 T_3 是参数完全相同的晶体管，由图可知

$$I_{B1}=I_{B2}=I_B$$

$$I_{B3}=\frac{I_{E3}}{1+\beta}=\frac{2I_B}{1+\beta}=\frac{2I_O}{(1+\beta)\beta} \tag{3.8.5}$$

$$I_{REF}=I_{C1}+I_{B3}=I_O+\frac{2I_O}{(1+\beta)\beta}=\frac{\beta^2+\beta+2}{(1+\beta)\beta}I_O \tag{3.8.6}$$

即

$$I_O=\frac{\beta^2+\beta}{\beta^2+\beta+2}I_{REF}\approx I_{REF} \tag{3.8.7}$$

式中，$I_{REF}=\dfrac{V_{CC}-2V_{BE}}{R}$。

比较式(3.8.7)和式(3.8.3)可见，改进型镜像电流源与基本型镜像电流源相比，其 I_O 和 I_{REF} 更接近了。在实际电路中，为了避免 T_3 管因工作电流过小而引起 β 的减小，往往接一个适当的电阻 R_{e3}，如图 3.8.2 中的虚线所示。

3.8.3　比例型镜像电流源

比例型镜像电流源是在基本型电流镜的基础上，在两个晶体管的发射极分别加入电阻 R_{e1} 和 R_{e2}，如图 3.8.3 所示。由图可知

$$V_{BE1}+I_{E1}R_{e1}=V_{BE2}+I_{E2}R_{e2} \tag{3.8.8}$$

考虑到两管特性对称时，V_{BE1} 和 V_{BE2} 相差极小，所以

$$I_{E1}R_{e1}\approx I_{E2}R_{e2} \tag{3.8.9}$$

$$I_O\approx\frac{R_{e1}}{R_{e2}}I_{REF} \tag{3.8.10}$$

可见，输出电流 I_O 与基准电流 I_{REF} 之比主要决定于 R_{e1} 和 R_{e2} 之比，故称为比例型镜像电流源。其中基准电流

$$I_{REF}=\frac{V_{CC}-V_{BE}}{R+R_{e1}} \tag{3.8.11}$$

电阻 R_{e2} 使得恒流源的输出电阻增大，进一步提高了恒流的特性。

3.8.4 微电流镜像电流源

实际中往往需要降低功耗，即减小偏置的电流，可将比例型镜像电流源中的 R_{e1} 短路，并相应增大 R_{e2} 和 R，从而得到微小电流的电流源，称之为微电流镜像电流源，如图 3.8.4 所示。由图可知

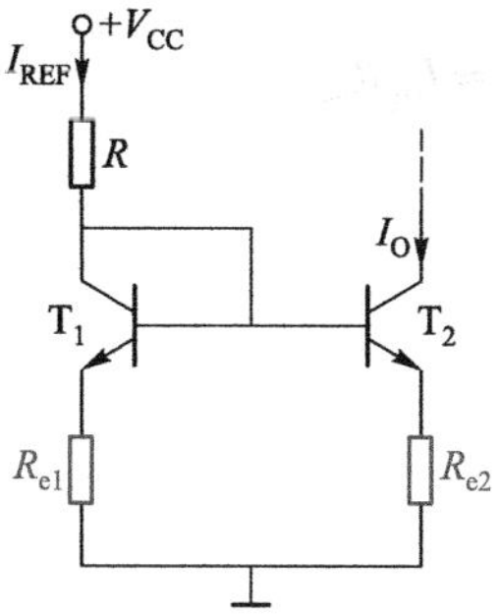

图 3.8.3 比例型镜像电流源

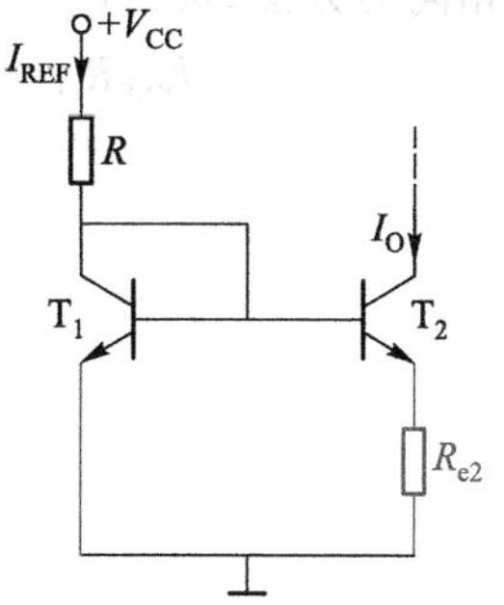

图 3.8.4 微电流镜像电流源

$$V_{BE1}-V_{BE2}=I_{E2}R_{e2}\approx I_O R_{e2} \tag{3.8.12}$$

$$I_O\approx\frac{V_{BE1}-V_{BE2}}{R_{e2}}=\frac{\Delta V_{BE}}{R_{e2}} \tag{3.8.13}$$

由于 ΔV_{BE} 很小，R_{e2} 和 R 不需要太大，就可以得到微安级的电流。

3.8.5 威尔逊(Wilson)镜像电流源

图 3.8.5 所示的是威尔逊镜像电流源。设所有晶体管的参数相同，因为 $V_{BE1}=V_{BE2}$，故 $I_{B1}=I_{B2}=I_B$，$I_{C2}=I_{C1}$。则

$$I_{E3}=2I_B+I_{C2}=2\frac{I_{C1}}{\beta}+I_{C1}=I_{C1}\left(1+\frac{2}{\beta}\right) \tag{3.8.14}$$

$$I_{C1}=I_{REF}-\frac{I_{E3}}{1+\beta}=I_{REF}-\frac{I_{C1}}{1+\beta}\left(1+\frac{2}{\beta}\right) \tag{3.8.15}$$

由上式可得

$$I_{C1}=I_{REF}\frac{\beta^2+\beta}{\beta^2+2\beta+2} \tag{3.8.16}$$

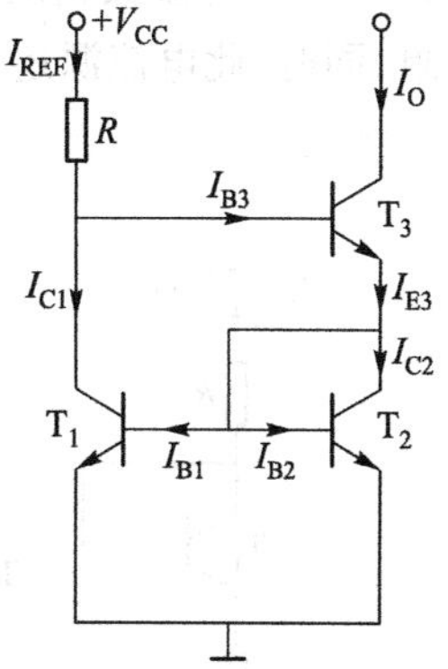

图 3.8.5 威尔逊镜像电流源

由图可知

$$I_O=\frac{\beta}{1+\beta}I_{E3}=\frac{\beta}{1+\beta}I_{C1}\left(1+\frac{2}{\beta}\right)=\frac{\beta}{1+\beta}\left(1+\frac{2}{\beta}\right)\frac{\beta^2+\beta}{\beta^2+2\beta+2}I_{REF}=\frac{\beta^2+2\beta}{\beta^2+2\beta+2}I_{REF}\approx I_{REF} \tag{3.8.17}$$

其中基准电流

$$I_{REF}=\frac{V_{CC}-2V_{BE}}{R} \tag{3.8.18}$$

威尔逊镜像电流源在输出支路增加了一个晶体管，使得电流源的输出电阻进一步增大，同时其闭合回路具有自动调节作用，使输出电流 I_O 稳定。例如，若某种原因要使 I_O

变小，则 I_{E3} 相应地减小，I_{C2} 也随之减小，即 I_{C1} 要减小，但基准电流 I_{REF} 基本不变，故 I_{B3} 必然要增大，相应地 I_O 又要增大，从而使 I_O 保持恒定。

3.8.6　多路镜像电流源

实际电路中，往往利用一个基准电流获得多个不同或相同的镜像电流，从而为各级提供合适的偏置电流。图 3.8.6 所示为一种多路镜像电流源。若各个晶体管的参数相同，则利用前述相同的方法，可得出

$$I_{REF}R_{e1} \approx I_{O1}R_{e2} \approx I_{O2}R_{e3} \approx I_{O3}R_{e4} \tag{3.8.19}$$

即

$$I_{O1} \approx \frac{R_{e1}}{R_{e2}}I_{REF} \tag{3.8.20}$$

$$I_{O2} \approx \frac{R_{e1}}{R_{e3}}I_{REF} \tag{3.8.21}$$

$$I_{O3} \approx \frac{R_{e1}}{R_{e4}}I_{REF} \tag{3.8.22}$$

可见，当基准电流 I_{REF} 确定后，只要选择发射极电阻，就可按比例得到所需要的输出电流。

3.8.7　电流源作有源负载

图 3.8.7 所示的电路中，输入信号由 T_1 管的基极加入，输出信号从 T_1 管的集电极取出，T_2 和 T_3 管参数相同，构成了基本型镜像电流源，接在 T_1 管的集电极以替代集电极的电阻，同时，此电流源还为 T_1 管提供集电极偏置电流，所以图 3.8.7 的电路是带有源集电极负载的共射极放大电路。该电路的性能指标为

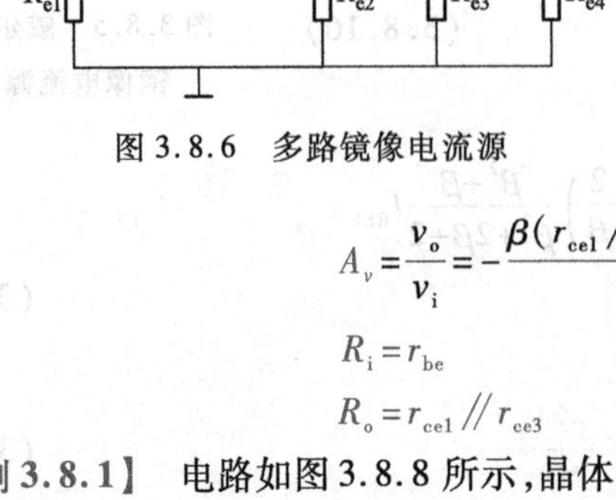

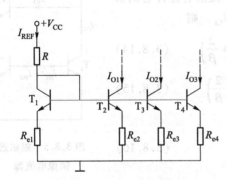

图 3.8.6　多路镜像电流源

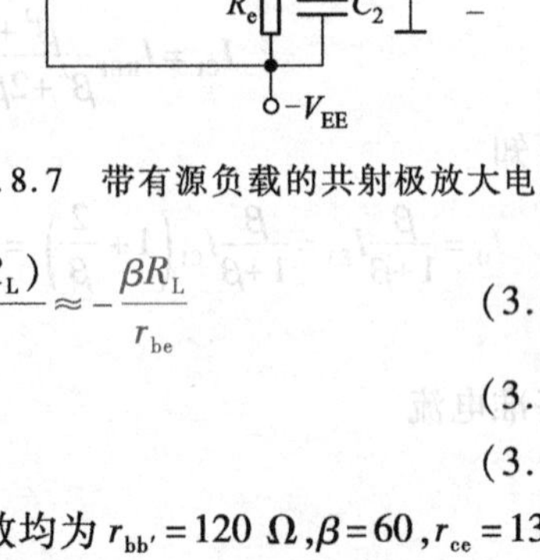

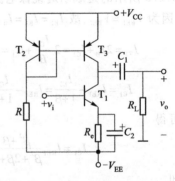

图 3.8.7　带有源负载的共射极放大电路

$$A_v = \frac{v_o}{v_i} = -\frac{\beta(r_{ce1} /\!/ r_{ce3} /\!/ R_L)}{r_{be}} \approx -\frac{\beta R_L}{r_{be}} \tag{3.8.23}$$

$$R_i = r_{be} \tag{3.8.24}$$

$$R_o = r_{ce1} /\!/ r_{ce3} \tag{3.8.25}$$

【例 3.8.1】　电路如图 3.8.8 所示，晶体管的参数均为 $r_{bb'} = 120\ \Omega$，$\beta = 60$，$r_{ce} = 130\ k\Omega$。

（1）试分析电路的功能；

（2）求 A_v、R_i 和 R_o。

解 (1) 在图 3.8.8 中，T_2 和 T_3 管构成基本型镜像电流源，其一方面为 T_1 管提供偏置电流，同时也作为它的射极有源负载；T_1 管组成共集电极放大电路，所以，此电路是带有有源负载的射极电压跟随器。

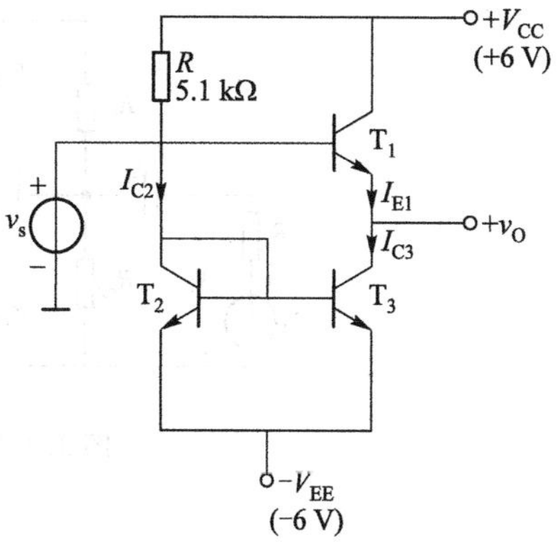

图 3.8.8 例 3.8.1 电路

(2)
$$I_{C2}=\frac{V_{CC}+V_{EE}-V_{BE}}{R}=\frac{6+6-0.7}{5.1}\ \text{mA}$$
$$\approx 2.2\ \text{mA}$$
$$I_{E1}\approx I_{C2}\approx 2.2\ \text{mA}$$
$$r_{be}=r_{bb'}+(1+\beta)\frac{26\ \text{mV}}{I_{E1}(\text{mA})}$$
$$\approx\left[120+(1+60)\times\frac{26}{2.2}\right]\ \Omega\approx 840.9\ \Omega$$
$$R_L'=r_{ce1}\,/\!/\,r_{ce3}=\frac{130}{2}\ \text{k}\Omega=65\ \text{k}\Omega$$
$$A_v=\frac{v_o}{v_i}=\frac{(1+\beta)R_L'}{r_{be}+(1+\beta)R_L'}=\frac{(1+60)\times 65}{0.840\ 9+(1+60)\times 65}\approx 0.999\ 8$$
$$R_i=r_{be}+(1+\beta)R_L'=[0.840\ 9+(1+60)\times 65]\ \text{k}\Omega=3\ 965\ \text{k}\Omega$$
$$R_o\approx\frac{r_{be}}{1+\beta}=\frac{840.9}{1+60}\ \Omega\approx 13.8\ \Omega$$

3.9 多级放大电路

微课视频
3.9
多级放大电路

在实际的电子设备或电子系统中，单级放大电路往往不能满足技术性能的要求，常常使用的是由多个基本放大电路级联起来的放大电路，这种放大电路就称为多级放大电路。本节将讨论多级放大电路的级间耦合方式和性能指标的分析方法。

3.9.1 多级放大电路的级间耦合方式

放大电路要级联，就必须考虑前级的信号如何传递到后级去，也就是多级放大电路的级间耦合方式问题，常用的耦合方式有阻容耦合、变压器耦合及直接耦合。

1. 阻容耦合

将前级放大电路的输出通过电容器连接到后一级放大电路输入端的这种连接方式，称为阻容耦合。图 3.9.1 所示为一个两级的阻容耦合放大电路。

PPT 3.9
多级放大电路

由于电容器的隔直流作用，阻容耦合放大电路各级的静态工作点相互独立，电路的分析与调试比较简单，但这种耦合方式，不能放大直流信号和变化缓慢的信号。另外，在集成电路中，耦合电容这种大容量的电容难于集成。

2. 变压器耦合

变压器耦合的两级放大电路如图 3.9.2 所示，第一级的输出信号经过变压器 Tr_2 送到第二级的输入端，第二级的输出信号经过变压器 Tr_3 传输到负载 R_L。

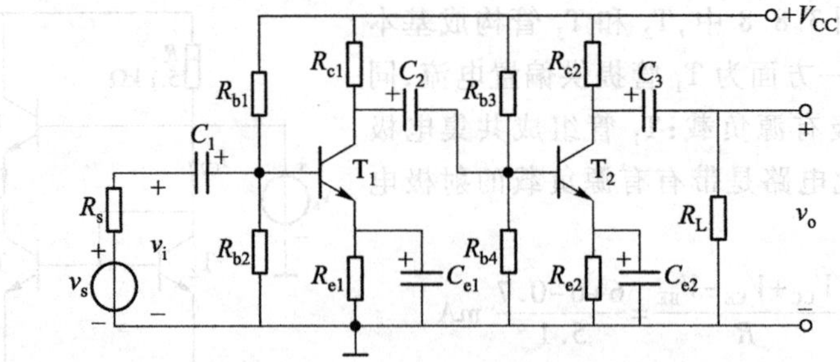

图 3.9.1 两级阻容耦合放大电路

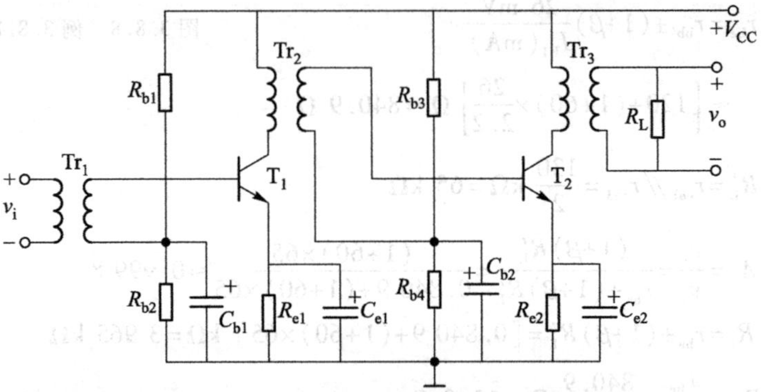

图 3.9.2 两级变压器耦合放大电路

知识扩展 3.1 变压器耦合共射放大电路

变压器耦合放大电路各级的静态工作点相互独立，变压器能实现阻抗的变换。但这种电路不能放大直流信号和变化缓慢的信号，且存在变压器体积大、重量重、价格贵、存在电磁干扰以及不能集成化等缺点。所以，一般在需要输出特大功率或实现高频功率放大时，才考虑采用变压器耦合放大电路。

3．直接耦合

前级放大电路的输出直接连接到后一级放大电路输入端的这种连接方式，称为直接耦合。图 3.9.3 所示为一个两级的直接耦合放大电路。

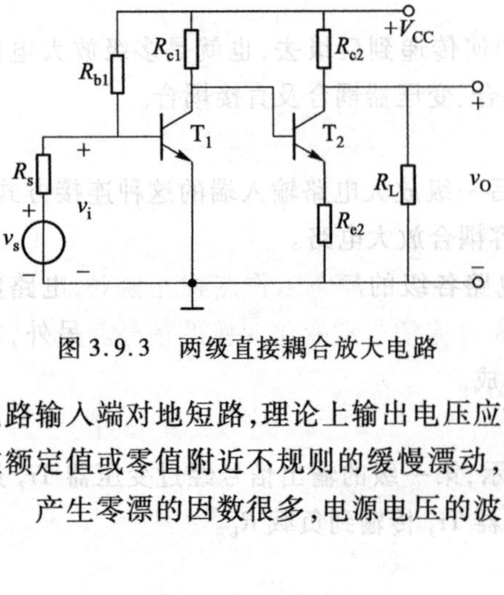

图 3.9.3 两级直接耦合放大电路

直接耦合放大电路的优点是电路简单，便于集成，既能放大交流信号，也能放大直流或变化缓慢的信号，在集成放大电路中毫无例外地使用直接耦合方式。但是，这种耦合方式却产生了两个新的问题，一是直流电位的相互牵制问题，由于省去了隔直流的电容器或变压器，则各极的静态工作点相互影响，这会增加设计与调试的复杂性；二是零点漂移问题，这是直接耦合放大电路最突出的问题。如果将电路输入端对地短路，理论上输出电压应该固定不变或始终为零，但实际上，输出电压会在额定值或零值附近不规则的缓慢漂动，这种现象称为零点漂移，简称零漂。

产生零漂的因数很多，电源电压的波动，电路中任何元器件参数的变化，由于直接耦合,必将引起输出电压的漂移。但实践证明,温度变化是产生零漂的主要因数,同时也是难以克服的因数。由温度引起的零漂称为温漂。通常,放大电路的第一级对整个电路零漂的影响最大,零漂会被逐级放大,放大电路的级数越多,零漂的影响越大。零漂过大时,有用信号被干扰,甚至被淹没,此时的电路就与放大电路风马牛不相及了,因此,在直接耦合放大电路中,必须要大大地减小零漂。抑制温漂的方法与稳定静态工作点的方法相似,还常常采用后面即将介绍的差分放大电路,此电路能有效地抑制温漂。

3.9.2 多级放大电路的分析

图 3.9.4 所示为 n 级放大电路的组成框图,v_{o1}、v_{o2}、…、$v_{o(n-1)}$、v_o 为各级放大电路的输出电压,v_i、v_{i2}、…、$v_{i(n-1)}$、v_{in} 为各级放大电路的输入电压。由图 3.9.4 可得电压增益

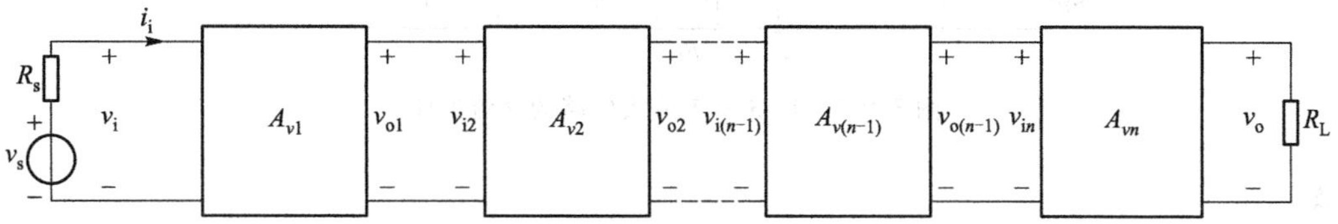

图 3.9.4 多级放大电路的框图

$$A_v=\frac{v_o}{v_i}=\frac{v_{o1}}{v_i}\frac{v_{o2}}{v_{o1}}\cdots\frac{v_o}{v_{o(n-1)}}=A_{v1}A_{v2}\cdots A_{vn} \tag{3.9.1}$$

式(3.9.1)表明,多级放大电路的总电压增益等于组成它的各级放大电路电压增益的乘积,这里需要注意的是,求每级电压增益时,总是把后级的输入电阻作为前级的负载来看待。

多级放大电路的输入电阻

$$R_i=\frac{v_i}{i_i}=R_{i1} \tag{3.9.2}$$

其中,R_{i1} 为第一级的输入电阻,式(3.9.2)表明,多级放大电路的输入电阻决定于第一级的输入电阻。

多级放大电路的输出电阻

$$R_o=R_{on} \tag{3.9.3}$$

其中,R_{on} 为第 n 级的输出电阻,式(3.9.3)表明,多级放大电路的输出电阻决定于第 n 级的输出电阻。

【例 3.9.1】 在图 3.9.1 放大电路中,已知 $R_{b1}=100\ \mathrm{k\Omega}$,$R_{b2}=24\ \mathrm{k\Omega}$,$R_{b3}=33\ \mathrm{k\Omega}$,$R_{b4}=6.8\ \mathrm{k\Omega}$,$R_{c1}=15\ \mathrm{k\Omega}$,$R_{c2}=6.8\ \mathrm{k\Omega}$,$R_{e1}=5.1\ \mathrm{k\Omega}$,$R_{e2}=2\ \mathrm{k\Omega}$,$R_L=10\ \mathrm{k\Omega}$,电容容量均足够大,$T_1$ 和 T_2 管的参数分别为 $r_{be1}=1.5\ \mathrm{k\Omega}$,$r_{be2}=1.2\ \mathrm{k\Omega}$,$\beta_1=\beta_2=60$。试求 A_v、R_i、R_o。

解 图 3.9.1 放大电路的交流通路如图 3.9.5 所示。

第二级的输入电阻

$$R_{i2}=R_{b3}/\!/R_{b4}/\!/r_{be2}\approx0.989\ \mathrm{k\Omega}$$

第一级的等效交流负载电阻

$$R_{L1}=R_{c1}/\!/R_{i2}\approx0.928\ \mathrm{k\Omega}$$

$$A_{v1}=-\frac{\beta_1 R_{L1}}{r_{be1}}\approx-\frac{60\times0.928}{1.5}=-37.12$$

$$R_L'=R_{c2}/\!/R_L=\frac{6.8\times10}{6.8+10}\ \text{k}\Omega\approx4.05\ \text{k}\Omega$$

$$A_{v2}=-\frac{\beta_2 R_L'}{r_{be2}}\approx-\frac{60\times4.05}{1.2}=-202.5$$

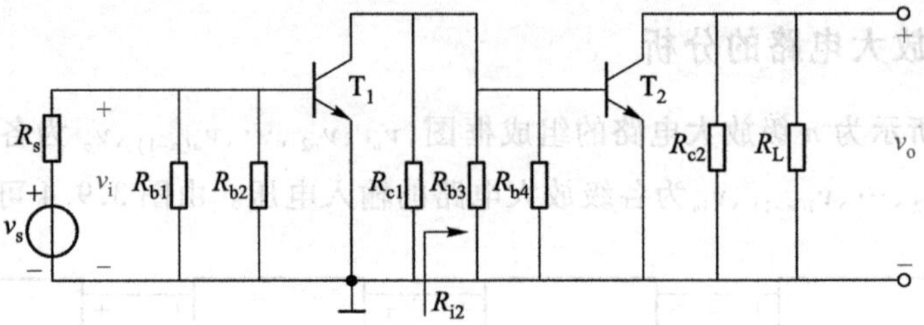

图 3.9.5　图 3.9.1 放大电路的交流通路

故

$$A_v=A_{v1}A_{v2}\approx(-37.12)\times(-202.5)=7\ 516.8$$

$$R_i=\frac{v_i}{i_i}=R_{i1}=R_{b1}/\!/R_{b2}/\!/r_{be1}\approx1.39\ \text{k}\Omega$$

$$R_o=R_{c2}=6.8\ \text{k}\Omega$$

3.10　直接耦合放大电路

微课视频
3.10.1
直接耦合放大电路

直接耦合电路广泛应用于集成电路中，本节中将讨论典型的直接耦合电路，其重要性不亚于三种基本组态的放大电路，它们都是组成更高一级电路模块的基本单元。

3.10.1　达林顿管放大电路

1. 复合管

由两只或三只晶体管适当连接组成的等效晶体管称为复合管，也称达林顿管。为了保证复合管的正常工作，一方面必须使各级电流的方向不发生冲突，另一方面应使第一个管子的集电极和发射极连接在后一个管子的基极和集电极之间，复合管的四种基本连接形式如图 3.10.1 所示，复合管的类型与第一只管子的类型相同。

PPT 3.10
直接耦合放大电路

复合管的小信号参数可由微变等效电路求得，对于如图 3.10.1(a)、(b)所示的同类型管组成的达林顿管，可以画出其微变等效电路如图 3.10.2 所示。由图可得

$$i_{b2}=(1+\beta_1)i_b$$

$$i_c=\beta_1 i_b+\beta_2 i_{b2}=\beta_1 i_b+\beta_2(1+\beta_1)i_b=(\beta_1+\beta_2+\beta_1\beta_2)i_b$$

$$v_{be}=v_{be1}+v_{be2}=i_b r_{be1}+i_{b2}r_{be2}=[r_{be1}+(1+\beta_1)r_{be2}]i_b$$

故同型达林顿管的等效参数

$$r_{be}=\frac{v_{be}}{i_b}=r_{be1}+(1+\beta_1)r_{be2} \tag{3.10.1}$$

$$\beta=\frac{i_c}{i_b}=(\beta_1+\beta_2+\beta_1\beta_2)\approx\beta_1\beta_2 \tag{3.10.2}$$

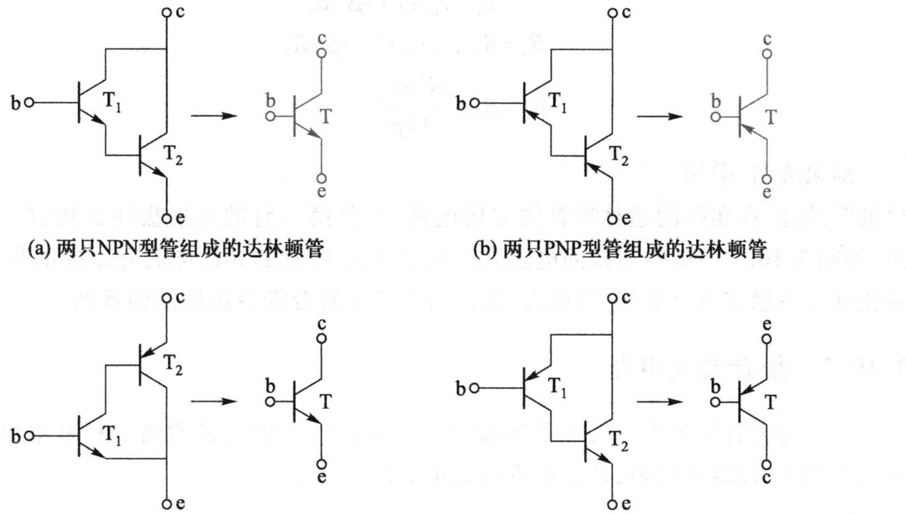

(a) 两只NPN型管组成的达林顿管　(b) 两只PNP型管组成的达林顿管

(c) NPN与PNP型管组成的复合管　(d) PNP与NPN型管组成的复合管

图 3.10.1　复合管的四种连接形式

对于如图 3.10.1(c)、(d)所示的由不同类型管组成的异型复合管，利用与前面类似的方法可以分析得到其等效参数为

$$\beta\approx\beta_1\beta_2 \tag{3.10.3}$$

$$r_{be}=r_{be1} \tag{3.10.4}$$

可见，复合管的电流放大能力大大增强，输入电阻与复合管的连接方式有关。

2. 达林顿管放大电路

复合管可用来替换基本放大电路中的放大元件，组成复合管放大电路，图 3.10.3 所示是一个由达林顿管组成的共集电极放大电路，其中 T_1 和 T_2 等效为一个 PNP 型管，其参数为

$$r_{be}=r_{be1}+(1+\beta_1)r_{be2},\quad \beta\approx\beta_1\beta_2$$

由图 3.10.3 可得

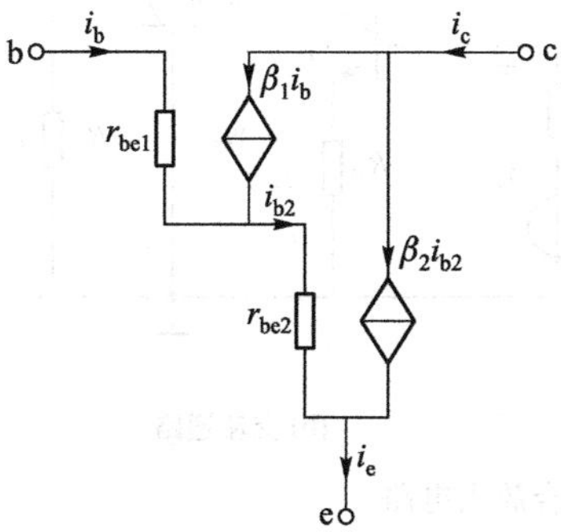

图 3.10.2　同型达林顿复合管的微变等效电路

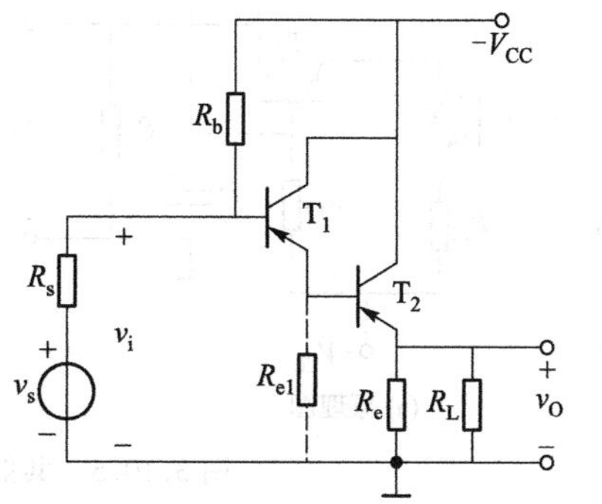

图 3.10.3　达林顿管共集电极放大电路

$$R_L' = R_e /\!/ R_L,\quad R_s' = R_s /\!/ R_b$$

$$A_v = \frac{v_o}{v_i} = \frac{(1+\beta)R_L'}{r_{be}+(1+\beta)R_L'} \tag{3.10.5}$$

$$R_i = R_b /\!/ [r_{be}+(1+\beta)R_L'] \tag{3.10.6}$$

$$R_o = R_e /\!/ \frac{R_s'+r_{be}}{1+\beta} \tag{3.10.7}$$

结果表明，采用达林顿管的共集电极放大电路使输入电阻增大，输出电阻减小。需要说明的是，在实际的达林顿管的应用电路中，其第一管的发射极往往接有一个泄放电阻，如图3.10.3中虚线连接的电阻 R_{e1}，此电阻为 T_1 管的穿透电流 I_{CEO1} 提供泄放通路，以避免这个不稳定电流被 T_2 管放大，从而引起整个复合管稳定性能的降低。

3.10.2　组合放大电路

采用复合管能改善放大电路的性能，在实际中，人们也常常将三种基本组态中的两种进行组合，以取长补短，从而获得性能更好的组合放大电路。

1．共射-共集组合放大电路

图3.10.4所示为共射-共集组合放大电路，利用共射放大电路提供高的电压增益，利用共集放大电路输入电阻高而输出电阻小的特点，将其作为输出级，从而使组合放大电路具有很强的带负载能力，其效果相当于将负载与前级的共射极放大电路隔离开来。此组合放大电路的电压增益近似为单级共射极放大电路在负载开路时的电压增益。

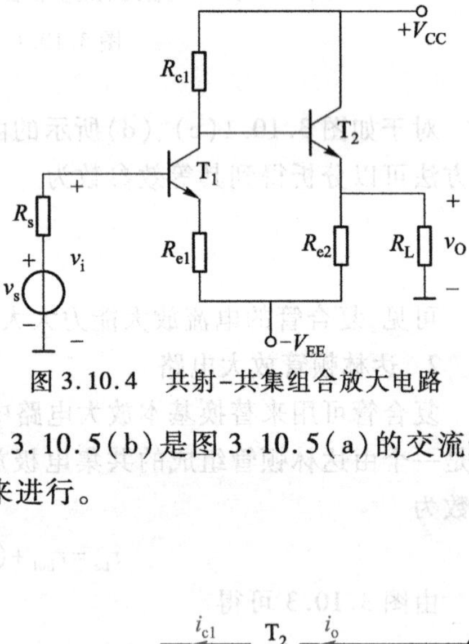

图3.10.4　共射-共集组合放大电路

2．共射-共基组合放大电路

共射-共基组合放大电路如图3.10.5所示，图3.10.5(b)是图3.10.5(a)的交流通路。要分析此组合电路的电压增益可按两种思路来进行。

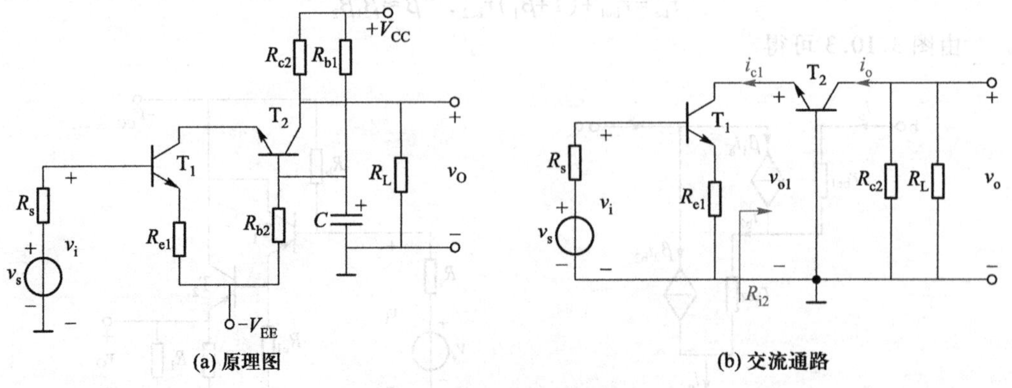

图3.10.5　共射-共基组合放大电路

方法一：因为 T_2 是共基极放大电路，所以 $i_o \approx i_{c1}$，则

$$A_v=\frac{v_o}{v_i}=\frac{-(R_{c2}/\!/R_L)i_o}{v_i}\approx-\frac{i_{c1}}{v_i}(R_{c2}/\!/R_L)=-\frac{\beta(R_{c2}/\!/R_L)}{r_{be}+(1+\beta)R_{e1}} \tag{3.10.8}$$

方法二：可按两级放大电路来分析，由图3.10.5(b)可见

$$R_{i2}=\frac{r_{be}}{1+\beta}$$

$$A_{v1}=\frac{v_{o1}}{v_i}=-\frac{\beta R_{i2}}{r_{be}+(1+\beta)R_{e1}}$$

$$A_{v2}=\frac{v_o}{v_{o1}}=\frac{\beta(R_{c2}/\!/R_L)}{r_{be}}$$

所以

$$A_v=\frac{v_o}{v_i}=A_{v1}A_{v2}=-\frac{\beta\dfrac{r_{be}}{1+\beta}}{r_{be}+(1+\beta)R_{e1}}\cdot\frac{\beta(R_{c2}/\!/R_L)}{r_{be}}\approx-\frac{\beta(R_{c2}/\!/R_L)}{r_{be}+(1+\beta)R_{e1}} \tag{3.10.9}$$

由此可知两种分析的结果相同。对于此组合放大电路，共基极放大电路作为输出级，由于其输入电阻很小，使得共射放大电路的电压增益减小的同时，也大大地提高了共射放大电路的上限频率（详见3.11节），组合放大电路的总电压增益相当于等效负载直接连接到共射放大电路时的增益，但其频率特性得到了很大改善。正是因为这一特点，共射-共基组合放大电路在高频电路中获得了广泛应用。

【例3.10.1】 共集-共射放大电路如图3.10.6所示。已知晶体管 T_1 和 T_2 管的参数分别为 $r_{be1}=1\ k\Omega$，$r_{be2}=1.2\ k\Omega$，$\beta_1=\beta_2=100$。试求 A_{vs}、R_i、R_o。

解 画出此电路的交流通路如图3.10.7所示。由图可得

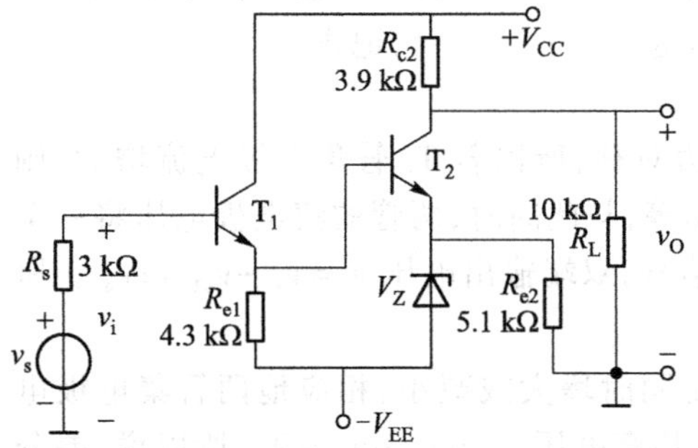

图3.10.6 共集-共射组合放大电路

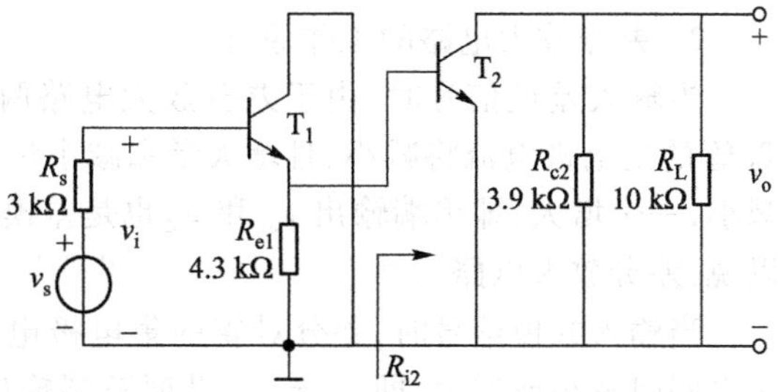

图3.10.7 图3.10.6放大电路的交流通路

$$R_{i2}=r_{be2}=1.2\ k\Omega,R_{L1}=R_{e1}/\!/R_{i2}=\frac{4.3\times1.2}{4.3+1.2}\ k\Omega\approx0.938\ k\Omega$$

$$A_{v1}=\frac{v_{o1}}{v_i}=\frac{(1+\beta_1)R_{L1}}{r_{be1}+(1+\beta_1)R_{L1}}\approx\frac{(1+100)\times0.938}{1+(1+100)\times0.938}\approx0.99$$

$$A_{v2}=\frac{v_o}{v_{o1}}=-\frac{\beta_2(R_{c2}/\!/R_L)}{r_{be2}}=-\frac{100(3.9/\!/10)}{1.2}\approx-233.8$$

$$A_v=\frac{v_o}{v_i}=A_{v1}A_{v2}\approx-0.99\times233.8\approx-231.5$$

$$A_{vs}=\frac{v_o}{v_s}=\frac{R_i}{R_s+R_i}A_v$$

$$R_i = r_{be1} + (1+\beta_1) R_{L1} = [1+(1+100)\times 0.938]\ \text{k}\Omega = 95.738\ \text{k}\Omega$$

$$R_o = R_{c2} = 3.9\ \text{k}\Omega$$

$$A_{vs} = \frac{R_i}{R_s + R_i} A_v = \frac{95.738}{3+95.738} \times (-231.5) \approx -224.5$$

3.10.3　差分放大电路

直接耦合方式带来的一个新问题就是零点漂移，能够解决零漂的一个有效手段就是采用差分放大电路。

1. 差分放大电路的组成

由于温度等因素所造成的共射放大电路的零漂不可避免，因其大小和方向难以预测，于是人们就设想利用一个同样的共射放大电路，处于同样的环境下，其必然要产生一个同样的零漂，在输出时让它们相互抵消，这样，零漂必定会大大地减小，甚至消除。按此思路就构造出了如图 3.10.8 所示的典型差分放大电路。

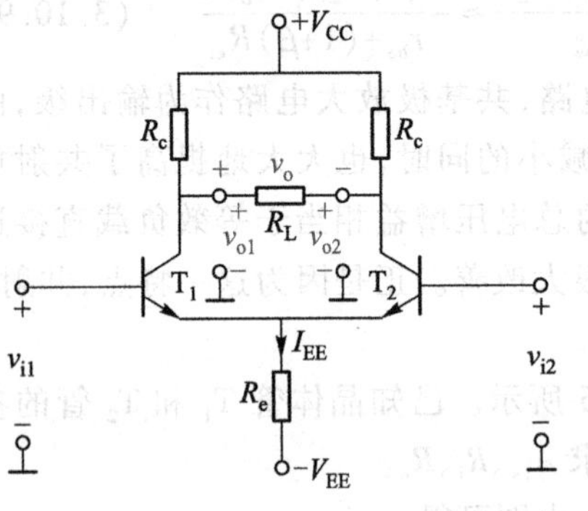

图 3.10.8　典型差分放大电路

差分放大电路的结构两边对称，晶体管 T_1 和 T_2 性能相同，两个输入信号分别加在两管的基极上，输出信号可以从两管的集电极之间取出（称为双端输出 v_o），也可以从每管的集电极到地之间取出（称为单端输出 v_{o1} 或 v_{o2}）。若输入信号 $v_{i1}=-v_{i2}$，则称此时的输入信号为差模输入信号，其差模输入电压规定为 $v_{id}=v_{i1}-v_{i2}$；若两个输入信号不仅大小相同，相位也相同，即 $v_{i1}=v_{i2}$，称此时的输入信号为共模输入信号，记作 v_{ic}。

2. 差分放大电路的工作原理

当输入差模信号时，由于差分放大电路两边对称，所以若 T_1 管集电极电流增大，则 T_2 管的集电极电流将减小，且增大量和减小量相等，与此同时，两管的集电极电压将一个减小，一个增大，即单端输出 v_{o1} 和 v_{o2} 也是差模信号，双端输出电压 $v_o=v_{o1}-v_{o2}=2v_{o1}$。所以说，差分放大电路能够有效地放大差模信号。

当输入共模信号时，差分对管的集电极电流同时增大或减小，相应地两管集电极电压也同时减小或增大，即 $v_{o1}=v_{o2}$，此时双端输出共模电压 $v_{oc}=v_{o1}-v_{o2}=0$。所以说，差分放大电路对共模信号具有很强的抑制能力。

当差分放大电路的一边产生零漂时，因为对称性，另一边也产生同样的零漂，把其折合到无零漂差分放大电路的输入端，就等效为共模输入，因此说，差分放大电路对共模信号的抑制，就是对零点漂移的抑制。

3. 差分放大电路的性能分析

（1）静态分析

当 $v_{i1}=v_{i2}=0$ 时，图 3.10.8 所示的差分放大电路工作在静态，其直流通路如图 3.10.9 所示。由图可知

$$V_E \approx -0.7\ \text{V}$$

$$I_{EE} = \frac{V_E-(-V_{EE})}{R_e} \approx \frac{V_{EE}-0.7}{R_e}$$

$$I_{C1Q}=I_{C2Q}\approx I_{E1Q}=I_{E2Q}=\frac{I_{EE}}{2}\approx\frac{V_{EE}-0.7}{2R_e} \tag{3.10.10}$$

$$V_{C1Q}=V_{C2Q}=V_{CC}-I_{C1Q}R_c \tag{3.10.11}$$

$$V_{CE1Q}=V_{CE2Q}=V_{C1Q}-V_E\approx V_{CC}-I_{C1Q}R_c+0.7 \tag{3.10.12}$$

(2) 差模等效电路及其性能

要进行动态分析，基本方法仍然是微变等效电路法，但直接采用此法，因电路本身的复杂性，使得分析比较繁杂。因此，我们的思路是，在特殊的差模输入信号或共模输入信号作用下，将含有对管的差分放大电路简化为单管的电路，这样就可以利用我们已经熟悉的单级放大电路的分析结果。

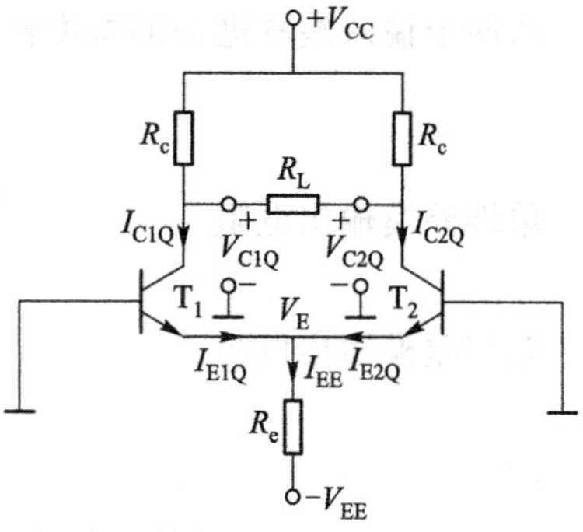

图 3.10.9 差分放大电路的直流通路

当输入为差模信号时，$v_{id1}=-v_{id2}$，此时流过 R_e 的差模信号电流为零，其上也无差模信号电压，因此，对于差模信号而言，公共射极电阻 R_e 视为短路。另外，由于电路的对称性，在差模信号输入时，两管集电极的单端输出电压，一端降低时另一端必然升高同样的量，即 $v_{od1}=-v_{od2}$，因此双端输出时，两管集电极之间跨接的负载电阻 R_L 的中点为差模接地端。这样就可画出图 3.10.8 差分放大电路的差模等效电路，如图 3.10.10(b)所示。

考虑到电路的对称性，$r_{be1}=r_{be2}$，$\beta_1=\beta_2=\beta$。由图 3.10.10 可得双端输出的差模电压增益

$$A_{vd}=\frac{v_{od}}{v_{id}}=\frac{v_{od1}-v_{od2}}{v_{id1}-v_{id2}}=\frac{2v_{od1}}{2v_{id1}}=\frac{v_{od1}}{v_{id1}}=-\frac{\beta\left(R_c/\!/\frac{R_L}{2}\right)}{r_{be}} \tag{3.10.13}$$

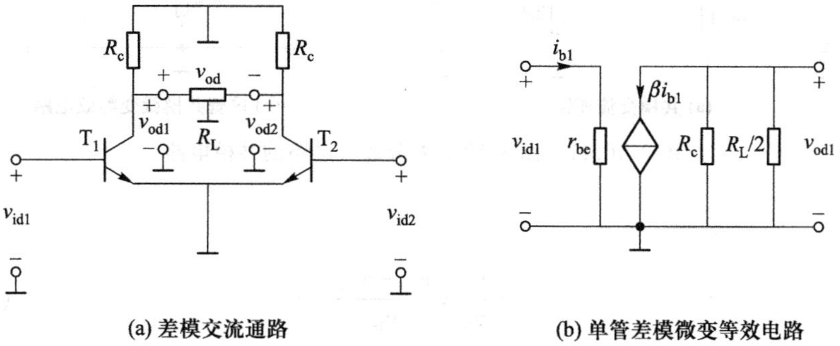

图 3.10.10 图 3.10.8 差分放大电路的差模电路

可见，双端输出的差模电压增益与单管共射电路的电压增益相同，也就是说差分放大电路是以双倍的元器件代价换取了抑制零点漂移能力的提高。

单端输出的差模电压增益

$$A_{vd1}=\frac{v_{od1}}{v_{id}}=-\frac{v_{od2}}{v_{id}}=-A_{vd2}=\frac{\frac{1}{2}v_{od}}{v_{id}}=\frac{1}{2}A_{vd}=-\frac{\beta\left(R_c/\!/\frac{R_L}{2}\right)}{2r_{be}} \tag{3.10.14}$$

v_{od1} 单端输出时，如果负载 R_L 是直接接在 v_{od1} 到地之间，则此时单端输出的差模电压增益

$$A_{vd1}=\frac{v_{od1}}{v_{id}}=-\frac{\beta(R_c /\!/ R_L)}{2r_{be}} \tag{3.10.15}$$

从两个输入端看进去的差模输入电阻

$$R_{id}=\frac{v_{id}}{i_{id}}=\frac{2v_{id1}}{i_{b1}}=2r_{be} \tag{3.10.16}$$

单端差模输出电阻

$$R_{od1}=R_{od2}=R_c \tag{3.10.17}$$

双端差模输出电阻

$$R_{od}=2R_{od1}=2R_c \tag{3.10.18}$$

微课视频
3.10.4
差分放大电路的共模抑制

(3) 共模等效电路及其性能

共模信号输入时，对差分放大电路的分析与差模信号输入时分析的思路一致，所不同的是公共射极电阻 R_e 和负载电阻 R_L 的处理结果不同，加入共模输入电压时，两管的射极电流同时增加或减小，故流过 R_e 的共模信号电流为两倍的单管发射极电流，所以把 R_e 等效折合到每管射极就变为 $2R_e$；同时，由于 R_L 两端同电位，其间无共模信号电流通过，因此对共模信号而言，R_L 可视为开路。据此可画出图 3.10.8 差分放大电路的共模电路，如图 3.10.11 所示。

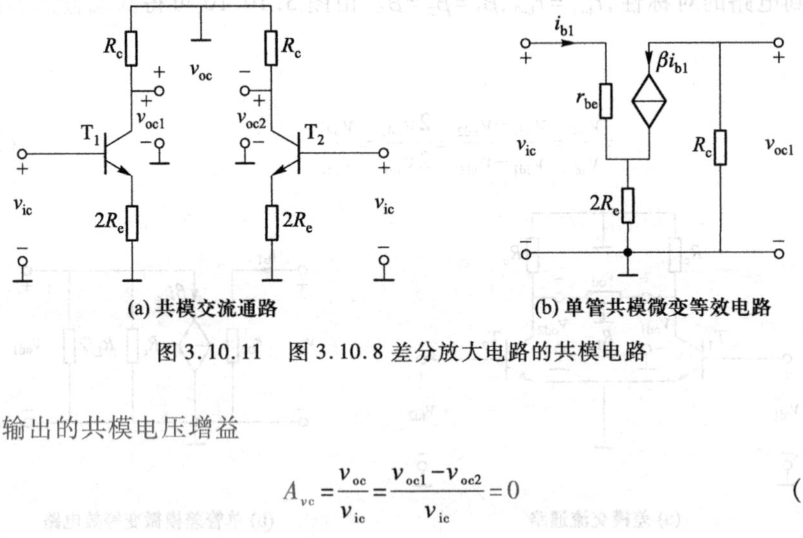

图 3.10.11　图 3.10.8 差分放大电路的共模电路

双端输出的共模电压增益

$$A_{vc}=\frac{v_{oc}}{v_{ic}}=\frac{v_{oc1}-v_{oc2}}{v_{ic}}=0 \tag{3.10.19}$$

单端输出的共模电压增益

$$A_{vc1}=A_{vc2}=\frac{v_{oc1}}{v_{ic}}=-\frac{\beta R_c}{r_{be}+(1+\beta)2R_e} \tag{3.10.20}$$

当 $r_{be}\ll 2\beta R_e$，$\beta\gg 1$ 时，

$$A_{vc1}=A_{vc2}\approx-\frac{R_c}{2R_e} \tag{3.10.21}$$

共模输入电阻 R_{ic} 为从两个输入端到地看进去的等效电阻，其值为两个单管共模输入电阻的并联，即

$$R_{ic}=\frac{v_{ic}}{i_{ic}}=\frac{v_{ic}}{i_{b1}+i_{b2}}=\frac{v_{ic}}{2i_{b1}}=\frac{1}{2}[r_{be}+(1+\beta)2R_e] \tag{3.10.22}$$

单端共模输出电阻

$$R_{oc1}=R_{oc2}=R_c \tag{3.10.23}$$

双端共模输出电阻

$$R_{oc}=2R_c \tag{3.10.24}$$

(4) 共模抑制比

在差分放大电路中，人们既希望它有尽可能大的差模增益，又希望它具有尽可能小的共模增益。因此，差模电压增益与共模电压增益的比值，能全面地反映出差分放大电路的性能，将这个比值称为共模抑制比(Common Mode Rejection)，即

$$K_{CMR}=\left|\frac{A_{vd}}{A_{vc}}\right|$$

共模抑制比 K_{CMR} 越大，说明差分放大电路的性能越好。当电路理想对称时，双端输出的 K_{CMR} 趋于无穷大。在单端输出的情况下，由式(3.10.14)和式(3.10.21)可得

$$K_{CMR(单)}=\left|\frac{A_{vd1}}{A_{vc1}}\right|\approx\frac{R_e\beta\left(R_c/\!/\frac{R_L}{2}\right)}{r_{be}R_c} \tag{3.10.25}$$

由此可见，R_e 越大，差分放大电路抑制共模信号的能力越强，共模抑制比越大。

(5) 任意输入时的性能

以上分析了差模信号和共模信号输入时差分放大电路的性能。实际中，往往输入信号既不是差模信号，也不是共模信号，而是任意的输入信号 v_{i1} 和 v_{i2}，此时，差分放大电路的性能如何分析呢？任意的输入信号可以恒等变换为

$$v_{i1}\equiv\frac{v_{i1}+v_{i2}}{2}+\frac{v_{i1}-v_{i2}}{2}=v_{ic}+\frac{1}{2}v_{id} \tag{3.10.26}$$

$$v_{i2}\equiv\frac{v_{i1}+v_{i2}}{2}-\frac{v_{i1}-v_{i2}}{2}=v_{ic}-\frac{1}{2}v_{id} \tag{3.10.27}$$

可见，任意的两输入信号可以分解为差模信号和共模信号之和。其中

$$v_{id}=v_{i1}-v_{i2} \tag{3.10.28}$$

$$v_{ic}=\frac{v_{i1}+v_{i2}}{2} \tag{3.10.29}$$

根据线性电路的叠加原理，任意输入时，双端输出电压

$$v_o=v_{od}+v_{oc}=A_{vd}v_{id}+A_{vc}v_{ic}=A_{vd}v_{id}=A_{vd}(v_{i1}-v_{i2}) \tag{3.10.30}$$

单端输出电压

$$v_{o1}=v_{od1}+v_{oc1}=A_{vd1}v_{id}+A_{vc1}v_{ic} \tag{3.10.31}$$

$$v_{o2}=v_{od2}+v_{oc2}=A_{vd2}v_{id}+A_{vc2}v_{ic} \tag{3.10.32}$$

当共模抑制比足够高时，共模输出分量将很小，可以忽略不计，故有

$$v_{o1}\approx A_{vd1}v_{id}=A_{vd1}(v_{i1}-v_{i2}) \tag{3.10.33}$$

$$v_{o2}\approx A_{vd2}v_{id}=A_{vd2}(v_{i1}-v_{i2}) \tag{3.10.34}$$

如上所述，不论单端输出还是双端输出，也不论电路两端对称与否，只要共模抑制比足够大，就可以近似地认为差分放大电路的输出电压与两个输入电压的差值成正比，这

就是差分放大电路命名的由来。

在实际应用中，有时需要差分放大电路的一个输入端接地，此种接法称为单端输入，此时信号电压的一半为共模信号电压。不论哪种接法，差分放大电路仅放大两输入端的差模信号，而抑制其共模信号。

4．差分放大电路的改进

在分析共模抑制比时，看到公共射极的电阻 R_e 越大，差分放大电路的共模抑制比就越高，抑制共模信号的能力也越强。实际上 R_e 的增大是有限的，R_e 过大，会使射极电流减小，r_{be} 增大，使得差模电压增益减小，另外，在集成电路中也不易制作大阻值的电阻。因此，通常采用具有很大交流等效电阻而直流电阻又不大的恒流源来取代 R_e，从而极大地提升差分放大电路的性能。带恒流源的差分放大电路如图 3.10.12 所示。

由图 3.10.12 可得

$$I_R=\frac{V_{CC}+V_{EE}-V_{BE}}{R}$$

$$I_{E1Q}=I_{E2Q}=\frac{I_{C3}}{2}\approx\frac{I_R}{2}=\frac{V_{CC}+V_{EE}-V_{BE}}{2R} \tag{3.10.35}$$

恒流源的输出电阻为 T_3 管的 r_{ce3}，动态指标的分析与前面的一样，由于 r_{ce3} 很大，此差分放大电路无论是双端输出还是单端输出，共模电压增益都大大减小，从而使共模抑制比极大地提高，可近似认为是无穷大。

【例 3.10.2】　带恒流源的差分放大电路如图 3.10.13 所示，已知 $V_{CC}=V_{EE}=15$ V，晶体管 $T_1\sim T_4$ 管的特性相同，$\beta=100$，$r_{bb'}=100\ \Omega$，$r_{ce}=100\ k\Omega$。试求：

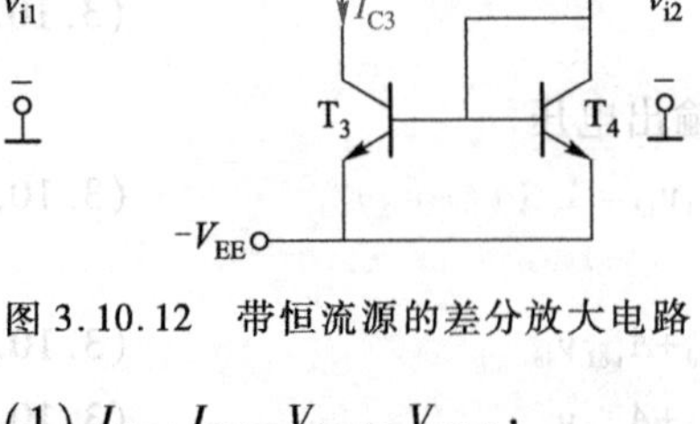

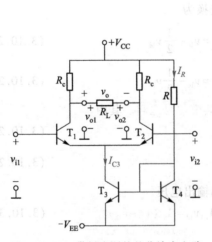

图 3.10.12　带恒流源的差分放大电路

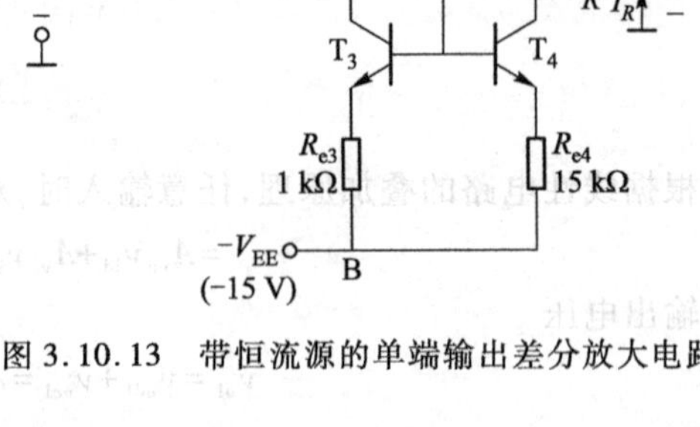

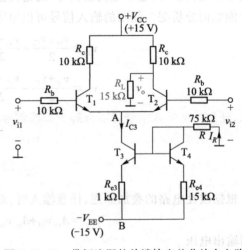

图 3.10.13　带恒流源的单端输出差分放大电路

（1）I_{C1Q}、I_{C3Q}、V_{CE1Q}、V_{CE2Q}；

（2）A_{vd2}、A_{vc2}、$K_{CMR(单)}$、R_{id}、R_{ic} 和 R_o。

解　（1）$I_R=\dfrac{V_{EE}-V_{BE}}{R+R_{e4}}=\dfrac{15-0.7}{75+15}\ \text{mA}\approx0.159\ \text{mA}$

$$I_{C3Q}=\frac{R_{e4}}{R_{e3}}I_R\approx\frac{15}{1}\times0.159\ \text{mA}\approx2.383\ \text{mA}$$

$$I_{C1Q}=I_{C2Q}\approx\frac{I_{C3Q}}{2}\approx 1.19\ \text{mA}$$

$$I_{B1Q}=\frac{I_{C1Q}}{\beta}\approx\frac{1.19}{100}\ \text{mA}=0.011\ 9\ \text{mA}$$

$$V_A=-I_{B1Q}R_b-V_{BE}\approx(-0.119-0.7)\ \text{V}=-0.819\ \text{V}$$

$$V_{CE1Q}=V_{CC}-I_{C1Q}R_c-V_A\approx(15-1.19\times10+0.819)\ \text{V}=3.919\ \text{V}$$

$$V_{CE2Q}=\frac{R_L}{R_L+R_c}V_{CC}-I_{C2Q}\frac{R_LR_c}{R_L+R_c}-V_A\approx\left(\frac{15\times15}{15+10}-1.19\times\frac{15\times10}{15+10}+0.819\right)\ \text{V}=2.679\ \text{V}$$

(2) $$r_{be1}=r_{be2}=r_{bb'}+(1+\beta)\frac{26}{I_{C1Q}}\approx\left[100+(1+100)\times\frac{26}{1.19}\right]\ \Omega\approx 2\ 307\ \Omega$$

$$r_{be3}=r_{bb'}+(1+\beta)\frac{26}{I_{C3Q}}\approx\left[100+(1+100)\times\frac{26}{2.383}\right]\ \Omega\approx 1\ 202\ \Omega$$

$$r_{AB}=r_{ce3}\left(1+\frac{\beta R_{e3}}{r_{be3}+R/\!/R_{e4}+R_{e3}}\right)=100\times\left(1+\frac{100\times1}{1.202+75/\!/15+1}\right)\ \text{k}\Omega\approx 780.18\ \text{k}\Omega$$

$$A_{vd2}=\frac{1}{2}\frac{\beta(R_c/\!/R_L)}{R_b+r_{be2}}=\frac{100\times\left(\frac{10\times15}{10+15}\right)}{2\times10\times2.307}\approx 13$$

$$A_{vc2}=-\frac{\beta(R_c/\!/R_L)}{R_b+r_{be2}+(1+\beta)2r_{AB}}\approx-\frac{R_c/\!/R_L}{2r_{AB}}=-\frac{\frac{10\times15}{10+15}}{2\times780.18}\approx-0.003\ 845$$

$$K_{CMR(单)}=\left|\frac{A_{vd1}}{A_{vc1}}\right|\approx\frac{13}{0.003\ 845}\approx 3\ 381$$

$$R_{id}=2(R_b+r_{be1})=2\times(10+2.307)\ \text{k}\Omega=24.614\ \text{k}\Omega$$

$$R_{ic}=\frac{1}{2}[R_b+r_{be1}+(1+\beta)2r_{AB}]=\frac{1}{2}\times[10+2.307+(1+100)\times2\times780.18]\ \text{k}\Omega$$

$$\approx 78\ 804\ \text{k}\Omega$$

$$R_o=R_c=10\ \text{k}\Omega$$

5. 差分放大电路的差模传输特性

以上讨论了输入信号足够小时，差分放大电路工作在线性放大状态的性能。下面进一步分析在差模输入电压 v_{id} 为任意值时，差分放大电路的传输特性。所谓差分放大电路的传输特性，实际就是差分放大电路的输出量（电压或电流）随差模输入电压变化的特性。熟悉差分放大电路的差模传输特性，可以了解差分放大电路的小信号工作范围以及大信号应用时的工作特点。

由图 3.10.14(a)可知

$$v_{id}=v_{i1}-v_{i2}=v_{BE1}-v_{BE2}$$

$$i_{E1}=I_s(e^{v_{BE1}/V_T}-1)\approx I_s e^{v_{BE1}/V_T}$$

$$i_{E2}=I_s(e^{v_{BE2}/V_T}-1)\approx I_s e^{v_{BE2}/V_T}$$

$$I_0=i_{E1}+i_{E2}$$

即

$$I_0=i_{E1}\left(1+\frac{i_{E2}}{i_{E1}}\right)\approx i_{C1}\left(1+e^{\frac{v_{BE2}-v_{BE1}}{V_T}}\right)=i_{C1}\left(1+e^{\frac{-v_{id}}{V_T}}\right)$$

$$I_0 = i_{E2}\left(1+\frac{i_{E1}}{i_{E2}}\right) \approx i_{C2}\left(1+e^{\frac{v_{BE1}-v_{BE2}}{V_T}}\right) = i_{C2}\left(1+e^{\frac{v_{id}}{V_T}}\right)$$

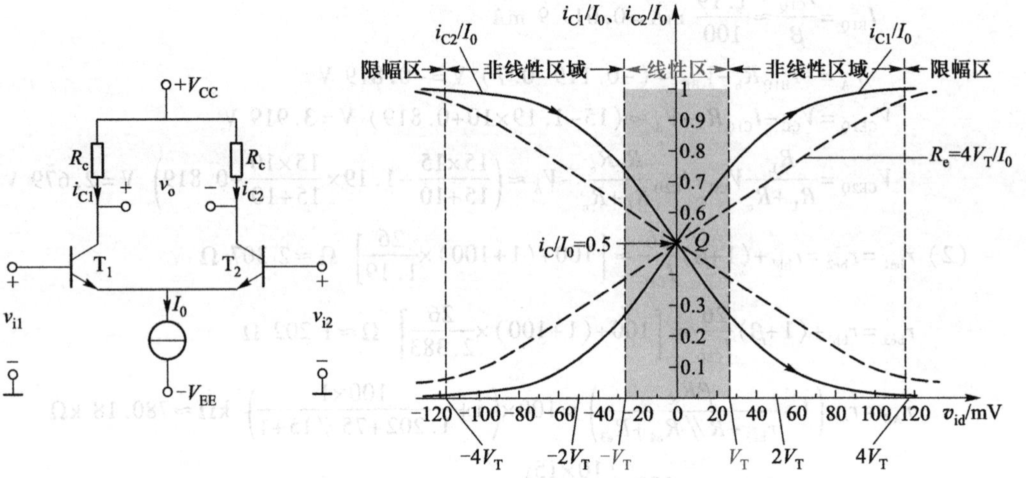

图 3.10.14　简化的差分放大电路及传输特性

所以

$$i_{C1} \approx \frac{I_0}{\left(1+e^{\frac{-v_{id}}{V_T}}\right)} = \frac{I_0}{2} + \frac{I_0}{2}\frac{e^{\frac{v_{id}}{2V_T}}-e^{\frac{-v_{id}}{2V_T}}}{e^{\frac{v_{id}}{2V_T}}+e^{\frac{-v_{id}}{2V_T}}} = \frac{I_0}{2} + \frac{I_0}{2}\tanh\left(\frac{v_{id}}{2V_T}\right) \tag{3.10.36}$$

同理可得

$$i_{C2} \approx \frac{I_0}{\left(1+e^{\frac{v_{id}}{V_T}}\right)} = \frac{I_0}{2} - \frac{I_0}{2}\tanh\left(\frac{v_{id}}{2V_T}\right) \tag{3.10.37}$$

$$i_{C1} - i_{C2} \approx I_0\tanh\left(\frac{v_{id}}{2V_T}\right) \tag{3.10.38}$$

可见,差分放大电路不论单端输出,还是双端输出,均服从双曲正切函数的变化规律,其差模传输特性如图 3.10.14(b)所示。分析此曲线可得出以下结论:

(1) 静态时,$v_{id}=0$,$i_{C1}=i_{C2}=\frac{I_0}{2}$。当加入差模信号电压时,差分放大电路一管的电流增大,另一管的电流必然等量减小,两管电流之和恒等于 I_0。

(2) 当 $|v_{id}| \leqslant V_T$ 时,差模传输特性近似为线性;$|v_{id}| \geqslant 4V_T$ 时,输出基本不变,这表明差分放大电路在大信号输入时呈现良好的限幅特性。

(3) 小信号且工作在静态工作点附近时,双端输出的跨导

$$g_m = \left.\frac{d(i_{C1}-i_{C2})}{dv_{id}}\right|_{v_{id}=0} \approx \frac{I_0}{2V_T} \tag{3.10.39}$$

$$A_{vd} = -g_m R_c \approx -\frac{R_C I_0}{2V_T} \tag{3.10.40}$$

可见,差分放大电路的跨导 g_m、差模电压增益 A_{vd} 都与电流源电流 I_0 成正比。利用这一特点,通过控制 I_0 就可达到实现自动增益控制的目的。

(4) 为了展宽差分放大电路的线性工作范围，可在每管的发射极加电流负反馈电阻 R_e。加有电阻 R_e 的差分放大电路的传输特性如图 3.10.14(b) 中的虚线所示，有关负反馈的详细内容见后面的负反馈放大电路一章。

3.11　放大电路的频率响应

微课视频 3.11.1 放大电路的频率响应

在前面讨论放大电路的电压增益时，总是隐含着忽略了所有电抗元件的影响，从而电压增益与信号频率没有关系，这种假设只在一段频率范围内（即通频带内）是近似成立的。事实上，在放大电路中，不可避免的存在电抗元件的影响（如耦合电容、旁路电容以及放大器件的极间电容），当工作频率提高到一定程度，或下降到一定程度时，由于这些电抗元件的明显影响，将使放大电路对不同频率的信号放大的增益不同，把电压增益随频率变化的函数关系称为频率响应。

3.11.1　频率响应和频率失真

放大电路的频率响应可直接表示为

$$A_v(\mathrm{j}2\pi f)=\frac{V_o(\mathrm{j}2\pi f)}{V_i(\mathrm{j}2\pi f)}=|A_v(\mathrm{j}2\pi f)|\mathrm{e}^{\mathrm{j}\varphi(f)} \tag{3.11.1}$$

PPT 3.11 放大电路的频率响应

其中，$|A_v(\mathrm{j}2\pi f)|$ 表示电压增益的模与频率的关系，称为幅频响应；$\varphi(f)$ 表示电压增益的相角与频率的关系，称为相频响应，两者综合起来可全面表征放大电路的频率响应。

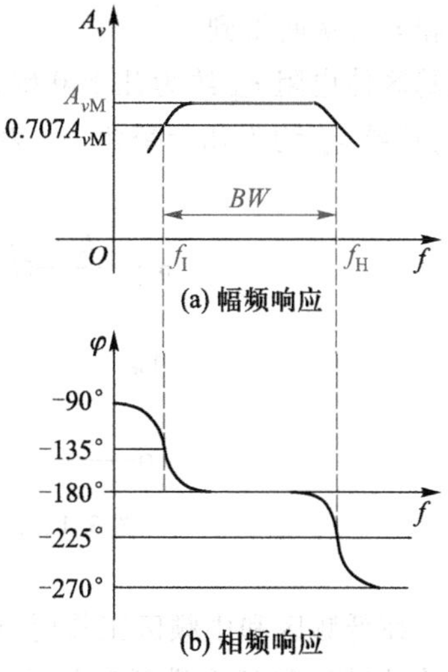

图 3.11.1　阻容耦合放大电路的频率响应

某阻容耦合放大电路的频率响应如图 3.11.1 所示。由幅频响应可以看出，在中间一段频率范围内，电压增益 $|A_v|$ 基本上不随信号频率变化，记为 A_{vM}，这个频率范围称为中频区，在中频区内各种电容的影响均可以忽略不计，当电压增益从 A_{vM} 减小到 $A_{vM}/\sqrt{2}\approx 0.707A_{vM}$ 时对应的两个频率 f_L 和 f_H，分别称为下限频率和上限频率。把频率低于下限频率 f_L 的区域称为低频区，此时放大电路的耦合电容和射极旁路电容的影响不可忽略；把频率高于上限频率 f_H 的区域称为高频区，此时放大管的极间电容的影响不可忽略，频率越高，电压增益 $|A_v|$ 越低，中频区通常又称为放大电路的通频带或带宽，即 $BW=f_H-f_L$。对于直接耦合放大电路这个特殊情况，其下限频率 $f_L=0$，所以说，直接耦合放大电路不仅能放大交流信号，而且能够放大变化缓慢的信号甚至是直流信号。

在工程上，频率响应常常采用对数坐标，横坐标采用对数分度，单位为 Hz，幅频响应的纵坐标为 $20\lg|A_v|$，单位为 dB，相频响应的纵坐标仍为 φ，不取对数，这种对数频率响应也称为波特图，工程上的波特图往往是采用折线近似波特图，对于图 3.11.1(a) 的幅频响应，其折线近似波特图的折线发生在上、下限频率处，即当频率为 f_L 或 f_H 时，折线近似

波特图的误差为3 dB。

当输入非正弦信号时，若放大电路的通频带不够宽，不能使不同频率分量得到同样的放大，那么输出波形就会发生失真，这种失真称为频率失真，又称为线性失真。由于不同频率分量幅度上得不到同样的放大，那么放大后不同频率分量的大小比例发生变化，从而导致波形失真，这种失真称为幅频失真；如果放大电路使不同频率分量的延时不同，导致各分量相对相位关系发生变化，从而引起输出波形失真，此失真称为相频失真。线性失真和非线性失真都会使输出信号产生畸变，但两者有着本质的不同，读者不妨认真地加以思考。

3.11.2　BJT的频率参数

微课视频 3.11.2 BJT的频率参数

晶体管在高频区工作时要考虑两个PN结结电容的影响，此时BJT的H参数微变等效模型中的参数将是随频率变化的复函数，在分析时很不方便。为此我们从物理结构出发，导出一个具有普遍适用意义的模型，即混合π型微变等效模型。

1. 混合π型微变等效模型

由PN结的特性可知，其存在势垒电容和扩散电容。工作在放大区的发射结正偏，集电结反偏，所以发射结的电容主要为扩散电容（记为$C_{b'e}$），集电结的电容主要为势垒电容（记为$C_{b'c}$）。在高频区，这些电容呈现的阻抗减小，其对电路的影响不能忽略。通常，晶体管的输出电阻r_{ce}远大于负载电阻，集电结电阻$r_{b'c}$也远大于$C_{b'c}$的容抗，因而可以忽略r_{ce}和$r_{b'c}$，从而得到晶体管简化的混合π型微变等效模型如图3.11.2所示。一般高频管的基区体电阻$r_{bb'}$约为几十欧姆，发射结电容$C_{b'e}$约为几十皮法，集电结电容$C_{b'c}$约为几皮法，互导g_m约为几十毫西，g_m表明发射结交流电压控制集电极交流电流的能力。

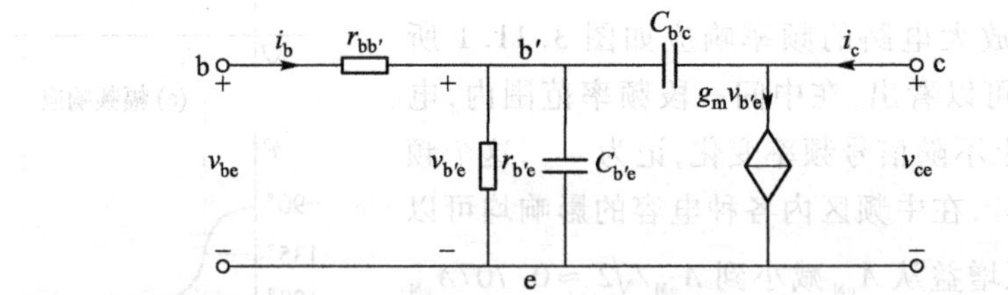

图3.11.2　晶体管简化的混合π型微变等效模型

在低频区和中频区工作时，电容$C_{b'e}$、$C_{b'c}$均可以忽略，此时描述晶体管的混合π型微变等效模型和H参数微变等效模型应该是相互等效的，两者的模型如图3.11.3所示。

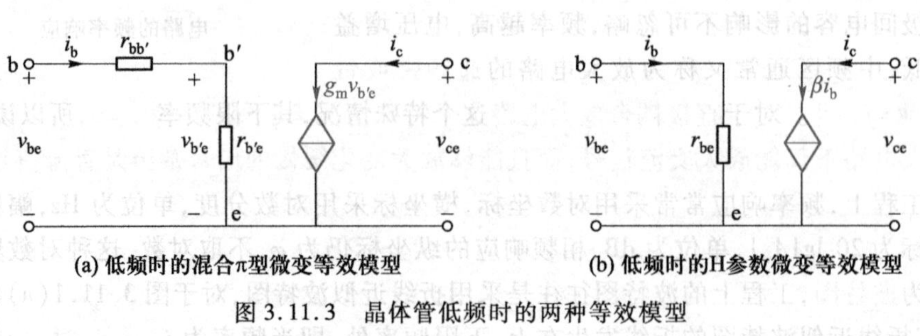

(a) 低频时的混合π型微变等效模型　　(b) 低频时的H参数微变等效模型

图3.11.3　晶体管低频时的两种等效模型

由图 3.11.3(a)和图 3.11.3(b)的比较可得

$$r_{bb'}+r_{b'e}=r_{be}=r_{bb'}+(1+\beta)\frac{26\ \mathrm{mV}}{I_{EQ}}$$

$$\beta i_b=g_m v_{b'e}=g_m r_{b'e} i_b$$

所以

$$r_{b'e}=(1+\beta)\frac{26\ \mathrm{mV}}{I_{EQ}} \quad (3.11.2)$$

$$\beta=g_m r_{b'e} \quad (3.11.3)$$

即

$$g_m=\frac{\beta}{r_{b'e}}\approx\frac{I_{EQ}}{26\ \mathrm{mV}} \quad (3.11.4)$$

$C_{b'c}$可用器件手册中 C_{ob}的值,$C_{b'e}$的估算公式为

$$C_{b'e}\approx\frac{g_m}{2\pi f_T} \quad (3.11.5)$$

式中,f_T 为特征频率,可由器件手册查得。式(3.11.5)的由来稍后就可以看到。

2. 晶体管的频率参数

(1) 共发射极截止频率f_β

当信号频率比较高时,由于结电容的影响,β 将是频率的函数,通过图 3.11.2 可以求得

$$\beta(j\omega)=\left.\frac{i_c}{i_b}\right|_{v_{ce}=0}=\frac{g_m-j\omega C_{b'c}}{\frac{1}{r_{b'e}}+j\omega(C_{b'e}+C_{b'c})}\approx\frac{g_m r_{b'e}}{1+j\omega(C_{b'e}+C_{b'c})r_{b'e}}=\frac{\beta_0}{1+j\frac{f}{f_\beta}} \quad (3.11.6)$$

式中

$$f_\beta=\frac{1}{2\pi(C_{b'e}+C_{b'c})r_{b'e}} \quad (3.11.7)$$

称 f_β 为共发射极截止频率,它是 β 的模值下降到 $0.707\beta_0$ 时对应的频率,β 的幅频特性如图 3.11.4 所示。

(2) 特征频率 f_T

β 的模值下降到 1 时对应的频率称为特征频率,即

$$\frac{\beta_0}{\sqrt{1+\left(\frac{f_T}{f_\beta}\right)^2}}=1$$

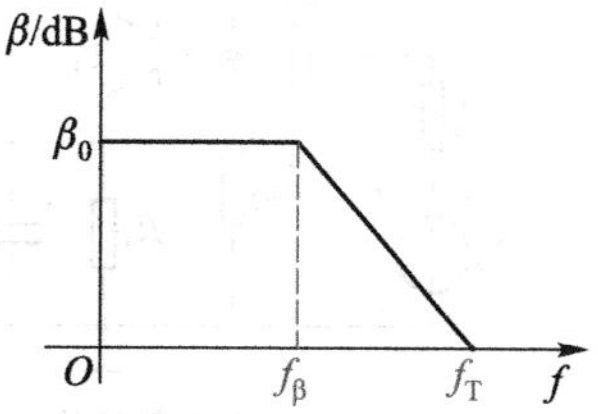

图 3.11.4 β 的幅频特性

则

$$f_T\approx\beta_0 f_\beta=\frac{\beta_0}{2\pi(C_{b'e}+C_{b'c})r_{b'e}}\approx\frac{g_m}{2\pi C_{b'e}} \quad (3.11.8)$$

根据式(3.11.8),从手册查出 f_T 后,就可求出 $C_{b'e}$。工程上选择高频放大管时,管子的 f_T 一般至少不低于最高工作频率的三倍。

(3) 共基极截止频率 f_α

利用 α 与 β 的关系,可导出 α 随 f 变化的关系。根据上面类似的分析,可得出共基极截止频率为

$$f_\alpha=(1+\beta_0)f_\beta\approx\beta_0 f_\beta\approx f_T \quad (3.11.9)$$

所以晶体管的三个频率参数大小关系为 $f_{\beta} \ll f_{T} < f_{\alpha}$。一般晶体管器件手册中都会提供 f_T 的典型值，f_T 的值越高，晶体管的高频特性越好。

3.11.3　共发射极放大电路的高频响应

对所有电抗性元件作用均可忽略的中频区放大电路的增益，前述已经进行了详细地分析，而直接耦合放大电路的下限频率 $f_L = 0$，因此，放大电路通频带的主要影响是上限频率，故对放大电路频率特性的分析，现在仅需要聚焦于其高频响应。

当频率高于中频区时，耦合电容和旁路电容仍可视为短路，但必须考虑晶体管的 $C_{b'e}$ 和 $C_{b'c}$ 的影响，共发射极放大电路及高频区微变等效电路如图 3.11.5 所示。电路中的 $R_b = R_{b1} /\!/ R_{b2}$，$R'_L = R_c /\!/ R_L$，跨接在输入与输出之间的电容为 $C_{b'c}$，根据密勒定理其可以等效为输入端的密勒等效电容 C_M 和输出端并接的电容 C_{M1}。其中

$$C_M \approx (1 + g_m R'_L) C_{b'c} \tag{3.11.10}$$

$$C_{M1} \approx C_{b'c} \tag{3.11.11}$$

密勒等效后微变等效电路如图 3.11.5(c)所示。因为 $C_{b'c}$ 很小，通常 $\dfrac{1}{\omega C_{b'c}} \gg R'_L$，故 C_{M1} 电容可以忽略，简化后的共射放大电路高频区微变等效电路如图 3.11.5(d)所示，图中

$$R = (R_s /\!/ R_b + r_{bb'}) /\!/ r_{b'e} \tag{3.11.12}$$

$$C = C_{b'e} + C_M \approx C_{b'e} + (1 + g_m R'_L) C_{b'c} \tag{3.11.13}$$

$$v'_s = \frac{R_b /\!/ r_{be}}{R_s + R_b /\!/ r_{be}} \frac{r_{b'e}}{r_{be}} v_s \tag{3.11.14}$$

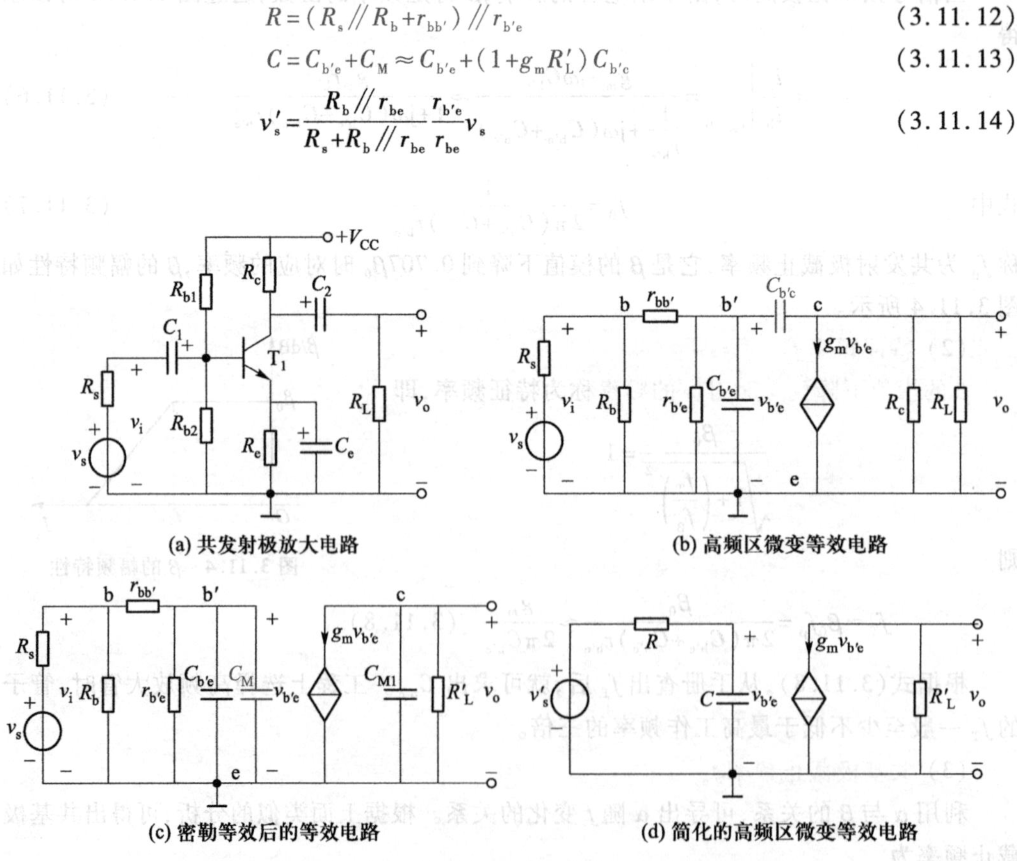

(a) 共发射极放大电路　(b) 高频区微变等效电路

(c) 密勒等效后的等效电路　(d) 简化的高频区微变等效电路

图 3.11.5　共发射极放大电路及高频区微变等效电路

由图 3.11.5(d)可得高频区源电压增益

$$A_{VSH}(\mathrm{j}\omega)=\frac{v_o}{v_s}=\frac{v_o}{v_{b'e}}\frac{v_{b'e}}{v'_s}\frac{v'_s}{v_s}=-g_m R'_L\frac{\frac{1}{\mathrm{j}\omega C}}{R+\frac{1}{\mathrm{j}\omega C}}\frac{R_b/\!/r_{be}}{R_s+R_b/\!/r_{be}}\frac{r_{b'e}}{r_{be}}\approx\frac{A_{VSM}}{1+\mathrm{j}\omega RC}=\frac{A_{VSM}}{1+\mathrm{j}\frac{f}{f_H}} \tag{3.11.15}$$

式中

$$A_{VSM}=-\frac{\beta_0 R'_L}{r_{be}}\frac{R_b/\!/r_{be}}{R_s+R_b/\!/r_{be}} \tag{3.11.16}$$

$$f_H=\frac{1}{2\pi RC} \tag{3.11.17}$$

通过以上的分析可以看出：

1. 共发射极放大电路的高频特性不好，这是因为该电路存在着米勒电容的倍增效应。

2. 为了使上限频率 f_H 提高，选择晶体管时应选择 $r_{bb'}$ 小、$C_{b'c}$ 小和 f_T 高的管子，需要信号源内阻 R_s 尽可能小。

3. 选择 R_c 时，应兼顾增益和带宽的要求。R_c 增大，电压增益就增大，但随之密勒等效电容 C_M 也增大，上限频率 f_H 就会减小，所以在宽带放大器中，R_c 一般在几十到几百欧。在电路参数选定以后，增益带宽积 $|A_{VSM}f_H|$ 基本上是一个常数，要频带宽，则增益就小。

3.11.4 共基极和共集电极放大电路的高频响应

共基极和共集电极放大电路的高频响应分析可以通过类似共射极放大电路的方法进行。下面仅从物理概念上对二者电路的高频响应作定性的分析。

1. 共基极放大电路的高频响应

共基极放大电路及高频区微变等效电路如图 3.11.6 所示。因为 $r_{bb'}$ 较小，此种连接

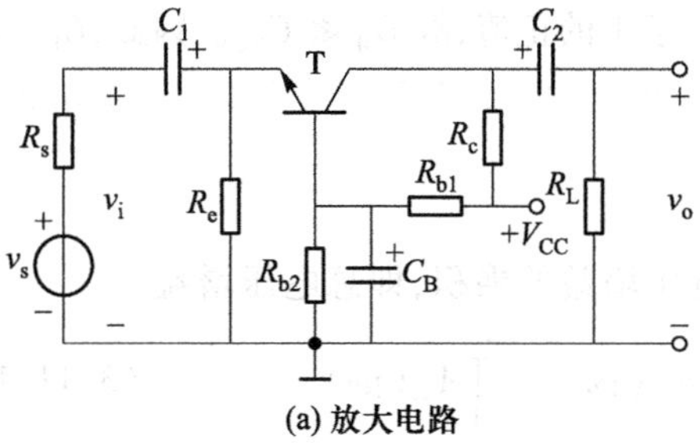

(a) 放大电路

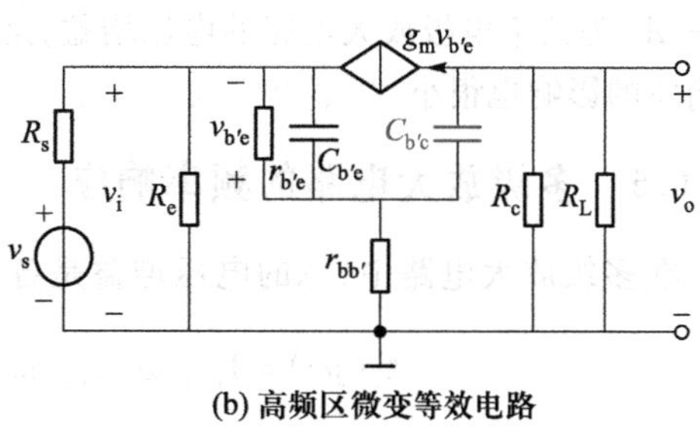

(b) 高频区微变等效电路

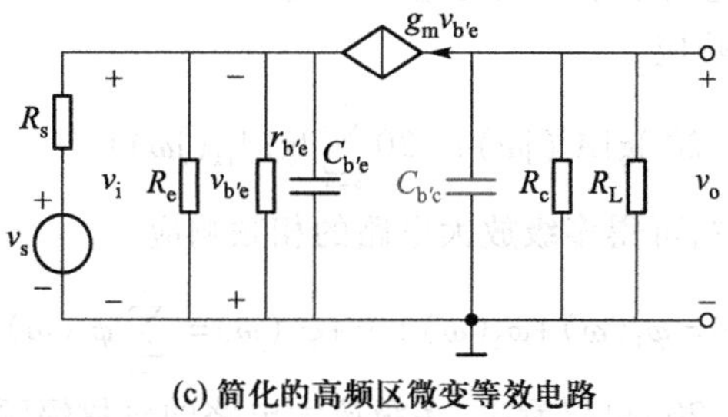

(c) 简化的高频区微变等效电路

图 3.11.6 共基极放大电路及其高频区微变等效电路

时，通常可以忽略 $r_{bb'}$ 的影响，这样就得到了图 3.11.6(c)所示的高频区简化的微变等效电路。由图可见 $C_{b'e}$ 和 $C_{b'c}$ 分别直接接入输入端和输出端，它们均不存在密勒倍增效应，所以，共基极放大电路的输入电容比共射极放大电路的小得多，且共基极放大电路本身的输入电阻也非常小，因此，共基极放大电路的上限频率 f_H 很高，理论分析可得 $f_H \approx f_T$，即该放大电路的高频特性非常好。

2. 共集电极放大电路的高频响应

共集电极放大电路及高频区微变等效电路如图 3.11.7 所示。以下分别讨论 $C_{b'e}$ 和 $C_{b'c}$ 对高频响应的影响。

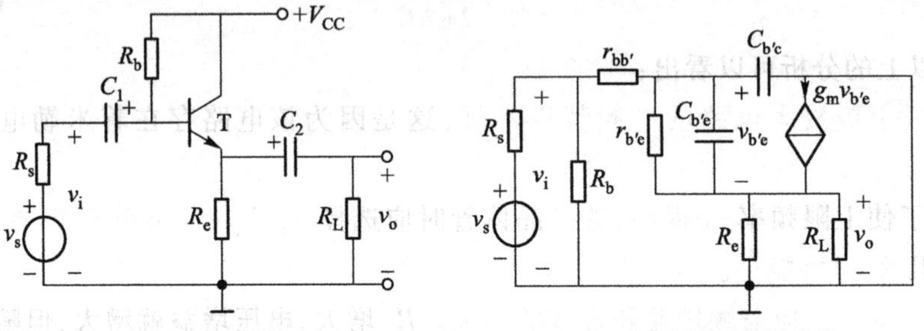

图 3.11.7　共集电极放大电路及其高频区微变等效电路

(1) $C_{b'c}$ 对高频响应的影响

由图 3.11.7(b)可见，$C_{b'c}$ 相当于接在输入回路中，不存在如共发射极放大电路中的密勒电容倍增效应，只要源电阻 R_s 和 $r_{bb'}$ 较小，$C_{b'c}$ 对高频响应的影响就很小。

(2) $C_{b'e}$ 对高频响应的影响

$C_{b'e}$ 是一个跨接在输入和输出端的电容，利用密勒定理将其等效到输入端，则相应的密勒等效电容

$$C_M = C_{b'e}(1-A_v)$$

式中，A_v 为共集电极放大电路的电压增益，是接近于 1 的正值，故 $C_M \ll C_{b'e}$。因此，$C_{b'e}$ 对高频响应的影响也很小，共集电极放大电路的上限频率远大于共发射极放大电路的上限频率。

3.11.5　多级放大电路的频率响应

在多级放大电路中，总的电压增益是各级电压增益的乘积，即总电压增益

$$A_v(j\omega) = A_{v1}(j\omega)A_{v2}(j\omega)\cdots A_{vn}(j\omega) = \prod_{k=1}^{n} A_{vk}(j\omega) \tag{3.11.18}$$

式中，$A_{vk}(j\omega)$ 是多级放大电路中第 k 级的电压增益。

多级放大电路的幅频响应

$$20\lg|A_v(j\omega)| = 20\sum_{k=1}^{n}\lg|A_{vk}(j\omega)| \tag{3.11.19}$$

对式(3.11.18)取相位，可得多级放大电路的相频响应

$$\varphi(\omega) = \varphi_1(\omega) + \varphi_2(\omega) + \cdots + \varphi_n(\omega) = \sum_{k=1}^{n}\varphi_k(\omega) \tag{3.11.20}$$

由式(3.11.19)和式(3.11.20)可以看出，多级放大电路的对数幅频响应为各级对数幅频响应之和，总相移等于各级相移相加。

设多级放大电路在高频段的总电压增益为

$$A_{vH}(j\omega)=\prod_{k=1}^{n}\frac{A_{vMk}}{1+j\frac{\omega}{\omega_{Hk}}}=\prod_{k=1}^{n}\frac{A_{vMk}}{1+j\frac{f}{f_{Hk}}} \tag{3.11.21}$$

模值

$$|A_{vH}(j\omega)|=|A_{vM}|\prod_{k=1}^{n}\frac{1}{\sqrt{1+\left(\frac{f}{f_{Hk}}\right)^2}} \tag{3.11.22}$$

式中，$|A_{vM}|=|A_{vM1}||A_{vM2}|\cdots|A_{vMn}|$，为多级放大电路的中频电压增益。则根据上限频率的定义，可得

$$|A_{vH}(j\omega_H)|=|A_{vM}|\prod_{k=1}^{n}\frac{1}{\sqrt{1+\left(\frac{f_H}{f_{Hk}}\right)^2}}=\frac{|A_{vM}|}{\sqrt{2}} \tag{3.11.23}$$

即

$$\left[1+\left(\frac{f_H}{f_{H1}}\right)^2\right]\left[1+\left(\frac{f_H}{f_{H2}}\right)^2\right]\cdots\left[1+\left(\frac{f_H}{f_{Hn}}\right)^2\right]=2 \tag{3.11.24}$$

将上式展开，考虑到$\frac{f_H}{f_{Hk}}<1(k=1\sim n)$，忽略高次项的影响可得多级放大电路的上限频率

$$f_H\approx\frac{1}{\sqrt{\left(\frac{1}{f_{H1}}\right)^2+\left(\frac{1}{f_{H2}}\right)^2+\cdots+\left(\frac{1}{f_{Hn}}\right)^2}} \tag{3.11.25}$$

若各级完全相同的 n 级放大电路相级联，每一级的上限频率均为 f_{H1}，则由式(3.11.23)可得

$$f_H=\sqrt{2^{\frac{1}{n}}-1}\cdot f_{H1} \tag{3.11.26}$$

由式(3.11.25)和式(3.11.26)可以看出，多级放大电路的上限频率 f_H 小于每一级的上限频率。

经过与上述 f_H 类似的推导过程，对于多级阻容耦合放大电路，总的下限频率与各级下限频率的关系式为

$$f_L\approx\sqrt{f_{L1}^2+f_{L2}^2+\cdots+f_{Ln}^2} \tag{3.11.27}$$

从上式可以看出，多级放大电路的下限频率 f_L 大于每一级的下限频率。

通过以上分析可以得出，将几级放大电路级联起来后，尽管电压增益提高了，但总的通频带变窄了，比组成多级放大电路的每一级电路的通频带都要窄。

【例 3.11.1】 某放大电路的幅频响应如图 3.11.8 所示，其最大不失真输出动态范围为 $v_{Omax}=\pm6$ V，当分别输入下列信号时，输出是否有失真？

(1) $v_i=8\sin(2\pi\times10^3t)$(mV)；

(2) $v_i=\sin(2\pi\times10^6t)$(mV)；

(3) $v_i=\sin(2\pi\times50t)+2\sin(2\pi\times10^3t)$(mV)；

(4) v_i 为电话语音信号；

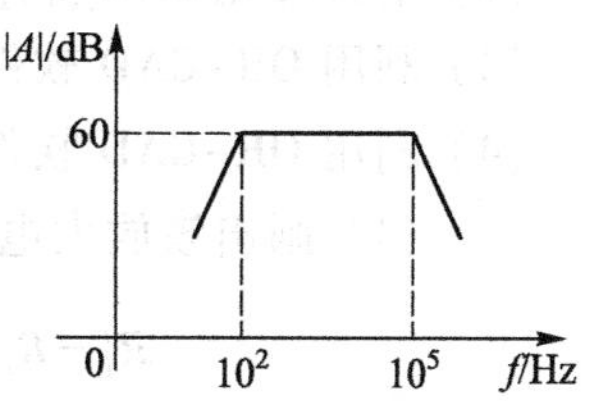

图 3.11.8 例 3.11.1 的幅频特性

(5) v_i 为视频信号；

(6) v_i 为 40 kHz 的方波信号。

解　由图 3.11.8 可知 $f_L=100$ Hz，$f_H=10^5$ Hz，中频电压增益 $|A_M|=1\ 000$，最大不失真输出动态范围为 $v_{0max}=\pm6$ V，因此最大输入信号 $v_{imax}=6$ mV。

(1) v_i 为单一频率的正弦信号，不会出现频率失真，但 $V_{im}=8$ mV，$V_{im}>v_{imax}$，故输出信号会出现限幅，即产生了非线性失真；

(2) v_i 为单一频率的信号，且 $V_{im}=1$ mV$<v_{imax}$，所以不会产生失真；

(3) v_i 的一个频率分量是 50 Hz，位于该放大电路的低频区，另一个频率分量是 1 000 Hz，位于中频区，所以存在频率失真。两个频率分量的幅度均小于 6 mV，故不存在非线性失真；

(4) 电话语音信号的频率范围主要在 300 Hz ~ 3.4 kHz，位于通频带内，所以不会产生频率失真；

(5) 视频信号的频率范围为 0 ~ 6 MHz，远大于此放大电路的通频带，所以会产生频率失真，视频信号经过该放大电路后，图像将变模糊；

(6) 方波信号的脉冲宽度为其周期的一半，带宽为 $2f_1=80$ kHz，尽管带宽小于放大电路的上限频率，但由于该信号含有直流成分，它低于放大电路的下限频率，所以会产生频率失真。

【例 3.11.2】　放大电路如图 3.11.9(a)所示，已知 $R_s=100\ \Omega$，$R_b=500\ k\Omega$，$R_c=3\ k\Omega$，$R_e=1.8\ k\Omega$，$R_L=3\ k\Omega$，$C_1=C_2=10\ \mu F$，$C_3=100\ \mu F$，$V_{CC}=15$ V，$V_{BB}=12$ V，晶体管 T 为 2N2222，参数 $\beta=100$，$r_{bb'}=50\ \Omega$，$r_{b'e}=2\ k\Omega$，$C_{b'c}=5$ pF，$f_T=200$ MHz。试求：

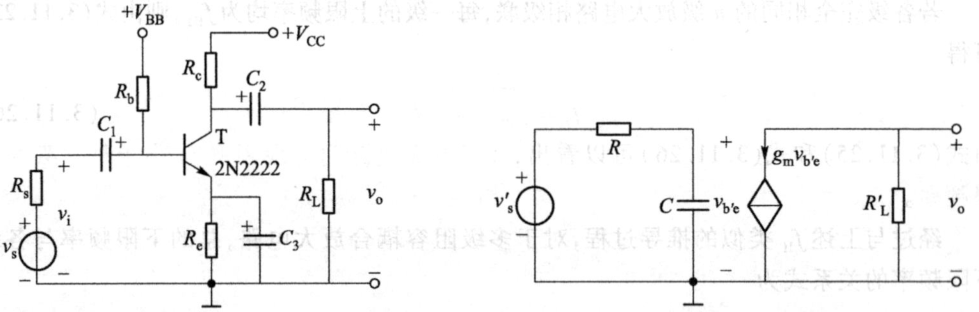

(a) 放大电路　　(b) 高频区简化微变等效电路

图 3.11.9　例 3.11.2 放大电路及高频区微变等效电路

(1) 上限频率 f_H；

(2) 增益带宽积 $|A_{vsM} f_H|$；

(3) 利用 OR-CAD 软件分析静态工作点；

(4) 利用 OR-CAD 软件分析频率响应、输入阻抗和输出阻抗。

解　(1) 画出该放大电路的高频区简化微变等效电路，如图 3.11.9(b)所示。其中

$$R'_L=R_c // R_L=1.5\ k\Omega,\ g_m=\frac{\beta}{r_{b'e}}=\frac{100}{2}\ mS=50\ mS$$

$$C_{b'e}\approx\frac{g_m}{2\pi f_T}=\frac{50\times10^{-3}}{2\pi\times200\times10^6}\ F\approx39.8\times10^{-12}\ F$$

$$R=(R_s /\!/ R_b+r_{bb'}) /\!/ r_{b'e}\approx 140\ \Omega$$

$$C=C_{b'e}+C_M\approx C_{b'e}+(1+g_m R'_L)C_{b'c}=[39.8+(1+50\times1.5)\times5]\ \text{pF}\approx 419.8\ \text{pF}$$

则

$$f_H=\frac{1}{2\pi RC}\approx\frac{1}{2\pi\times140\times419.8\times10^{-12}}\ \text{MHz}\approx 2.71\ \text{MHz}$$

(2)
$$r_{be}=r_{bb'}+r_{b'e}=(0.05+2)\ \text{k}\Omega=2.05\ \text{k}\Omega$$

$$A_{VSM}=-\frac{\beta_0 R'_L}{r_{be}}\frac{R_b /\!/ r_{be}}{R_s+R_b /\!/ r_{be}}\approx-\frac{100\times1.5}{2}\times\frac{2.05}{0.1+2.05}=-71.51$$

$$|A_{vsM}f_H|\approx 71.51\times2.71\approx 193.8$$

(3)

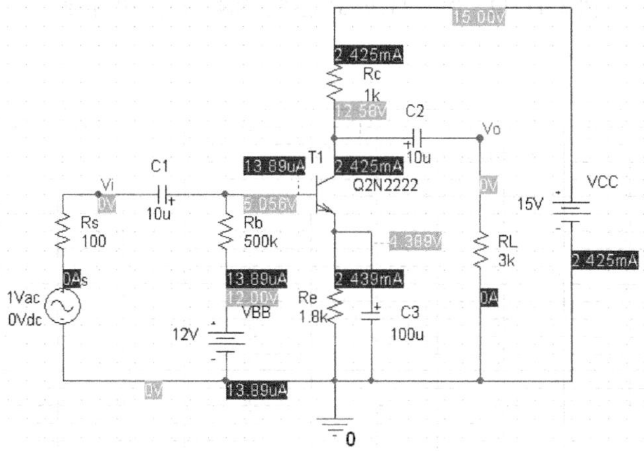

图 3.11.10 图 3.11.9(a)电路静态工作点的分析结果

(4)

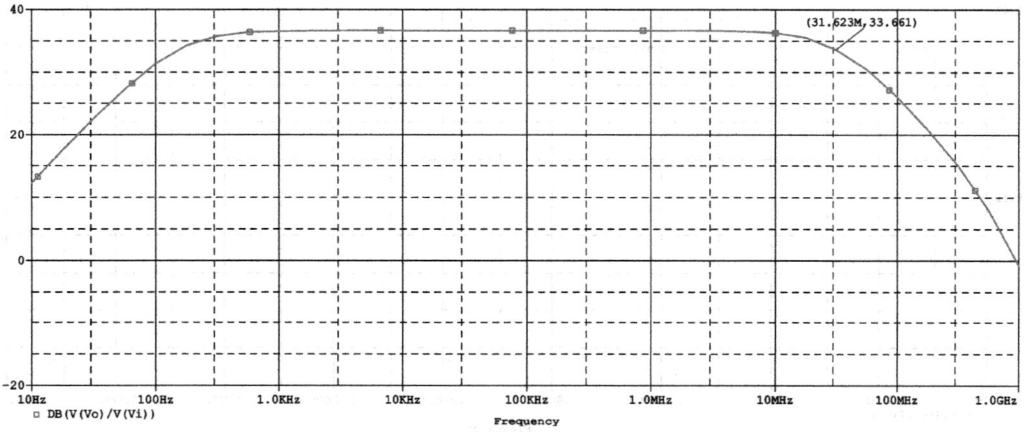

图 3.11.11 图 3.11.9(a)电路幅频响应的分析结果

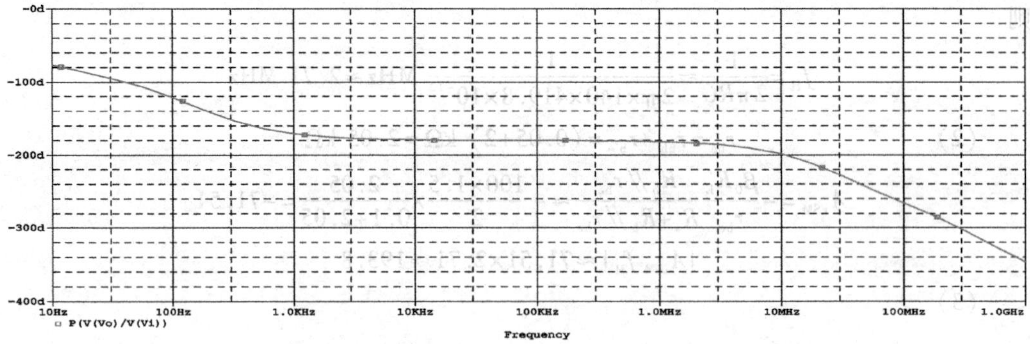

图 3.11.12　图 3.11.9(a)电路相频响应的分析结果

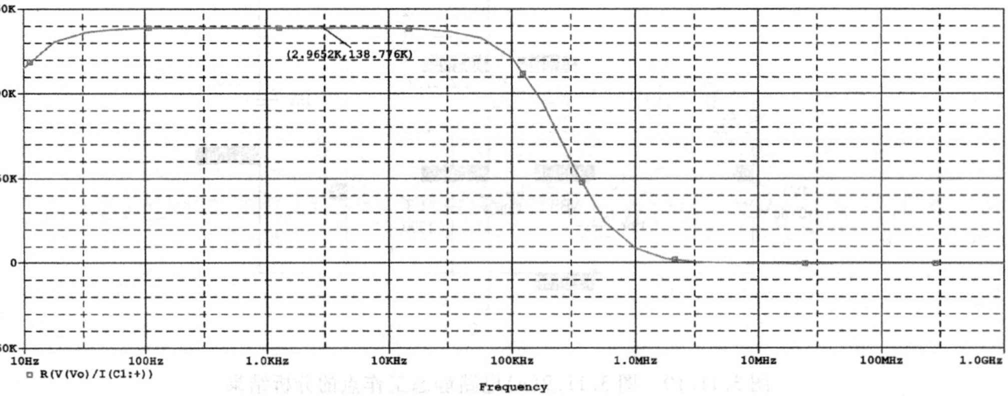

图 3.11.13　图 3.11.9(a)电路输入电阻的分析结果

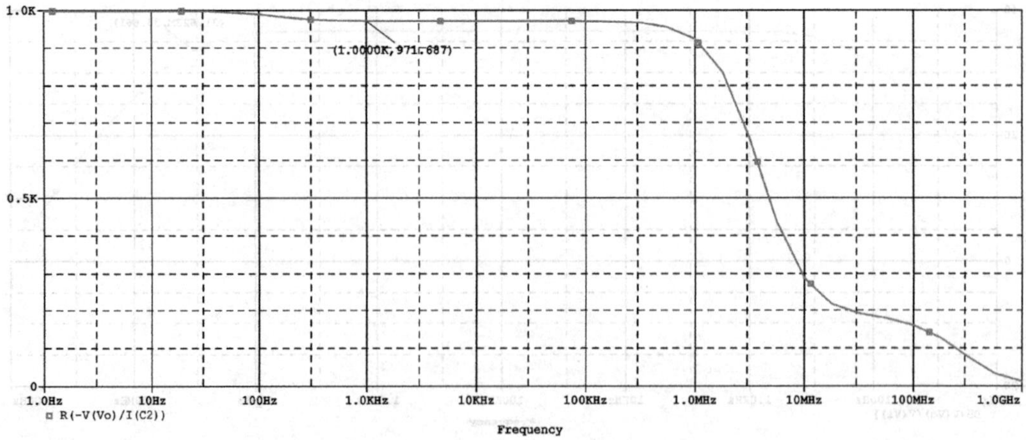

图 3.11.14　图 3.11.9(a)电路输出电阻的分析结果

3.12 BJT 放大电路应用举例

PPT 3.12 BJT 放大电路应用举例

3.12.1 宽频带视频放大电路

宽频带视频放大电路如图 3.12.1 所示，视频信号的带宽为 0 ~ 8 MHz，经过电阻 R_1 和 R_2 加到 T_1 管的基极，第一级放大后从 T_1 管的集电极输出，因此第一级为共发射极放大电路，由其提供较大的增益，然后把信号送入 T_2 管的发射极，T_2 管的基极交流接地，放大后从 T_2 管的集电极输出，因此第二级为共基极放大电路，其通频带很宽，输入电阻很小，再经过电阻 R_9，送入显像管的阴极，从而在显像管上显示出视频图像。该电路其实是一个共射-共基组合的宽频带放大电路，它充分发挥了两种基本放大电路各自的优势，很好地完成了视频信号放大的任务。

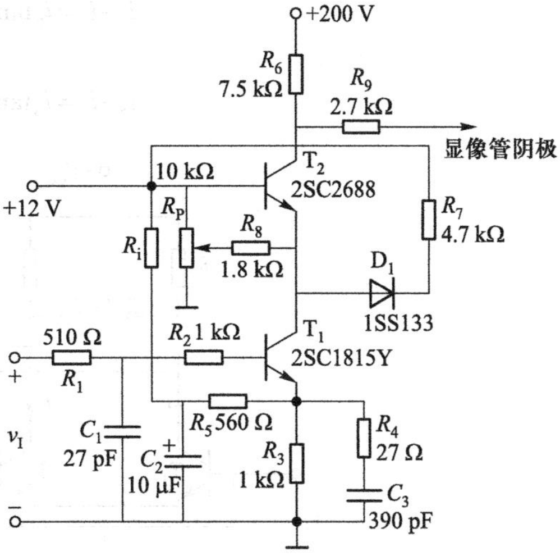

图 3.12.1 共射-共基极视频放大电路

3.12.2 光控的电动机正反转电路

光控的电动机正反转电路如图 3.12.2 所示，它本质是一个含有光敏晶体管的直接耦合多级放大电路，光敏晶体管 T_1 接在 T_2 管的基极电路中，当有光照时，T_1 管有电流输出，从而使 T_2 管导通，T_3 管截止，T_4 ~ T_6 管导通，则有正向电流流过电动机控制端，于是电动机正转；反之，当无光照时，T_2 管截止，T_7 ~ T_9 管导通，T_4 ~ T_6 管截止，则有反向电流流过电动机控制端，于是电动机反转。

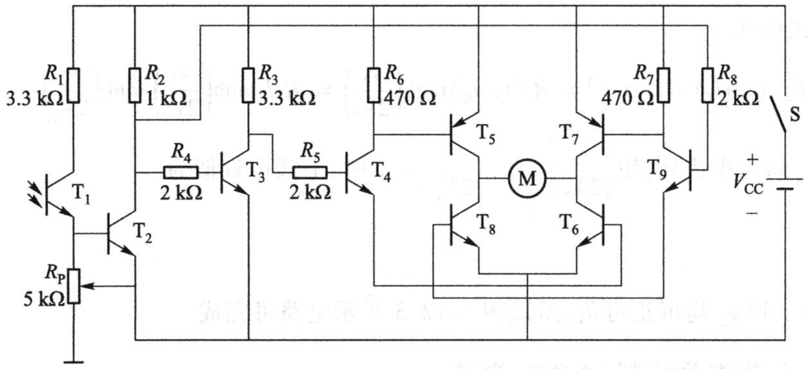

图 3.12.2 光控电动机正反转驱动电路

3.12.3 模拟乘法器

双平衡四象限模拟乘法器电路如图 3.12.3 所示，它由两个差分对电路、一个“差模电压-电流变换器”和恒流源组成，其中 T_1、T_2 和 T_3、T_4 组成两个差分对电路，T_5 和 T_6 构成了差模电压-电流变换器”电路。

在3.10一节中，我们已经分析了差分放大电路的差模传输特性，针对图3.12.3，根据式(3.10.38)可知

$$i_1-i_2=i_5\tanh\left(\frac{v_1}{2V_T}\right) \tag{3.12.1}$$

$$i_4-i_3=i_6\tanh\left(\frac{v_1}{2V_T}\right) \tag{3.12.2}$$

$$i_5-i_6=I_o\tanh\left(\frac{v_2}{2V_T}\right) \tag{3.12.3}$$

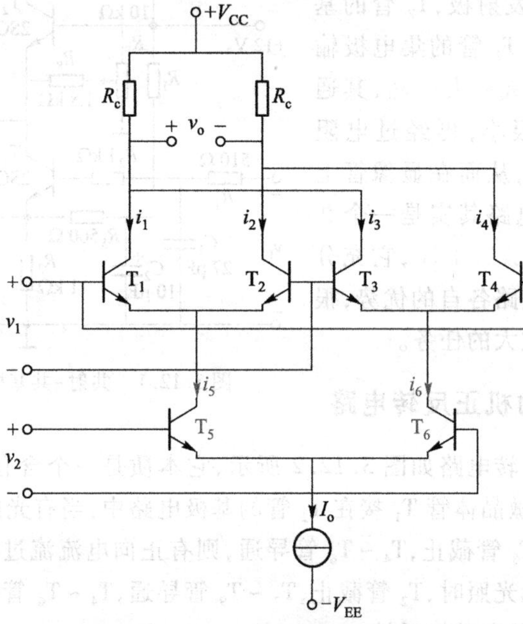

图3.12.3　模拟乘法器电路

则双端输出电压

$$v_o=-R_c[(i_1+i_3)-(i_2+i_4)]=-R_c(i_5-i_6)\tanh\left(\frac{v_1}{2V_T}\right)=-R_cI_o\tanh\left(\frac{v_1}{2V_T}\right)\tanh\left(\frac{v_2}{2V_T}\right) \tag{3.12.4}$$

当 v_1 和 v_2 均为小信号，使 $\left|\frac{v_1}{2V_T}\right|\ll 1$，$\left|\frac{v_2}{2V_T}\right|\ll 1$ 时，上式可近似为

$$v_o\approx-\frac{R_cI_o}{4V_T^2}v_1v_2$$

由于 v_1 和 v_2 均可正可负，所以图3.12.3所示电路可完成四象限的模拟乘法运算。

3.12.4　自动增益控制(AGC)电路

AGC电路就是根据电路输出信号幅度的大小来自动调节电路本身的增益。当输出信号幅度较大时，将电路的增益调小；当输出信号幅度较小时，将电路的增益调大，从而使电路的输出维持在适当的范围内。一种AGC电路如图3.12.4所示。

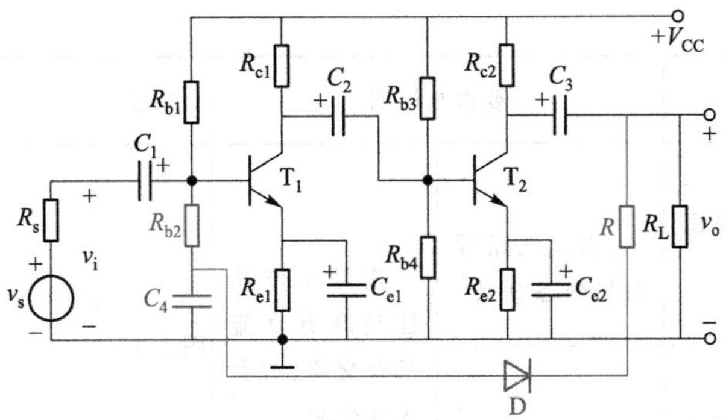

图 3.12.4　一种自动增益控制电路

在图 3.12.4 中，R、D、C_4、R_{b2} 构成 AGC 电路，用来控制第一级的增益，其中 T_1 管的工作点电流设置较小。当输入信号 v_s 经 C_1 送到第一级 T_1 管的基极，通过共发射极放大电路放大后，从 T_1 管的集电极输出，再经第二级共发射极放大电路放大后，从 T_2 管的集电极输出，输出电压 v_o 一路继续送往下一级电路或负载，另一路回送到 AGC 电路。v_o 正半周时，二极管 D 不导通；v_o 负半周时，二极管 D 导通，v_o 经 R 给电容 C_4 充电，在 C_4 上得到上负下正的电压。若输出电压 v_o 的幅度过大，则 C_4 上的负电压越大，将拉低 T_1 管的基极静态电位，从而使 T_1 管的集电极静态电流 I_{CQ1} 减小，即静态工作点降低，这就使得 T_1 管的 β 减小，小信号参数 r_{be} 增大，第一级的增益相应减小，结果是输出电压 v_o 的幅度不至于过大。与此同理，如果由于某种原因，要使 v_o 的幅度减小，则 AGC 电路自动使第一级的增益相应增大，从而将输出电压 v_o 的幅度调到正常范围。

本 章 小 结

表 3.2　本章重要概念、知识点及需熟记的公式

序号	概念	知识点	要求与说明	图号	重要公式
1	放大电路	核心器件：晶体管	会识别管子的结构(NPN,PNP)		放大时：$\lvert V_{BEQ}\rvert \approx \begin{cases}0.7\text{ V, Si}\\0.3\text{ V, Ge}\end{cases}$ $i_e \approx i_c = \beta i_b$ 饱和时：$v_{CE} = V_{CES} \approx 0$ 截止时：$i_C \approx 0$
			会判断管子的三种工作状态：放大(发射结正偏，集电结反偏)，饱和(两结均正偏)，截止(两结均反偏)		
		偏置电路：保证晶体管工作在放大区	会判断放大电路的组成是否合理：直流通路和交流通路均要合理		
		本质：能量转换器，放大是针对变化量			

续表

序号	概念	知识点	要求与说明		图号	重要公式
2	放大电路的两种工作状态	静态：由直流通路决定	会画直流通路，由此电路可分析静态 Q 点	实际工作往往是既有直流又有交流，两者水乳交融	图 3.1.3	$i_B=I_{BQ}+i_b$ $i_C=I_{CQ}+i_c$ $v_{CE}=V_{CEQ}+v_{ce}$
		动态：由交流通路决定	会画交流通路，由此电路可分析动态指标			
3	放大电路的分析方法	工程估算法：用于通过直流通路近似计算静态 Q 点，其基本依据是工作在放大区的晶体管发射结电压 V_{BEQ} 已知	对简单偏置电路，分析的思路为：先求 $I_{BQ}\to I_{CQ}\to V_{CEQ}$		图 3.1.5	$I_{BQ}=\dfrac{V_{CC}-V_{BEQ}}{R_b}$ $I_{CQ}\approx\beta I_{BQ}$ $V_{CEQ}=V_{CC}-I_{CQ}R_c$
			对分压式偏置电路，分析的思路为：先求 $V_{BQ}\to V_{EQ}\to I_{EQ}\to I_{CQ}\to V_{CEQ}$		图 3.3.5	$V_{BQ}\approx\dfrac{R_{b2}}{R_{b1}+R_{b2}}V_{CC}$ $I_{CQ}\approx I_{EQ}=\dfrac{V_{BQ}-V_{BEQ}}{R_e}$ $I_{BQ}=\dfrac{I_{CQ}}{\beta}$ $V_{CEQ}\approx V_{CC}-I_{CQ}(R_c+R_e)$
		图解法：常用于大信号的动态分析	在特性曲线上画直流和交流负载线，当静态 Q 点设置在交流负载线的中点时，不失真输出电压最大			
		微变等效电路法：用于小信号时放大电路的动态指标分析	要熟记放大器件的简化 H 参数和简化混合 π 两种微变等效电路模型，关键是会通过交流通路画出放大电路的微变等效电路，进而分析出 A_v、R_i、R_o 等指标		图 3.3.3 图 3.11.2	$r_{be}=r_{bb'}+(1+\beta)\dfrac{26\ \text{mV}}{I_{EQ}(\text{mA})}$ $=r_{bb'}+r_{b'e}$
4	静态 Q 点要合理且稳定	Q 点过高，易产生饱和失真；Q 点过低，易产生截止失真	会根据输出的波形判断非线性失真的类型；会熟练运用工程估算法计算出分压式偏置电路的静态 Q 点			
		常用分压式偏置电路稳定静态 Q 点				

续表

序号	概念	知识点	要求与说明	图号	重要公式
5	放大电路中的两类失真	非线性失真：是由非线性器件引起的	输出信号中会产生新的频率分量。饱和失真、截止失真均属于严重的非线性失真。当工作点合适，信号较小时，放大电路的非线性失真可忽略		
		线性（频率）失真：是由电抗性（线性）元件引起的	分为幅频失真和相频失真。输出信号中不会产生新的频率分量。单一频率的信号通过放大电路不会产生频率失真。要求放大电路的通频带不小于待放大信号的带宽		$BW=f_H-f_L$
6	三种基本组态放大电路	放大电路可视为一个二端口网络，所谓“共什么极”放大电路，就是指其交流通路的输入端和输出端共用了放大管的某一个电极	共发射极放大电路：既有电压放大，又有电流放大作用；输出电压与输入电压反相；输入电阻居中；通频带最窄；常用在多级放大电路的中间级，以提供较大的电压增益	图 3.3.5	$A_v=-\frac{\beta R_L'}{r_{be}}$ $A_{vs}=\frac{R_i}{R_s+R_i}A_v$ $R_i=\frac{v_i}{i_i}=R_b // r_{be}$ $R_o\approx R_c$
			共集电极放大电路：又称为电压跟随器或射极输出器。电压增益小于1而接近于1，输出电压与输入电压同相；输入电阻高；输出电阻小；常用在多级放大电路的输入级、输出级和缓冲级	图 3.4.1	$A_v=\frac{(1+\beta)R_L'}{r_{be}+(1+\beta)R_L'}\approx 1$ $R_i=R_b // [r_{be}+(1+\beta)R_L']$ $R_o=R_e // R_o'=R_e // \frac{R_s'+r_{be}}{1+\beta}$
			共基极放大电路：电压增益与共射放大电路相当，输出电压与输入电压同相；输入电阻小；频率特性好；常用在高频和宽频带放大电路中	图 3.5.1	$A_v=\frac{\beta R_L'}{r_{be}}$ $R_i=R_e // R_i'=R_e // \left(\frac{r_{be}}{1+\beta}\right)$ $R_o\approx R_c$
7	多级放大电路	总电压增益为各级电压增益的乘积，计算各级电压增益时，通常把后一级的输入电阻视为前一级的负载	常见的极间耦合方式有：阻容耦合、变压器耦合及直接耦合	图 3.9.4	$A_v=\frac{v_o}{v_i}=A_{v1}A_{v2}\cdots A_{vn}$ $R_i=R_{i1}$ $R_o=R_{on}$
			复合管：等效类型取决于第一个晶体管，等效的 $\beta\approx\beta_1\beta_2$		
			组合电路：取长补短，集中两种基本放大电路的优点于一体		
			输入电阻一般取决于输入级		
			输出电阻一般取决于输出级		

续表

序号	概念	知识点	要求与说明	图号	重要公式
8	镜像电流源	具有交流电阻很大，而直流电阻较小的特点，常用作有源负载或偏置电路	基本型镜像电流源	图 3.8.1	$I_O = I_{C2} \approx I_{REF} = \dfrac{V_{CC} + V_{EE} - V_{BE}}{R}$
			改进型镜像电流源	图 3.8.2	$I_O = I_{REF} = \dfrac{V_{CC} + V_{EE} - V_{BE}}{R}$
			微电流源	图 3.8.3	
			比例型镜像电流源	图 3.8.4	$I_O \approx \dfrac{R_{e1}}{R_{e2}} I_{REF}$
			多路镜像电流源	图 3.8.6	$I_{REF} R_{e1} \approx I_{O1} R_{e2} \approx I_{O2} R_{e3} \approx I_{O3} R_{e4}$
9	差分放大电路	能有效地放大两输入端之间的差模信号，极大地抑制共模信号。常用于消除直接耦合放大电路中的零点漂移，放在输入级	差模输入电压 $v_{id} = v_{i1} - v_{i2}$	图 3.10.8	$I_{C1Q} = I_{C2Q} \approx \dfrac{I_{EE}}{2} \approx \dfrac{V_{EE} - 0.7}{2R_e}$ $V_{CE1Q} = V_{CE2Q} \approx V_{CC} - I_{C1Q} R_c + 0.7$
			共模输入电压 $v_{ic} = \dfrac{v_{i1} + v_{i2}}{2}$		$A_{vd} = -\dfrac{\beta\left(R_c /\!/ \dfrac{R_L}{2}\right)}{r_{be}}$ $A_{vc} = \dfrac{v_{oc}}{v_{ic}} = 0$
			共模抑制比 $K_{CMR} = \left\| \dfrac{A_{vd}}{A_{vc}} \right\|$		$A_{vd1} = -A_{vd2} = \dfrac{1}{2} A_{vd}$ $A_{vc1} = A_{vc2} = -\dfrac{\beta R_c}{r_{be} + (1+\beta) 2R_e}$ $R_{id} = 2r_{be}$ $R_{od} = 2R_c$
			差模传输特性：反映了输入信号大范围变化时，输出信号的变化情况。说明了差分放大电路不仅对小信号能线性放大，同时也可实现良好的限幅、模拟相乘和可控增益放大等功能		$R_{ic} = \dfrac{1}{2}[r_{be} + (1+\beta) 2R_e]$ $R_{oc} = 2R_c$ $K_{CMR(单)} = \left\| \dfrac{A_{vd1}}{A_{vc1}} \right\| \approx \dfrac{R_e \beta\left(R_c /\!/ \dfrac{R_L}{2}\right)}{r_{be} R_c}$

续表

序号	概念	知识点	要求与说明	图号	重要公式
10	放大电路的频率响应	反映了放大电路对不同频率信号的放大能力。主要参数有：BW、f_H、f_L 和 $\|A_{VSM}f_H\|$ 等	高频响应的分析要采用混合 π 等效模型 影响高频响应的主要因素是晶体管的极间电容和电路的分布电容，要想高频特性好，应选择 $r_{bb'}$ 小、$C_{b'c}$ 小和 f_T 高的管子；要想低频特性好，应采用直接耦合方式 在电路参数选定后，$\|A_{VSM}f_H\|$ 为常数 多级放大电路尽管电压增益提高了，但总的通频带变窄了，比组成多级放大电路的每一级电路的通频带都要窄	图 3.11.5	$\beta = g_m r_{b'e}$ $C_{b'e} \approx \dfrac{g_m}{2\pi f_T}$ $f_H = \dfrac{1}{2\pi RC}$ $R = (R_s // R_b + r_{bb'}) // r_{b'e}$ $C = C_{b'e} + C_M \approx C_{b'e} + (1+g_m R'_L) C_{b'c}$

习　　题

3.1 试分析图 P3.1 所示各电路能否放大正弦交流信号，若无放大作用则简述理由，并将错误之处加以改正。设图中所有电容容量足够大，对交流信号均可视为短路。

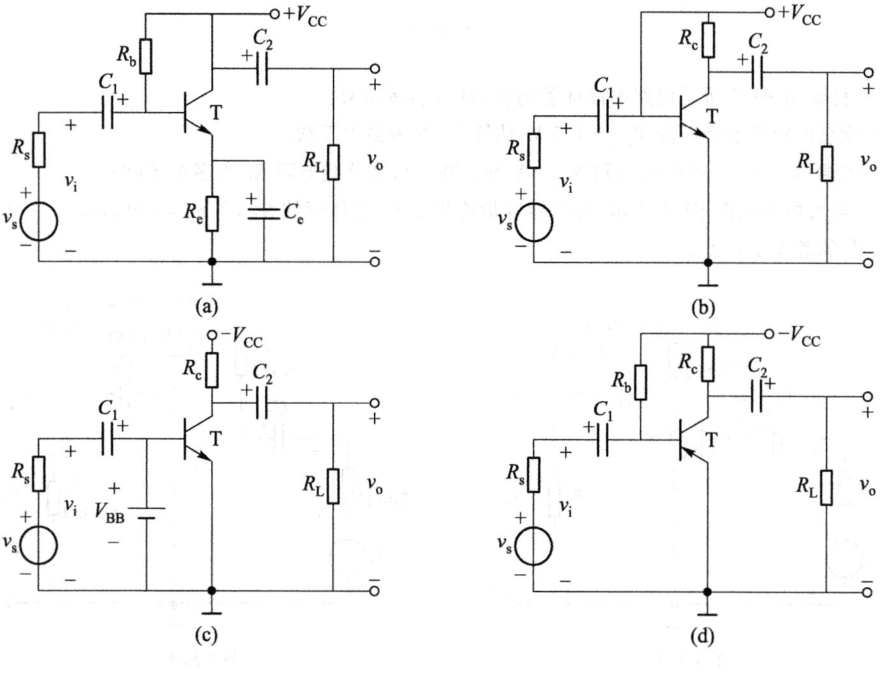

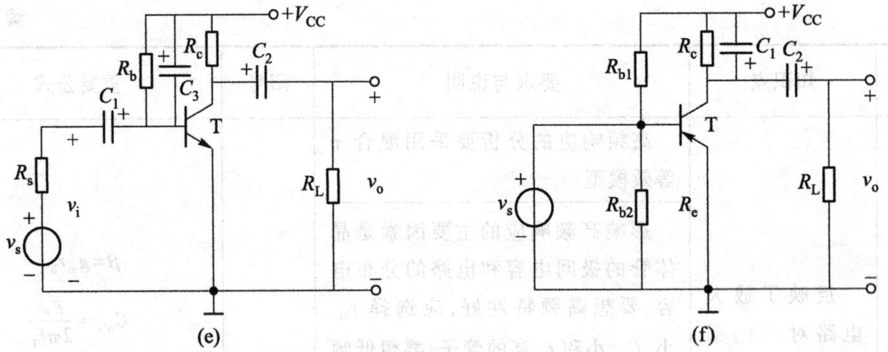

图 P3.1

3.2　放大电路如图 P3.2(a)所示，图 P3.2(b)是晶体管 T 的输出特性，静态时 $V_{BE}\approx 0.7$ V。利用图解法分别求出：

(1) 静态工作点；

(2) 最大不失真输出电压 V_{om}。

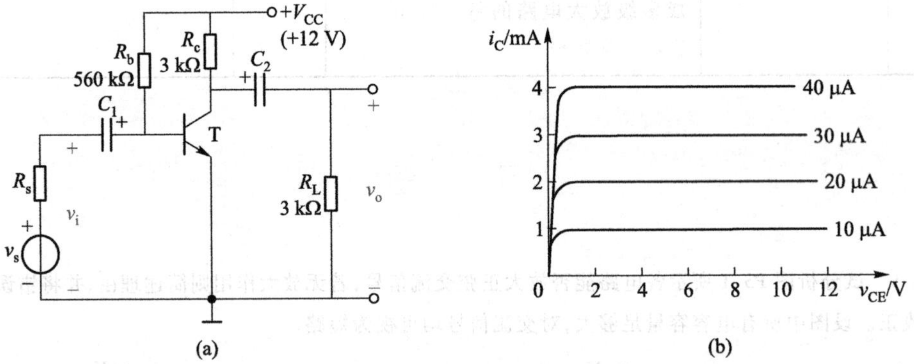

图 P3.2

3.3　已知图 P3.3 所示电路中晶体管的 $\beta=80$，$r_{be}=820\ \Omega$。

(1) 现已测得静态管压降 $V_{CEQ}=4.5$ V，估算 R_b 约为多少千欧；

(2) 若测得 v_i 和 v_o 的振幅分别为 2 mV 和 200 mV，则负载电阻 R_L 为多少千欧？

3.4　放大电路如图 P3.4 所示，设电容容量均足够大，晶体管的 $\beta=60$，$r_{bb'}=150\ \Omega$，$V_{BE}\approx -0.2$ V。

(1) 估算静态工作点；

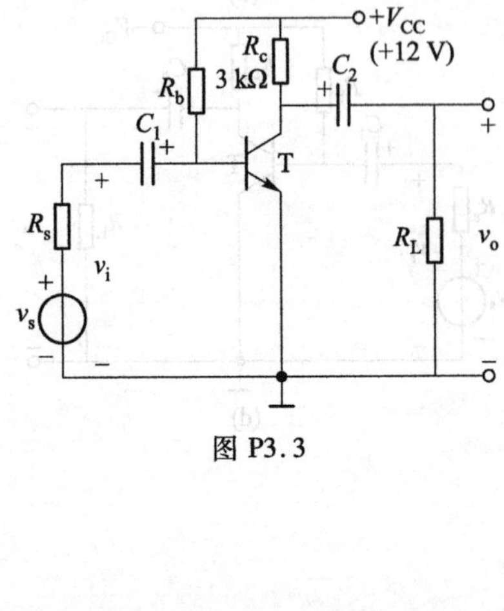

图 P3.3

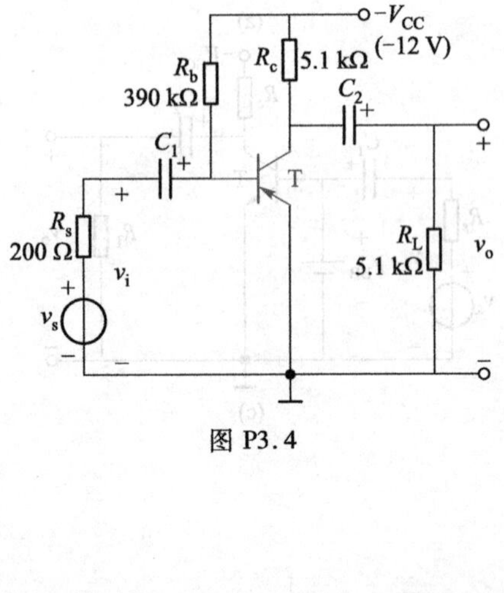

图 P3.4

（2）画出小信号等效电路；

（3）试求电压增益 A_v、源电压增益 A_{vs}、输入电阻 R_i 及输出电阻 R_o。

3.5　已知图 P3.5 所示电路中，硅晶体管的 $\beta=60$，$r_{bb'}=80\ \Omega$，电容容量均足够大。试求：

（1）静态工作点；

（2）电压增益 A_v、输入电阻 R_i 及输出电阻 R_o；

（3）若 C_e 开路，重新计算 A_v、R_i、R_o。

3.6　放大电路如图 P3.6 所示，设电容容量均足够大，晶体管的 $\beta=80$，$r_{bb'}=120\ \Omega$，$V_{BE}\approx0.7$ V。

（1）求电压增益 A_v、输入电阻 R_i 及输出电阻 R_o；

（2）如果 $v_s=3\sin\omega t$（mV），则输出电压 $v_o=$？

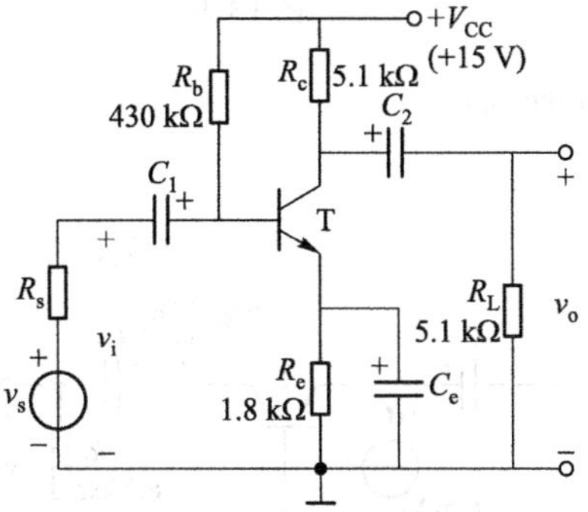

图 P3.5

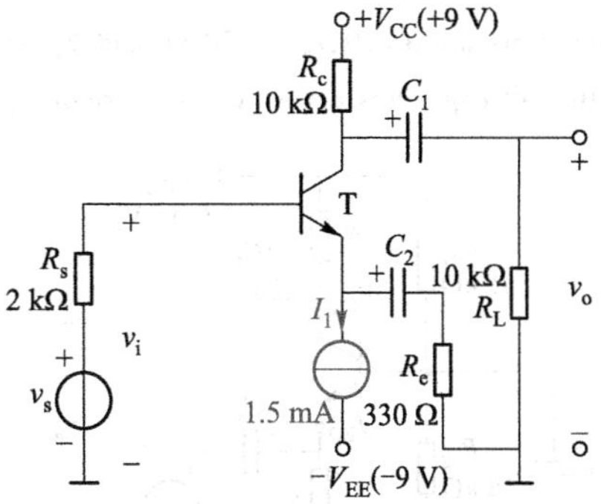

图 P3.6

3.7　已知图 P3.7 所示电路中，硅晶体管的 $\beta=60$，$r_{bb'}=80\ \Omega$，电容容量均足够大。

（1）估算静态工作点；

（2）画出小信号等效电路；

（3）试求电压增益 A_v、源电压增益 A_{vs}、输入电阻 R_i 及输出电阻 R_o。

3.8　放大电路如图 P3.8 所示，设电容容量均足够大，晶体管的 $\beta=80$，$r_{bb'}=150\ \Omega$，$V_{BE}\approx-0.2$ V。试求：

（1）静态工作点；

（2）电压增益 A_v、输入电阻 R_i 及输出电阻 R_o。

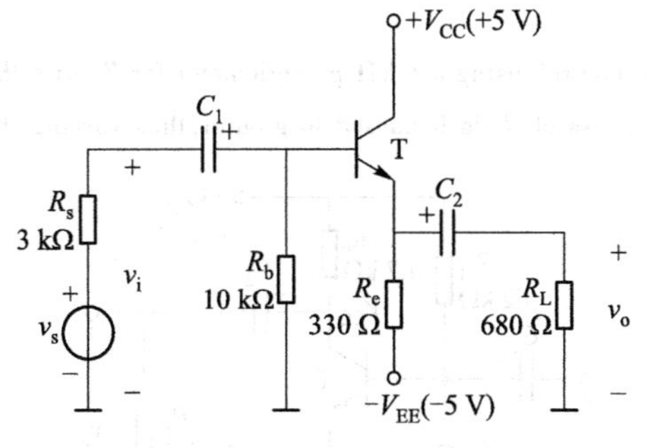

图 P3.7

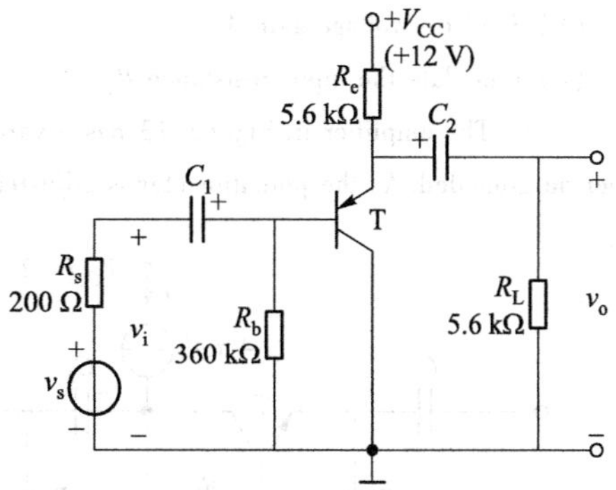

图 P3.8

3.9　已知图 P3.9 所示电路中，硅晶体管的 $\beta=60$，$r_{bb'}=80\ \Omega$，电容容量均足够大。

（1）估算静态工作点；

（2）画出小信号等效电路；

（3）求输入电阻 R_i；

（4）求电压增益 $A_{v1}=v_{o1}/v_i$、$A_{v2}=v_{o2}/v_i$；

（5）求输出电阻 R_{o1} 和 R_{o2}。

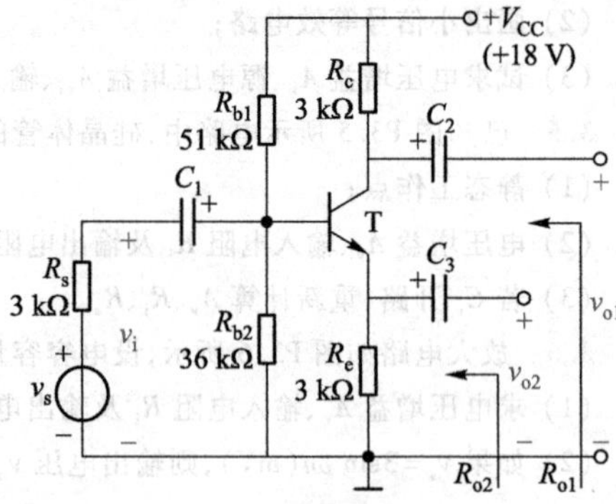

图 P3.9

3.10　放大电路如图 P3.10 所示，设电容容量均足够大，晶体管的 $\beta=90$，$r_{bb'}=80\ \Omega$，$V_{BE}\approx0.7\ V$，$I_{EQ}=2.4\ mA$，$V_{CQ}=6.5\ V$。

（1）试求电阻 R_e 和 R_c；

（2）画出小信号等效电路；

（3）试求电压增益 A_v、输入电阻 R_i 及输出电阻 R_o。

3.11　For the CB amplifier in Fig. P3.11, the transistor parameters are $\beta=80$, $r_{bb'}=120\ \Omega$, and $V_{BE}\approx0.7\ V$. Assume that all capacitors act as a short-circuit equivalent to the signal.

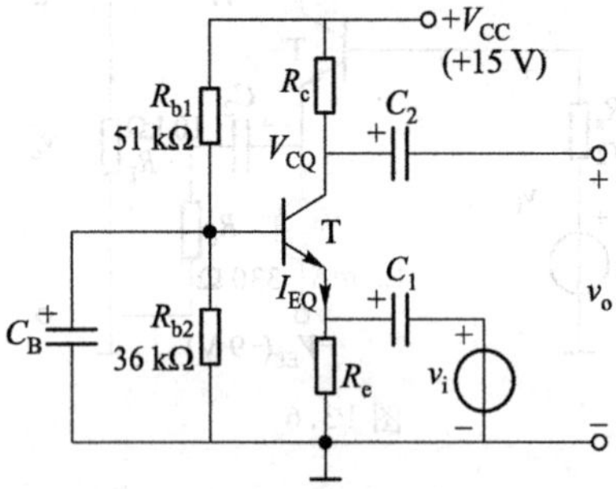

图 P3.10

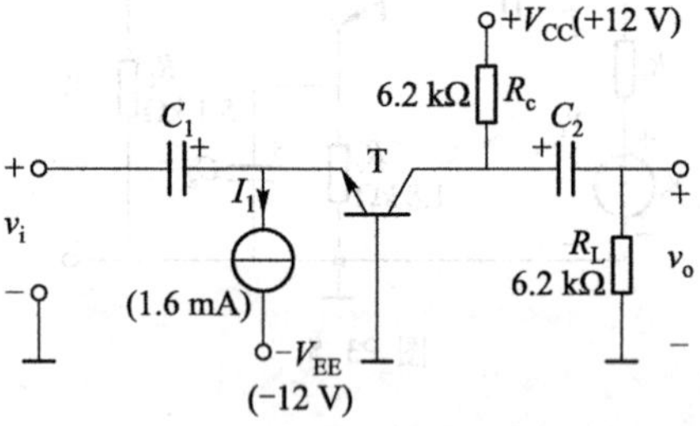

Fig. P3.11

（a）Determine the Q-point values.

（b）Draw the ac equivalent circuit.

（c）Find the voltage gain A_v.

（d）Calculate the input resistance R_i and the output resistance R_o.

3.12　Consider the circuit shown in Fig. P3.12 with transistor parameters are $\beta=100$, $r_{bb'}=160\ \Omega$, and $V_{BE}\approx0.7\ V$.

（a）Determine the Q-point values.

（b）Find the voltage gain A_v.

（c）Calculate the input resistance R_i.

3.13　The amplifier in Fig. P3.13 has a variable gain control, using a 1 kΩ potentiometer for R_e with the wiper ac grounded. As the potentiometer is adjusted, more or less of R_e is bypassed to ground, thus varying the

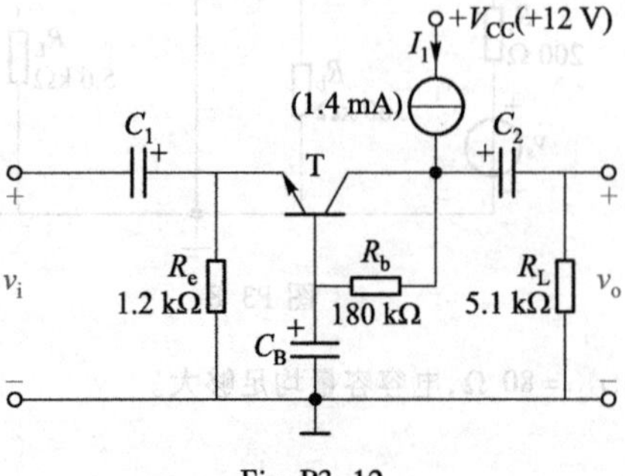

Fig. P3.12

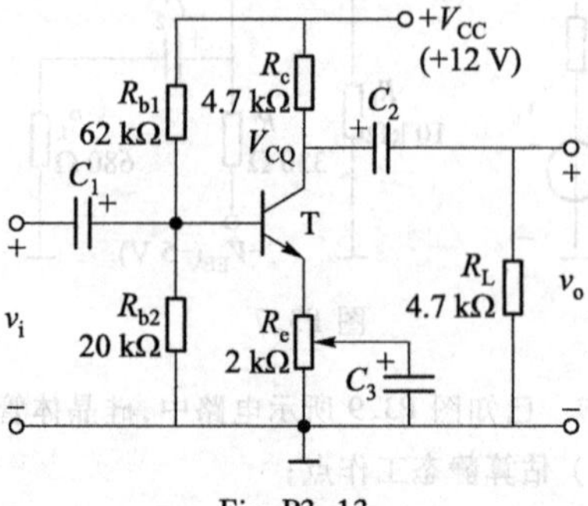

Fig. P3.13

gain. Calculate the maximum and minimun gains for the amplifier with transistor parameters $\beta=120$, and $r_{bb'}=200\ \Omega$.

3.14 For the amplifier in Fig. P3.14, the transistor parameters are $\beta=80$, $r_{bb'}=260\ \Omega$, and $V_{BE}\approx-0.2$ V.

(a) Determine the Q-point values.

(b) Draw the ac equivalent circuit.

(c) Find the voltage gain A_v.

(d) Calculate the input resistance R_i and the output resistance R_o.

3.15 Consider the circuit shown in Fig. P3.15 with transistor parameter is $V_{BE}\approx-0.2$ V. Find I_{C2} and V_{CE2}.

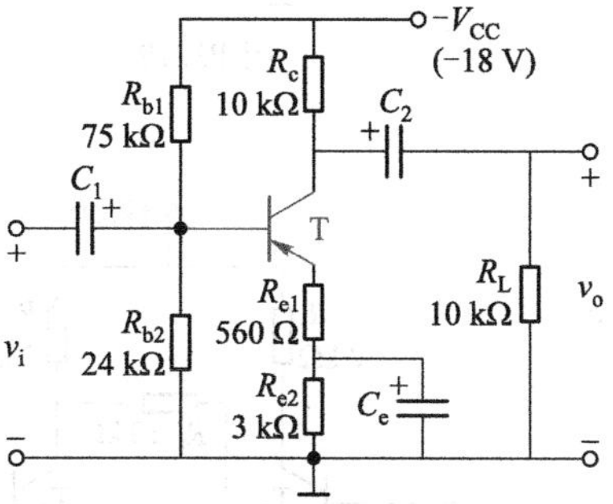

Fig. P3.14

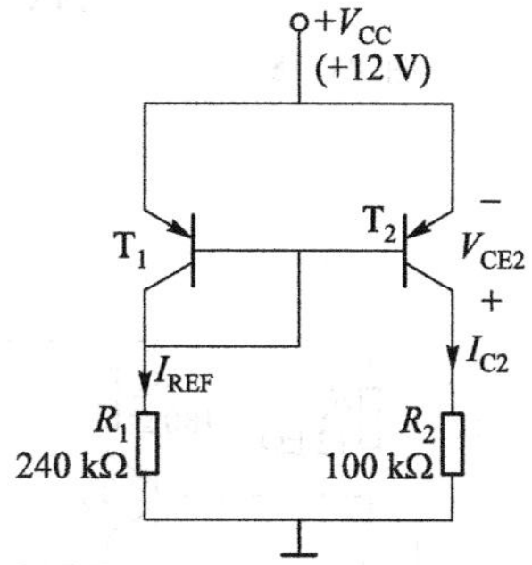

Fig. P3.15

3.16 电流源组成的电路如图 P3.16 所示,试求电流增益 $A_i=I_o/I_i$。

3.17 图 P3.17 所示为多路比例电流源电路,已知各晶体管特性一致,试求 I_{C2} 和 I_{C3}。

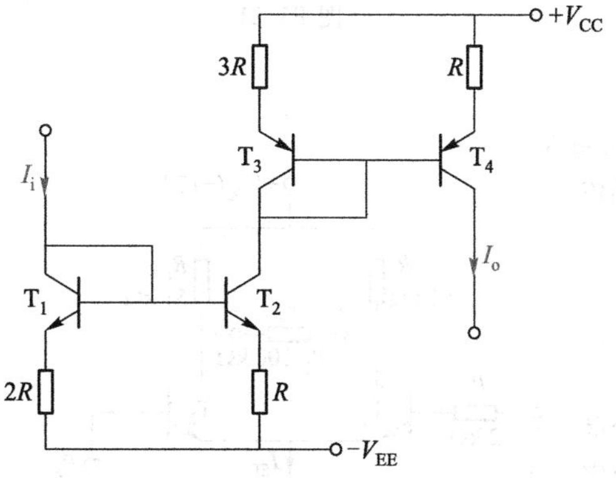

图 P3.16

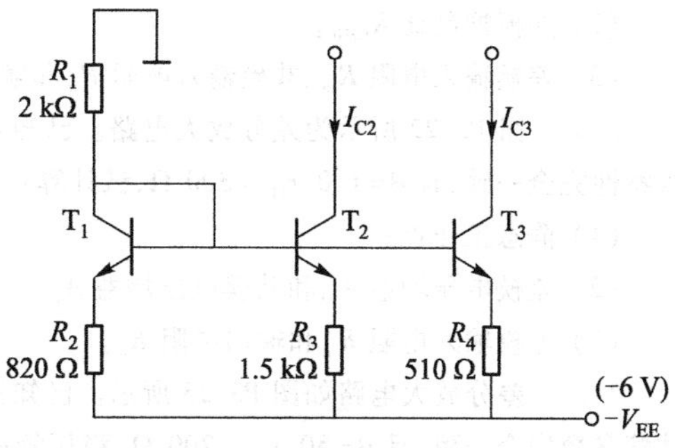

图 P3.17

3.18 已知图 P3.18 所示电路中,晶体管的 $\beta=80$, $r_{bb'}=150\ \Omega$。试求电压增益 A_v、输入电阻 R_i 及输出电阻 R_o。

3.19 多级放大电路如图 P3.19 所示,设晶体管的参数 $\beta_1=\beta_2=\beta_3=90$, $r_{be1}=2.3\ \text{k}\Omega$, $r_{be2}=1.9\ \text{k}\Omega$, $r_{be3}=860\ \Omega$,电容容量均足够大。试求电压增益 A_v、输入电阻 R_i 及输出电阻 R_o。

3.20 图 P3.20 所示为两级直接耦合放大电路,两晶体管参数相同, $\beta=80$, $r_{be}=2\ \text{k}\Omega$。试求电压增益 A_v、输入电阻 R_i 及输出电阻 R_o。

3.21 差分放大电路如图 P3.21 所示。已知两晶体管特性完全一致,且 $\beta=80$, $r_{bb'}=240\ \Omega$,试计算:

(1) 差模电压增益 A_{vd} 和共模电压增益 A_{vc};

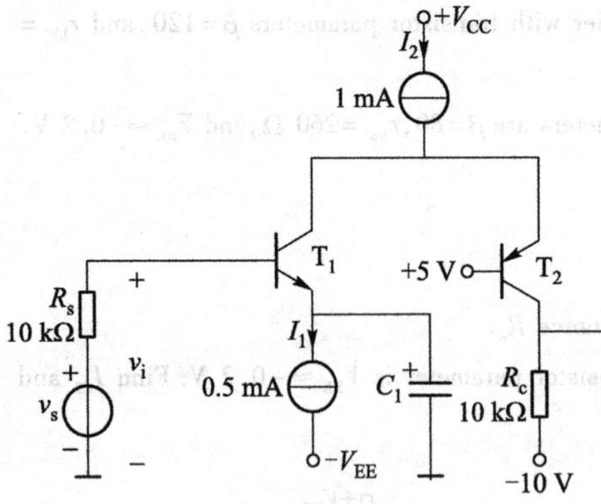

图 P3.18

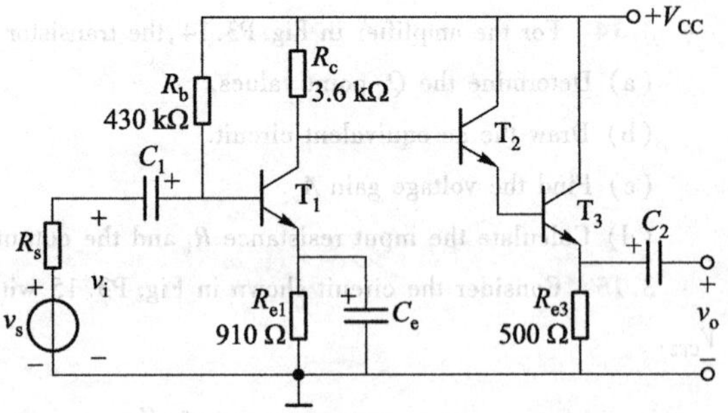

图 P3.19

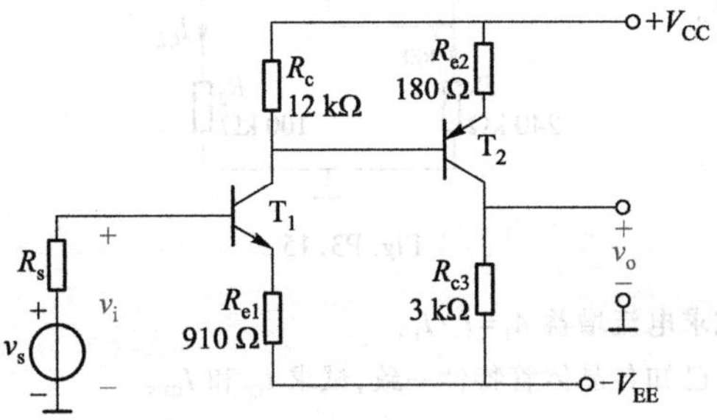

图 P3.20

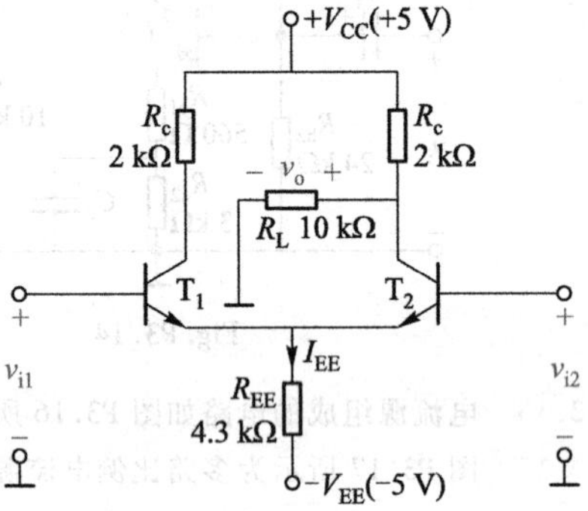

图 P3.21

（2）共模抑制比 K_{CMR}；

（3）差模输入电阻 R_{id}、共模输入电阻 R_{ic} 和输出电阻 R_o。

3.22　图 P3.22 所示为差分放大电路。已知两晶体管特性完全一致，且 $\beta=110$，$r_{bb'}=300\ \Omega$，试计算：

（1）静态工作点；

（2）差模电压增益 A_{vd} 和共模电压增益 A_{vc}；

（3）差模输入电阻 R_{id} 和输出电阻 R_o。

3.23　差分放大电路如图 P3.23 所示。已知三个晶体管参数完全一致，且 $\beta=50$，$r_{bb'}=200\ \Omega$，稳压管的稳定电压 $V_Z=6$ V。试计算：

（1）差模电压增益 A_{vd}；

（2）差模输入电阻 R_{id} 和输出电阻 R_o。

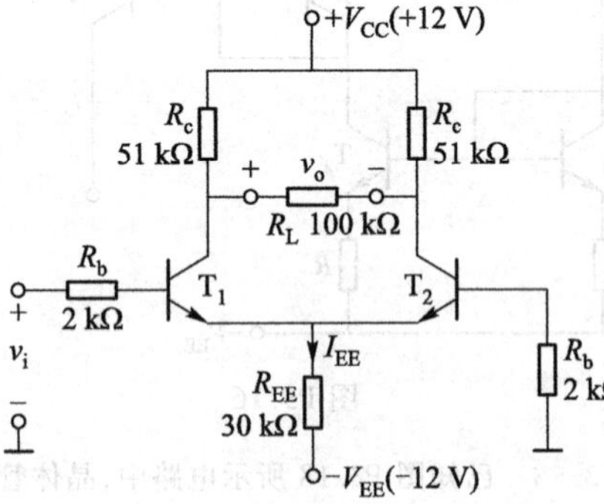

图 P3.22

3.24　图 P3.24 所示为差分放大电路。已知三个晶体管参数完全一致，且 $\beta=50$，$r_{bb'}=300\ \Omega$，$r_{ce}=200\ \text{k}\Omega$。试计算：

（1）差模电压增益 A_{vd} 和共模电压增益 A_{vc}；

（2）共模抑制比 K_{CMR}；

（3）差模输入电阻 R_{id}、共模输入电阻 R_{ic} 和输出电阻 R_o。

提示：T_3 管恒流源的输出电阻 $r_{o3}=r_{ce3}\left(1+\dfrac{\beta R_{e3}}{r_{be3}+R_1 /\!/ R_2+R_{e3}}\right)$。

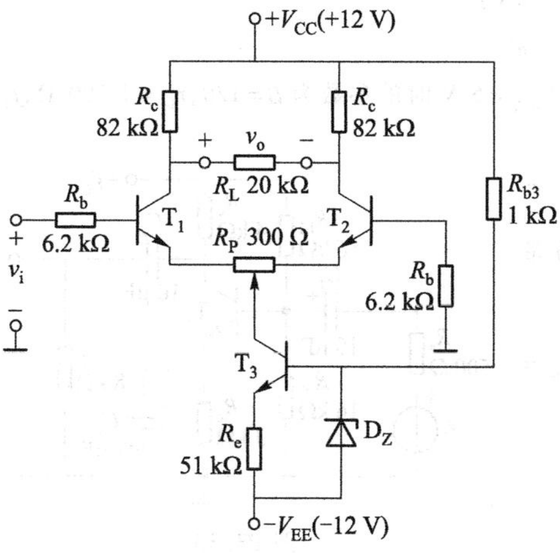

图 P3.23

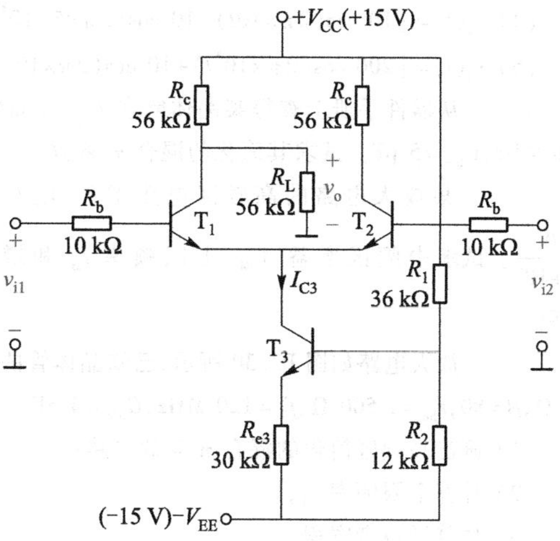

图 P3.24

3.25　放大电路如图 P3.25 所示。已知三个晶体管参数一致，且 $\beta=100$，$r_{bb'}=210\ \Omega$，试计算：

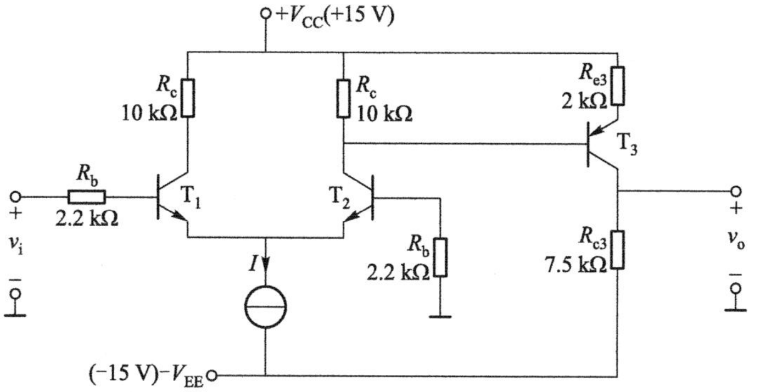

图 P3.25

（1）静态时，输出电压 $V_o=0$，恒流源电流 I；

（2）计算电压增益 A_v；

（3）计算输出电阻 R_o。

3.26　某一直接耦合放大电路电压增益的幅频响应如图 P3.26 所示，试求：

（1）中频区增益 A_{vM}；

（2）上限频率 f_H 和下限频率 f_L；

（3）增益-带宽积；

（4）当输入信号的频率 $f=1$ MHz 时，该电路的实际 A_v 是多少分贝？此时的附加相移是多少？

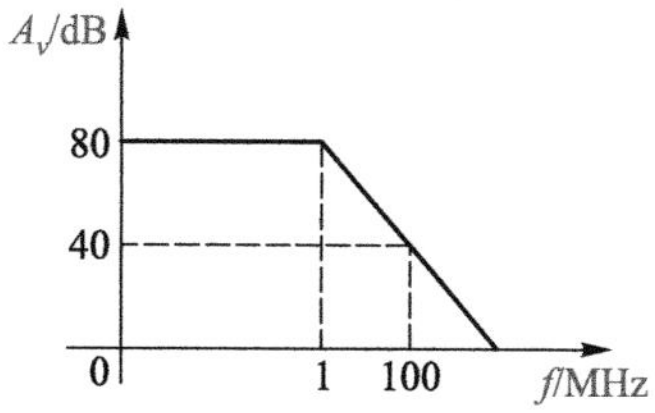

图 P3.26

3.27　放大电路的中频区增益 $A_{vM}=40$ dB，上限频率 $f_H=2$ MHz，下限频率 $f_L=100$ Hz，输出电压不发生非线性失真的峰峰值动态范围为 $V_{opp}=10$ V，试判断在下列不同输入信号情况下，会产生何种失真？

（1）$v_i(t)=0.1\cos(2\pi\times10^4 t)$ V；

（2）$v_i(t)=10\cos(2\pi\times3\times10^6 t)$ mV；

（3）$v_i(t)=[10\cos(2\pi\times400t)+10\cos(2\pi\times10^6 t)]$ mV；

(4) $v_i(t)=[10\cos(2\pi\times10t)+10\cos(2\pi\times5\times10^4t)]$ mV；

(5) $v_i(t)=[200\cos(2\pi\times10^3t)+10\cos(2\pi\times10^7t)]$ mV。

3.28　从器件手册上查得某晶体管在 $I_{CQ}=3$ mA、$V_{CEQ}=5$ V 时的参数为 $\beta=120$，$r_{be}=1\ 100\ \Omega$，$f_T=350$ MHz，$C_{b'c}=5$ pF。试求其简化的混合 π 参数。

3.29　某放大电路的高频区电压增益 $A_{vH}(j\omega)=\dfrac{10^8}{j\omega+10^6}$。试求中频区增益 A_{vM}、上限频率 f_H 和增益带宽积。

3.30　放大电路如图 P3.30 所示，已知晶体管的 $r_{bb'}=70\ \Omega$，$\beta=80$，$r_{be}=1\ 500\ \Omega$，$f_T=120$ MHz，$C_{b'c}=4$ pF。

(1) 画出高频区简化的混合 π 等效电路；

(2) 计算上限频率 f_H；

(3) 估算增益带宽积。

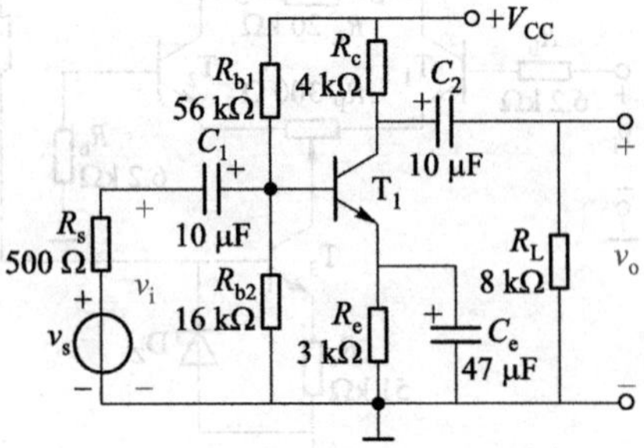

图 P3.30

第 4 章
场效晶体管放大电路

场效晶体管(field effect transistor,FET)是一种具有正向控制作用的半导体器件,它通过改变输入电压(即利用电场效应)来控制输出电流,并因此而得名。场效晶体管属于电压控制器件,它不吸收信号源电流,不消耗信号源功率,因此其输入电阻高,可达 $10^7 \sim 10^{12}\ \Omega$。除此之外,场效晶体管还具有温度稳定性好、抗辐射能力强、噪声低、制造工艺简单、便于集成等优点,所以得到广泛的应用。

场效晶体管分为结型场效晶体管(junction FET,JFET)和金属氧化物半导体场效晶体管(metal-oxide-semiconductor FET,MOSFET)两类。MOSFET 也称为绝缘栅场效晶体管(IGFET)。

本章首先介绍各种场效晶体管的原理、特性和参数,将场效晶体管同双极型晶体管进行对比,在此基础上分析场效晶体管放大电路的三种组态,最后介绍场效晶体管的应用。

4.1 结型场效晶体管

PPT 4.1
结型场效晶体管

4.1.1 JFET 的结构和符号

结型场效晶体管分为 N 沟道和 P 沟道两种类型,它们的原理结构和电路符号如图 4.1.1 所示。下面以 N 沟道结型场效晶体管为例对其结构进行说明。

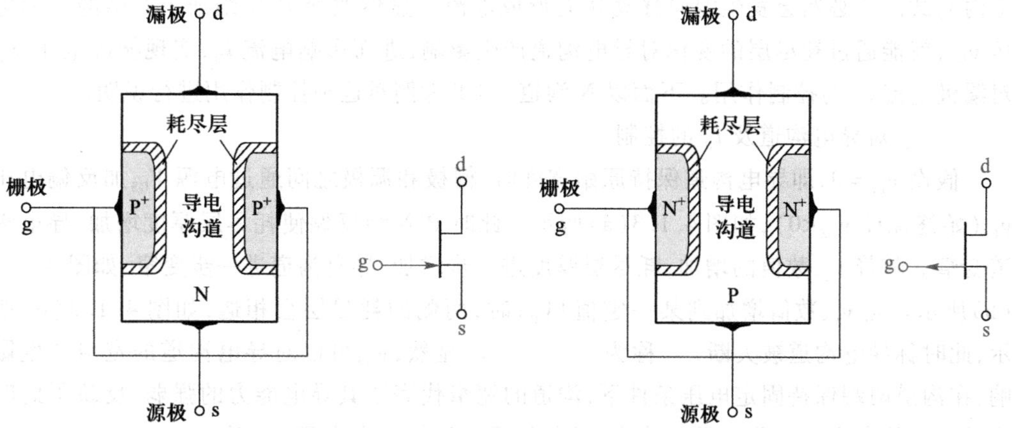

(a) N沟道JFET　　(b) P沟道JFET

图 4.1.1　JFET 的结构原理与电路符号

在一块 N 型半导体材料两侧分别扩散制成两块高掺杂的 P 型区(用 P^+ 表示),形成两个 P^+N 结;N 型半导体材料的两端引出两个欧姆接触电极,分别称为漏极(drain,d)和源极(source,s);两块P^+型区引出两个欧姆接触电极并接在一起,称为栅极(gate,g);夹在两个P^+N结之间的区域称为导电沟道,因为导电沟道的类型为N型,因此形成的场效晶体管称为N沟道JFET。P沟道结型场效晶体管的结构与N沟道类似,区别只是导电沟道为P型,栅极是从高掺杂N^+区引出。这样,结型场效晶体管的结构可以简单总结为:三个电极、两个PN结、一个导电沟道。对于结型场效晶体管的符号,需要注意的是,栅极箭头的方向代表栅极与源极间PN结正偏时的电流方向,它反映了该管是N沟道还是P沟道。

4.1.2　JFET的工作原理

结型场效晶体管正常工作时,要求P^+N结(或PN^+结)必须反偏,即对于N沟道JFET要求$V_{GS}<0$,对于P沟道JFET要求$V_{GS}>0$;而对于漏源电压V_{DS}的要求是,N沟道$V_{DS}>0$,对于P沟道$V_{DS}<0$。因为JFET的P^+N结是反偏的,所以栅极电流可认为是0,根据基尔霍夫电流定理可知漏极电流I_D和源极电流I_S是相等的,即$I_D=I_S$,它们的方向由漏源电压的极性决定。JFET偏置要求和电流方向如图4.1.2所示。

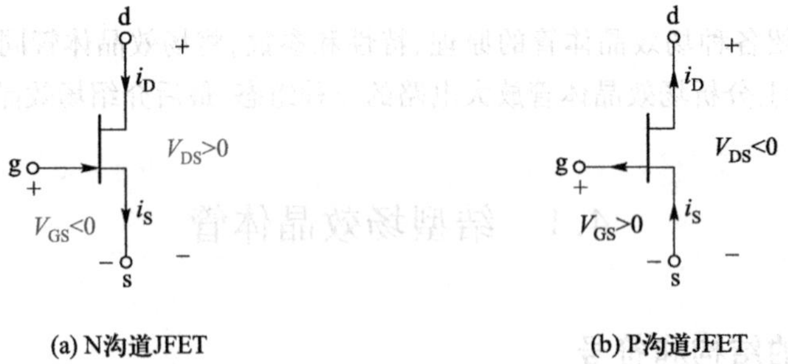

图4.1.2　JFET的偏置要求和电流方向

根据JFET的结构不难发现,若给JFET的漏极和源极之间加一定的电压v_{DS},导电沟道内的载流子必然会发生定向移动从而形成电流。显然改变P^+N结或PN^+结的反偏电压v_{GS},就能通过耗尽层的变化对导电沟道产生影响,进而影响电流i_D,实现栅源电压v_{GS}对漏极电流i_D的控制作用。下面以N沟道JFET为例对这种控制作用进行说明。

1. v_{GS}对导电沟道及i_D的控制

假设$v_{DS}=0$,即导电沟道保持原始宽度时,栅极和源极之间通过电源V_{GS}加反偏电压v_{GS}(始终保证$v_{GS}<0$),如图4.1.3(a)所示。此时P^+N结反偏使耗尽层厚度增加,导电沟道变窄。随着V_{GS}数值的增加,耗尽层厚度进一步增加,导电沟道进一步变窄,如图4.1.3(b)所示。当v_{GS}数值增加到某一定值$|V_P|$时,两侧的耗尽层会相遇,如图4.1.3(c)所示,此时称导电沟道被夹断,V_P称为夹断电压。显然,v_{GS}可以对导电沟道的宽窄产生影响,在沟道两端保持固定电压条件下,沟道的宽窄代表了其导电能力的强弱,反映了此时沟道电阻的大小。由此可得出结论:当在漏源之间加正向电压v_{DS}时,若$|v_{GS}|$越小,沟道越宽,i_D越大;$|v_{GS}|$越大,沟道越窄,i_D越小;当$v_{GS}=V_P$时,沟道消失,$i_D=0$。

2. v_{DS}对导电沟道及i_D的控制

假设v_{GS}为某一固定值$V_{GS}(V_P<V_{GS}<0)$,电源V_{DD}为漏极和源极之间提供电压v_{DS},v_{DS}从0开始逐渐增加。随着v_{DS}的增加,电流i_D出现。导电沟道内部电流方向是由上向下,

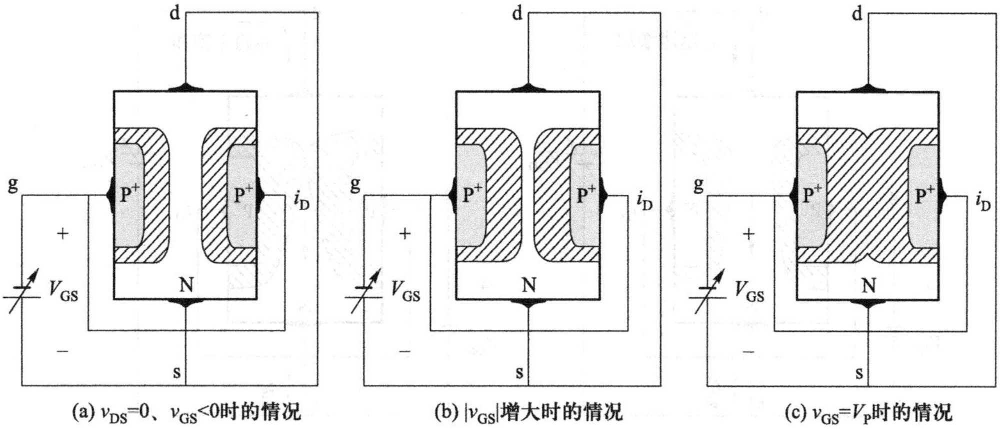

图 4.1.3 v_{GS}对 N 沟道 JFET 导电沟道及 i_D 影响

由于导电沟道也存在电阻，电流会在其上产生压降，因此沿着电流方向沟道区本身电位逐渐降低。沟道内电位的这种变化意味着沟道区（N 型）与 P^+区之间的反偏电压会因位置的不同而有所区别。靠近漏极部分，P^+N 结上的反偏电压最大，耗尽层最厚；靠近源极部分，P^+N 结上的反偏电压最小，耗尽层最薄。相应地，导电沟道也因此变得不等宽，靠近漏极沟道窄，靠近源极沟道宽，整体呈楔形，如图 4.1.4(a)所示。

当 v_{DS}比较小时，导电沟道形状的改变并不明显，沟道形状对 i_D 的影响几乎可以忽略，i_D 会随着 v_{DS}的增加近似线性增加，如图 4.1.4(d)中的 *OA* 段所示。但是随着 v_{DS}的增加，i_D 虽然增加，但沟道不等宽的现象也在加剧，这使 i_D 增加的速度变慢，如图 4.1.4(d)中的 *AB* 段所示。当 v_{DS}继续增加，使靠近漏极处耗尽层上的反偏电压 v_{GD}达到 V_P，即 $v_{DS}=v_{GS}-V_P$ 时（$v_{GD}=v_{GS}-v_{DS}=V_P$），耗尽层在靠近漏极处首先相遇，导电沟道在该点被夹断，此时称沟道发生“预夹断”（整个沟道区并未全部夹断），如图 4.1.4(b)所示。

发生“预夹断”后，随着 v_{DS}的增加，夹断部分逐渐向源极扩展，如图 4.1.4(c)所示，但此时 i_D 基本恒定，称为 i_D 饱和，如图 4.1.4(d)中的 *BC* 段所示。出现这种现象的原因是，沟道区已经发生夹断的部分属于高阻抗的耗尽区，v_{DS}增加的部分基本都消耗在夹断区上，作用在沟道未夹断部分的电场基本不变，因此 i_D 基本恒定。需要说明的是，预夹断后 i_D 不会消失的原因是，此时夹断区上的电场对载流子而言是漂移场，载流子一旦进入夹断区边缘，就在夹断区的强电场作用下向漏极做漂移运动，形成 i_D。这种作用与 BJT 集电结在反偏电场作用下收集载流子的机制是类似的。实际上，预夹断后，沟道的有效长度略有减小，而沟道电压近似为（$v_{GS}-V_P$），因此 i_D 会随 v_{DS}的增加而略有增加。

发生预夹断后，若 v_{DS}增加到一个很大的值时，P^+N 结就可能因为反偏电压过大而发生雪崩击穿，击穿后 i_D 会急剧增加，如图中的 *CD* 段，此时对应的 v_{DS}电压用 $V_{(BR)DS}$表示。使用 JFET 时应避免 v_{DS}达到 $V_{(BR)DS}$而损毁器件。

需要注意的是，上述分析是在 v_{GS}为某一固定值 V_{GS}（$V_P<V_{GS}<0$）时得到的，显然，V_{GS}的数值越大，初始沟道越窄，相应形成的电流 i_D 越小。

综上所述，可得下述结论：

第一，JFET 的栅极-沟道间的 PN 结是反偏的，因此栅极电流 $i_G\approx0$，输入电阻很高。

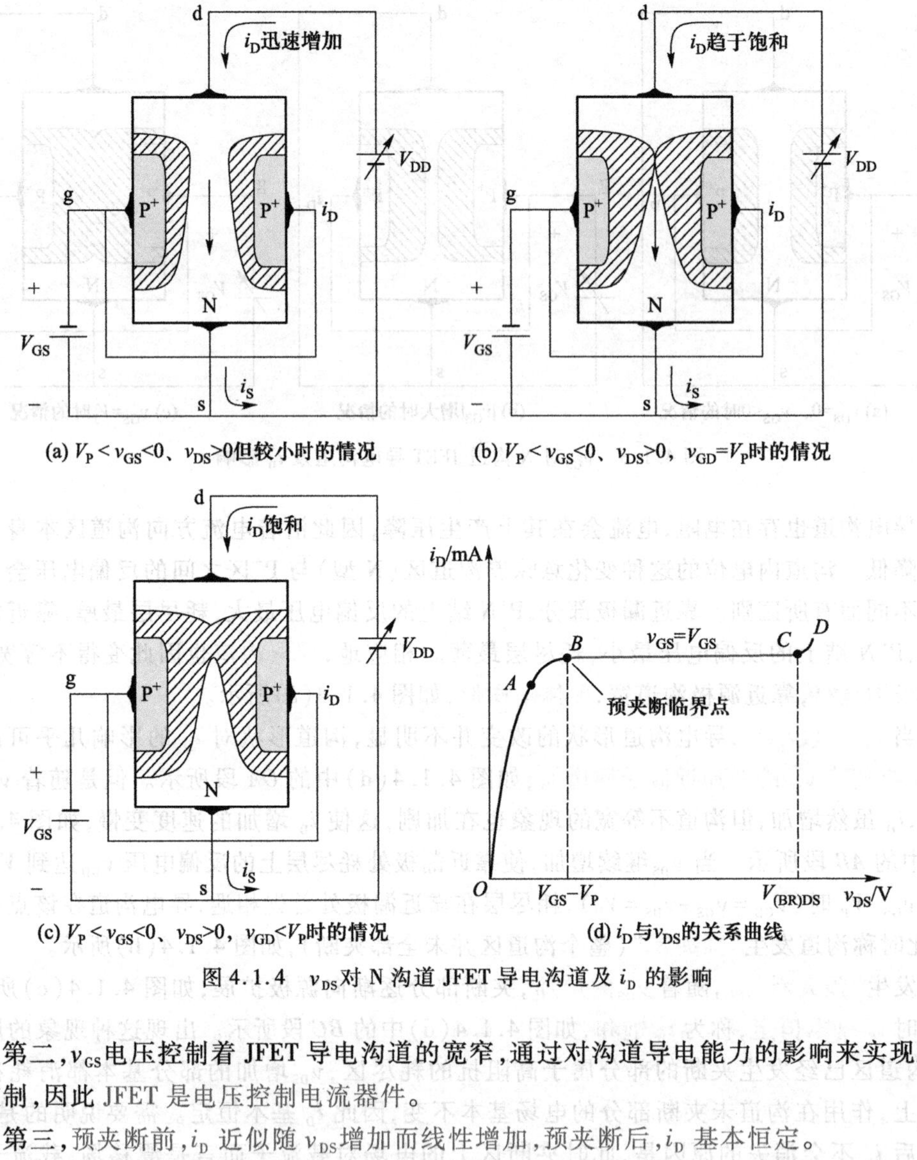

(a) $V_P<v_{GS}<0$、$v_{DS}>0$但较小时的情况　(b) $V_P<v_{GS}<0$、$v_{DS}>0$，$v_{GD}=V_P$时的情况

(c) $V_P<v_{GS}<0$、$v_{DS}>0$，$v_{GD}<V_P$时的情况　(d) i_D与v_{DS}的关系曲线

图 4.1.4　v_{DS}对 N 沟道 JFET 导电沟道及 i_D 的影响

第二，v_{GS}电压控制着 JFET 导电沟道的宽窄，通过对沟道导电能力的影响来实现对 i_D 的控制，因此 JFET 是电压控制电流器件。

第三，预夹断前，i_D 近似随 v_{DS}增加而线性增加，预夹断后，i_D 基本恒定。

以上讨论了 N 沟道 JFET 的工作原理，P 沟道 JFET 工作原理与之类似，区别只是电源极性相反，这里不再赘述。

4.1.3　JFET 的伏安特性曲线

1. 输出特性曲线

输出特性曲线是指当栅极与源极间电压 v_{GS}为某一数值（即以 v_{GS}为参变量）时，漏极电流 i_D 与漏源电压 v_{DS}之间的关系曲线，用函数表示为

$$i_D=f(v_{DS})\big|_{v_{GS}=\text{常数}} \tag{4.1.1}$$

JFET 输出特性曲线如图 4.1.5 所示。曲线族中每一条曲线的基本特点与图 4.1.4(d)类似，预夹断前，i_D 近似随 v_{DS}增加而线性增加；预夹断后，i_D 基本恒定；各条曲线从 $v_{GS}=0$ 开始，随着$|v_{GS}|$的增加依次向横轴靠近；当 $v_{GS}=V_P$ 时对应的曲线基本与横轴重

合。根据输出特性曲线的特点，可将其分为可变电阻区、饱和区、截止区和击穿区。

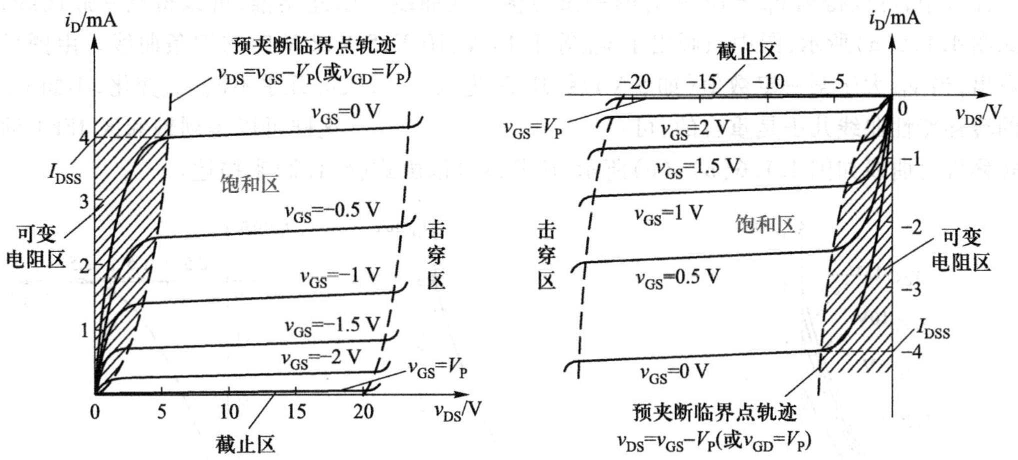

图 4.1.5 JFET 的输出特性曲线

(1) 可变电阻区

可变电阻区是曲线中 $|i_D|$ 随 $|v_{DS}|$ 增加而增加的部分。该区域是在沟道发生预夹断之前，此时，i_D 随 v_{DS} 线性增加，反映了电阻的特性；$|v_{GS}|$ 越大，沟道电阻越大，曲线越倾斜，因此在该区域内 JFET 可看作为一个受 v_{GS} 控制的可变电阻。

(2) 饱和区

饱和区也称为恒流区，是特性曲线中比较平坦的部分，描述的是发生预夹断后电流电压之间的关系。该区域中，对于固定的 v_{GS}，i_D 几乎不随 v_{DS} 变化而变化，反映了 JFET 的恒流特性；不同的 v_{GS} 对应不同的 i_D，反映了 v_{GS} 对 i_D 的控制作用。JFET 用于放大电路时，就工作在这个区域。

饱和区，N 沟道 JFET 的伏安特性曲线可表示为

$$i_D = I_{DSS}\left(1-\frac{v_{GS}}{V_P}\right)^2 \qquad (V_P<v_{GS}\leqslant 0, v_{DS}\geqslant v_{GS}-V_P) \tag{4.1.2}$$

式中，I_{DSS} 称为饱和漏极电流，它是指 $v_{GS}=0$ 时漏极电流的饱和值。

(3) 截止区

截止区也称为夹断区，是特性曲线中 $v_{GS}<V_P$（N 沟道 JFET）或 $v_{GS}>V_P$（P 沟道 JFET）的部分。该区域中，导电沟道被彻底夹断，$i_D=0$。

(4) 击穿区

击穿区是 $|v_{DS}|$ 增加至 $|V_{(BR)DS}|$ 致使栅漏间反偏的 PN 结发生雪崩击穿，i_D 迅速增大的区域。显然，$|v_{GS}|$ 越大，反向击穿电压 $|V_{(BR)DS}|$ 越低，即越容易发生击穿。

2. 转移特性

因为 JFET 是电压控制电流器件，人们更关心其输入电压能产生多大的输出电流，这就是转移特性的含义。转移特性可表示为

$$i_D = f(v_{GS})\big|_{v_{DS}=\text{常数}} \tag{4.1.3}$$

转移特性可由输出特性曲线转换得到。比如，在输出特性图中作 $v_{DS}=15$ V 的一条

垂线，根据其与输出特性曲线的交点，可获取不同 v_{GS} 时的 i_D 值，将他们绘制在 i_D 与 v_{GS} 坐标系中，可以得到 $v_{DS}=15$ V 时的一条转移特性曲线。以此类推，可以得到一族曲线，如图 4.1.6(a)所示，图中只画出了 v_{DS} 等于 15 V、10 V、5 V、2 V 时的四条曲线。由图可看出，当 v_{DS} 大于某一定数值（如 5 V）后，JFET 进入恒流区，i_D 几乎不随 v_{DS} 变化，不同 v_{DS} 的转移特性曲线几乎是重合的，可近似用一条曲线来表示，这样可以得到饱和区 JFET 的转移特性曲线如图 4.1.6(b)、(c)所示，该曲线可以由式(4.1.2)来描述。

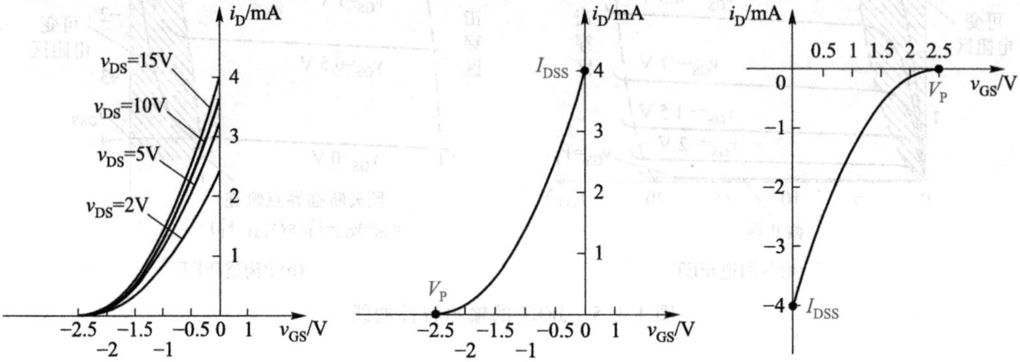

(a) N沟道JFET的转移特性　(b) N沟道JFET恒流区转移特性　(c) P沟道JFET恒流区转移特性

图 4.1.6　JFET 的转移特性曲线

PPT 4.2
金属氧化物半导体场效晶体管

4.2　金属氧化物半导体场效晶体管

金属氧化物半导体场效晶体管（MOSFET）广泛应用于集成电路中，它同样是一种电场控制电流的器件，有耗尽型（depletion，D）和增强型（enhancement，E）两大类，每一类又有 N 沟道和 P 沟道之分，因此 MOSFET 实际有四种具体类型：N 沟道增强型、N 沟道耗尽型、P 沟道增强型和 P 沟道耗尽型。本节主要介绍 MOSFET 的结构、工作原理和特性曲线。

4.2.1　MOSFET 的结构和符号

N 沟道和 P 沟道 MOSFET 的原理结构如图 4.2.1 所示。对于图 4.2.1(a)中的 N 沟道 MOSFET，它是以一块掺杂浓度较低的 P^- 型半导体作为基底（称为衬底，bulk），利用离子注入的方式形成两个高掺杂的 N 型区，它们称为有源区。从两个有源区上引出两个金属电极，分别称为漏极（d）和源极（s）。在两个有源区之间的衬底表面生成一层很薄的二氧化硅（SiO_2）绝缘层，再通过多晶硅在 SiO_2 绝缘层之上安置一个电极，称为栅极（g）。多晶硅具有高掺杂浓度、导电性能良好的特点，便于电极的安置。正因为栅极多晶硅和衬底之间隔有 SiO_2 绝缘层，栅极和衬底没有电接触，所以也称 MOSFET 为绝缘栅场效晶体管。图 4.2.1 中还标出了 MOSFET 的一些尺寸参数，其中 W 和 L 分别表示导电沟道的宽度和长度（一般 $W>L$），t_{ox} 表示栅极下氧化层的厚度。需要说明的是，L 的值往往表示特定集成工艺中的工艺尺寸，比如对于 0.18 μm、0.13 μm、90 nm 等典型工艺，L 分别为

0.18 μm、0.13 μm 和 90 nm。

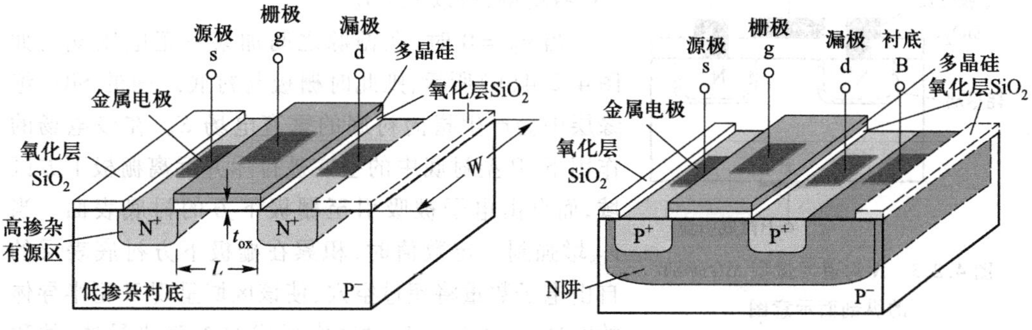

(a) N沟道MOSFET (b) P沟道MOSFET

图 4.2.1 MOSFET 的结构

上述结构是针对 NMOS 管而言的，PMOS 管的结构与之类似，只是有源区的掺杂类型刚好相反，即需要在 N 型衬底上进行 P^+掺杂。但是，一块集成电路只有一个统一的衬底。为了在 P^-型衬底上形成 PMOS 管，通常使用 N 阱(N well)工艺，即：在 P^-型衬底上掺杂形成浓度较高的 N 型半导体，充当新的"衬底"，再在其上生成 P^+有源区，最终制作出 PMOS 管，如图 4.2.1(b)所示。N 阱除了可以充当 PMOS 管的"衬底"外，集成电路中还常用作不同器件间的隔离。

四种 MOSFET 的电路符号如图 4.2.2 所示，其中 B 表示衬底电极。MOSFET 的源极和漏极从结构上是对称的，在电路中可以互换。但通常将 NMOS 管中电位较低的一端称为源极，电位较高的一端称为漏极；反之，将 PMOS 管中电位较高的一端称为源极，电位较低的一端称为漏极。实际的分立元件中，通常 MOSFET 的衬底电极会和源极连接在一起。

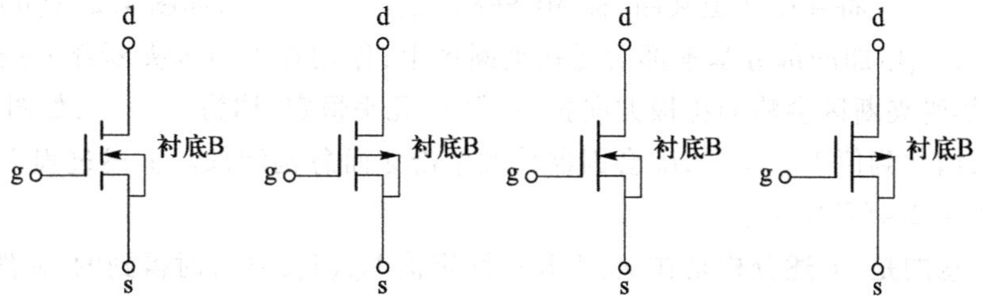

(a) N沟道增强型 (b) P沟道增强型 (c) N沟道耗尽型 (d) P沟道耗尽型

图 4.2.2 MOSFET 的电路符号

4.2.2 MOSFET 的工作原理和特性曲线

1. N 沟道增强型 MOSFET

(1) 工作原理

N 沟道增强型 MOSFET 纵剖面示意图如图 4.2.3 所示。当不加任何偏置时，漏极和源极对应有源区之间存在着耗尽层，因此并没有原始的导电沟道。当 $v_{GS}=0$ 时，即使在漏极和源极之间加上电压 v_{DS}，如图 4.2.4(a)所示。因为衬底是和源极连在一起的，此时

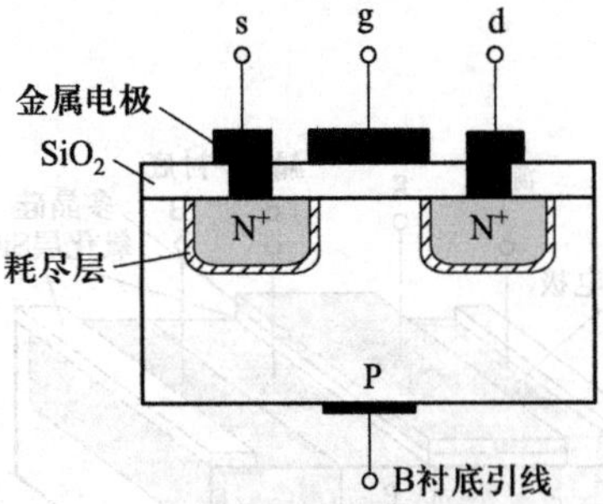

图 4.2.3　N 沟道增强型 MOSFET 的纵剖面示意图

P 型衬底依然是低电位,而漏极的 N^+ 型区是高电位, PN^+ 结反偏,所以 $i_D=0$。

当 $v_{DS}=0$ 时,在栅源之间加某一正电压 v_{GS},如图 4.2.4(b)所示,则此时栅极与衬底之间的 SiO_2 绝缘层中会产生指向衬底的垂直电场 E。在该电场的作用下,P 型衬底中的空穴被排斥并远离栅极下方区域,而自由电子被吸引至栅极下方的衬底表面。当 v_{GS} 增强到一定数值时,积累在栅极下方衬底表层的自由电子数量将超过空穴,使该区域呈现 N 型半导体的特性,因为是 P 型衬底中形成的 N 型半导体,故称为反型层。反型层出现后,漏极和源极有源区就被连为一体,导电沟道形成。由于该沟道是栅源电压感应产生的,因此称为感生沟道,出现感生沟道时对应的 v_{GS} 称为开启电压,用 V_T 表示。显然,v_{GS} 越大,反型层越厚,感生沟道越宽。这种在 $v_{GS}=0$ 时没有导电沟道,而必须依靠栅源电压的作用,才能形成感生沟道的 MOSFET 称为增强型 MOSFET。

感生沟道出现后,v_{GS} 和 v_{DS} 对导电沟道及 i_D 的控制机制与 JFET 类似。若在漏源之间加某一正电压 v_{DS},则会形成漏极电流 i_D,如图 4.2.4(c)所示。漏极电流 i_D 出现后,因沟道本身存在电阻,沟道内沿漏极至源极的方向电位逐渐降低,导致加在 N 型沟道区与 P 型衬底区的反偏电压变得不再处处相等,靠近漏极电压大,靠近源极电压小。这样,相应位置处耗尽层的宽度不再等宽(靠近漏极处最宽,靠近源极处最窄),感生沟道受其影响而呈楔形。

当 v_{DS} 比较小时,沟道形状改变对 i_D 的影响可以忽略,i_D 会随着 v_{DS} 的增加近似线性增加;当 v_{DS} 进一步增加时,沟道不等宽的现象加剧,i_D 增加的速度变慢;当 v_{DS} 继续增加,栅极与漏极之间的电压 v_{GD} 达到开启电压 V_T,即 $v_{DS}=v_{GS}-V_T$ 时($v_{GD}=v_{GS}-v_{DS}=V_T$),耗尽层会在靠近漏极端将导电沟道夹断,称 MOSFET 发生"预夹断",如图 4.2.4(d)所示。发生预夹断后,v_{DS} 增加的部分基本都消耗在夹断区上,作用在沟道未夹断部分的电场基本不变,因此尽管夹断区会略向源极方向扩展,但 i_D 几乎恒定,称为 i_D 饱和,如图 4.2.4(e)所示;若 v_{DS} 增加到值 $V_{(BR)DS}$ 时,i_D 会因器件发生击穿而急剧增加。上述过程中,i_D 与 v_{DS} 的关系如图 4.2.4(f)所示。

需要注意的是,上述分析是在 v_{GS} 为某一固定值 V_{GS}($V_{GS}>V_T$)时得到的,显然,V_{GS} 数值越大,感生沟道越宽,相应形成的电流 i_D 越大。

(2) 伏安特性曲线

根据工作原理部分的介绍,在 v_{GS} 为某一固定值 V_{GS}($V_{GS}>V_T$)时可以得到 i_D 与 v_{DS} 的一条关系曲线;若变换不同的 v_{GS} 值(依然需要 $v_{GS}>V_T$),即可得到一族曲线,这便是 N 沟道增强型 MOSFET 的输出特性曲线,如图 4.2.5 所示。

根据输出特性曲线的特点,可以将其分为可变电阻区、饱和区(或恒流区)、截止区和击穿区四个区域。可变电阻区是 $v_{GD}>V_T$、i_D 随 v_{DS} 增加而增加的区域,MOSFET 相当于一个受 v_{GS} 控制的可变电阻;饱和区是 $v_{GD}\leqslant V_T$、近漏端发生预夹断后,i_D 几乎恒定的区域。该区域体现了 MOSFET 电场(v_{GS})控制电流(i_D)的特性,是器件在放大电路中工作的区域;截止区是 $v_{GS}<V_T$、i_D 因没有感生沟道出现而等于零的区域。

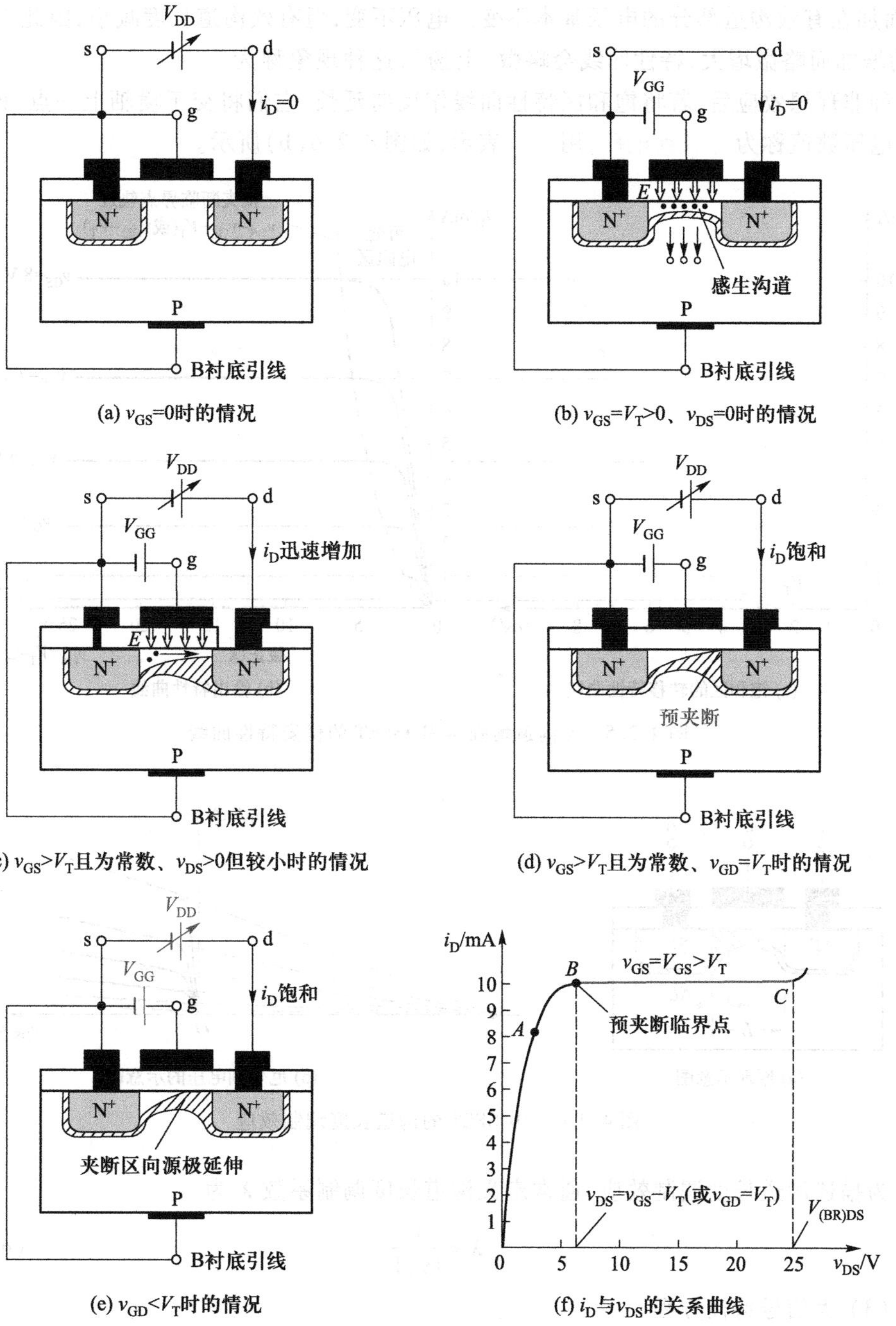

图 4.2.4 N 沟道增强型 MOSFET 的工作原理

此外，图中 4.2.5(a) 还对应给出了 N 沟道 MOSFET 在恒流区的转移特性曲线。因饱和区 i_D 几乎不受 v_{DS}增加影响，因此不同 v_{DS}转移特性曲线几乎是重合的，往往用一条曲线来代替。

理想情况下，饱和区 i_D 与 v_{DS}无关。实际上，发生预夹断之后，有效沟道长度（没有被夹断的部分）会减小，如图 4.2.6(a) 所示。v_{DS}增加的部分基本上加在高阻抗的夹断区

上，而加在有效沟道部分的电压基本不变。电压不变，但有效沟道长度减小，因此 i_D 会随 v_{DS} 的增加而略微增大，特性曲线会略微“上扬”，这种现象称为沟道长度调制效应。考虑到这种非理想效应后，若将饱和区特性曲线作反向延长，它们将交于横轴上一点，该点对应的电压数值称为厄尔利电压，用 $|V_A|$ 表示，如图 4.2.6(b)所示。

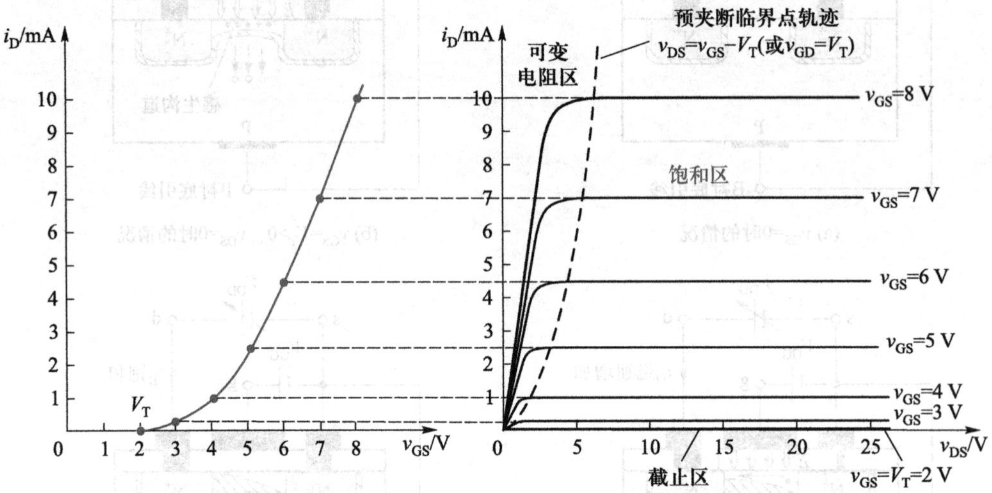

(a) 饱和区的转移特性曲线　　(b) 输出特性曲线

图 4.2.5　N 沟道增强型 MOSFET 的伏安特性曲线

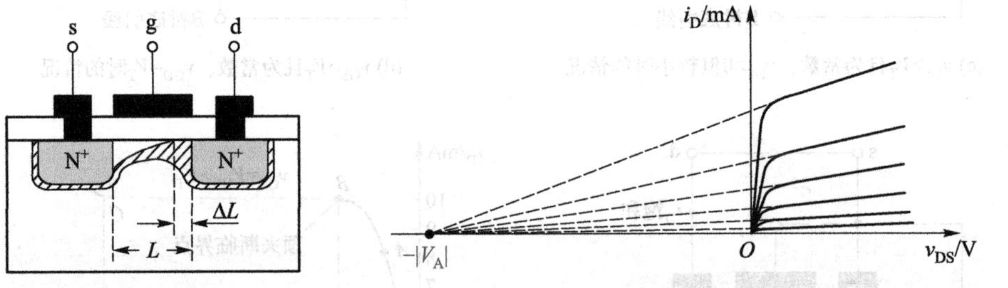

(a) 原理示意图　　(b) 厄尔利电压的示意图

图 4.2.6　MOSFET 的沟道长度调制效应

为描述沟道长度调制效应，通常定义沟道长度调制系数 λ 为

$$\lambda=\frac{1}{|v_A|} \tag{4.2.1}$$

(3) 大信号特性方程

① 当 $0<V_T\leqslant v_{GS}$，$v_{DS}<v_{GS}-V_T$ 时，N 沟道增强型 MOSFET 工作在可变电阻区内，i_D 与 v_{DS} 及 v_{GS} 的关系可近似描述为

$$i_D=K_n[2(v_{GS}-V_T)v_{DS}-v_{DS}^2] \tag{4.2.2}$$

式中，$K_n=\frac{K'_n}{2}\cdot\frac{W}{L}=\frac{\mu_n C_{ox}}{2}\left(\frac{W}{L}\right)$，$K_n$ 称为 N 沟道 MOSFET 的电导常数，单位为 mA/V^2；$K'_n=\mu_n C_{ox}$，称为 N 沟道 MOSFET 的本征导电因子；μ_n 为反型层中的电子迁移率；$C_{ox}=\frac{\varepsilon_{ox}}{t_{ox}}$，称为

栅极氧化层单位面积电容(简称栅氧电容),ε_{ox}为氧化物介电常数,t_{ox}为栅极氧化层厚度。

在特性曲线的原点附近,因 v_{DS}很小,故上式中可忽略 v_{DS}^2项并近似为

$$i_D \approx 2K_n(v_{GS}-V_T)v_{DS} \tag{4.2.3}$$

由此可求出当 v_{GS}一定时,可变电阻区内原点附近的输出电阻

$$r_{dso}=\left.\frac{dv_{DS}}{di_D}\right|_{v_{GS}=\text{常数}}=\frac{1}{2K_n(v_{GS}-V_T)} \tag{4.2.4}$$

从上式可以看出,r_{dso}是一个受 v_{GS}控制的可变电阻。

② 当$0<V_T\leqslant v_{GS}$,$v_{DS}\geqslant v_{GS}-V_T$ 时,N 沟道增强型 MOSFET 工作在饱和区内,i_D 与 v_{DS}及 v_{GD}的关系可近似描述为

$$i_D=K_n(v_{GS}-V_T)^2=K_nV_T^2\left(\frac{v_{GS}}{V_T}-1\right)^2=I_{DO}\left(\frac{v_{GS}}{V_T}-1\right)^2 \tag{4.2.5}$$

式中,$I_{DO}=K_nV_T^2$,它是 $v_{GS}=2V_T$ 时的 i_D。从上式中可以看出,恒流区 i_D 与 v_{GS}近似成平方律的关系,说明 v_{GS}对 i_D 有显著地控制能力。

若考虑沟道长度调制系数,则上式可修正为

$$i_D=K_n(v_{GS}-V_T)^2(1+\lambda v_{DS})=I_{DO}\left(\frac{v_{GS}}{V_T}-1\right)^2(1+\lambda v_{DS}) \tag{4.2.6}$$

2. P 沟道增强型 MOSFET

P 沟道增强型 MOSFET 的工作原理与 N 沟道增强型 MOSFET 完全一样,区别只是电流 i_D 的方向、v_{GS}及 v_{DS}的极性、感生沟道的类型正好与 N 沟道增强型 MOSFET 相反,如图 4.2.7 所示。当 $v_{GS}\leqslant V_T<0$ 时,N 型衬底中出现 P 型感生沟道,在 v_{DS}作用下才会产生电流 i_D。P 沟道增强型 MOSFET 的输出特性曲线和转移特性曲线如图 4.2.8 所示。

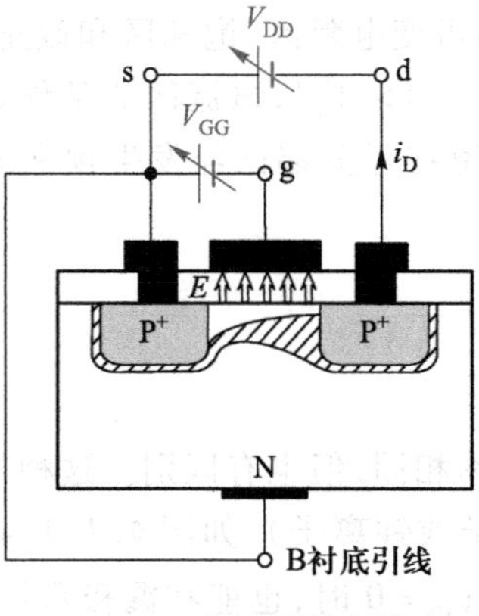

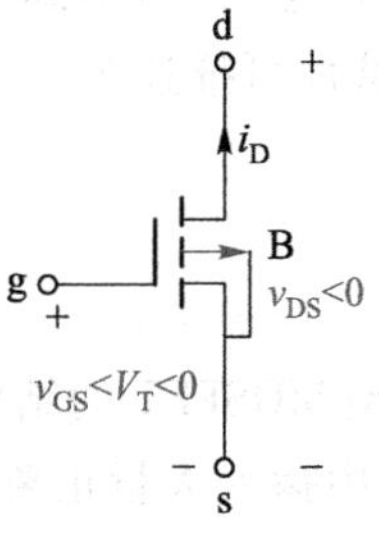

图 4.2.7 P 沟道增强型 MOSFET 的原理及偏置极性要求

当 $v_{GS}\leqslant V_T<0$,$v_{DS}>v_{GS}-V_T$ 时,P 沟道增强型 MOSFET 工作在可变电阻区内,i_D 与 v_{DS}及 v_{GS}的关系可近似描述为

$$i_D=K_p[2(v_{GS}-V_T)v_{DS}-v_{DS}^2] \tag{4.2.7}$$

式中,$K_p=\frac{K_p'}{2}\cdot\frac{W}{L}=\frac{\mu_pC_{ox}}{2}\left(\frac{W}{L}\right)$;$\mu_p$ 为反型层中的空穴迁移率,其他参数的含义同 N 沟道增强型 MODFET。

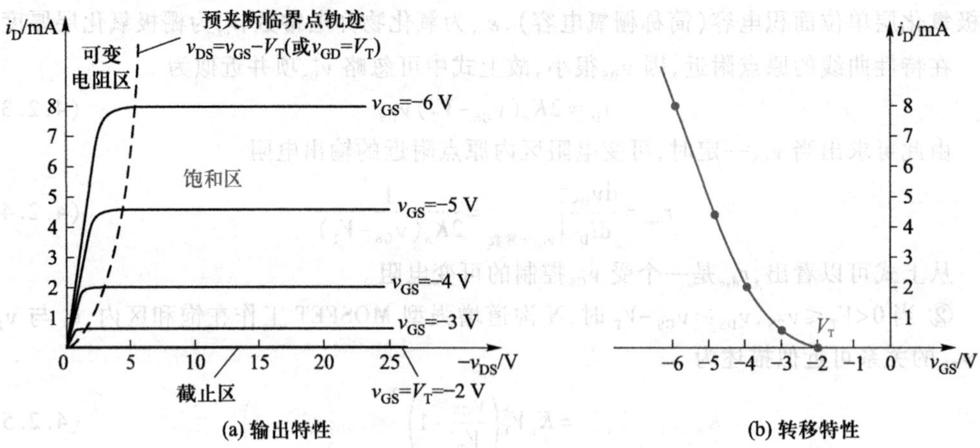

图 4.2.8　P 沟道增强型 MOSFET 的特性曲线

当 $v_{GS} \leqslant V_T<0$，$v_{DS} \leqslant v_{GS}-V_T$ 时，P 沟道增强型 MOSFET 工作在饱和区内，i_D 与 v_{DS} 及 v_{GS} 的关系可近似描述为

$$i_D=K_p(v_{GS}-V_T)^2=K_p V_T^2\left(\frac{v_{GS}}{V_T}-1\right)^2=I_{DO}\left(\frac{v_{GS}}{V_T}-1\right)^2 \tag{4.2.8}$$

通过对 N 沟道和 P 沟道增强型 MOSFET 原理和特性的分析，可以得出如下结论：

第一，增强型 MOSFET 的栅源电压数值上必须超过某一固定的值，才会有感生沟道的出现，才会有电流 i_D 的产生，即 $|v_{GS}| \geqslant |V_T|$。只不过对于 N 沟道 $V_T>0$，P 沟道 $V_T<0$。

第二，i_D 产生后，感生沟道会呈楔形，i_D 随 $|v_{DS}|$ 增加而变大，直至 MOSFET 近漏端发生预夹断，i_D 饱和。发生预夹断时，$v_{GD}=V_T$。

第三，增强型 MOSFET 的输出特性曲线分为可变电阻区、饱和区和截止区；除了需要满足 $|v_{GS}| \geqslant |V_T|$ 条件外，可变电阻区的条件是 $|v_{GD}|>|V_T|$，恒流区的条件是 $|v_{GD}|<|V_T|$（可理解为：近漏端电压“达不到”开启电压，沟道在近漏端已经发生预夹断）。恒流区，MOSFET 的伏安特性可描述为

$$i_D=K_{n,p}(v_{GS}-V_T)^2=I_{DO}\left(\frac{v_{GS}}{V_T}-1\right)^2 \tag{4.2.9}$$

3. N 沟道耗尽型 MOSFET

N 沟道耗尽型 MOSFET 的结构与增强型基本相同，但也有区别。这种器件在制造时便在 SiO_2 绝缘层中掺入大量正离子（比如钠离子或钾离子），如图 4.2.9(a) 所示。正离子的掺入，会产生指向衬底表面的电场，即使在 $v_{GS}=0$ 时，也能在漏极和源极 N^+ 有源区之间的衬底表层感生出 N 型导电沟道，也就是存在原始导电沟道，如图 4.2.9(a) 所示。由此，可以得到以下结论。第一，即使 $v_{GS}=0$ 时，只要漏源之间存在电压 v_{DS}，就会有漏极电流 i_D 的产生，因 N 型衬底接高电位，因此电压 $v_{DS}>0$，i_D 方向为流入漏极，如图 4.2.9(b) 所示。第二，$v_{GS} \neq 0$ 时，v_{GS} 会对原始导电沟道的宽窄产生影响。$v_{GS}>0$ 时，其在沟道上产生由上至下的电场，同 SiO_2 绝缘层中正离子产生电场方向一致，感生沟道更宽，相应形成的电流 i_D 更大；$v_{GS}<0$ 时，正离子产生的电场被 v_{GS} 削弱，感生沟道变窄，相应电流 i_D 更小；当 v_{GS} 小于某一固定值之后，感生沟道消失，此时对应的 v_{GS} 称为夹断电压，用 V_P 表示，显然 N 沟道耗尽型 MOSFET 的 $V_P<0$。第三，电流 i_D 产生后沟道的形状也会发生改

变，整体呈楔形；对于某一固定的 v_{GS}，i_D 与 v_{DS} 的变化关系类似于增强型 MOSFET，即 i_D 随 v_{DS} 的增加首先线性增加，继而因近漏端发生预夹断而饱和。

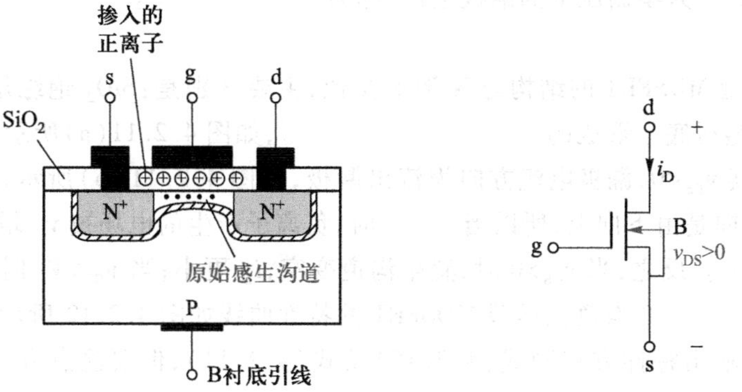

(a) 原理示意图　　(b) 偏置电压的极性要求

图 4.2.9　N 沟道耗尽型 MOSFET 的原理及偏置极性要求

N 沟道耗尽型 MOSFET 的输出特性如图 4.2.10(a)所示。$v_{GS}<0$ 对应的特性曲线分布在 $v_{GS}=0$ 特性曲线的下方，$v_{GS}>0$ 对应的特性曲线分布在 $v_{GS}=0$ 特性曲线的上方，就是因为 v_{GS} 对感生沟道的增强或削弱作用造成的。

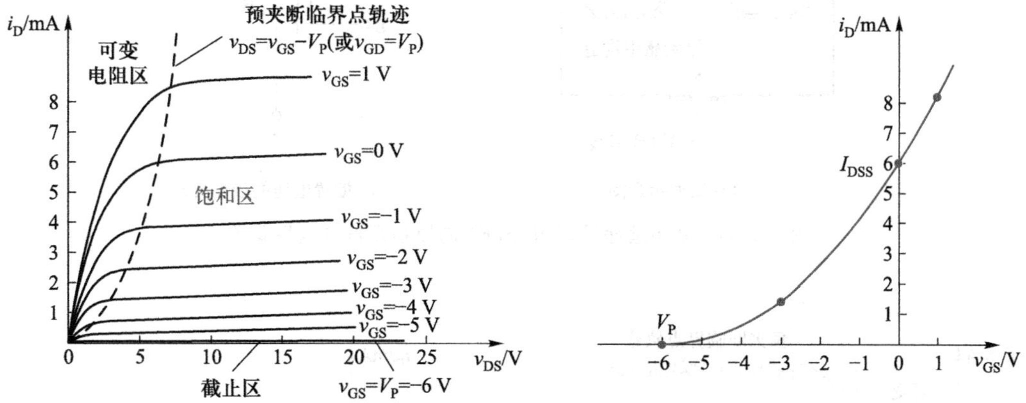

(a) 输出特性　　(b) 转移特性

图 4.2.10　N 沟道耗尽型 MOSFET 的特性曲线

输出特性曲线同样分为可变电阻区、饱和区和截止区。从图 4.2.10(a)中可以看出，截止区中，因 $v_{GS}<V_P<0$，感生沟道被全部夹断，$i_D=0$。饱和区对应的转移特性曲线如图 4.2.10(b)所示。用 V_P 取代 N 沟道增强型 MOSFET 中的 V_T，可得到可变电阻区和恒流区的输出特性方程。

当 $v_{GS}>V_P$，$v_{DS}<v_{GS}-V_P$（或 $v_{GD}>V_P$）时，MOSFET 工作在可变电阻区中，i_D 与 v_{DS} 及 v_{GS} 的关系可近似描述为

$$i_D \approx 2K_n(v_{GS}-V_P)v_{DS} \tag{4.2.10}$$

当 $v_{GS}>V_P$，$v_{DS}\geqslant v_{GS}-V_P$（或 $v_{GD}\leqslant V_P$）时，MOSFET 工作在饱和区中，i_D 与 v_{DS} 及 v_{GS} 的关系可近似描述为

$$i_D = K_n(v_{GS}-V_P)^2 = K_n V_P^2\left(1-\frac{v_{GS}}{V_P}\right)^2 = I_{DSS}\left(1-\frac{v_{GS}}{V_P}\right)^2 \tag{4.2.11}$$

式中，$I_{DSS}=K_nV_P^2$，I_{DSS}为零栅压下的漏极电流，称为饱和漏极电流。

4. P沟道耗尽型MOSFET

P沟道耗尽型MOSFET的结构与N沟道类似，主要区别是：SiO_2绝缘层中掺入的是负离子，因此N型衬底上形成的原始感生沟道是P型，如图4.2.11(a)所示；因N型衬底接高电位，因此其$v_{DS}<0$，漏极电流方向为流出漏极，如图4.2.11(b)所示；同时，因负离子形成的电场方向是由下向上，所以当$v_{GS}<0$时，负离子产生的电场被v_{GS}增强，感生沟道变宽，电流i_D更大。反之，当$v_{GS}>0$时，感生沟道变窄，i_D更小；当$v_{GS}>V_P$时，感生沟道被彻底夹断，显然$V_P>0$。P沟道耗尽型MOSFET的特性曲线如图4.2.12所示，其在恒流区和可变电阻区的输出特性方程同式(4.2.10)及式(4.2.11)，但要注意方程成立的条件不同。

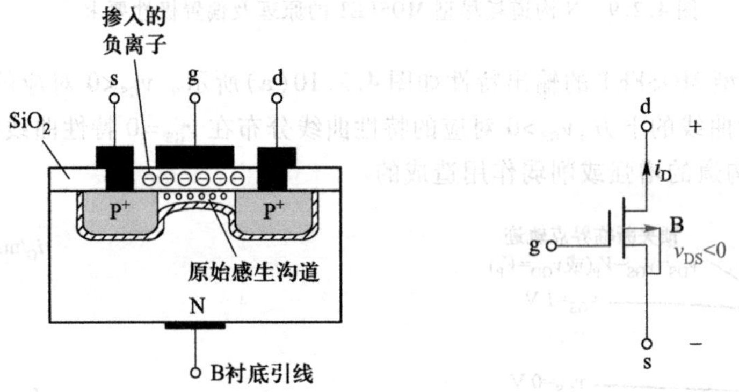

(a) 原理示意图　　(b) 偏置电压的极性要求

图4.2.11　P沟道耗尽型MOSFET的原理及偏置极性要求

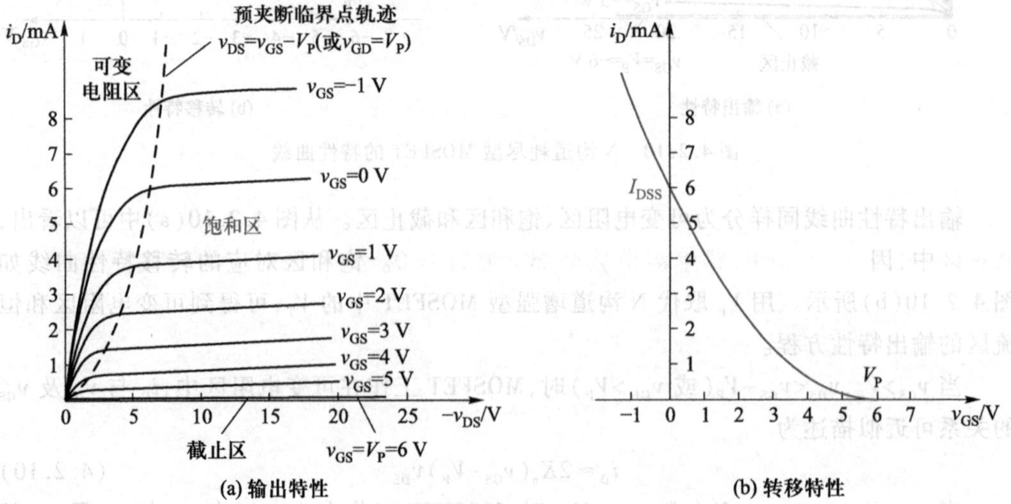

(a) 输出特性　　(b) 转移特性

图4.2.12　P沟道耗尽型MOSFET的特性曲线

通过对上述两种耗尽型 MOSFET 的分析，可将它们的特性总结如下：

第一，耗尽型 MOSFET 存在原始感生沟道，可通过栅源电压对其进行增强或削弱。当 $|v_{GS}|$ 达到或超过夹断电压 $|V_P|$ 时，原始感生沟道全夹断。N 沟道 $V_P<0$，P 沟道 $V_P>0$。

第二，i_D 产生后，感生沟道会呈楔形，i_D 随 $|v_{DS}|$ 增加而变大，直至 MOSFET 近漏端发生预夹断，i_D 饱和。发生预夹断时，$v_{GD}=V_P$。

第三，耗尽型 MOSFET 的输出特性曲线也分为可变电阻区、饱和区和截止区；除需要满足 v_{GS} 相应条件外，可变电阻区的条件是 $|v_{GD}|<|V_P|$（可理解为：近漏端电压未"超过"夹断电压），恒流区的条件是 $|v_{GD}|>|V_P|$（可理解为：近漏端电压"超过"夹断电压，沟道在近漏端已经发生预夹断）。恒流区，输出特性可由下式描述

$$i_D=K_{n,p}(v_{GS}-V_P)^2=K_{n,p}V_P^2\left(1-\frac{v_{GS}}{V_P}\right)^2=I_{DSS}\left(1-\frac{v_{GS}}{V_P}\right)^2 \tag{4.2.12}$$

4.2.3　各种场效晶体管特性的比较

六种不同类型 FET 的符号、偏置电压的极性要求、输出特性及转移特性汇总见表 4.1。

表 4.1　FET 的符号和特性总结

类型	符号及偏置要求	输出特性	转移特性	恒流区 IV 特性方程
N 沟道增强型 MOSFET	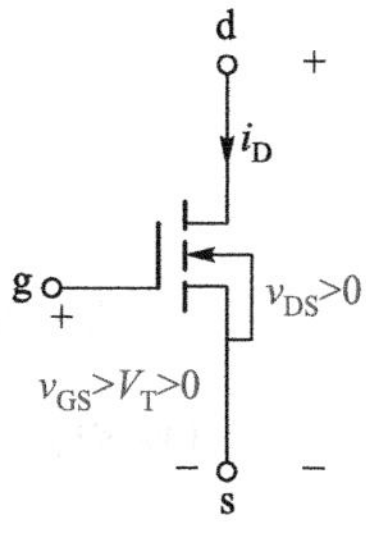	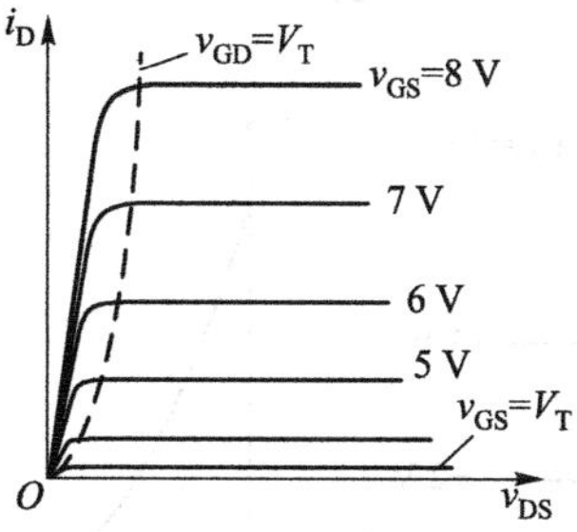	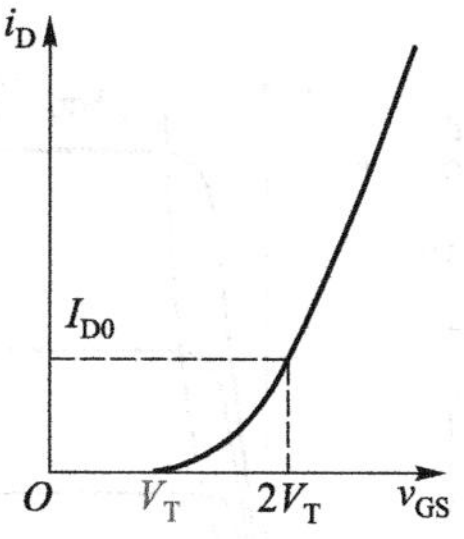	$i_D=I_{D0}\left(\frac{v_{GS}}{V_T}-1\right)^2$ ($v_{GS}>V_T$, $v_{GD}\leqslant V_T$)
P 沟道增强型 MOSFET	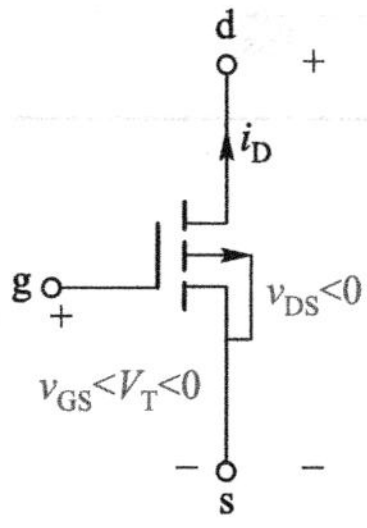	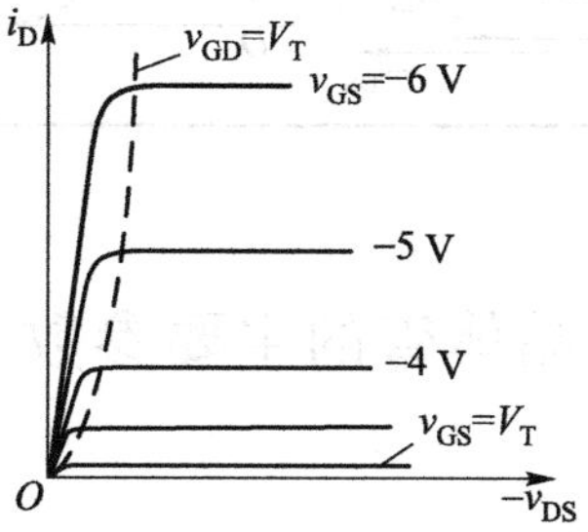	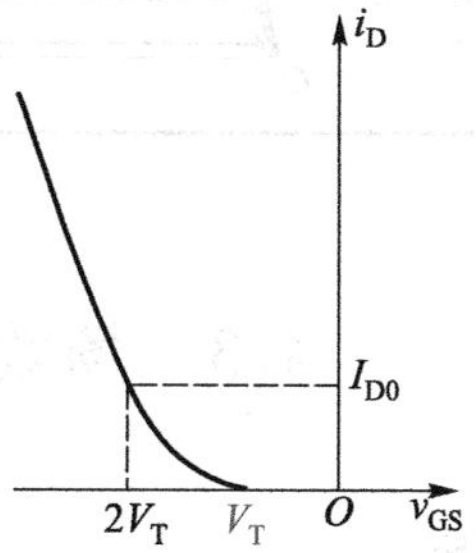	$i_D=I_{D0}\left(\frac{v_{GS}}{V_T}-1\right)^2$ ($v_{GS}<V_T$, $v_{GD}\geqslant V_T$)
N 沟道耗尽型 MOSFET	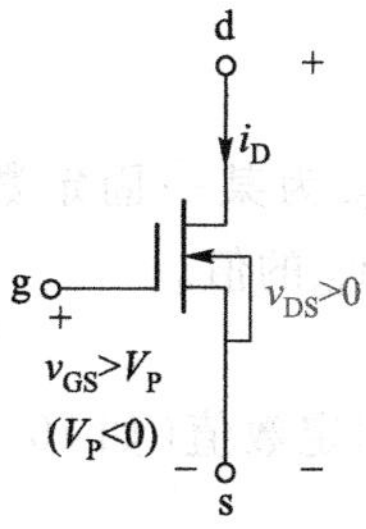	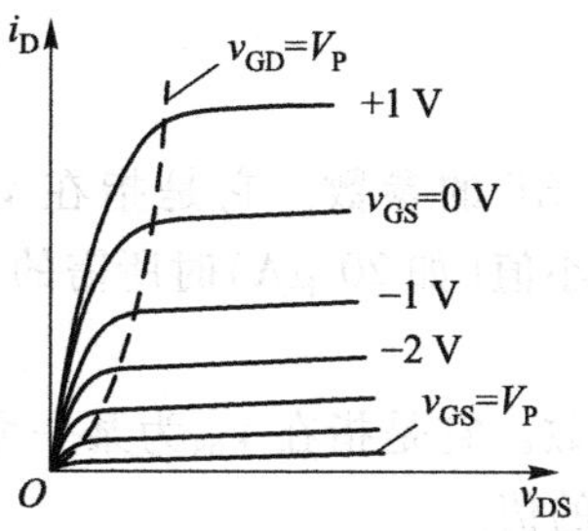	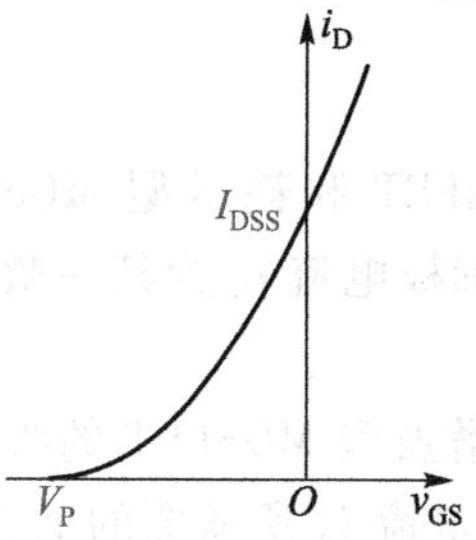	$i_D=I_{DSS}\left(1-\frac{v_{GS}}{V_P}\right)^2$ ($v_{GS}>V_P$, $v_{GD}\leqslant V_P$)

续表

类型	符号及偏置要求	输出特性	转移特性	恒流区 IV 特性方程
P 沟道耗尽型 MOSFET	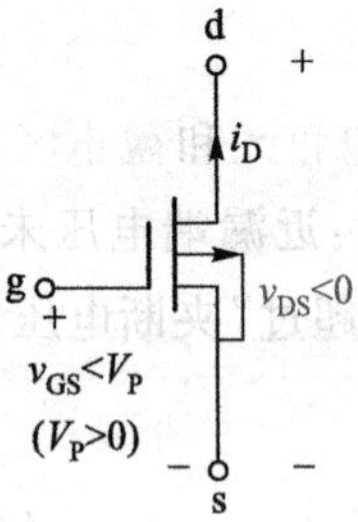	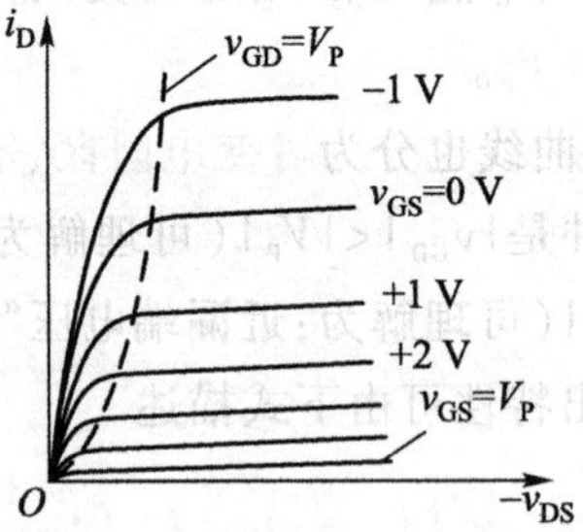	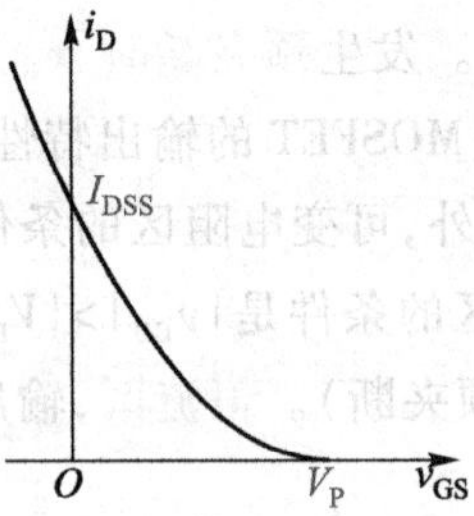	$i_D=I_{DSS}\left(1-\frac{v_{GS}}{V_P}\right)^2$ ($v_{GS}<V_P$, $v_{GD}\geqslant V_P$)
N 沟道 JFET	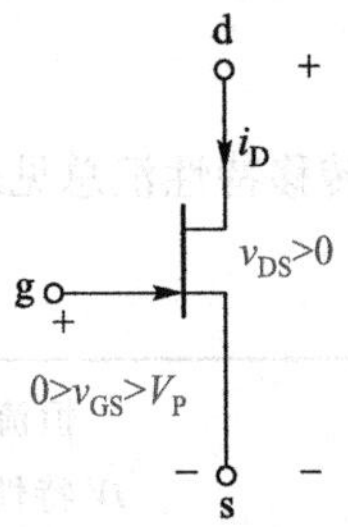	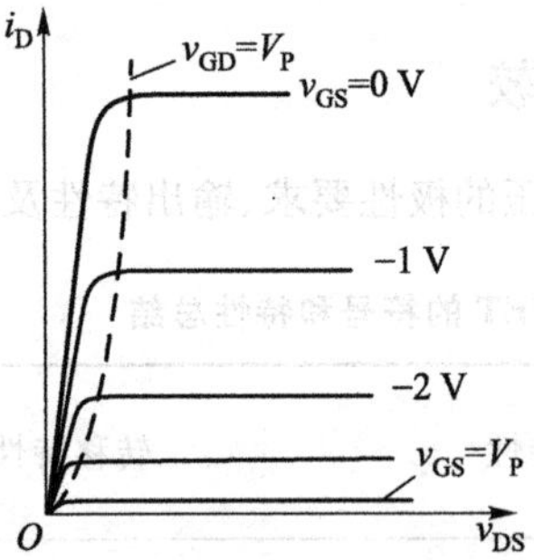	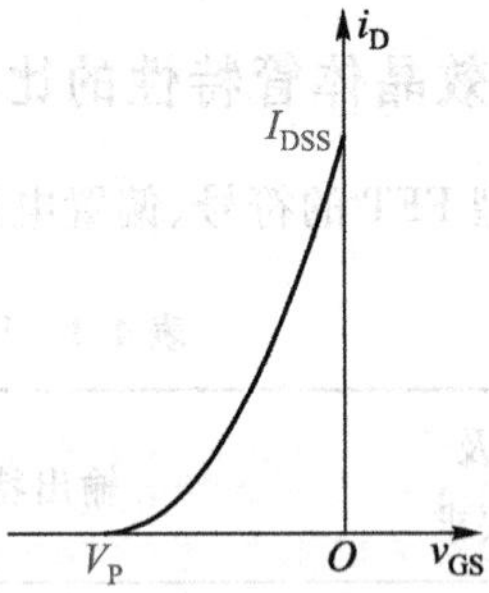	$i_D=I_{DSS}\left(1-\frac{v_{GS}}{V_P}\right)^2$ ($v_{GS}>V_P$, $v_{GD}\leqslant V_P$)
P 沟道 JFET	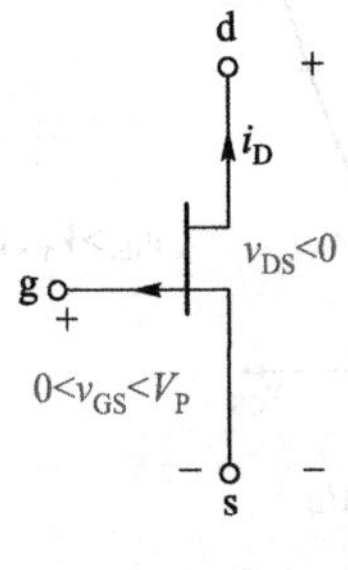	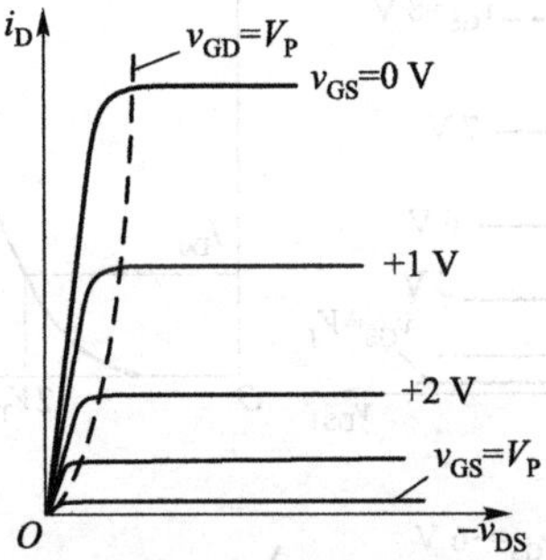	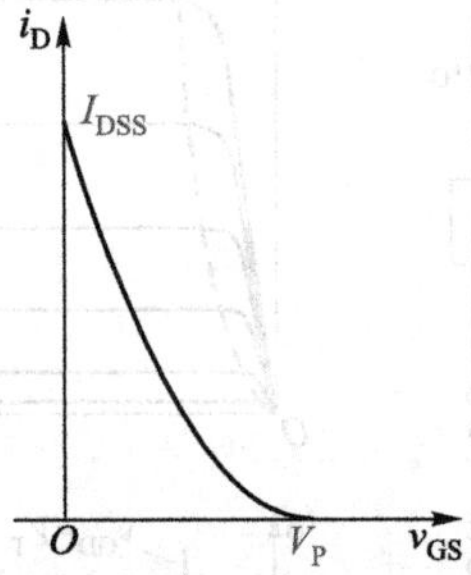	$i_D=I_{DSS}\left(1-\frac{v_{GS}}{V_P}\right)^2$ ($v_{GS}<V_P$, $v_{GD}\geqslant V_P$)

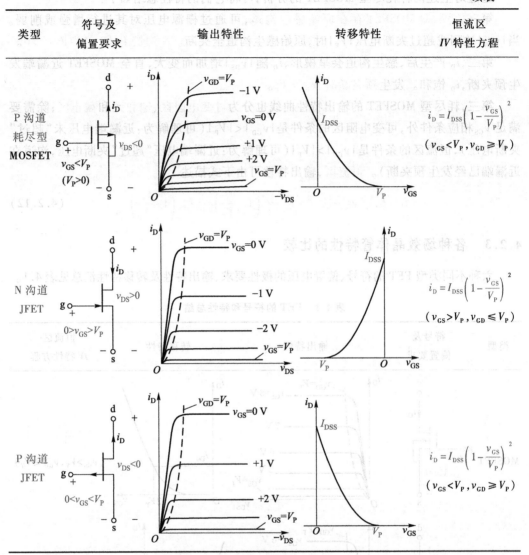

PPT 4.3 场效晶体管的主要参数

4.3　场效晶体管的主要参数

4.3.1　直流参数

1．夹断电压 V_P

夹断电压是 JFET 和耗尽型 MOSFET 的参数。它是指在 v_{DS} 为某一固定数值（如 10 V）条件下，使漏极电流 i_D 为某一微小值（如 20 μA）时所需的 v_{GS} 的值。

2．开启电压 V_T

开启电压是增强型 MOSFET 的参数。它是指在 v_{DS} 为某一固定数值（如 10 V）条件下，能够产生漏极电流 i_D 所需要的 v_{GS} 的值。

3. 饱和漏极电流 I_{DSS}

I_{DSS}是 JFET 和耗尽型 MOSFET 的参数。它是 $v_{GS}=0$, $|v_{DS}|>|V_P|$（通常取$|v_{DS}|=10\ V$）时的 i_D 值。

4. 直流输入电阻 R_{GS}

R_{GS}是漏源之间短路的条件下，栅源之间加一定电压时的栅源直流电阻。一般对于 JFET，$R_{GS}>10^7\ \Omega$；而对于 MOSFET，$R_{GS}>10^9\ \Omega$。

4.3.2 交流参数

1. 低频跨导 g_m

g_m 也称为互导。它是指 v_{DS}为常数（V_{DS}）时，i_D 的微变量和引起它变化的 v_{GS}的微变量的比值，即

$$g_m=\left.\frac{\partial i_D}{\partial v_{GS}}\right|_{V_{DS}} \tag{4.3.1}$$

g_m 反映了 v_{GS}对 i_D 控制能力的强弱，g_m 越大，说明 v_{GS}对 i_D 的控制能力越强，反之越弱。g_m 是表征 FET 放大能力的重要参数。在转移特性曲线上，g_m 就是曲线上工作点处切线的斜率，因此 g_m 的大小与工作点有关。g_m 的大小可以根据定义从转移特性曲线上图解得到，也可由转移特性方程求得，比如对于 N 沟道耗尽型的 MOSFET，有

$$g_m=\left.\frac{\partial i_D}{\partial v_{GS}}\right|_{V_{DS}}=\left.\frac{\partial\left[I_{DSS}\left(1-\dfrac{v_{GS}}{V_P}\right)^2\right]}{\partial v_{GS}}\right|_{V_{DS}}=-2\frac{I_{DSS}}{V_P}\left(1-\frac{v_{GS}}{V_P}\right)\quad (V_P\leqslant v_{GS}\leqslant 0) \tag{4.3.2}$$

或

$$g_m=\left.\frac{\partial i_D}{\partial v_{GS}}\right|_{V_{DS}}=\left.\frac{\partial\left[K_n(v_{GS}-V_P)^2\right]}{\partial v_{GS}}\right|_{V_{DS}}=2K_n(v_{GS}-V_P)\quad (V_P\leqslant v_{GS}\leqslant 0) \tag{4.3.3}$$

因为 $i_D=K_n(v_{GS}-V_P)^2$，$I_{DSS}=K_nV_P^2$，所以上式可以改写为

$$g_m=2\sqrt{K_nI_D}=-\frac{2}{V_P}\sqrt{I_{DSS}I_D} \tag{4.3.4}$$

从上式可以看出 I_D 越大，g_m 越大；此外，因为 K_n 与器件的沟道宽长比 W/L 有关，因此 W/L 越大，g_m 越大。通常，放大电路中 g_m 的值在 0.1 ~ 10 mS 范围内。

2. 极间电容

FET 的三个电极之间存在极间电容，即栅源电容 C_{GS}、栅漏电容 C_{GD}和漏源电容 C_{DS}，它们是由 PN 结的势垒电容以及器件的分布电容构成的。FET 在高频应用时要考虑这些电容的影响。

4.3.3 极限参数

1. 最大漏极电流 I_{DM}

I_{DM}是指 FET 工作时漏极电流允许的上限值。

2. 最大耗散功率 P_{DM}

FET 的耗散功率等于 v_{DS}和 i_D 的乘积，这些耗散在管子上的功率将使管子温度升高。为了限制 FET 的温度不要升得太高，就要限制它的耗散功率不超过 P_{DM}。显然，P_{DM}受器

知识扩展
4.1
FET 的型号命名

件最高工作温度的限制。

3. 击穿电压 $V_{(BR)DS}$ 和 $V_{(BR)GS}$

FET的电击穿可能发生在任何部位,但最容易击穿的地方是靠近漏极的区域。$V_{(BR)DS}$ 表示漏源之间的反向击穿电压,$V_{(BR)GS}$ 表示栅源之间的反向击穿电压。器件在使用时,不允许超过击穿电压。

4.4 场效晶体管和双极型晶体管的比较

4.4.1 FET与BJT特性及应用比较

PPT 4.4 场效晶体管和双极型晶体管的比较

作为常见的半导体器件,虽然FET和BJT工作原理不同,但它们都具有正向受控作用,都具有体积小、质量轻、可靠性高的特点。同BJT相比,FET还具有以下特点:

1. FET的输入电阻更高

BJT输入端的PN结通常正向偏置,而JFET输入端的PN结为反向偏置,尤其MOSFET的栅极有绝缘层隔离,因此FET的输入电阻要远远超过BJT的输入电阻。

2. FET的稳定性更好

FET是利用电场影响沟道进而改变电流,沟道中参与导电的只有多子这一种载流子(自由电子或空穴),因此属于单极型晶体管;BJT工作时自由电子和空穴都要参与导电,属于双极型器件。由于多子不容易受温度、光照、辐射等外界因素的影响,因此其性能比BJT稳定。在环境变化比较大的场合,使用FET比BJT更为合适。

3. FET电路设计更灵活

BJT的发射极和集电极结构不同,互换后电流放大能力急剧下降;而FET的源极和漏极在结构上是对称的,一般可以互换使用。再加上FET有六种类型的器件可以选择,耗尽型MOSFET的栅源电压可正可负,因此FET在具体电路设计上比BJT灵活。

4. FET的应用领域更广

BJT使用时基极必须要有一定的电流,往往需要从信号源获取电流,FET栅极基本不需要获取电流,因此FET适用于信号源额定电流极小的情况;FET特别是MOSFET工作过程中因杂乱电子扩散引起的散粒噪声比BJT小,因此管子本身噪声低,更适合用于低噪声放大(LNA)等场合;FET和BJT都可以用作放大和可控开关,但FET还可以作为电压控制的可变线性电阻器;MOSFET在开关状态(可变电阻区与截止区之间的切换)运用时速度更快,因此更适合于数字电路应用;MOSFET制造工艺简单,封装集成度极高,耗电省、工作电源电压范围宽,因此更适合于大规模和超大规模集成电路应用。

当然,FET也存在有劣势。一般FET的低频跨导 g_m 比较小,因此其构成的放大电路在电流相当情况下获得的电压增益要低于BJT放大电路。

4.4.2 FET使用注意事项

FET有六种不同器件,每种对偏置电压的极性要求是不同的,使用时应确保正确的偏置。除此之外,对MOS管来说,由于它的输入电阻极大,使得栅极的感应电荷不易于泄放，而且，MOS 管栅极下的绝缘层很薄，栅极和衬底间的电容量很小，栅极只要感应少量电荷即可产生高压，导致绝缘层击穿，管子损坏。

要防止这种现象的发生，就要避免栅极悬空，为此 MOS 管保存时应将各电极短接，焊接时应将电烙铁外壳接地，最好在焊接时拔下其电源插头。使用 MOS 管时也可按图 4.4.1 所示的方法，在栅源两电极之间接入两个背靠背的稳压管，利用稳压管的击穿特性产生旁路作用，以避免 MOS 管损坏。当然，接入稳压管后将使输入电阻大大降低。

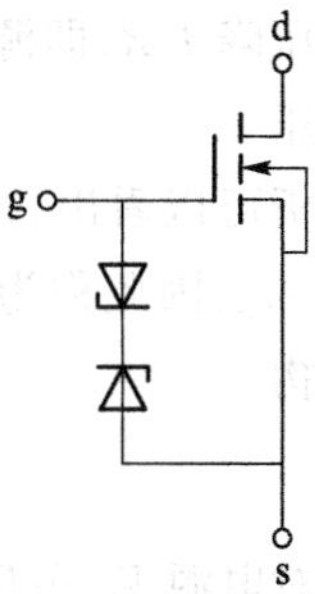

图 4.4.1 MOS 管的保护电路

PPT 4.5 场效晶体管放大电路

4.5 场效晶体管放大电路

场效晶体管在构成放大电路时，同样需要设置稳定而合适的静态工作点。因此本节首先介绍场效晶体管常见的直流偏置电路，然后介绍场效晶体管的小信号模型，在此基础上对场效晶体管放大电路的三种基本组态进行分析。

4.5.1 场效晶体管的直流偏置电路

1. 常见的直流偏置电路形式

场效晶体管常见的直流偏置电路有四种形式，即固定式偏置电路、自给偏压电路、分压式偏置电路和反馈式偏置电路，具体形式如图 4.5.1 所示。

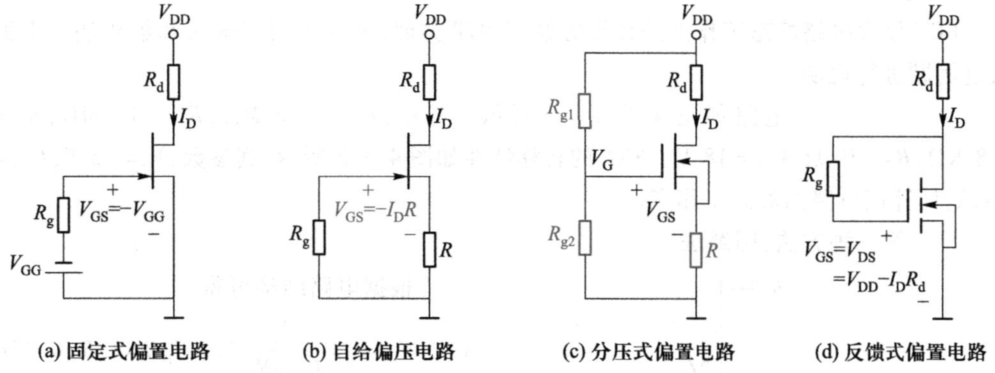

图 4.5.1 FET 的直流偏置电路

固定式偏置电路如图 4.5.1(a) 所示。该结构的特点是通过两个独立的电压源 V_{DD} 和 V_{GG} 来满足 FET 对 V_{DS} 和 V_{GS} 的极性要求。图中 FET 为 N 沟道的 JFET，要求 $V_{DS}>0$ 而 $V_{GS}<0$，因此图中使用了正电源 V_{DD} 来确保漏极电位高于源极；同时，因为 FET 的栅极电流为 0，因此其 $V_{GS}=-V_{GG}$，满足要求。对于不同的器件，只需要调整电源电压的极性和大小即可，因此该结构适用于各种 FET。该结构在使用时可以很方便的确立静态工作点，但缺点是需要两个电源。

自给偏压电路如图 4.5.1(b) 所示。当漏极电流 I_D 流过源极电阻 R 时，会在 R 上产

生压降 I_DR，即源极电位 $V_S=I_DR$。而FET栅极电流为0，因此栅极电位 $V_G=0$，这样栅源电压 $V_{GS}=V_G-V_S=-I_DR$，可以满足图中N沟道的JFET对偏置电压的极性要求。从上述分析可以看出，这种结构是利用漏极电流在源极电阻上的压降来自动地提供栅源偏置电压 V_{GS}，因此称为自给偏压。但这也意味着该结构能提供的 V_{GS} 将与 V_{DS} 极性相反，因此该结构只适用于JFET和耗尽型MOSFET。

分压式电路如图4.5.1(c)所示。该结构中FET栅极的电位 V_G 是靠 R_{g1} 和 R_{g2} 两个电阻对电源 V_{DD} 分压得到的，即 $V_G=\dfrac{R_{g2}}{R_{g1}+R_{g2}}V_{DD}$，因此称为分压式；又因为源极电位 $V_S=I_DR$，因此其栅源电压 $V_{GS}=V_G-V_S=\dfrac{R_{g2}}{R_{g1}+R_{g2}}V_{DD}-I_DR$。合理地设置电源电压及 R_{g1}、R_{g2}、R 的值，V_{GS} 既能为正，亦能为负，因此该结构适用于各种FET。

反馈式偏置电路如图4.5.1(d)所示。该结构中，因FET栅极电流为0，因此电阻 R_g 上并无电流，FET栅极电位 V_G 就和漏极电位 V_D 相等，因此其栅源电压 $V_{GS}=V_{DS}=V_{DD}-I_DR_d$，可以满足图中N沟道增强型MOSFET对偏置电压的极性要求。正因为该结构中栅源电压（输入端）是靠漏极（输出端）来提供，即输出直流量影响了输入直流量，这种机制称为反馈（直流反馈）。从上述分析也可看出，该结构提供的 V_{GS} 将与 V_{DS} 极性相同，因此不适用于JFET。

FET具有六种不同的器件，其对偏置电压的要求不尽相同（具体见表4.1中所示），而上述每种偏置电路都有其适用范围，因此应用时应正确选择。另外，正确的偏置电路结构并不代表合适的静态工作点，因此构成FET放大电路时还需要合理地设置电源电压和电阻的值，使FET工作在恒流区。

2. 静态工作点的计算

FET放大电路静态工作点的计算方法与BJT类似，可以采用图解法和解析法。下面通过例题进行说明。

【例4.5.1】　电路如图4.5.1(c)所示。其中：$R_{g1}=110\ \text{M}\Omega$，$R_{g2}=10\ \text{M}\Omega$，$R_d=1.8\ \text{K}\Omega$，$R=750\ \Omega$，$V_{DD}=18$ V。FET的转移特性如图4.5.2所示，其参数：$V_P=-3$ V，$I_{DSS}=6$ mA。计算该电路的静态工作点。

解　第一种方法：图解法

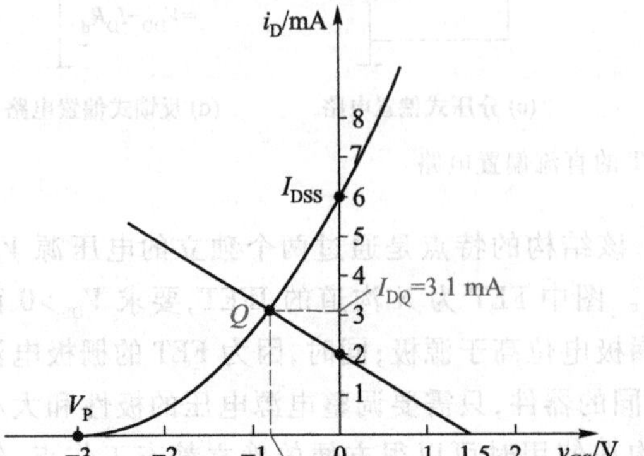

图4.5.2　例4.5.1的图解分析法

根据电路结构可得

$$V_{GS}=V_G-V_S=\frac{R_{g2}}{R_{g1}+R_{g1}}V_{DD}-I_DR=1.5-0.75I_D$$

利用两点作图法，可将上式画在FET转移特性图的坐标系内，即为如图4.5.2所示的一条直线，该直线与FET转移特性曲线的交点即为静态工作点 Q。由图中 Q 点对应坐标可读出：$I_{DQ}=3.1$ mA，$V_{GSQ}=-0.8$ V。

第二种方法：解析法

根据电路结构，V_{GS} 表达式与FET恒

流区输出特性方程联立方程组为

$$\begin{cases} V_{GS}=\dfrac{R_{g2}}{R_{g1}+R_{g1}}V_{DD}-I_D R \\ I_D=I_{DSS}\left(1-\dfrac{V_{GS}}{V_P}\right)^2 \end{cases} \tag{4.5.1}$$

将具体数值带入计算可解得：$V_{GS}\approx(-4\pm4.16)$ V，由于 $V_P=-3$ V，而 $V_{GS}>V_P$，故 $V_{GS}\approx(-4+3.16)$ V $=-0.84$ V，$I_D=3.12$ mA。从结果看，两种方法得出的 Q 点是一致的。

4.5.2 FET 的小信号模型

建立 FET 的小信号模型时可将 FET 视作二端口网络，如图 4.5.3(a) 所示。因 FET 是一种压控器件，且栅极电流近似为 0，因此二端口网络中输入端电流等于 0。此时可用一个抽象函数表征输出端电流 i_D 与输入端电压 v_{GS} 和输出端电压 v_{DS} 间的关系，即

$$i_D=f(v_{GS},v_{DS}) \tag{4.5.2}$$

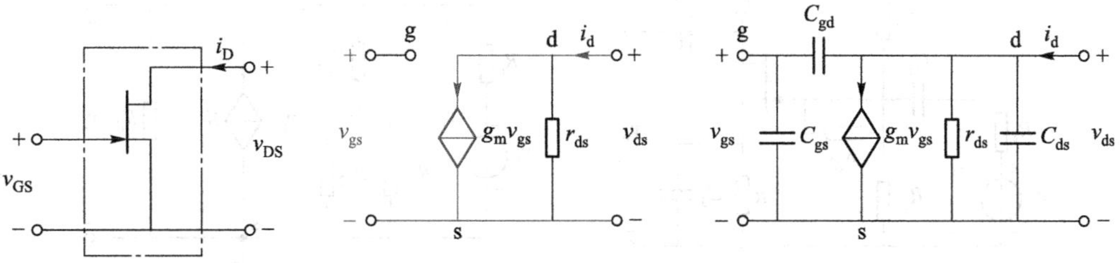

(a) 将FET视为二端口网络　(b) FET的低频小信号模型　(c) FET的高频小信号模型

图 4.5.3　FET 小信号模型的建立

对上式求全微分可得

$$di_D=\left.\frac{\partial i_D}{\partial v_{GS}}\right|_{V_{DSQ}} dv_{GS}+\left.\frac{\partial i_D}{\partial v_{DS}}\right|_{V_{GSQ}} dv_{DS} \tag{4.5.3}$$

式中，i_D、v_{GS}、v_{DS} 均为瞬时量，即直流分量与交流分量的叠加。当 FET 工作在恒流区，且输入交流信号比较小时，可将工作点附近瞬时量的微小增量（di_D、dv_{GS}、dv_{DS}）用交流分量（i_d、v_{gs}、v_{ds}）来代替，这样上式可变为

$$i_d=\left.\frac{\partial i_D}{\partial v_{GS}}\right|_{V_{DSQ}} v_{gs}+\left.\frac{\partial i_D}{\partial v_{DS}}\right|_{V_{GSQ}} v_{ds} \tag{4.5.4}$$

根据互导的定义可知，$\left.\dfrac{\partial i_D}{\partial v_{GS}}\right|_{V_{DSQ}}=g_m$。定义上式中 $\left.\dfrac{\partial i_D}{\partial v_{DS}}\right|_{V_{GSQ}}=\dfrac{1}{r_{ds}}$，则上式变为

$$i_d=g_m v_{gs}+\frac{1}{r_{ds}}v_{ds} \tag{4.5.5}$$

根据上式可画出 FET 的小信号模型如图 4.5.3(b) 所示。通常输出电阻 r_{ds} 的阻值比较大，约为几十千欧至几百千欧，因此当外接负载电阻时，可以认为 r_{ds} 开路。

当 FET 应用于高频电路中时，需要进一步考虑各电极之间的电容，此时 FET 的高频小信号模型如图 4.5.3(c) 所示，图中 C_{gs}、C_{gd}、C_{ds} 分别表示栅源电容、栅漏电容、漏源电容。此外，上述高频模型均假设衬底和源极等电位，当衬底和源极间存在一定电压时（这

种情况实际中也存在)，还应考虑源极、漏极与衬底间的电容。

4.5.3　三种基本组态 FET 放大电路分析

FET 放大电路的三种基本组态包括共源极放大电路、共漏极放大电路和共栅极放大电路。FET 放大电路的分析方法类似于 BJT 放大电路，既可采用图解分析法，也可采用小信号模型分析法，下面利用小信号模型分析法分别进行讨论。

1. 共源极放大电路

共源极放大电路是常用的一种 FET 放大电路，它以栅极为输入端、漏极为输出端，其电路如图 4.5.4(a)所示。可画出该电路的微变等效电路如图 4.5.4(b)所示，通常漏极电阻为几千欧到几十千欧，其远远小于 r_{ds}，因此认为 r_{ds} 开路。现分别计算其电压增益、输入电阻和输出电阻。

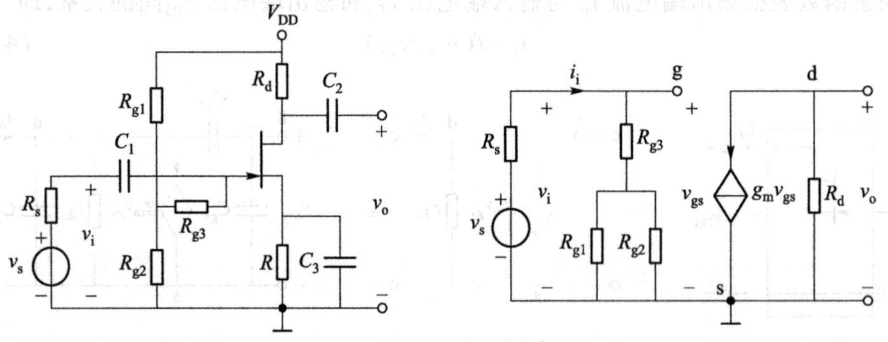

(a) 共源极电路结构　　(b) 微变等效电路

图 4.5.4　共源极放大电路

(1) 电压增益

$$v_o = -g_m v_{gs} R \tag{4.5.6}$$

$$v_i = v_{gs} \tag{4.5.7}$$

$$A_v = \frac{v_o}{v_i} = -g_m R_d \tag{4.5.8}$$

说明 v_o 与 v_i 反相，因此共源极放大电路属于反相放大器。

(2) 输入电阻

$$R_i = \frac{v_i}{i_i} = R_{g3} + (R_{g1} /\!/ R_{g2}) \tag{4.5.9}$$

(3) 输出电阻

$$R_o = R_d \tag{4.5.10}$$

2. 共漏极放大电路

共漏极放大电路也是应用比较广泛的一种基本电路，其电路如图 4.5.5(a)所示。它以源极为输出端，因此也称为源极输出器，其微变等效电路如图 4.5.5(b)所示，现对其指标分别进行计算。

(1) 电压增益

$$v_o = g_m v_{gs} R \tag{4.5.11}$$

$$v_i = v_{gs} + g_m v_{gs} R = (1 + g_m R) v_{gs} \tag{4.5.12}$$

$$A_v = \frac{v_o}{v_i} = \frac{g_m R}{1 + g_m R} \tag{4.5.13}$$

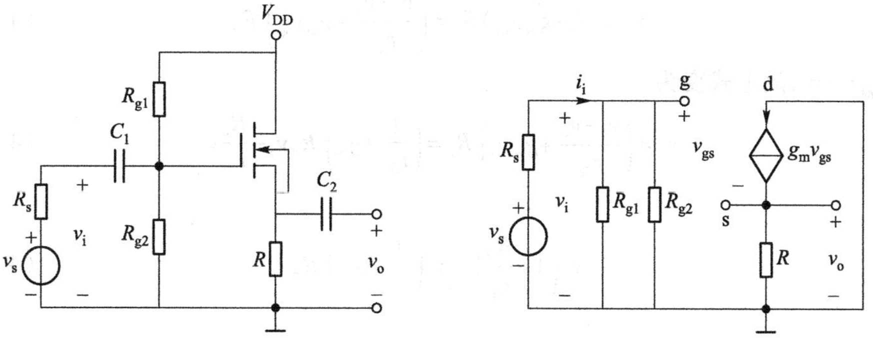

(a) 共漏极电路结构　　(b) 微变等效电路

图 4.5.5　共漏极放大电路

可以看出其电压增益 $A_v<1$，v_o 与 v_i 同相。当 $g_m R \gg 1$ 时，$A_v \approx 1$，因此该电路与 BJT 共集电极放大电路类似，均属于电压跟随器。

（2）输入电阻

$$R_i = \frac{v_i}{i_i} = R_{g1} /\!/ R_{g2} \tag{4.5.14}$$

（3）输出电阻

将独立源 v_s 置零，在输出端加测试电压源 v_t，设其产生的电流为 i_t，如图 4.5.6 所示。

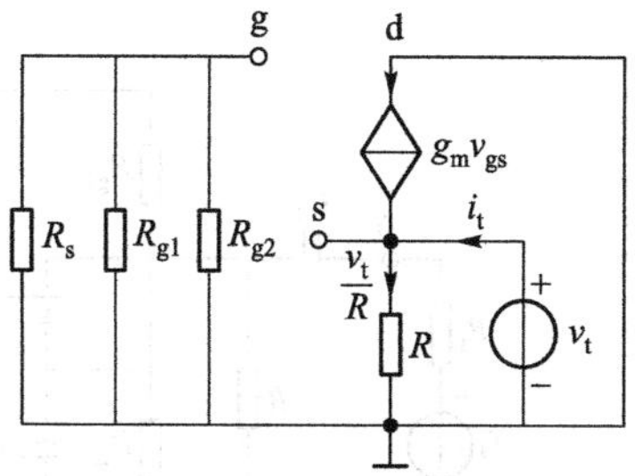

图 4.5.6　共漏极放大电路求解输出电阻时的等效电路

可根据 R 上端节点列节点电流方程

$$\frac{v_t}{R} = g_m v_{gs} + i_t \tag{4.5.15}$$

根据电路结构易知 $v_{gs} = -v_t$。因此将上式可变为

$$\frac{v_t}{R} = -g_m v_t + i_t \tag{4.5.16}$$

将上式整理后可得输出电阻

$$R_o = \frac{v_t}{i_t} = \frac{1}{\frac{1}{R} + g_m} = R /\!/ \frac{1}{g_m} \tag{4.5.17}$$

即源极输出器的输出电阻等于源极电阻 R 与跨导倒数 $\frac{1}{g_m}$ 的并联（其实还应并联 r_{ds}，因为 r_{ds} 远大于 R，故将其省略），R_o 是一个较小的值。

3. 共栅极放大电路

共栅极放大电路如图 4.5.7(a) 所示，其小信号等效电路如图 4.5.7(b) 所示。因电路中并没有电阻同 r_{ds} 并联，因此这里并未将 r_{ds} 开路。现分别计算其指标：

（1）电压增益

将 r_{ds} 上的电流标识为 i_r，如图 4.5.7(b) 所示。

$$i_r = \frac{v_i - v_o}{r_{ds}} \tag{4.5.18}$$

则 v_o 可表示为

$$v_o = (i_r - g_m v_{gs}) R_d = \left(\frac{v_i - v_o}{r_{ds}} - g_m v_{gs}\right) R_d \tag{4.5.19}$$

又因 $v_{gs} = -v_i$，故上式变为

$$v_o = \left(\frac{v_i - v_o}{r_{ds}} + g_m v_i\right) R_d = \left(\frac{1}{r_{ds}} + g_m\right) R_d v_i - \frac{R_d}{r_{ds}} v_o \tag{4.5.20}$$

即

$$v_o\left(1 + \frac{R_d}{r_{ds}}\right) = v_i\left(\frac{1}{r_{ds}} + g_m\right) R_d \tag{4.5.21}$$

因此

$$A_v = \frac{v_o}{v_i} = -\frac{\left(\frac{1}{r_{ds}} + g_m\right) R_d}{1 + \frac{R_d}{r_{ds}}} \tag{4.5.22}$$

当 $r_{ds} \gg R_d$ 时，则

$$A_v \approx g_m R_d \tag{4.5.23}$$

其电压增益的表达式与共源极放大电路相比只差一个“-”号，输出电压与输入电压同相。

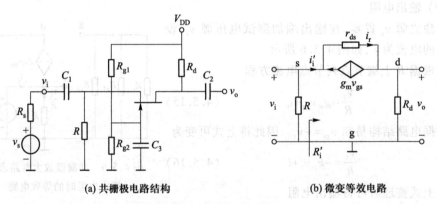

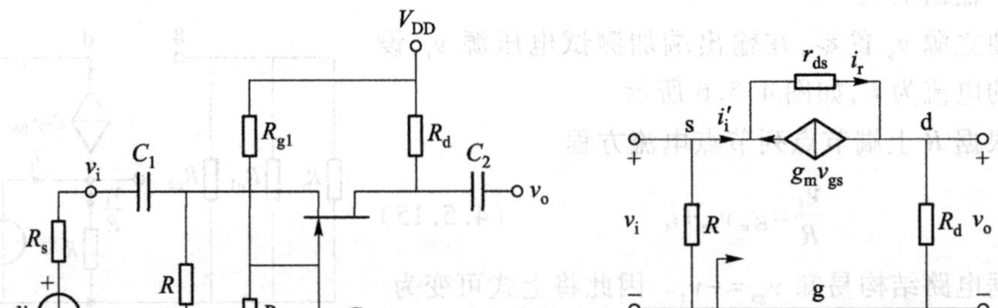

(a) 共栅极电路结构　　(b) 微变等效电路

图 4.5.7　共栅极放大电路

（2）输入电阻

可先计算由图示电路端口看进去的等效电阻 R_i'，则总的输入电阻应等于 R_i' 与 R 的并联。根据电路结构有

$$i_i' = i_r - g_m v_{gs} = \frac{v_i - R_d i_i'}{r_{ds}} - g_m v_{gs} \tag{4.5.24}$$

又因为 $v_{gs} = -v_i$，故上式变为

$$i_i' = \frac{v_i}{r_{ds}} - \frac{R_d i_i'}{r_{ds}} + g_m v_i \tag{4.5.25}$$

整理可得

$$i'_i\left(1+\frac{R_d}{r_{ds}}\right)=v_i\left(\frac{1}{r_{ds}}+g_m\right) \tag{4.5.26}$$

因此

$$R'_i=\frac{v_i}{i'_i}=\frac{1+\frac{R_d}{r_{ds}}}{\frac{1}{r_{ds}}+g_m}=\frac{R_d+r_{ds}}{1+g_m r_{ds}} \tag{4.5.27}$$

$$R_i=R/\!/R'_i \tag{4.5.28}$$

当 $r_{ds}\gg R_d$ 时，则由式(4.5.26)可得

$$R'_i\approx\frac{1}{\frac{1}{r_{ds}}+g_m}=r_{ds}/\!/\frac{1}{g_m} \tag{4.5.29}$$

此时输入电阻可表示为

$$R_i\approx R/\!/r_{ds}/\!/\frac{1}{g_m} \tag{4.5.30}$$

(3) 输出电阻

计算输出电阻时，为计算方便，可先求出将 R_d 排除后的输出电阻 R'_o，则总输出电阻应为 R'_o 与 R_d 的并联。计算 R'_o 的电路如图 4.5.8 所示。

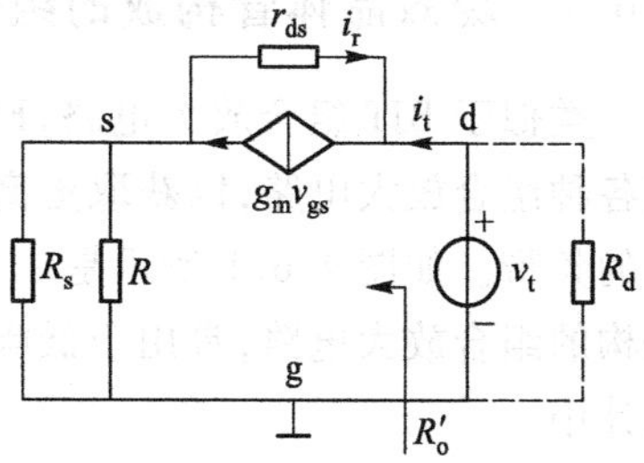

图 4.5.8 共栅极放大电路求解输出电阻时的等效电路

根据图 4.5.8 电路结构可列节点电流方程

$$i_r+i_t=g_m v_{gs} \tag{4.5.31}$$

又因为

$$i_r=\frac{-v_{gs}-v_t}{r_{ds}} \tag{4.5.32}$$

所以

$$i_t=g_m v_{gs}+\frac{v_{gs}+v_t}{r_{ds}}=\left(g_m+\frac{1}{r_{ds}}\right)v_{gs}+\frac{v_t}{r_{ds}} \tag{4.5.33}$$

注意到

$$v_{gs}=-v_{sg}=-i_t(R/\!/R_s) \tag{4.5.34}$$

将上式带入式(4.5.33)可得

$$i_t=-i_t\left(g_m+\frac{1}{r_{ds}}\right)(R/\!/R_s)+\frac{v_t}{r_{ds}} \tag{4.5.35}$$

整理可得

$$\frac{v_t}{r_{ds}}=i_t\left[1+\left(g_m+\frac{1}{r_{ds}}\right)(R/\!/R_s)\right] \tag{4.5.36}$$

因此可得到 R'_o 的表达式

$$R'_o=\frac{v_t}{i_t}=\left[1+\left(g_m+\frac{1}{r_{ds}}\right)(R/\!/R_s)\right]r_{ds} \tag{4.5.37}$$

因实际中信号源内阻 R_s 很小，故上式可近似为

$$R'_o\approx r_{ds} \tag{4.5.38}$$

当 $r_{ds} \gg R_d$ 时，则

$$R_o = R_d /\!/ R_o' = R_d /\!/ r_{ds} \approx R_d \tag{4.5.39}$$

通过对上述三种 FET 基本放大电路的分析可知，FET 三种基本组态放大电路的特点与 BJT 放大电路相似。即：共源极类似于共发射极，同属于反相电压放大器；共漏极类似于共集电极，同属于电压跟随器；共栅极类似于共基极，同属于同相电压放大器。虽然从形式和特点上有这样的对应关系，但需要注意的是，FET 的输入电阻极高，跨导 g_m 很小，因此与相应组态 BJT 放大电路相比，输入电阻高、电压增益小。

PPT 4.6 场效晶体管应用举例

4.6　场效晶体管应用举例

FET 除了用于构成上节所述的三种基本组态放大电路外，还可以构成组合放大电路、差分式放大电路等；FET 在饱和区具有恒流特性，因此常用于构成电流源电路；此外，数字应用场合中还用于构成基本的逻辑单元，比如 CMOS 反相器等。

4.6.1　场效晶体管构成的组合放大电路

类似于 BJT 组合放大电路，FET 也可以构成各种组合放大电路，以获取更高的增益或更宽的频带。如图 4.6.1 所示是一个共源-共栅结构的组合放大电路，常用于低噪声放大器的设计中。

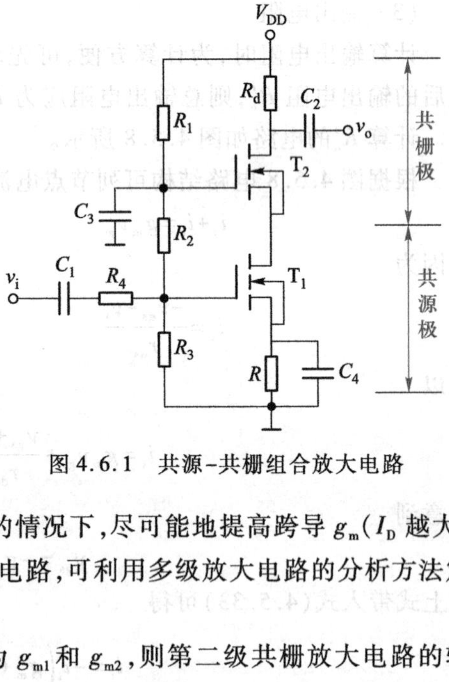

图 4.6.1　共源-共栅组合放大电路

图 4.6.1 电路中，T_1 管为共源组态，T_2 管为共栅组态。T_1、T_2 管的栅源静态偏置是通过 R_1、R_2 和 R_3 这三个电阻对电源 V_{DD} 进行分压得到的（T_1、T_2 管栅极均没有电流），因此工作点设置比较方便；T_1、T_2 管的偏置电流 I_D 方向一致，即两管共用同一偏置电流，能在功率有限的情况下，尽可能地提高跨导 g_m（I_D 越大、g_m 越大）值，继而获取较大的电压增益。对于该电路，可利用多级放大电路的分析方法定量分析其指标。

设第一、第二级放大电路 FET 的跨导分别为 g_{m1} 和 g_{m2}，则第二级共栅放大电路的输入电阻

$$R_{i2} = r_{ds2} /\!/ \frac{1}{g_{m2}} \approx \frac{1}{g_{m2}} \tag{4.6.1}$$

第二级共栅放大电路的电压增益 $A_{v2} \approx g_{m2} R_d$，第一级共源放大电路的电压增益

$$A_{v1} = -g_{m1} R_{i2} \approx -\frac{g_{m1}}{g_{m2}} \tag{4.6.2}$$

可得到该放大电路总的电压增益

$$A_v = A_{v1} A_{v2} \approx -\frac{g_{m1}}{g_{m2}} g_{m2} R_d = -g_{m1} R_d \tag{4.6.3}$$

输入电阻

$$R_{\mathrm{i}}=R_{\mathrm{i1}}=R_4+(R_2/\!/R_3) \tag{4.6.4}$$

R_4 较大时可保证有一个比较大的输入电阻。

输出电阻

$$R_{\mathrm{o}}=R_{\mathrm{o2}}\approx R_{\mathrm{d}} \tag{4.6.5}$$

虽然从增益表达式看，与单级共源极类似，但因为第二级是共栅极放大电路，致使整个电路的频带宽度得以展宽。

当然，FET 也可和 BJT 构成组合放大电路，比如共源-共射组合放大电路等，通过 BJT 放大电路电压增益高的特点来提升整个电路的电压增益。

4.6.2 FET 电流源电路

利用 FET 工作在恒流区时漏极电流饱和的特点可以构建 FET 电流源电路。基本的 MOSFET 镜像电流源电路如图 4.6.2 所示。假设 T_1、T_2 管的特性完全相同，工作于饱和区，则输出电流 I_O 将近似等于基准电流 I_{REF}，即：$I_O\approx I_{REF}=(V_{DD}+V_{SS}-V_{GS})/R$。当两管具有不同的宽长比时，可借助这一参数近似描述两器件电流之间的关系

$$I_O=\frac{W_2/L_2}{W_1/L_1}I_{REF} \tag{4.6.6}$$

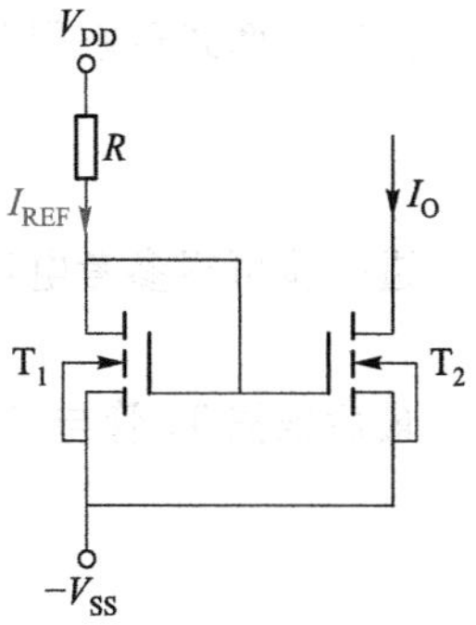

图 4.6.2 基本的 MOS 管镜像电流源

在集成电路中，为节省芯片面积，改进电路性能，电阻几乎都用 MOS 管有源电阻取代，如图 4.6.3(a)所示。在此基础上可以进一步进行拓展，构成多路电流源，如图 4.6.3(b)所示。通过设置 T_1、T_2、T_3、T_4 不同的宽长比，即可获取不同的输出电流 I_{D1}、I_{D2}、I_{D3}、I_{D4}。每一路输出电流与参考电流的关系类似于式(4.6.6)。

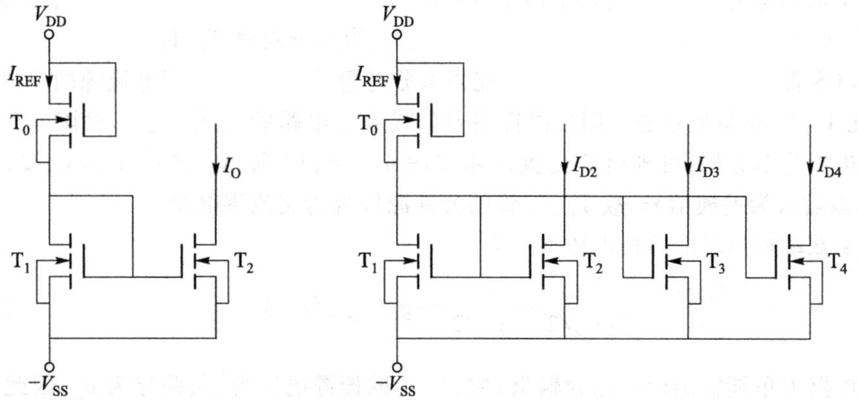

(a) 常用的MOS管镜像电流源 (b) MOS管多路电流源

图 4.6.3 MOS 管电流源

【例 4.6.1】 MOS 管电流源如图 4.6.3(a)所示。$V_{DD}=5$ V，$-V_{SS}=-5$ V，NMOS 管的开启电压 $V_T=2$ V，$K_{n1}=200\ \mu A/V^2$，$K_{n0}=50\ \mu A/V^2$，T_2 管的沟道宽长比(W/L)是 T_1 管的 2 倍(其他参数相同)。设全部管子均工作在恒流区，且沟道长度调制系数 $\lambda=0$，求输出电流 I_O。

解 根据饱和区 MOS 管的输出特性方程有

$$I_{D0}=K_{n0}(V_{GS0}-V_T)^2$$

$$I_{D1}=K_{n1}(V_{GS1}-V_T)^2$$

显然，$I_{D0}=I_{D1}$。因此

$$K_{n0}(V_{GS0}-V_T)^2=K_{n1}(V_{GS1}-V_T)^2$$

即

$$\frac{V_{GS0}-V_T}{V_{GS1}-V_T}=\sqrt{\frac{K_{n1}}{K_{n0}}}=\sqrt{\frac{200\ \mu A/V^2}{50\ \mu A/V^2}}=2$$

将上式整理可得

$$V_{GS0}-2V_{GS1}=-V_T$$

根据电路中 T_0、T_1 的连接方式可知

$$V_{GS0}+V_{GS1}=V_{DD}+V_{SS}=10\ V$$

由以上两式可解得 T_0、T_1 的栅源电压分别为

$$V_{GS0}=6\ V$$

$$V_{GS1}=4\ V$$

进一步可得参考电流为

$$I_{REF}=I_{D0}=I_{D1}=K_{n1}(V_{GS1}-V_T)^2=0.8\ mA$$

最后根据 T_2 管与 T_1 管的宽长比关系可得

$$I_O=\frac{W_2/L_2}{W_1/L_1}I_{REF}=2I_{REF}=1.6\ mA$$

4.6.3 FET 差分式放大电路

由 PMOS 管和 NMOS 管共同组成的差分式放大电路如图 4.6.4(a)所示。整个电路采用正负双电源进行供电；电路中两个 NMOS 管 T_1、T_2 构成基本的差分结构，称为差分对管；四个 NMOS 管 T_5、T_6、T_7、T_8 构成镜像电流源，为差分对管 T_1、T_2 提供静态偏置电流；两个 PMOS 管 T_3、T_4 构成镜像电流源，充当差分对管的有源负载；因电流源的交流电阻很大，因此 T_3、T_4 有源负载的使用可以提高差分式放大电路的电压增益。对该电路差模电压增益进行简单分析，可画出其交流通路如图 4.6.4(b)所示。图中 $v_{i1}=v_{id}/2$，而 $v_{i2}=-v_{id}/2$，因输入为差模信号，故 T_1、T_2 管的公共源极视为交流零电位。

电路双端输出时的差模电压增益为

$$A_{vd}=\frac{v_{o1}-v_{o2}}{v_{id}}=\frac{2v_{o1}}{2(v_{id}/2)}=\frac{v_{o1}}{v_{id}/2}=-g_m(r_{ds1}/\!/r_{ds3})=-g_m(r_{ds2}/\!/r_{ds4}) \qquad (4.6.7)$$

当电路为单端输出(以 v_{o2} 为输出)时，T_1 管的栅源电压为$\frac{v_{id}}{2}$，跨导为 g_m，因此有

$$i_{d4}=i_{d3}=i_{d1}=\frac{v_{id}}{2}g_m \qquad (4.6.8)$$

同理，T_2 管的栅源电压为$-\frac{v_{id}}{2}$，跨导为 g_m，因此有

$$i_{d2}=-\left(-\frac{v_{id}}{2}\right)g_m=-\frac{v_{id}}{2}g_m \qquad (4.6.9)$$

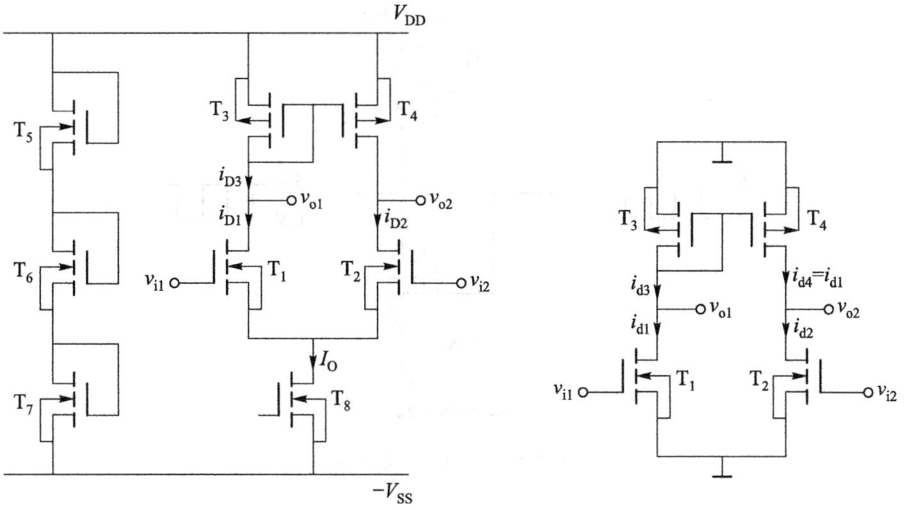

(a) 电路结构　　(b) 小信号等效电路(差模输入时)

图 4.6.4　MOS 管构成的差分式放大电路

以 v_{o2} 单端输出时的差模电压增益为

$$A_{vd2}=\frac{v_{o2}}{v_{id}}=\frac{(i_{d4}-i_{d2})(r_{ds2}/\!/r_{ds4})}{v_{id}}=g_m(r_{ds2}/\!/r_{ds4}) \tag{4.6.10}$$

从上述分析可以看出,其单端输出差模电压增益与双端输出时相同,而且因为 $r_{ds2}/\!/r_{ds4}$ 的值较大,因此即使单端输出时也能获得比较高的电压增益。

4.6.4　CMOS 反相器

CMOS 即互补金属-氧化物-半导体(complementary-metal-oxide Semiconductor)的缩写,是指将 NMOS 管和 PMOS 管同时制作在一种半导体晶体(衬底)上的技术,是目前集成电路的一种标准工艺。CMOS 反相器是数字逻辑电路的最基本单元之一,相当于逻辑非门,典型的 CMOS 反相器结构如图 4.6.5(a)所示。

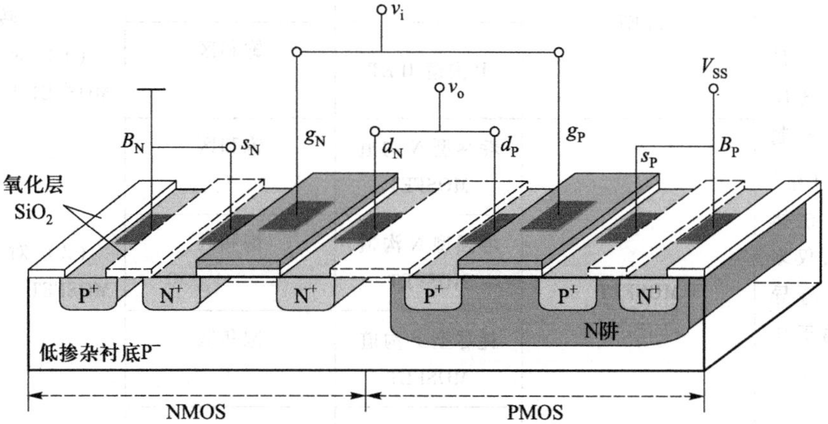

(a) 器件结构

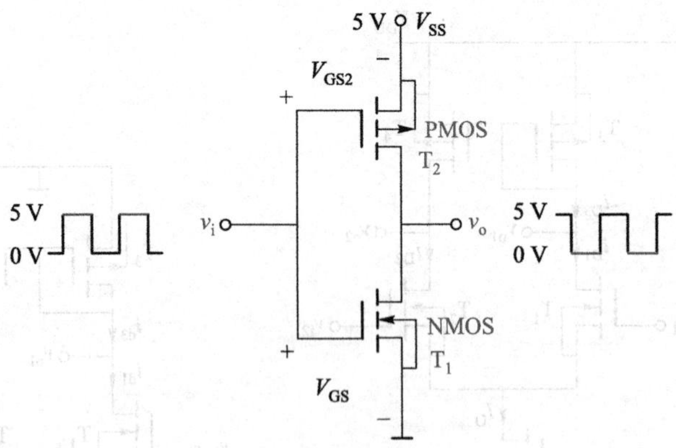

(b) 等效电路

图 4.6.5　CMOS 反相器

根据器件结构画出的等效电路如图 4.6.5(b)所示。PMOS 管和 NMOS 管的栅极连在一起作为输入,两管的漏极连在一起作为输出。假设 $V_{SS}=5$ V,输入为 5 V 的周期方波。当输入为 5 V(高电平)时,对 PMOS 管而言 V_{GS2} 达不到其开启电压,故处于截止状态;而 NMOS 管导通,因 MOSFET 直流时漏源等效电阻很小,因此输出近似为 0 V(低电平)。当输入为 0 V(低电平)时,NMOS 管截止,PMOS 管导通,输出近似为电源电压 5 V(高电平)。因此该电路实现了反相器的功能。如果高低电平分别代表逻辑 **1** 和逻辑 **0**,则该电路可以看作是一个逻辑非门。

本章小结

表 4.2　本章重要概念、知识点及需熟记的公式

<table>
<tr><td rowspan="6">1</td><td rowspan="6">FET 是一种电压(v_{GS})控制电流(i_D)的半导体器件,仅多子参与导电,属于单极型器件</td><td rowspan="2">JFET</td><td>N 沟道 JFET</td><td>饱和区
$V_{DS}>0, V_{GS}\leqslant 0$</td><td rowspan="6">饱和区转移特性
(1) 对耗尽型 MOSFET 和 JFET
$i_D=I_{DSS}\left(1-\frac{v_{GS}}{V_P}\right)^2$
$=K_{n,p}(v_{GS}-V_P)^2$
(2) 对增强型 MOSFET
$i_D=I_{DO}\left(\frac{v_{GS}}{V_T}-1\right)^2$
$=K_{n,p}(v_{GS}-V_T)^2$</td></tr>
<tr><td>P 沟道 JFET</td><td>饱和区
$V_{DS}<0, V_{GS}\geqslant 0$</td></tr>
<tr><td rowspan="4">MOSFET
(IGFET)</td><td>耗尽型 N 沟道 MOSFET</td><td>饱和区
$V_{DS}>0$, V_{GS}任意</td></tr>
<tr><td>增强型 N 沟道 MOSFET</td><td>饱和区
$V_{DS}>0, V_{GS}>0$</td></tr>
<tr><td>耗尽型 P 沟道 MOSFET</td><td>饱和区
$V_{DS}<0$, V_{GS}任意</td></tr>
<tr><td>增强型 P 沟道 MOSFET</td><td>饱和区
$V_{DS}<0, V_{GS}<0$</td></tr>
</table>

续表

2	FET 的三个工作区	可变电阻区	预夹断之前的区域	FET 可等效为一个受 v_{GS} 控制的可变电阻	
		饱和区	预夹断之后的区域	i_D 主要受 v_{GS} 控制，几乎不随 v_{DS} 变化	
		截止区	全夹断的区域	i_D 电流为零，相当于断开	
3	FET 的主要参数	直流参数	开启电压 V_T	增强型 MOSFET 预先无沟道	增强型 N 沟道管，$V_T>0$
					增强型 P 沟道管，$V_T<0$
			夹断电压 V_P	耗尽型 MOSFET 或 JFET 预先有沟道	N 沟道管，$V_P<0$
					P 沟道管，$V_P>0$
			I_{DSS}	v_{GS} 为零时的漏极饱和电流	
			R_{GS}		JFET，$R_{GS}>10^7$
					MOSFET，$R_{GS}>10^9$
		交流参数	跨导 g_m	反映了变化的栅压控制变化的漏极电流的能力	$g_m=\left.\dfrac{\partial i_D}{\partial v_{GS}}\right\|_{V_{DS}}$
			极间电容 C_{gs}、C_{ds}、C_{gd}	低频时忽略，高频时考虑	
4	FET 放大器的直流偏置电路	分压式偏置电路	对各种类型的 FET 均适用		
		自偏压电路	适于耗尽型 MOSFET 或 JFET		

续表

5	FET 放大电路	FET 的简化小信号模型 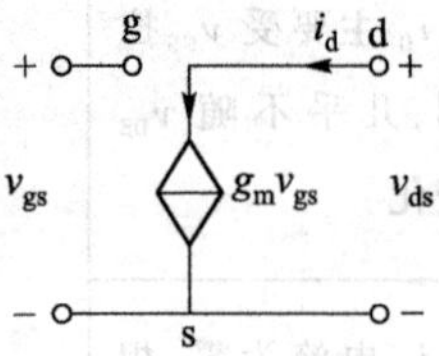 	共源极放大电路图 4.5.4	v_o 与 v_i 反相，有电压放大能力	$A_v \approx -g_m R_d$ $R_i = R_{g3} + (R_{g1} /\!/ R_{g2})$ $R_o = R_d$
			共漏极放大电路图 4.5.5	v_o 与 v_i 同相，源极电压跟随器，A_v 小于 1 而接近于 1，R_i 大，R_o 小	$A_v = \dfrac{g_m R}{1+g_m R}$ $R_i = R_{g1} /\!/ R_{g2}$ $R_o = R /\!/ \dfrac{1}{g_m}$
			共栅极放大电路图 4.5.7	v_o 与 v_i 同相，电流跟随器，A_v 与共源极电路相当，R_i 小	$A_v \approx g_m R_d$ $R_i \approx R /\!/ \dfrac{1}{g_m}$ $R_o = R_d$

习　　题

4.1　图 P4.1 为 FET 的输出特性曲线和在恒流区的转移特性曲线，试判断这些曲线分别属于哪种类型的 FET。它们的 V_T（或 V_P）、I_{DSS}（或 I_{DO}）分别是多少？（图中漏极电流 i_D 的假定正向为流入漏极。）

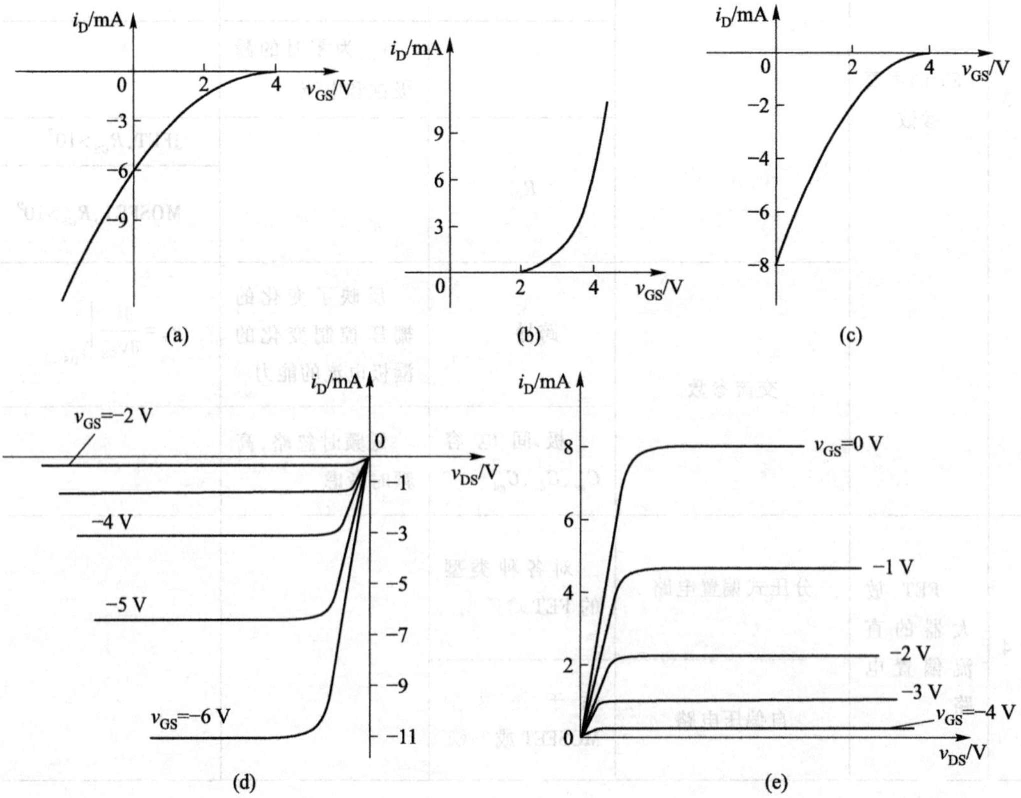

图 P4.1

4.2　图 P4.2 所示电路为 FET 共源极放大电路，从偏置电路结构的角度，试分别判断各电路可能使用的场效晶体管的具体类型。

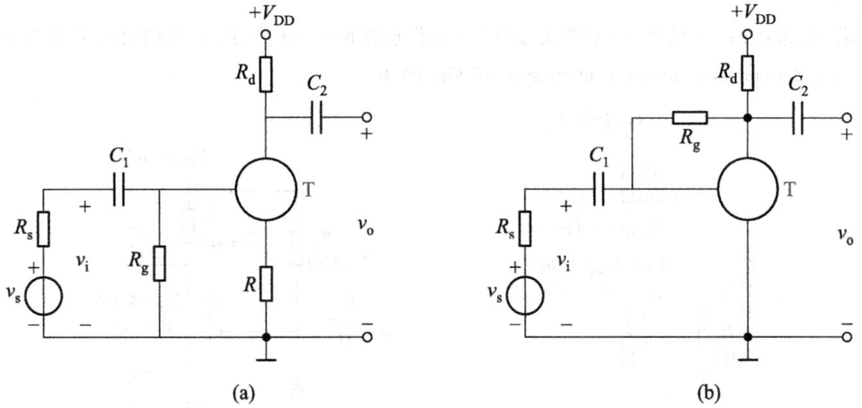

图 P4.2

4.3　电路如图 P4.3(a)所示，MOSFET 输出特性如图 P4.3(b)所示，分析当 $v_I = 4$ V、10 V、12 V 三种情况下的 v_O。

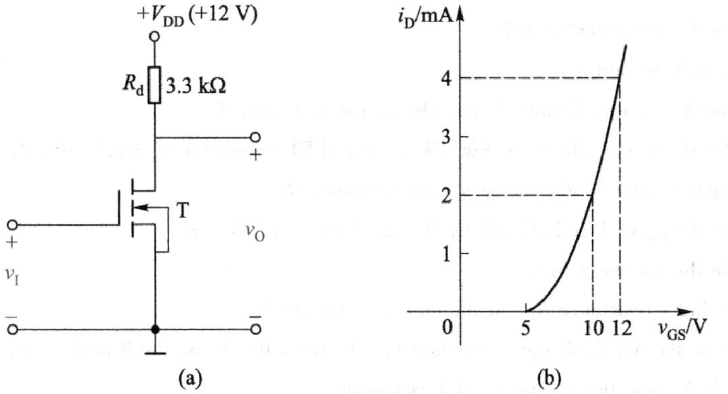

图 P4.3

4.4　电路及参数如图 P4.4 所示，分别计算其静态工作点 $Q(I_{DQ}、V_{GSQ}、V_{DSQ})$。

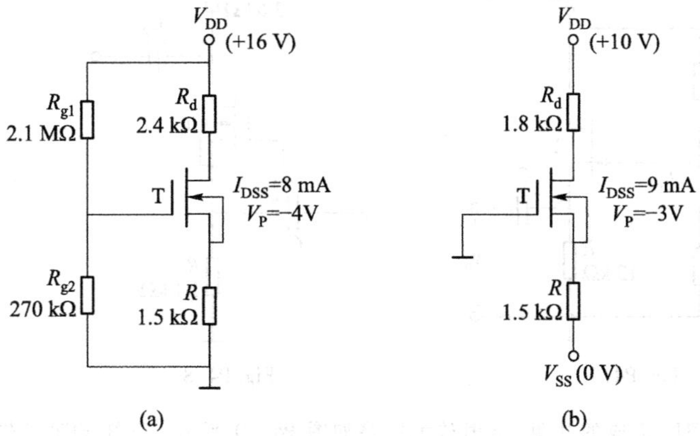

图 P4.4

4.5　电路及参数如图 P4.5 所示。

(1) 若 $R_2 = 4\ \text{k}\Omega$，要求漏极到地的静态工作点电压 $V_{DQ} = 10\ \text{V}$，试计算 R_1 的值及此时的电压增益 A_v（忽略 r_{ds}）；

(2) 若 R_1 采用(1)中的值，正常放大条件下（工作点在恒流区内），R_2 可能的最大值是多少？

4.6　For the common-source configuration of Fig. P4.6.

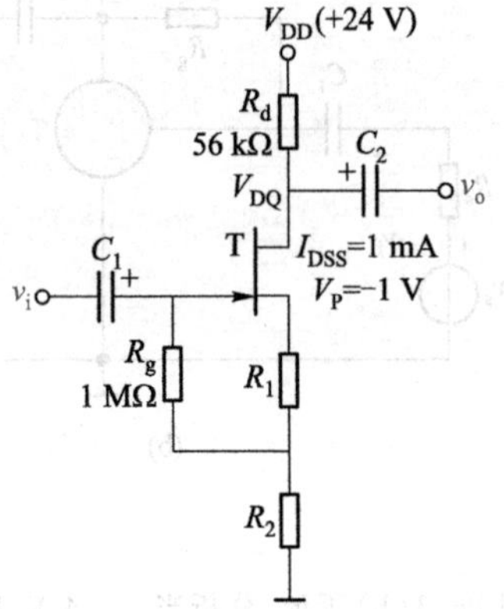

图 P4.5

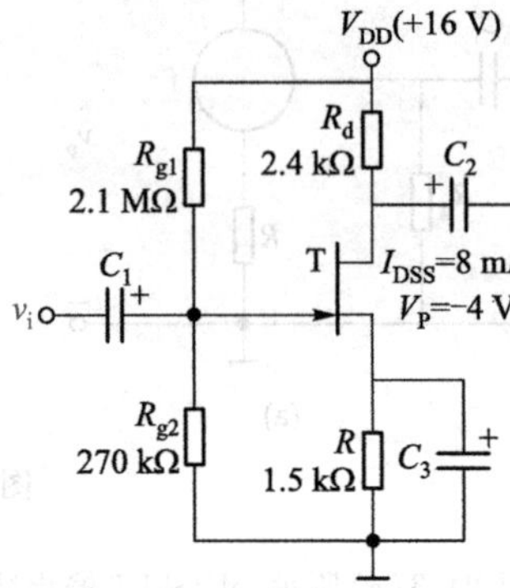

Fig. P4.6

(a) Determine the value of the transconductance g_m at the point of operation.

(b) Draw the AC equivalent circuit.

(c) Find the voltage gain A_v.

(d) Calculate the input resistance R_i and the output resistance R_o.

4.7　Consider the circuit shown in Fig. P4.7 with JFET parameter $g_m = 0.9$ mS. Determine the voltage gain A_v and the input resistance R_i and the output resistance R_o.

4.8　Assume the g_m of T is 2.25 mS for the amplifier in Fig. P4.8.

(a) Calculate the voltage gain A_v.

(b) Find the input resistance R_i and the output resistance R_o.

4.9　Determine the AC small signal resistance r_{AB} between the A and the B in the constant-current source circuit of Fig. P4.9. Assume the g_m and r_{ds} of T is known.

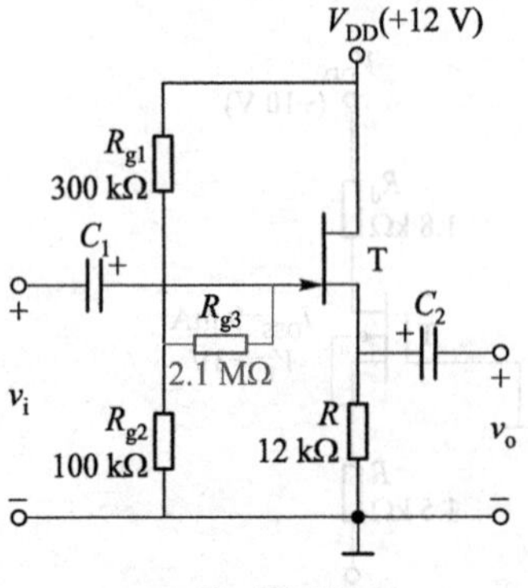

Fig. P4.7

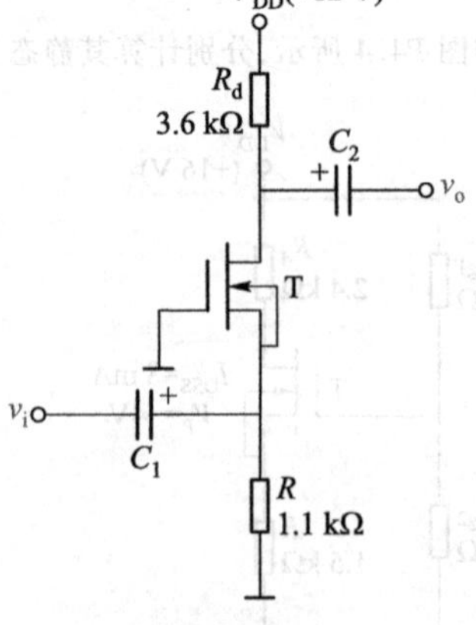

Fig. P4.8

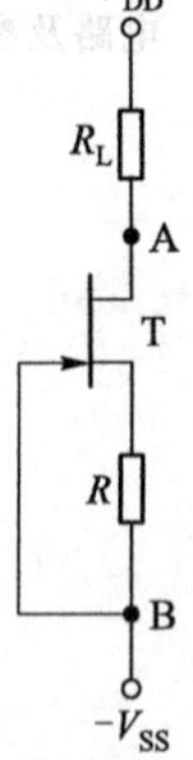

Fig. P4.9

4.10　FET 与 BJT 组成的共源-共射放大电路如图 P4.10 所示。已知 FET 工作点上的跨导 $g_m = 2.6$ mS，BJT 的 $\beta = 200$，电路其他参数如图所示。电容对交流可视为短路，计算电路的电压增益 A_v、输入

电阻 R_i 和输出电阻 R_o。

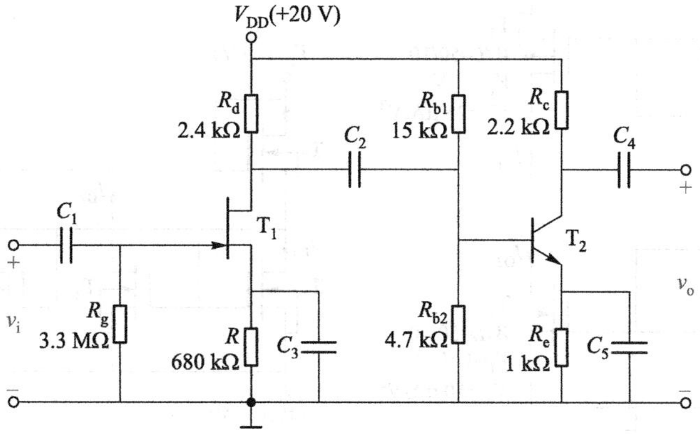

Fig. P4.10

4.11 FET 与 BJT 组成的共源-共基放大电路如图 P4.11 所示。已知 FET 工作点上的跨导 g_m 和 BJT 的 r_{be}，电路其他参数如图所示。电容对交流可视为短路，列出电路电压增益 A_v、输入电阻 R_i 和输出电阻 R_o 的表达式。

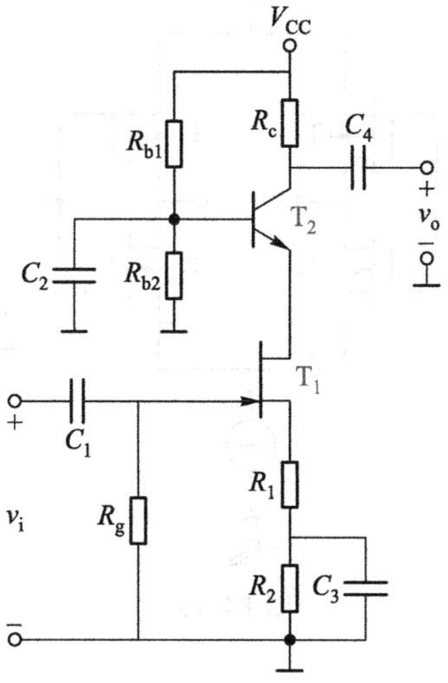

图 P4.11

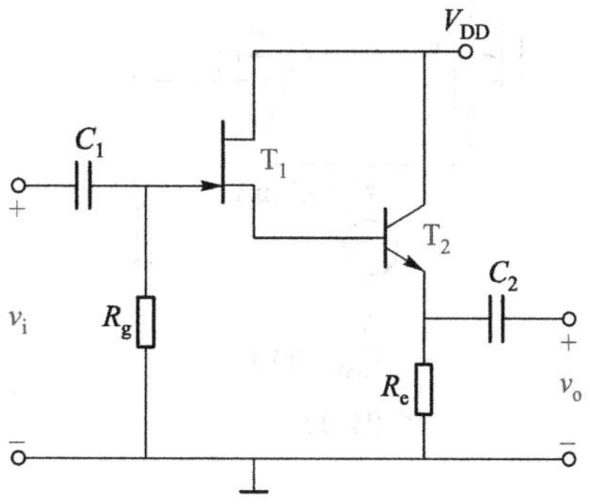

图 P4.12

4.12 FET 与 BJT 组成的共漏-共集放大电路如图 P4.12 所示。已知 FET 工作点上的跨导 g_m 和 BJT 的 r_{be}，电路其他参数如图所示。电容对交流可视为短路，列出电路电压增益 A_v、输入电阻 R_i 和输出电阻 R_o 的表达式。

4.13 MOS 管电流源电路如图 P4.13 所示。假设图中 MOS 管均工作在饱和区，沟道长度调制系数 $\lambda=0$，其他参数如图。试求 I_{O1}、I_{O2}及 R 的值。

4.14 MOS 管电流源电路如图 P4.14 所示，$T_0 \sim T_4$ 为特性相同的 NMOS 管，$V_T=2$ V，$K_{n1}=K_{n2}=K_{n3}=K_{n4}=0.25$ mA/V^2，$K_{n0}=0.15$ mA/V^2，沟道长度调制系数 $\lambda=0$，求 I_{REF}、I_O 的值。

4.15 以 PMOS 电流源作有源负载的 CMOS 源极耦合差分式放大电路如图 P4.15 所示。其中，PMOS 管 $K_{p3}=K_{p4}=80$ μA/V^2，$V_T=-1$ V；NMOS 管 $K_{n1}=K_{n2}=100$ μA/V^2，$V_T=1$ V。假设 MOSFET 的沟道长度调制系数 $\lambda=0$，求电路的差模电压增益。

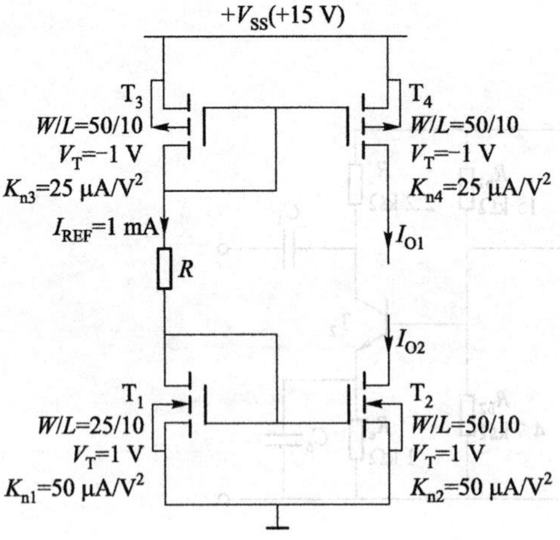

图 P4.13

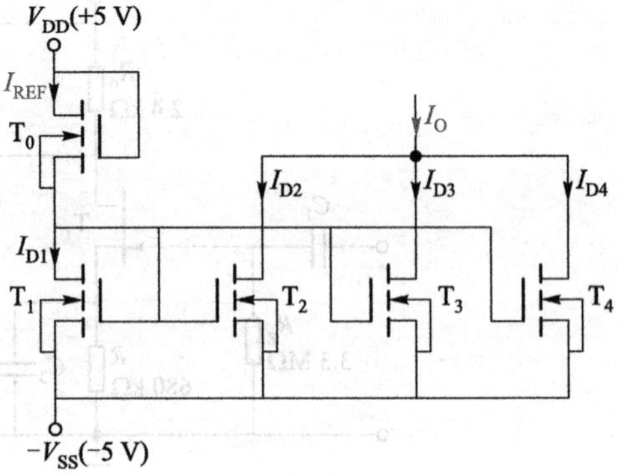

图 P4.14

4.16　CMOS 差分式放大电路如图 P4.16 所示，$T_1 \sim T_4$ 的参数 $g_{m1}=g_{m2}$，$g_{m3}=g_{m4}$，$r_{ds1}=r_{ds2}$，$r_{ds3}=r_{ds4}$。求电路双端输出时的差模电压增益。

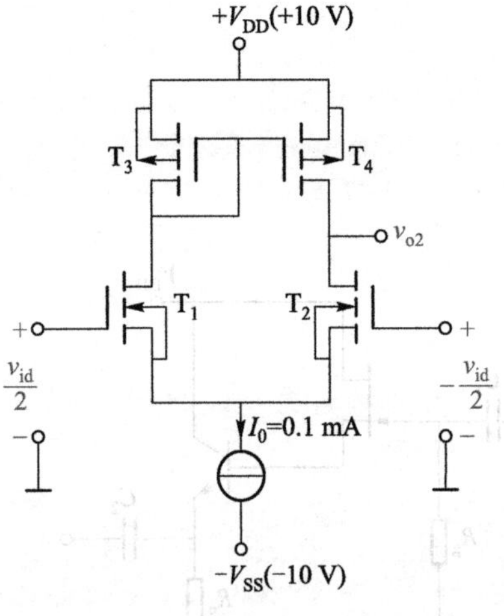

图 P4.15

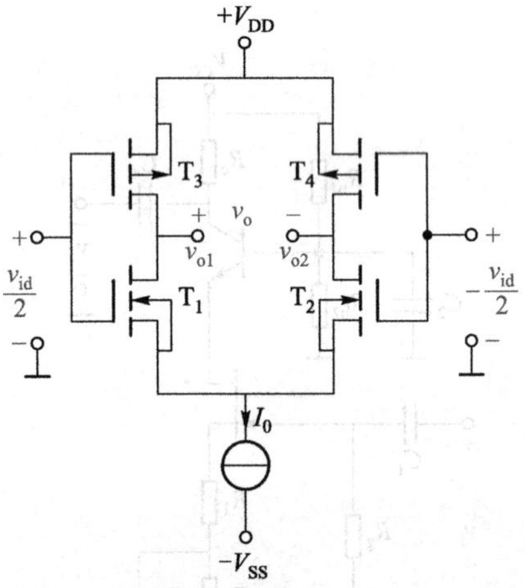

图 P4.16

第 5 章 集成运算放大器

前面第 2 章到第 4 章讨论了二极管、晶体管、场效晶体管及其基本放大电路,它们都是分立的器件和电路。目前应用最广的还是将二极管、晶体管或场效晶体管、电阻等元器件及连接导线同时制作在一块半导体基片(如硅或砷化镓)上,封装在一个外壳内,构成一个具有某种功能的完整电路,这就是集成电路(integrated circuit,IC)。集成电路可分为模拟集成电路和数字集成电路两大类。集成运算放大器,简称集成运放,是模拟集成电路中品种最多、应用最广泛的一类组件,也是构成模拟集成电路系统的一个最基本的组成部件。此外,集成功率放大器、集成稳压器、集成模拟乘法器和集成比较器等也是模拟集成电路。随着半导体技术的发展,将会有更多的专用集成电路出现。

本章首先介绍集成电路的发展、分类、外形结构及其元器件的特点,其次分别讨论双极型集成运放、CMOS 集成运放、集成运放的主要参数及集成运放简化电路,再次简要介绍集成运放的种类与选择,最后给出两个与集成运放及其单元电路有关的应用实例。

5.1 集成电路概述

PPT 5.1 集成电路概述

5.1.1 集成电路的分类和外形结构

1. 集成电路的分类

集成电路发展到今天,其种类繁多,工艺也不相同。通常为了区分其工艺、结构和规模,可将集成电路分成若干类型。下面仅从电路功能、器件结构、集成度及应用领域进行分类。

(1) 按电路功能分类

① 数字集成电路:处理数字信号的电路,也称为逻辑电路。主要包括:处理器——微处理器(MPU)、微控制器(MCU)、数字信号处理器(DSP)等;存储器——RAM、ROM;接口电路和其他逻辑电路。

② 模拟集成电路:对随时间连续变化的模拟量(电压或电流等)进行处理(放大或变换)的一类电路,通常又可分为线性集成电路和非线性集成电路。各种集成化的高频、低频、中频放大器,差分放大器和运算放大器等属于线性集成电路。各种混频器、振荡器、非线性放大器、整流器、检波器和函数变换的集成电路则属于非线性集成电路。更广义些,人们把数字集成电路以外的各种集成电路统称为模拟集成电路。

③ 混合信号集成电路:可以同时处理数字和模拟两种信号的电路称为混合信号集成电路。主要包括 A/D 转换器、D/A 转换器等。

(2) 按器件结构分类

① 双极型集成电路:通常由 NPN 和 PNP 两类双极晶体管组成的集成电路。这种类型的器件具有速度高、驱动能力强的优点,其缺点是功耗大、集成度较低。目前,一些中、小规模数字集成电路和不少模拟集成电路采用这种类型的晶体管来实现。

② MOS 集成电路:主要由 MOS 场效晶体管构成,包含 NMOS 或 PMOS 中的一种或两种类型。主要优点是输入阻抗高、功耗低、抗干扰能力强且适合大规模集成。CMOS 集成电路在同一芯片上包含互补的 NMOS 或 PMOS 两类器件,有着特殊的优点,得到极为广泛地应用,是当前集成电路的主流之一。

③ BiMOS 集成电路:同时包含双极型晶体管和 MOS 晶体管的集成电路。综合了双极和 MOS 器件两者的优点,缺点是制作工艺相对复杂,成本较高。

(3) 按集成度分类

集成度是指在每个芯片中包含元器件的数目。集成电路按集成度可分为:

① 小规模集成电路(small scale integration, SSI)

② 中规模集成电路(medium scale integration, MSI)

③ 大规模集成电路(large scale integration, LSI)

④ 超大规模集成电路(very large scale integration, VLSI)

⑤ 特大规模集成电路(ultra large scale integration, ULSI)

⑥ 巨大规模集成电路(giant large scale integration, GLSI)

各集成度大致包含的晶体管个数如表 5.1 所示。

表 5.1　按晶体管数目划分的集成电路规模

类别	数字集成电路		模拟集成电路
	MOS IC	双极 IC	
SSI	$<10^2$	<100	<30
MSI	$10^2\sim10^3$	100 ~ 500	30 ~ 100
LSI	$10^3\sim10^5$	500 ~ 2000	100 ~ 300
VLSI	$10^5\sim10^7$	>2000	>300
ULSI	$10^7\sim10^9$		
GLSI	$>10^9$		

(4) 按应用领域分类

① 标准通用集成电路:指不同厂家都在同时生产的、用量极大的标准系列产品。如:集成运算放大器,中央处理器(CPU)芯片、存储器芯片、数字信号处理(DSP)芯片等。这类产品往往社会需求量大,通用性强。

② 专用集成电路(application specific integrated circuit, ASIC):是根据某种电子设备中特定的技术要求而专门设计的集成电路。其特点是集成度较高、功能较多、功耗较小、封装形式多样。这是一类竞争性强,有很大潜在市场的集成电路产品。

2. 集成电路的外形结构

集成电路的外形结构体现了包封集成电路芯片的封装形式。集成电路封装是采用一定的材料以一定的形式将集成电路芯片组装起来形成产品的过程，最终使产品以相对独立、自身完整、易于操作的形式进入到应用系统中。随着集成技术的进步、芯片集成度的不断提高，对集成电路的封装要求更加严格，并且封装技术和电路系统技术间的界限也越来越模糊，可以说，内在芯片和封装的关系不是身体和衣服的关系，而是体内组织和皮肤的关系。集成电路封装对集成电路所起的作用包括四个方面，即机械支撑、电气互连、散热和环境保护。集成电路按封装方式的不同可分为四类，如表 5.2 所示。

表 5.2 集成电路封装方式

<table>
<tr><td rowspan="6">针脚插入型</td><td colspan="2">IC 引出的引线被做成竖直向下针形形式</td></tr>
<tr><td rowspan="5">按照针脚引出方式分</td><td>SIP：单面单行引出</td></tr>
<tr><td>DIP：两边平行引出</td></tr>
<tr><td>QUIP：四边引出</td></tr>
<tr><td>PGA：单面整个平面引出</td></tr>
<tr><td>ZIP：针脚不按直线而以折线引出</td></tr>
<tr><td rowspan="11">表面贴装型</td><td colspan="2">IC 引脚被加工成“鸟翼形”、J 字形，或做成平面球栅阵列型</td></tr>
<tr><td rowspan="4">“鸟翼形”、J 字形</td><td>PSOP：塑料小外形封装</td></tr>
<tr><td>PQFP：塑料四边引线扁平封装——主导封装技术，密度高、引线节距小、成本低并适于表面安装</td></tr>
<tr><td>PQFN：塑料无引线四边扁平封装</td></tr>
<tr><td>PLCC：塑料四边平面 J 引脚封装</td></tr>
<tr><td rowspan="6">平面球栅阵列型
晶粒底部以阵列方式布置许多锡球，用这些锡球代替传统导线架。每一个锡球就是一个引脚，锡球规则地排列在芯片底部。
按封装基板不同分</td><td>PBGA：塑料焊球阵列封装</td></tr>
<tr><td>CBGA：陶瓷焊球阵列封装</td></tr>
<tr><td>TBGA：载带焊球阵列封装</td></tr>
<tr><td>EBGA：带散热器焊球阵列封装</td></tr>
<tr><td>FC-BGA：倒装芯片焊球阵列封装</td></tr>
<tr><td>CSP：芯片级封装，适应手机、笔记本电脑等便携式电子产品小、轻、薄、低成本等需求</td></tr>
<tr><td rowspan="5">多芯片组件（MCM）和系统封装（SIP）</td><td rowspan="4">MCM 按照基板材料的不同分</td><td>MCM-C：多层陶瓷基板 MCM</td></tr>
<tr><td>MCM-D：多层薄膜基板 MCM</td></tr>
<tr><td>MCM-L：多层印制板 MCM</td></tr>
<tr><td>MCM-C/D：厚薄膜混合基板 MCM</td></tr>
<tr><td>SIP</td><td>满足整机系统小型化的需要，提高集成电路功能和密度，使用成熟的组装和互连技术，把各种集成电路如 CMOS 电路、GaAs 电路、SiGe 电路或者光电子器件、微机电系统（MEMS）器件以及各类无源元件如电阻、电容、电感等集成到一个封装体内，实现整机系统的功能</td></tr>
</table>

5.1.2　集成电路中元器件的特点

集成电路的设计考虑与分立元件有所不同,这使得集成电路的元器件具有如下主要特点:

1. 元器件的匹配性好

集成电路中各元器件都是采用相同工艺在同一块硅片上制作的,因此,同类元器件之间性能参数的相对误差小,而且元器件空间上靠得很近,环境温度差别很小,因而温度不均匀造成的相对误差也很小。

2. 目前的集成工艺不能制作大电容、电感,不易制作大电阻

集成电路中,电阻和电容值太大时,占用硅片的面积就会过大,严重影响器件的集成度。例如,制作一个 30 pF 的电容器,所用 MOS 电容的面积相当于几十个场效晶体管的面积。所以,一般电阻值不宜超过 50 kΩ,电容量不宜超过 200 pF。

3. 尽可能用有源器件代替无源元件

制作双极型晶体管或场效晶体管等有源器件非常方便,而且占用芯片面积小,因此,在集成电路的设计中应尽量多采用有源器件,少用电阻和电容。

4. 广泛采用复合管

集成电路中,横向 PNP 管的 β 小($\beta\leqslant10$),耐压高,而纵向 NPN 管的 β 大,因此,广泛采用复合管,以提高电路的性能。

PPT 5.2 集成运算放大器

5.2　集成运算放大器

5.2.1　集成运算放大器概述

集成运放属于模拟集成电路,是一种高增益的直接耦合放大器。早期的运算放大器主要用于模拟计算机中,执行各种数学运算,如加、减、微分、积分,由此得名并沿用至今。现在,集成运放的应用已远远超出模拟运算的范围,以一种高增益器件广泛用于各种电子系统中。

一个集成运放电路中大约包含 20~30 个晶体管(或场效晶体管),可以将它看作是另一种类似于 BJT 或 FET 的电子器件,这意味着能更方便地分析和设计模拟电路。

集成运放电路形式多样,各具特色。但从电路的组成结构看,一般由输入级、中间放大级、输出级和偏置电路四部分组成,如图 5.2.1(a)所示。其中,希望输入级的输入电阻高、共模抑制比大和失调偏差小。输入级的性能好坏对集成运放的很多性能参数都有极其重要的影响,该级通常采用对称结构的差分放大器。中间级主要是提供足够大的电压增益,一般采用有源负载的共射(或共源)放大电路。输出级主要是提高带负载的能力和增大输出功率,通常采用互补射极跟随器(或射极或源极电压跟随器)。偏置电路对运放的功耗和精度有重要的影响,通常采用恒流源电路,为各级提供偏置电流和有源负载。图 5.2.1(b)所示为电路符号,两输入端:同相端 v_P、反相端 v_N,输出端 v_O。输入输出关系为 $v_O=A_{vo}(v_P-v_N)$,A_{vo} 为集成运放开环增益。

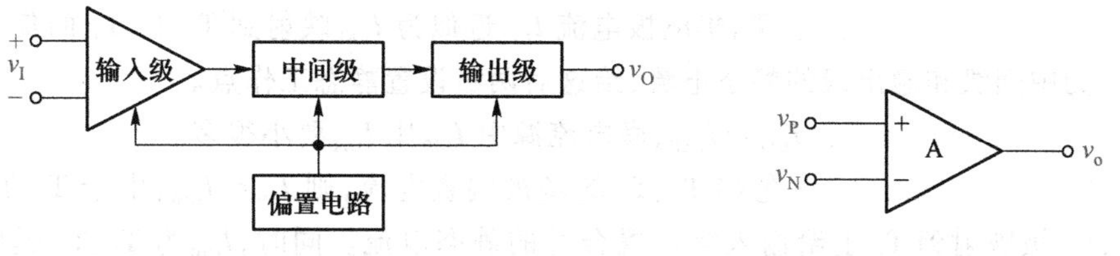

(a) 组成框图 (b) 图形符号

图 5.2.1 集成运算放大电路

有必要明确,集成运放电路各级之间都是直接耦合的,既没有耦合电容,也没有旁路电容。如前所述,这些类型的电容在集成电路芯片上将需要很大一块面积,因而是不实用的。

5.2.2 通用集成运算放大器

F007 是一种通用型运算放大器,是双极型运算放大器中具有代表性的一个产品,其电路组成对后续发展的集成运放有指导性的作用。图 5.2.2 给出了 F007 运算放大器的晶体管级电路图。

1. 整体电路分析

通常分析集成运放电路,根据其原理电路,可先找出偏置电路,然后根据信号流通顺序,分别分析各级输入输出情况。

(1) 偏置电路

找出偏置电路,首先要找基准电流 I_{REF}。F007 由 $\pm V_{CC}$ 双电源供电,要找到基准电流,就要找到一个从 $+V_{CC}$ 到 $-V_{CC}$ 的完整回路,并可算出基准电流 I_{REF}。从图 5.2.2 可以看出,$+V_{CC}\to T_{12}\to R_5\to T_{11}\to -V_{CC}$ 是一个回路,且能估算出 R_5 上的电流,这个电流即是 I_{REF}。T_{12}、T_{11} 的基极和集电极相连,它们的 V_{BE} 已知为 0.7 V,则 $I_{REF}=I_{R5}=[V_{CC}-0.7-0.7-(-V_{CC})]/R_5$。

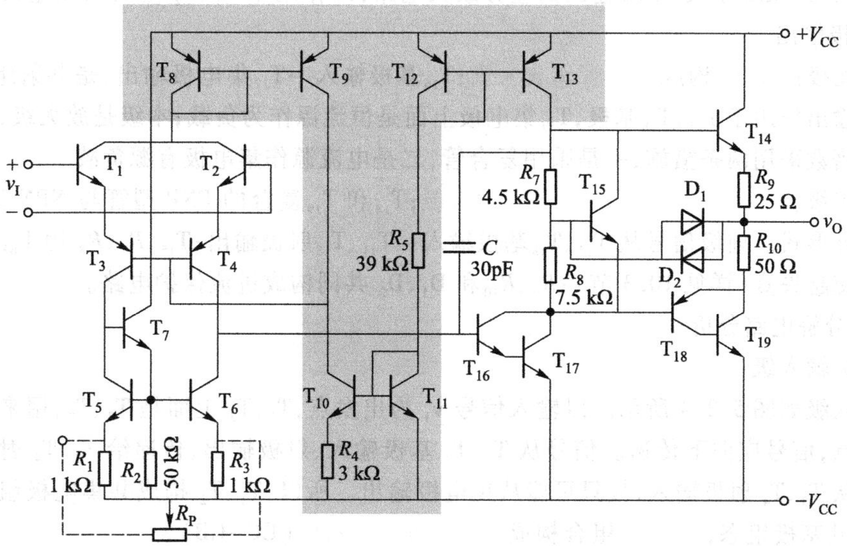

图 5.2.2 集成运算放大器 F007 原理电路

T_{12}、T_{13}构成镜像电流源。T_{12}集电极电流I_{C12}近似为I_{REF}映射到T_{13}上，T_{13}的集电极电流I_{C13}作为中间级和输出级的静态电流，给这后两级设置静态工作点。

T_{10}、T_{11}构成微电流源。$I_{C11} \approx I_{REF}$，微电流源中I_{C10}比I_{C11}要小很多。

T_8、T_9构成镜像电流源。忽略T_3、T_4的基极偏置电流，则$I_{C9} \approx I_{C10}$，由于T_8、T_9的镜像关系，I_{C10}被映射到T_8上给输入级设置合适的静态电流。同时，I_{C10}为T_3、T_4提供基极偏置电流，它使输入级的静态电流更加稳定。

偏置电路由图 5.2.2 中阴影部分构成。

(2) 信号流动

可将图 5.2.2 中的电流源简化，得到图 5.2.3。集成运放分成输入级、中间级和输出级三级，可按信号传递顺序逐级分析。

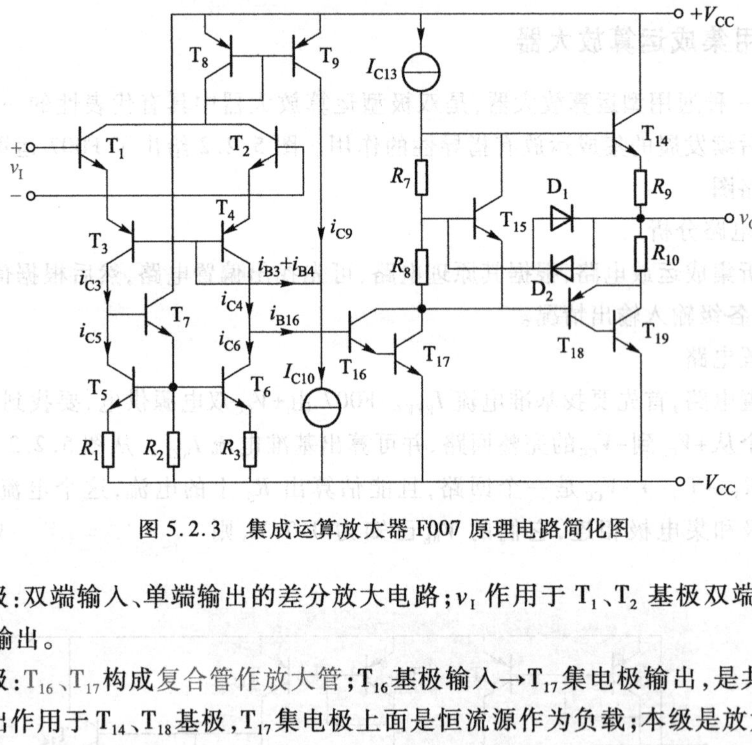

图 5.2.3　集成运算放大器 F007 原理电路简化图

输入级：双端输入、单端输出的差分放大电路；v_I作用于T_1、T_2基极双端差模输入→T_6集电极输出。

中间级：T_{16}、T_{17}构成复合管作放大管；T_{16}基极输入→T_{17}集电极输出，是共射组态，T_{17}集电极输出作用于T_{14}、T_{18}基极，T_{17}集电极上面是恒流源作为负载；本级是放大级，围绕提高放大倍数采用两条措施，一是采用复合管，二是电流源作集电极有源负载。

输出级：T_{14}、T_{18}、T_{19}构成互补射极输出级；T_{18}和T_{19}复合的 PNP 型管与 NPN 型管T_{14}构成互补形式。前级信号从T_{14}、T_{18}基极输入→T_{14}、T_{18}射极输出；T_{15}、R_7、R_8用V_{BE}扩展电路消除交越失真（详见 10.3 节）；R_9、R_{10}和D_1、D_2共同构成过流保护电路。

2. 分解电路分析

(1) 输入级

输入级如图 5.2.4 所示。以输入信号v_I为出发点，T_1、T_2上面是T_8、T_9，用来设置静态工作点，信号应向下传递。信号从T_1、T_2基极输入、射极输出，传递给T_3、T_4射极。由于信号从T_3、T_4射极输入，故只可能从集电极输出。所以，T_1、T_2构成共集电极组态，T_3、T_4构成共基极组态，$T_1 \sim T_4$组合构成共集电极-共基极（CC-CB）复合型差分放大电路。纵向 NPN 管T_1、T_2组成的共集电路组态可以提高输入阻抗。T_1、T_2向上是T_8、T_9构成的电流源，T_1、T_2 的集电极电压接近于电源电压 V_{CC}，这意味着 T_1、T_2 临界饱和时，其基极可加很高的电压（略低于 V_{CC}），结合 T_3、T_4 管是横向 PNP 管，其电流增益小，击穿电压大，则作为输入端的 T_1、T_2 基极允许共模输入电压 V_{icm} 幅值大。此外，横向 PNP 管 T_3、T_4 组成的共基电路，其频带宽，频率响应好。

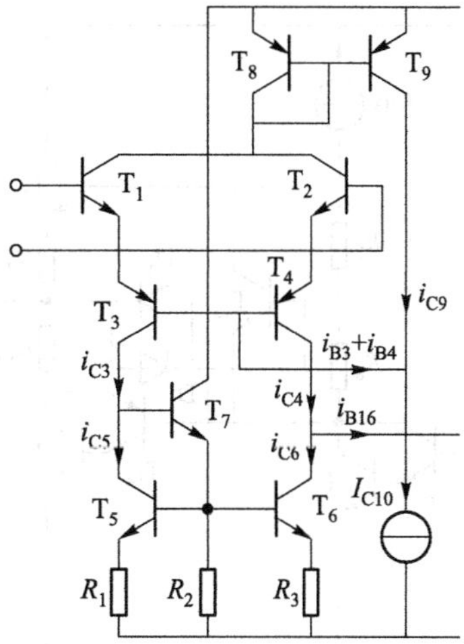

图 5.2.4 输入级

下面讨论静态 Q 点的稳定。$T(℃)\uparrow\rightarrow I_{C1}\uparrow$、$I_{C2}\uparrow\rightarrow I_{C8}\uparrow$（$I_{C8}$ 与 I_{C9} 为镜像关系）$\rightarrow I_{C9}\uparrow$（$I_{C10}$ 不变）$\rightarrow I_{B3}\downarrow$、$I_{B4}\downarrow\rightarrow I_{C3}\downarrow$、$I_{C4}\downarrow\rightarrow I_{C1}\downarrow$、$I_{C2}\downarrow$，依靠电流源镜像关系进行调节。

T_5、T_6 和 T_7 构成镜像电流源，它们是 T_1、T_3、T_2、T_4 的有源负载，有利于提高输入级的电压增益。

如图 5.2.5 所示，在输入端加入共模信号，以同极性"+"号表示。$V_{B1}(+)$、$V_{B2}(+)\rightarrow V_{E1}(+)$、$V_{E2}(+)\rightarrow V_{C3}(+)$、$V_{C4}(+)\rightarrow V_{E7}(+)$、$V_{C6}(-)\rightarrow V_{C4}(+)$、$V_{C6}(-)\rightarrow T_4$、$T_6$ 集电极电位几乎不变，共模信号被抑制。

如图 5.2.6 所示，在输入端加入差模信号，$V_{B1}(+)$、$V_{B2}(-)\rightarrow V_{C4}(-)$、$V_{C6}(-)$，则单端输出的差模增益相当于双端输出增益。

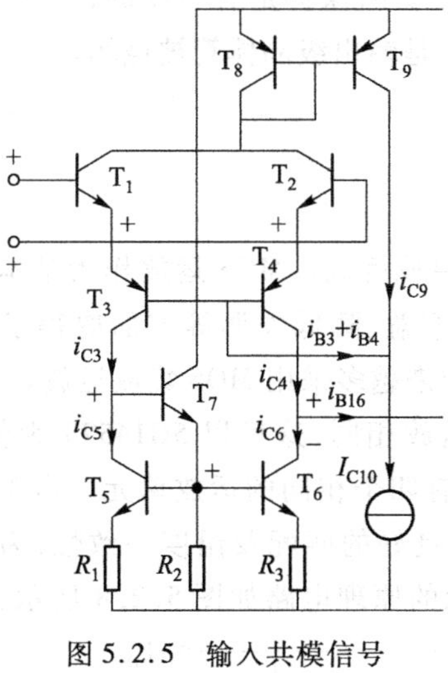

图 5.2.5 输入共模信号

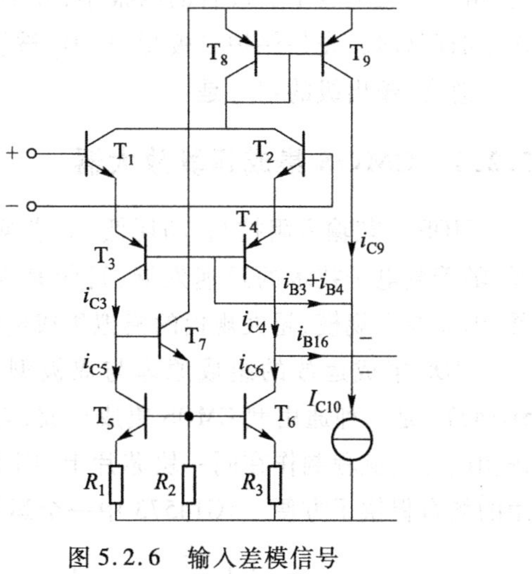

图 5.2.6 输入差模信号

下面讨论 R_1、R_2、R_3 的作用。先看 R_2，它在 T_7 射极下，使流过 T_7 的电流得以扩展。这是因为如果没有 R_2，则流过 T_7 的电流仅是 T_5、T_6 的基极电流之和，而流过晶体管的电流太大或太小都会导致其 β 值小，放大能力差。在这个电路里，要求 T_7 有一定的放大能力，所以接入 R_2。再看 R_1、R_3 的作用，它们分别在 T_5、T_6 射极，起到电流负反馈稳定静态工作点的作用。

此外，输入级还有一个外部调零端。如图 5.2.2 所示，通过 T_5、T_6 射极接入可变电阻 R_P，调整整个电路的对称性，使得输入为零时，输出为零。

总结输入级的特点是：输入电阻大，差模增益大，抑制共模信号和温漂的能力强，输入端耐压高，实现了双端输出变单端输出。

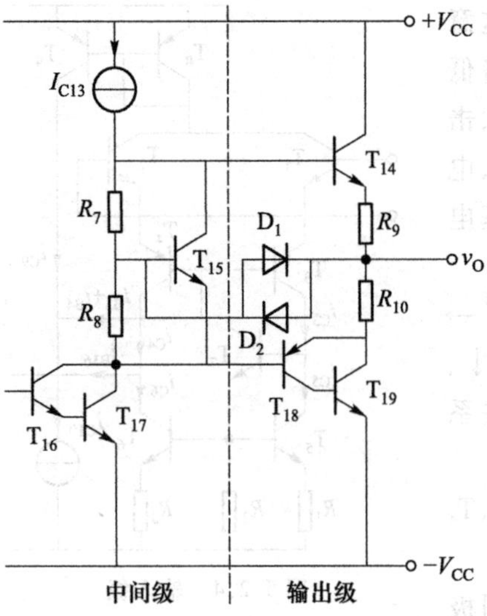

图5.2.7　中间级和输出级

(2) 中间级

中间级是主放大电路，所采用的一切措施都是为了增大电压增益。如图5.2.7所示，T_{16}、T_{17}构成复合管作为放大管，是采用有源负载的共射放大电路，由于集电极等效电阻趋于无穷大，故动态电流几乎全部流入输出级。

(3) 输出级

T_{15}、R_7、R_8构成V_{BE}扩展电路，消除交越失真。T_{14}、T_{18}、T_{19}构成准互补输出级中，T_{18}、T_{19}构成的复合管与T_{14}不对称，故T_{18}、T_{19}和T_{14}放大倍数不一致，所以R_9、R_{10}阻值有差别，从而对输出级的这种不对称进行补偿。D_1、D_2对T_{18}、T_{19}、T_{14}起过流保护作用，未过流时，两只二极管均截止。

R_9、R_{10}是电流采样电阻，反映输出电流i_O的大小。输出信号正半周时，R_9流过的电流与流过负载的i_O一样，输出信号负半周时，R_{10}流过的电流与流过负载的i_O一样。这样D_1两端的电压$V_{D1}=V_{BE14}+i_OR_9-V_{R7}$，当$i_O$增大到一定程度时，$D_1$导通，从而分流了注入$T_{14}$基极的电流，保护了输出管$T_{14}$。需指出的是，由于集成电路中二极管的结很小，故$D_1$、$D_2$提供的保护是有限度的，一旦电流过大、作用时间较长，先是保护二极管D_1、D_2被烧坏，再是输出级晶体管被烧坏。

总之，输出级的特点是：输出电阻小，最大不失真输出电压高，有过流保护。

5.2.3　CMOS集成运算放大器

MOS工艺输入阻抗高、功耗低、工艺廉价和集成度高。MOS运放作为基本的模拟单元，随着微电子技术的迅速发展，近年来在提高增益、降低失调等方面取得了明显的进展，因而在大规模、超大规模的模拟集成电路中越来越多采用MOS集成运放。

MOS集成运放的组成原理与双极型集成运放相同，这里以5G14573为例来说明。5G14573是一种通用型CMOS集成运放，它包含有四个相同的运放单元。由于四个运放按相同工艺流程制作在同一块芯片上，因而具有良好的匹配及温度一致性，为多运放应用的场合提供了方便。5G14573中一个运放单元的原理电路如图5.2.8所示，它由两级

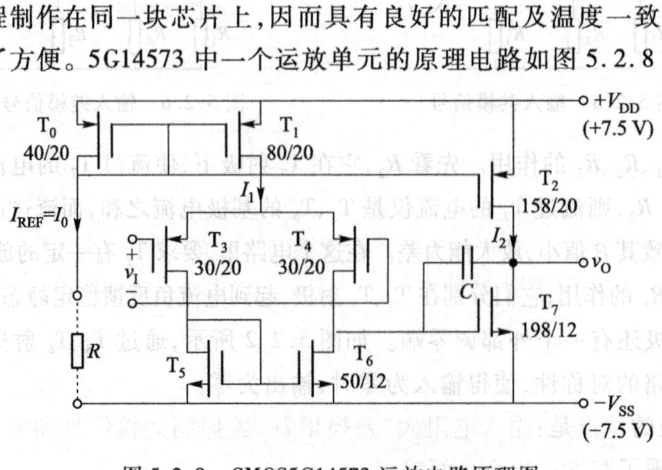

图5.2.8　CMOS5G14573运放电路原理图

放大器组成。输入级是 CMOS 差分放大器,PMOS 管 T_3、T_4 组成差放管,接成镜像电流源的 NMOS 管 T_5、T_6 为其有源负载,同时完成双端变单端输出的转换。输出级由 NMOS 管 T_7 组成共源放大器,PMOS 管 T_2 为其有源负载,参考电流由 T_0 管和外接电阻 R 提供。T_1、T_2、T_0 管组成多路镜像电流源。电容 C 跨接在 T_7 管的漏极与栅极之间,为米勒补偿电容。管侧的两个数字比,表示该管导电沟道的宽长比。

5.3 集成运算放大器的主要参数及简化低频等效电路

PPT 5.3
运放参数及等效电路

运算放大器的各种特性参数可以说明其在使用中的各种限制,正确理解和运用这些特性参数,是正确评价和选择集成运放、设计、计算和实验调试运放电路所必需的。

5.3.1 集成运放的主要直流参数

1. 输入偏置电流 I_{IB}

实际运算放大器在它们的输入管脚都会吸收少量电流。在某些应用中,这些电流产生的误差不容忽视。F007 输入级如图 5.3.1 所示,I_P 和 I_N 是对 T_1 和 T_2 进行偏置所需的基极电流,I_P 和 I_N 会自动地从外部电路系统中吸取这些电流。除特殊情况外,若输入晶体管是 NPN 型 BJT 或 P 沟道 JFET 时,I_P 和 I_N 流入运算放大器;对于 PNP 型 BJT 或 N 沟道 JFET 时,则流出运算放大器。

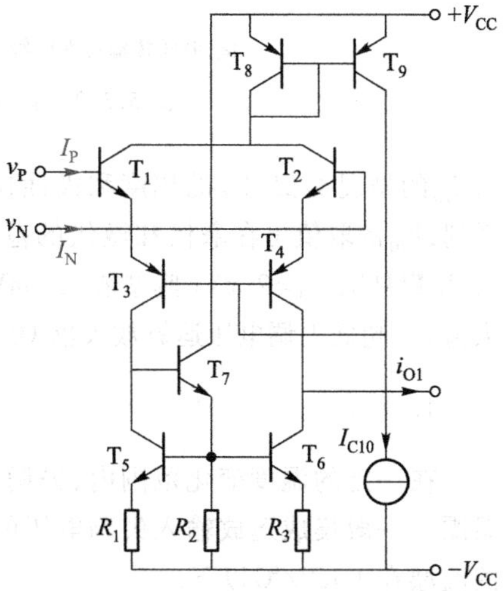

图 5.3.1 F007 运算放大器输入级偏置电流

因为在输入级两个半边之间,T_1 和 T_2 的 β 之间存在着不可避免的失配,那么 I_P 和 I_N 也就必然存在着失配。两个电流的均值被称为输入偏置电流 I_{IB},即

$$I_{IB}=\frac{I_P+I_N}{2} \tag{5.3.1}$$

2. 输入失调电流 I_{IO}

I_P 和 I_N 的差称为输入失调电流 I_{IO},即

$$I_{IO}=I_P-I_N \tag{5.3.2}$$

I_{IO}的幅度量级通常要比 I_{IB}小。I_{IB}的极性取决于输入晶体管类型,而 I_{IO}极性则取决于失配方向。因此对于某一给定的运算放大器簇中某些样品会有 $I_{IO}>0$,而其他的则有 $I_{IO}<0$。

对于不同的运算放大器,I_{IB}值的范围是纳安(10^{-9} A,nA)到飞安(10^{-15} A,fA)之间。以与 F007 一样通用的集成运放 741 系列为例,对于商用级 741C,室温下的参数是:I_{IB} = 80 nA(典型值),500 nA(最大值);I_{IO} = 20 nA(典型值),200 nA(最大值)。对于商用改进级 741E 来说,I_{IB} = 30 nA(典型值),80 nA(最大值);I_{IO} = 3 nA(典型值),30 nA(最大值)。I_{IB}和 I_{IO}都与温度有关。

3．输入失调电压 V_{IO}

将运算放大器的输入短接，可得 $v_O=A_{vo}(v_P-v_N)=A_{vo}\times0=0$ V。然而，由于处理 v_P 和 v_N 的输入级两部分之间存在固有的失配，通常实际运算放大器的 $v_O\neq0$。为了使 $v_O=0$，必须在输入管脚之间加入一个合适的校正电压。也就是说，开环电压传输特性不会过原点，如图5.3.2(a)所示，但它向左偏移还是向右偏移依赖于失配的方向。这种偏移称为输入失调电压 V_{IO}。如图5.3.2(b)所示，在理想或无失调的运放的一个输入端上串接一微小的电压源 V_{IO}，这样就可以模仿一个实际运放。现在的传输特性表达式是

$$v_O=A_{vo}(v_P+V_{IO}-v_N) \tag{5.3.3}$$

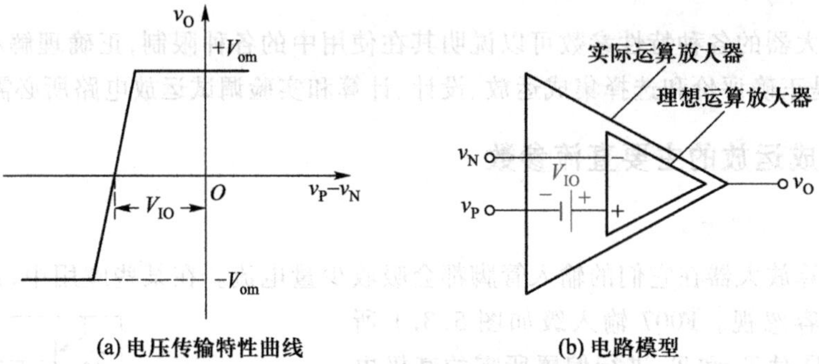

图5.3.2　具有输入失调电压 V_{IO} 的运算放大器

与 I_{IO} 的情况类似，V_{IO} 的幅度和极性在同一运算放大器系列中也不尽相同，而对于不同的系列，V_{IO} 的取值可在毫伏和微伏的范围上变化。LM741数据单给出了下述室温下的额定值：LM741C，$V_{IO}=2$ mV(典型值)，6 mV(最大值)；LM 741E，$V_{IO}=0.8$ mV(典型值)，3 mV(最大值)。超低失调电压运算放大器OP-77的 $V_{IO}=10$ μV(典型值)，50 μV(最大值)。

4．输入失调电压的温漂 $\frac{\Delta V_{IO}}{\Delta T}$

在一定的温度变化范围内，失调电压的变化与温度变化的比值称为输入失调电压的温漂。一般集成运放输入失调电压的温漂为10～20 μV/℃，而高精度、低漂移集成运放的温漂在1 μV/℃以下。

5．输入失调电流的温漂 $\frac{\Delta I_{IO}}{\Delta T}$

在一定的温度变化范围内，失调电流的变化与温度变化的比值称为输入失调电流的温漂。

由于输入失调电压、输入失调电流及输入偏置电流均为温度的函数，所以产品手册上均标明这些参数的测试温度。此外，需要指出的是，上述各参数均与电源电压及集成运放输入端所加的共模电压值有关。手册中的参数一般是指在标准电源电压及零共模输入电压下的测试值。

6．差模开环直流电压增益 A_{vo}

由差模输入电压引起的对地输出电压与此差模输入电压之比，即为差模开环电压增益，简称开环增益。开环增益可用放大倍数来表示，如 10^5 倍，也可用分贝数来表示，如 $20\lg10^5=100$ dB。

开环增益指的是直流开环增益,这是在输入直流电压信号下或在很低频率下近似测得的增益,一般为 100 ~ 140 dB。而实际集成运放差模开环电压增益是频率的函数,即开环增益随频率上升而下降,其开环增益的幅值与频率的关系曲线称之为开环增益的幅频响应,用波特图来描述,如图 5.3.3 所示。

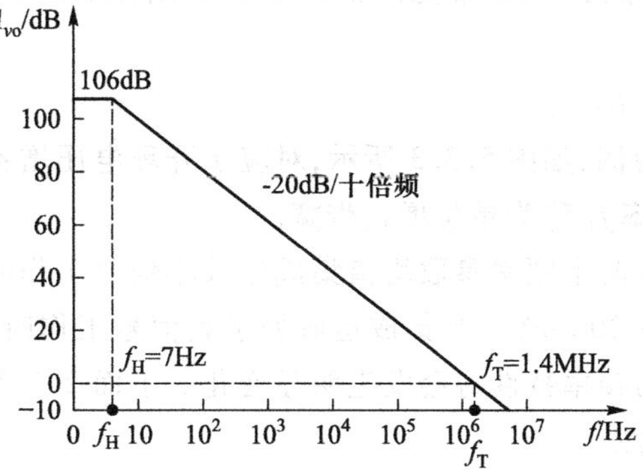

图 5.3.3 F007 型运放 A_{vo} 的幅频响应

7. 共模抑制比 K_{CMR}

集成运放工作于线性区时,其差模电压增益 A_{vo} 与共模电压增益 A_{vc} 之比称为共模抑制比。与差模开环电压增益类似,K_{CMR} 也是频率的函数。集成运放手册中给出的参数值均指直流(或低频)时的 K_{CMR}。多数集成运放的 K_{CMR} 的值在 80 dB 以上。

8. 电源电压抑制比 $PSRR$

集成运放工作在线性区时,输入失调电压随电源电压改变的变化率称为电源电压抑制比。用公式表示为

$$PSRR^{-1}=\left|\frac{\Delta V_{IO}}{\Delta V_S}\right|(1\ \mu V/V) \tag{5.3.4}$$

式中,ΔV_S 为电源电压 ΔV_{CC} 或 ΔV_{EE}。

如果电源电压抑制比为 10 μV/V,以分贝为单位则表示为 100 dB。一般低漂移集成运放的 $PSRR$ 为 90 ~ 110 dB,相当于 2 ~ 20 μV/V。需要说明的是,对于有些集成运放,其正负电源电压抑制比并不相同,使用时应注意。

9. 输出峰-峰电压 V_{opp}

它是指在特定的负载条件下,集成运放能输出的最大电压幅度。正、负向的电压摆幅往往并不相同。目前大多数集成运放的正、负电压摆幅均大于 10 V。

10. 最大共模输入电压 V_{icm}

当集成运放的共模抑制特性显著变坏时的共模输入电压即为最大共模输入电压。有时将共模抑制比(在规定的共模输入电压时)下降 6 dB 时所加的共模输入电压值,作为最大共模输入电压。

11. 最大差模输入电压 V_{idm}

它是集成运放两输入端所允许加的最大电压差。当差模输入电压超过此电压值时,集成运放输入级的晶体管将被反向击穿,甚至损坏。

5.3.2　集成运放的主要交流参数

1. 开环带宽 $BW(f_H)$

集成运放的开环电压增益下降 3 dB（或直流增益的 0.707 倍）时所对应的信号频率 f_H 称为开环带宽，又称为 3 dB 带宽。如图 5.3.3 所示，F007 型运放的开环带宽约为 7 Hz。

2. 单位增益带宽 $BW_G(f_T)$

以 F007 型运放为例，如图 5.3.3 所示，对应于开环电压增益频率响应曲线，当 A_{vo} 下降到 1（0 dB）时的频率 f_T 称为单位增益带宽。

还应注意的是，这两个频率参数均指集成运放小信号工作时的频率特性。此时的小信号输出范围为 100～200 mV。当集成运放处于大信号工作时，其输入级将工作于非线性区，这时集成运放的频率特性将会发生明显变化。下面 2 个参数均用来描述集成运放大信号工作的频率特性。

3. 转换速率（或压摆率）S_R

在额定的负载条件下，当输入阶跃大信号时，集成运放输出电压的最大变化率称为转换速率 S_R，如图 5.3.4 所示。表达式为

$$S_R=\frac{\Delta v_O}{\Delta t} \tag{5.3.5}$$

通常，集成运放手册中所给出的转换速率均指闭环增益为 1 倍时的值。普通集成运放的转换速率约为 1 V/μs 以下，而高速集成运放的转换速率应大于 10 V/μs。

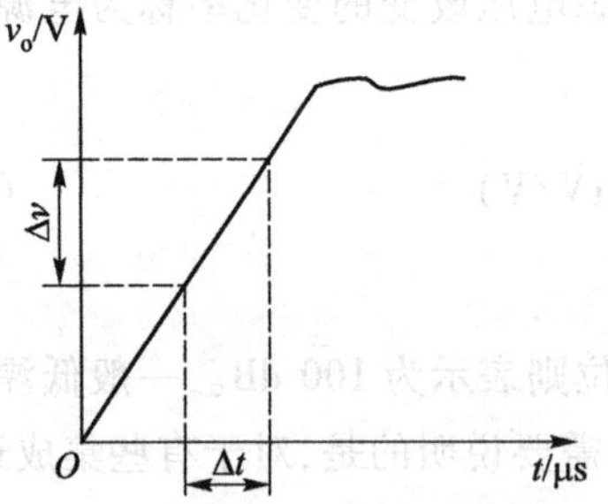

图 5.3.4　转换速率 S_R 定义

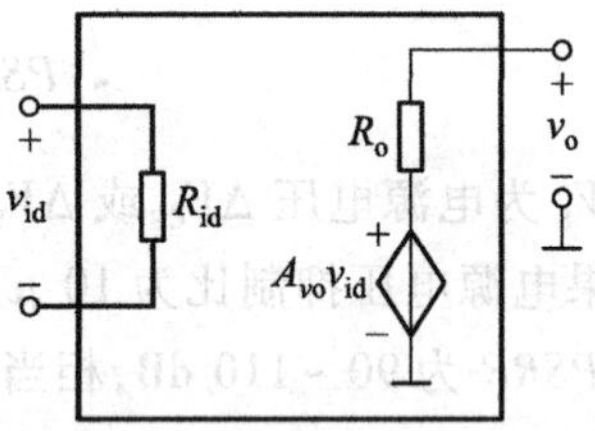

图 5.3.5　集成运算放大器的低频等效电路

4. 全功率带宽 BW_P

在额定负载条件下，集成运放闭环增益为 1 倍时，当输入正弦大信号后，使集成运放输出电压幅度达到最大（在一定的失真条件下）的信号频率，即为功率带宽。此频率受到集成运放转换速率的限制。近似估计 S_R 与 BW_P 之间关系的公式为

$$BW_P=\frac{S_R}{2\pi V_{op}} \tag{5.3.6}$$

式中，V_{op} 是集成运放输出的峰值电压。

以 F007 运放为例，S_R=0.5 V/μs，当输出电压幅值 V_{om}=10 V 时，它的 BW_P 即最大不失真频率应为 8 kHz。

5. 差模输入阻抗 Z_{id}

差模输入阻抗有时也称为输入阻抗，是指集成运放工作在线性区时，两输入端的电压变化量与对应的输入电流变化量之比。输入阻抗包括输入电阻和输入电容，在低频时仅指输入电阻 R_{id}。一般集成运放的参数表中给出的数据均指输入电阻。双极型晶体管的集成运放，其输入电阻一般在几十千欧至几兆欧的范围内变化；场效晶体管的集成运放，其电阻通常大于 $10^9\ \Omega$，一般为 $10^{12}\sim10^{14}\ \Omega$。

6. 共模输入阻抗 Z_{ic}

当集成运放工作在共模信号时，共模输入电压的变化量与对应的输入电流变化量之比称为共模输入阻抗。在低频情况下，它表现为共模输入电阻 R_{ic}。通常，集成运放的共模输入电阻比差模输入电阻要高得多，其值在 $10^8\ \Omega$ 以上。

7. 输出阻抗 Z_o

当集成运放工作于线性区时，其输出端加信号电压后，其电压变化量与对应电流变化量之比，称为输出阻抗。在低频时，是从集成运放输出端和地之间看进去的动态等效电阻，即输出电阻 R_o。一般运放的 $R_o<200\ \Omega$，而超高速运放如 AD9610 的 $R_o=0.05\ \Omega$。

5.3.3 集成运放的简化低频等效电路

集成运放的主要技术指标虽然较多，但在低频小信号下应用时，若仅分析对输入差模电压的放大作用（不考虑失调对电路的影响），则可用 A_{vo}、R_{id}、R_o 所反映的等效电路来描述集成运放，如图 5.3.5 所示。

5.4 集成运算放大器的种类与选择

PPT 5.4 运放的种类与选择

5.4.1 集成运算放大器的种类

1. 按产品性能分类

集成运算放大器按产品的性能一般分为通用型、高速型、高精度型、大功率型、跨导型、低功耗型和低漂移型等。

(1) 通用型

所谓通用型一般是指早期生产的，其技术指标符合基本要求，但又无某些突出性能的运算放大器，它在整个运放产品中品种数量最多而且应用范围最广。这类运算放大器如 μA 741、μA 709、μA 702、μA 747、LM324、F007、F006、F003、FC3 等。

出于制造工艺的不断提高，“通用”的含义也在不断扩大。采用超 β 工艺生产的高性能运放，现在也已被列入通用型之中。Bi-FET 型运放和 CMOS 型运放的大量出现以及高阻抗和低功耗型运放也可以列入通用型之中，这就是所谓的通用型高阻运放和通用型低功耗运放。

(2) 高速型

这类运算放大器可获得较快的转换速率和较短的过渡时间，以保证在快速模数转换电路应用中的转换精度，例如 μA 772、F051B、F715、F054 等。

(3) 高输入阻抗型

当集成运算放大器用于测量仪表或采样保持电路中时，需要具有高输入电阻或低输入电流的运算放大器，例如CA3140(F3140)、LM355/356/357(F355/356/357)、F072等。为了满足这一要求，这类电路采取了下列措施：

① 采用结型场效晶体管或MOS型场效晶体管。采用这样的电路结构，一般输入电阻可达10^9 Ω，或输入电流为10 pA，但这类晶体管的温漂较大。

② 电路中采用超β管。

③ 采用偏流抵消法，使输入级管子的偏置电流由电路内部供给，使电路在静态时输入电流基本为零。

(4) 高压型

在一些需要输出较高电压的电路中，电路的工作电压有时高达±24 V。这样，放大器的工作电压至少应当大于25 V。因此，出现了工作电压较高的运算放大器。

一般的集成运算放大器，其工作电压为6 V、12 V，典型的工作电压为±15 V。为了提高工作电压，通常的办法是在集成电路的电路结构以及制作版图设计上加以改进，同时在制作工艺上合理控制掺入晶体的杂质浓度。例如：BG315、LM1536(F1536)等。

(5) 大功率型

一般的通用型运算放大器的输出电流在10 mA以内，为了适应大功率音频功率放大器的需要，研究和设计了大功率的单片集成音频功率放大电路。输出功率从最初的几瓦到十几瓦，直到几十瓦到上百瓦。这种电路的工作电压可达上百伏，输出电流达几安到十几安。

(6) 低功耗和微功耗型

在一些生物科学和空间技术的研究和便携式仪表中，经常需要电路工作在较低的电源电压和微弱的电流下，例如，1～2 V的工作电压和10～100 pA的工作电流。为此，这类运算放大器的制作工艺就要和一般的电路有所不同。例如，输入电阻应大于1 MΩ，在低电流下仍有较高的放大倍数。其方法是：选用高电阻率的材料，减少外延层以提高电阻值，并尽量减少基区宽度，以提高β值。采用特殊设计的Bi-FET型和CMOS型运放，一般都是低功耗型的。例如：单电源型低功耗单运放F124(LM124)，单电源低功耗双运放F358/158(LM358/158)，低功耗运放F011、FC54(μPC253)。

(7) 低漂移型

在一些需要长时间连续工作的监测类仪表电路中，需要稳定的电路参数，这类电路不能因温度的变化而变化(称为温度漂移)，也不能因工作电压的微小变化而变化(称为电压漂移)，也不能因工作时间的延长而变化(称为时间漂移)。自稳零放大器具有较低的温漂，其数值为0.1 μV/℃，超β型管的双极型输入级也可达到0.3 μV/℃。例如：MOS型自稳零低漂移运放F7650、国产F033(LM725)等。

(8) 宽带型

宽带型运算放大器的设计和生产工艺都比较复杂，它的主要特征是频响指标比较高，这些指标包括3 dB带宽、单位增益带宽或增益-带宽积以及功率带宽等。

迄今为止，对于宽带运算放大器的频响指标下限尚无严格的规定，国内生产厂家也未做出统一标准。但一般认为，单位增益带宽应至少大于10 MHz。由于宽带运放的频带较宽，所以其电压转换速率也较高（但低于高速型运放）。

从设计上讲，改善运放的频响特性较难，尽管采用了一系列方法，如对横向 PNP 管进行高频旁路，设计纵向 PNP 管以及采用场效应对管作为运放的输入级等。但生产出满意的宽带运算放大器产品仍不多。所以这种运放价格较贵，除一些必需的应用场合外，一般很少采用。

（9）高精度型

高精度型运算放大器需要同时具备多项优异的性能指标，如开环增益很大（一般不小于 120 dB），输入失调电压很小（一般在 0.5 mV 以下，甚至更小，如 0.5 μV 左右），输入失调电压温度系数很小，且漂移也小，输入失调电流和输入偏置电流都很小，温度系数相应也很小，等效输入噪声也很小（否则高增益就没有意义了）。这种运算放大器的转换速率很低，因而其频带较窄。

（10）跨导型

一般运算放大器输出和输入信号均是电压信号，即为电压型的，互阻型运放是把电流差动信号变为电压信号输出，而跨导型运放是把差动电压输入信号变为电流信号输出，因此其主要指标是跨导值。它要求放大器能在宽电流范围（几个数量级）的工作电流下正常工作，即能在从微安级到毫安级的工作条件下正常工作，以适应宽范围输入电压和宽范围输出电流的要求。这种运放的频率特性较好，转换速率也较高，并且有外偏置功能，可以作程控使用。为适应高阻输出和低阻输出两种要求，跨导型运放具有直接输出（高阻）和缓冲输出（低阻）两种结构。

2. 按生产工艺分类

集成运算放大器如果按照生产工艺来分，又可分为双极型、双极-场效应型、MOS 型和组合结构的特殊型。

（1）双极型

这里所指的双极型工艺包括通用双极型工艺、低压工艺、PNP 和 NPN 相容工艺及超 β 工艺等。采用这些工艺生产的运算放大器，包括输入阻抗在百兆欧的运算放大器和输入阻抗在兆兆欧的电压跟随器电路。

（2）双极-场效应型（Bi-FET）

这里的场效应工艺包括结型和 MOS 型两种，采用这种相容工艺生产的运算放大器，其输入阻抗很高，而且频带较宽，电压转换速率也较高。由于工艺水平的提高，输入失调和等效输入噪声指标也相应得到改善。

（3）MOS 型

在高精度和低功耗方面，采用 CMOS 工艺的运算放大器占有优势。这是由于 CMOS 工艺器件的工作电流小而集成度高，因而 CMOS 工艺不仅在数字集成电路和转换器电路中占有优势，在集成运算放大器方面也占有重要位置。

在大规模集成电路和一些子系统中，NMOS 型的运算放大器也常被采用，但目前尚无单独的 NMOS 型运放生产。

（4）采用组合结构的特殊型

为了冲破工艺相容性限制以及集成度、成品率或成本等限制，已经发展了一批外形与单片集成相似的多片封装的组合运算放大器，如仪器仪表用的仪用放大器、高压（几百伏)运算放大器、高速运算放大器和高输出电流型运算放大器等。

5.4.2 集成运算放大器的选择

在系统方案基本确定之后,要查阅手册选定集成运放,选用集成运放时往往既要考虑到性能方面的要求,又要考虑到可靠性、价格以及供货周期等问题,应统一衡量,相互兼顾,做出最优选择。必须注意,极限参数是绝对不能超越的,而且不允许任何一项的参数达到极限值。否则,运放就会损坏,或者功能下降。为保证使用的可靠性,在系统所要求的参数值与极限参数值之间应留有一定的余地。集成运放的价格也是需要考虑的重要因素,在性能指标可以达到要求的情况下,电路应尽可能简单,价格应尽量压低,这才是最合理的方案。不能一味地追求高性能、高指标。

在选定集成运放时,要根据系统的特定要求来进行,主要从精度和速度这两方面指标入手。对于有高精度要求的情况,应该选用增益高、失调小和漂移低的运放,初学者易犯的问题是对实际应用的背景理解不深,所提的精度指标虚高,远远超过实际的需求,精度的要求必须恰当,过高的精度要求,需要选用高性能的运放,这必然增加了不必要的成本。当要求高速工作时,则应选择开环带宽和单位增益带宽宽、转换速率高的运放。具体集成运放型号的选择可以参考如下:

1. 如果所设计的系统没有特殊的要求,一般可选用通用型集成运放,例如 μA 741、LM741、LM324(四运放)、F007 等。

2. 若应用在弱信号检测、精密计算、仪表、高精度稳压电源等要求精度高、温漂小和噪声低的场合,可以选择 $\Delta V_{IO}/\Delta T \leqslant 2\ \mu V/℃$,$\Delta I_{IO}/\Delta T \leqslant 200\ pA/℃$,$A_{v0} \geqslant 120\ dB$,$K_{CMR} \geqslant 110\ dB$ 和噪声电压 $v_n \leqslant 120\ nV/\sqrt{Hz}$ 的集成运放。例如 μA 725、μA 726、μA 154、μA 254、OP-07、OP-27、OP-37、OPA227/OPA228、AD508、SN72088、HA2905 等。利用 MOSFET 动态自动稳零集成运放如 ICL7650、OPA334/2334、OPA335/2335、OPA333/2333 等,其 $V_{IO} \leqslant 5\ \mu V$、$\Delta V_{IO}/\Delta T \leqslant 0.1\ \mu V/℃$。

3. 在高速模数、数模转换器、脉冲放大器、高频放大器、视频放大器、精密比较器、锁相环、高速数据采集系统、高速测试系统和高速采样-保持电路等应用场合时,需要选择高速、宽带的集成运放。例如 AD841($S_R = 300\ V/\mu s$, $f_T = 40\ MHz$)、AD9618($S_R = 1800\ V/\mu s$, $f_T = 8\ GHz$)、OPA355/2355/3355($S_R = 360\ V/\mu s$, $f_T = 250\ MHz$)、OPA690($S_R = 1\ 800\ V/\mu s$, $f_T = 500\ MHz$)等。一般高速运放的输出电流都比较大(几十毫安到几百毫安),即负载驱动能力较强,功耗相应也比较大。

4. 如果应用在有源滤波、测量系统、采样-保持电路、峰值检波、对数、反对数电路、高性能积分电路、光电流检测等场合时,需要输入电阻更高的集成运放。例如 F3130、F3140、μA 740、μPC152 等,其差模输入电阻均大于 1 000 GΩ。

5. 在遥测、遥感、便携式仪表、生物医学和空间技术研究的设备中,需要选用低功耗的集成运放。一般运放的功耗约在几十毫瓦到几百毫瓦之间,低功耗运放的功耗则在微瓦数量级。例如 ICL7600、ICL7641、F3078、F253、CA308、CA3087、DG3078、8FC7、7XC4 和 5G26 等。目前,许多运放具有"休眠"功能,当不需要工作时,让运放处于休眠状态,此时的静态电流仅有微安级。

6. 通用型运放的电源电压最大值为±18 V(或单电源 36 V),高压集成运放的工作电压高于±30 V,若实际应用中要求很高的输出电压,则需要选择高压集成运放。例如F1536、F143、LM143、HA2645、D41 等,其中 D41 可工作在±150 V,此时的输出电压可达±125 V。

7. 如果应用在阀门驱动器、螺线管或电磁线圈驱动器、传输线驱动器、耳机驱动器、电机驱动器和测试设备等场合时,由于一般运放的输出电流为几毫安到几十毫安,直接采用它难以带动这些负载。有一种称为“缓冲器”的运放,其增益为 1,带宽很宽,输出电流很大,可作为驱动重负载的输出级。例如 TI 公司生产的高速缓冲器 BUF634,最大输出电流 $I_{OM}=250$ mA,转换速率 $S_R=2\ 000$ V/μs。

5.5 运算放大器及其单元电路应用实例

PPT 5.5 运放应用实例

5.5.1 三角波-正弦波转换电路

如果一个三角波通过一个电路,该电路的电压传输特性具有正弦特性,则输出就是一个正弦波,如图 5.5.1 所示。由于非线性电压传输特性的形状与频率无关,所以在拥有三角波输出的压控振荡器时,要设计一个频率范围较宽的正弦波发生器就会很方便。

图 5.5.2 所示电路中,通过对射极耦合差分对管的过驱动,可以近似得到一个正弦形状的电压传输特性。当输入 v_I 过零点附近时,差分对电路增益近似为线性,但当输入 v_I 接近任一端的峰值时,其中一个 BJT 将被驱动到截止的边缘,在这里电压传输特性变成对数特性,故三角波经过此电路后的顶部和底部渐渐变圆。

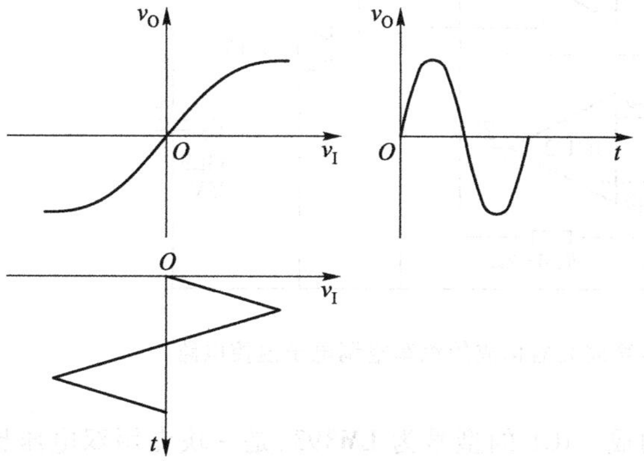

图 5.5.1 三角波-正弦波转换器的电压传输特性曲线

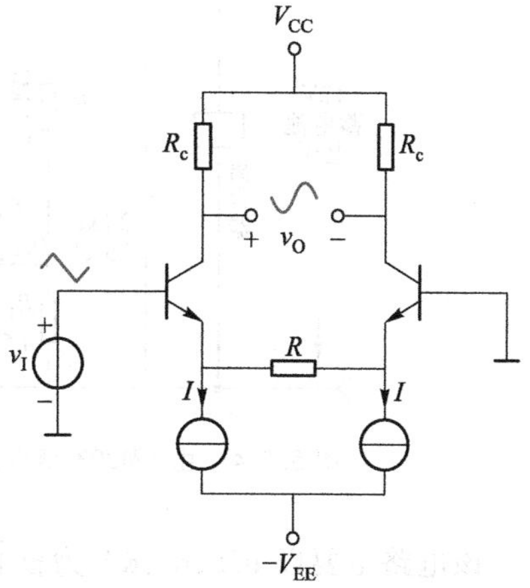

图 5.5.2 三角波-正弦波转换器电路

图 5.5.3 给出一个实际的三角波-正弦波转换电路。电路功能是由 LM394 和与之匹配的 BJT 对完成的,借助于镜像电流源 T_3、T_4,将它的输出转换为一个单端电流,再由运放将这个电流转换为输出电压 v_O。这个电路借助于示波器或频谱分析仪,可按下列的步骤对它进行标定。首先,调整 25 kΩ 可变电阻得到一个对称的输出;接下来,调整 5 kΩ 可变电阻使输出畸变最小;最后,调整 50 kΩ 可变电阻得到需要的输出幅度。

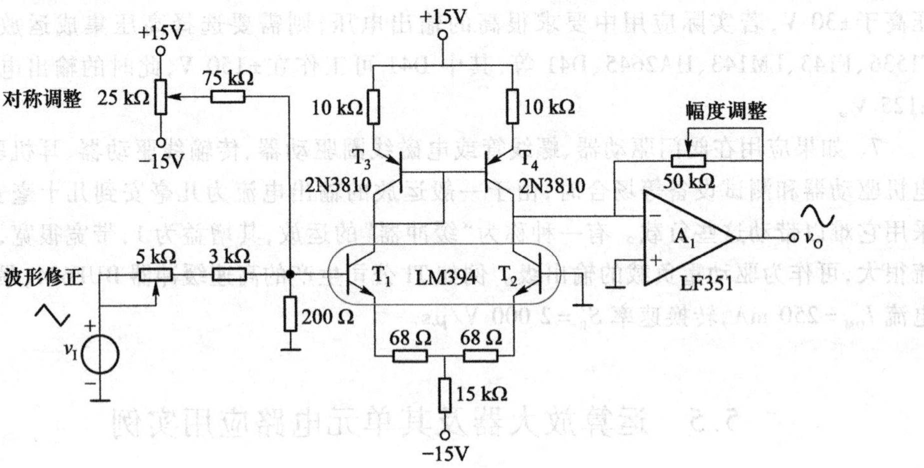

图 5.5.3　实际三角波-正弦波转换电路

5.5.2　由 LM393 专用运算放大器构成的汽车空调电子温控电路

图 5.5.4 所示电路是由专用 LM393 型运算放大器构成的汽车空调电子温控电路。该电路既可作为汽车空调的温度控制电路，也适用于需要对温度进行自动控制的场合。

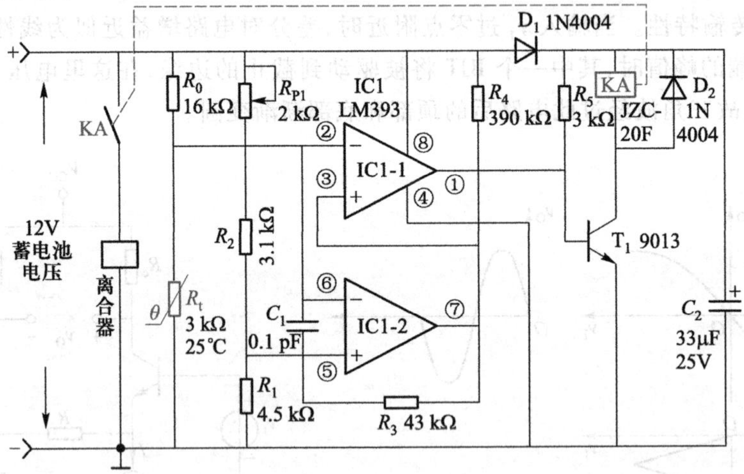

图 5.5.4　由 LM393 型专用运算放大器构成的汽车空调电子温控电路

该电路主要以 IC1、R_t、KA 为核心构成。IC1 的型号为 LM393，是一块专用双电压比较器（专用运算放大器）。R_t 是一只 25℃时电阻值为 3 kΩ 的热敏电阻传感器（具有负温度特性）。KA 型号为 JZC-20F，是一只直流继电器，其常开触点用于控制空调压缩机离合器线圈的供电，以使压缩机工作或停止工作。KA 继电器线圈串接在 T_1 管集电极回路中，受 T_1 管状态的控制，而 T_1 管则受 IC1-1①脚输出信号的控制，IC1-1 受 IC1-2 的控制，IC1-2 受温度传感器 R_t 检测到的温度控制。

IC1-2 构成电压比较器，其同相信号输入端⑤脚为基准电压端，基准电压是由 R_{P1}、

R_2、R_1 将汽车的蓄电池电压(+12 V)分压后得到的,反相信号输入端⑥脚为比较电压端,比较电压是由 R_0 和 R_t 分压后得到的,由于 R_t 的电阻值会随外界被测温度的变化而变化,故 IC1-2⑥脚上的电压是变化的。

当外界环境温度低于设定值,即 R_t 检测到外界环境温度低于 R_{P1} 设定的温度值时,R_t 的电阻值较大,分压后的电压大于 IC1-2⑤脚的电压,故 IC1-2⑦脚输出低电平,从而拉低了 IC1-1③脚上的电压,使 IC1-1①脚输出低电平,T_1 不工作。

当 R_t 检测到外界环境温度高于设定值时,其电阻值变小,使 IC1-1②脚和 IC1-2⑥脚电位均下降,一旦 IC1-2⑥脚电压小于⑤脚时,其⑦脚输出高电平,使 IC1-1③脚电压大于②脚,其①脚输出高电平,从而使 T_1 管正偏导通,KA 继电器线圈得电吸合,其常开触点 KA 闭合后,又接通了压缩机离合器的供电,使压缩机工作进行制冷。

本章小结

表 5.3　本章重要概念、知识点及需熟记的公式

1. 集成电路(IC)	
定义	用半导体工艺技术,将晶体管、二极管等有源器件和电阻、电容、电感等无源器件,按照一定的电路互联,“集成”在一块半导体晶片(如硅或砷化镓)上,封装在一个外壳内,执行特定电路和系统功能的一种器件
指标	集成规模　特征尺寸
分类	按电路功能{数字集成电路 模拟集成电路 混合信号集成电路 按器件结构{双极型集成电路 MOS 集成电路 BiMOS 集成电路 ……
外形结构	封装:针脚插入型、表面贴装型、多芯片组件(MCM)和系统封装(SIP)
元器件特点	元器件{匹配性好 用有源器件代替无源器件 电感、大电容和电阻不能集成
2. 集成运算放大器(集成运放)	
特点	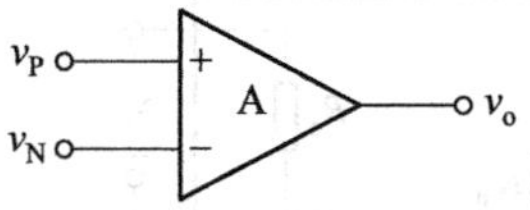 $v_O=A_{vo}(v_P-v_N)$ 是集成高增益器件
应用	基本:运算、放大 广泛:自控、音频及视频信号处理、测量、检测、探测、报警……

续表

通用双极型运放 F007	① 偏置电路:镜像电流源、微电流源 ② 输入级:共集电极-共基极(CC-CB)复合型差分电路,输入电阻大,晶体管作有源负载,抑制共模、放大差模,单端输出差模增益=双端输出增益 ③ 中间级:主放大器——共射放大电路 ④ 输出级:准互补输出级,输出电阻小,最大不失真输出电压高
3. MOS集成运算放大器	
通用运放	CMOS　5G14573 集成运放
4. 集成运放的主要参数及简化低频等效电路	
主要参数	直流参数: 输入偏置电流 I_{IB}:基极电流均值 输入失调电流 I_{IO}:基极电流之差 输入失调电压 V_{IO}:输入短接 $v_O \neq 0$,使 $v_O=0$ 时的输入校正电压 输入失调电压的温漂 $\Delta V_{IO}/\Delta T$ 输入失调电流的温漂 $\Delta I_{IO}/\Delta T$ 差模开环直流电压增益 A_{vo}:100 ~ 140 dB,随频率上升而下降 共模抑制比 K_{CMR}:80 dB 以上 电源电压抑制比 $PSRR$ 输出峰-峰电压 V_{opp} 最大共模输入电压 V_{icm} 最大差模输入电压 V_{idm} 交流参数: 开环带宽 $BW(f_H)$:-3dB 带宽,F007 约为 7 Hz;单位增益带宽 BW_G:A_{vo} 下降到 1(0 dB)时的对应频率——小信号工作时频率特性 转换速率(或压摆率)S_R;全功率带宽 BW_P——大信号工作时频率特性 差模输入阻抗 Z_{id}:低频为输入电阻 R_{id},双极型运放在几十千欧 ~ 几兆欧,场效晶体管集成运放大于 $10^9\ \Omega$,常为 $10^{12}\ \Omega \sim 10^{14}\ \Omega$ 共模输入阻抗 Z_{ic}:低频为输入电阻 R_{ic},$10^8\ \Omega$ 以上 输出阻抗 Z_o:低频为输入电阻 R_o,一般小于 200 Ω
简化低频等效电路	低频小信号时,等效电压放大模型,放大输入差模电压 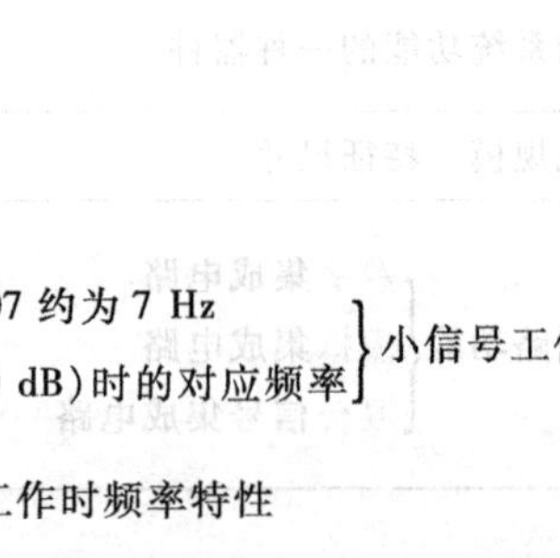

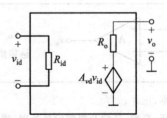

续表

5. 集成运放的种类
按产品性能： 通用型：品种数量最多，应用范围最广，μA 741、F007 高速型：快转换速率，短过渡时间 高输入阻抗型：测量仪表电路，采样保持电路 高压型：工作电压 25 V 以上 大功率型：工作电压上百伏，输出电流几安～十几安 低功耗和微功耗型：低电源电压，微弱电流 低温漂型：长时间连续工作检测类仪表电路，电路参数稳定 宽带型：频响指标高，单位增益带宽>10 MHz 高精度型：多项优异性能指标，频带窄，转换速率低 跨导型：频率特性好，转换速率高，有外偏置，可程控
按生产工艺： 双极型 双极-场效型(Bi-FET) MOS 型 采用组合结构的特殊型
6. 两个实例
(1)正弦波产生电路；(2)专用 LM393 型运算放大器构成的汽车空调电子温控电路

习　题

5.1　在半导体集成电路(IC)中，______元件占芯片面积最小，______和______元件的值越大，占芯片面积越大。

5.2　通用型集成运放一般由哪几部分电路组成？每一部分常采用哪种基本电路？通常对每一部分性能的要求分别是什么？

5.3　集成运放的偏置电路往往采用______电路。在集成运放中，中间级放大电路的负载常采用______负载，其目的是为了__________。

5.4　In the F007 op-amp input stage in Figure 5.2.3, the breakdown voltage of NPN transistor's BE junction is $V_{(BR)EBO}=5$ V and the breakdown voltage of PNP transistor's BE junction is $V_{(BR)EBO}=50$ V. Determine the maximum voltage of F007 op-amp input stage.

5.5　A simplified high precision op-amp circuit is shown in Fig. P5.5. (1) Determine which input terminal

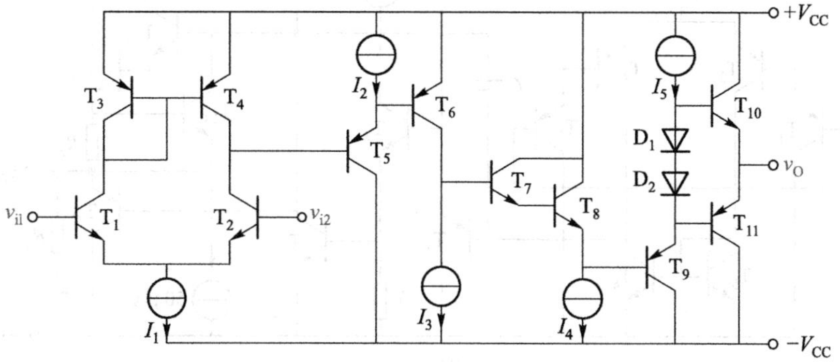

Fig. P5.5

is noninverting input terminal. (2) Analyze the function of T_3, T_4. (3) Analyze the function of current source I_3.

5.6　Transistors in the simplified op-amp circuit in Fig. P5.6 are silicon transistors, with $\beta = 100$, $r_{bb'} = 100\ \Omega$, $r_{ce} = \infty$, $V_{BE} = 0.7$ V, $v_O = 0$ V when no input signal applied. (1) Calculate quiescent collector currents I_{C1}, I_{C2}, I_{C5}. (2) Calculate the voltage gain A_v. (3) Investigate the changes of I_{C1}, I_{C5}, A_v for power supply voltages of ±20 V, give explanation.

5.7　Fig. P5.7 is a simplified circuit diagram of an LH0042 hybrid BiJFET op-amp. Compare it with BJT F007 op-amp, describe the principal stages of it and its operation.

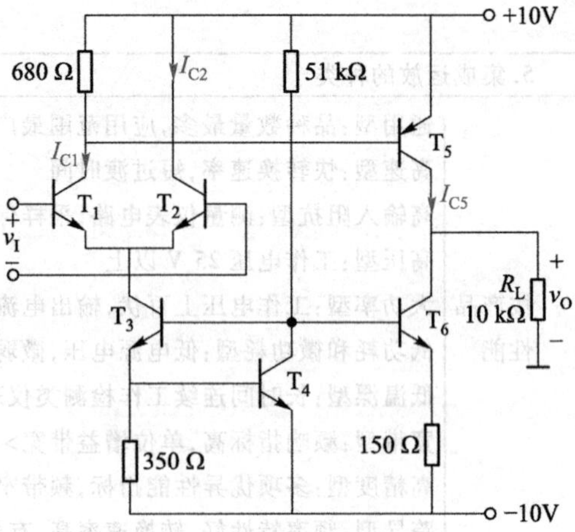

Fig. P5.6

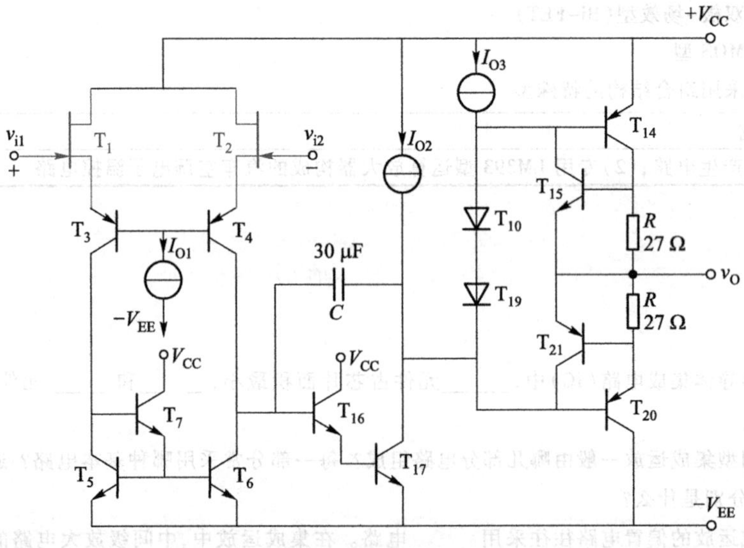

Fig. P5.7

5.8　图 P5.8 所示为低功耗集成运放 LM324 的简化电路图。试说明：(1) 输入级、中间级和输出级的电路形式及特点；(2) 晶体管 T5、T6 及 4 μA、6 μA 和 100 μA 三个电流源的作用。

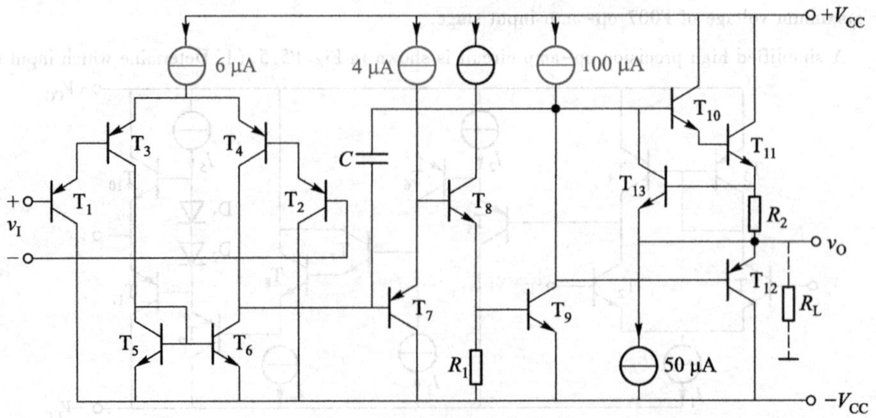

图 P5.8

5.9 集成运放 F007 的电流源如图 P5.9 所示，设 $V_{BE}=0.7\ V$。(1)若 T_{12}、T_{13} 管的 $\beta=2$，求 I_{C13}；(2)若要求 $I_{C10}=26\ \mu A$，则 R_4 为多少？

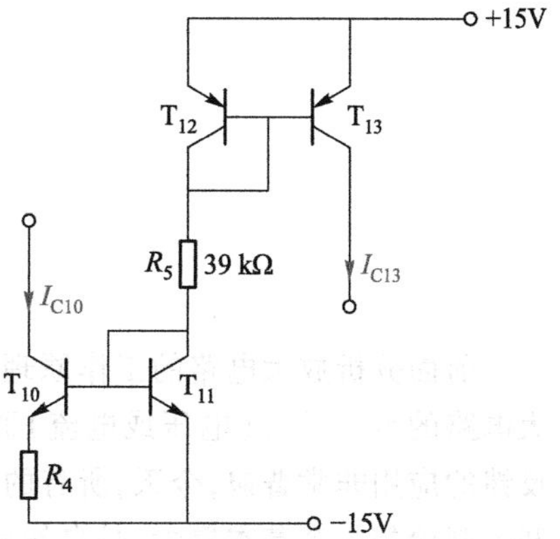

图 P5.9

5.10 要求设计一个放大电路，工作频率 $f=10\ kHz$，输出电压幅度 $V_{om}=\pm 10\ V$。试问运算放大器的压摆率至少应为多大？

5.11 已知现有集成运放的类型是：通用型、高阻型、高速型、低功耗型、高压型、大功率型及高精度型。根据下列要求，将应优先考虑使用的集成运放填入空内。(1)做低频放大器，应选用______；(2)做宽频带放大器，应选用______；(3)做幅值为 1 μV 以下微弱信号的测量放大器，应选用______；(4)做内阻为 100 kΩ 信号源的放大器，应选用______；(5)负载需 5 A 电流驱动的放大器，应选用______；(6)要求输出电压幅值为±80 V 的放大器，应选用______；(7)宇航仪器中的放大器，应选用______。

第 6 章
负反馈放大电路

微课视频
6.1.1
负反馈放大电路的概念

前面分析放大电路的工作原理时，信号都是从输入端传送到输出端，而反馈是把放大电路的输出信号（电压或电流）通过一定的方式回送到输入端，以影响输入量的过程。反馈的应用非常普遍，今天，所有的电子系统中几乎没有不采用反馈的，反馈也是系统论和控制论的一个基本概念，是自然界和人类社会发展中的基本机制之一。

反馈有正负之分，在放大电路中广泛采用负反馈，可以说，一个放大电路如果不采用负反馈技术，那它就难以成为一个性能优良的放大电路。实际上第 3 章所述的分压式偏置电路稳定静态工作点，其本质就是采用了负反馈技术，既然负反馈能够稳定静态工作点，那么反馈能否改善放大电路的其他性能呢？本章将从反馈的概念、分类及其判断讲起，进而深入讨论负反馈对放大电路性能的影响，深度负反馈条件下的近似分析方法，最后介绍负反馈放大电路的稳定问题。

6.1 反馈的基本概念

6.1.1 反馈的概念

PPT 6.1
反馈的基本概念

1. 反馈放大电路

凡是施加了反馈的放大电路就称为反馈放大电路，如图 6.1.1 所示的两级放大电路中，电阻 R_f 和 R_{e1} 把输出电压 v_o 的一部分电压 v_f 回送到输入回路，它与原输入信号一起共同作用到放大电路的输入端，所以该电路是带有反馈的放大电路，即反馈放大电路。

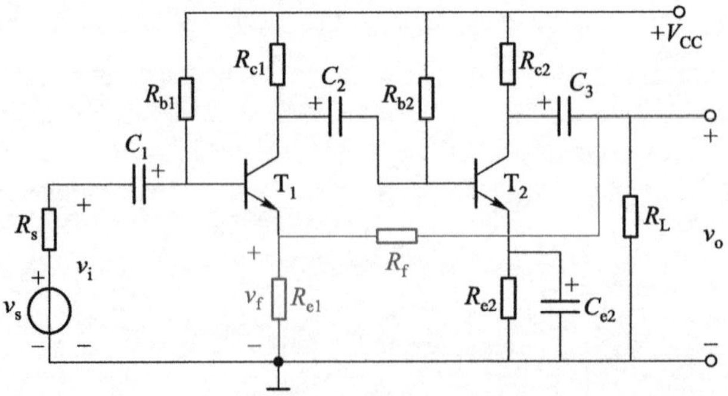

图 6.1.1　反馈放大电路

反馈体现了输出信号对输入回路的反作用。例如，在讨论晶体管的 H 参数微变等效电路时，提到的反向电压传输系数 h_{re}，它反映了晶体管输出电压 v_{ce} 对输入回路的影响，这也是一种反馈现象，但这种反馈是器件内部结构形成的，把此种反馈称为内部反馈。

放大器件的内部反馈很小,可以忽略。而把人为改变电路连接关系所引入的反馈,称为外部反馈。本章重点讨论外部反馈及对放大电路性能所产生的影响。

反馈放大电路可以抽象为图 6.1.2 所示的方框图,图中的箭头表示信号流的方向,也表示电路网络传输的单向性,整个反馈放大电路是由基本放大电路和反馈网络构成的闭合环路。图中 x_i、x_o、x_f 和 x_{id} 分别表示输入信号、输出信号、反馈信号和基本放大电路的净输入信号,这些信号可以是电压,也可以是电流,基本放大电路的增益(开环增益)为 $A=\dfrac{x_o}{x_{id}}$,反馈放大电路的增益(闭环增益)为 $A_f=\dfrac{x_o}{x_i}$,反馈网络的传输系数(反馈系数)为 $F=\dfrac{x_f}{x_o}$。由图 6.1.2 可见,要判断一个放大电路是否有反馈,就要看此电路中是否存在连接输出回路和输入回路的反馈通路,即反馈网络,若有此通路,就说明该放大电路是一个闭环的反馈放大电路。例如图 6.1.1 中的 R_f 和 R_{e1} 就是反馈通路。

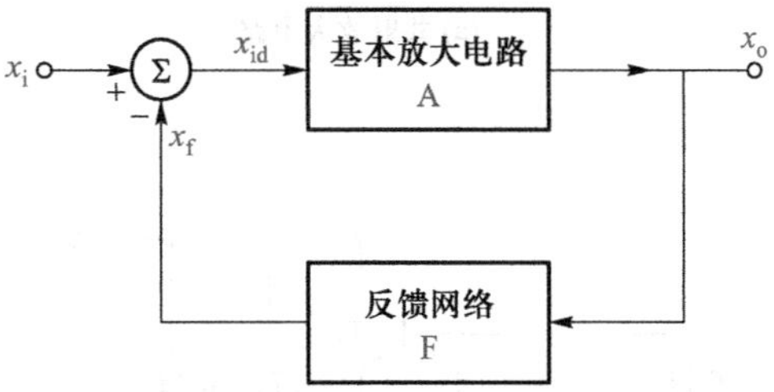

图 6.1.2 反馈放大电路的组成方框图

2. 正反馈和负反馈

由图 6.1.2 可以看出,净输入信号 $x_{id}=x_i-x_f$,若反馈信号 x_f 使 x_{id} 增强,从而输出信号也增大,则称这种反馈为正反馈;若反馈信号使净输入信号削弱,相应的输出信号也减小,则称这种反馈为负反馈。

3. 直流反馈与交流反馈

放大电路中交直流往往是同时存在的。在放大电路的直流通路中存在的反馈称为直流反馈,也就是说若反馈信号只有直流量称为直流反馈;在放大电路的交流通路中存在的反馈称为交流反馈。

通常在放大电路中引入直流负反馈用于稳定静态工作点,引入交流负反馈用于改善放大电路的动态性能,本章重点研究交流反馈,以后若不加说明,则反馈均指是交流反馈。

4. 反馈极性的判断

微课视频
6.1.2
反馈极性的判断

交流反馈信号是交变的,要判断是负反馈还是正反馈,只能依据某一瞬间的现实情况,先假设输入信号 v_i 此时刻对地极性为正(电路中用⊕、⊖分别表示瞬时极性的正负),然后按照放大原理逐级分析电路中其他有关节点的瞬时电压极性,从而得到输出信号的极性,再由输出信号经过反馈网络判别反馈信号的极性,若反馈信号使基本放大电路的净输入信号减小,则引入的反馈是负反馈,若反馈信号使基本放大电路的净输入信号增大,则引入的反馈是正反馈,这种判别方法称为瞬时极性法。

【例 6.1.1】 放大电路如图 6.1.3(a)、(d)所示,试判断是否有反馈?若存在反馈,请指明该反馈是直流反馈还是交流反馈?是负反馈还是正反馈?

解 (1) 图 6.1.3(a)放大电路的直流通路如图 6.1.3(b)所示,电阻 R_e 把输出回路和输入回路联系起来,所以 R_e 是反馈通路,图 6.1.3(a)的放大电路存在直流反馈。

设图 6.1.3(b)中的 V_{BQ} 增加,则 I_{CQ} 增加,相应的 I_{EQ} 也增加,此时,作为反馈信号的 V_{EQ} 增加,使得净输入信号 V_{BEQ} 减小,所以此直流反馈是负反馈。

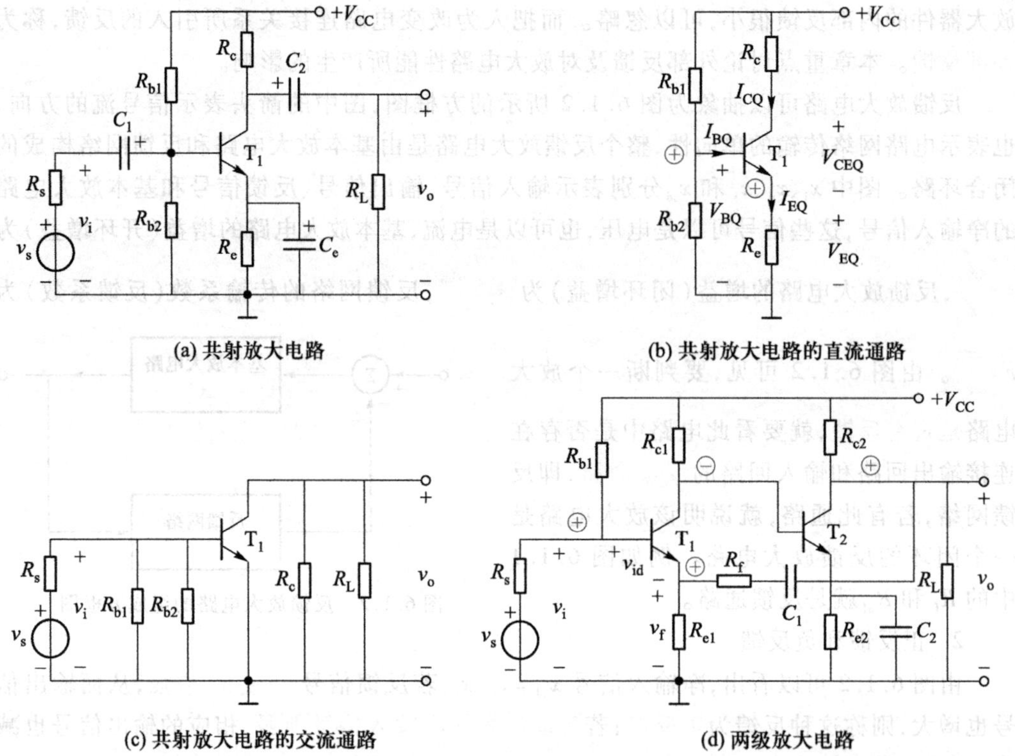
(a) 共射放大电路
(b) 共射放大电路的直流通路
(c) 共射放大电路的交流通路
(d) 两级放大电路

图 6.1.3　反馈的判别

图 6.1.3(a)放大电路的交流通路如图 6.1.3(c)所示，图中无反馈通路，所以此放大电路无交流反馈。

(2) 图 6.1.3(d)放大电路的反馈通路是由 R_f、C_1 和 R_{e1} 引入的，由于 C_1 的隔直流作用，此反馈属于交流反馈。

利用瞬时极性法，先假设输入电压 v_i 此时刻对地极性为正，由于 T_1、T_2 均为共发射极组态，所以输出信号 v_o 的极性为正，v_o 经 R_f 和 R_{e1} 分压后，在 R_{e1} 上获得的反馈信号 v_f 为正，而净输入信号 $v_{id}=v_i-v_f$，可以看出此反馈使净输入信号减小了，所以该反馈为交流负反馈。

微课视频
6.1.3
反馈的基本关系式

6.1.2　反馈的基本关系式

对于反馈放大电路，如果已经分析获得了基本放大电路的增益 A，反馈系数 F，那么，根据图 6.1.2，可得反馈放大电路的增益

$$A_f=\frac{x_o}{x_i}=\frac{x_o}{x_{id}+x_f}=\frac{x_o/x_{id}}{1+x_f/x_{id}}=\frac{A}{1+AF} \tag{6.1.1}$$

这是反馈放大电路的基本关系式，它表明了反馈放大电路的闭环增益 A_f 是开环增益 A 的 $[1/(1+AF)]$ 倍，$(1+AF)$ 反映了反馈的强弱，称为反馈深度，$AF=x_f/x_{id}$ 表示绕反馈环一圈的增益，称为环路增益。

若环路增益 $AF>0$，说明 x_f 与 x_{id} 同相，也就是说 x_f 削弱了净输入信号 x_{id}，即反馈为负反馈，此时反馈深度 $(1+AF)>1$。换句话说，就是在放大电路中引入负反馈后，其闭环增

益 A_f 会下降到原来增益的[$1/(1+AF)$],反馈越深,增益下降越多。

既然负反馈会使放大电路的增益下降,那为什么在放大电路中还要广泛使用负反馈呢?这是因为负反馈具有自动调节的作用,可使放大电路的很多性能都得到改善。例如当输入信号一定时,若外界温度、电源电压等变化引起开环增益 A 增大,则输出信号 x_o 要增大,相应的反馈信号 x_f 随之增大,使得净输入信号 x_{id} 减小,从而使 x_o 的增大受到限制,即稳定了输出 x_o。

当反馈深度$(1+AF)\gg 1$时,称为深度负反馈,此时根据式(6.1.1),可得

$$A_f \approx \frac{1}{F} \tag{6.1.2}$$

上式说明在反馈深度足够大时,反馈放大电路的闭环增益 A_f 主要决定于反馈系数,而与基本放大电路的增益 A 几乎无关。而反馈网络通常由电阻等无源元件组成,其稳定性远比有源器件的要好,所以说引入深度负反馈后,反馈放大电路的稳定性大大提高。

若环路增益 $AF<0$,说明 x_f 与 x_{id} 反相,也就是说 x_f 增强了净输入信号 x_{id},即反馈为正反馈,此时反馈深度$(1+AF)<1$,闭环增益 A_f 的幅值会增大。一种特殊情况是 $AF=-1$,使 $1+AF=0$ 时,闭环增益 A_f 为无穷大。此种情况说明电路无输入时,还有输出信号,这一现象称为自激振荡,此时的放大电路也不称其为放大电路,所以在放大电路中尽量避免引入正反馈,正反馈无自动调节的作用,施加正反馈会使放大电路的很多性能恶化,甚至引起自激振荡而破坏放大电路的正常工作。

6.2 负反馈放大电路的四种类型

微课视频
6.2.1
负反馈放大电路的四种类型(1)

反馈放大电路中的基本放大电路和反馈网络均是二端口网络,它们在输入端和输出端的连接方式不同,采用的信号量就不同,相应的性能也就有所差别,按照连接方式的不同,负反馈放大电路可以分为四种类型。

6.2.1 负反馈在输出端的取样

反馈网络在基本放大电路输出端的连接方式决定了反馈是电压反馈还是电流反馈。如果反馈网络直接取样于输出电压,且与输出电压成正比,即 $x_f=Fv_o$,这种反馈称为电压反馈;如果反馈网络直接取样于输出电流,且与输出电流成正比,即 $x_f=Fi_o$,这种反馈称为电流反馈。如图 6.2.1 所示。

PPT 6.2
负反馈放大电路的四种类型

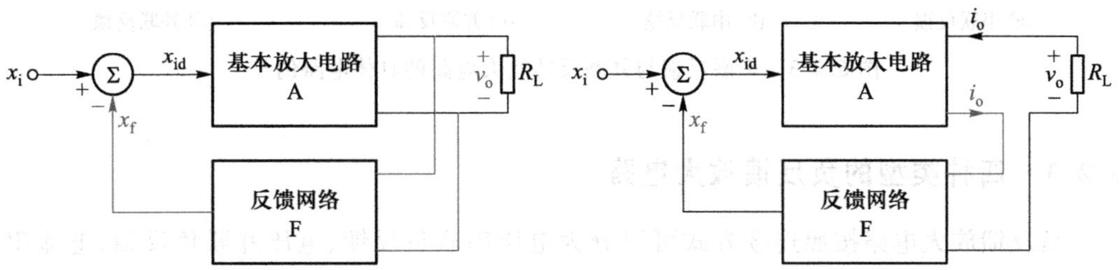

(a) 电压反馈 (b) 电流反馈

图 6.2.1 电压反馈与电流反馈放大电路的组成方框图

判断方法：输出端短路法，即假设输出端等效交流负载电阻为零，若反馈信号 x_f 不存在，则为电压反馈，若 x_f 存在，则为电流反馈。

由于负反馈具有自动调节的作用，在电压负反馈时，若某种因数（如负载的变化等）使得输出电压 v_o 变化，则负反馈环路自动调节的作用要使 v_o 向相反的方向变化，结果是输出电压 v_o 获得稳定，即电压负反馈稳定输出电压。同理，电流负反馈稳定输出电流。

6.2.2 负反馈放大电路在输入端的连接方式

反馈网络在基本放大电路输入端的连接方式决定了反馈是串联反馈还是并联反馈。如果反馈网络串联在基本放大电路的输入回路中，则称为串联反馈，此时反馈支路与输入信号支路不接在同一节点上，净输入信号以电压量的形式出现，即 $v_{id}=v_i-v_f$。如图 6.2.2(a) 所示。

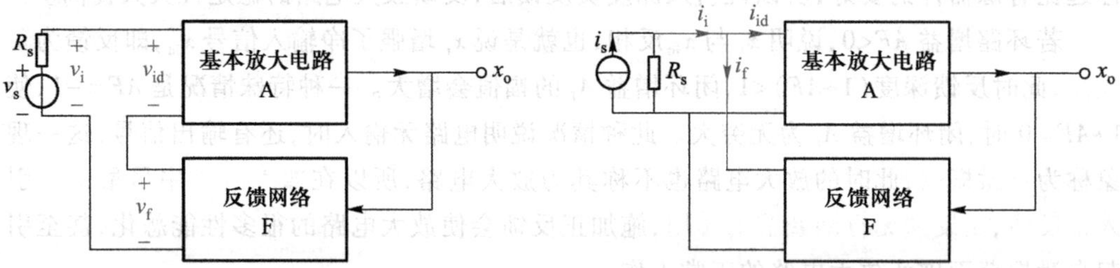

(a) 串联反馈　　(b) 并联反馈

图 6.2.2　串联反馈与并联反馈放大电路的组成方框图

如果反馈网络并联在基本放大电路的输入回路中，则称为并联反馈，此时反馈支路与输入信号支路连接在同一节点上，净输入信号以电流量的形式出现，即 $i_{id}=i_i-i_f$。如图 6.2.2(b) 所示。

串联反馈和并联反馈具体电路连接例子如图 6.2.3 所示。

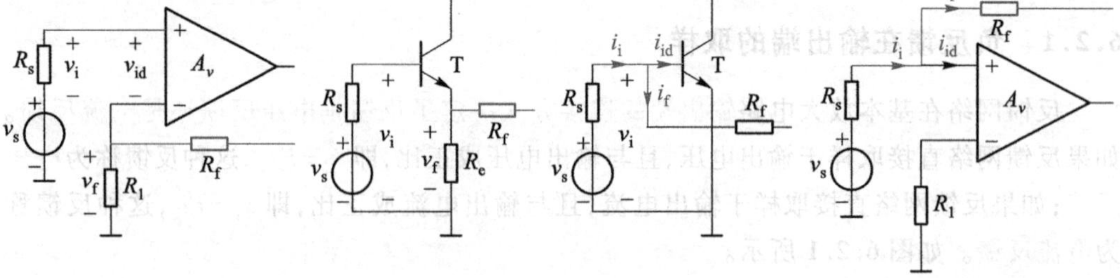

(a) 串联反馈　(b) 串联反馈　(c) 并联反馈　(d) 并联反馈

图 6.2.3　串联反馈与并联反馈放大电路的具体电路例子

知识扩展 6.1 内阻对电源到底有什么影响

6.2.3 四种类型的负反馈放大电路

负反馈放大电路按照连接方式可以分为电压串联负反馈、电压并联负反馈、电流串联负反馈和电流并联负反馈四种类型。四种负反馈放大电路的组成方框图如图 6.2.4 所示。

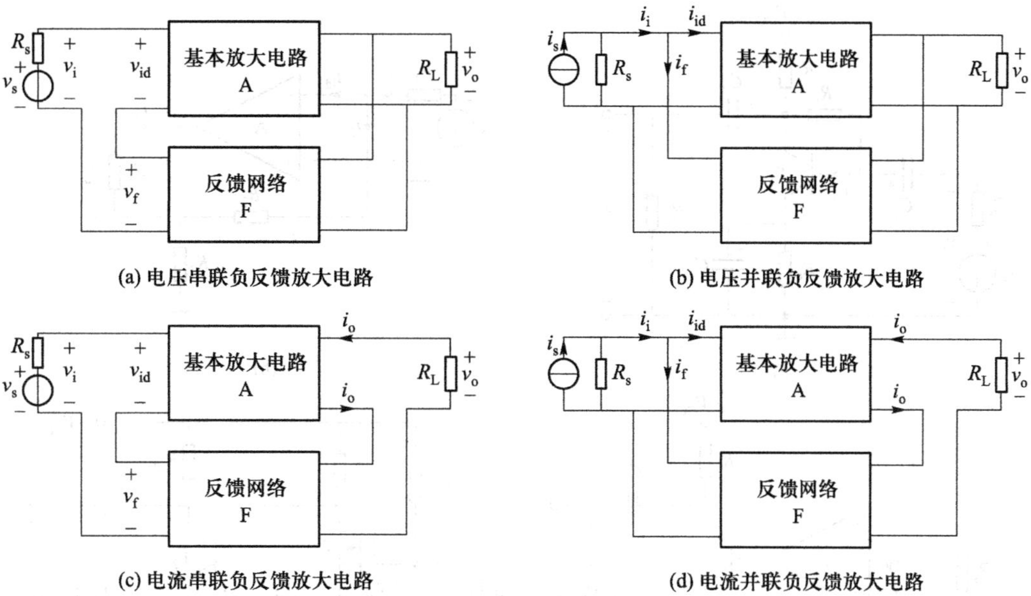

(a) 电压串联负反馈放大电路　(b) 电压并联负反馈放大电路

(c) 电流串联负反馈放大电路　(d) 电流并联负反馈放大电路

图 6.2.4 四种负反馈放大电路的组成方框图

微课视频
6.2.2
负反馈放大电路的四种类型(2)

电压负反馈时输出电量 x_o 取 v_o,电流负反馈时输出电量 x_o 取 i_o,串联负反馈时输入电量均取电压,并联负反馈时输入电量均取电流,因此,不同的反馈类型,A_f、A 和 F 的具体物理含义不同,也就是不同类型的反馈放大电路,反馈的基本关系式代表的物理含义不同,如表 6.1 所示。因此正确判断各种反馈类型,是讨论负反馈对放大电路性能影响的前提。

表 6.1 四种类型负反馈放大电路参数的物理意义

类型 参数	电压串联	电压并联	电流串联	电流并联
A	电压增益 $A_v=\dfrac{v_o}{v_{id}}$	互阻增益 $A_r=\dfrac{v_o}{i_{id}}$	互导增益 $A_g=\dfrac{i_o}{v_{id}}$	电流增益 $A_i=\dfrac{i_o}{i_{id}}$
F	$F_v=\dfrac{v_f}{v_o}$	$F_g=\dfrac{i_f}{v_o}$	$F_r=\dfrac{v_f}{i_o}$	$F_i=\dfrac{i_f}{i_o}$
A_f	电压增益 $A_{vf}=\dfrac{v_o}{v_i}$	互阻增益 $A_{rf}=\dfrac{v_o}{i_i}$	互导增益 $A_{gf}=\dfrac{i_o}{v_i}$	电流增益 $A_{if}=\dfrac{i_o}{i_i}$

【例 6.2.1】 试判断图 6.2.5 所示放大电路的反馈类型。

解 (a) 图 6.2.5(a)中 R_f 是反馈通路,所以有反馈。

利用瞬时极性法,如图 6.2.5(a)所示,反馈信号 i_f 削弱了净输入电流 i_{id},故反馈是负反馈。

利用输出短路法,等效交流负载 $R_L'=R_c /\!/ R_L$ 短路时,输出电压 $v_o=0$,R_f 直接并在输入端,此时,反馈通路消失,即反馈信号消失,因此该反馈为电压反馈。

由输入端的连接看,反馈通路 R_f 与输入信号支路连接在同一节点上,所以该反馈为并联反馈。

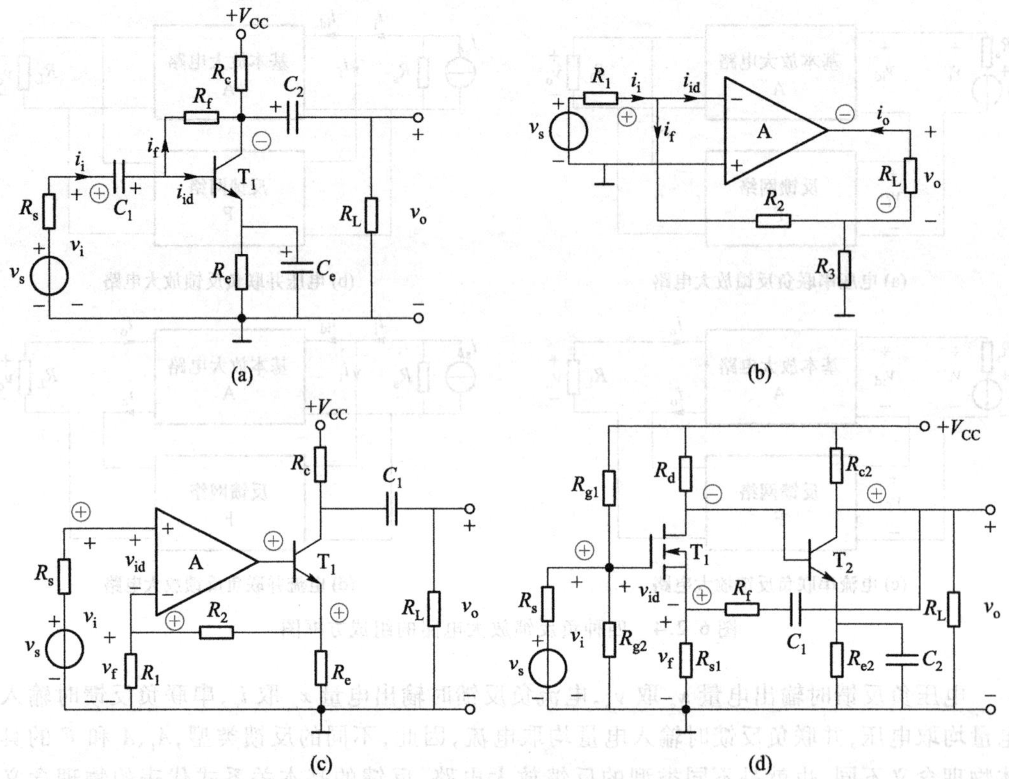

图 6.2.5　例 6.2.1 放大电路

总之，图 6.2.5(a)是电压并联负反馈放大电路。

(b) 图 6.2.5(b)中 R_2、R_3 是反馈通路，故有反馈。

利用瞬时极性法，如图 6.2.5(b)所示，反馈信号 i_f 削弱了净输入电流 i_{id}，故反馈是负反馈。

利用输出短路法，负载 R_L 短路时，输出电压 $v_o=0$，但 $i_o\neq0$，即反馈信号 i_f 仍然存在，因此该反馈为电流反馈。

由输入端的连接看，反馈支路 R_2 与输入信号支路连接在同一节点上，所以该反馈为并联反馈。

总之，图 6.2.5(b)是电流并联负反馈放大电路。

(c) 图 6.2.5(c)中 R_1、R_2 和 R_e 是反馈通路，所以有反馈。

利用瞬时极性法，如图 6.2.5(c)所示，反馈信号 v_f 削弱了净输入电压 v_{id}，故反馈是负反馈。

利用输出短路法，等效交流负载 $R_L'=R_c/\!/R_L$ 短路时，输出电压 $v_o=0$，但 $i_o\neq0$，即 T_1 管的 $i_e\neq0$，从而反馈信号 v_f 仍然存在，因此该反馈为电流反馈。

由输入端的连接看，反馈支路 R_2 与输入信号支路连接在不同节点上，所以该反馈为串联反馈。

总之，图 6.2.5(c)是电流串联负反馈放大电路。

(d) 图 6.2.5(d)中 R_{s1}、C_1 和 R_f 是反馈通路，所以有反馈。

利用瞬时极性法，如图 6.2.5(d)所示，反馈信号 v_f 削弱了净输入电压 v_{id}，故反馈是负反馈。

利用输出短路法，等效交流负载 $R'_L=R_{c2}/\!/R_L$ 短路时，输出电压 $v_o=0$，此时，R_f 和 C_1 与 R_{s1} 并联直接接在 T_1 管的源极，这样输出与输入之间的反馈通路就消失了，从而反馈信号 v_f 也就随之消失，这里需要注意的是，有同学可能会问，此时电阻 R_{s1} 上还有电压呀？没错，是还有电压，但此电压是由本级的源极电流产生的，它属于局部反馈，而我们关心的是主要的极间反馈，极间反馈此时消失了。因此该反馈为电压反馈。

由输入端的连接看，反馈支路 R_f 与输入信号支路连接在不同节点上，所以该反馈为串联反馈。

总之，图 6.2.5(d)是电压串联负反馈放大电路。

6.3 负反馈对放大电路性能的改善

放大电路引入负反馈后，尽管闭环增益会下降，但是由于具有了自动调节的作用，可以使放大电路的许多性能得到显著的改善，本节将对这些性能的改善进行定性和定量的讨论，找出规律，以便灵活应用。

6.3.1 负反馈提高了增益的稳定性

PPT 6.3 负反馈对放大电路性能的改善

放大电路是有源电路，实际工作时，温度、电源电压波动以及元器件老化等因素都可能导致放大电路增益的不稳定，通常用增益的相对变化量来衡量其稳定性，开环增益的相对稳定度为 $\Delta A/A$，闭环增益的相对稳定度为 $\Delta A_f/A_f$。

反馈的基本关系式为

$$A_f=\frac{A}{1+AF}$$

求微分，得

$$dA_f=\frac{dA}{(1+AF)^2}=A_f\frac{1}{1+AF}\frac{dA}{A}$$

其相对稳定度为

$$\frac{dA_f}{A_f}=\frac{1}{1+AF}\frac{dA}{A} \tag{6.3.1}$$

上式表明，负反馈放大电路增益的相对变化量仅为其基本放大电路增益相对变化量的 $(1+AF)$ 分之一，也就是说，引入负反馈，增益的稳定度提高了 $(1+AF)$ 倍。

需要说明的是，一种反馈类型只能稳定一种形式的增益，要让其他增益稳定，需要附加额外的条件。例如，电流串联负反馈放大电路，只能稳定互导增益 $A_{gf}=\frac{i_o}{v_i}$，要想电压增益 $A_{vf}=\frac{v_o}{v_i}=\frac{-i_oR_L}{v_i}$ 稳定，必须附加负载 R_L 稳定的条件。

6.3.2 负反馈展宽了通频带，减小了线性失真

放大电路引入负反馈后，反馈环内任何原因引起的增益变化都将减小，那么对于信

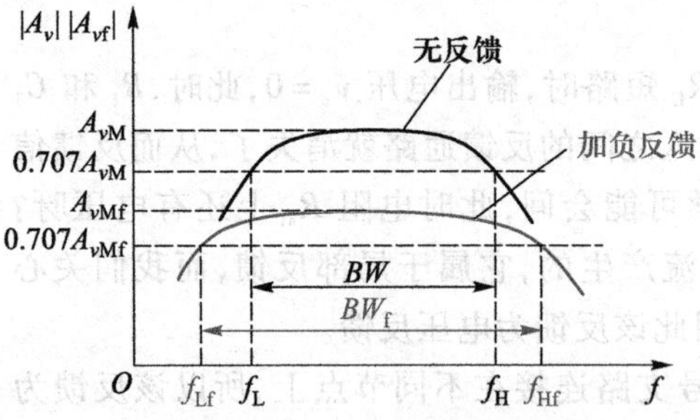

图 6.3.1 负反馈展宽通频带

号频率变化引起的增益下降也将减小，即负反馈放大电路的上限频率 f_{Hf} 比基本放大电路的 f_H 要增大，下限频率 f_{Lf} 比 f_L 要减小，也就是说通频带展宽，线性失真减小。引入反馈后的幅频响应如图 6.3.1 所示。

通频带展宽也可从单级负反馈放大电路的高频响应定量分析。单级基本共射放大电路高频响应为

$$A_{vH}(j\omega)=\frac{A_{vM}}{1+j\dfrac{f}{f_H}} \tag{6.3.2}$$

引入纯阻性负反馈后，高频区的闭环增益为

$$A_{vHf}(j\omega)=\frac{A_{vH}(j\omega)}{1+FA_{vH}(j\omega)} \tag{6.3.3}$$

将式(6.3.2)带入式(6.3.3)并整理，可得

$$A_{vHf}(j\omega)=\frac{\dfrac{A_{vM}}{1+A_{vM}F}}{1+j\dfrac{f}{(1+A_{vM}F)f_H}}=\frac{A_{vMf}}{1+j\dfrac{f}{f_{Hf}}} \tag{6.3.4}$$

式中，闭环中频电压增益为

$$A_{vMf}=\frac{A_{vM}}{1+A_{vM}F} \tag{6.3.5}$$

负反馈放大电路的上限频率

$$f_{Hf}=(1+A_{vM}F)f_H \tag{6.3.6}$$

增益带宽积

$$A_{vMf}f_{Hf}=A_{vM}f_H \tag{6.3.7}$$

以上分析说明，引入负反馈后放大电路的通频带展宽为基本放大电路的 $(1+A_{vM}F)$ 倍，但中频增益下降为基本放大电路的 $(1+A_{vM}F)$ 分之一，增益带宽积基本不变。负反馈深度 $(1+A_{vM}F)$ 越深，通频带展宽愈多，中频增益下降也越多。

6.3.3 负反馈减小了非线性失真

放大电路中一定包含非线性器件，也就必然存在非线性失真，从失真的机理看，可认为其增益不是常数，而是随输入信号的变化而变化的，若增益始终是一个常量，则输出信号一定没有非线性失真。但是放大电路引入负反馈以后，不论电路中的什么因素引起增益的变化都可以得到稳定，所以，负反馈可以减小放大电路的非线性失真。当然这种非线性失真的减少程度也与反馈深度有关。

6.3.4 负反馈能够改变输入电阻

1. 串联负反馈使输入电阻增大

图 6.3.2(a)所示为串联负反馈放大电路的简化框图，由图可以看出

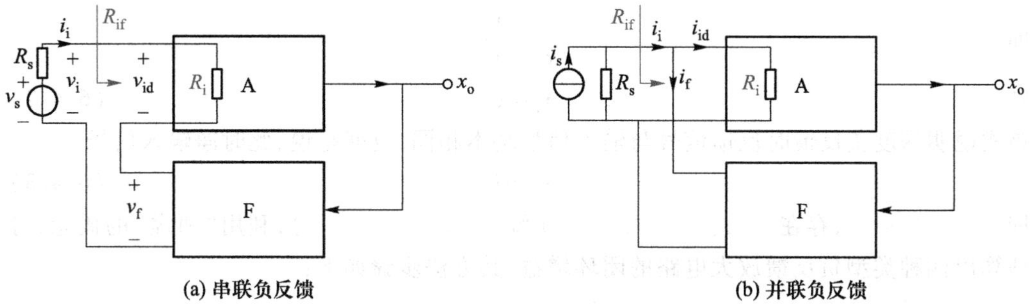

图 6.3.2 串联负反馈与并联负反馈放大电路的简化框图

$$R_{if}=\frac{v_i}{i_i}=\frac{v_{id}+v_f}{i_i}=\frac{v_{id}}{i_i}\left(1+\frac{v_f}{v_{id}}\right)=R_i(1+AF) \tag{6.3.8}$$

可见串联负反馈使闭环输入电阻增大到开环输入电阻的$(1+AF)$倍。

2. 并联负反馈使输入电阻减小

从图 6.3.2(b)可以看出

$$R_{if}=\frac{v_i}{i_i}=\frac{v_i}{i_{id}+i_f}=\frac{\frac{v_i}{i_{id}}}{1+\frac{i_f}{i_{id}}}=\frac{R_i}{1+AF} \tag{6.3.9}$$

可见并联负反馈使闭环输入电阻减小到开环输入电阻的$(1+AF)$分之一倍。

6.3.5 负反馈能够改变输出电阻

输出电阻的变化趋势决定于是电压负反馈还是电流负反馈。因为电压负反馈稳定输出电压，使输出端更趋近于电压源，从而其闭环输出电阻 R_{of}必然会减小。而电流负反馈稳定输出电流，使输出端更趋近于电流源，从而其闭环输出电阻 R_{of}一定会增大。

6.4 深度负反馈放大电路的估算方法

负反馈放大电路也是放大电路，前述分析放大电路的各种方法，仍然适用于负反馈放大电路，其实本章以前遇到的单级负反馈放大电路，我们就常常采用微变等效电路法分析之。但在实际电子系统中的放大电路，往往是多级或集成的反馈放大电路，如果直接画其微变等效电路，而不借助于计算机，那么分析将极其繁琐和耗时，也难以获得清晰的结果并用于指导实践。然而实际的反馈放大电路，一般开环增益均较大，其反馈深度 $1+AF\gg 1$，即通常满足深度负反馈的条件。这就为分析反馈放大电路指明了新的思路，本节将就此给予深入讨论。

PPT 6.4 深度负反馈放大电路的估算

6.4.1 深度负反馈放大电路近似计算的一般方法

对于负反馈放大电路，当 $1+AF\gg 1$ 时，则

$$A_f=\frac{A}{1+AF}\approx\frac{1}{F} \tag{6.4.1}$$

即
$$\frac{x_o}{x_i} \approx \frac{x_o}{x_f}$$
则
$$x_i \approx x_f \tag{6.4.2}$$
该式说明深度负反馈时反馈信号与输入信号基本相同,也就是说,此时净输入信号
$$x_{id} \approx 0 \tag{6.4.3}$$
即深度负反馈时,存在虚短($v_{id} \approx 0, v_i \approx v_f$)和虚断($i_{id} \approx 0, i_i \approx i_f$),利用"两虚"的概念,可估算出四种类型负反馈放大电路的闭环增益,其方法步骤如下:

1. 判断反馈类型。

2. 串联负反馈时,利用虚断,找出 v_f 与 x_o 的关系,求出反馈系数 F;并联负反馈时,利用虚短,找出 i_f 与 x_o 的关系,求出反馈系数 F。

3. 估算出闭环增益 $A_f \approx \frac{1}{F}$。

4. 不是电压串联负反馈放大电路时,若希望求出闭环电压增益,则需按照电路把估算出的闭环增益转换为闭环电压增益。

6.4.2　四种类型负反馈放大电路的分析举例

通过以下的例题分析,要理解和看懂反馈放大电路,正确判断反馈的类型,熟练掌握深度负反馈时放大电路闭环增益的估算。

【例 6.4.1】　放大电路如图 6.4.1 所示,试求电压增益。

解　1. 该电路是电流串联负反馈放大电路;

2. 利用虚断,可得互阻反馈系数
$$F_r = \frac{v_f}{i_o} = -\frac{R_1 R_3}{R_1 + R_2 + R_3}$$

3. 因为运放的开环增益很大,该电路是深度负反馈放大电路,所以
$$A_{gf} = \frac{i_o}{v_i} \approx \frac{1}{F_r} = -\frac{R_1 + R_2 + R_3}{R_1 R_3}$$

4. 闭环电压增益
$$A_{vf} = \frac{v_o}{v_i} = -\frac{i_o R_L}{v_i} = -A_{gf} R_L = \frac{R_1 + R_2 + R_3}{R_1 R_3} R_L$$

【例 6.4.2】　放大电路如图 6.4.2 所示,若为深度反馈,试求源电压增益。

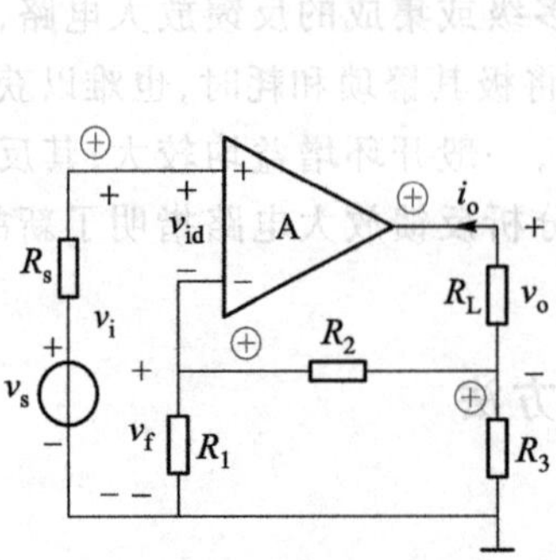

图 6.4.1　例 6.4.1 放大电路

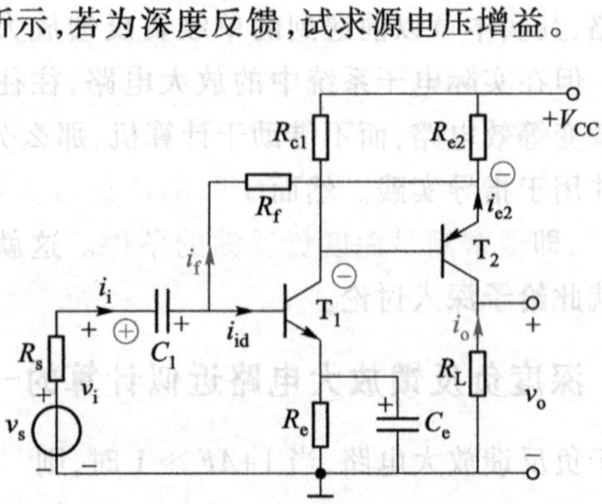

图 6.4.2　例 6.4.2 的放大电路

解 1. 此电路为电流并联负反馈放大电路；

2. 利用输入端虚短后，其交流通路中 R_f 与 R_{e2} 直接并联，因此，电流反馈系数

$$F_i=\frac{i_f}{i_o}\approx\frac{i_f}{i_{e2}}=-\frac{R_{e2}}{R_f+R_{e2}}$$

3. 因为是深度负反馈，所以闭环电流增益

$$A_{if}=\frac{i_o}{i_i}\approx\frac{1}{F_i}\approx-\frac{R_f+R_{e2}}{R_{e2}}$$

4. 输入端虚短后，$v_s=i_iR_s$，源电压增益

$$A_{vsf}=\frac{v_o}{v_s}=-\frac{i_oR_L}{i_iR_s}=-A_{if}\frac{R_L}{R_s}\approx\frac{(R_f+R_{e2})R_L}{R_sR_{e2}}$$

【例 6.4.3】 放大电路如图 6.4.3 所示，试求电压增益。

解 1. 该电路是电压串联负反馈放大电路；

2. 利用虚断，可得电压反馈系数

$$F_v=\frac{v_f}{v_o}=\frac{R_1}{R_1+R_2}$$

3. 闭环电压增益

$$A_{vf}=\frac{v_o}{v_s}\approx\frac{1}{F_v}=1+\frac{R_2}{R_1}$$

【例 6.4.4】 放大电路如图 6.4.4 所示，若为深度反馈，试求电压增益。

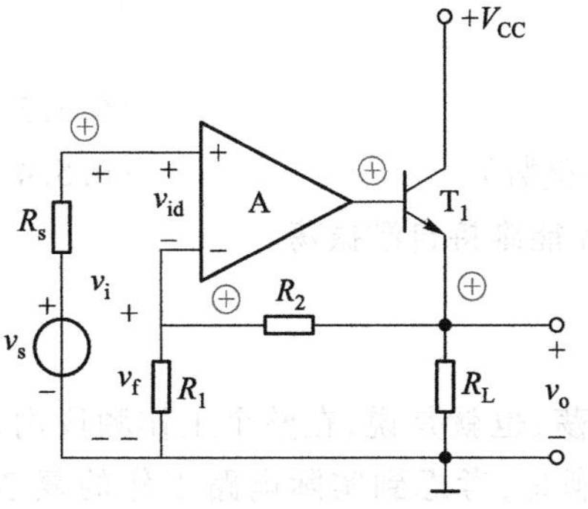

图 6.4.3 例 6.4.3 的放大电路

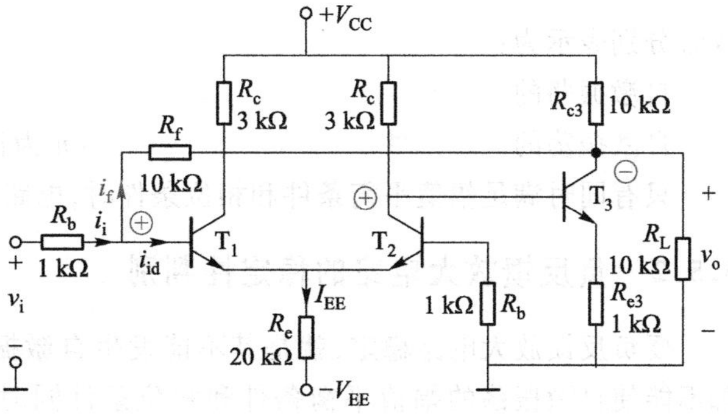

图 6.4.4 例 6.4.4 放大电路

解 1. 该电路是电压并联负反馈放大电路；

2. 利用虚短，可得互导反馈系数

$$F_g=\frac{i_f}{v_o}=-\frac{1}{R_f}$$

3. 闭环互阻增益

$$A_{rf}=\frac{v_o}{i_i}\approx\frac{1}{F_g}\approx-R_f=-10\ \text{k}\Omega$$

4. 利用输入端虚短，可得

$$v_i = i_i R_b$$

闭环电压增益

$$A_{vf} = \frac{v_o}{v_i} = \frac{v_o}{i_i R_b} = \frac{A_{rf}}{R_b} \approx -\frac{10}{1} = -10$$

PPT 6.5 负反馈放大电路的稳定性

6.5　负反馈放大电路的稳定性

6.5.1　负反馈放大电路的自激振荡条件

放大电路中引入负反馈，改善了放大电路的许多性能，但是由于放大电路中不可避免地存在电抗性元件，使放大电路产生附加的相移，若附加相移达到反相时，原有的负反馈就会演变为正反馈，从而使放大电路工作不稳定，严重时产生自激振荡。

基本放大电路和反馈放大电路的增益在高频区均与工作频率紧密相关，此时，反馈的基本关系可以表示为

$$A_f(j\omega) = \frac{A(j\omega)}{1 + A(j\omega)F} \tag{6.5.1}$$

自激振荡的条件为

$$1 + A(j\omega)F = 0$$

即环路增益

$$A(j\omega)F = -1 \tag{6.5.2}$$

或者分别表示为：

自激振荡的幅值平衡条件　$|A(j\omega)F| = 1$　(6.5.3)

自激振荡的相位条件　$\Delta\varphi = \pm(2n+1)\pi$　（n 为正整数）　(6.5.4)

只有同时满足幅值平衡条件和相位条件时，电路才能维持自激振荡。

6.5.2　负反馈放大电路的稳定性判别

要负反馈放大电路稳定，就是其不能发生自激振荡，也就是说，在整个工作频段内，都不能使自激振荡的幅值平衡条件和相位条件同时满足，考虑到实际电路工作的复杂性，为了使放大电路有足够的可靠性，不仅理论上要不满足自激振荡的条件，还必须使反馈放大电路远离自激振荡的条件，工程上规定当 $|A(j\omega)F| = 1$ 时，$|\Delta\varphi|$ 要小于 135°，即所谓距离 −180° 至少还有 45° 的相位裕度 φ_m。

由图 6.5.1(a) 可见，在频率 f_0 时，负反馈放大电路自激振荡的幅值平衡条件满足，此时，相频响应的附加相移已超过 −180°，无相位裕度，所以该负反馈放大电路工作不稳定；而图 6.5.1(b) 中，其相位裕度 $\varphi_m = 45°$，所以该图对应的负反馈放大电路工作稳定。

判定负反馈放大电路稳定的条件是相位裕度

$$\varphi_m \geqslant 45° \tag{6.5.5}$$

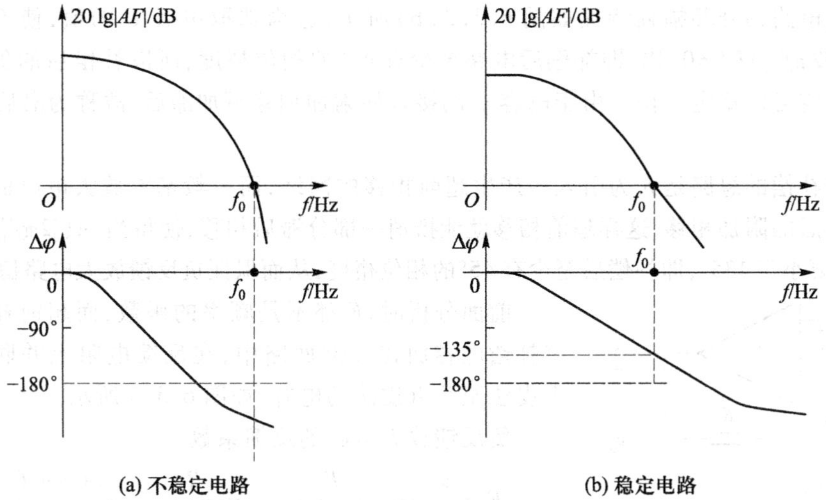

图 6.5.1　负反馈放大电路稳定性的判别

6.5.3　负反馈放大电路自激振荡的消除方法

负反馈越深，放大电路的性能改善越多，但自激的可能性也越大，对于可能产生自激振荡的负反馈放大电路，通常采用相位补偿的方法来消除，所谓的相位补偿就是在放大电路中加入一些 R、C 元件，以修正放大电路的开环频率特性，使放大电路具有足够的相位裕量。

1. 滞后补偿

在放大电路时间常数最大的一级里并接补偿电容 C，以高频增益下降更多来换取稳定工作，如图 6.5.2(a)所示。图中的 C_1 为本级放大电路的输出电容和下一级输入电容的并联等效电容，C 为接入的补偿电容。分析此电路，可以看出补偿前和补偿后，该级的上限频率分别为

$$f_{H1}=\frac{1}{2\pi(R_{o1}/\!/R_{i2})C_1}$$
$$f'_{H1}=\frac{1}{2\pi(R_{o1}/\!/R_{i2})(C_1+C)} \tag{6.5.6}$$

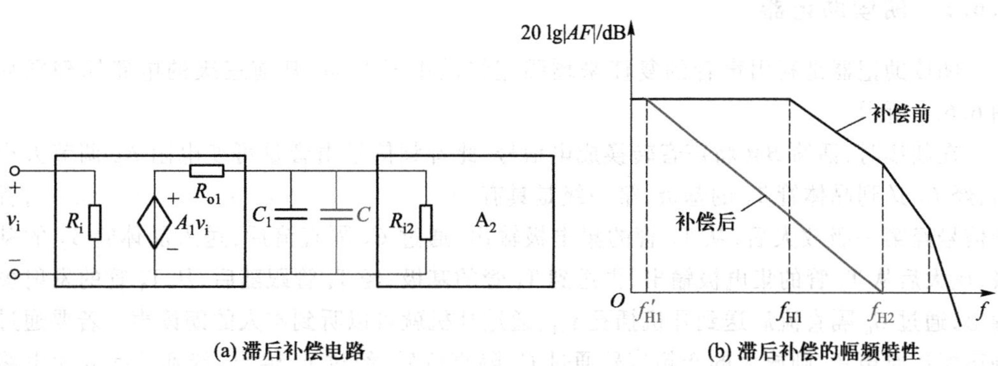

图 6.5.2　电容滞后补偿

放大电路的开环幅频特性如图6.5.2(b)所示，适当选取电容 C 的值，使 $f=f_{H2}$ 时，$20\lg|A(j2\pi f_{H2})F|=0$ dB，即补偿后电路至少有45°的相位裕度，所以补偿后的负反馈放大电路肯定可以稳定工作。由于电容 C 的接入使附加相移更加滞后，故称为滞后补偿。

2. 超前补偿

超前补偿的思路是人为引入一产生超前相移的网络，而一般基本放大电路的高频响应总有滞后的附加相移，这样超前相移就能抵消一部分滞后相移，使得当 $|A(j2\pi f'_{H2})F|=1$ 时，$|\Delta\varphi|$ 要小于135°，即补偿后至少有45°的相位裕度，从而保证负反馈放大电路稳定工作。

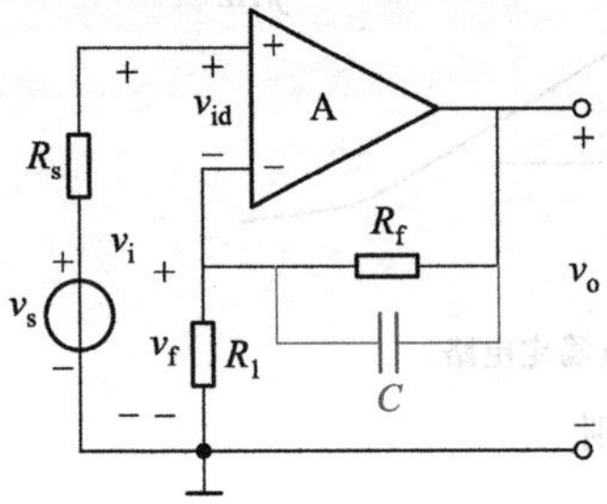

图6.5.3　超前补偿

前面分析时，F 都不是频率的函数，而超前补偿通常将补偿电容加在反馈回路中，在反馈电阻上并联一个几十皮法至几百皮法的电容，如图6.5.3所示。

负反馈放大电路的反馈系数

$$F_v=\frac{v_f}{v_o}=\frac{R_1}{R_1+\dfrac{\frac{1}{j\omega C}R_f}{R_f+\frac{1}{j\omega C}}}=\frac{R_1}{R_1+R_f}\frac{1+j\omega R_f C}{1+j\omega C(R_1/\!/R_f)}$$

若令

$$F_0=\frac{R_1}{R_1+R_f},\ f_1=\frac{1}{2\pi R_f C},\quad f_2=\frac{1}{2\pi(R_1/\!/R_f)C}$$

则

$$F_v=F_0\frac{1+j\dfrac{f}{f_1}}{1+j\dfrac{f}{f_2}}\qquad(6.5.7)$$

其中 $f_1<f_2$，所以反馈网络引入补偿电容后，具有超前附加相移，只要合理地选择参数，就可使负反馈放大电路稳定工作。

6.6　负反馈放大电路应用举例

6.6.1　朗读助记器

朗读助记器是利用声音的复读来增强记忆的电子产品，其前三级的电路原理图如图6.6.1所示。

在朗读时，话筒 BM 将声音转换成电信号，此音频信号由音量可变电阻 R_{P1} 调节大小后，经 C_1 送到晶体管 T_1 的基极，第一级是具有分压式偏置电路的共发射极放大电路，音频信号经第一级放大后，从 T_1 管的集电极输出，通过 C_2 隔直流后，送入晶体管 T_2 的基极，放大后从 T_2 管的集电极输出，再送到 T_3 管的基极，经 T_3 管跟随后，从 T_3 管的发射极输出，通过 C_6 隔直流后送到耳机插孔 v_{o1}，通过耳机就可以听到本人的朗读声。若要通过扬声器还原声音，则放大的音频信号通过 C_6 隔直流后，经过 v_{o2} 输出，传到功率放大电路（见后面10.6节）放大后，再送到扬声器还原出朗读声。

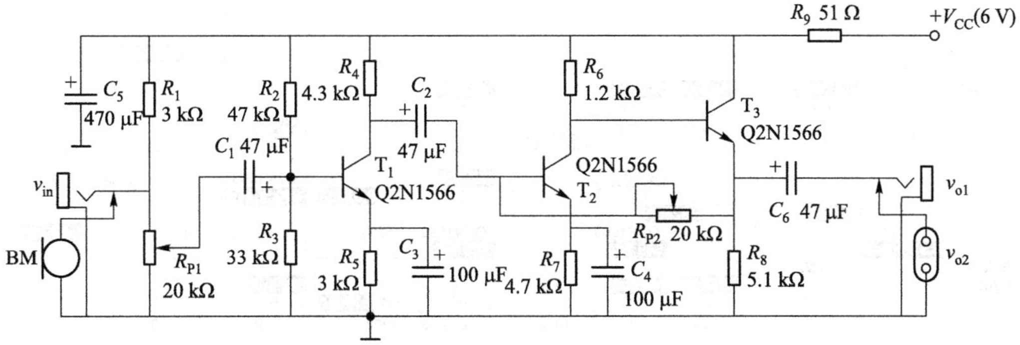

图 6.6.1 朗读助记器

从图 6.6.1 可以看出,朗读助记器的输入信号除了话筒 BM 接收的信号外,也可经过外接插孔 v_{in}输入其他音源信号。图中第二级是共发射极组态,第三级是共集电极组态,可变电阻 R_{P2}是连接第二级和第三级的反馈支路,T_2 和 T_3 构成两级的电压并联负反馈放大电路,既能稳定增益,又能减少非线性失真和频率失真,改善朗读助记器的音质。R_{P2}也提供了直流负反馈,一方面给 T_2 管提供基极偏置,同时也稳定了第二级和第三级的静态工作点。R_9、C_5 构成去耦电路,消除寄生反馈,改善放大电路的稳定性,不影响音频信号的正常放大。

图 6.6.1 的电路较复杂,可以采用 Pspice 软件进行定量分析,首先在原理图界面下绘出图 6.6.1 所示朗读助记器的仿真电路图,如图 6.6.2 所示。利用直流偏置仿真分析,可得到图 6.6.3 所示的偏置工作点的分析结果;利用交流扫描分析可得幅频响应,即为 DB[$V(V_O)/V(V_i:+)$],如图 6.6.4 所示,相频响应即为 P[$V(V_O)/V(V_i:+)$],如图 6.6.5 所示。

由图 6.6.3 可以看出图 6.6.2 朗读助记器的各级静态工作点为

$$V_{CEQ1}=1.82\ \text{V}, I_{CQ1}=0.543\ \text{mA}, V_{BEQ1}=0.629\ \text{V}, I_{BQ1}=6.028\ \mu\text{A}$$
$$V_{CEQ2}=1.288\ \text{V}, I_{CQ2}=0.757\text{mA}, V_{BEQ2}=0.639\ \text{V}, I_{BQ2}=8.18\ \mu\text{A}$$
$$V_{CEQ3}=1.686\ \text{V}, I_{CQ3}=0.831\ \text{mA}, V_{BEQ3}=0.641\ \text{V}, I_{BQ3}=8.872\ \mu\text{A}。$$

由图 6.6.4 可以看出图 6.6.2 电路的中频增益为 $A_{vsM}=22.991$ dB,上限频率 $f_H=6.347$ MHz,下限频率 $f_L=32.91$ Hz,通频带 $BW\approx6.347$ MHz。

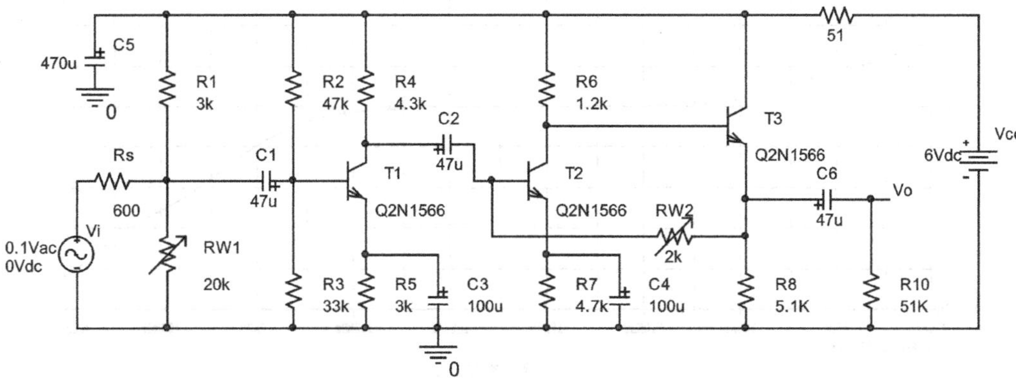

图 6.6.2 图 6.6.1 电路的仿真电路图

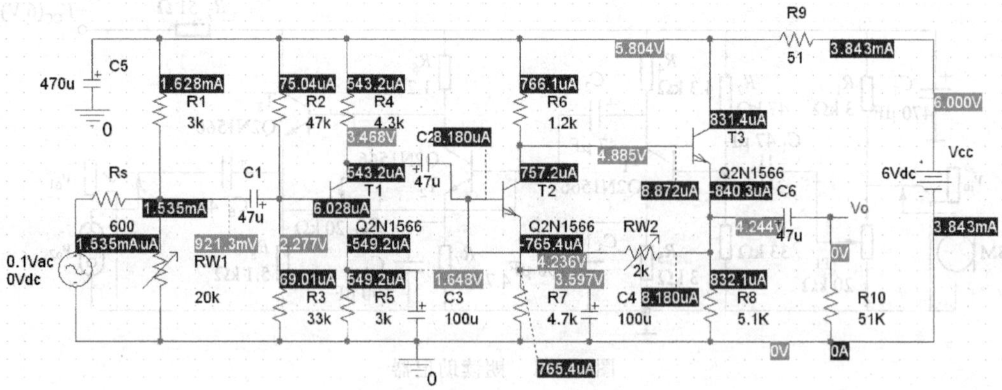

图 6.6.3　图 6.6.2 电路偏置工作点的分析结果

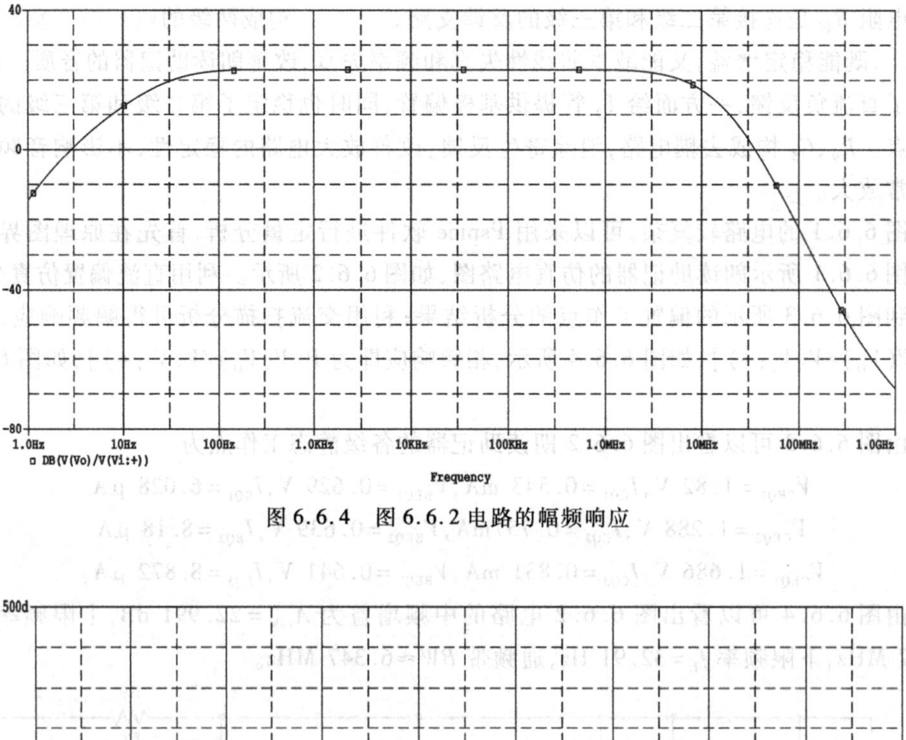

图 6.6.4　图 6.6.2 电路的幅频响应

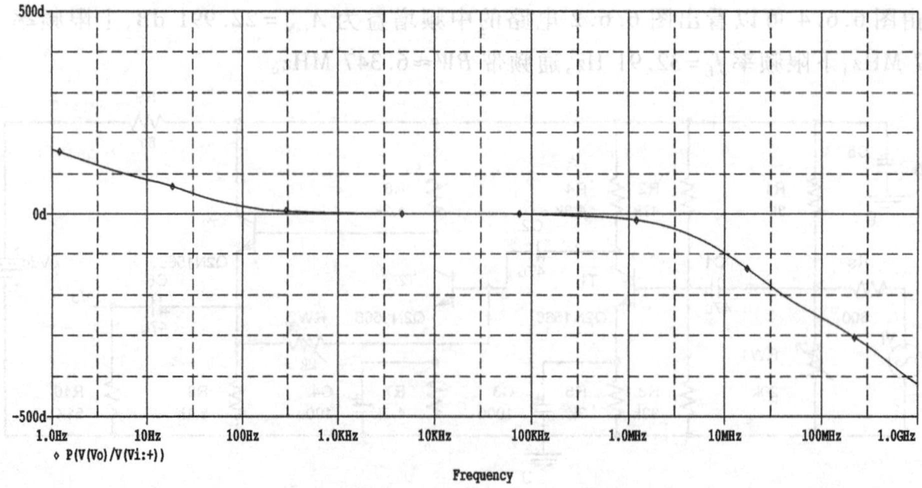

图 6.6.5　图 6.6.2 电路的相频响应

6.6.2　光纤接收机中的光电转换接口

从光纤中传来的光信号照射在光电二极管 D 上，然后产生一电流信号 i_s，光电转换接口电路如图 6.6.6 所示。

由图 6.6.6 可见，光电转换接口电路由运放构成，直流电压 V_{BB} 为光电二极管 D 提供反偏电压，当光照强度增加时，光电二极管 D 的反向电流 i_s 随之增加。电阻 R_f 是反馈通路，该电路是电压并联负反馈电路。利用虚短，则

$$v_- = v_+ = V_{BB}$$

利用虚断，则 i_s 全部流过 R_f，所以输出电压

$$v_o = V_{BB} + i_s R_f$$

可见输出电压反映了光信号的强度。

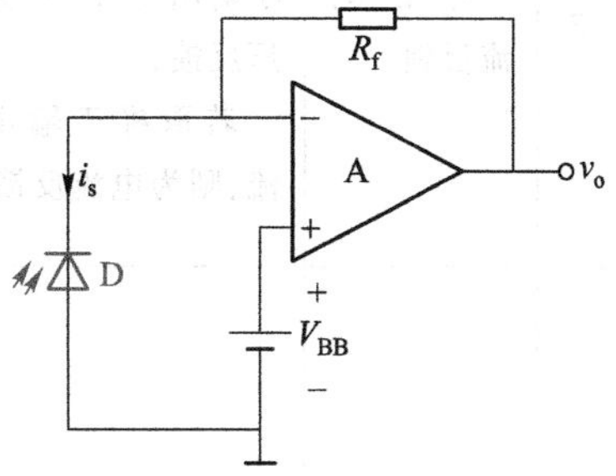

图 6.6.6　光电转换接口电路

6.6.3　负载电流检测电路

图 6.6.7 所示为一种负载电流检测电路，电阻 R_1 串联在负载回路，其值仅为 0.1 Ω，对负载回路的影响可以忽略，起着取样负载电流的作用，运放和晶体管 T 构成负反馈的闭环，按照虚短和虚断，可得 T 的集电极电流

$$I_C = \frac{V_{R2}}{R_2} = \frac{V_{R1}}{R_2} = \frac{R_1 I_L}{R_2}$$

故

$$V_O = R_3 I_E \approx R_3 I_C = \frac{R_3 R_1 I_L}{R_2} = I_L$$

可见，图 6.6.7 电路通过电压 V_O 能够检测负载电流的大小。

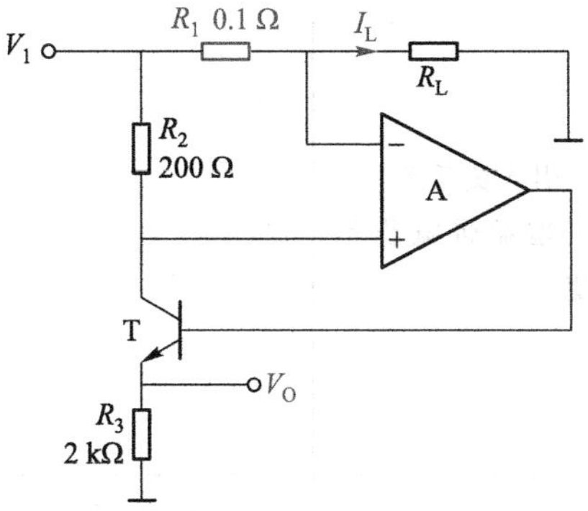

图 6.6.7　负载电流检测电路

本 章 小 结

表 6.2　本章重要概念、知识点及需熟记的公式

1	反馈放大电路	放大电路的输出量能够通过反馈网络回送到输入回路，参与输入控制	判别方法：查看放大电路是否存在反馈通路		反馈的基本关系式为 $A_f = \frac{A}{1+AF}$
2	正、负反馈	反馈信号使净输入信号减小则为负反馈，反之为正反馈	判别方法：瞬时极性法	负反馈有自动调节作用，广泛应用于放大电路	

续表

3	电压、电流反馈	输出端决定： 若反馈网络取样于输出电压，则为电压反馈； 若取样于输出电流，则为电流反馈	判别方法： 等效交流负载短路法	电压负反馈稳定输出电压	闭环输出电阻 R_{of}减小
				电流负反馈稳定输出电流	闭环输出电阻 R_{of}增大
4	串联、并联反馈	输入端决定	若反馈支路与输入支路连接于同一节点上，则为并联反馈； 若连接于不同节点上，则为串联反馈	串联负反馈使闭环 R_{if}增大	串联负反馈 $R_{if}=R_i(1+AF)$
				并联负反馈使闭环 R_{if}减小	并联负反馈 $R_{if}=\frac{R_i}{1+AF}$
5	负反馈对放大电路性能的改善	提高了增益的稳定性	一种反馈类型稳定一种形式的增益，要其他增益稳定，需要附加额外的条件	引入负反馈后增益带宽积不变	$\frac{dA_f}{A_f}=\frac{1}{1+AF}\frac{dA}{A}$ $f_{Hf}=(1+A_{vM}F)f_H$
		展宽了通频带，减小了线性失真			
		减小了非线性失真			
		改变输入电阻			
		改变输出电阻			
6	深度负反馈的近似估算	深度负反馈的条件 $1+AF\gg1$	闭环增益 $A_f\approx\frac{1}{F}$	电压串联负反馈	$A_{vf}=\frac{v_o}{v_s}\approx\frac{1}{F_v}$
				电压并联负反馈	$A_{rf}=\frac{v_o}{i_i}\approx\frac{1}{F_g}$
				电流串联负反馈	$A_{gf}=\frac{i_o}{v_s}\approx\frac{1}{F_r}$
				电流并联负反馈	$A_{if}=\frac{i_o}{i_i}\approx\frac{1}{F_i}$
7	负反馈放大电路的稳定性	放大电路的附加相移满足一定条件时，负反馈变为正反馈，强度足够大（$\|A(j\omega)F\|\geq1$）时，发生自激振荡	要负反馈放大电路稳定，工程上必须满足相位裕度 $\varphi_m\geq45°$	放大电路中要避免正反馈。 消振的方法：相位补偿	$\varphi_m\geq45°$

习　　题

6.1　试判断图 P6.1 所示各放大电路的反馈类型。

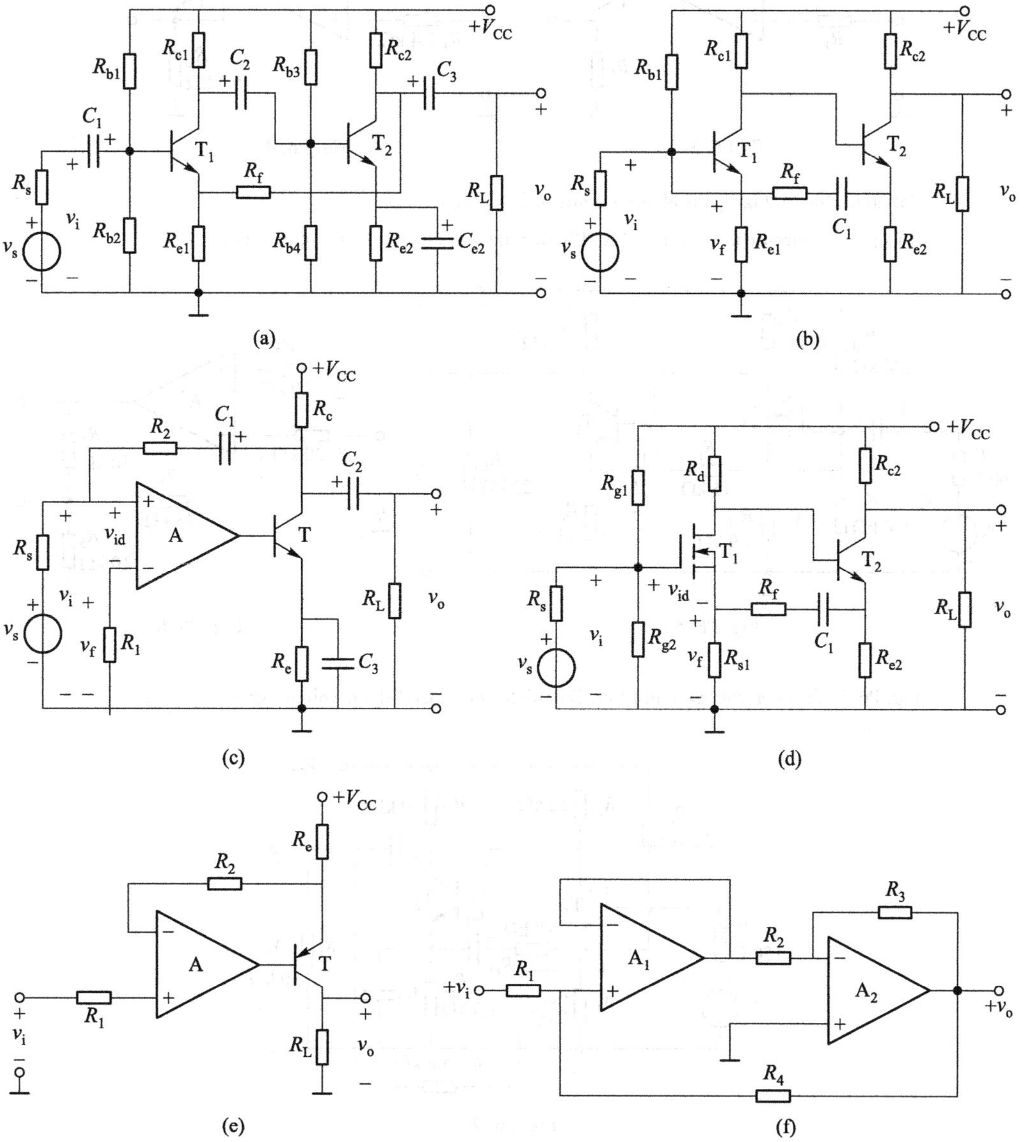

图 P6.1

6.2　某放大电路的开环增益 A 的相对变化量为 15%，给此放大电路引入负反馈使其闭环增益 A_f 的相对变化量不超过 1%，又要求 $A_f = 100$，试问开环增益 A 和反馈系数 F 分别应选多大？

6.3　试在图 P6.3 所示电路中引入一适当的反馈，要求输出电压趋于恒定，输入电阻减小。

6.4　Fig. P6.4 shows a voltage amplifier. Determine the closed-loop voltage gain $A_{vf} = \dfrac{v_o}{v_i}$.

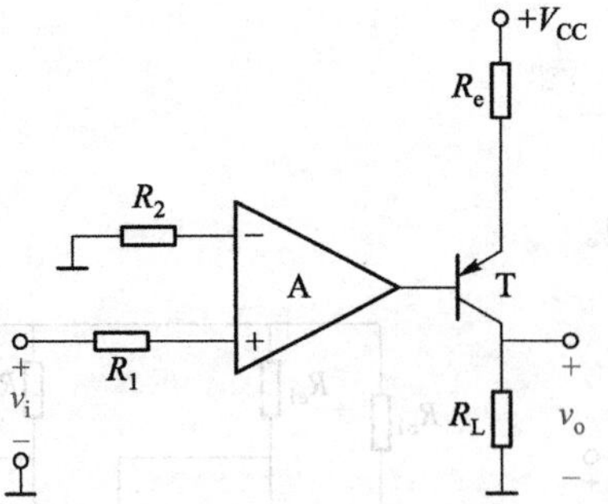

图 P6.3

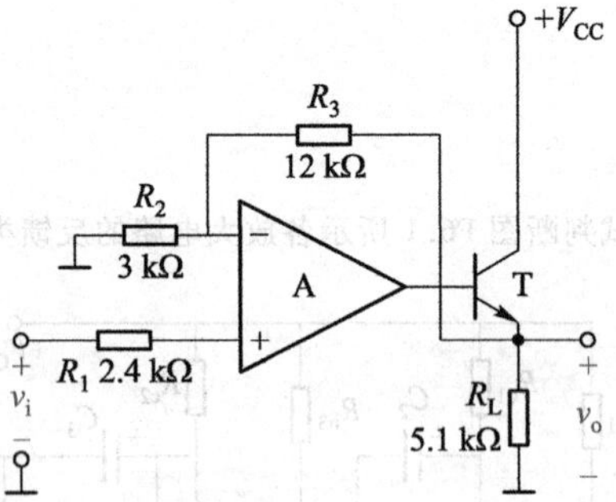

Fig. P6.4

6.5 Calculate the voltage gain of the circuit of Fig. P6.5.

6.6 An op-amp circuit is shown in Fig. P6.6. Find the closed-loop voltage gain.

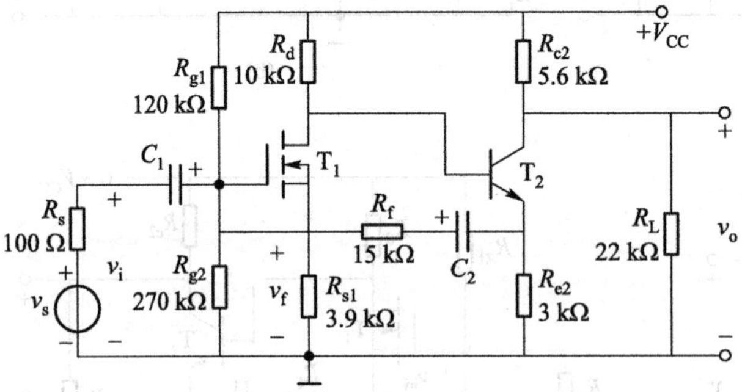

Fig. P6.5

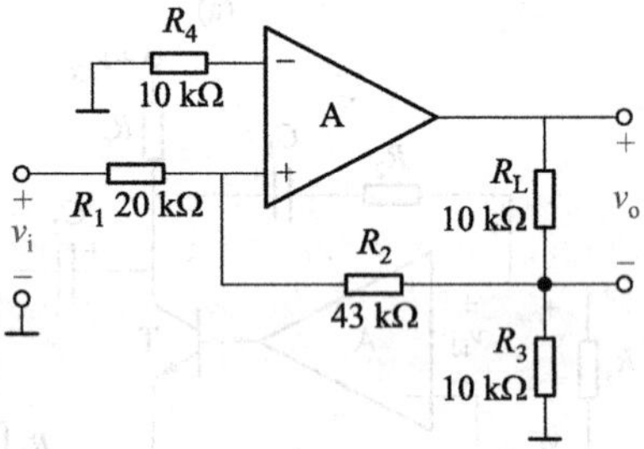

Fig. P6.6

6.7 Fig. P6.7 shows a voltage amplifier. Calculate the closed-loop voltage gain $A_{vf}=\dfrac{v_o}{v_i}$.

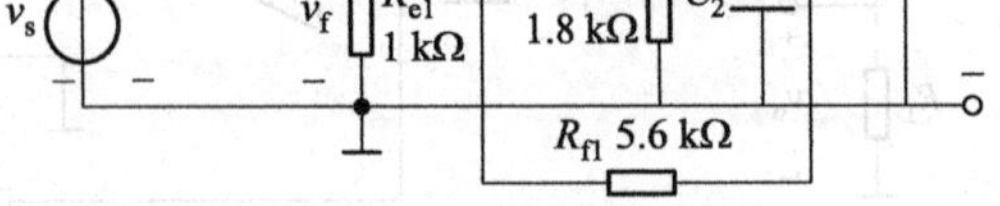

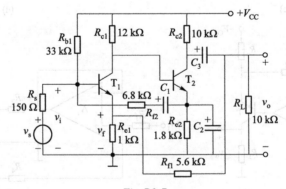

Fig. P6.7

6.8 图 P6.8 所示为一放大电路。

(1) 若要求负载 R_L 变化时,输出电压 v_o 基本不变,输入电阻增大,试正确引入反馈;

(2) 按深度反馈估算出电压增益的表达式。

6.9 放大电路如图 P6.9 所示。

(1) 要求输出电流稳定,输入电阻减小,则反馈电阻 R_f 应该接在 b_1 还是 b_2 点? 开关 b_3 应接到哪一点? 此时的电压增益是多少?

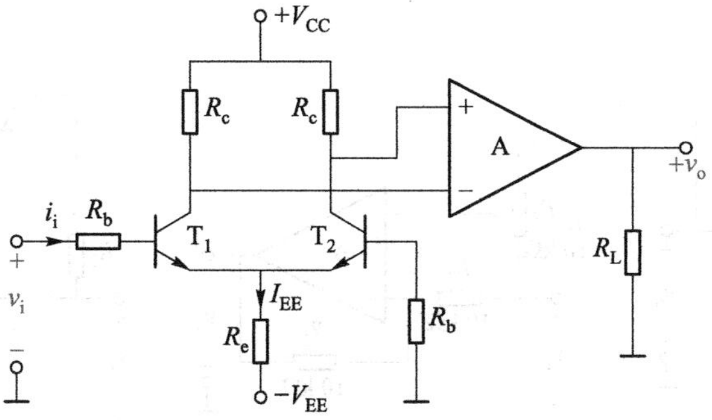

图 P6.8

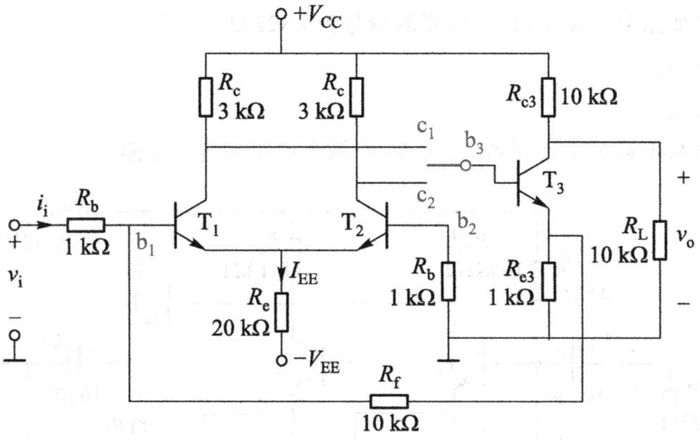

图 P6.9

（2）若要求输出电阻增大，输入电阻也增大，则 R_f 以及 b_3 应分别接至哪一点？此时的电压增益是多少？

6.10　图 P6.10 所示为一放大电路，试判断电路的反馈类型，求出电压增益，定性的判断电路的输入电阻和输出电阻如何变化？

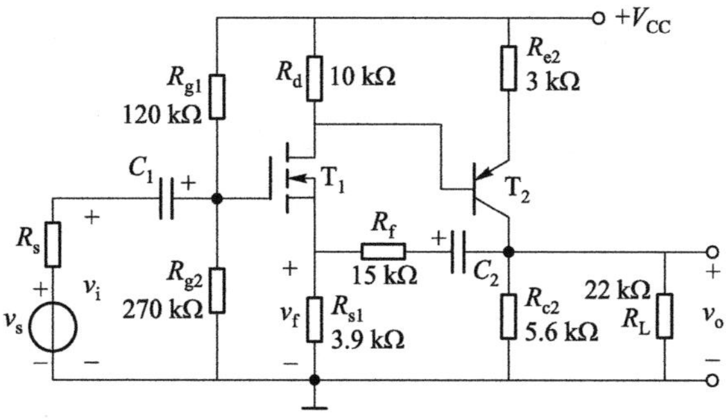

图 P6.10

6.11　反馈电路如图 P6.11 所示，当光电二极管 D 无光照时，$v_o=0$；当有光照时，v_o 如何变化？电路中的电阻 R_1 和 R_2 起何作用，选取的原则是什么？

6.12　电压增益连续可调的电路如图 P6.12 所示，试问可调范围是多少？

6.13　过流检测电路如图 P6.13 所示，通过测量电压 v_o 可间接地得知流过负载 R_L 的电流。如果 v_o 的检测标准为 1 V/A，问 R_2 为多少？其精度如何考虑？

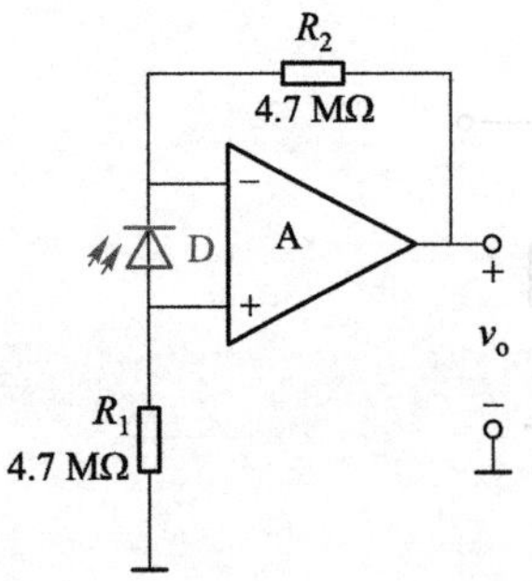

图 P6. 11

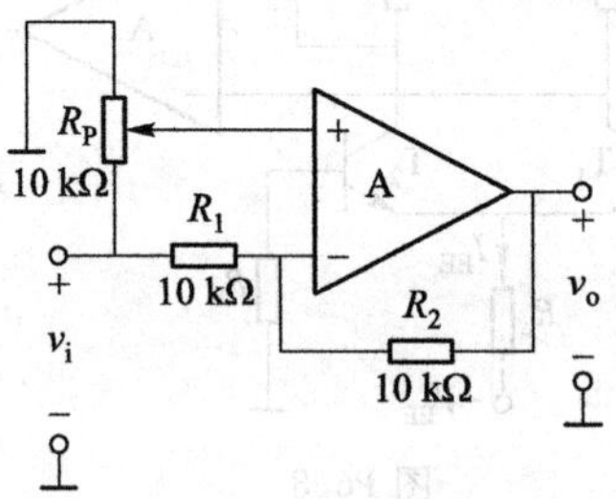

图 P6. 12

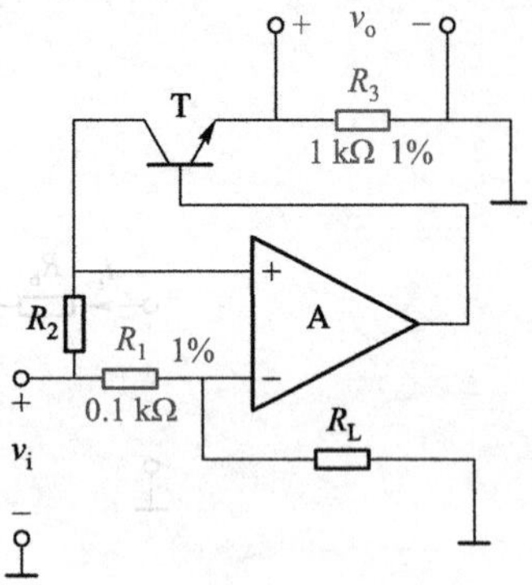

图 P6. 13

6. 14　放大电路如图 P6. 14 所示，晶体管的型号为 2N2222。

（1）判断反馈类型；

（2）估算电压增益；

（3）用 Pspice 分析电路的电压增益、频率响应、输入电阻和输出电阻。

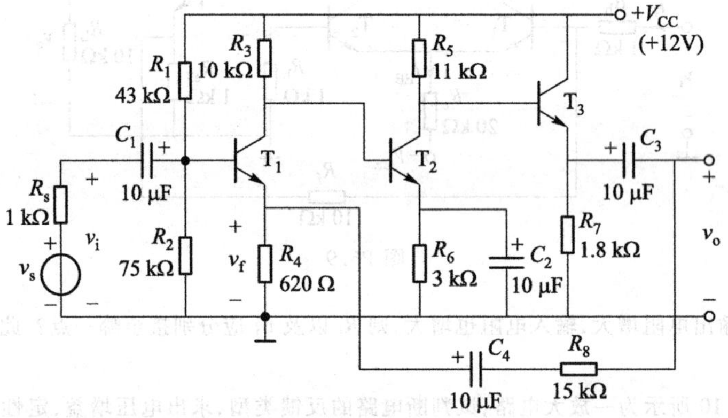

图 P6. 14

第7章
运 算 电 路

集成运算放大器在使用时，总是与外部反馈电路相配合，以实现各种不同的功能。在运放的输出与输入之间引入负反馈，可以实现比例、加减、积分、微分、对数、指数、乘法、除法等运算。

本章主要介绍由理想集成运放组成的比例运算电路、加减运算电路、积分和微分电路、对数和指数运算电路、模拟乘法器，同时也给出运算电路的应用实例。

各种运算电路中，要求输出和输入的模拟信号之间实现一定的数学运算关系，为保证上述运算功能的实现，集成运放就必须工作在线性区，此时电路中都要引入深度负反馈。本章所讨论的均为理想运放，以“虚短”和“虚断”作为分析的出发点。但在某些要求较高的工程应用场合下，必须考虑运放实际参数对电路性能带来的影响。

7.1 运算放大器及其分析依据

PPT 7.1
运放及其分析依据

7.1.1 集成运算放大器电压传输特性

集成运放是具有高开环增益、高输入电阻和低输出电阻的放大器，符号如图 7.1.1 所示。集成运放的电压传输特性是指输出电压 v_O 与同相端电压 v_P 和反相端电压 v_N 之差(v_P-v_N)的关系，其电压传输特性曲线如图 7.1.2 所示。

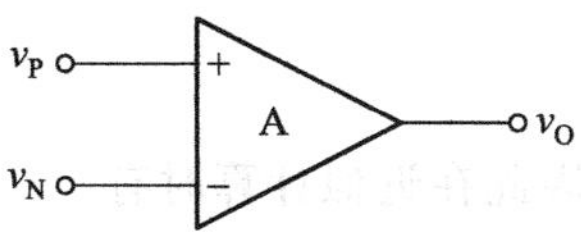

图 7.1.1 集成运放符号

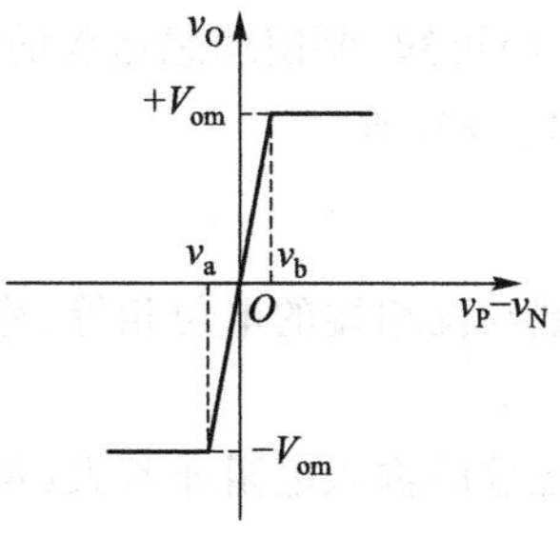

图 7.1.2 集成运放电压传输特性

电压传输特性曲线可以分为两个区域：当 $v_a<v_P-v_N<v_b$ 时，集成运放的输出电压与输入信号成比例关系，这个区域称为线性区；当 $v_P-v_N<v_a$ 或 $v_P-v_N>v_b$ 时，输出电压与输入信号不再保持比例关系，运放输出饱和，称为非线性区。

7.1.2 理想集成运算放大器

在运放的应用中，通常总是要引入一个“理想运算放大器”的概念，其主要的参数应该是：

开环电压增益 $A_{vo}\to\infty$；差模输入电阻 $R_{id}\to\infty$；带宽 $BW\to\infty$；共模抑制比 $K_{CMR}\to\infty$；输出电阻 $R_o=0$；输入失调电压 V_{IO}、输入失调电流 I_{IO} 及它们的温漂均为零。

对实际运放来说，只要上述参数中的前两项符合或接近理想运放参数要求，就可以将其按照理想运算放大器来对待。事实上，对于目前的集成运算放大器，它的开环增益大多数都大于 100 dB，它的输入电阻一般在 $10^6\ \Omega$ 以上，基本上符合理想运算放大器的要求，从而使运放电路的分析过程大大简化。

7.1.3　理想运算放大器的两个工作区

从图 7.1.2 可知，集成运放工作在不同的区域，输出电压具有不同的特性。因此，正确判断运放的工作状态是分析集成运放组成的各种应用电路的基础。

1. 线性区

集成运算放大器开环增益高达几万倍到几十万倍，即使输入毫伏级的信号，也足以使输出电压超出其线性范围，因此电路引入负反馈才能保证运放工作在线性区。故运算放大器在应用中的一个普遍原则就是引入负反馈，使其形成闭环，以取得所需要的放大倍数，如图 7.1.3 所示（图示反馈网络不含有源器件，如运放）。引入负反馈后的放大倍数称为闭环增益。通过负反馈不仅可获得所需的增益，放大器的各种性能也能得到相应的改善，如增益稳定性的提高、带宽的增大、失真率的降低和输入、输出电阻的改变等。

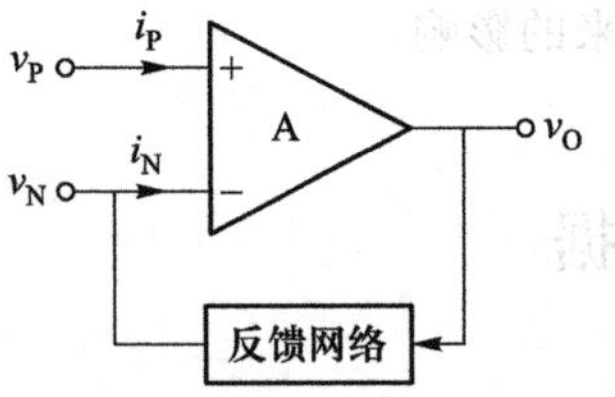

图 7.1.3　集成运放引入负反馈

由图 7.1.2 可知，集成运放工作在线性区时，输出电压 v_O 与 (v_P-v_N) 成线性比例关系，即

$$v_O=A_{vo}(v_P-v_N) \tag{7.1.1}$$

由此引出两个十分重要的概念：虚短和虚断。

(1) 虚短

由式(7.1.1)可知，要使理想运放的输出电压在一定的范围内变化，因为 $A_{vo}\to\infty$，所以 $v_P-v_N=v_O/A_{vo}\to 0$，即

$$v_P=v_N \tag{7.1.2}$$

此时同相端与反相端的电位相等，称为虚短。

(2) 虚断

由于理想运放的输入电阻非常大（$R_{id}\to\infty$），因此在近似计算时有

$$i_P=0,\ i_N=0 \tag{7.1.3}$$

即同相端与反相端的输入电流都为 0，称为虚断。

2. 非线性区

理想运放工作在非线性区有两种情况：一是运放开环运用，没有引入反馈，如图 7.1.4(a)；二是引入了正反馈，如图 7.1.4(b)所示（图示反馈网络不含有源器件，如运放）。

集成运放工作在非线性区时，输出电压 v_O 只有两种数值，如式(7.1.4)所示

$$v_O=\begin{cases}+V_{om} & v_P>v_N\\ -V_{om} & v_P<v_N\end{cases} \tag{7.1.4}$$

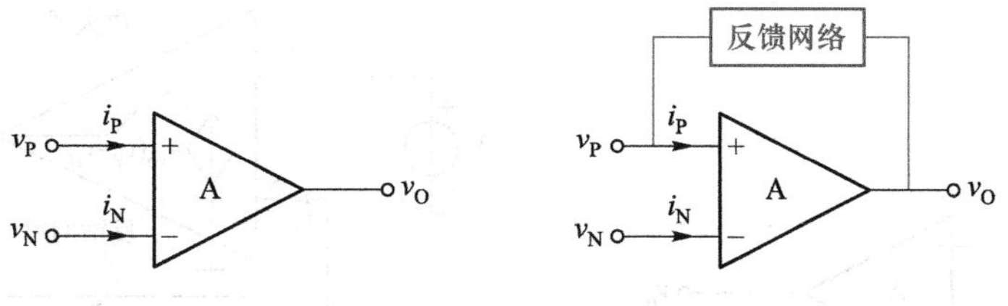

(a) 没有引入反馈　　(b) 引入正反馈

图 7.1.4　集成运放工作在非线性区

同相端与反相端的输入电流都为 0,但是同相端与反相端的电位不再相等,不能满足虚短的概念。

【例 7.1.1】 某运算放大器的开环电压增益 $A_{vo}=2\times10^5$,输入电阻 $R_i=0.6\ \mathrm{M\Omega}$,电源电压 $V_+=+12\ \mathrm{V}$,$V_-=-12\ \mathrm{V}$。(1) 试求当 $v_O=\pm V_{om}=\pm12\ \mathrm{V}$ 时输入电压的最小幅值 $v_P-v_N=?$ 输入电流 $i_i=?$ (2) 画出传输特性曲线 $v_O=f(v_P-v_N)$,说明运放的两个区域。

解 (1) 输入电压的最小幅值 $v_P-v_N=v_O/A_{vo}$,当 $v_O=\pm V_{om}=\pm12\ \mathrm{V}$ 时

$$v_P-v_N=\pm12\ \mathrm{V}/(2\times10^5)=\pm60\ \mu\mathrm{V}$$

输入电流

$$i_i=(v_P-v_N)/R_i=\pm60\ \mu\mathrm{V}/0.6\ \mathrm{M\Omega}=\pm100\ \mathrm{pA}$$

(2) 画传输特性曲线,如图 7.1.5 所示。

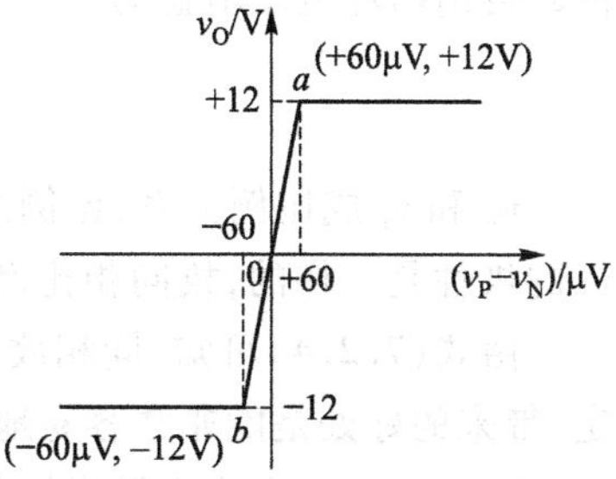

图 7.1.5　例 7.1.1 的运放传输特性

PPT 7.2
基本运算电路

7.2 基本运算电路

模拟运算电路是实现模拟信号相加、相减、积分和微分等运算的电路,是模拟集成电路许多应用电路中的基本单元。作为运算放大器应用电路的一个重要方面,运算电路都是以反馈网络构成的运放同相输入电路、反相输入电路或差分输入电路。

7.2.1 比例运算电路

微课视频
7.2.1
同相比例运算电路

1. 同相比例运算电路

(1) 电路分析及闭环增益

同相比例运算电路如图 7.2.1(a)所示,输入在同相端,由一个运算放大器和两个外部电阻组成。为了更清楚地求出 v_o 和 v_i 的关系,将它重画为图 7.2.1(b),图中突出了 R_1、R_f 构成的电阻网络,其作用就是环绕这个运算放大器建立负反馈。

根据理想运放"虚断"概念,$i_N=0$。利用分压公式得出

$$v_N=\frac{R_1}{R_1+R_f}v_o \tag{7.2.1}$$

根据"虚短"$v_i=v_P=v_N$,则

$$v_i=\frac{R_1}{R_1+R_f}v_o \tag{7.2.2}$$

$$v_o=\frac{R_1+R_f}{R_1}v_i=\left(1+\frac{R_f}{R_1}\right)v_i \tag{7.2.3}$$

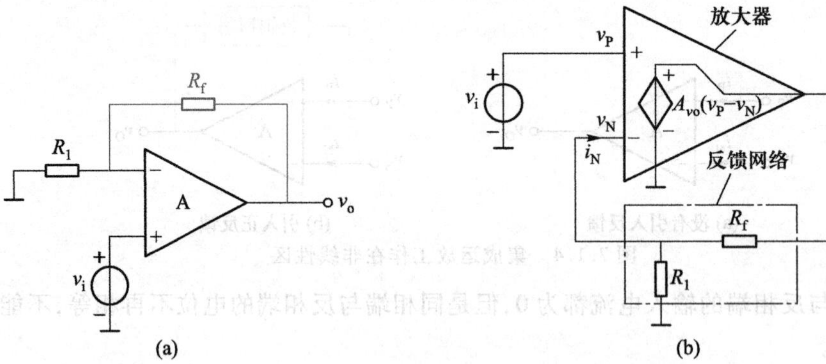

图 7.2.1　同相比例运算电路和分析电路模型

由此得出闭环电压增益为

$$A_{vf}=\frac{v_o}{v_i}=1+\frac{R_f}{R_1} \tag{7.2.4}$$

v_o 和 v_i 成比例关系，比例系数即闭环电压增益 A_{vf}。因为 A_{vf} 为正，所以 v_o 的极性与 v_i 的极性是一样的，故同相比例运算电路通常被称为同相放大器。

由式(7.2.4)可知，同相放大器的 A_{vf} 与 A_{vo} 无关，它的值唯一地由外部电阻 R_f/R_1 设定，带来的好处是能非常容易地获取所需增益。例如，需要一个增益为 2 的放大器，可取 $R_1=R_f=100\ \mathrm{k\Omega}$ 或其他阻值的两个相同电阻。

(2) 输入电阻及输出电阻

根据放大电路输入电阻的定义有

$$R_i=\frac{v_i}{i_i}$$

由“虚断”概念，$i_i=i_P=0$，故从放大电路输入端口看进去的电阻为

$$R_i\to\infty \tag{7.2.5}$$

根据求输出电阻的方法，将信号源 v_i 置 0，则运放内的受控电压源也为 0。理想运放输出电阻 $R_o=0$，输出端的其他支路均与理想运放输出电阻 R_o 并联，所以从电路输出端看进去的输出电阻为

$$R_o=0 \tag{7.2.6}$$

2. 电压跟随器

若在同相放大器中置 $R_1\to\infty$ 和 $R_2=0$，就成为单位增益放大器，或称电压跟随器，如图 7.2.2 所示。该电路由运算放大器和将输出完全反馈到输入的一根导线所组成，其闭环参数是

$$A_{vf}=1,\quad R_i\to\infty,\quad R_o=0 \tag{7.2.7}$$

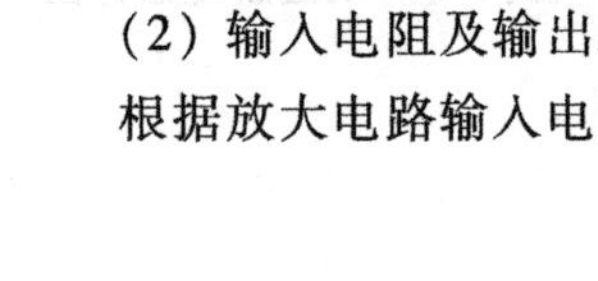

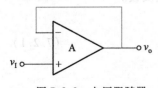

图 7.2.2　电压跟随器

作为一个电压放大器，它的增益仅为 1，但它的特长是起到一个阻抗变换器的作用。因为从它的输入端看进去，它是开路；而从它的输出端看进去输出电阻为 0，有很强的带负载能力。

例如，当具有内阻为 $R_s=100\ \mathrm{k\Omega}$ 的信号源直接驱动 $R_L=1\ \mathrm{k\Omega}$ 的负载时，如图 7.2.3(a)所示。它的输出电压为

$$v_o=\frac{R_L}{R_s+R_L}v_s=\frac{1}{1+100}v_s\approx 0.01v_s \tag{7.2.8}$$

由式(7.2.8)可知，R_L 和 R_s 构成分压器，负载 R_L 上得到的输出电压远远小于信号源 v_s。现在将电压跟随器接在高内阻的信号源与负载之间，如图 7.2.3(b)所示。因电压跟随器的输入电阻 $R_i\to\infty$，该电路几乎不从信号源吸取电流，信号源内阻 R_s 上压降为 0，所以 $v_P=v_s$。由图可知 $v_o=v_N=v_P=v_s$，并且 $R_o\to 0$，这表明现在 R_L 上接受了全部源电压而无任何损失。因此，这个跟随器的作用就是在信号源和负载之间起到一种缓冲作用。

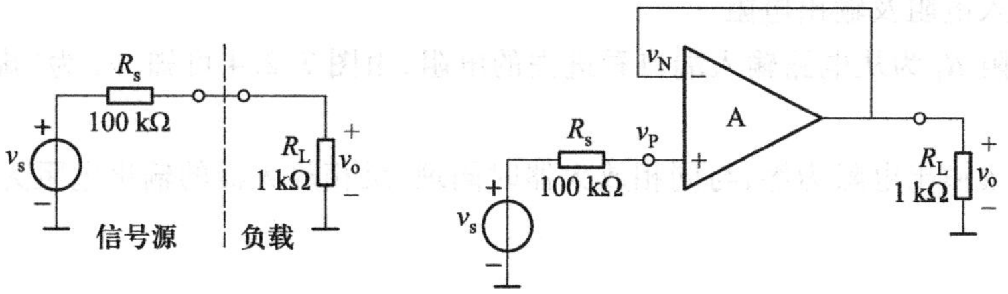

(a) 直接连接　　　(b) 经由电压跟随器连接

图 7.2.3 信号源与负载连接

从图 7.2.3(b)还能看出，现在信号源没有输送出任何电流，也不存在功率损耗，而在图 7.2.3(a)中却存在。R_L 上所吸收的电流和功率现在是由运算放大器提供的，是从运算放大器的电源取得的。因此，除了将 v_o 完全恢复到 v_s 之外，跟随器还免除了信号源提供任何功率。

微课视频
7.2.2
反相比例运算电路

3. 反相比例运算电路

(1) 电路分析及闭环增益

反相比例运算电路输入信号加在反相端，如图 7.2.4 所示，也称为反相放大器。反相放大器与同相放大器一起构成了运算放大器电路的基础。早期运算放大器仅有一个输入端，即反相输入端，所以反相放大器出现在同相放大器之前。

根据理想运放的“虚短”概念可知 $v_P=v_N=0$。这样，v_N 被称为“虚地”。又根据“虚断”

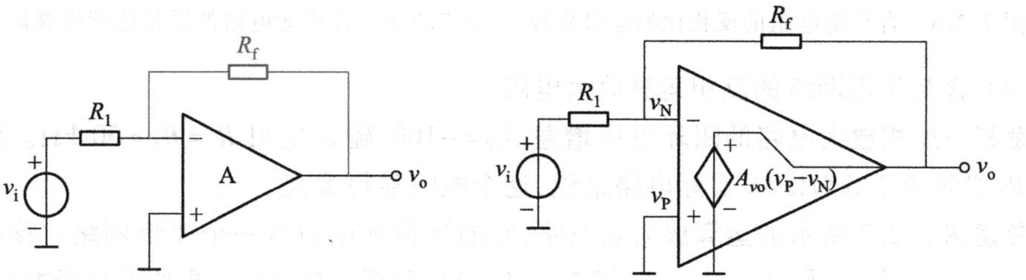

(a) 电路　　　(b) 分析模型

图 7.2.4 反相比例运算电路

概念，$i_N=0$，利用叠加原理得出

$$v_N=\frac{R_f}{R_1+R_f}v_i+\frac{R_1}{R_1+R_f}v_o \tag{7.2.9}$$

又因为 $v_N=0$，所以

$$v_o=-\frac{R_f}{R_1}v_i \tag{7.2.10}$$

由此得出闭环电压增益为

$$A_{vf}=\frac{v_o}{v_i}=-\frac{R_f}{R_1} \tag{7.2.11}$$

v_o 和 v_i 成比例关系，比例系数即闭环电压增益 A_{vf}。A_{vf} 为负，表明 v_o 的极性与 v_i 的极性相反，如果输入是正弦信号的话，输出将倒相，输出对输入有180°的相移。

由式(7.2.11)可知，反相放大器的闭环增益仅决定于外部电阻的比值。例如，需要一个电压增益为5的放大器，就可取两个比值为5∶1的电阻，如 $R_1=20\ \text{k}\Omega$ 和 $R_f=100\ \text{k}\Omega$。

(2) 输入电阻及输出电阻

输入电阻 R_i 为从电路输入端口看进去的电阻，由图7.2.4可知，v_N 为“虚地”，所以

$$R_i=R_1 \tag{7.2.12}$$

理想运放输出电阻为零，与同相放大器时同理，反相放大器的输出电阻为

$$R_o=0 \tag{7.2.13}$$

(3) 平衡电阻 R_P

实际上，在反相放大器中，运放的同相输入端并不直接接地，而是通过平衡电阻 R_P 接地，如图7.2.5所示。$R_P=R_1 /\!/ R_f$，用以保证集成运放输入级差分放大电路的对称性，补偿偏流产生的输出误差，故也称 R_P 为补偿电阻。同样的原因，在同相放大器中，运放的同相输入端不直接与 v_i 相连，而是通过平衡电阻 R_P 与 v_i 相连，如图7.2.6所示。

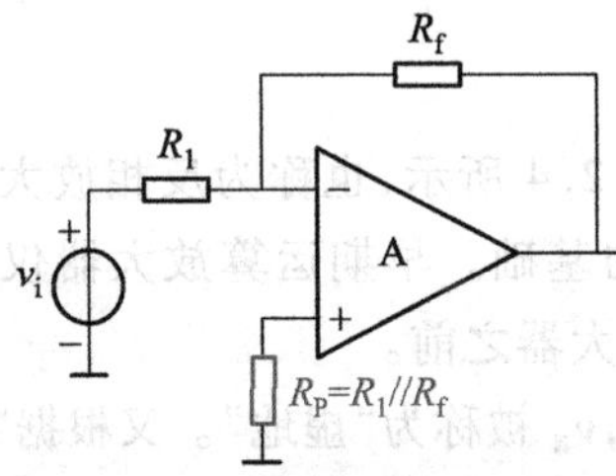

图7.2.5　含平衡电阻的反相比例运算电路

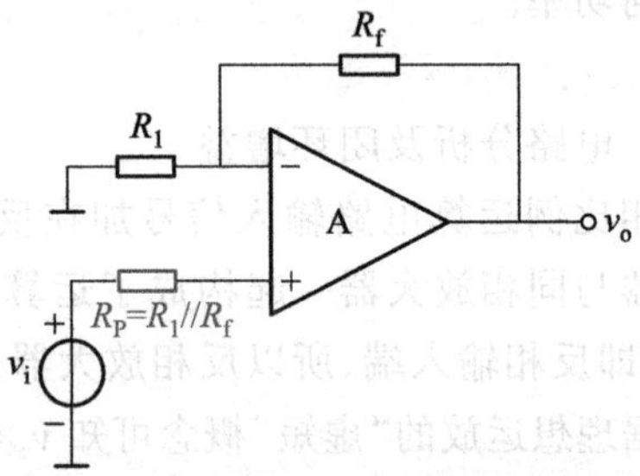

图7.2.6　含平衡电阻的同相比例运算电路

(4) 含有T形网络的反相运算放大电路

设某一反相放大电路的闭环电压增益 $A_{vf}=-100$，输入电阻 $R_i=R_1=50\ \text{k}\Omega$。则反馈电阻 R_f 必须等于5 MΩ，对实际电路来说，这个电阻显得太大。

考虑图7.2.7所示的运算放大器电路，它的反馈环中包含一个T形网络。该电路与图7.2.4(a)所示反相比例运算电路的分析方法相似。

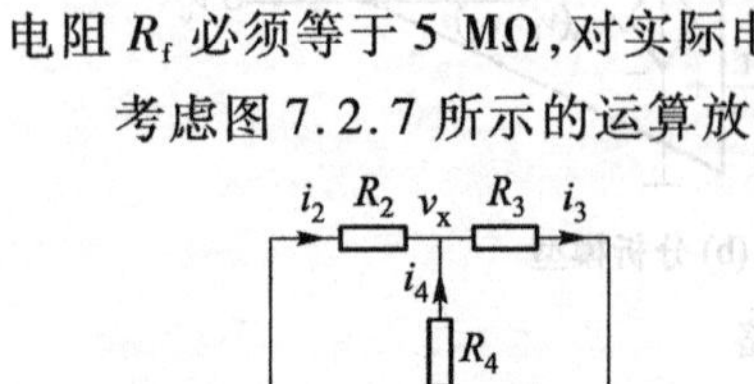

图7.2.7　含有T形网络的反相运算放大电路

在输入端有

$$i_1=\frac{v_i}{R_1}=i_2 \tag{7.2.14}$$

此外还有

$$v_x=0-i_2R_2=-v_i\left(\frac{R_2}{R_1}\right) \tag{7.2.15}$$

v_x 处节点电流有

$$i_2+i_4=i_3$$

上式还可表示为

$$-\frac{v_x}{R_2}-\frac{v_x}{R_4}=\frac{v_x-v_o}{R_3} \tag{7.2.16}$$

即

$$v_x\left(\frac{1}{R_2}+\frac{1}{R_4}+\frac{1}{R_3}\right)=\frac{v_o}{R_3} \tag{7.2.17}$$

用式(7.2.15)代替上式中的 v_x，可得

$$-v_i\left(\frac{R_2}{R_1}\right)\left(\frac{1}{R_2}+\frac{1}{R_4}+\frac{1}{R_3}\right)=\frac{v_o}{R_3} \tag{7.2.18}$$

因此闭环增益为

$$A_v=\frac{v_o}{v_i}=-\frac{R_2}{R_1}\left(1+\frac{R_3}{R_4}+\frac{R_3}{R_2}\right) \tag{7.2.19}$$

使用T形网络的优点见例7.2.1。

【例7.2.1】 设计一个含有T形网络的反相运算放大电路，用作麦克风的前置放大器。麦克风的最大输出电压为12 mV(有效值)，麦克风的输出电阻为1 kΩ。要求电路中的每个电阻值都必须小于500 kΩ。

解 运算放大器的最大输出电压定为1.2 V(有效值)，该电路所需电压增益为

$$|A_v|=\frac{1.2}{0.012}=100$$

式(7.2.19)表示为下面的形式，即

$$A_v=-\frac{R_2}{R_1}\left(1+\frac{R_3}{R_4}\right)-\frac{R_3}{R_1}$$

如果选 $\frac{R_2}{R_1}=\frac{R_3}{R_1}=8$，则

$$-100=-8\left(1+\frac{R_3}{R_4}\right)-8$$

由此可得

$$\frac{R_3}{R_4}=10.5$$

有效电阻 R_1 必须包含麦克风的电阻 R_s。选 $R_1=49\ \text{k}\Omega$，则 $R_1+R_s=50\ \text{k}\Omega$，于是

$$R_2=R_3=400\ \text{k}\Omega$$

及

$$R_4=38.1\ \text{k}\Omega$$

所有电阻均小于500 kΩ，满足设计要求。如果设计中需要使用标准电阻值，可以选 $R_1=51\ \text{k}\Omega$，则 $R_1+R_s=52\ \text{k}\Omega$，对 R_2、R_3 选 $R_2=R_3=390\ \text{k}\Omega$。利用式(7.2.19)有

$$A_v=-100=-\frac{R_2}{R_1+R_s}\left(1+\frac{R_3}{R_4}\right)-\frac{R_3}{R_1+R_s}=-\frac{390}{52}\left(1+\frac{390}{R_4}\right)-\frac{390}{52}$$

由此可得 $R_4=34.4\ \text{k}\Omega$。可以选50 kΩ的可变电阻作 R_4，然后将 R_4 调整为34.4 kΩ，以便得到大小为100的增益。使用可变电阻还可以方便地改变电阻的大小，调节电路的电压增益。

利用具有 T 形网络的放大电路可获得很高的增益,而所有的电阻值大小适中。

微课视频 7.2.3 求和运算电路

7.2.2　加减运算电路

如果所有的输入信号均作用于运算放大器的同一个输入端,则实现加法运算;若一部分输入信号作用于运算放大器的同相输入端,另一部分输入信号作用于运算放大器的反相输入端,则实现减法运算。

1. 加法运算电路

(1) 电路分析

加法运算电路也称为求和放大器。如图 7.2.8 所示,当反相输入端有多个输入信号,称之为反相加法运算电路。为了求得输入和输出之间的关系,可利用流入虚地节点的总电流等于流出的电流,即 $i_1+i_2+i_3=i_f$,称这个节点为求和节点。即

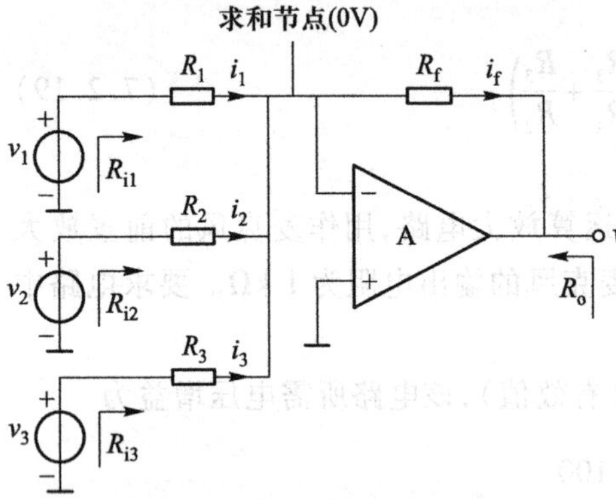

图 7.2.8　反相加法运算电路

$$\frac{v_1-0}{R_1}+\frac{v_2-0}{R_2}+\frac{v_3-0}{R_3}=\frac{0-v_o}{R_f}\qquad(7.2.20)$$

可以看出,多亏这个"虚地"才使这些输入电流对应于这些源电压都成线性比例关系。另外,"虚地"还防止了这些电压源互相作用。对 v_o 求解得出

$$v_o=-\left(\frac{R_f}{R_1}v_1+\frac{R_f}{R_2}v_2+\frac{R_f}{R_3}v_3\right)\qquad(7.2.21)$$

上式表明输出电压是各输入电压的加权和,这些权系数就是电阻的比值。求和放大器广泛地应用于音频混合中。

(2) 输入电阻和输出电阻

由于虚地的原因,从信号源 v_k 看过去的输入电阻 R_{ik} 就等于对应的电阻。即

$$R_{ik}=R_k,\quad(k=1,2,3)\qquad(7.2.22)$$

因为输出直接来自运算放大器内部的受控源,所以

$$R_o=0\qquad(7.2.23)$$

【例 7.2.2】　分析如图 7.2.9 所示的同相加法电路,说明其特点。

解　由"虚短",$v_+=v_-$。其中,v_+ 等于各输入电压在同相端的叠加,v_- 等于 v_o 在反相端的反馈电压 v_f,即

$$v_+=\frac{R_2/\!/R_3}{R_1+R_2/\!/R_3}v_1+\frac{R_1/\!/R_3}{R_2+R_1/\!/R_3}v_2\qquad(7.2.24)$$

$$v_-=\frac{R}{R+R_f}v_o=v_f\qquad(7.2.25)$$

所以

$$v_o=\left(1+\frac{R_f}{R}\right)\left(\frac{R_2/\!/R_3}{R_1+R_2/\!/R_3}v_1+\frac{R_1/\!/R_3}{R_2+R_1/\!/R_3}v_2\right)\qquad(7.2.26)$$

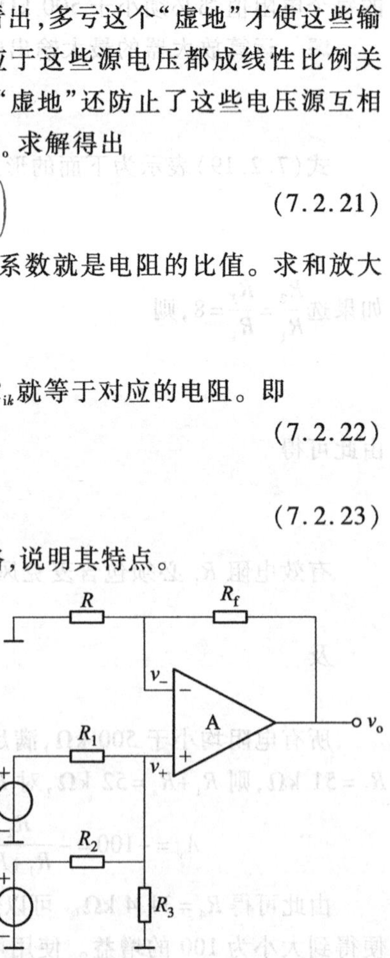

图 7.2.9　同相加法运算电路

若 $R_1=R_2$，则

$$v_o=\left(1+\frac{R_f}{R}\right)\left(\frac{R_1/\!/R_3}{R_1+R_1/\!/R_3}\right)(v_1+v_2) \tag{7.2.27}$$

可知，同相加法电路输出电压与多个输入电压之和成正比，且输出电压与输入电压同相。与反相加法电路相比，它的特点是各信号源互不独立、相互影响，以及不能通过改变一个电阻来单独地改变某一路输入信号的权系数。

【例 7.2.3】 试设计一个加法器，完成 $v_o=-(2v_{i1}+3v_{i2})$ 的运算，并要求对 v_{i1}、v_{i2} 的输入电阻均大于 100 kΩ。

解 为满足输入电阻均大于 100 kΩ，选 $R_2=100\ \text{k}\Omega$，针对 $\frac{R_f}{R_2}=3$、$\frac{R_f}{R_1}=2$，选 $R_f=300\ \text{k}\Omega$，$R_2=100\ \text{k}\Omega$，$R_1=150\ \text{k}\Omega$。

实际电路中，为了消除输入偏流产生的误差，在同相输入端和地之间接入一个直流平衡电阻 R_P，并令 $R_P=R_1/\!/R_2/\!/R_f$，如图 7.2.10 所示。

【例 7.2.4】 试用反相加法运算电路设计一个电路使 $v_o=(-10v_i+5)$ V。

解 在函数发生器的设计中，往往需要对一给定电压 v_i 放大后再偏置以得到 $v_o=Bv_i+V_0$ 这种形式的电压，其中 V_0 就是期望的偏置量。反相加法运算电路可实现 $v_o=-10v_i+5$，运放供电电源选用±15 V，其中 v_i 是一个输入，而另一个输入是给运放供电的电源电压 V_{EE}(−15 V)。电路如图 7.2.11 所示。则 $v_o=-\frac{R_f}{R_1}v_i-\frac{R_f}{R_2}(-15)=-10v_i+5$，取 $R_1=10\ \text{k}\Omega$，则 $R_f=100\ \text{k}\Omega$，$R_2=300\ \text{k}\Omega$。

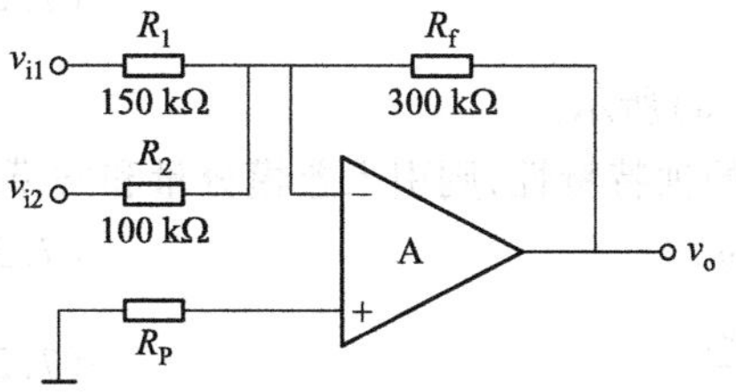

图 7.2.10 一个加法器

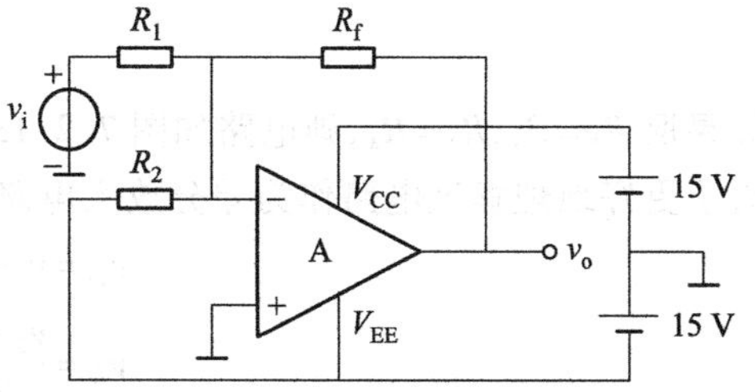

图 7.2.11 一种直流偏置放大器

2. 减法运算电路

能够实现两个电压相减的运算电路，即取出两个信号之差再放大的电路。这实际上就是在较强的共模电压下提取差模电压的电路。这种电路除应用于信号的模拟运算外，还广泛地应用于信号的检测和控制系统。

微课视频 7.2.4 减法运算电路

从图 7.2.12 所示的减法运算电路结构上来看，它是反相输入和同相输入相结合的放大电路。可以用叠加原理来求出 v_o。

令 $v_2=0$ 则 $v_P=0$，对 v_1 来说电路是一个反相放大器，所以

$$v_{o1}=-\frac{R_2}{R_1}v_1 \tag{7.2.28}$$

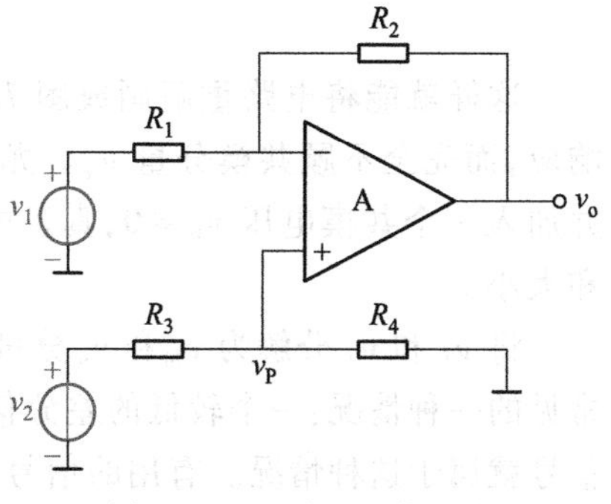

图 7.2.12 减法运算电路

令 $v_1=0$，对 v_P 来说电路构成一个同相放大器，所以有

$$v_{o2}=\left(1+\frac{R_2}{R_1}\right)v_P \tag{7.2.29}$$

v_P 为 v_2 在 R_4 上的分压

$$v_P=\frac{R_4}{R_3+R_4}v_2 \tag{7.2.30}$$

所以

$$v_{o2}=\left(1+\frac{R_2}{R_1}\right)\left(\frac{R_4}{R_3+R_4}\right)v_2 \tag{7.2.31}$$

由叠加原理，故 $v_o=v_{o1}+v_{o2}$，并整理后得

$$v_o=\frac{R_2}{R_1}\left(\frac{1+R_1/R_2}{1+R_3/R_4}v_2-v_1\right) \tag{7.2.32}$$

这个输出是输入的线性组合，但具有极性相反的系数，这是由于一个输入加在反向端，另一个输入加在同相端。当图 7.2.12 中的电阻对比值相同时，即

$$\frac{R_3}{R_4}=\frac{R_1}{R_2} \tag{7.2.33}$$

从而使这些电阻形成平衡电桥，式(7.2.32)简化为

$$v_o=\frac{R_2}{R_1}(v_2-v_1) \tag{7.2.34}$$

现在的输出是正比于输入的差值 (v_2-v_1)，比例系数为电压增益 A_{vd}，即

$$A_{vd}=\frac{v_o}{v_2-v_1}=\frac{R_2}{R_1} \tag{7.2.35}$$

如果取 $R_1=R_3$，$R_2=R_4$，则电路如图 7.2.13(a)所示。

为了更好地理解该电路作为差分放大电路的独特特性，则引入差模分量和共模分量

$$v_{id}=v_2-v_1 \tag{7.2.36}$$

$$v_{ic}=\frac{v_2+v_1}{2} \tag{7.2.37}$$

输入信号用差模分量和共模分量来表示为

$$v_1=v_{ic}-\frac{v_{id}}{2} \tag{7.2.38}$$

$$v_2=v_{ic}+\frac{v_{id}}{2} \tag{7.2.39}$$

这样就能将电路重新画成图 7.2.13(b)的形式。这个电路仅对差模分量 v_{id} 做出响应，而完全不顾共模分量 v_{ic}。尤其是如果将这两个输入联结在一起从而有 $v_{id}=0$，并加入一个共模电压 $v_{ic}\neq 0$，真正的差分放大电路一定会得到 $v_o=0$，而不管 v_{ic} 的极性和大小。

将 v_1 和 v_2 分解为 v_{id} 和 v_{ic} 分量不仅仅是一件数学上方便的事，而且还反映了实际中常见的一种情况：一个较低的差分信号重叠在一个较高的共模信号上，如在传感器中的信号就属于这种情况。有用的信号是差分信号，而从高共模信号环境下提取它，并将它放大是实际应用中需要的，差分放大电路可以完成这一工作。

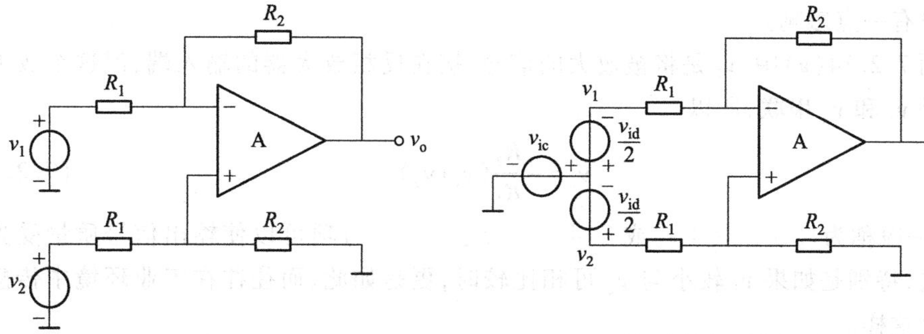

(a) 电路 (b) 利用共模和差模分量表示输入

图 7.2.13 差分放大电路

【例 7.2.5】 差分放大电路如图 7.2.12 所示，已知 $R_2/R_1=10$，$R_4/R_3=11$，求其共模抑制比 K_{CMR}(dB)。

解 由式(7.2.32)可得

$$v_o=10\times\left(\frac{1+1/10}{1+1/11}v_2-v_1\right)$$

即

$$v_o=10.0833v_2-10v_1$$

将输入信号用差模分量和共模分量来表示，$v_1=v_{ic}-\frac{v_{id}}{2}$，$v_2=v_{ic}+\frac{v_{id}}{2}$，可得

$$v_o=10.0833\times\left(v_{ic}+\frac{v_{id}}{2}\right)-10\times\left(v_{ic}-\frac{v_{id}}{2}\right)$$

即

$$v_o=10.042v_{id}+0.0833v_{ic} \tag{7.2.40}$$

输出电压为差模输出电压和共模输出电压之和，即

$$v_o=A_{vd}v_{id}+A_{vc}v_{ic} \tag{7.2.41}$$

比较式(7.2.40)和式(7.2.41)可知 $A_{vd}=10.042$，$A_{vc}=0.0833$。

根据共模抑制比的定义

$$K_{CMR}(\text{dB})=20\lg\left|\frac{A_{vd}}{A_{vc}}\right| \tag{7.2.42}$$

本题共模抑制比为

$$K_{CMR}(\text{dB})=20\lg\left|\frac{10.042}{0.0833}\right|=41.6\ \text{dB}$$

对好的差分放大器而言，K_{CMR}的典型值为 80～100 dB，该例表明，R_2/R_1 越接近 R_4/R_3，K_{CMR}越大。

【例 7.2.6】 利用差分放大电路消除接地回路干扰。

解 在实际电路中，信号源和放大器往往都是隔开一段距离的，并与其他各种电路共有公共接地总线。这些接地总线不是纯粹的导体，而是有一些小的分布电阻、电感和电容，表现为一种分布电抗。在总线上各种电流流动的作用下，这些电抗会形成小的电压降，使得总线上不同点的电位有所差异。图 7.2.14 中，Z_g 代表在输入信号公共点 N_i 和输出信号公共点 N_o 之间的地总线阻抗，v_g 是对应的电压降。理想情况下，v_g 对电路性

能应该没有一点影响。

在图 7.2.14(a)中,v_i 是将被放大的信号,接在反相放大器的输入端,但这个放大器遇到的是 v_i 和 v_g 串联,所以

$$v_o=-\frac{R_2}{R_1}(v_i+v_g) \tag{7.2.43}$$

v_g(一般称为接地回路干扰或公共回路阻抗串扰项)项可以使输出信号质量受到显著的损失,特别是如果 v_i 较小与 v_g 可相比较时,更是如此,而往往在工业环境中传感器信号就是这样。

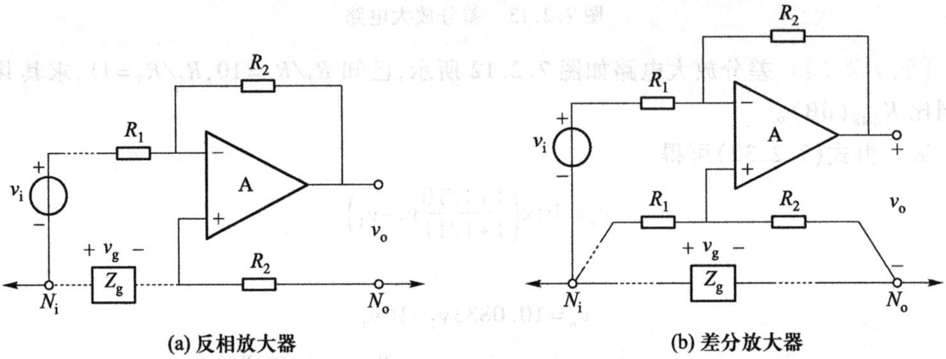

图 7.2.14 消除接地回路干扰的放大器

将 v_i 当作差分信号,而将 v_g 当作共模信号就能排除 v_g 这一项的影响。这样做就要求将原放大器改变为一种差分型放大器,并用一根额外导线直接接入到输入信号公共端,如图 7.2.14(b)所示。现在有

$$v_o=-\frac{R_2}{R_1}v_i \tag{7.2.44}$$

为了消除 v_g 项而增加了电路复杂性和接线,但这是值得的。

7.2.3 积分和微分运算电路

在前面分析的运算放大器电路中,运算放大器的外部元件均为电阻。也可以使用其他外部元件产生不同的结果。图 7.2.4 是反相放大器,利用它可以开发出两个专用电路。

1. 积分运算电路

将反相放大器中的反馈电阻换成电容 C,利用电容两端的电压 v_C 与流过电容的电流 i_C 之间存在着积分关系,就构成了积分运算电路,如图 7.2.15 所示。

由"虚短"、"虚断"$v_P=v_N=0$,可得 $i_R=i_C=\frac{v_I}{R}$,则

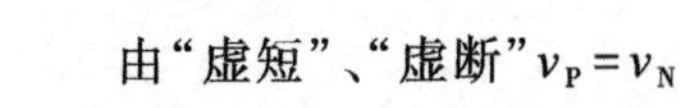

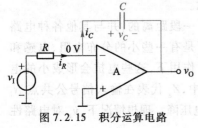

图 7.2.15 积分运算电路

$$v_O=-v_C=-\frac{1}{C}\int i_C\mathrm{d}t=-\frac{1}{RC}\int v_I\mathrm{d}t \tag{7.2.45}$$

式(7.2.45)表明 v_O 与 v_I 的积分成比例,式中负号表示输入在反相端,这是一个反相积分器。

当输入信号 v_I 如图 7.2.16(a)所示是有限的阶跃函数时,在它的作用下,电容器以恒流方式进行充

电，由式(7.2.45)，输出电压 v_O 关于 t 的函数关系为

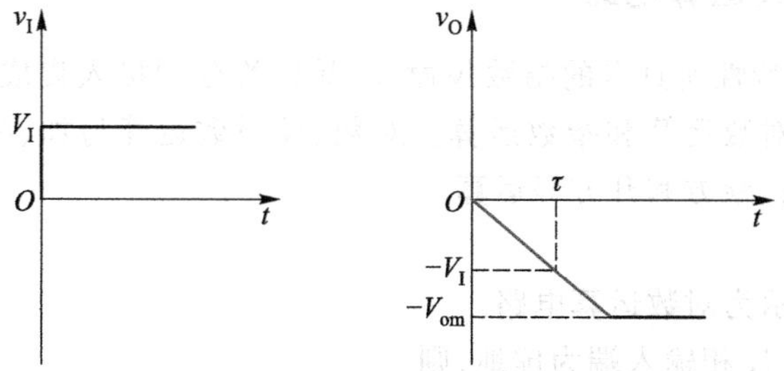

(a) 输入信号v_I的波形　(b) 输出信号v_O的波形

图 7.2.16　积分电路的阶跃响应

$$v_O=-\frac{1}{RC}\int v_I\mathrm{d}t=-\frac{1}{RC}V_It=-\frac{1}{\tau}V_It \tag{7.2.46}$$

v_O 是关于时间的线性斜坡函数，如图 7.2.16(b)所示。式(7.2.46)中 $\tau=RC$ 为积分时间常数，由图 7.2.16(b)可知，当 $t=\tau$ 时，$v_O=-V_I$。$t>\tau$ 时，v_O 负向增大，直到运放输出电压的最大负值$-V_{om}$，运放进入饱和状态，v_O 保持不变，而停止积分。

【例 7.2.7】　电路如图 7.2.15 所示，电路中电源电压 $V_+=+15\ \text{V}$，$V_-=-15\ \text{V}$，$R=10\ \text{k}\Omega$，$C=5\ \text{nF}$，输入电压波形如图 7.2.17(a)所示，在 $t=0$ 时，电容器 C 的初始电压 $v_C(0)=0$，画出输出电压 v_O 的波形，并标出 v_O 的幅值。

解　在 $t=0$ 时，$v_O(0)=0$，当 $t_1=40\ \mu\text{s}$ 时

$$\begin{aligned}v_O(t_1)&=-\frac{v_I}{RC}t_1\\&=-\frac{-10\times40\times10^{-6}}{10\times10^3\times5\times10^{-9}}\ \text{V}\\&=8\ \text{V}\end{aligned}$$

当 $t_1=120\ \mu\text{s}$ 时

$$\begin{aligned}v_O(t_2)&=v_O(t_1)-\frac{v_I}{RC}(t_2-t_1)\\&=8\ \text{V}-\frac{5\times(120-40)\times10^{-6}}{10\times10^3\times5\times10^{-9}}\ \text{V}\\&=0\ \text{V}\end{aligned}$$

输出电压 v_O 的波形如图 7.2.17(b)所示。

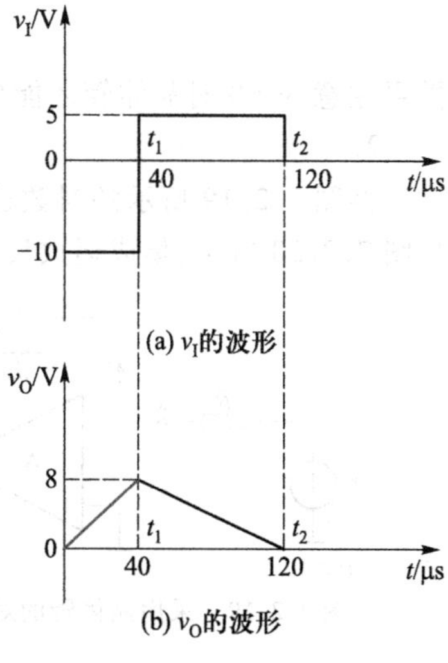

图 7.2.17　例 7.2.7 的电压信号波形

2. 微分运算电路

将积分电路的电阻与电容元件互换，则构成微分电路，如图 7.2.18 所示。

由“虚短”、“虚断”可列出

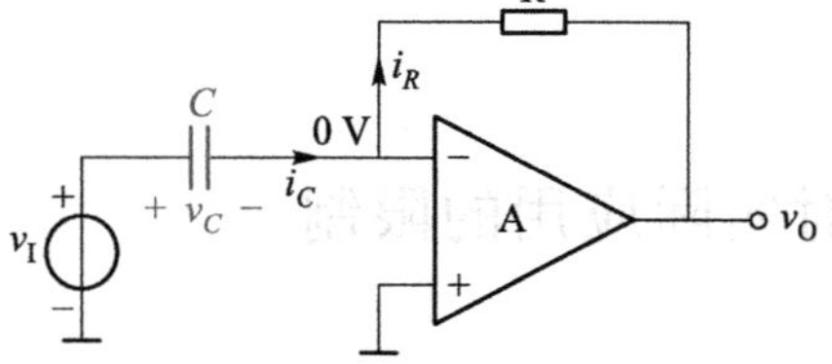

图 7.2.18　微分运算电路

$$i_C=i_R=C\frac{\mathrm{d}v_C}{\mathrm{d}t}=C\frac{\mathrm{d}v_I}{\mathrm{d}t} \tag{7.2.47}$$

$$v_O=-Ri_R=-Ri_C=-RC\frac{\mathrm{d}v_I}{\mathrm{d}t} \tag{7.2.48}$$

即 v_O 与 v_I 的微分成比例，式中负号表示输入在反相端，这是一个反相微分器。

7.2.4　对数和指数运算电路

利用PN结伏安特性所具有的指数规律，将晶体管分别接入集成运放的反馈回路和输入回路，可以实现对数运算和指数运算。对数、反对数运算与加、减、比例运算电路组合，能实现乘法、除法、乘方和开方等运算。

1. 对数运算电路

如图7.2.19所示为对数运算电路。

由于集成运放的反相输入端为虚地，则

$$i_R=i_C=\frac{v_I}{R}$$

i_C 为晶体管集电极电流，与发射极电流 i_E 近似相等，与 v_{BE} 有关，即

$$i_C\approx i_E=I_S(e^{\frac{v_{BE}}{V_T}}-1)\tag{7.2.49}$$

I_S 为发射结反向饱和电流，并且一般 $v_{BE}\gg V_T$。所以

$$i_C\approx I_S e^{\frac{v_{BE}}{V_T}}\tag{7.2.50}$$

$$v_{BE}\approx V_T\ln\frac{i_C}{I_S}\tag{7.2.51}$$

$$v_O=-v_{BE}=-V_T\ln\frac{v_I}{RI_S}\tag{7.2.52}$$

需要注意，$v_I>0$ 时晶体管才能导通，并且输出电压的幅值不能超过0.7 V。

2. 指数运算电路

将图7.2.19所示的对数运算电路中的电阻和晶体管互换，便可得到指数运算电路，如图7.2.20所示，集成运放反向输入端为虚地，所以 $v_{BE}=v_I$

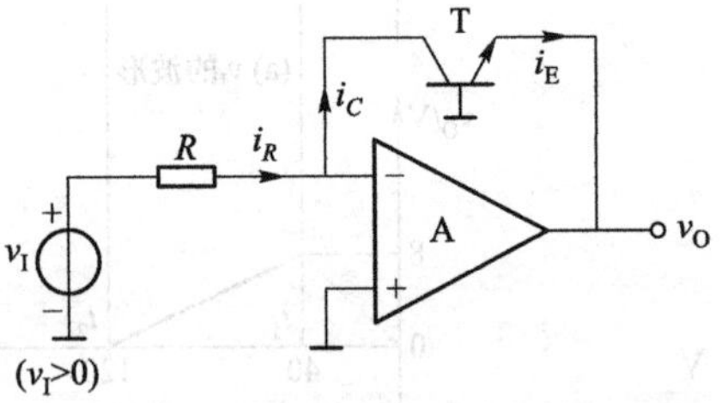

图7.2.19　采用晶体管的对数运算电路

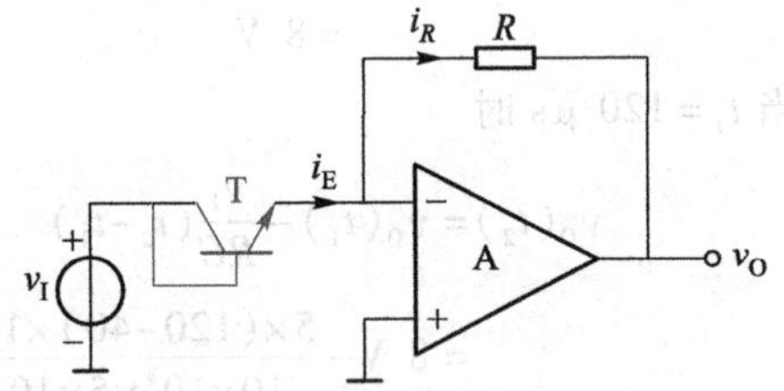

图7.2.20　指数运算电路

$$i_R=i_E\approx I_S e^{\frac{v_I}{V_T}}\tag{7.2.53}$$

$$v_O=-i_R R\approx I_S R e^{\frac{v_I}{V_T}}\tag{7.2.54}$$

与对数运算电路相同，$v_I>0$ 时，晶体管才能导通，且只能在发射结导通电压范围内，故其变化范围很小。由于晶体管的 I_S 和 V_T 受温度影响较大，对数运算和指数运算的精度都受温度影响。

PPT 7.3 运放非理想特性对实际应用的限制

7.3　运算放大器非理想特性对实际应用的限制

在工程应用中，为了简化分析，通常将运放当作理想器件，然而在某些要求较高的场

合，则必须考虑运放实际参数对电路性能带来的影响。

7.3.1 开环增益和输入差模电阻为有限值

1. 对闭环电压增益的影响

开环增益有限的反相放大器等效电路如图 7.3.1 所示。假设开环输入电阻是无穷大，则 $i_1=i_f$，即

$$\frac{v_i-v_N}{R_1}=\frac{v_N-v_o}{R_f} \tag{7.3.1}$$

$$\frac{v_i}{R_1}=v_N\left(\frac{1}{R_1}+\frac{1}{R_f}\right)-\frac{v_o}{R_f} \tag{7.3.2}$$

由于 $v_P=0$，故输出电压是

$$v_o=-A_{vo}v_N \tag{7.3.3}$$

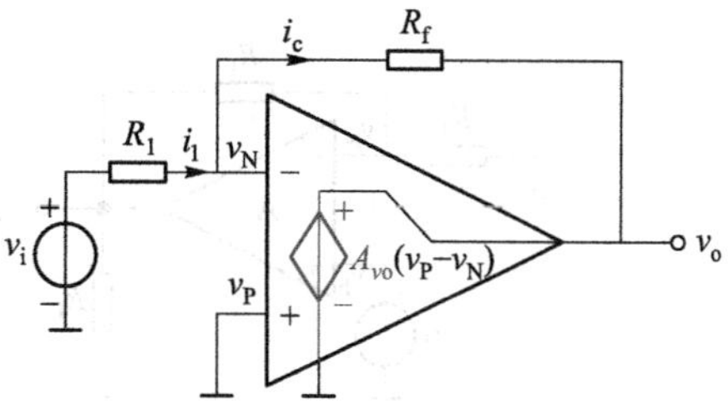

图 7.3.1 开环增益有限的反相放大器的等效电路

式中，A_{vo}是开环电压增益，由式(7.3.3)解出，将结果带入式(7.3.2)，可得

$$\frac{v_i}{R_1}=-\frac{v_o}{A_{vo}}\left(\frac{1}{R_1}+\frac{1}{R_f}\right)-\frac{v_o}{R_f} \tag{7.3.4}$$

闭环电压增益是

$$A_{vf}=\frac{v_o}{v_i}=\frac{-\dfrac{R_f}{R_1}}{1+\dfrac{1}{A_{vo}}\left(1+\dfrac{R_f}{R_1}\right)} \tag{7.3.5}$$

当 $A_{vo}\to\infty$ 时，闭环电压增益等于理想值。

【例 7.3.1】 一个压力传感器产生的最大直流电压为 2 mV，并且内阻 $R_s=2\ \text{k}\Omega$。来自传感器的最大直流电流限制在 0.2 μA。用一个反相放大器与传感器连接，当传感器信号为 2 mV 时，放大器产生的输出电压为-0.10 V。输出电压的误差不能大于 0.1%。确定满足这些条件所需的放大器的最小开环增益。

解 首先必须确定用于反相放大器的电阻。传感器内阻 R_s 与 R_1 串联，令 $R_1'=R_s+R_1$，由传感器最大直流电压和最大直流电流确定 R_1'的最小取值，即

$$R_1'=-\frac{v_{imax}}{i_{imax}}=\frac{2\times10^{-3}}{0.2\times10^{-6}}\ \Omega=10\times10^3\ \Omega=10\ \text{k}\Omega$$

因 $R_s=2\ \text{k}\Omega$，则电阻 R_1 取 8 kΩ。需要的闭环电压增益是

$$A_{vf}=\frac{v_o}{v_i}=\frac{-0.10}{2\times10^{-3}}=-50=-\frac{R_f}{R_i'}$$

已知 $R_1'=10\ \text{k}\Omega$，则 $R_f=500\ \text{k}\Omega$。

电压增益误差在 0.1% 内，故最小增益值 $A_{vf}=50\times99.9\%=49.95$。应用式(7.3.5)，可以确定开环电压增益的最小值，即

$$A_{vf}=\frac{-\dfrac{R_f}{R_1'}}{1+\dfrac{1}{A_{vo}}\left(1+\dfrac{R_f}{R_1'}\right)}=-49.95=\frac{-50}{1+\dfrac{1}{A_{vo}}\times51}$$

可以解出 $A_{vo(\min)}=50\ 949$。

2. 对闭环输入电阻的影响

一个同相放大器如图 7.3.2(a)所示。从信号源看进去的输入电阻记为 R_{if}。该放大器的有限开环增益为 A_{vo}，有限开环输入差模电阻为 R_i，输出电阻为 R_o，放大器的等效电路如图 7.3.2(b)所示。

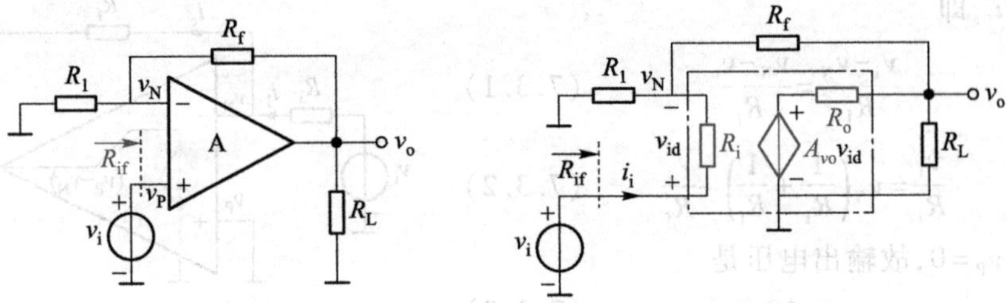

(a) 电路　　(b) 等效电路

图 7.3.2　同相放大器

在输出节点列 KCL 方程得

$$\frac{v_o}{R_L}+\frac{v_o-A_{vo}v_{id}}{R_o}+\frac{v_o-v_N}{R_f}=0 \tag{7.3.6}$$

求解输出电压可得

$$v_o=\frac{\dfrac{v_N}{R_f}+\dfrac{A_{vo}v_{id}}{R_o}}{\dfrac{1}{R_L}+\dfrac{1}{R_o}+\dfrac{1}{R_f'}} \tag{7.3.7}$$

v_N 节点的 KCL 方程为

$$i_i=\frac{v_N}{R_1}+\frac{v_N-v_o}{R_f} \tag{7.3.8}$$

联立式(7.3.7)和式(7.3.8)，消去 v_o 得

$$i_i\left(1+\frac{R_o}{R_L}+\frac{R_o}{R_f}\right)=v_N\left[\left(\frac{1}{R_1}+\frac{1}{R_f}\right)\left(1+\frac{R_o}{R_L}+\frac{R_o}{R_f}\right)-\frac{R_o}{R_f^2}\right]-\frac{A_{vo}v_{id}}{R_f} \tag{7.3.9}$$

R_o 通常很小，忽略它的影响，设 $R_o=0$，则式(7.3.9)变为

$$i_i=v_N\left(\frac{1}{R_1}+\frac{1}{R_f}\right)-\frac{A_{vo}v_{id}}{R_f} \tag{7.3.10}$$

由图 7.3.2(b)可知

$$v_{id}=i_iR_i \tag{7.3.11}$$

及

$$v_N=v_i-i_iR_i \tag{7.3.12}$$

将式(7.3.11)和式(7.3.12)代入式(7.3.10)，得到关于 i_i 和 v_i 的等式。已知输入电阻定义为 $R_{if}=v_i/i_i$，则输入电阻表示为

$$R_{if}=\frac{v_i}{i_i}=\frac{R_i(1+A_{vo})+R_f\left(1+\dfrac{R_i}{R_1}\right)}{1+\dfrac{R_f}{R_1}} \tag{7.3.13}$$

式(7.3.13)描述了开环电压增益有限和开环输入电阻有限的同相放大器的闭环输入电

阻。可以看出当 $A_{vo}\to\infty$ 或 $R_i\to\infty$ 时，$R_{if}\to\infty$，这是理想同相放大器的特性之一。

【例 7.3.2】 参考图 7.3.2(a)中的同相放大器，已知运算放大器的开环增益 $A_{vo}=10^5$，输入电阻 $R_i=10\ \text{k}\Omega$，并且 $R_1=R_f=10\ \text{k}\Omega$，确定同相放大器的闭环输入电阻。

解 根据式(7.3.13)，输入电阻是

$$R_{if}=\frac{v_i}{i_i}=\frac{R_i(1+A_{vo})+R_f\left(1+\dfrac{R_i}{R_1}\right)}{1+\dfrac{R_f}{R_1}}=\frac{10\times(1+10^5)+10\times\left(1+\dfrac{10}{10}\right)}{1+\dfrac{10}{10}}\ \text{k}\Omega\approx5\times10^5\ \text{k}\Omega=500\ \text{M}\Omega$$

由结果可知，同相放大器的闭环输入电阻非常大。由上式也表明，输入电阻主要由 $R_i(1+A_{vo})$ 决定，阻值大的 R_i 和增益大的 A_{vo} 结合能产生非常大的输入电阻。

7.3.2 输出电阻不为零

理想的运算放大器输出电阻为零，故输出电压与负载大小无关，所以理想运放是理想的电压源且无负载效应。实际的运放电路输出电阻不为零，就是说输出电压和闭环增益与负载有关。

图 7.3.3 是反相放大器和同相放大器用于求解输出电阻的等效电路。运算放大器具有有限开环增益 A_{vo}、输出电阻 R_o 和无穷大输入电阻 R_i。为了确定输出电阻，将独立的输入电压置零。输出节点的 KCL 方程为

$$i_o=\frac{v_o-A_{vo}v_{id}}{R_o}+\frac{v_o}{R_1+R_f}\qquad(7.3.14)$$

差模输入电压

$$v_{id}=-v_N=-\frac{R_1}{R_1+R_f}v_o\qquad(7.3.15)$$

联立式(7.3.14)和式(7.3.15)，得

$$i_o=\frac{v_o}{R_o}-\frac{A_{vo}}{R_o}\left(-\frac{R_1}{R_1+R_f}v_o\right)+\frac{v_o}{R_1+R_f}\qquad(7.3.16)$$

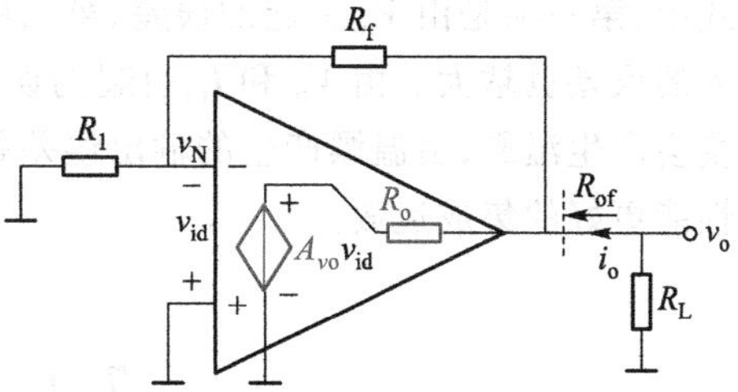

图 7.3.3 计算闭环输出电阻的等效电路

则

$$\frac{i_o}{v_o}=\frac{1}{R_{of}}=\frac{1}{R_o}\left(1+\frac{A_{vo}}{1+R_f/R_1}\right)+\frac{1}{R_1+R_f}\qquad(7.3.17)$$

由于 R_o 很小，而 A_{vo} 很大，因此式(7.3.17)近似为

$$R_{of}=R_o\frac{1}{1+\dfrac{A_{vo}}{1+R_f/R_1}}\qquad(7.3.18)$$

在大多数运放电路中，开环输出电阻的值在 100 Ω 左右。由于 A_{vo} 通常远远大于 $(1+R_f/R_1)$，因此闭环输出电阻可以非常小。输出电阻值很容易达到毫欧姆的数量级。

7.3.3 输入偏置电流、输入失调电压和输入失调电流不为零

在图 7.3.4 所示的电路中，运放的 I_B、V_{IO}、I_{IO} 均不为 0。其他参数均是理想的，电路的输入信号为零。运放的反相端和同相端到地都接有电阻。反相端和输出端之间接有反馈电阻 R_f，电路中 V_{IO} 和 I_{IO} 的实际极性是随机的。根据前面的分析，则

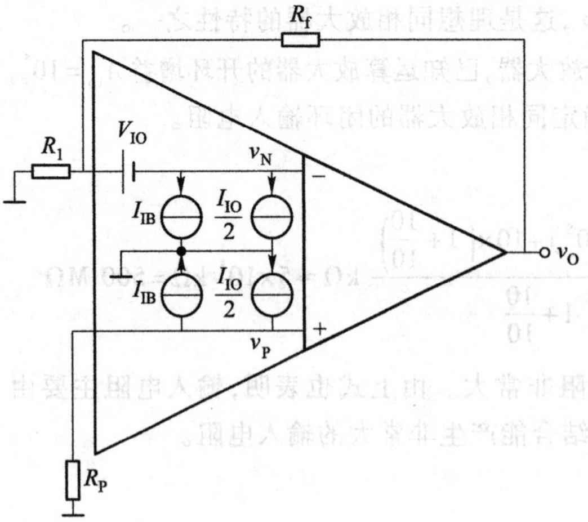

图 7.3.4　V_{IO}、I_{IO}、I_{IB}不为零时实际运算放大电路的等效电路

$$v_P=-\left(I_{IB}-\frac{I_{IO}}{2}\right)R_P \tag{7.3.19}$$

$$v_N=v_O\frac{R_1}{R_1+R_f}-\left(I_{IB}+\frac{I_{IO}}{2}\right)(R_1/\!/R_f)-V_{IO} \tag{7.3.20}$$

根据虚短 $v_P=v_N$，由上两式可得

$$v_O=\left(1+\frac{R_f}{R_1}\right)\left[V_{IO}+I_{IB}(R_1/\!/R_f-R_P)+\frac{1}{2}I_{IO}(R_1/\!/R_f+R_P)\right] \tag{7.3.21}$$

式中，$I_{IB}(R_1/\!/R_f-R_P)$一项，是由输入偏置电流 I_{IB}流过外接电阻引起的误差。如果令 $R_P=R_1/\!/R_f$，则这一项就为 0。R_P 叫作平衡电阻。以上结论推广为一般情况，在运放线性应用中，应使两个输入端外接的直流电阻相等。此时，输入偏置电流 I_{IB}引起的误差可以消除，式(7.3.21)简化为

$$v_O=\left(1+\frac{R_f}{R_1}\right)(V_{IO}+I_{IO}R_P) \tag{7.3.22}$$

式中，第一项是由 V_{IO}引起的误差，第二项是由 I_{IO}引起的误差。$(1+R_f/R_1)$和 R_P 越大，引入的误差也越大。由 V_{IO}和 I_{IO}引起的误差，可以外加调零可变电阻加以克服。但这两个量会产生温漂，由温漂产生的输出误差是随机的，无法用调零或其他方法解决，只能选用性能更好的集成运放。

7.4　模拟乘法器

PPT 7.4
模拟乘法器

模拟乘法器可以实现两路输入信号的相乘运算，它还可以与运算放大器结合实现除法运算、求根运算和求幂运算等，广泛应用于通信、广播、仪表和测量等领域。本节先讨论模拟乘法器的工作原理，再介绍基本应用电路。

7.4.1　乘法器的工作原理

实现两个模拟信号相乘有多种方式，本节在简要介绍对数乘法器的工作原理之后，重点讨论变跨导乘法器的工作原理。

1. 对数乘法器

利用对数电路、加法电路和指数电路实现的乘法运算电路原理框图如图 7.4.1 所示。若将图中的加法电路改为减法电路则可实现除法运算。

由图 7.4.1 可知，利用对数电路、求和电路和指数电路可以共同完成乘法运算。

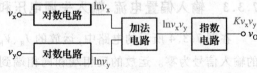

图 7.4.1　对数乘法器原理框图

电路如图 7.4.2 所示，A_1、A_2 为对数电路，A_3 为加法电路，A_4 为指数电路。

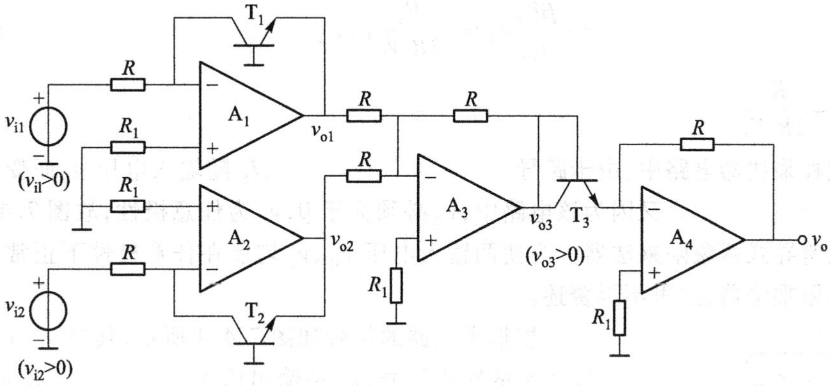

图 7.4.2 乘法电路

取 $I_{ES1}=I_{ES2}=I_{ES3}=I_{ES}$，可得

$$v_{o1}=-V_T\ln\frac{v_{i1}}{I_{ES}R} \tag{7.4.1}$$

$$v_{o2}=-V_T\ln\frac{v_{i2}}{I_{ES}R} \tag{7.4.2}$$

$$v_{o3}=-(v_{o1}+v_{o2})=V_T\ln\frac{v_{i1}}{I_{ES}R}+V_T\ln\frac{v_{i2}}{I_{ES}R}=V_T\ln\frac{v_{i1}v_{i2}}{(I_{ES}R)^2} \tag{7.4.3}$$

$$v_o=-RI_{ES}e^{\frac{v_{o3}}{V_T}}=-\frac{1}{I_{ES}R}v_{i1}v_{i2}=Kv_{i1}v_{i2} \tag{7.4.4}$$

式中，$K=-\dfrac{1}{I_{ES}R}$。

由于上述对数运算电路要求输入电压为正（或为负），因此乘法器的两输入电压也必须为正（或为负），所以它只能实现单象限乘法运算。如要实现多象限乘法运算，可采用变跨导式乘法器。

2. 变跨导式乘法器基本原理

因为变跨导式模拟乘法器具有电路简单、容易集成及工作频率高等优点，所以获得非常广泛的应用。实际的集成模拟乘法器产品多为变跨导式模拟乘法器。变跨导式模拟乘法器是以恒流源式差分放大电路为基础，并采用变跨导的原理而构成的，电路如图 7.4.3 所示。

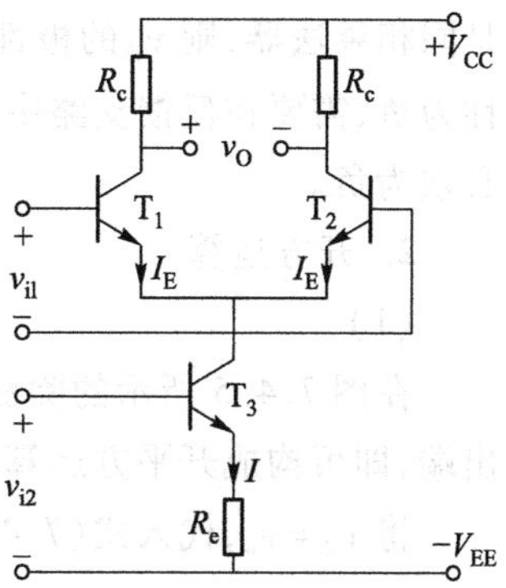

图 7.4.3 变跨导式两象限模拟乘法器

由图 7.4.3 可知

$$I=\frac{v_{i2}-v_{BE3}}{R_e}\approx\frac{v_{i2}}{R_e} \tag{7.4.5}$$

T_1 或 T_2 发射极的电流为

$$I_E=\frac{1}{2}I\approx\frac{1}{2}\frac{v_{i2}}{R_e} \tag{7.4.6}$$

故

$$r_{be}=r_{bb'}+(1+\beta)\frac{V_T}{I_E}\approx(1+\beta)\frac{V_T}{I_E}=2(1+\beta)\frac{V_TR_e}{v_{i2}} \tag{7.4.7}$$

由此可得

$$v_o = -\frac{\beta R_c}{r_{be}} v_{i1} \approx -\frac{R_c}{2R_e V_T} v_{i1} v_{i2} = K v_{i1} v_{i2} \tag{7.4.8}$$

式中，$K = -\frac{R_c}{2R_e V_T}$。

在这种乘法器电路中，由于跨导 $g_m \approx I_E / V_T$ 不是常数，I_E 随输入电压 v_{i2} 而变化，所以称为变跨导式乘法器。又因为该电路中，v_{i2} 必须大于0，v_{i1} 为任意极性，故图7.4.3所示电路为变跨导式两象限乘法器。为使两输入电压 v_{i1}、v_{i2} 均能在任意极性下正常工作，可采用四象限乘法器，这里不再赘述。

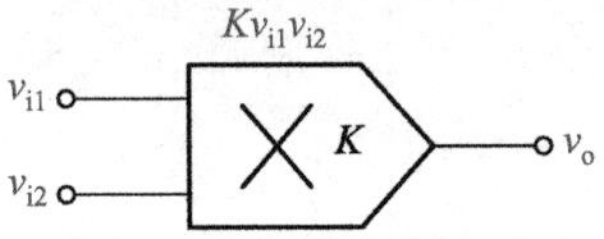

图7.4.4　模拟乘法器的符号

模拟乘法器的符号如图7.4.4所示，其中 v_{i1}、v_{i2} 是两个输入端的输入信号，v_o 是输出信号，$v_o = K v_{i1} v_{i2}$，K 是比例系数，K 为正值时称为同相乘法器，K 为负值时称为反相乘法器。

7.4.2　乘法器在运算电路中的应用

模拟乘法器的应用十分广泛，除了用于模拟信号的运算，如乘法、乘方、除法及开方等运算以外，还在电子测量及无线电通信等领域用于振幅调制、同步检测、混频、倍频、鉴相、鉴频、自动增益控制及功率测量等。这里仅介绍模拟乘法器在运算电路中的应用。

1. 除法运算

图7.4.5为除法运算电路，图中 $v_{O1} = K v_O v_{i2}$，

$i_1 = i_2$

所以

$$\frac{v_{i1}}{R_1} = -\frac{v_{o1}}{R_2} = -K\frac{v_o v_{i2}}{R_2} \tag{7.4.9}$$

因此

$$v_o = -\frac{R_2}{R_1 K}\frac{v_{i1}}{v_{i2}} \tag{7.4.10}$$

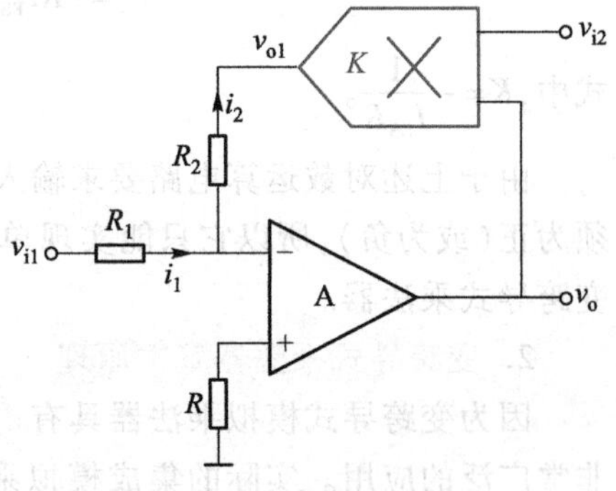

图7.4.5　除法运算电路

应当指出，上述的除法运算电路，如果乘法器是同相乘法器，则 v_{i2} 的极性必须为正，才能保证运算放大器处于负反馈状态。若 v_{i2} 的极性为负，需要在反馈支路中引入一反相器。同理，如果乘法器是反相乘法器，则 v_{i2} 的极性必须为负。

2. 开方运算

(1) 开平方运算

在图7.4.5所示的除法运算电路中，如将乘法器的两个输入端均接到集成运放的输出端，即可构成开平方运算，如图7.4.6所示。

将 $v_{i2} = v_o$，代入式(7.4.10)得

$$v_o = -\frac{R_2}{R_1 K}\frac{v_{i1}}{v_o} \tag{7.4.11}$$

故

$$v_o=\sqrt{-\frac{R_2}{R_1K}v_{i1}} \tag{7.4.12}$$

必须注意，在上式中，为了保证根号内的值为正，若系数 K 为正，则输入电压 v_{i1} 必须为负。反之若系数 K 为负，则输入电压 v_{i1} 必须为正。

（2）开三次方运算

若在运算放大器的反馈电路中串入多个乘法器，就可得到开高次方的运算电路。图 7.4.7 所示电路是开三次方的运算电路。

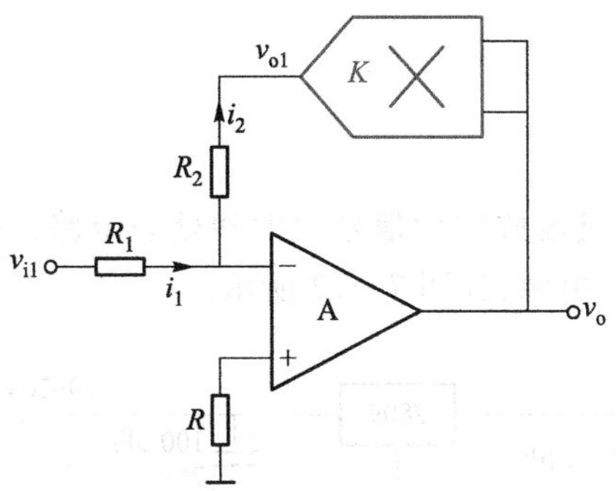

图 7.4.6 开平方运算电路

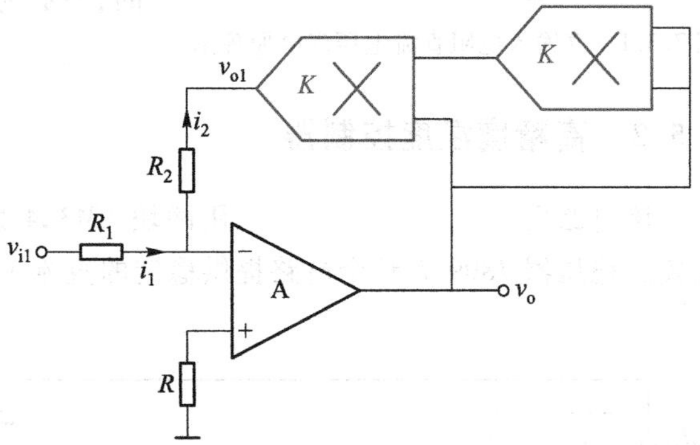

图 7.4.7 开三次方运算电路

将 $v_{i2}=Kv_o^2$ 代入式(7.4.10)得

$$v_o=-\frac{R_2}{R_1K}\frac{v_{i1}}{Kv_o^2} \tag{7.4.13}$$

则

$$v_o=\sqrt[3]{-\frac{R_2}{R_1K^2}v_{i1}} \tag{7.4.14}$$

7.5 运算电路应用举例

PPT 7.5 运算电路应用举例

7.5.1 直流电压表

图 7.5.1 所示为一台简单高输入电阻直流电压表的电原理图。根据虚短，被测电压 E_i 加到放大电路的同相输入端，就相当于加到 R_i 上。正如同相放大器一样，表头电流 I_m 由 E_i 和 R_i 确定为

$$I_m=\frac{E_i}{R_i} \tag{7.5.1}$$

假设 $R_i=1\ \text{k}\Omega$，$E_i=1\ \text{V}$，则有 1 mA 电流流过表头。把 1 mA 电流刻度改为 1 V 电压刻度，则此 1 mA 表头就变成了量程为 1 V 的直流电压表。图 7.5.1 中，由式(7.5.1)得 $I_m=\frac{0.5\ \text{V}}{1\ \text{k}\Omega}=0.5\ \text{mA}$，指针应半偏转，即在 0 ~ +1 V 中间。

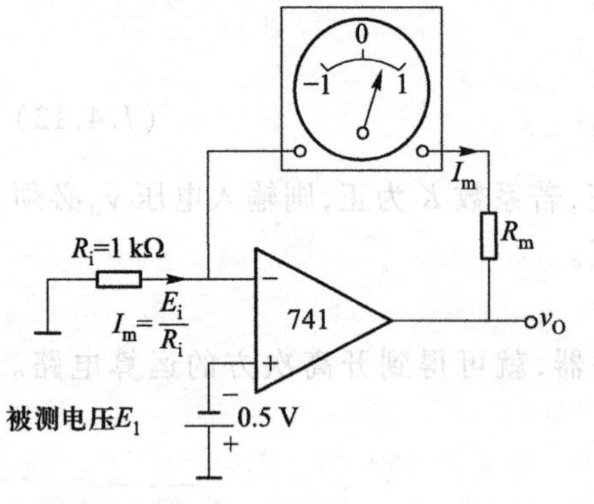

图 7.5.1　高输入电阻直流电压表电原理图

图 7.5.1 是同相放大器，从测试的同相输入端看进去有很高的输入阻抗。根据虚断，进入运放的电流可忽略，这种电路构成的电压表不影响被测电压。把表头放在反馈回路上的另一优点是表头内阻变化不影响表头电流。甚至再给表头串一个电阻也不会改变表头电流 I_m。因为 I_m 是由 E_i/R_i 决定的。实际上，表头内阻变化时，输出电压将变化。但此电路是测量 E_i 的，不必考虑 V_O。此电路又称为电压-电流转换器。

7.5.2　高精度温度控制器

该电路用热敏电阻作传感器，用两块 LM324 集成运放作为信号放大和处理电路，三端集成稳压器 7809 为整个电路提供稳定的直流工作电源，如图 7.5.2 所示。

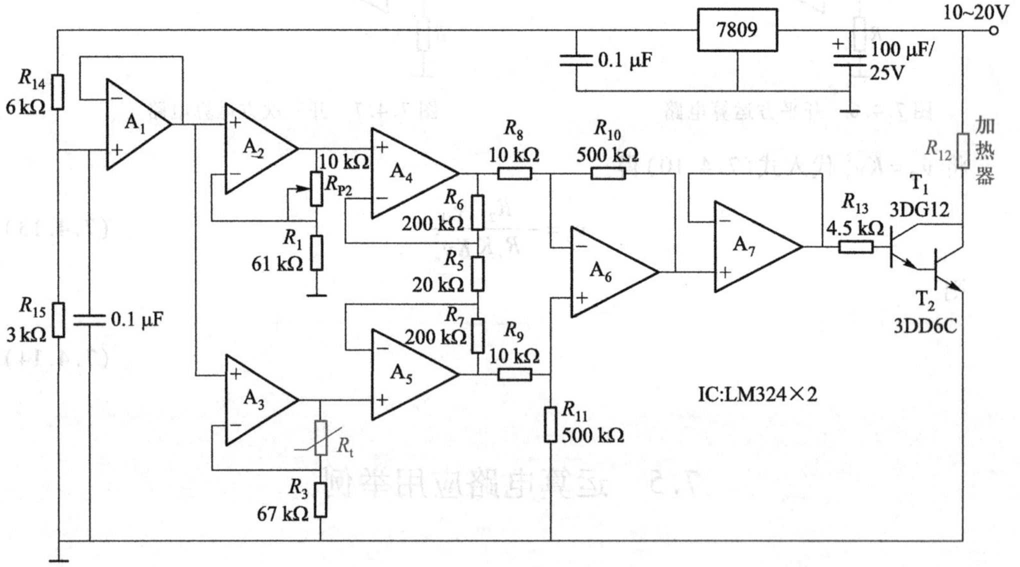

图 7.5.2　高精度温度控制电路

该电路的主要特点是：第一，用作温度传感器的热敏电阻的工作电流是由恒流源提供的，不论温度传感器 R_t 的阻值随温度如何变化，通过它的电流始终保持不变，这就使热敏电阻两端产生的电压变化完全来源于温度的变化，而与流过它的电流无关；第二，为了提高电路的灵敏度和控温精度，采用了具有高输入阻抗特点的仪用放大器电路，这就使放大电路的输入电阻非常大，有利于降低输入信号的损失。在控温电路中，放大器的共模抑制比 K_{CMR} 对电路的控制精度至关重要。因此，电路的控制精度和工作稳定性很高。

电路中用运放 A_1 组成的电压跟随器作为缓冲器，利用其输入阻抗高、输出阻抗低的特点，起前后隔离的作用。A_2、R_1 和 R_{P2} 组成电压源，它的输出电压送给仪用放大器的一个输入端（A_4 的同相输入端），作为仪用放大器的输入参考电压。当调节可变电阻 R_{P2} 时，可调节预定温度。

A_3、R_3 组成一个恒流源，热敏电阻 R_t 是它的负载。当温度发生任何微小的变化时，R_t 的阻值随之而变，它两端的电压随之发生相应的变化，这个变化的电压信号直接与温度的变化有关，与通过它的电流无关。该信号作为仪用放大器的另一个输入信号，加至 A_5 的同相输入端。

仪用放大器由 A_4、A_5、A_6 和 R_5 ~ R_{11} 组成。仪用放大器将上述两个输入信号电压之差进行放大，然后通过缓冲器 A_7 缓冲后输出，作为晶体管开关电路 T_1、T_2 的控制信号。

仪用放大器输出的信号作为控制开关的驱动信号加至晶体管 T_1 的基极，这个信号控制加热器加热电流的大小。若系统内的温度发生极微小的变化，测温电路的输入信号发生相应的变化，这一变化信号通过放大处理，促使通过加热器 R_{12} 的加热电流变化。加热电流的变化又引起温度变化，若温度稍高于预调的温度，则加热电流相应地减小，减小加热电流，阻止温度上升的趋势；若温度有下降倾向，则通过加热器的电流就会增大，保持加热温度不降低。这是一个通过反馈控制作用自动协调加热器温度的恒温控制电路。

7.5.3 心率测试仪

人体脉搏与自己的心率是一致的，利用这一原理，只要测出脉搏数就知道了相应的心率，图 7.5.3 为心率测试仪电路原理图。全电路由脉搏传感器、脉搏信号放大器、电压跟随器、电压比较器、单稳态触发器和显示电路组成。

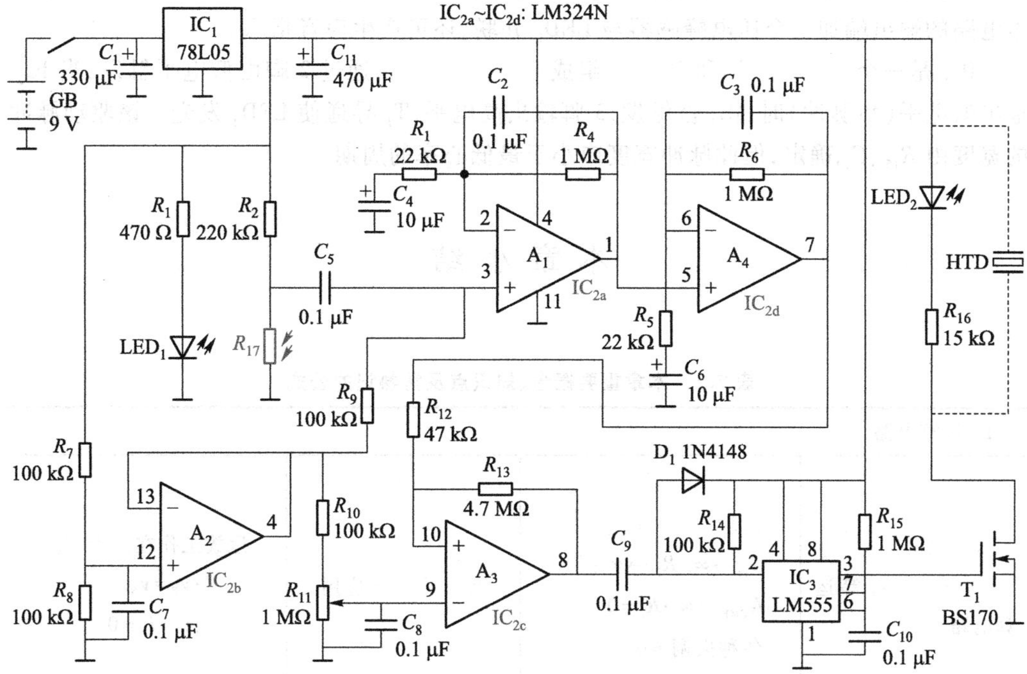

图 7.5.3 心率测试仪

由红外线发射管 LED_1 和硫化镉光敏电阻 R_{17} 组成的脉搏传感器首先通过对手指血流进行检测，检测出脉搏信号，然后对此脉搏信号进行处理和放大，最后通过声光信号将心率显示出来。

由集成稳压器 IC_1 输出的 5 V 电压，经 R_1 限流后向 LED_1 提供稳定的工作电流，使 LED_1 发出强度恒定的红外光。在 LED_1 和光敏电阻之间，LED_1 发出的红外光线就通过手指照射到光敏电阻上，由于手指中血管的血流随心脏跳动呈现脉动状态，照射到光敏电阻上的照度也呈忽强忽弱的变化。这就使光敏电阻的阻值也呈现出忽大忽小的变化状态。将 R_{17} 上的电压变化经过放大器放大，通过 LED_2 的闪动将电阻阻值的变化与心脏的跳动同步显示出来，这便是人的心跳速率。

脉搏信号放大器由 IC_{2a} 和 IC_{2d} 两级放大器组成。由脉搏传感器得到的脉搏信号在 R_{17} 的上端输出，经 C_5 耦合到第一级脉搏信号放大器 IC_{2a} 的同相输入端，经放大并输出后直接耦合到第二级放大器 IC_{2d} 的同相端，进行再一次的放大。两级放大器的总放大量为 46 dB，电容 C_2、C_3 为抑制高增益放大器自激所加的抑制电容。

IC_{2d} 输出随血流变化的信号，加在 IC_{2c} 的同相输入端。IC_{2c} 将脉搏信号与基准信号比较输出负脉冲，从而触发 IC_3 的翻转。

由 IC_{2b} 组成电压跟随器，将 IC_1 输出的 5 V 电压进行阻抗变换，降低电源内阻，向 IC_{2a} 和 IC_{2c} 提供稳定的参考电压，以确保仪器的测量精度。IC_{2b} 输出的电压一路接在 IC_{2a} 的同相输入端，为 IC_{2a} 提供偏置电压，另一路通过电阻 R_{10}、R_{11} 引入 IC_{2c} 的反相输入端，与 IC_{2c} 的同相端输入信号进行比较，当无光线照射 R_{17} 时，IC_{2c} 的输出端输出为 5 V 的高电平；当有手指放在上面时，IC_{2c} 同相端输入心动频率的脉冲，使 IC_{2c} 输出与心率同步的负脉冲信号，此信号用来触发 IC_3 组成的单稳态触发器工作，使 IC_3 输出正脉冲驱动信号。当 IC_3 第 3 脚输出一个脉冲时，T_1 导通，LED_2 发光，通过 LED_2 的闪动就可显示出心率。如果在本电路的输出端加一个压电蜂鸣器与 LED_2 并联，还可产生声音指示。

IC_3 是一个 555 定时器和 R_{15}、C_{10} 组成单稳态触发器，通过 2 脚由低电平触发，当 IC_{2c} 输出低电平（负脉冲）时，IC_3 被触发，3 脚输出高电平，T_1 导通使 LED_2 发光。该驱动脉冲的宽度由 R_{15}、C_{10} 确定，但此脉冲宽度应小于最低心率的周期。

本章小结

表 7.1　本章重要概念、知识点及需熟记的公式

1. 运算电路			
加、减、积分、微分、指数、对数等运算电路	实际运放≈理想运放 $A_{vo}\to\infty$；$R_{id}\to\infty$； $K_{CMR}\to\infty$；$R_o=0$ 各种失调≈0	闭环负反馈应用	运放工作在线性区。 虚短：$v_P=v_N$ 虚断：$i_P=i_N=0$

续表

2. 比例运算电路			
(1)	同相比例运算电路		
	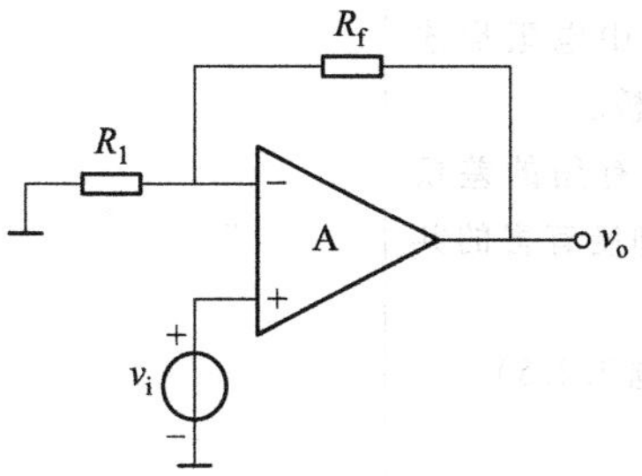	v_i 接到“+”端（同相端）； v_o 与 v_i 同相。	$A_v=1+\frac{R_f}{R_1}$； $R_i\to\infty$ $R_o\to 0$
(2)	电压跟随器		
	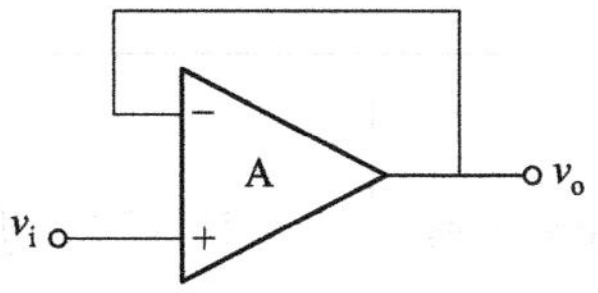	特殊的同相比例运算电路。 作用 {阻抗变换 缓冲	$A_v=1$； $R_i\to\infty$ $R_o\to 0$
(3)	反相比例运算电路		
	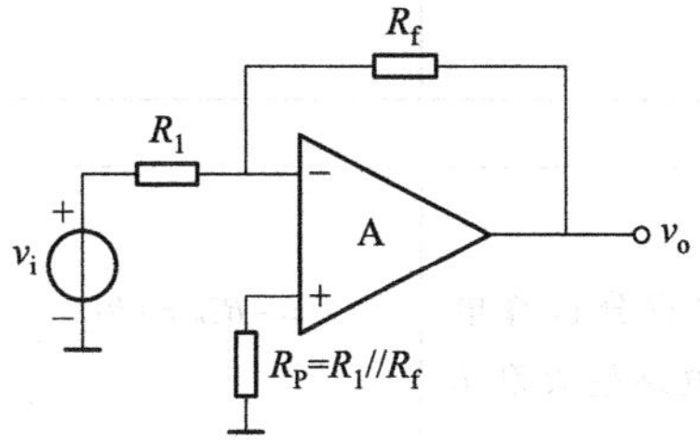	v_i 接到“-”端（反相端）； 平衡电阻： $R_P=R_1//R_f$； 保证集成运放输入级差放电路的对称性	$A_v=-\frac{R_f}{R_1}$； $R_i=R_1$ $R_o\to 0$
	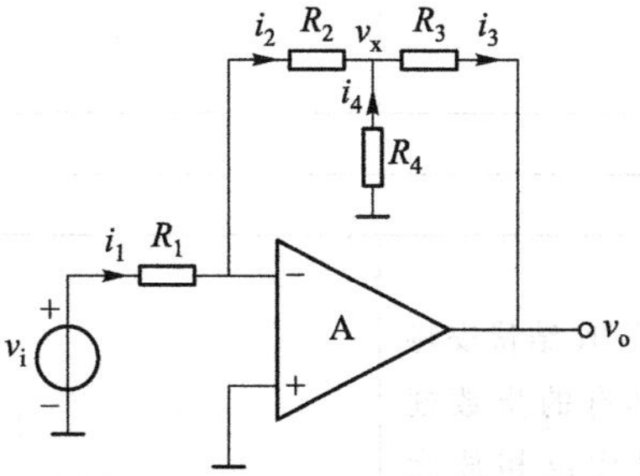	含有 T 形网络的反相运算电路 可获得高增益；$A_v=\frac{v_o}{v_i}=-\frac{R_2}{R_1}\left(1+\frac{R_3}{R_4}+\frac{R_3}{R_2}\right)$ 电阻值大小可取适中	
3. 加减运算电路			
(1)	反相加法电路		
	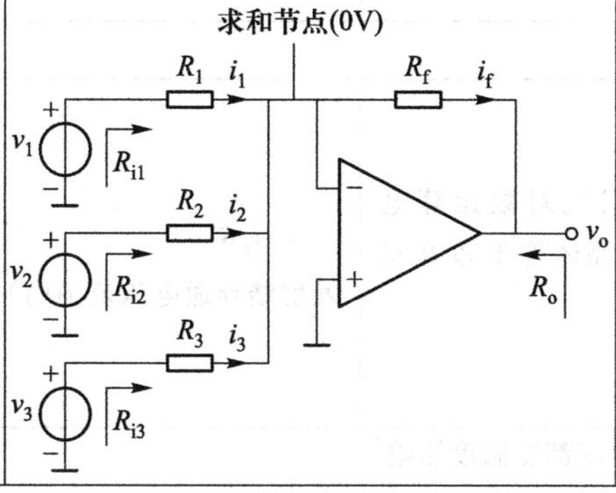	求和放大器 求和节点“虚地”；信号源不会相互作用，便于应用。 而同相加法电路：信号源相互影响	$v_o=-\left(\frac{R_f}{R_1}v_1+\frac{R_f}{R_2}v_2+\frac{R_f}{R_3}v_3\right)$ $R_{ik}=R_k$ $(k=1,2,3)$ $R_o=0$

续表

(2)	减法运算电路(差分放大电路)		
	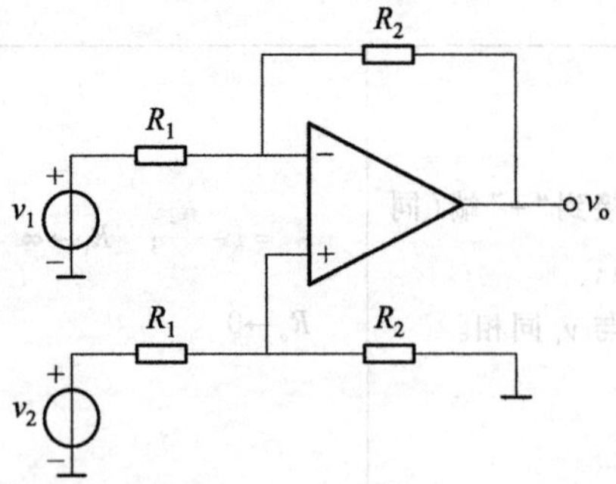	电路中电阻形成平衡电桥。 放大有用的差模信号,抑制有害的共模信号 (见例题 7.2.5)	$v_o=\frac{R_2}{R_1}(v_2-v_1)$
4. 积分和微分运算电路			
(1)	积分运算电路		
	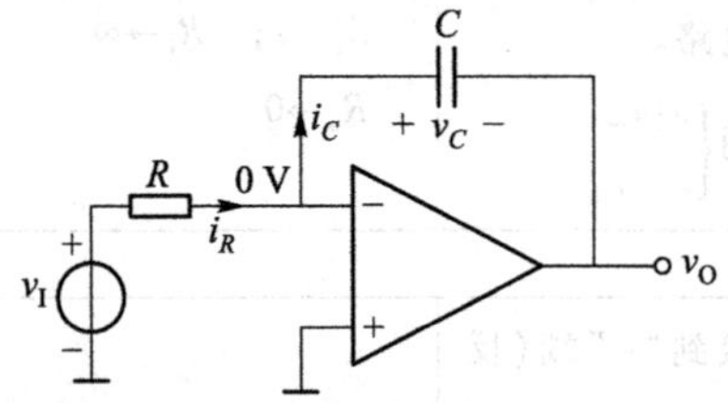	对比反相放大器,R_f 换成电容 C	$v_O=-v_C=-\frac{1}{C}\int i_C\mathrm{d}t$ $=-\frac{1}{RC}\int v_I\mathrm{d}t$
(2)	微分运算电路		
	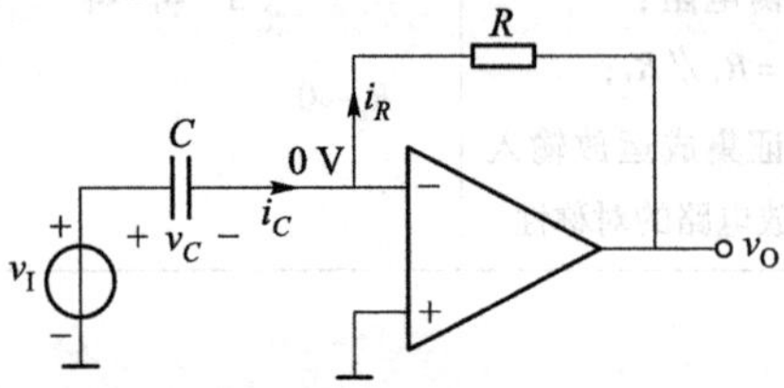	对比积分运算电路,此电路是 R 和 C 互换	$v_O=-Ri_R=-Ri_C$ $=-RC\frac{\mathrm{d}v_I}{\mathrm{d}t}$
5. 对数和指数运算电路			
对数运算电路			
	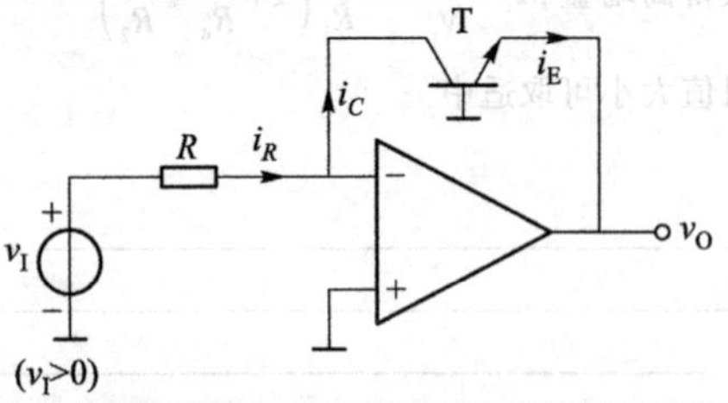	利用 PN 结伏安特性所具有的指数规律。对比反相放大器,R_f 换成晶体管 T	$v_O=-v_{BE}=-V_T\ln\frac{v_I}{RI_S}$ ($v_I>0$,　$v_O<0.7$ V)
指数运算电路			
	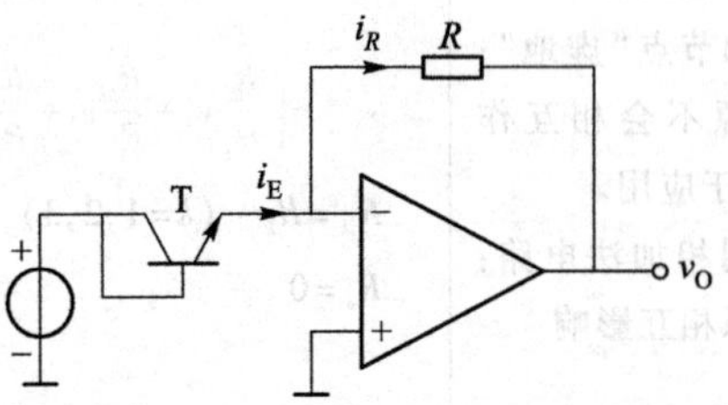	对比对数运算电路,晶体管 T 和 R 互换	$v_O=-i_RR\approx I_SRe^{\frac{v_I}{V_T}}$($v_I>0$,在发射结导通电压范围内)
晶体管 I_S 和 V_T 受温度影响大,对数、指数运算的精度都受温度影响			

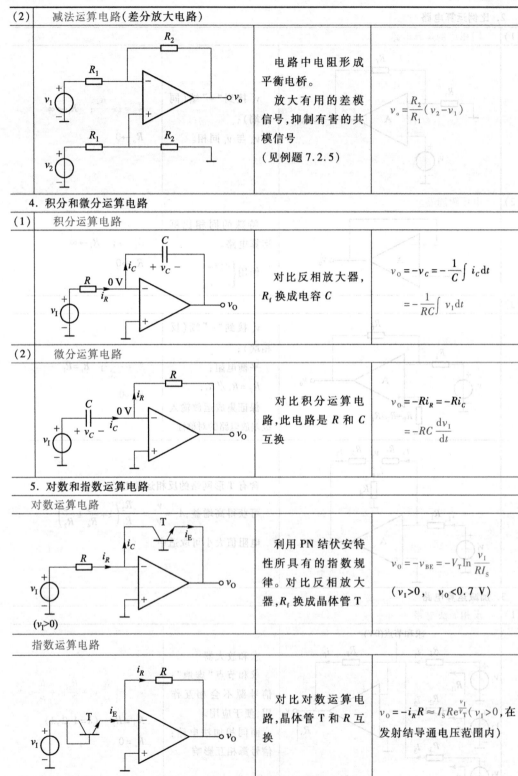

续表

6. 模拟乘法器

对数乘法器

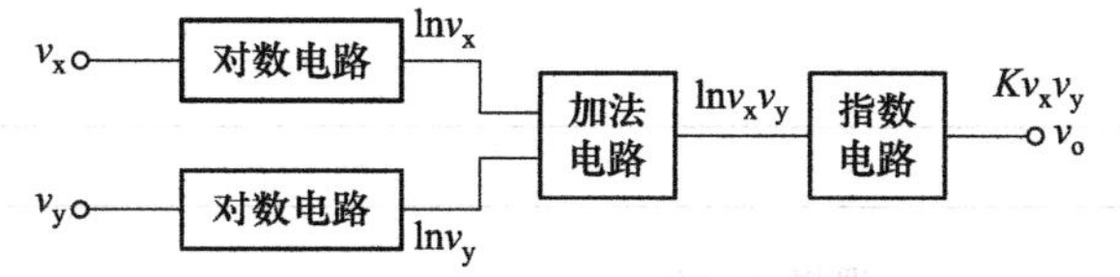	单象限乘法器 对 v_{i1}、v_{i2} 的极性有限制	$v_o=Kv_{i1}v_{i2}$

变跨导乘法器

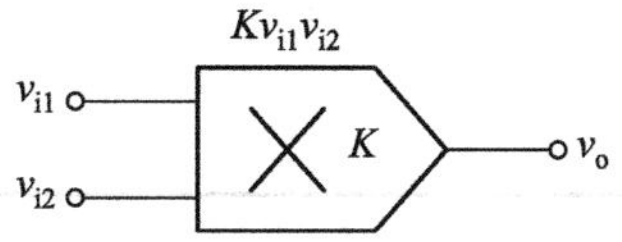	四象限乘法器 v_{i1}、v_{i2} 可取任意极性 原理：变跨导　优点{电路简单；容易集成；工作频率高}	$v_o=Kv_{i1}v_{i2}$

乘法器在运算电路中的应用广泛

除法电路	开平方电路	开三次方电路
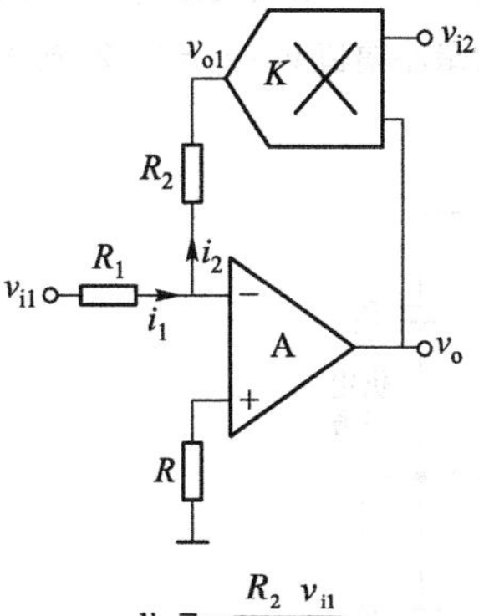	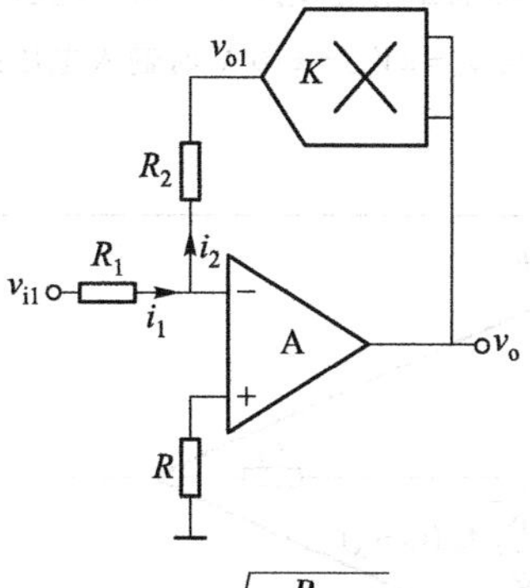	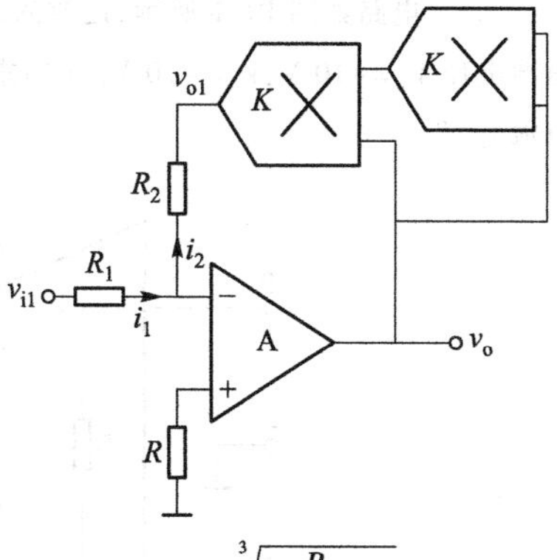
$v_o=-\dfrac{R_2}{R_1}\dfrac{v_{i1}}{Kv_{i2}}$	$v_o=\sqrt{-\dfrac{R_2}{R_1K}v_{i1}}$	$v_o=\sqrt[3]{-\dfrac{R_2}{R_1K^2}v_{i1}}$

7. 运放非理想特性对实际应用的限制

(1)	反相放大器闭环电压增益（A_{vo}为有限值）：
	$A_{vf}=\dfrac{v_o}{v_i}=\dfrac{-\dfrac{R_f}{R_1}}{1+\dfrac{1}{A_{vo}}\left(1+\dfrac{R_f}{R_1}\right)}$　　理想：$A_{vf}=\dfrac{v_o}{v_i}=-\dfrac{R_f}{R_1}$
(2)	同相放大器输入电阻（A_{vo}、R_i 为有限值）：
	$R_{if}=\dfrac{v_i}{i_i}=\dfrac{R_i(1+A_{vo})+R_f\left(1+\dfrac{R_i}{R_1}\right)}{1+\dfrac{R_f}{R_1}}$　　理想：$R_{if}\to\infty$

续表

(3)	反相和同相放大器输出电阻(A_{vo}为有限值、R_o不为0)：
	$R_{of}=R_o\dfrac{1}{1+\dfrac{A_{vo}}{1+R_f/R_1}}$　　理想：$R_{of}=R_o=0$
(4)	输出电压($v_i=0, I_B、V_{IO}、I_{IO}$均不为0)：
	$v_o=\left(1+\dfrac{R_f}{R_1}\right)(V_{IO}+I_{IO}R_P)$　　理想：$v_o=0$
8. 三个实例	
(1)直流电压表 (2)高精度温度控制器 (3)心率测试仪	

习　　题

7.1　电路如图P7.1所示，运放的开环电压增益$A_{vo}=10^6$，输入电阻$r_i=10^9\ \Omega$，输出电阻$r_o=75\ \Omega$，电源电压$V_+=+10\ V$，$V_-=-10\ V$。(1)求当$v_o=\pm V_{om}=\pm 10\ V$时输入电压的最小幅值$v_P-v_N=$？(2)输入电流$i_i=$？

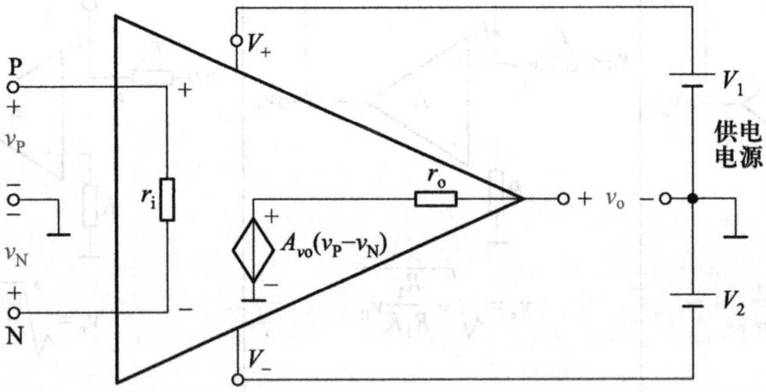

图P7.1

7.2　电路如图P7.1所示，运放的$A_{vo}=2\times10^5$，$r_i=2\ M\Omega$，$r_o=75\ \Omega$，$V_+=+12\ V$，$V_-=-12\ V$，设输出电压的最大饱和电压值$\pm V_{om}=\pm 11\ V$。(1)如果$v_P=25\ \mu V$，$v_N=100\ \mu V$，求输出电压$v_o=$？实际上v_o应为多少？(2)画出传输特性曲线。

7.3　电路如图P7.3所示，集成运放输出电压的最大幅值为±14 V，填表。

v_I/V	0.1	0.5	1.0	1.5
v_{O1}/V				
v_{O2}/V				

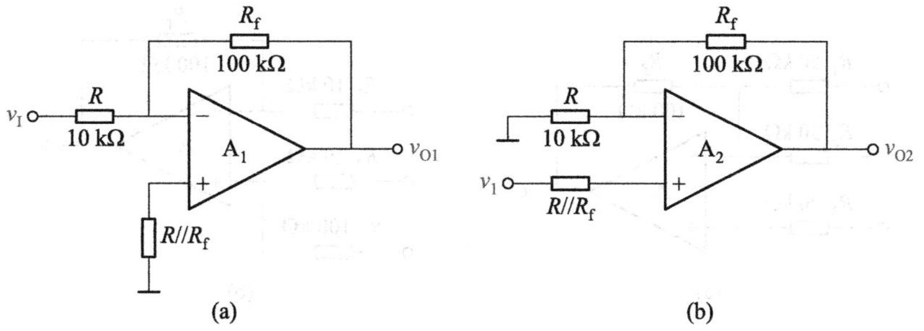

图 P7.3

7.4 电路如图 P7.4 所示,集成运放输出电压的最大幅值为±14 V,v_I 为 2 V 的直流信号。试求:(1)R_2 短路时的 v_O 值;(2)R_3 短路时的 v_O 值;(2)R_4 短路时的 v_O 值;(4)R_4 断路时的 v_O 值。

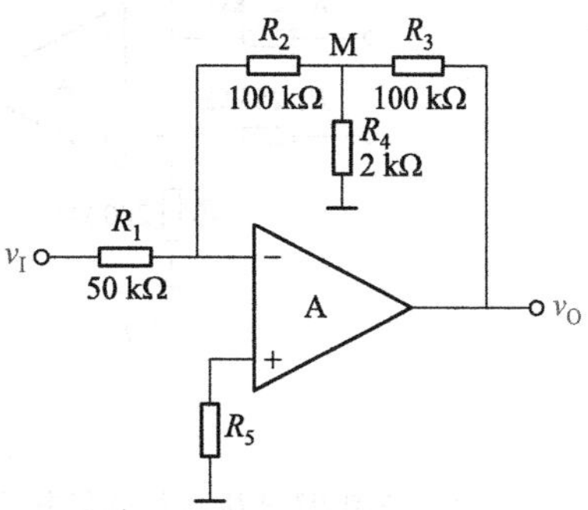

图 P7.4

7.5 电路如图 P7.5 所示,设运放为理想器件,直流输入电压 v_I=1 V。试求:(1)开关 S_1 和 S_2 均断开时的 v_O 值;(2)开关 S_1 和 S_2 均闭合时的 v_O 值;开关 S_1 闭合、S_2 断开时的 v_O 值。

7.6 同相输入加法电路如图 P7.6 所示。当 $R_1=R_2=R_3=R_f$ 时,求输出电压 v_O。

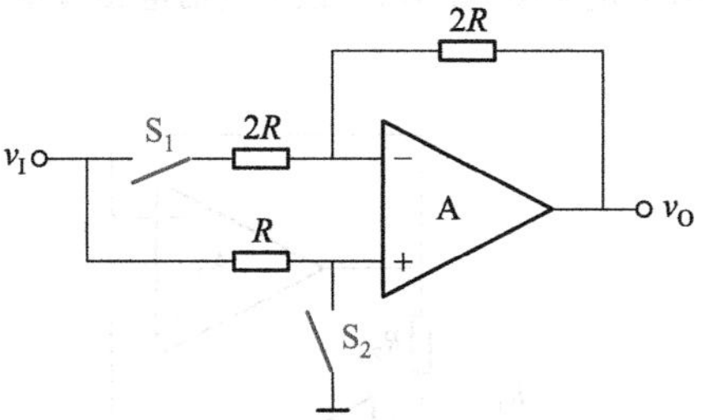

图 P7.5

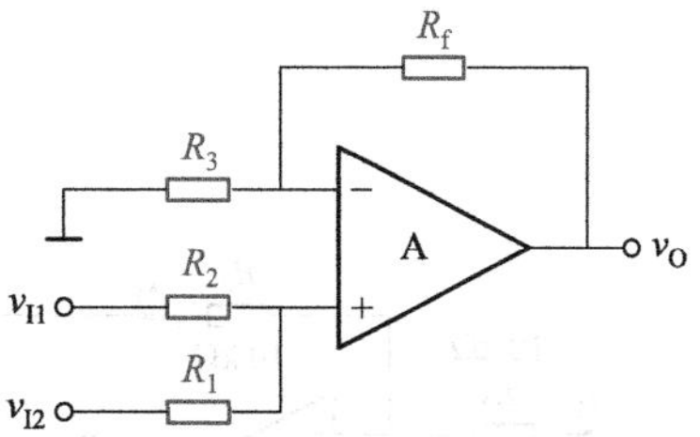

图 P7.6

7.7 电路如图 P7.7 所示。试求:(1)v_N、v_P 和 v_O 值;(2)在 A 和 B 之间接入 5 kΩ 电阻时 v_N、v_P 和 v_O 值。

7.8 在图 P7.8 所示电路中,求输出电压 v_O 的表达式。

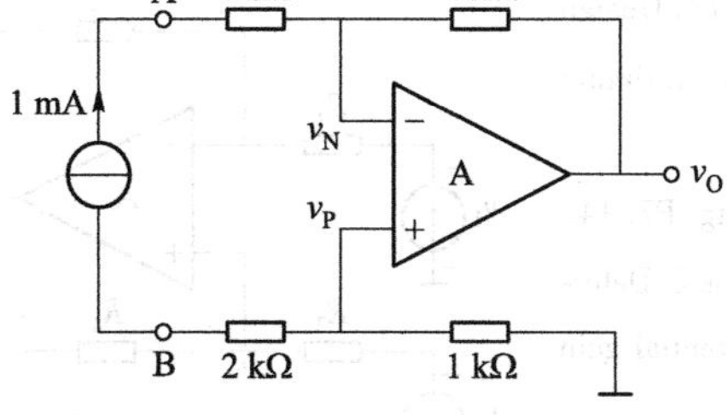

图 P7.7

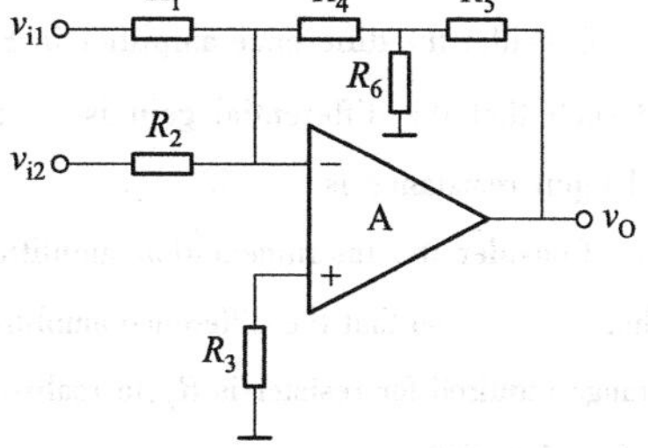

图 P7.8

7.9 求如图 P7.9 所示各电路输出电压与输入电压的运算关系式。

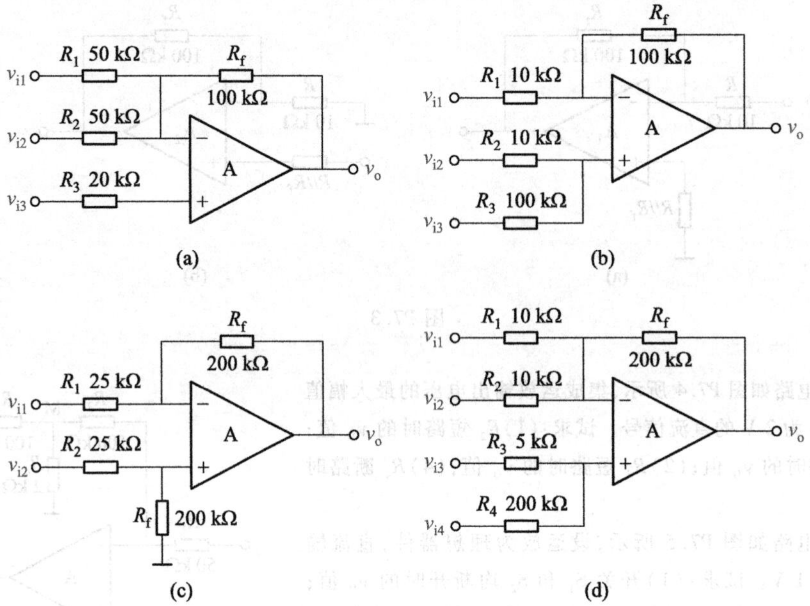

图 P7.9

7.10　在图 P7.9 所示各电路中,运放输入的共模信号分别为多少?写出表达式。

7.11　电路如图 P7.11 所示,求运放的输出电压和各支路的电流。

7.12　电路如图 P7.12 所示,若 $R_1=R_3=1\ \text{k}\Omega$,$R_2=R_4=10\ \text{k}\Omega$ 时,求该电路的电压增益 $A_{vd}=v_o/(v_{i1}-v_{i2})$。

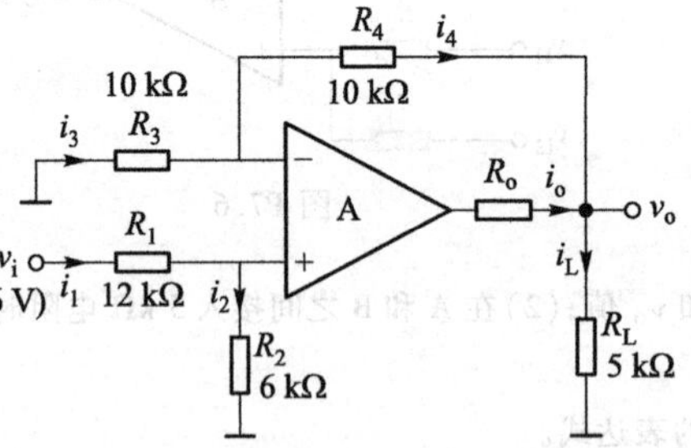

图 P7.11

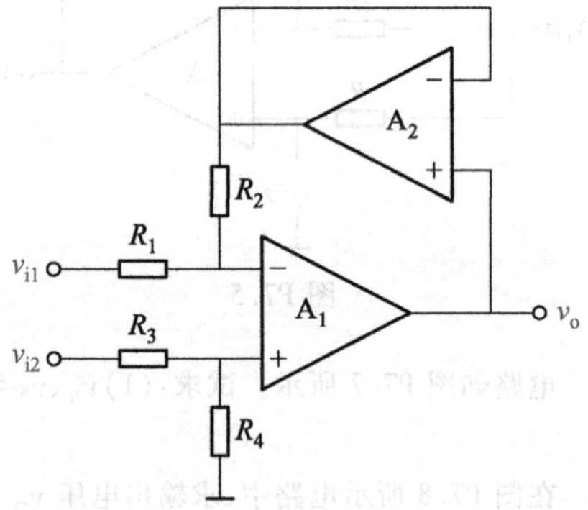

图 P7.12

7.13　Consider the difference amplifier in Fig. P7.13. Design the circuit such that the differential gain is 30 and the minimum differential input resistance is $R_i=50\ \text{k}\Omega$.

7.14　Consider the instrumentation amplifier in Fig. P7.14. Assume that $R_2=2R_1$, so that the difference amplifier gain is 2. Determine the range required for resister is R_g, to realize a differential gain adjustable from 5 to 500.

7.15　An op-amp voltage reference source is shown in Fig. P7.15. Design a voltage reference source with an output of 10 V.

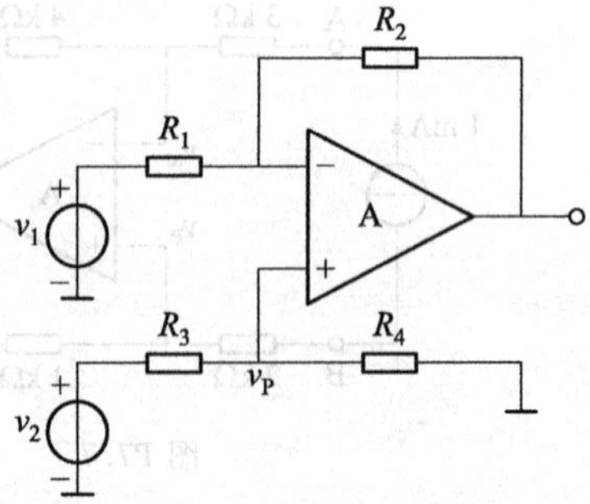

图 P7.13

Use a Zener diode with a breakdown voltage of 5.6 V. Assume the voltage regulation will be within specifications if the Zener diode is biased between 1 ~ 1.2 mA and the input voltage v_s will be 10 V at startup.

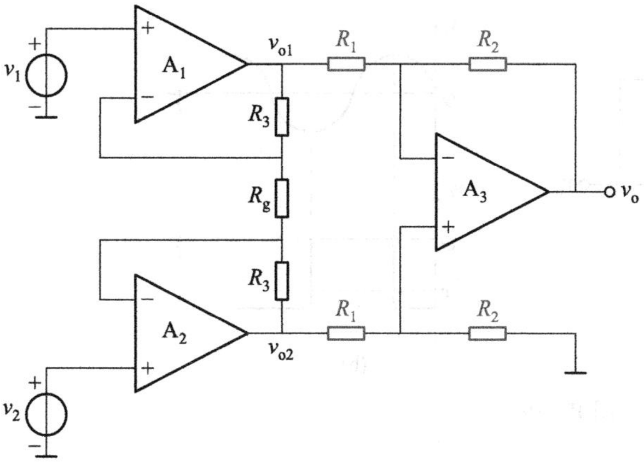

Fig. P7.14

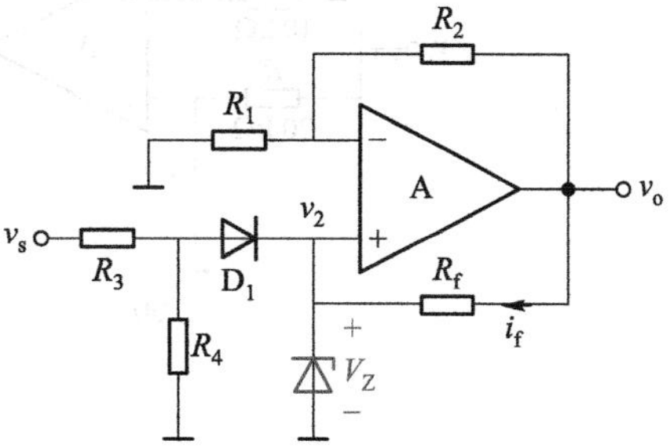

Fig. P7.15

7.16　一高输入电阻的桥式放大电路如图 P7.16 所示，写出 $v_o=f(\delta)$ 的表达式（$\delta=\Delta R/R$）。

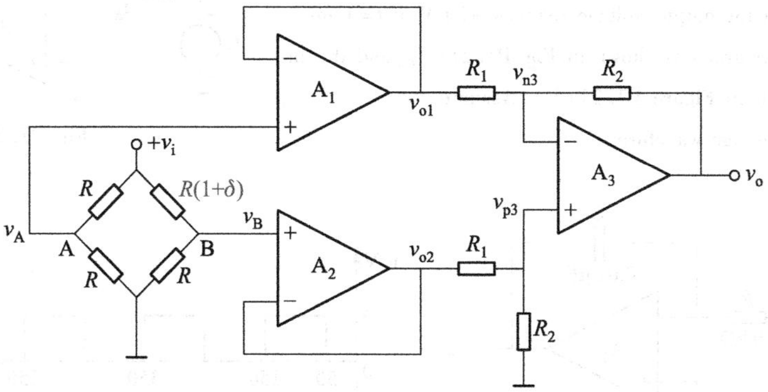

图 P7.16

7.17　图 P7.17 所示为恒流源电路，已知稳压管工作在稳压状态，求负载电阻中的电流。

7.18　电路如图 P7.18 所示。(1) 写出 v_O 与 v_{i1}、v_{i2} 表达式；(2) 当 R_P 的滑动端在最上端时，如果 $v_{i1}=10$ mV，$v_{i2}=20$ mV，则 $v_O=$？(3) 如果 v_O 的最大幅值为±14 V，输入电压最大值 $v_{i1max}=10$ mV，$v_{i2max}=20$ mV，最小值均为 0，则为了保证运放工作在线性区，R_2 最大值为多少。

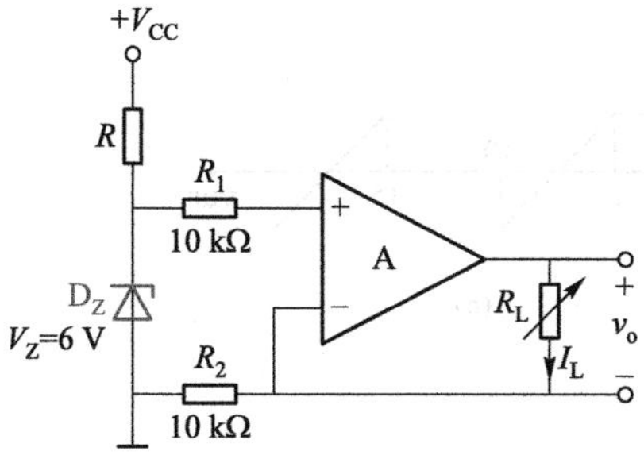

图 P7.17

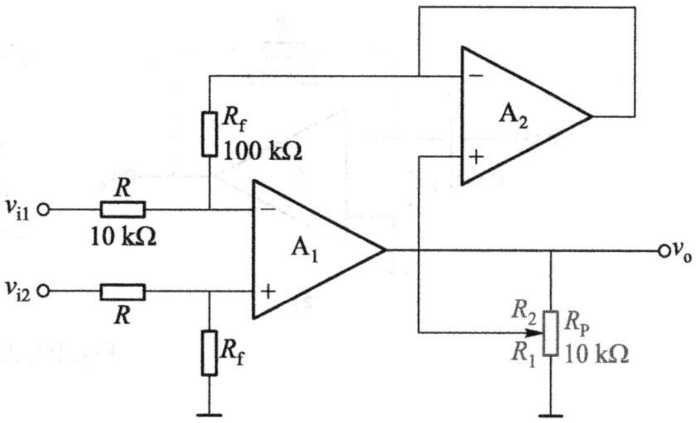

图 P7.18

7.19　电路如图 P7.19(a)所示，输入信号 v_i 与开关信号 v_G 为同频率的信号，如图 P7.19(b)所示，求输出电压 v_o 的波形。

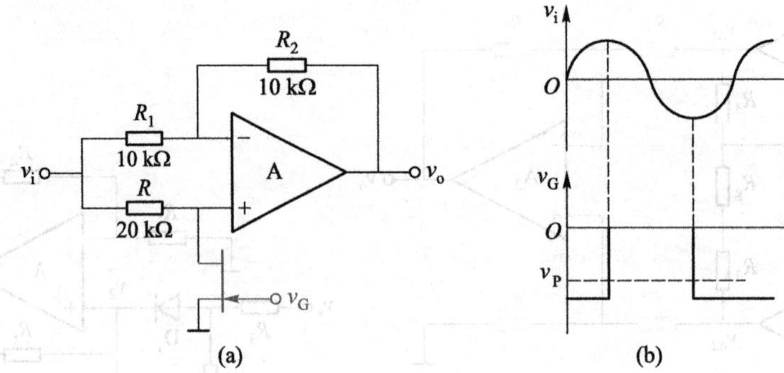

图 P7.19

7.20　Consider the integrator shown in Fig. P7.20. Assume that voltage v_C across the capacitor is zero at $t=0$. A step input voltage of $v_I=-1$ V is applied at $t=0$. Determine the time constant required such that the output voltage reaches +10 V at $t=1$ ms.

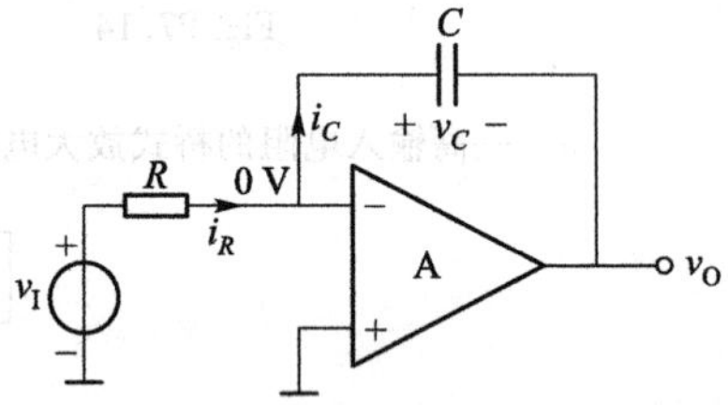

Fig. P7.20

7.21　An integrator is shown in Fig. P7.21(a), and the input pulse is shown in Figure P7.21(b). Assume $v_{omax}=\pm 10$ V, draw the output voltage waveform.

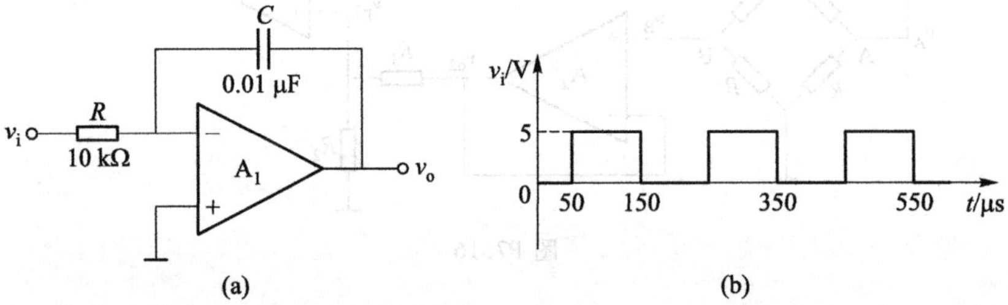

Fig. P7.21

7.22　Determine the output voltage of the op-amp differentiator in Fig. P7.22(a) for the triangular-wave input shown in Fig. P7.22(b).

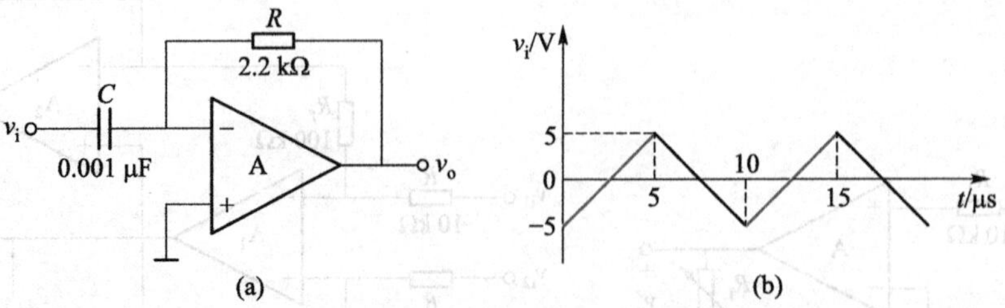

Fig. P7.22

7.23　电路如图 P7.23 所示，电容的初始电压 $v_C(0)=0$。(1) 写出 v_O 与 v_{I1}、v_{I2} 和 v_{I3} 之间的关系

式；(2) $R_1=R_2=R_3=R_4=R_5=R_6=R$ 时，输出电压 v_O 的表达式。

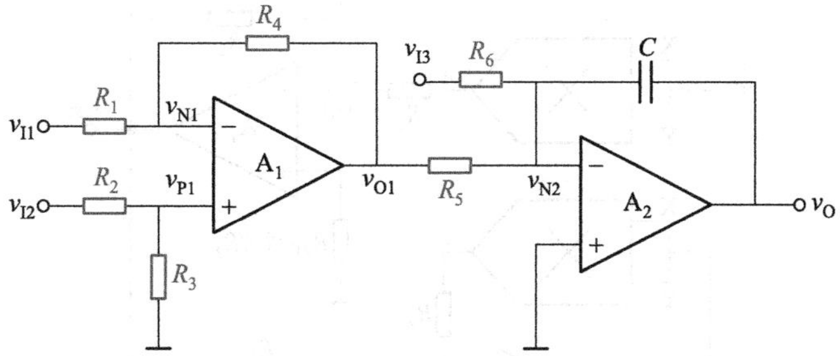

图 P7.23

7.24 由对数和指数电路构成的模拟运算电路如图 P7.24 所示，四个晶体管的参数相同，求 v_o 的表达式。

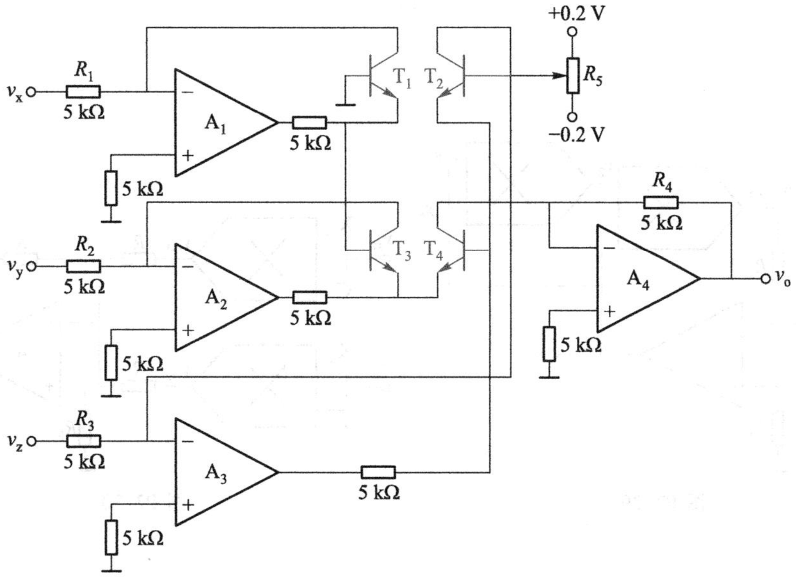

图 P7.24

7.25 Consider an inverting op-amp with $R_1=10\ \text{k}\Omega$ and $R_f=100\ \text{k}\Omega$. Determine the closed-loop gain for: $A_{vo}=10^2, 10^3, 10^4, 10^5$ and 10^6. Calculate the percent deviation from the ideal gain.

7.26 求一个电压跟随器的闭环输入电阻，它的运算放大器参数为 $A_{vo}=5\times10^5$，$R_i=10\ \text{k}\Omega$，$R_o=0\ \Omega$。

7.27 一个具有开环增益 $A_{vo}=10^5$ 的运算放大器用在同相放大器结构中，它的闭环增益 $A_{vf}=100$。在以下条件下确定闭环输出电阻 R_{of}：(1) $R_o=100\ \Omega$；(2) $R_o=10\ \text{k}\Omega$。

7.28 有效值检测电路如图 P7.28 所示，若 R_2 为 ∞，证明 $v_o=\sqrt{\dfrac{1}{T}\int_0^t v_i^2\,\mathrm{d}t}$，式中，$T=\dfrac{CR_1R_3K_2}{R_4K_1}$。

7.29 电路如图 P7.29 所示，求输出电压 v_o 的表达式。

7.30 电路如图 P7.30 所示。(1) 求 v_{o1}、v_{o2} 和 v_o 的表达式；(2) 当 $v_{s1}=V_{sm}\sin\omega t$，$v_{s2}=V_{sm}\cos\omega t$ 时，说明此电路具有检测正交振荡幅值的功能（称平方律振幅检测电路）。提示：$\sin^2\omega t+\cos^2\omega t=1$。

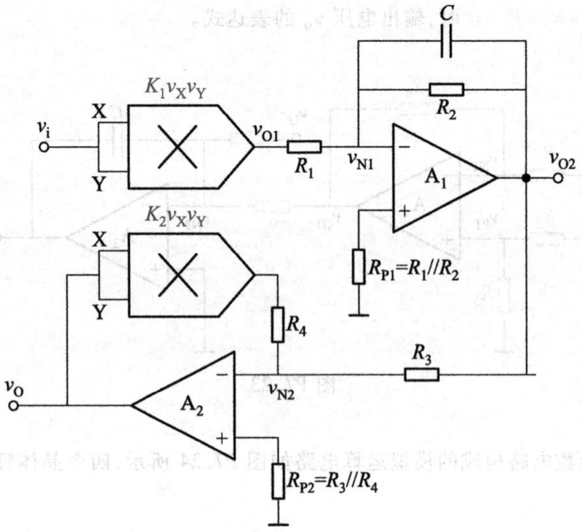

图 P7.28

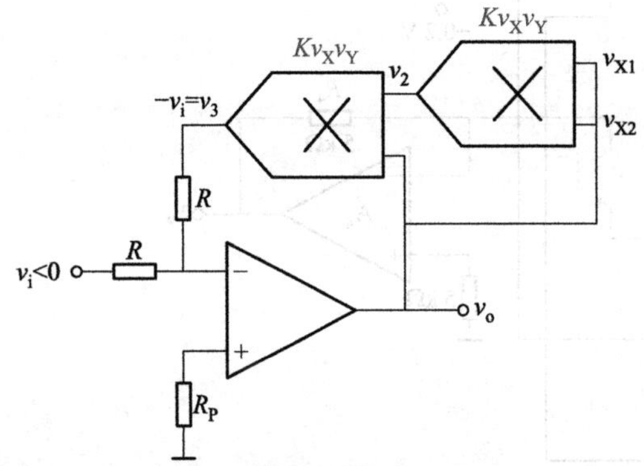

图 P7.29

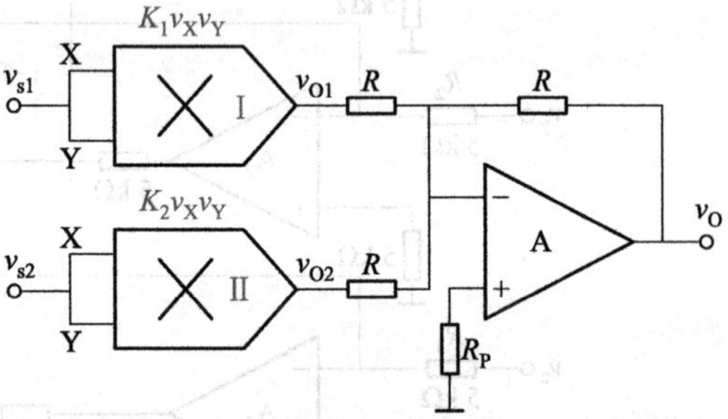

图 P7.30

第 8 章
信号检测与处理电路

电子系统是由若干个具有不同功能的电路模块构成，用来完成信号的检测、放大、处理和传输等功能，这些电路模块包括传感器、放大器、滤波器、采样保持电路、A/D 转换器以及控制电路等。本章主要针对信号检测系统中的放大器、滤波器和比较器的原理及应用进行介绍。

8.1 信号测量放大电路

PPT 8.1
信号测量放大电路

信号测量放大电路是用来放大传感器输出的微弱电压、电流或电荷信号的放大电路，又称为数据放大器或仪表放大器，具有高输入阻抗、高共模抑制比等特点。信号测量放大电路有多种不同类型，应用领域不同，所采用的放大电路也不同。本节仅对三运放测量放大器和光电耦合隔离放大器作一介绍。

8.1.1 三运放测量放大器

1. 基本电路

三运放测量放大器基本电路如图 8.1.1 所示。它由两级放大电路组成，第一级是两个对称的同相输入放大器，具有较高的输入阻抗，第二级是减法器。

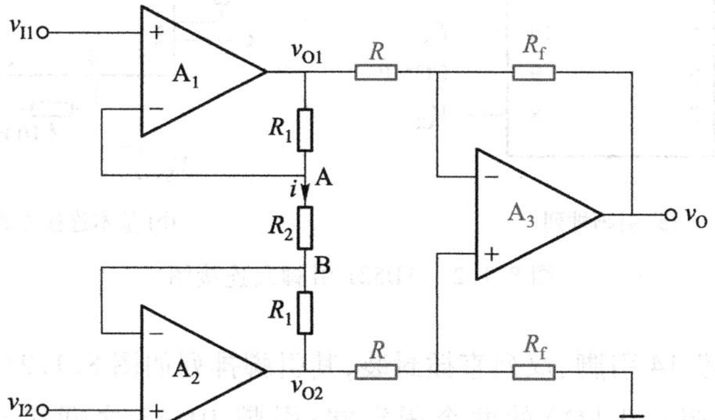

图 8.1.1 三运放测量放大器

2. 工作原理

设运放为理想运放，则

$$v_A = v_{I1}, v_B = v_{I2}$$

$$v_{O1} - v_{O2} = i(2R_1 + R_2)$$

$$= \frac{v_A - v_B}{R_2}(2R_1 + R_2)$$

$$= \frac{2R_1+R_2}{R_2}(v_{I1}-v_{I2})$$

$$= \left(1+\frac{2R_1}{R_2}\right)v_{ID}$$

所以输出电压

$$v_O = -\frac{R_f}{R}(v_{O1}-v_{O2})$$

$$= -\frac{R_f}{R}\left(1+\frac{2R_1}{R_2}\right)v_{ID} \tag{8.1.1}$$

由式(8.1.1)可见,输出信号仅与差模信号 v_{ID} 有关,而与共模信号无关,这说明三运放测量放大器有很高的共模抑制能力。然而,电路中的运放及电阻要做到完全对称比较困难,这就影响了其性能的进一步提高。为此,国内外集成电路制造厂家纷纷推出了高性能的单片集成测量放大器,例如国产的 ZF601、美国模拟器件公司的 AD521、AD522 以及美国国家半导体公司的 LH0038 等。

3. 集成测量放大器

集成测量放大器 AD521 的工作原理与运算测量放大器类似。它具有优良的性能指标:共模抑制比为 120 dB,输入电阻为 $3\times10^9\ \Omega$,输入端可承受 30 V 的差分输入电压,有较强的过载能力,不需要精密匹配外接电阻,动态特性好,单位增益带宽大于 2 MHz,电压增益可在 0.1 ~1 000 范围内调整,电源电压可在±(5 ~18) V 之间选取。

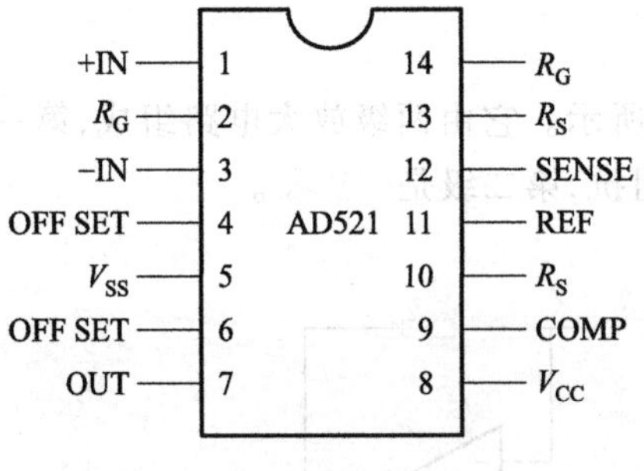

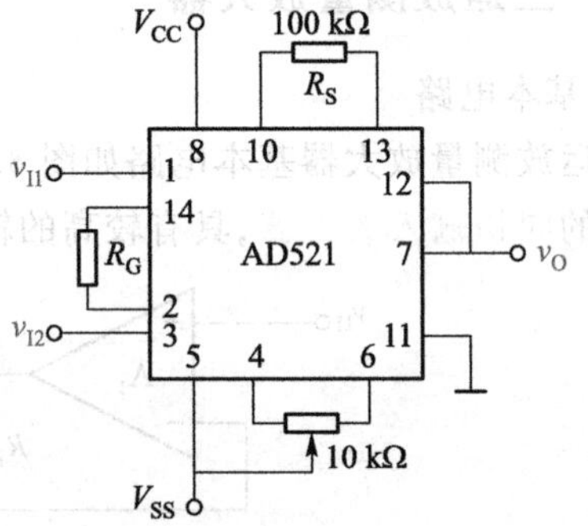

图 8.1.2　AD521 引脚及连接图

AD521 采用标准 14 引脚、双列直插封装,其引脚排列如图 8.1.2(a)所示。引脚 4、6 之间接调零可变电阻(10 kΩ)的两个固定端;引脚 10、13 之间接电阻 R_S,选用 R_S = 100 kΩ时,可得到比较稳定的放大倍数;引脚 9 是补偿端,通常可悬空。引脚 2、14 之间接电阻 R_G,通过改变 R_G 来调整电压增益。AD521 的基本连接方式如图 8.1.2(b),由 R_G 作为增益调节,输出电压为 $v_O=\frac{R_S}{R_G}$。

8.1.2　隔离放大器

隔离放大器(isolation amplifier,ISO)就是输入与输出之间电气绝缘的放大器,是一种特殊的测量放大电路。为了提高系统的抗干扰性、安全性和可靠性，隔离放大器在工业设备、医疗电子设备等领域有着重要的应用。按耦合方式的不同，隔离放大器可以分为变压器耦合、电容耦合和光电耦合三种类型。这里仅对光电耦合隔离放大器作一简单介绍。

1. 电路组成

光电耦合隔离放大器(optoelectronic isolator,OC)如图 8.1.3 所示。图中 OE_1、OE_2 为光电隔离器，由发光二极管和光电晶体管组成，实现电-光-电的转换。输入级运放 A_1 有两个反馈回路，一个是输出与反相输入端相连形成并联负反馈，另一个是通过 R_3、OE_2、OE_1、T_1、R_1 连到运放的同相输入端，形成串联负反馈。该串联负反馈可以有效地抑制非线性失真，使电路的频带可达到 0～40 kHz。

2. 工作原理

设 OE_1、OE_2 的特性相同，且流过两个发光二极管的电流相同，调节可变电阻 R_P，使 $R_1=R_4+R_P$，可以使两个光电晶体管 T_1、T_2 的外围电路完全对称，则

$$v_{CE1}=v_{CE2}$$

由于输入级 A_1 和输出级 A_2 电路均满足深度负反馈条件，则

$$v_I=v_{CE1},v_O=v_{CE2}$$

因此

$$v_I=v_O$$

此电路的放大倍数为 1，主要是为了实现信号在传输过程中的电气隔离。

图中，输入级的电源是以 GND_1 为地，输出级的电源是以 GND_2 为地，两电源之间是相互独立的。这样放大器便实现了前级与后级之间的电气隔离，两个地之间的电位差不会影响输入输出关系，有效地抑制了地电位差所产生的共模干扰。

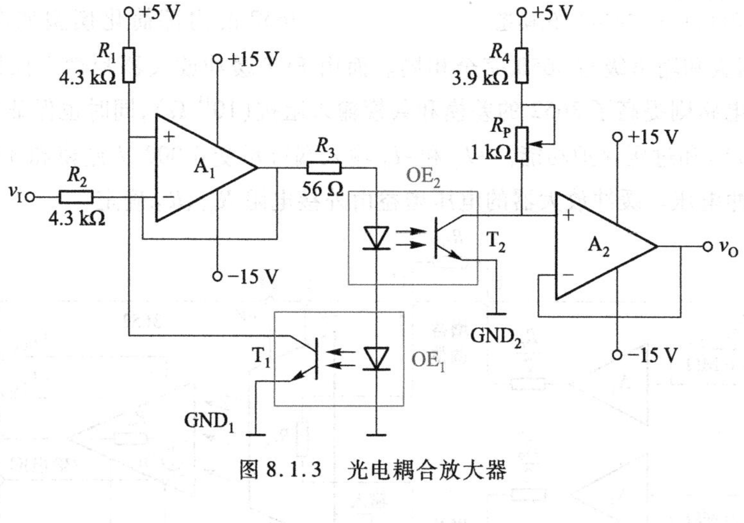

图 8.1.3 光电耦合放大器

3. 集成光电耦合隔离放大器

3650 和 3652 是 B-B 公司生产的应用比较广泛的光耦合集成隔离放大器，其优点是尺寸小、价格低、具有较宽的带宽且性能可靠。由于它们采用了直流模拟调制技术，从而避免了大多数隔离放大器模块所存在的电磁干扰问题。

图 8.1.4 是 3650 的基本等效电路。为了减小非线性和时间温度的不稳定性，3650 采用了两个光电二极管，其中一个（CR_3）用于输入，另一个（CR_2）用于输出。放大器 A_1、发光二极管 CR_1 和光电二极管 CR_3 构成负反馈回路。因为 CR_2 和 CR_3 性能完全一致，它们从 CR_1 接收的光量相等，因而有 $I_2=I_1=I_{IN}$，而放大器 A_2 与 R_K（内置电阻 1 MΩ）则用来构成电流-电压转换电路。

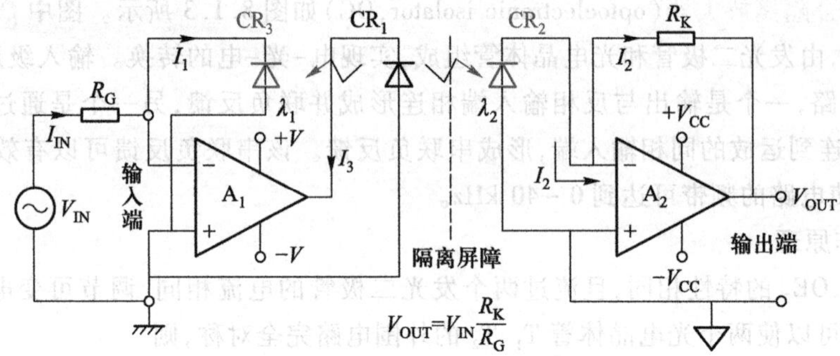

图 8.1.4　3650 线性耦合器的等效电路

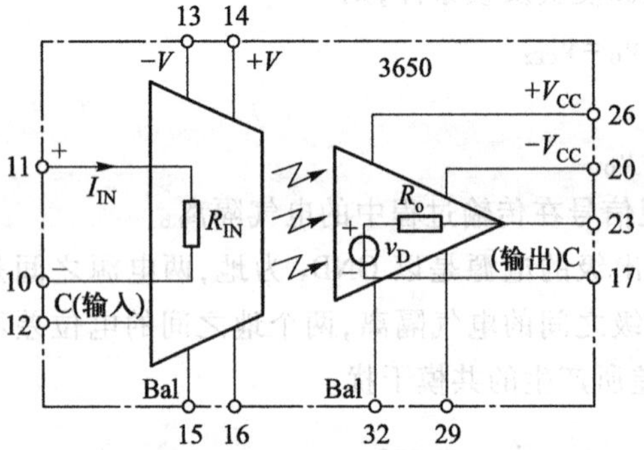

图 8.1.5　3650 简化模型

图 8.1.5 是 3650 模块的简化电路系统模型。它的输出取决于 v_D 电压的大小，而 v_D 的值又取决于输入电流。因而，3650 是一个互阻放大器，其增益为伏特/微安。当用作电压源时，输入电流由增益设置电阻决定。R_{IN} 是差动输入阻抗。对于这个模型，由于其共模阻抗和隔离阻抗都非常高，因此，其输入阻抗可以看作是无限大。

3652 的内部简化模型如图 8.1.6 所示，它的隔离级和输出级与 3650 完全相同。而由 FET 缓冲放大器和输入保护电阻组成的附加输入电路则提高了 3652 的差模和共模输入阻抗（10^{11} Ω），同时也保证了更低的偏置电流（50 pA）和过压保护功能。$+I_R$ 和 $-I_R$ 输入端可承受 6 000 V 差模和 3 000 V 共模的 10 ms 脉冲电压。缓冲放大器的电压增益由外接电阻 R_{G1}、R_{G2} 确定。

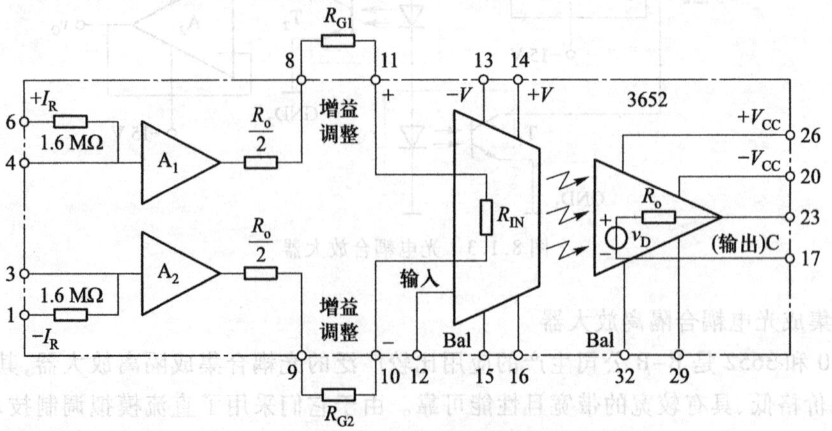

图 8.1.6　3652 简化模型

8.2 有源滤波器

PPT 8.2
有源滤波器

滤波器是一种能使有用频率信号通过而同时抑制无用频率信号的电路,也称选频装置。工程上用它来做信号处理、数据传送和抑制干扰等。本节主要介绍由运放构成的 *RC* 有源滤波器和开关电容滤波器的工作原理及典型电路。

8.2.1 滤波器的基础知识

在滤波器中,通常把信号能够通过的频率范围称为通频带或通带,而将受阻或衰减的信号频率范围称为阻带,通带和阻带之间的分界频率称为截止频率。

理想滤波器在通带内应具有零衰减的幅频响应和线性的相频响应,而在阻带内幅度衰减到零。根据通带和阻带所处的频率区域不同,一般将滤波器分为四类:

1. 低通滤波器(Low Pass Filter,LPF)

低通滤波器也称高频滤波器,其功能是允许低频信号通过而高频信号被衰减。它的通带由零到某一特定的上限截止频率 f_H,即通带为 $0\leqslant f\leqslant f_H$;阻带由 f_H 到无穷大,其幅频特性如图 8.2.1(a)所示。

2. 高通滤波器(High Pass Filter,HPF)

高通滤波器也称低频滤波器,其功能是允许高频信号通过而低频信号被衰减。它的通带大于某一特定下限截止频率 f_L,即通带为 $f\geqslant f_L$;阻带位于零到 f_L 的低频区,其幅频特性如图 8.2.1(b)所示。

3. 带通滤波器(Band Pass Filter,BPF)

带通滤波器的功能是允许某一频率范围的信号通过,而在此范围之外的信号被全部衰减。它的通带位于两个有限频率 f_L、f_H 之间,即通带为 $f_L\leqslant f\leqslant f_H$,通带两侧都是阻带,其幅频特性如图 8.2.1(c)所示。

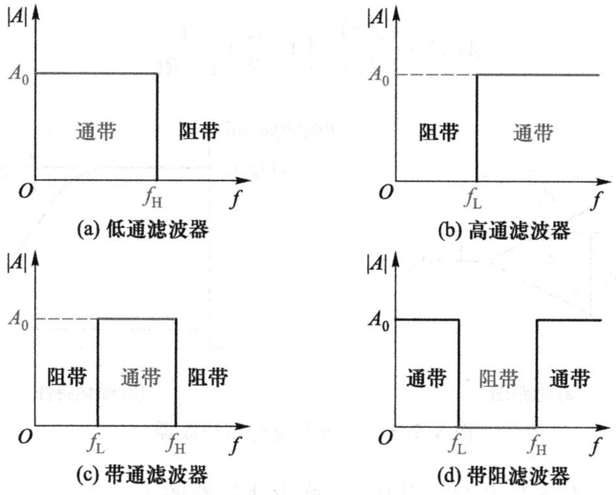

图 8.2.1 理想滤波器的幅频特性

4. 带阻滤波器（Band Elimination Filter，BEF）

带阻滤波器的功能是只衰减某一频率范围的信号，而在此范围之外的信号可以通过。它的阻带位于两个有限频率 f_L、f_H 之间，即阻带为 $f_L \leqslant f \leqslant f_H$，阻带两侧都是通带，其幅频特性如图 8.2.1(d)所示。

可以看出，图 8.2.1 所示四种滤波器的幅频特性均为理想特性，这在工程上是不可能实现的，一个实际的低通滤波器的幅频特性曲线见图 8.2.2。图中 A_0 为通带电压增益，即通带输出电压与输入电压之比；$0.707A_0$ 所对应的频率为通带截止频率 f_H，从 f_H 到 A 接近于零的频段称为过渡带，过渡带越窄，滤波效果越好；使 A 接近于零的频段为阻带。

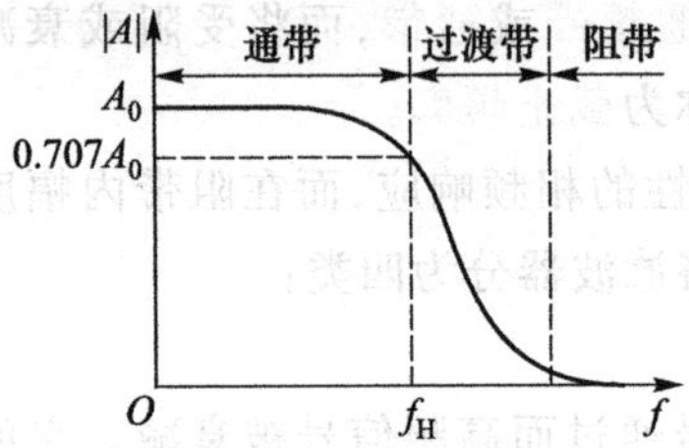

图 8.2.2　实际低通滤波器的幅频特性

从滤波器的物理实现来讲，根据所用元件不同，滤波器可以分为两大类：无源滤波器和有源滤波器。

由电阻、电容、电感这些无源元件构成的滤波器称为无源滤波器。无源滤波器电路简单，高频性能好，缺点是通带信号有能量损耗，滤波器性能随负载变化比较大，高阶情况下调节困难。另外，由于使用了电感，体积和重量比较大，不能用于超低频领域。

由电阻、电容和晶体管、运算放大器等有源器件构成的滤波器称为有源滤波器。有源滤波器具有体积小、重量轻、带负载能力强的特点，并有放大和缓冲作用，被广泛应用在通信、测量以及控制等领域。有源滤波器由于受有源器件固有特性的限制，一般不适用于高压、高频及大功率的场合。

8.2.2　一阶有源滤波器

1. 一阶低通有源滤波器

最简单的低通滤波器是由 RC 网络构成的无源低通滤波器。将低通 RC 网络接集成运放，就可构成有源低通滤波器，电路如图 8.2.3(a)所示。

在运算放大器的特性理想时，电路的传递函数为

$$A(s)=\frac{V_o(s)}{V_i(s)}=\left(1+\frac{R_f}{R_1}\right)\frac{1}{1+sRC} \tag{8.2.1}$$

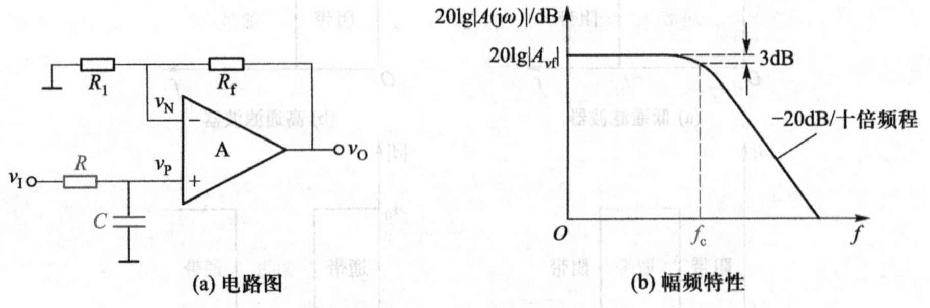

图 8.2.3　一阶低通有源滤波器

令 $\omega_c=1/(RC)$，$A_{vf}=1+R_f/R_1$，其中 ω_c 称为滤波器的截止角频率，A_{vf} 为 $\omega=0$ 时输出电压 v_O 与输入电压 v_I 之比，称为通带增益。上式变为

$$A(s)=A_{vf}\frac{\omega_c}{s+\omega_c} \tag{8.2.2}$$

由于式(8.2.2)中分母为 s 的一次幂，故上式所示滤波电路称为一阶低通有源滤波器。用 $j\omega=j2\pi f$ 替换式(8.2.2)中的 s 可得相应的频率特性

$$A(j2\pi f)=A_{vf}\frac{1}{1+jf/f_c} \tag{8.2.3}$$

式中，$f_c=1/(2\pi RC)$ 称为滤波器的截止频率。由式(8.2.3)可得滤波器的幅频特性和相频特性

$$|A(j2\pi f)|=\left|\frac{V_o(j2\pi f)}{V_i(j2\pi f)}\right|=\frac{|A_{vf}|}{\sqrt{1+(f/f_c)^2}} \tag{8.2.4a}$$

$$\varphi=-\arctan(f/f_c) \tag{8.2.4b}$$

知识扩展 8.1 反相输入一阶低通有源滤波器

根据式(8.2.4a)可以画出滤波器的幅频特性曲线如图 8.2.3(b)所示。

从图 8.2.3(b)可以看出，一阶有源滤波器的滤波特性和理想低通滤波器的特性差距较大。理想低通滤波器当频率 $f\geqslant f_c$ 时，电压增益立刻降到零，而实际的低通滤波器的衰减只是 20 dB/十倍频程，选择性较差。为了使实际低通滤波器特性更接近理想特性，以改善滤波效果，就需要采用二阶、三阶或更高阶的滤波器。实际上，高于二阶的滤波器都可以由一阶和二阶有源滤波器构成。

2. 一阶高通有源滤波器

根据低通与高通电路的对偶关系，如将图 8.2.3(a)所示的一阶有源滤波器中的电阻和电容的位置对调，即可得一阶高通有源滤波器，电路如图 8.2.4(a)所示。

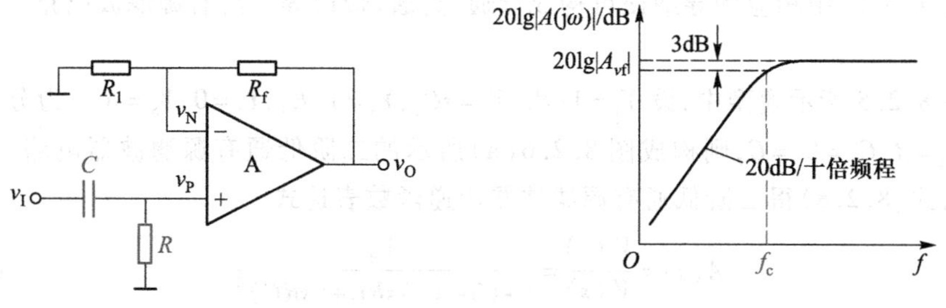

(a) 电路图　　(b) 幅频特性曲线

图 8.2.4 一阶高通有源滤波器

类似一阶低通滤波器的分析方法，在运算放大器的特性理想时，图 8.2.4(a)所示电路的传递函数与频率特性分别为

$$A(s)=A_{vf}\frac{s}{s+\omega_c} \tag{8.2.5}$$

$$A(j2\pi f)=A_{vf}\frac{1}{1-jf_c/f} \tag{8.2.6}$$

式中，$f_c=1/(2\pi RC)$，$A_{vf}=1+R_f/R_1$。

根据式(8.2.6)可以画出滤波器的幅频特性曲线如图 8.2.4(b)所示。

8.2.3　二阶有源滤波器

由集成运放构成的二阶 RC 有源滤波器电路，如果运放接成同相比例放大电路，二阶 RC 网络接于同相输入端组成压控电压源型滤波电路，这种电路称为 Shallen－key 滤波器。Shallen-key 滤波器属于有限增益正反馈滤波器，是工程上应用最广泛的滤波器之一，其原型如图 8.2.5 所示。

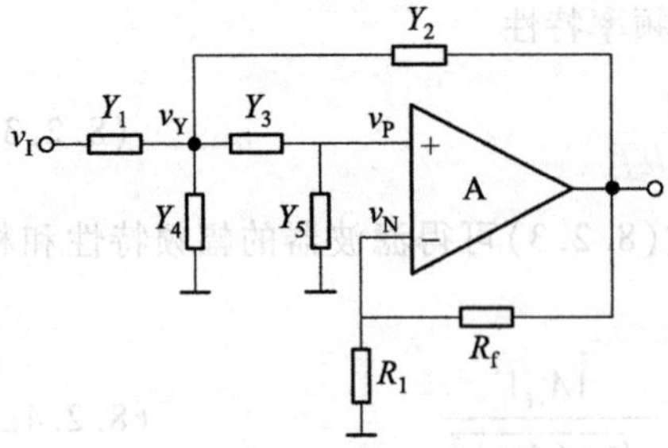

图 8.2.5　Shallen-key 滤波器

图 8.2.5 中 $Y_1 \sim Y_5$ 代表无源元件的导纳，它们构成正反馈电路。运算放大器组成同相放大器，其增益为

$$A_{vf}=\frac{v_O}{v_P}=\left(1+\frac{R_f}{R_1}\right)$$

设运放 A 为理想运放，由图 8.2.5 可得

$$\begin{cases}[V_I(s)-V_Y(s)]Y_1=[V_Y(s)-V_O(s)]Y_2+[V_Y(s)-V_P(s)]Y_3+V_Y(s)Y_4\\ [V_Y(s)-V_P(s)]Y_3=V_P(s)Y_5\\ V_P(s)=V_N(s)=V_o(s)/A_{vf}\end{cases} \tag{8.2.7}$$

解得

$$A(s)=\frac{V_o(s)}{V_i(s)}=\frac{A_{vf}Y_1Y_3}{Y_5(Y_1+Y_2+Y_3+Y_4)+Y_3[Y_1+Y_4+Y_2(1-A_{vf})]} \tag{8.2.8}$$

式(8.2.8)是二阶 Shallen-key 滤波器传递函数的一般表达式。只要适当选取电阻和电容来代替 $Y_1 \sim Y_5$ 中相应的导纳便可构成低通、高通、带通等二阶有源滤波电路。

1. 二阶低通有源滤波器

在图 8.2.5 所示模型中，设 $Y_1=1/R_1$，$Y_2=sC_2$，$Y_3=1/R_3$，$Y_4=0$，$Y_5=sC_5$，为分析方便，令 $R_1=R_2=R$，$C_1=C_2=C$，则构成图 8.2.6(a)所示的二阶低通有源滤波器电路。将电路参数代入式(8.2.8)得二阶低通有源滤波器传递函数表达式

$$A(s)=\frac{V_o(s)}{V_i(s)}=\frac{A_{vf}}{1+(3-A_{vf})sRC+(sRC)^2} \tag{8.2.9}$$

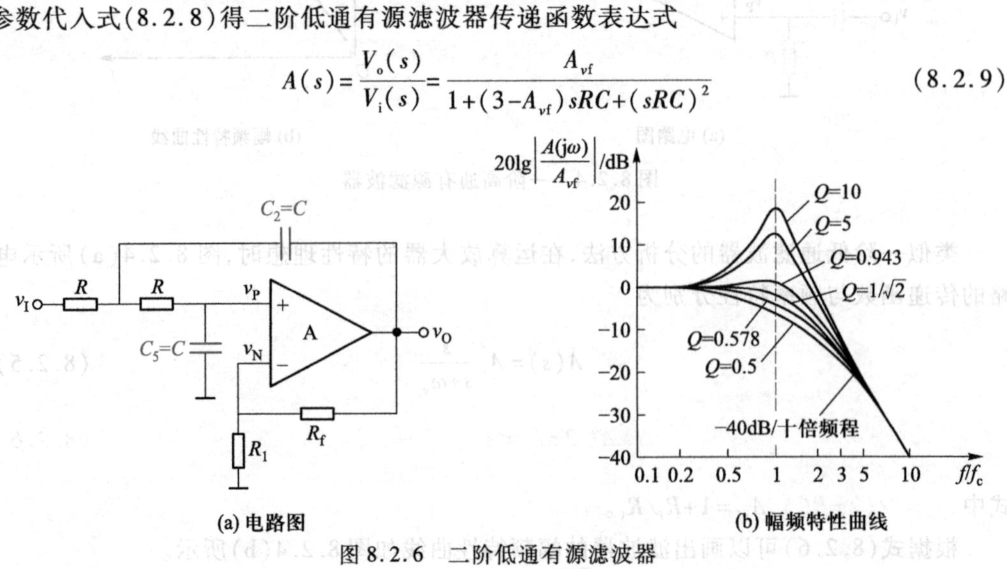

图 8.2.6　二阶低通有源滤波器

用 $j2\pi f$ 替换式(8.2.9)中的 s 可得相应的频率特性

$$A(j2\pi f)=\frac{A_{vf}}{1-(f/f_c)^2+j(3-A_{vf})(f/f_c)} \tag{8.2.10}$$

式中,$f_c=1/(2\pi RC)$ 为滤波器的截止频率。当 $f=f_c$ 时,上式可以简化为

$$A(j2\pi f_c)=\frac{A_{vf}}{j(3-A_{vf})}$$

定义有源滤波器的品质因素 Q 为 $f=f_c$ 时电压增益的模与通带增益之比

$$Q=\frac{1}{3-A_{vf}} \tag{8.2.11}$$

于是,式(8.2.10)可写为

$$A(j2\pi f)=\frac{A_{vf}}{1-(f/f_c)^2+jf/(f_cQ)} \tag{8.2.12}$$

由式(8.2.12)可得滤波器的幅频特性和相频特性分别为

$$|A(j2\pi f)|=\frac{|A_{vf}|}{\sqrt{[1-(f/f_c)^2]^2+[f/(f_cQ)]^2}} \tag{8.2.13a}$$

$$\varphi=-\arctan\frac{f/(f_cQ)}{1-(f/f_c)^2} \tag{8.2.13b}$$

根据式(8.2.13a)可绘出不同 Q 值下的滤波器的幅频特性曲线如图 8.2.6(b)所示,由图可得出下列结论:

(1) Q 值的大小对幅频特性在 $f=f_c$ 附近影响比较大;

(2) 当 $Q=0.578$ 时,称为贝塞尔(Bessel)滤波器,低通特性单调下降且通带较窄;

(3) 当 $Q=1/\sqrt{2}$ 时,幅频特性曲线最平坦,称为巴特沃斯(Butterworth)滤波器,通常音频滤波器采用这种形式;

(4) 当 $Q=0.943$ 时,称为切比雪夫(Chebyshev)滤波器,低通特性有上翘,易产生振铃,使脉冲响应变坏;

(5) 当 $Q>1/\sqrt{2}$ 时,特性曲线将出现峰值,Q 越大,峰值越高;

(6) 当 $Q\to\infty$ 时,电路将产生自激振荡。

又由式(8.2.13a)可知,在 $Q=1/\sqrt{2}$ 且 $f=f_c$ 时,$20\lg|A(jf)/A_{vf}|=-3$ dB,即截止频率为 f_c;当 $f=10f_c$ 时,$20\lg|A(j\omega)/A_{vf}|=-40$ dB,即衰减率为 -40 dB/十倍频程。显然,其滤波效果比一阶滤波器好得多。

2. 二阶高通有源滤波器

在图 8.2.5 所示模型中,设 $Y_1=Y_3=sC$,$Y_2=Y_5=1/R$,$Y_4=0$,则构成图 8.2.7(a)所示的二阶高通有源滤波器电路。将电路参数代入式(8.2.8)得二阶高通有源滤波器传递函数表达式

$$A(s)=\frac{(sRC)^2A_{vf}}{1+(3-A_{vf})sRC+(sRC)^2} \tag{8.2.14}$$

用 $j2\pi f$ 替换式(8.2.14)中的 s 可得相应的频率特性

$$A(j2\pi f)=\frac{A_{vf}}{1-(f_c/f)^2-jf_c/(Qf)} \tag{8.2.15}$$

式中，$f_c=1/(2\pi RC)$，$Q=1/(3-A_{vf})$。

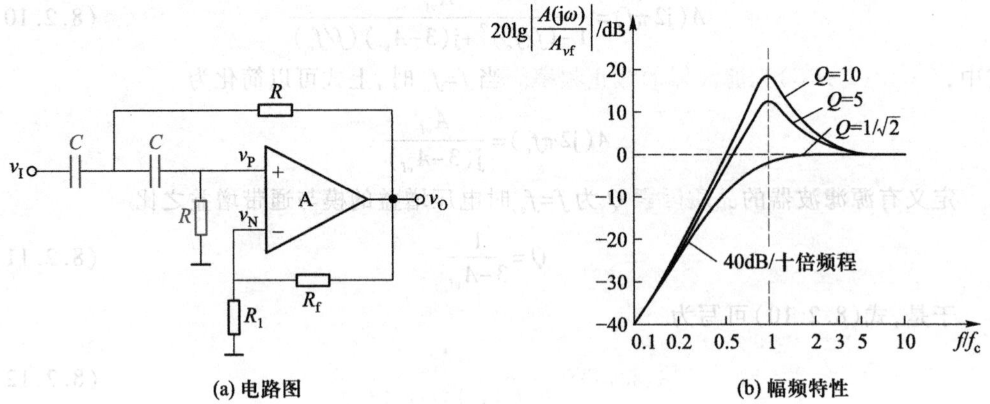

图 8.2.7　二阶高通有源滤波器

根据式(8.2.15)可绘出不同 Q 值下的滤波器的幅频特性曲线如图 8.2.7(b)所示。由图可知，在 $Q=1/\sqrt{2}$ 情况下，通带特性好，但通带与阻带之间的截止特性差，3 dB 截止频率 $f=f_c$，而通带外衰减率为 40 dB/十倍频程，可见其效果比一阶高通滤波器要好得多。

【例 8.2.1】　二阶高通有源滤波器如图 8.2.7(a)所示。已知 $R=R_1=20\ \text{k}\Omega$，$C=0.01\ \mu\text{F}$，求滤波器的截止频率。当 $R_f=14\ \text{k}\Omega$ 时，Q 值为多少？

解　滤波器的截止频率 f_c 为

$$f_c=\frac{1}{2\pi RC}$$

$$=\frac{1}{2\pi\times20\times10^3\times0.01\times10^{-6}}\ \text{Hz}$$

$$=795.8\ \text{Hz}$$

当 $R_f=14\ \text{k}\Omega$ 时，Q 为

$$Q=\frac{1}{3-A_{vf}}=\frac{1}{2-\dfrac{R_f}{R_1}}$$

$$=\frac{1}{2-\dfrac{14}{20}}=0.707$$

3. 二阶带通有源滤波器

带通滤波器是由截止频率为 f_L 的高通滤波器和截止频率为 f_H($f_H>f_L$)的低通滤波器串联组成，两者覆盖的通带就是带通滤波器的带宽，即带通滤波器的带宽为 $BW=f_H-f_L$。

在图 8.2.5 所示模型中，设 $Y_1=Y_2=1/R$，$Y_3=Y_4=sC$，$Y_5=1/R_5=1/(2R)$，则构成图 8.2.8(a)所示的二阶带通有源滤波器电路。图中 R、C 组成低通滤波网络，另一电容 C 和电阻 R_5 组成高通滤波网络，两者串联就组成了带通滤波器。将电路参数代入式(8.2.8)得二阶带通有源滤波器传递函数表达式

$$A(s)=\frac{V_o(s)}{V_i(s)}=\frac{A_{vf}sRC}{1+(3-A_{vf})sRC+(sRC)^2} \tag{8.2.16}$$

用 $j2\pi f$ 替换式(8.2.16)中的 s 可得相应的频率特性

$$A(j2\pi f)=\frac{A_{vf}}{(3-A_{vf})+j\left(\frac{f}{f_c}-\frac{f_c}{f}\right)}=\frac{A_0}{1+jQ\left(\frac{f}{f_c}-\frac{f_c}{f}\right)} \tag{8.2.17}$$

式中，$f_c=1/(2\pi RC)$ 为带通滤波器的中心频率，$A_0=A_{vf}/(3-A_{vf})$，$Q=1/(3-A_{vf})$。

式(8.2.17)表明，当 $f=f_c$ 时，图 8.2.8(a)所示电路具有最大电压增益，且 $|A(j2\pi f_c)|=A_0=A_{vf}/(3-A_{vf})$，这就是带通滤波电路的通带电压增益。当 $|A(j2\pi f)|=A_0/\sqrt{2}$ 时可求得滤波器的上限截止频率 f_H 和下限截止频率 f_L，从而导出带通滤波器的通带宽度 $BW=f_H-f_L=f_c/Q$。

由式(8.2.17)可绘出幅频特性曲线如图 8.2.8(b)所示，从图中可以看出，Q 值越高，通带越窄。

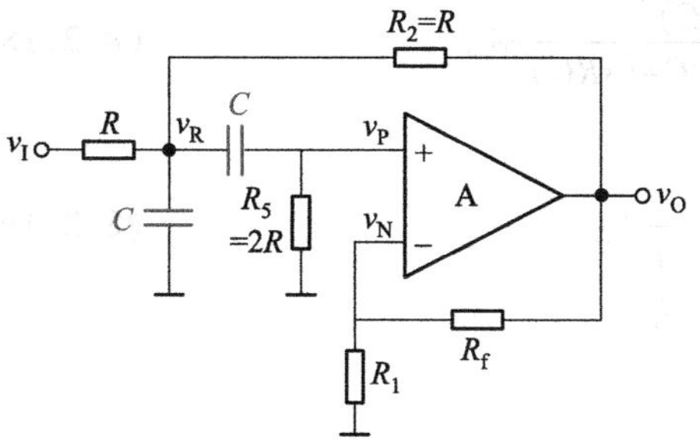

(a) 电路图

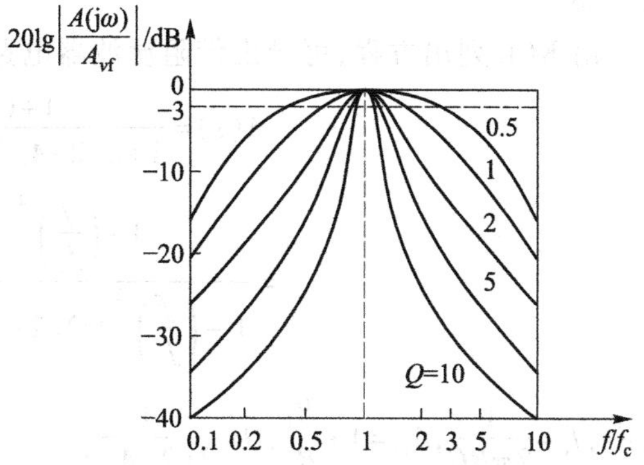

(b) 幅频特性曲线

图 8.2.8 二阶带通有源滤波器

【例 8.2.2】 二阶带通有源滤波器如图 8.2.8(a)所示。已知 $R=7.96\ \text{k}\Omega$，$C=0.01\ \mu\text{F}$，$R_1=24.3\ \text{k}\Omega$，$R_f=46.2\ \text{k}\Omega$，求滤波器的中心频率 f_c、带宽 BW 及通带增益 A_0。

解 滤波器的中心频率 f_c 为

$$f_c=\frac{1}{2\pi RC}$$

$$=\frac{1}{2\pi\times 7.96\times 10^3\times 0.01\times 10^{-6}}\ \text{Hz}$$

$$=2\ \text{kHz}$$

运放增益 A_{vf} 及滤波器的品质因素 Q 为

$$A_{vf}=1+\frac{R_f}{R_1}=1+\frac{46.2}{24.3}=2.9$$

$$Q=\frac{1}{3-A_{vf}}=\frac{1}{3-2.9}=10$$

由此可求滤波器的带宽 BW 及通带增益 A_0 分别为

$$BW=\frac{f_c}{Q}=\frac{2\ 000}{10}\ \text{Hz}=200\ \text{Hz}$$

$$A_0=\frac{A_{vf}}{3-A_{vf}}=\frac{2.9}{3-2.9}=29$$

4. 二阶带阻有源滤波器

带阻滤波器又称陷波滤波器，是用来抑制或衰减某一频段的信号，而让该频段以外的所有信号通过，常用于电子系统抗干扰。

将截止频率为 f_H 的低通滤波器和截止频率为 $f_L(f_H<f_L)$ 的高通滤波器并联起来使用，就可以构成带阻滤波器。当输入信号通过滤波器时，凡是 $f<f_H$ 的信号可以从低通滤波器通过，凡是 $f>f_L$ 的信号可以从高通滤波器通过，只有在频率范围 $f_H\leqslant f\leqslant f_L$ 的信号被阻止，阻带宽度为 $BW=f_L-f_H$。

图 8.2.9(a)所示电路为典型的双 T 有源带阻滤波器的原理电路。图中由 R、C 分别组成的 T 型高通和低通网络相并联而构成双 T 网络，与运放一起组成带阻滤波器。

由 KCL 列出方程，可导出带阻滤波器电路的传递函数和频率特性分别为

$$A(s)=\frac{1+(sRC)^2}{1+2(2-A_{vf})sRC+(sRC)^2}A_{vf} \tag{8.2.18}$$

$$A(\mathrm{j}2\pi f)=\frac{1-\left(\frac{f}{f_c}\right)^2}{1-\left(\frac{f}{f_c}\right)^2+\mathrm{j}2(2-A_{vf})\frac{f}{f_c}}A_{vf}=\frac{A_{vf}}{1+\mathrm{j}\frac{1}{Q}\cdot\frac{ff_c}{f_c^2-f^2}} \tag{8.2.19}$$

式中，$f_c=\frac{1}{2\pi RC}$，$A_{vf}=1+\frac{R_f}{R_1}$，$Q=\frac{1}{2(2-A_{vf})}$。

根据式(8.2.19)可绘出不同 Q 值下滤波器的幅频特性曲线如图 8.2.9(b)所示。由图可见，当 $f_c\to 0$ 或 $f_c\to\infty$ 时，图 8.2.9(a)所示电路电压增益为 A_{vf}；当 $f=f_c$ 时，电压增益为零。可见，滤波器具有带阻的特性。

当 $|A(\mathrm{j}2\pi f)|=A_{vf}/\sqrt{2}$ 时可求得滤波器的上限截止频率 f_H 和下限截止频率 f_L，从而导出带通滤波器的阻带宽度 $BW=f_H-f_L=f_c/Q$。

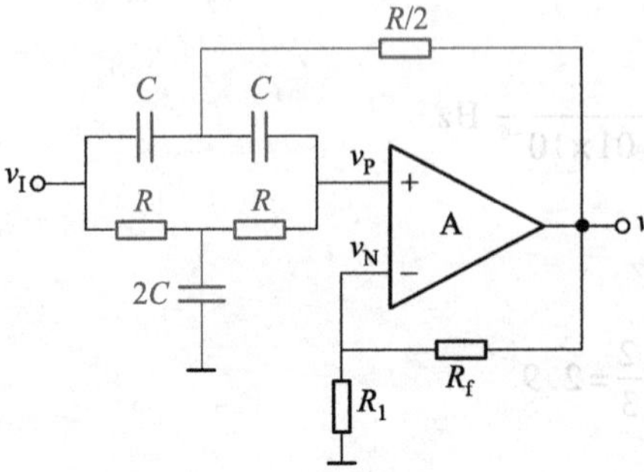

(a) 电路图

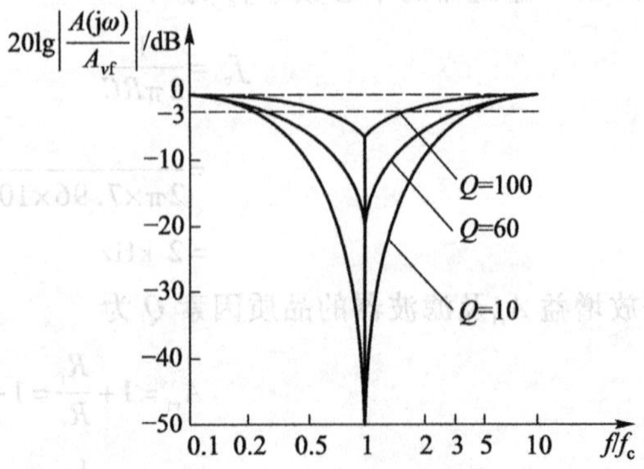

(b) 幅频特性曲线

图 8.2.9　二阶带阻有源滤波器

【例 8.2.3】 在图 8.2.9(a)所示电路中，若 $R=60\ \text{k}\Omega$，$C=0.047\ \mu\text{F}$，$R_1=20\ \text{k}\Omega$，$R_f=19\ \text{k}\Omega$。求这一双 T 有源带阻滤波器的中心频率 f_c 和 Q 值。

解 中心频率为

$$f_c=\frac{1}{2\pi RC}=\frac{1}{2\pi\times60\times10^3\times0.047\times10^{-6}}\ \text{Hz}=56\ \text{Hz}$$

Q 值为

$$Q=\frac{1}{2(2-A_{vf})}=\frac{1}{2\left(1-\frac{R_f}{R_1}\right)}=\frac{1}{2\left(1-\frac{19}{20}\right)}=10$$

8.2.4 开关电容有源 RC 滤波器

由 R、C 组成的有源滤波电路虽然不需要电感元件，但是当电阻 R 取值太大时，用集成工艺制作的电阻存在着占用芯片面积大、温度系数大、电路功耗大等缺点，有碍电路的集成化。开关电容电路(Switched Capacity Circuits，简称 SC 电路)是克服上述缺点的有效方法。开关电容电路利用电容器电荷的存储与转移原理来实现电路功能，由受时钟信号控制的开关与电容器组成，其已成为处理模拟信号的一种崭新手段，并成为数-模混合集成电路中的一种主导技术。

开关电容滤波器的主要特点是利用开关和电容来代替电路中的电阻。其最大优点是结构简单、制造方便、价格低廉、无须更换元件，只需改变时钟频率和编程引脚电平就可以在一定的范围内改变滤波器的中心频率和 Q 值，这给滤波器的设计、使用带来很大的方便，是目前发展迅速的滤波器之一。利用开关电容可以将很多有源 RC 滤波器转换成开关电容滤波器。开关电容电路已广泛地应用于滤波器、振荡器、平衡调制器和自适应均衡器等各种模拟信号处理电路之中。

在应用中值得注意的是开关电容滤波器具有开关噪声和时钟噪声。

1. 基本开关电容单元及等效电路

开关电容电路的基本结构如图 8.2.10(a)所示。MOS 管 T_1、T_2 起开关作用，T_1、T_2 分别由时钟脉冲 Φ 和 $\overline{\Phi}$ 来控制，两时钟脉冲互补，如图 8.2.10(b)所示。当时钟信号 Φ 为高电平时，T_1 管导通，T_2 管截止，v_1 经过 T_1 管对电容 C 充电，充电电荷量为 $Q_1=Cv_1$；当时钟信号 $\overline{\Phi}$ 为高电平时，T_2 管导通，T_1 管截止，电容 C 通过 T_2 管放电，放电电荷量为 $Q_2=Cv_2$。在一个 T 周期内，v_1 通过 C 向 v_2 传递的电荷为

$$\Delta Q=Q_1-Q_2=C(v_1-v_2)$$

因此，一个 T 周期内由 v_1 流向 v_2 的平均电流为

$$I=\frac{\Delta Q}{T}=\frac{C}{T}(v_1-v_2) \tag{8.2.20}$$

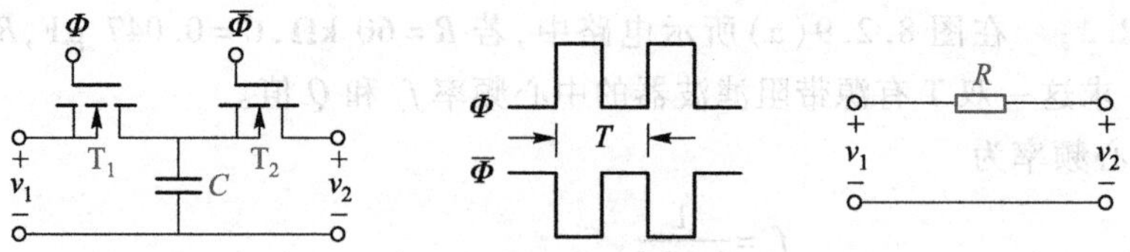

(a) 开关电容　(b) 时钟脉冲波形　(c) 等效电阻

图 8.2.10　开关电容电路

如果时钟 Φ 的频率足够高，则在一个时钟周期内，两个端口的电压均基本不变，基本开关电容单元就可以等效为电阻，如图 8.2.10(c) 所示，其等效电阻的阻值为

$$R=\frac{v_1-v_2}{I}=\frac{T}{C}=\frac{1}{Cf} \tag{8.2.21}$$

由式(8.2.21)可知：

(1) R 越大，C 值越小，所占集成电路面积将大大减小。

(2) R 越大，时钟频率 f 越低。但 f 应远大于信号的最高频率。

(3) R 与时钟脉冲占空比大小无关，为了使 Φ 和 $\overline{\Phi}$ 开关不同时闭合，时钟脉冲不应重叠，占空比应略低于 50%。

若 $C=1$ pF，$f=100$ kHz，则等效电阻 R 等于 10 MΩ。利用 MOS 工艺，电容只需硅片面积为 0.01 mm^2。可见所占面积极小，有效解决了集成运放不能直接制作大电阻的问题。

2. 一阶低通开关电容有源滤波电路

一阶低通开关电容有源滤波电路如图 8.2.11 所示，其传递函数为

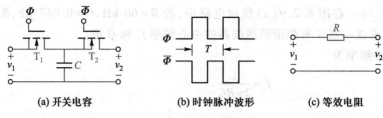

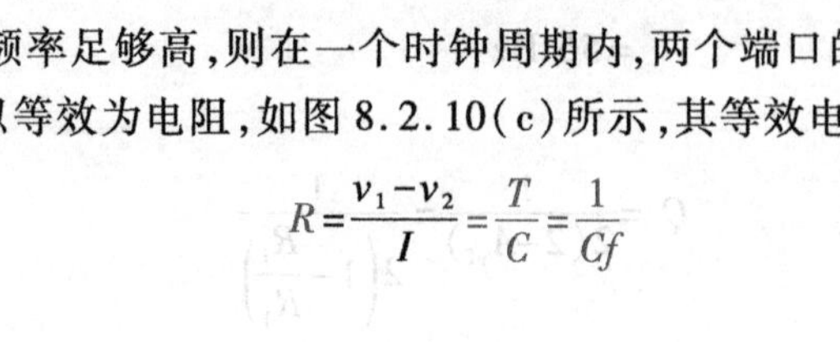

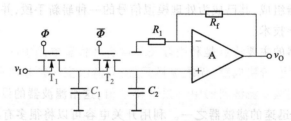

图 8.2.11　一阶低通开关电容有源滤波电路

$$A(s)=\frac{V_o(s)}{V_i(s)}=\left(1+\frac{R_f}{R_1}\right)\frac{1}{1+sRC_2}$$

故低通放大倍数

$$A_{vf}=1+\frac{R_f}{R_1} \tag{8.2.22}$$

截止频率 f_c 为

$$f_c=\frac{1}{2\pi RC_2}$$

把 $R=\dfrac{T}{C_1}$ 带入上式得

$$f_c=\frac{C_1}{2\pi TC_2} \tag{8.2.23}$$

在集成电路中，可以通过均匀地控制硅片上氧化层的介电常数及其厚度，使电容量

之比主要取决于每个电容电极的面积,从而获得准确性很高的电容比。所以开关电容电路用以实现稳定准确的时间常数,从而使滤波电路的截止频率稳定。

同理,开关电容也可构成高通、带通和带阻滤波器。

8.3 电压比较器

电压比较器是用来比较输入电压相对大小的电路。它将模拟量输入电压与参考电压(直流基准电压或模拟电压)进行比较,并将比较的结果输出。电压比较器的输出只有两种可能的状态:高电平或低电平,所以用作电压比较器的集成运放通常工作在非线性区。电压比较器是模拟电路与数字电路之间的接口电路。在自动控制及测量系统中,常将电压比较器应用于越限报警、模/数转换以及各种非正弦波的产生和变换等。

电压比较器的输出电压和输入电压的函数关系称为电压传输特性。根据传输特性的不同,电压比较器分为单门限电压比较器和多门限电压比较器。

8.3.1 单门限电压比较器

PPT 8.3
电压比较器

电压比较器的基本电路如图 8.3.1(a)所示。图中符号 C 表示比较器,常为专用集成比较器或运放,现假设 C 由运放组成。参考电压 V_{REF} 加在运放的反相输入端,它可以是正值,也可以是负值,图中给出的是正值。输入电压 v_I 加在运放的同相输入端。

当 $v_I<V_{REF}$ 时,运放处于负饱和状态,$v_O=V_{OL}$;当 $v_I>V_{REF}$ 时,运放转入正饱和状态,$v_O=V_{OH}$,电压传输特性如图 8.3.1(b)所示(由于运放的开环增益很大,v_O 的跳变可近似认为是突变)。v_I 在参考电压 V_{REF} 附近有微小的减小时,输出电压将从正的饱和值 V_{OH} 跳变到负的饱和值 V_{OL};若有微小的增加,输出电压又将从负的饱和值 V_{OL} 跳变到正的饱和值 V_{OH}。输出电压 v_O 从一个电平跳变到另一个电平时相应的输入电压 v_I 称为门限电压(或阈值电压)V_T,对于图 8.3.1(a)所示电路,$V_T=V_{REF}$。由于 v_I 从同相端输入且只有一个门限电压,故称为同相输入单门限电压比较器。反之,当 v_I 从反相端输入,V_{REF} 改接到同相端,则称为反相输入单门限电压比较器。

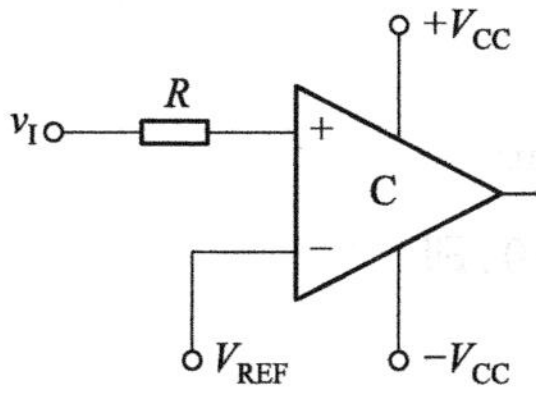

(a) 电路图

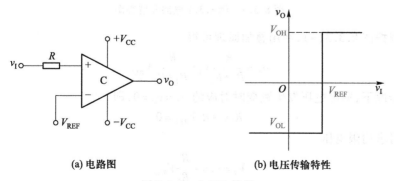

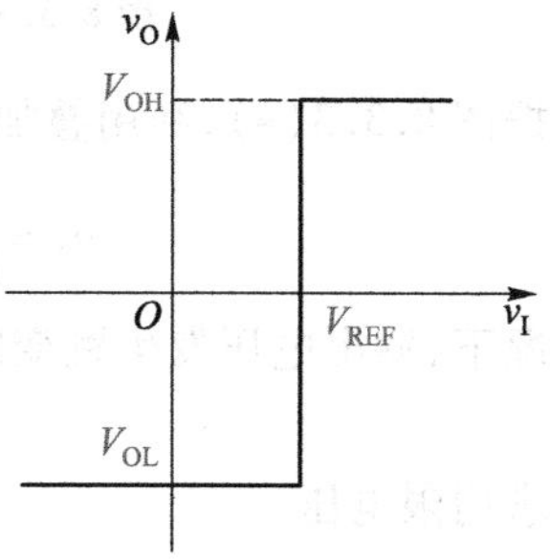

(b) 电压传输特性

图 8.3.1 电压比较器

由于运放的开环增益很大,图 8.3.1(a)所示电路中输出电压接近正、负电源电压,集成运放一般工作在正、负饱和状态,输出电压基本由电源电压确定。这样输出电平容易受电源波动及饱和深度影响，且输出电平不易改变。为解决这些问题，可采用图 8.3.2(a)所示电路。图中输出端由双向稳压二极管 D_Z 限幅，D_Z 的稳压值应小于电源电压值；R_0 是限流电阻。这样，输出电压就等于稳压管的稳定电压 V_Z，即 $V_{OH}=+V_Z$，$V_{OL}=-V_Z$，其传输特性如图 8.3.2(b)所示。图中二极管 D_1、D_2 对输入电压幅度双向限幅，以避免输入电压过大而损坏运放输入级的晶体管。

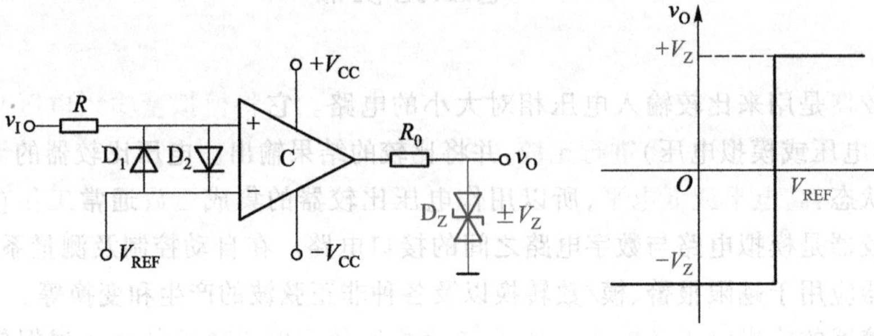

(a) 电路图　　(b) 电压传输特性

图 8.3.2　具有限幅的电压比较器

如果参考电压 $V_{REF}=0$，则输入电压 v_I 每次过零时，输出就要产生突变。这种比较器称为过零比较器。

【例 8.3.1】　图 8.3.3(a)所示为一般单门限电压比较器，V_{REF} 为外加参考电压且为负值，试求其门限电压 V_T，画出电压传输特性。设 D_Z 的稳压值为 $\pm V_Z$。

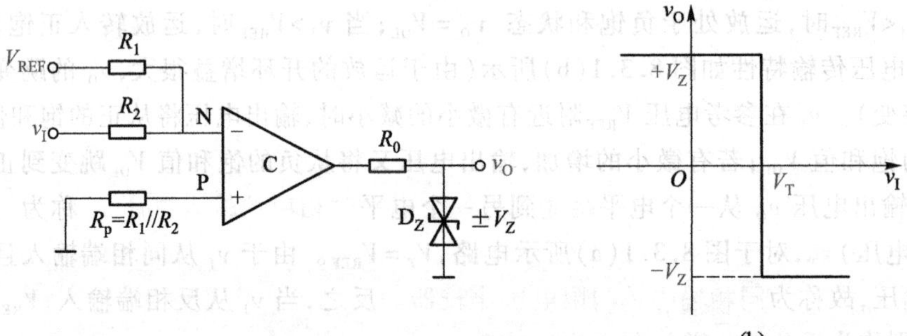

(a)　　(b)

图 8.3.3　例 8.3.1 电路和解答图

解　根据图 8.3.3(a)，利用叠加原理可得

$$v_N=\frac{R_1}{R_1+R_2}v_I+\frac{R_2}{R_1+R_2}V_{REF}$$

理想情况下，输出电压发生跳变时对应的 $v_N=v_P=0$，即

$$R_1v_I+R_2V_{REF}=0$$

由此可求门限电压

$$V_T=v_I=-\frac{R_2}{R_1}V_{REF}$$

当 $v_I>V_T$ 时，$v_N>v_P$，所以 $v_O=V_{OL}=-V_Z$；当 $v_I<V_T$ 时，$v_N<v_P$，所以 $v_O=V_{OH}=+V_Z$。由此画出图 8.3.3(a)所示电路的电压传输特性如图 8.3.3(b)所示。

由例 8.3.1 可以看出，只要改变参考电压的大小和极性，以及电阻 R_1 和 R_2 的值，就可以改变门限电压的大小和极性。如果要改变输出电压过门限电压时的跃变方向，则应将集成运放的同相输入端和反相输入端所接外电路互换。

8.3.2 迟滞电压比较器

单门限电压比较器结构简单，灵敏度高，但抗干扰能力差。例如，在图 8.3.1(a)所示的单门限电压比较器中，当输入信号 v_I 含有噪声或干扰电压时，其输入和输出波形如图 8.3.4 所示。由于 $v_I=V_T=V_{REF}$ 附近出现干扰，v_O 会反复跳动，造成比较器工作不稳定。若用此输出电压控制电机等设备，将出现误操作。为解决这一问题，可将比较器设置两个阈值，只要干扰信号不超过这两个阈值，比较器就不会跳变，从而可提高比较器的抗干扰能力。利用这种思想设计出来的电压比较器称为迟滞电压比较器，简称迟滞比较器，或称施密特触发器。

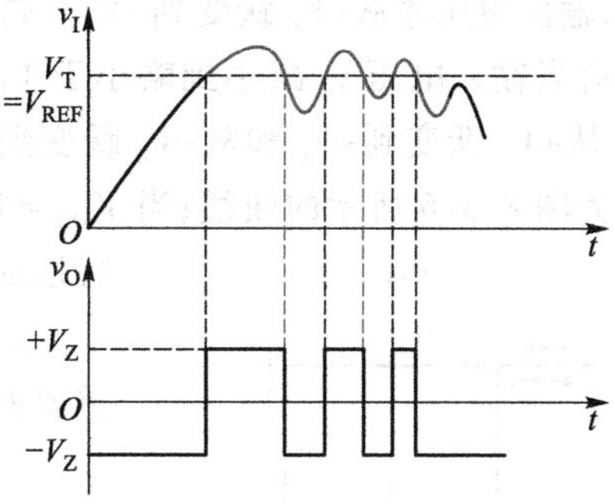

图 8.3.4 存在干扰时，单门限电压比较器的输入/输出波形

1. 电路构成

反相输入迟滞比较器电路如图 8.3.5(a)所示。输入电压 v_I 经电阻 R_1 加在集成运放的反相输入端，参考电压 V_{REF} 经电阻 R_2 接在同相输入端，此外 v_O 从输出端通过电阻 R_3 引回同相输入端，构成正反馈网络。如果将 v_I 和 V_{REF} 的位置互换，就可组成同相输入迟滞比较器电路。由于正反馈的作用，这种电压比较器的门限电压将随着输出电压 v_O 的变化而变化。

2. 门限电压

由于正反馈的作用，输出电压 v_O 与输入电压 v_I 不成线性关系，只有在输出电压 v_O 发生跳变瞬间，集成运放两个输入端之间的电压近似认为等于零，即 $v_P \approx v_N = v_I$ 是输出电压 v_O 转换的临界条件，当 $v_I > v_P$ 时，$v_O = V_{OL} = -V_Z$；当 $v_I < v_P$ 时，$v_O = V_{OH} = +V_Z$。

由此可见，使输出电压由 $+V_Z$ 跳变为 $-V_Z$，以及由 $-V_Z$ 跳变为 $+V_Z$ 所需的输入电压值是不同的。也就是说，这种比较器有两个不同的门限电压，故传输特性呈滞回形状，如图 8.3.5(b)所示。

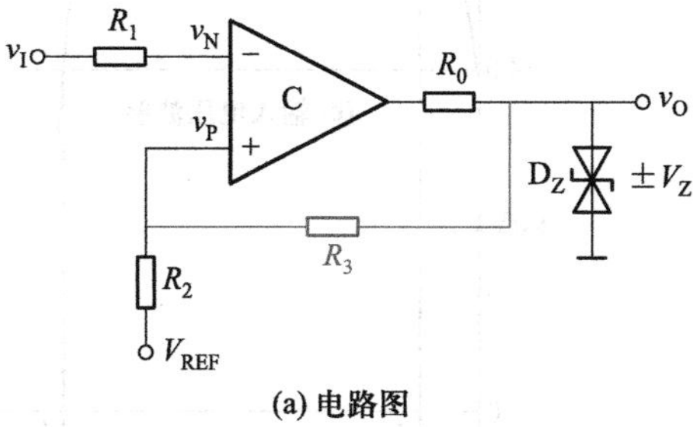

(a) 电路图

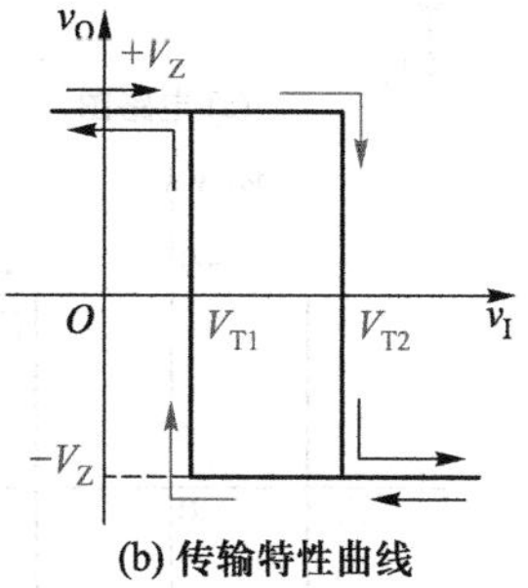

(b) 传输特性曲线

图 8.3.5 迟滞比较器

设运放是理想的，根据叠加原理，同相输入端电位

$$v_P = V_T = \frac{R_2}{R_2+R_3}v_O + \frac{R_3}{R_2+R_3}V_{REF} = \frac{R_3 V_{REF}+R_2 v_O}{R_2+R_3} \tag{8.3.1}$$

从输出端的限幅电路可以看出输出电压 $v_O = \pm V_Z$，故

$$V_{T1}=\frac{R_3V_{REF}-R_2V_Z}{R_2+R_3},\quad V_{T2}=\frac{R_3V_{REF}+R_2V_Z}{R_2+R_3}\tag{8.3.2}$$

3. 电压传输特性

假设 $v_I<V_{T1}$，那么 v_N 一定小于 v_P，因而 $v_O=+V_Z$，只有当输入电压 v_I 增大到略大于 V_{T2} 时，输出电压才从 $+V_Z$ 跃变到 $-V_Z$。同理，假设 $v_I>V_{T2}$，那么 v_N 一定大于 v_P，因而 $v_O=-V_Z$，只有当输入电压 v_I 减小到略小于 V_{T1} 时，输出电压才从 $-V_Z$ 跃变到 $+V_Z$。可见，输出电压 v_O 从 $+V_Z$ 跃变到 $-V_Z$ 和从 $-V_Z$ 跃变到 $+V_Z$ 的阈值电压是不同的。当 $V_{REF}=0$ 时，传输特性即为图 8.3.6 所示的曲线；当 $V_{REF}\neq 0$ 时，传输特性曲线将水平移动；当 V_Z 改变时，传输特性曲线垂直移动。

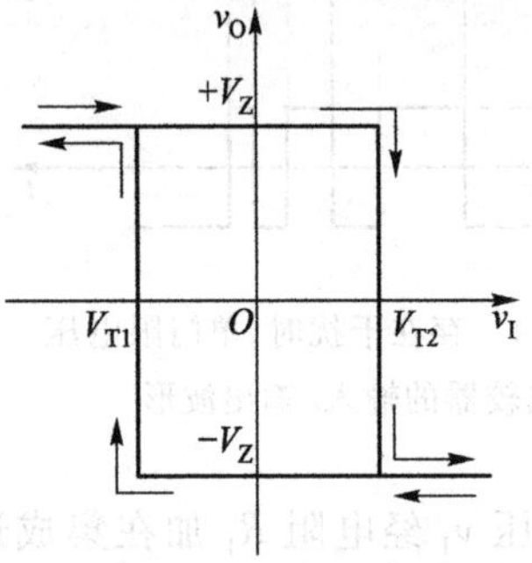

图 8.3.6　$V_{REF}=0$ 时迟滞比较器的电压传输特性

通过以上分析可以看出，迟滞比较器在性能上有两个重要的特点：

（1）在电路状态转换时，输入信号从低到高上升的过程中对应的门限电压，与输入信号从高到低下降的过程中对应的门限电压不同。

（2）在电路状态转换时，通过电路内部的正反馈过程使输出电压波形的边沿变得很陡。

利用这两个特点，不仅能将边沿变化缓慢的信号波形整形为边沿陡峭的矩形波，而且可以将叠加在矩形脉冲高、低电平上的噪声有效地消除，从而提高了抗干扰能力。

【例 8.3.2】　电路如图 8.3.7(a)所示，已知 $R_2=50\ \text{k}\Omega$，$R_3=100\ \text{k}\Omega$，$V_{REF}=0$，稳压管的稳定电压 $\pm V_Z=\pm 9\ \text{V}$，输入波形如图 8.3.7(c)所示，试画出电压传输特性及输出电压 v_O 的波形。

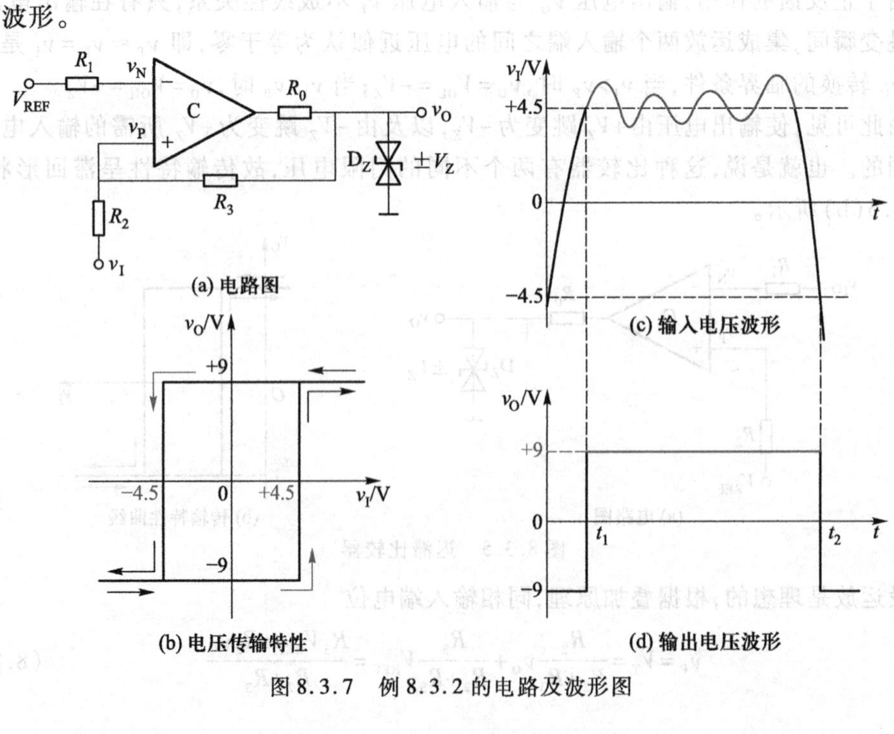

图 8.3.7　例 8.3.2 的电路及波形图

解 (1) 求门限电压

利用叠加原理有

$$v_P = \frac{R_3 v_I}{R_2 + R_3} + \frac{R_2 v_O}{R_2 + R_3}$$

当 $v_P = v_N = V_{REF} = 0$ 时,

$$V_T = v_I = -\frac{R_2 v_O}{R_2 + R_3} \cdot \frac{R_2 + R_3}{R_3} = -\frac{R_2}{R_3} v_O$$

将 $v_O = \pm V_Z = \pm 9\ \text{V}$ 带入上式,可求出门限电压分别为

$$V_{T1} = -\frac{R_2}{R_3} V_Z = -\frac{50\ \text{k}\Omega}{100\ \text{k}\Omega} \times 9\ \text{V} = -4.5\ \text{V}$$

$$V_{T2} = +\frac{R_2}{R_3} V_Z = +\frac{50\ \text{k}\Omega}{100\ \text{k}\Omega} \times 9\ \text{V} = +4.5\ \text{V}$$

(2) 画电压传输特性

电压传输特性如图 8.3.7(b)所示。由于图 8.3.7 所示电路为同相输入迟滞比较器,所以,当输出电压发生跳变时,其跳变方向与图 8.3.5 所示的反相输入迟滞比较器是相反的。

(3) 画输出电压波形

根据电压传输特性曲线可画出 v_O 的波形,如图 8.3.7(d)所示。从波形可以看出,当 v_I 的变化在 $\pm V_Z$ 之间时,v_O 不变,表现出一定的抗干扰能力。两个门限电压的差值越大,电路的抗干扰能力越强,但灵敏度变差,所以应根据实际需要确定这个差值的大小。

通过上述几种电压比较器的分析,可以得出如下结论:

① 由于电压比较器通常工作在开环或正反馈状态,运放工作在非线性区,其输出电压只有高电平 V_{OH} 和低电平 V_{OL} 两种情况。

② 一般用电压传输特性来描述输出电压与输入电压的函数关系。

③ 电压传输特性的三个要素是输出电压的高电平 V_{OH} 和低电平 V_{OL}、门限电压以及输出电压的跳变方向。通过集成运放输出端所接的限幅电路来确定电压比较器的 V_{OL} 和 V_{OH};根据 v_P 和 v_N 的表达式,令 $v_P = v_N$ 所求出的 v_I 就是门限电压;v_I 等于门限电压时输出电压的跳变方向决定于输入电压作用于集成运放哪个输入端,当 v_I 从反相输入端(或通过电阻)输入时,$v_I < V_T$,$v_O = V_{OH}$;$v_I > V_T$,$v_O = V_{OL}$。当 v_I 从同相输入端(或通过电阻)输入时,$v_I < V_T$,$v_O = V_{OL}$;$v_I > V_T$,$v_O = V_{OH}$。

8.3.3 集成电压比较器简介

1. 集成电压比较器的特点和分类

以上介绍的各种类型的比较器,既可以由通用集成运算放大器组成,也可以采用专用的集成电压比较器。集成电压比较器相对于集成运算放大器而言其不足之处是开环增益低,失调电压大,共模抑制比小。但其优点很明显,表现在响应速度快,传输延迟时间短,一般不需外接元件即可驱动 TTL 等数字集成电路,有些芯片带负载能力很强,甚至

可以直接驱动继电器和指示灯，所以其使用更加灵活方便。

集成电压比较器的种类很多。从功能上可分为通用型、高速型、低功耗型、低电压型和高精度型电压比较器；根据在一个芯片上集成的电压比较器的数目可以分为单比较器、双比较器和四比较器；从输出方式上可分为普通输出、集电极（或漏极）开路输出或互补输出三种情况。集电极（或漏极）开路输出电路必须在输出端接一个电阻至电源。互补输出电路有两个输出端，若一个为高电平，则另一个必为低电平。

此外，还有的集成电压比较器带有选通端，用来控制电路是处于工作状态还是禁止状态。所谓工作状态，是指电路按电压传输特性工作；而禁止状态是指电路不再按电压传输特性工作，从输出端看进去相当于开路，即处于高阻状态。

2. 集成电压比较器的基本接法

集成电路手册中一般都给出使用方法。下面介绍两种集成电压比较器的基本接法。

（1）通用型集成电压比较器 AD790

AD790 以互补双极工艺制造而成，可以双电源供电，也可以单电源供电。其输出可与 TTL、CMOS 电平匹配。AD790 在+5 V 单电源工作时功耗约 60 mW，响应时间的典型值为 40 ns。双列直插式 AD790 的引脚排列如图 8.3.8(a) 所示。单电源供电时，负电源 $-V_S$ 应接地；引脚 8 接逻辑电源，其取值取决于负载所需高电平，当驱动 TTL 电路时，应接+5 V，此时比较器输出高电平为 4.3 V；引脚 5 为锁存控制端，当它为低电平时，锁存输出信号。

图 8.3.8(b)、(c)、(d) 所示为 AD790 外接电源的基本接法。图中 0.1 μF 电容均为去耦电容，用于滤去比较器输出产生变化时电源电压的波动。图 8.3.8(b) 所示的 510 Ω 电阻是输出高电平时的上拉电阻。

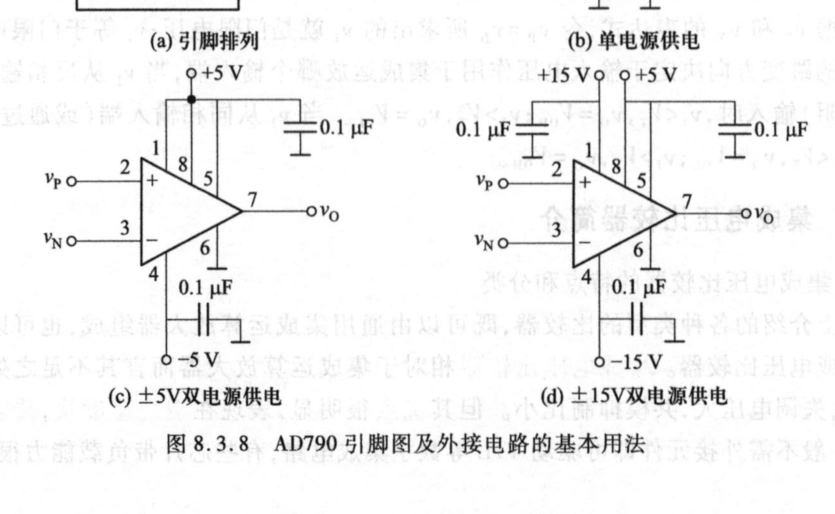

(a) 引脚排列　(b) 单电源供电

(c) ±5V双电源供电　(d) ±15V双电源供电

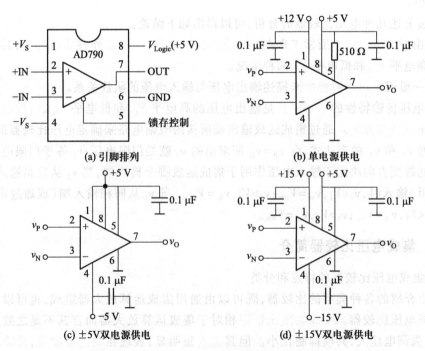

图 8.3.8　AD790 引脚图及外接电路的基本用法

(2) 集电极开路集成电压比较器 LM339

LM339 芯片内部集成了四个独立的电压比较器。由于采用了集电极开路的输出形式,使用时允许将各比较器的输出端直接连在一起,利用这一特点,可以把 LM339 内部两个电压比较器的输出端接在一起,共用一个外接电阻 R,组成窗口比较器,如图 8.3.9(a)所示。当信号电压 v_I 位于参考电压 V_{REF1} 和 V_{REF2} 之间时,输出电压 v_O 为高电平 V_{OH},否则 v_O 为低电平 V_{OL}。分析图 8.3.9(a)所示电路,其电压传输特性见图 8.3.9(b)。

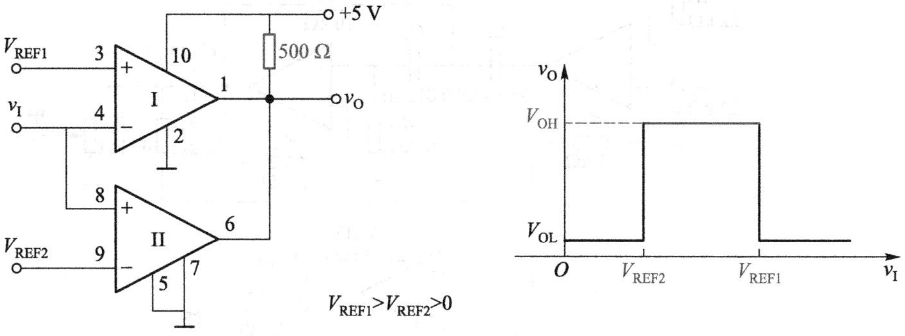

(a) 电路的接法　　(b) 电压传输特性曲线

图 8.3.9　LM339 构成的窗口比较器及其电压传输特性曲线

8.4　信号检测与处理电路应用举例

PPT 8.4 信号检测与处理电路应用举例

8.4.1　有源减法电子分频器

分频器常用于音响电路中,图 8.4.1 所示为一有源减法电子分频器的电路原理图。此电路由缓冲电路、有源滤波电路和减法运算电路等组成。

运放 A_1 接成电压跟随器电路,由前级放大器送来的全频段信号经 A_1 缓冲后,送到运放 A_2 的反相输入端。A_2 接成反相器,其增益为 1。经 A_2 反相的信号送至由 A_3、C_2、C_3、R_6、R_7 组成的有源二阶高通滤波器,通频带外信号以每倍频程 12 dB 的斜率衰减。由于 $R_6=R_7$,$C_2=C_3$,因此高通滤波器的截止频率(分频点频率)为 $f_{c1}=\dfrac{1}{2\pi R_6 C_2}\approx 4.8\ \text{kHz}$。$A_3$ 输出的高频段信号经 C_4 耦合输出,经 R_{P1} 送至功率放大器,可变电阻 R_{P1} 用来调节高频段功率的输入电平。

A_3 输出的高频段信号和 A_1 输出的全频段信号一同送至 A_4 的同相输入端,由于 A_3 输出的是经过 A_2 反相的信号,信号在 A_1 的同相输入端与全频段信号相加,因此相加的结果使全频段信号减去高频段的信号,A_4 输出的是 4.8 kHz 以下的信号。A_4 输出的信号送至由运放 A_5、C_5、C_6、R_{12}、R_{13} 等元件组成的有源二阶高通滤波器,其转折频率为 $f_{c2}=\dfrac{1}{2\pi R_{12} C_5}\approx 1\ \text{kHz}$。因此 A_5 输出的是 1 kHz 以上的信号,即 1 ~ 4.8 kHz 的中频段信号。

A_5 输出的信号送至 A_6 的反相输入端,A_4 输出的信号送至 A_6 的同相输入端,A_6 接

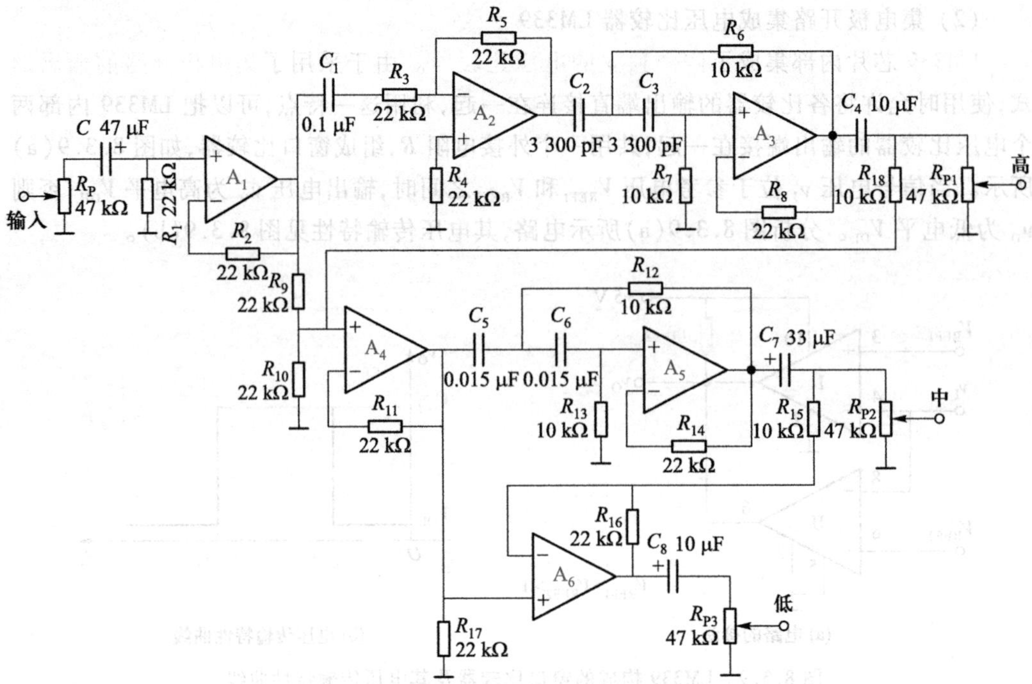

图 8.4.1　有源减法电子分频器

成减法器，由于 A_5 与 A_4 的输出信号相位相同，因此 A_4 输出的 4.8 kHz 以下频段信号和 A_3 输出的 1 ~ 4.8 kHz 的中频段信号进行减法运算，结果 A_6 输出的是 1 kHz 以下低频段信号。本电路的三个频段衰减斜率均为 -12 dB/倍频程。

本电路巧妙地将有源滤波器和运算电路组合在一起，其分频精度较高。高通滤波器滤除的信号经过减法运算分配给其他频段，避免了分频点的衔接误差。

在实际应用中，通常将有源滤波器的滤波网络中相应的电阻阻值或电容容量取同样的值，然后再计算电阻的阻值或电容的容量。R_{P1}、R_{P2} 和 R_{P3} 分别用来调节三个频段功率的输入电平，结合三个频段的扬声器，来获得平坦的频率响应曲线。

为了减小接入有源电子分频电路而引入的失真和噪声，需选用低噪声、高精度、高速集成运放。电路中的阻容元件应选择精度高、稳定性好的产品，可确保准确的分频点。

8.4.2　冲击检测电路

图 8.4.2 所示为一冲击检测电路。本电路采用压电陶瓷片（HTD）作为冲击传感元器件，对具有一定加速度的机械冲击产生输出控制信号，而对于机械振动不敏感，常用于检测和防盗报警等电路中。

图 8.4.2 电路由冲击检测放大电路、峰值保持电路、信号比较器和输出电路等部分组成。电路中采用 Φ27 mm 的压电陶瓷片作为冲击传感器，其谐振频率约为 2 kHz，在 10 ~ 600 Hz 的频率范围内，其幅频特性较为平坦。这一频率范围正是本电路的检测范围，用来实现冲击报警信号的输出。运放 A_1 及 C_1、R_3、R_1 等元器件组成有源滤波放大电路，由 C_1、R_3 组成的低通滤波网络，其截止频率为 $f_c = \dfrac{1}{2\pi R_3 C_1} \approx 660$ Hz，可滤除输入信号

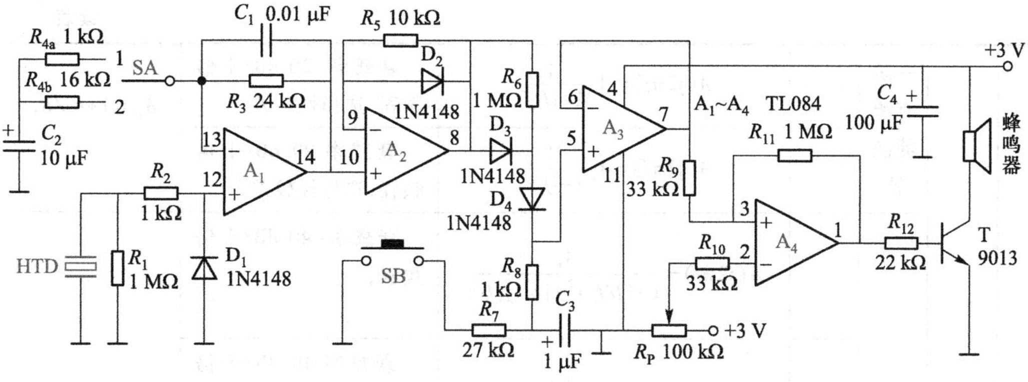

图 8.4.2　冲击检测电路

中频率在 600 Hz 以上的部分。电容 C_2 用来滤除频率为 10 Hz 以下的信号。当压电陶瓷片受到冲击时，电阻 R_1 两端将产生交流电压，由于二极管 D_1 的钳位作用，交流电压的正半周被送至运放 A_1 进行滤波放大，A_1 的输出电压是一个脉动的直流信号。

SA 是冲击强度选择开关，位置“1”对应着 1 倍重力加速度的机械冲击。当由 9.8 m/s^2 的冲击作用在压电陶瓷片上时，压电陶瓷片的输出电压约为 40 mV，A_1 的电压放大倍数为 $A_v=\dfrac{R_3+R_{4a}}{R_{4a}}\approx 25$，$A_1$ 的输出电压为 1 V。位置“2”对应着 10 倍重力加速度，此时压电陶瓷片对应的输出电压约 400 mV，A_1 的放大倍数需要降低 10 倍，$A_v=\dfrac{R_3+R_{4b}}{R_{4b}}=2.5$，$A_1$ 的输出电压仍能保持在 1 V。

A_2、A_3 等元器件组成峰值保持电路，将 A_1 输出信号中的峰值保持一段时间，以保证后续电路功能可靠动作。A_2 输出的信号经 D_3、D_4、R_8 对 C_3 充电。同时 A_2 输出的信号经 R_6 加到 D_3 的阴极。A_2 输出信号的峰值过后，D_3 截止，被充电的 C_3 保持了信号的峰值。A_3 接成电压跟随器，C_3 上的峰值电压经 A_3 缓冲后送至 A_4 等组成的电压比较器。当 A_3 输出的电压高于比较器的参考电压时，A_1 输出高电平，晶体管 T 饱和导通并驱动蜂鸣器发出声音报警。比较器的参考电压由可变电阻 R_P 来设定，调节 R_P 可调整电路的冲击检测的灵敏度。

SB 是手动复位按钮，电路动作后，C_3 上的电荷经 R_8、A_3 缓慢地释放，按下 SB 就可以迅速使 C_3 放电，为下一次动作做好准备。

本章小结

表 8.1　本章重要概念、知识点及需熟记的公式

1	信号检测电路	测量放大器	高输入阻抗、高共模抑制比，用于传感器输出电阻大、有用信号微弱、共模干扰大的信号测量系统中
		隔离放大器	其输出回路与输入回路是电绝缘的，可以提高系统的抗干扰性能、安全性能和可靠性

续表

2	有源滤波器	一阶有源滤波器	低通	$A(j2\pi f)=A_{vf}\dfrac{1}{1+jf/f_c}$	衰减率-20 dB/十倍频程，选择性较差	$A_{vf}=1+R_f/R_1$ $f_c=1/(2\pi RC)$
			高通	$A(j2\pi f)=A_{vf}\dfrac{1}{1-jf_c/f}$	衰减率 20 dB/十倍频程，选择性较差	
		二阶有源滤波器	低通	$A(j2\pi f)=\dfrac{A_{vf}}{1-(f/f_c)^2+jf/(f_cQ)}$	衰减率-40 dB/十倍频程，滤波效果好于一阶滤波器	$A_{vf}=1+R_f/R_1$ $f_c=1/(2\pi RC)$ $A_o=A_{vf}/(3-A_{vf})$
			高通	$A(j2\pi f)=\dfrac{A_{vf}}{1-(f_c/f)^2-jf_c/(Qf)}$	衰减率 40 dB/十倍频程，滤波效果好于一阶滤波器	
			带通	$A(j2\pi f)=\dfrac{A_0}{1+jQ(f/f_c-f_c/f)}$	$BW=f_c/Q$ $Q=\dfrac{1}{3-A_{vf}}$	
			带阻	$A(j2\pi f)=\dfrac{A_{vf}}{1+j\dfrac{1}{Q}\cdot\dfrac{ff_c}{f_c^2-f^2}}$	$BW=f_c/Q$ $Q=\dfrac{1}{2(2-A_{vf})}$	
		开关电容滤波器	电路的特性与电容器本身的精度无关，而与各电容量之比的准确性有关。因而具有截止频率稳定、体积小、功耗低的特点，易于制成大规模集成电路		$I=\dfrac{C}{T}(v_1-v_2)$ $R=\dfrac{T}{C}=\dfrac{1}{Cf}$	
3	电压比较器	单门限比较器	工作在开环状态，结构简单，灵敏度高，抗干扰能力差		(1) 运放工作在非线性区，其输出电压只有高电平 V_{OH} 和低电平 V_{OL} 两种情况 (2) 用电压传输特性来描述输出电压与输入电压的函数关系 (3) 电压传输特性的三个要素：V_{OH} 和 V_{OL}、门限电压 V_T、输出电压跳变方向	
		迟滞比较器	工作在正反馈状态，有两个门限电压，具有很强的抗干扰能力			

习　　题

8.1　测量放大器与一般的放大器相比，有哪些特点？

8.2　隔离放大器在检测系统中的作用是什么？

8.3　能否利用低通滤波电路和高通滤波电路来组成带通滤波电路？组成的条件是什么？

8.4　常用的高阶滤波电路有哪几种？它们各有什么优缺点？

8.5　在下列几种情况下，应分别采用哪种类型的滤波电路（低通、高通、带通、带阻）？

(1) 有用信号频率为 100 Hz；

(2) 有用信号频率低于 400 Hz；

(3) 希望抑制 50 Hz 交流电源的干扰；

（4）希望抑制 500 Hz 以下的信号。

8.6 简述低通、高通、带通和带阻滤波器的基本功能，并分别画出它们理想的幅频特性。在下列几种情况下，应分别采用哪种类型的滤波电路（低通、高通、带通、带阻）？

（1）在理想情况下，在 $f=0$ 和 $f\to\infty$ 时的电压增益相等，且不为零；

（2）在 $f=0$ 和 $f\to\infty$ 时的电压增益相等，都为零；

（3）直流电压增益就是它的通带电压增益；

（4）在理想情况下，在 $f\to\infty$ 时的电压增益就是它的通带电压增益。

8.7 图 P8.7 所示为一个一阶低通滤波器电路，设 A 为理想运放，试推导出电路的传递函数，并求出截止频率 f_c。

8.8 一阶高通滤波电路如图 P8.8 所示，已知 $R_1=10\ \text{k}\Omega$，$R_f=100\ \text{k}\Omega$，$C=0.1\ \mu\text{F}$，试计算截止频率 f_c 和通带增益 A_{vf}，并画出对数幅频特性曲线。

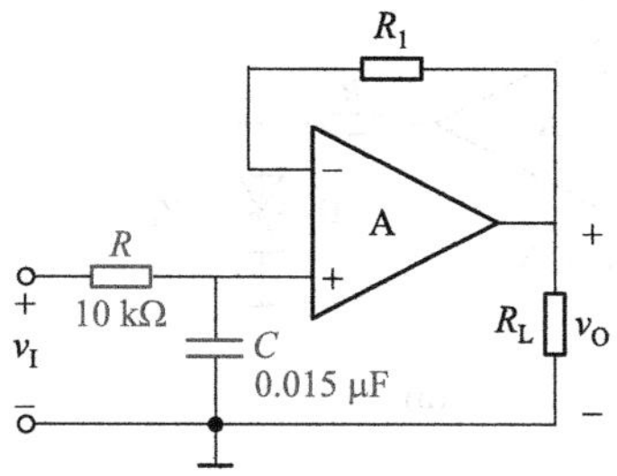

图 P8.7

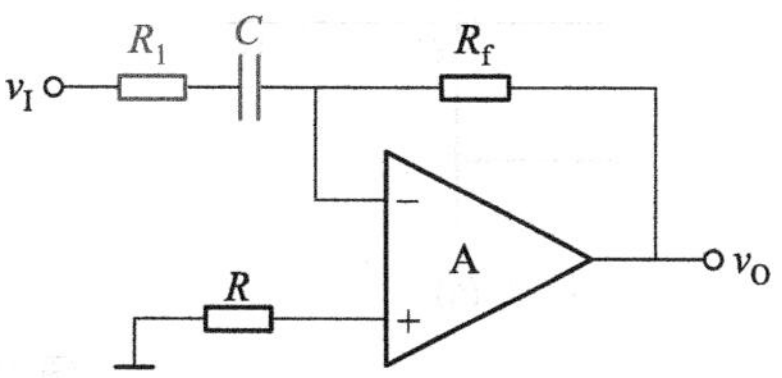

图 P8.8

8.9 Consider the second-order active low-pass filter in Fig. P8.9 with $R_1=10\ \text{k}\Omega$, $R_f=5.86\ \text{k}\Omega$, $R=100\ \text{k}\Omega$ and $C_1=C_2=0.1\ \mu\text{F}$. Determine the cutoff frequency f_c and the voltage gain in the passband. Plot the logarithmic amplitude-frequency characteristic curve.

8.10 Consider the active band-pass filter in Fig. P8.10 with $R=R_2=10\ \text{k}\Omega$, $R_3=2R_2=20\ \text{k}\Omega$, $R_1=38\ \text{k}\Omega$, $R_f=20\ \text{k}\Omega$, $C_1=C=0.01\ \mu\text{F}$. Determine the center frequency f_c and bandwidth BW. Plot frequency-response characteristic curve.

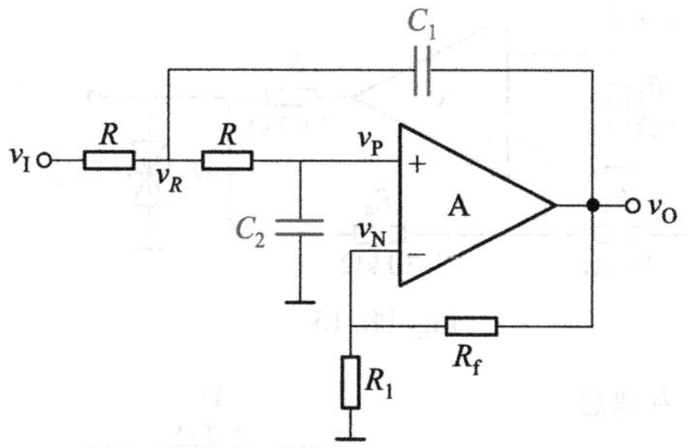

Fig. P8.9

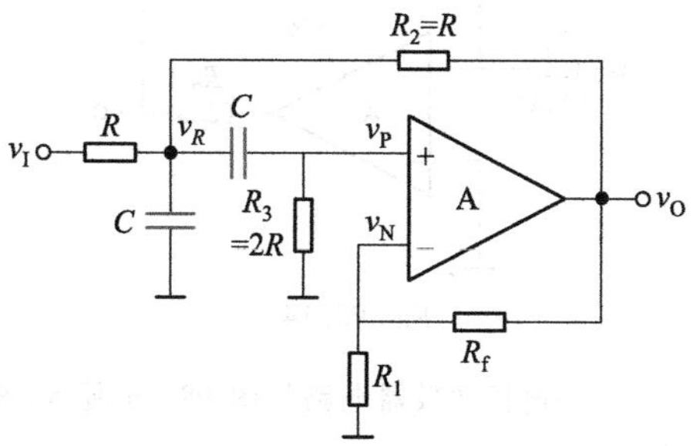

Fig. P8.10

8.11 分别推导出图 P8.11 所示各电路的传递函数，并说明它们属于哪种类型的滤波电路。

8.12 电压比较器中的运放通常工作在什么状态（负反馈、正反馈或开环）？一般它的输出电压是否只有高电平和低电平两个稳定状态？

8.13 为了实现一个电压传输特性如图 P8.13(a) 所示的比较器，判断图 P8.13(b) 所示电路能否实现？如果可以简单说明理由，如果不可以请在原图改正并简要说明改正理由。

8.14 Consider the comparator in Fig. P8.14 with $V_Z=6\ \text{V}$.

(1) Determine the threshold voltage and plot the transfer characteristic curve.

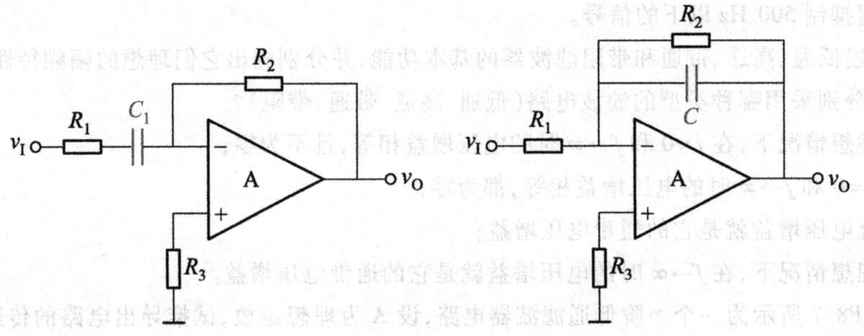

(a) (b)

图 P8.11

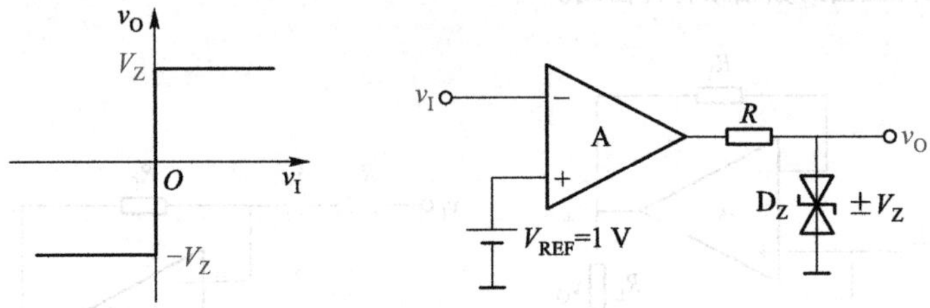

(a) (b)

图 P8.13

(2) When $v_I = 10\sin\omega t$ plot the input voltage wave and the output voltage wave.

(3) When a reference voltage −5 V is applied to the noninverting input terminal, determine the threshold voltage and plot the transfer characteristic curve.

8.15 Consider the comparator in Fig. P8.15 with $V_Z = 9$ V. Determine the threshold voltage and plot the transfer characteristic curve.

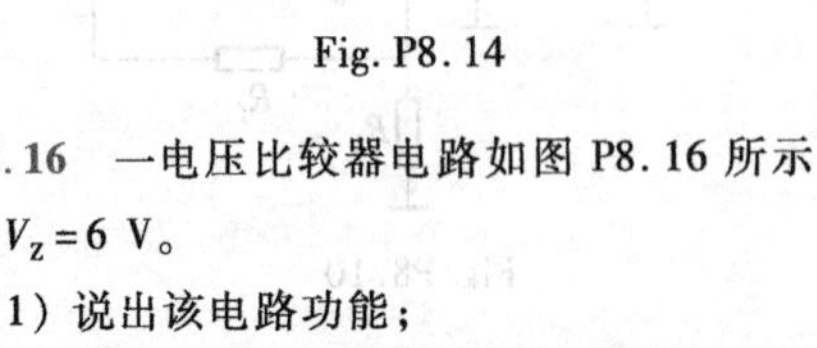

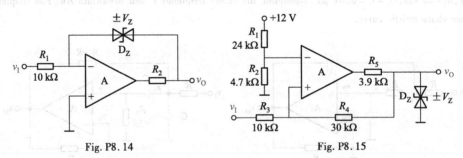

Fig. P8.14

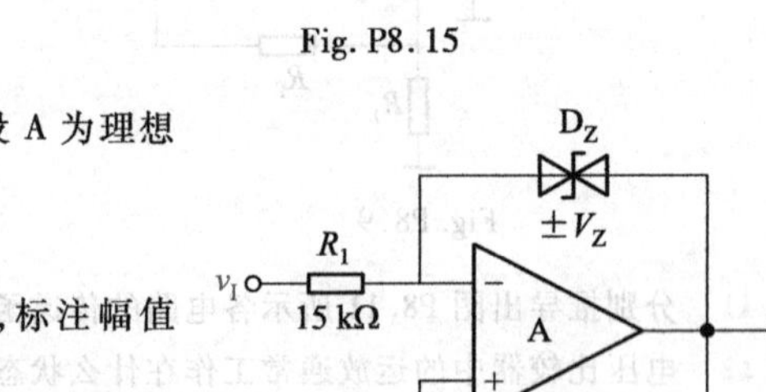

Fig. P8.15

8.16 一电压比较器电路如图 P8.16 所示，设 A 为理想运放，$V_Z = 6$ V。

(1) 说出该电路功能；

(2) 求门限电压并画出该电路的传输特性，标注幅值参数；

(3) 画出幅值为 10 V 正弦信号电压 v_I 所对应的输出电压波形。

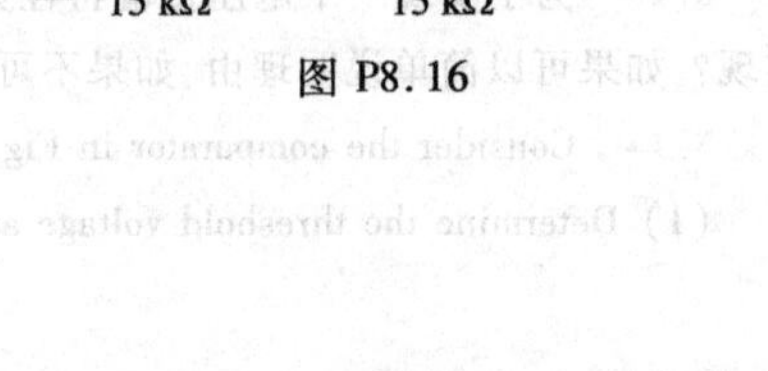

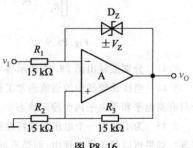

图 P8.16

第9章
信号发生电路

信号发生电路是一种不需要输入信号就能自动产生一定波形输出的一类电路。按其输出波形的特点,可分为正弦波和非正弦波(三角波、矩形波和锯齿波等)两种信号发生电路。

信号发生电路在通信、测量和自动控制等领域有着非常广泛的应用。本章首先介绍正弦波自激振荡电路的基本原理,按照选频网络的特点分别讨论 *RC*、*LC* 正弦波信号发生电路及晶体振荡电路,然后分析由运放组成的矩形波、三角波和锯齿波发生电路,最后介绍集成函数发生电路。

PPT 9.1
正弦波振荡电路

9.1 正弦波振荡电路

能够自动产生正弦波形的电路称为正弦波振荡电路,或称正弦波发生电路。正弦波振荡电路的振荡频率范围很宽,可以从零点几赫兹到几百兆赫兹以上,输出的功率可以从几毫瓦到几十千瓦。

9.1.1 正弦波自激振荡的基本原理

微课视频
9.1.1
正弦波振荡电路的基本原理

1. 产生正弦波自激振荡的平衡条件

图9.1.1是正弦波振荡电路的方框图。图中 $\dot{A}$ 是基本放大电路的增益,$\dot{F}$ 是正反馈网络的反馈系数。如果放大电路的输入端外接一定频率、一定幅度的正弦波信号 $\dot{X}_a$,经基本放大电路放大后,输出信号为 $\dot{X}_o=\dot{A}\dot{X}_a$,这时反馈网络的输出可得到反馈信号 $\dot{X}_f=\dot{F}\dot{X}_o=\dot{F}\dot{A}\dot{X}_a=\dot{X}_a$。当反馈信号 $\dot{X}_f$ 在幅值和相位上都与输入信号 $\dot{X}_a$ 相同时,若用 $\dot{X}_f$ 代替 $\dot{X}_a$,则可在输出端继续维持原有的输出信号 $\dot{X}_o$,也就是自激。因此可得产生自激振荡的平衡条件为

$$\dot{A}\dot{F}=1 \tag{9.1.1}$$

上式中,设 $\dot{A}=A\angle\varphi_a$,设 $\dot{F}=F\angle\varphi_f$,则可得 $\dot{A}\dot{F}=AF\angle(\varphi_a+\varphi_f)=1$,即

$$|\dot{A}\dot{F}|=AF=1 \tag{9.1.2}$$

和

$$\varphi_a+\varphi_f=2n\pi, n=0,1,2,\cdots \tag{9.1.3}$$

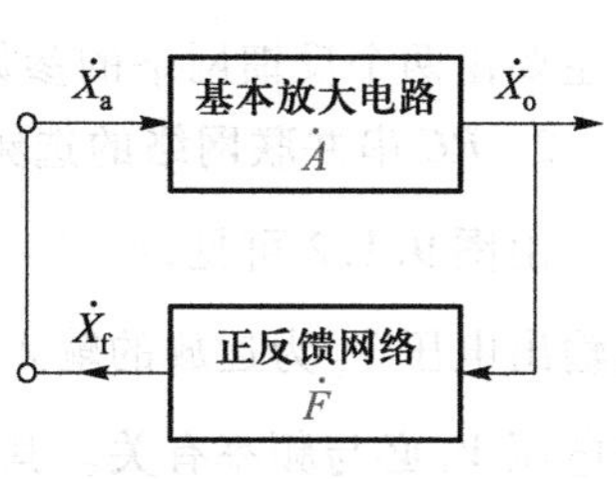

图9.1.1 正弦波振荡电路方框图

式(9.1.2)表明了振荡电路的环路增益等于1,称为振幅平衡条件;式(9.1.3)表明放大电路的相移和反馈网络的相移之和应等于 $2n\pi$,即必须将反馈电路接成正反馈,称为相

位平衡条件。

振荡电路的振荡频率 f_0 是由式(9.1.3)的相位平衡条件决定的。一个振荡电路只在一个频率下满足相位平衡条件,这个频率就是 f_0,这就要求在反馈环路中包含一个具有选频特性的网络,简称选频网络。由 R、C 元件组成选频网络的振荡电路称为 RC 振荡电路,一般用来产生 1 Hz～1 MHz 范围内的低频信号;用 L、C 元件组成选频网络的振荡电路称为 LC 振荡电路,一般用来产生 1 MHz 以上的高频信号。

2. 振荡的建立与稳定

式(9.1.2)所表示的幅度平衡条件是指振荡电路已进入稳态而言,这种情况称为等幅振荡。欲使振荡电路能自行建立振荡,在起振时就必须满足 $AF>1$ 的条件。这样,在接通电源后,振荡电路就有可能自行起振,最后趋于稳态平衡。若 $AF<1$,则振荡电路的输出将越来越小,最后停振,称为减幅振荡。

那么当 $AF>1$ 时,振荡电路是如何自行起振的呢?实际上,放大电路中一定存在有噪声或者干扰,例如接通直流电源时电路中就会产生电压或电流的瞬变过程,它的频谱分布很广,其中也包含有振荡频率 f_0 的这一频率成分。经过选频网络的作用,只有 f_0 这一频率的分量满足相位平衡条件,此时只要 $AF>1$,则可形成增幅振荡,使输出电压幅度越来越大,使得振荡建立起来。当它的幅值增大到一定程度以后,由于电路中的非线性元件的限制,这时放大电路的增益 A 将会逐渐下降,直到满足幅值平衡条件 $AF=1$ 时,输出信号不再增大,达到稳定平衡状态。

9.1.2　RC 正弦波振荡电路

RC 正弦波振荡电路有桥式振荡电路、移相式振荡电路、双 T 网络式振荡电路等类型,下面对最常见的桥式振荡电路进行讨论。

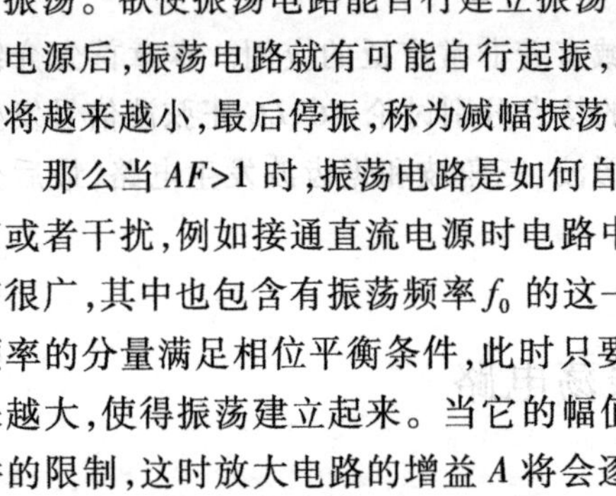

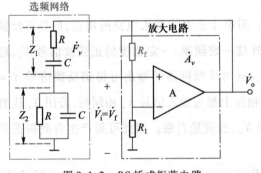

图 9.1.2　RC 桥式振荡电路

1. 电路构成

图 9.1.2 是桥式振荡电路的原理电路。电路由放大电路 $\dot{A}_v$ 和选频网络 $\dot{F}_v$ 组成,$\dot{A}_v$ 采用集成运放和 R_f、R_1 组成电压串联负反馈电路,$\dot{F}_v$ 由 Z_1、Z_2 组成,同时兼作正反馈网络。Z_1、Z_2 和 R_f、R_1 正好形成一个四臂电桥,电桥的对角线顶点接到放大电路的两个输入端。

当集成运放具有理想特性时,振荡条件主要由两个反馈网络的参数决定。下面首先讨论 RC 串并联网络的选频特性。

2. RC 串并联网络的选频特性

由图 9.1.2 可见,RC 串并联选频网络的输入电压即为运放的输出电压 $\dot{V}_o$,选频网络的输出电压 $\dot{V}_f$ 为运放的输入电压。由于电路中存在两个电容元件 C,因此选频网络的输出电压 $\dot{V}_f$ 必与频率有关。其中

$$Z_1=R+\frac{1}{sC}=\frac{1+sCR}{sC}$$

$$Z_2=\frac{R\cdot\frac{1}{sC}}{R+\frac{1}{sC}}=\frac{R}{1+sCR}$$

反馈网络的反馈系数 $\dot{F}_v$ 为

$$F_v(s)=\frac{V_f(s)}{V_o(s)}=\frac{Z_2}{Z_1+Z_2}=\frac{sCR}{1+3sCR+(sCR)^2} \tag{9.1.4}$$

用 $s=j\omega$ 替换，则得

$$\dot{F}_v=\frac{j\omega RC}{(1-\omega^2R^2C^2)+j3\omega RC}$$

若令 $\omega_0=\frac{1}{RC}$，则上式可变为

$$\dot{F}_v=\frac{1}{3+j\left(\frac{\omega}{\omega_0}-\frac{\omega_0}{\omega}\right)} \tag{9.1.5}$$

由此可得 RC 串并联选频网络的幅频特性为

$$F_v=\frac{1}{\sqrt{3^2+\left(\frac{\omega}{\omega_0}-\frac{\omega_0}{\omega}\right)^2}} \tag{9.1.6}$$

其相频特性为

$$\varphi_f=-\arctan\frac{\frac{\omega}{\omega_0}-\frac{\omega_0}{\omega}}{3} \tag{9.1.7}$$

由式(9.1.6)及式(9.1.7)可知，当

$$\omega=\omega_0=\frac{1}{RC}\quad 或\quad f=f_0=\frac{1}{2\pi RC} \tag{9.1.8}$$

时，幅频特性的幅值最大，即

$$F_{v\max}=\frac{1}{3} \tag{9.1.9}$$

而此时相频特性的相位角为零，即

$$\varphi_f(\omega_0)=0 \tag{9.1.10}$$

这就是说，当加给选频网络的输入电压幅值一定而频率可调时，在 $\omega=\omega_0=1/RC$ 处，选频网络的输出电压值最大，且是输入电压的 1/3 倍，同时输出电压与输入电压同相。根据式(9.1.6)和式(9.1.7)分别绘出 RC 串并联选频网络的幅频特性和相频特性如图 9.1.3所示。

3. 工作原理

由图 9.1.3 可知，在 $\omega=\omega_0=1/(RC)$ 时，经 RC 选频网络传输到运放同相端的电压 $\dot{V}_f$ 与 $\dot{V}_o$ 同相，即 $\varphi_a+\varphi_f=2n\pi$，满足相位平衡的条件。同时，反馈电压 $\dot{V}_f$ 的幅值最大，且为输出电压 $\dot{V}_o$ 的 1/3 倍。故只要集成运放组成的负反馈放大电路的增益 $\dot{A}_v=1+R_f/R_1\geqslant 3$

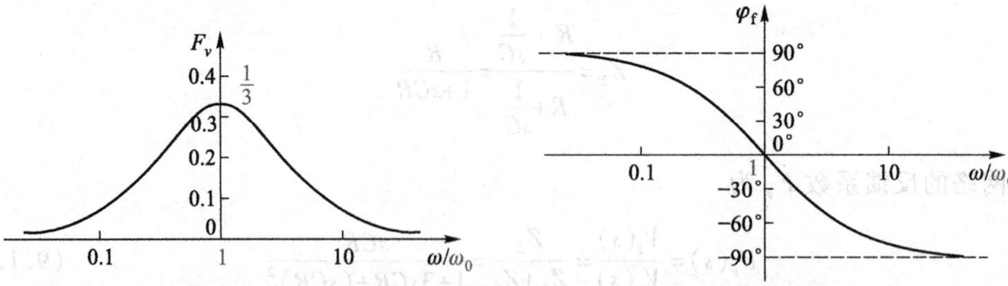

(a) 幅频特性　　(b) 相频特性

图 9.1.3　*RC* 串并联电路的频率特性

时,就可满足幅值平衡条件和起振条件,产生频率为 f_0 的正弦波振荡,其他频率分量由于不满足振荡条件而受到抑制。

4. 稳幅措施

为了使振荡电路满足起振条件,必须要求 $A_v \geqslant 3$,即 $R_f \geqslant 2R_1$。如果 A_v 过大,因振幅的增长导致放大器件工作到非线性区域,从而使输出波形产生严重的非线性失真。为了解决这一问题,可以在放大电路的负反馈回路里采用非线性元件来自动调整反馈的强弱以维持输出电压恒定。

(1) 采用热敏电阻

例如在图 9.1.2 所示电路中,R_f 可用一温度系数为负的热敏电阻代替。当输出电压 $|\dot{V}_o|$ 增加时,通过负反馈回路的电流 $|\dot{I}_f|$ 也随之增加,于是温度升高,使热敏电阻的阻值减小,负反馈增强,放大电路的增益下降,从而使输出电压 $|\dot{V}_o|$ 下降;反之,当 $|\dot{V}_o|$ 下降时,由于热敏电阻的自动调整作用,将使 $|\dot{V}_o|$ 回升,因此,可以维持输出电压基本恒定。

由于热敏电阻的阻值与环境温度有关,所以输出电压的振幅将会随着环境温度的变化而变化。

(2) 采用并联二极管

图 9.1.4 所示电路是利用两个并联二极管的稳幅电路。当 $\dot{V}_o$ 幅值很小时,二极管 D_1、D_2 接近于开路,D_1、D_2 和 R_f 组成的并联支路的等效电阻近似为 R_f,此时 $A_v = 1+\dfrac{R_f}{R_1} \geqslant 3$,有利于起振;当输出幅值增大时,$D_1$ 或 D_2 导通,流过二极管电流增大,二极管的动态电阻 r_D 变小,此时 $A_v = 1+\dfrac{R_f /\!/ r_D}{R_1}$ 减小,输出电压 $\dot{V}_o$ 幅值下降,直至满足振幅平衡条件,$\dot{V}_o$ 幅值下降趋于稳定。反之,当输出幅值减小时,流过二极管的交流电流较小,r_D 较大,使电压增益 A_v 增加,输出电压 $\dot{V}_o$ 上升,直至满足振幅平衡条件,$\dot{V}_o$ 幅值下降趋于稳定。

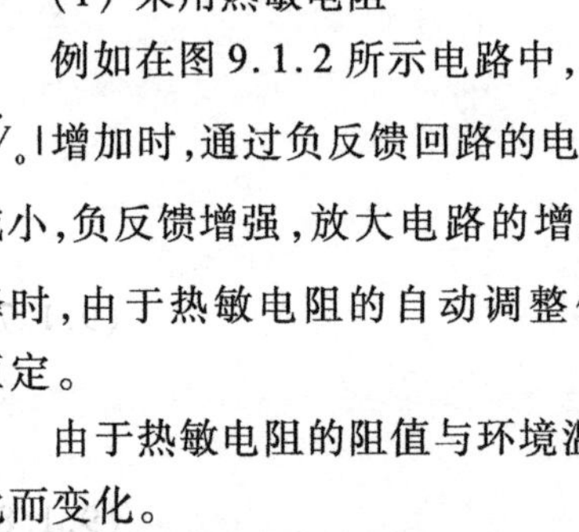

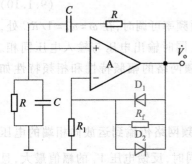

图 9.1.4　采用并联二极管稳幅的 *RC* 桥式振荡电路

知识扩展 9.1 移相式正弦波振荡电路

二极管稳幅电路简单,但波形失真较大,适用于要求不太高的场合。另外,为了减小温度的影响,D_1、D_2 宜选用硅管。

9.1.3 *LC* 正弦波振荡电路

LC 正弦波振荡电路主要用来产生高频信号，一般在 1 MHz 以上。*LC* 和 *RC* 振荡电路产生正弦波的原理基本相同，由于集成运放的频带较窄，所以 *LC* 振荡电路一般用分立元件组成。根据反馈方式的不同，*LC* 振荡电路又分为变压器反馈式、电感三点式和电容三点式三种典型电路。它们的共同特点是用 *LC* 并联回路作为选频网络，因此先分析 *LC* 并联谐振回路的选频特性。

1. *LC* 并联谐振回路

图 9.1.5 所示电路是一个 *LC* 并联谐振回路。图中 R 表示回路的等效损耗电阻，其值一般很小。由图可知，电路的等效阻抗为

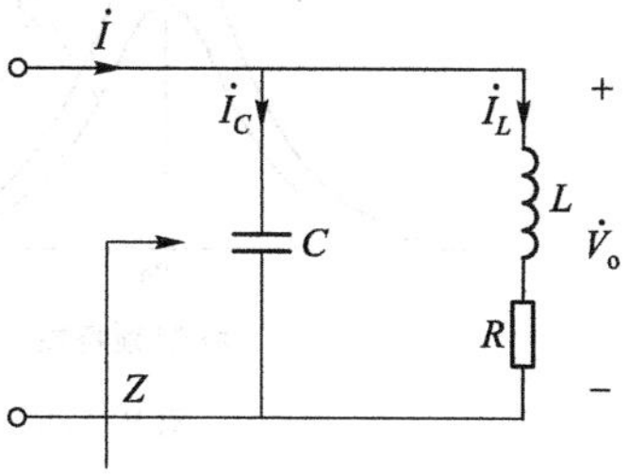

图 9.1.5 *LC* 并联谐振回路

$$Z=\frac{\frac{1}{\mathrm{j}\omega C}(R+\mathrm{j}\omega L)}{\frac{1}{\mathrm{j}\omega C}+R+\mathrm{j}\omega L} \tag{9.1.11}$$

考虑到经常有 $R\ll\omega L$，所以

$$Z\approx\frac{\frac{1}{\mathrm{j}\omega C}\cdot\mathrm{j}\omega L}{R+\mathrm{j}\left(\omega L-\frac{1}{\omega C}\right)}=\frac{\frac{L}{C}}{R+\mathrm{j}\left(\omega L-\frac{1}{\omega C}\right)} \tag{9.1.12}$$

由式(9.1.12)可知，*LC* 并联谐振回路具有如下特点：

(1) 谐振频率

$$\omega_0=\frac{1}{\sqrt{LC}}\text{或}f_0=\frac{1}{2\pi\sqrt{LC}} \tag{9.1.13}$$

(2) 谐振时，阻抗 Z 为实数，呈纯电阻性质，且达到最大值，用 Z_0 表示

$$Z_0=\frac{L}{RC}=Q\omega_0 L=\frac{Q}{\omega_0 C} \tag{9.1.14}$$

式中，$Q=\frac{\omega_0 L}{R}=\frac{1}{R\omega_0 C}=\frac{1}{R}\sqrt{\frac{L}{C}}$，称为回路品质因数，用来评价回路损耗的大小，其值约为几十到几百。由于谐振阻抗呈纯电阻性质，所以电压 $\dot{V}_o$ 和电流 $\dot{I}_s$ 同相。

(3) 频率响应

根据式(9.1.12)，Z 的表达式可写成

$$Z=\frac{\frac{L}{RC}}{1+\mathrm{j}\frac{\omega L}{R}\left(1-\frac{\omega_0^2}{\omega^2}\right)}=\frac{Z_0}{1+\mathrm{j}Q\left(1-\frac{\omega_0^2}{\omega^2}\right)} \tag{9.1.15}$$

由此可画出不同 Q 值时，*LC* 并联电路的幅频特性和相频特性，如图 9.1.6 所示。可以看出 *LC* 并联回路具有良好的选频特性，Q 值越高，则幅频特性越尖锐，选频特性越好。

(4) 谐振时，*LC* 并联电路的输入电流 $\dot{I}$ 与流过电容和电感的电流 $\dot{I}_C$、$\dot{I}_L$ 的关系由图 9.1.5可知

$$\dot{V}_o = \dot{I}Z_0 = \dot{I}\frac{L}{RC} = \frac{Q}{\omega_0 C}\dot{I}$$

$$|\dot{I}_C| = \omega_0 C|\dot{V}_o| = Q|\dot{I}|$$

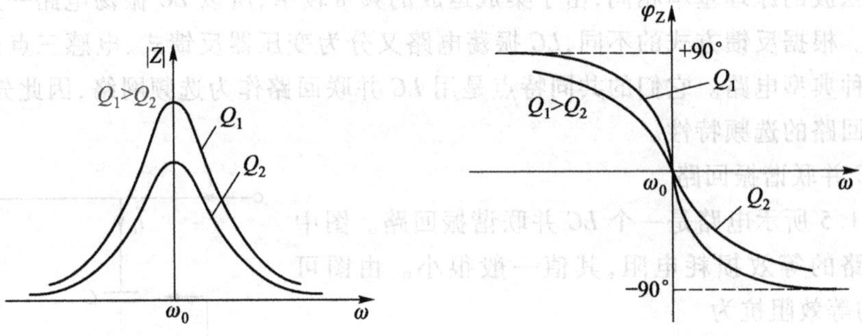

(a) 幅频特性　　(b) 相频特性

图 9.1.6　*LC* 并联谐振回路的幅频特性和相频特性

通常 $Q \gg 1$,所以 $|\dot{I}_C| \approx |\dot{I}_L| \gg |\dot{I}|$。可见,谐振时,*LC* 并联电路的回路电流 $\dot{I}_C$ 或 $\dot{I}_L$ 比输入回路电流 $|\dot{I}|$ 大得多,即 $\dot{I}$ 的影响可以忽略不计。

2. 选频放大电路

一个由 BJT 组成的单回路小信号选频放大电路如图 9.1.7 所示。图中由 *LC* 组成并联谐振回路作为晶体管 T 的集电极负载。当输入信号频率 $f=f_0$ 时,回路阻抗呈纯电阻性,输出电压幅值最大。由于这种放大电路只对谐振频率 f_0 的信号有放大作用,所以把这种电路称为选频放大电路,它是构成 *LC* 振荡电路的基础。

选频放大电路的幅频特性应具有与图 9.1.6 类似的曲线。

3. 变压器反馈式 *LC* 振荡电路

(1) 电路组成

变压器反馈式 *LC* 振荡电路如图 9.1.8 所示。电路由放大电路、*LC* 选频网络、N_2 反馈绕组、N_3 输出绕组组成。N_1 绕组等效电感 L 与电容 C 并联作为选频网络,同时又是单管放大电路的集电极负载,实现了选频放大作用。N_2 绕组将感应电压 $\dot{V}_f$ 反馈至放大电路输入端作为输入信号,由此构成了变压器反馈式正弦波振荡电路。

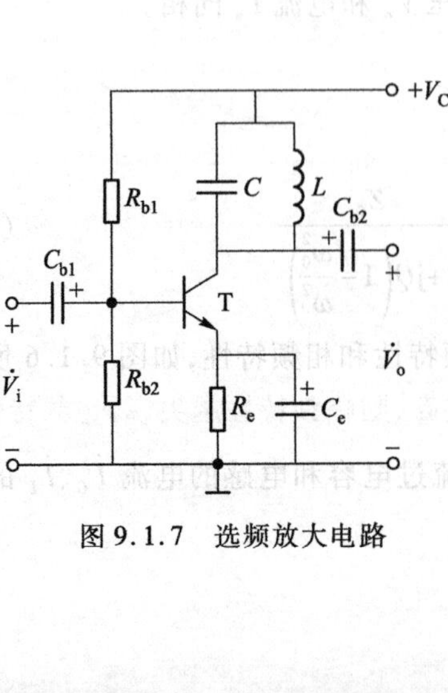

图 9.1.7　选频放大电路

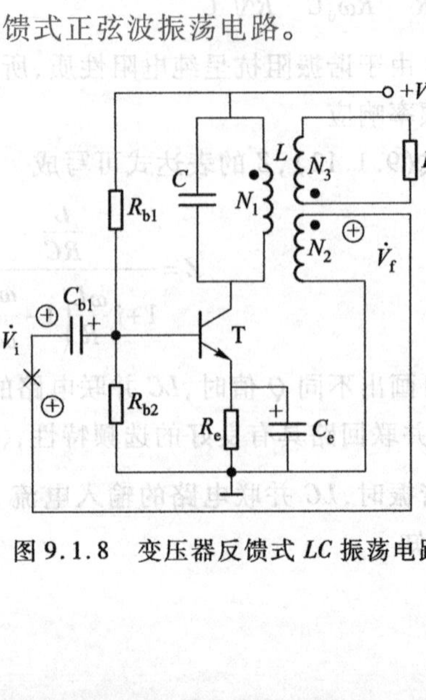

图 9.1.8　变压器反馈式 *LC* 振荡电路

(2) 相位平衡条件

图 9.1.8 中,晶体管及其外围电路构成共射极放大电路,晶体管集电极的 LC 选频网络在发生谐振时等效为纯电阻,所以只要设置合适的工作点,电路即可正常工作。假设断开反馈回路,在放大电路的输入端加入瞬时极性为正的输入信号 $\dot{V}_i$,其频率等于 LC 并联回路的谐振频率 f_0,此时,晶体管的集电极电位瞬时极性为负,绕组 N_1 两端电压的瞬时极性为上正下负。根据变压器同名端的概念,绕组 N_2 上感应电压的瞬时极性为上正下负,即反馈信号与输入信号同相,为正反馈,满足振荡的相位平衡条件。

(3) 起振条件

为了满足自激振荡的起振条件 $AF>1$,在电路参数选择上可主要从以下两方面考虑:一是合理选择变压器的变压比 N_1/N_2 以获得较大的反馈电压 $\dot{V}_f$,从而得到一定的反馈系数 F;二是合理选择影响电路放大倍数的相关因素参数,包括晶体管电流放大系数 β、晶体管输入电阻 r_{be}、绕组 N_1 和 N_2 的互感 M 以及 LC 并联谐振电路的参数等,使 LC 谐振回路在谐振频率 f_0 时的等效电阻 Z_0 足够大,从而使选频放大电路的放大倍数 A 足够大,这样就可以做到 $AF>1$,满足自激振荡的起振条件。由以上分析可见,当电源 V_{CC} 接通后,由于电路中存在噪声或某种扰动,经过放大与选频循环往复,振荡就逐渐建立起来。当振荡幅度大到一定程度时,晶体管进入非线性区后电路放大倍数 A 下降,直到满足振幅平衡条件 $AF=1$ 为止。

LC 振荡电路中晶体管的非线性特性使电路具有自动稳幅的能力。

(4) 振荡频率

变压器反馈式振荡器的振荡频率取决于 LC 并联谐振回路的谐振频率,即

$$f_0=\frac{1}{2\pi\sqrt{LC}} \tag{9.1.16}$$

变压器反馈式振荡电路的特点是易于起振,波形较好。由于变压器分布参数的限制,振荡频率不能太高,一般为几兆赫到十几兆赫。

【例 9.1.1】 电路如图 9.1.9(a)所示,分析该电路组成,按照相位平衡条件判断能否产生正弦波振荡。

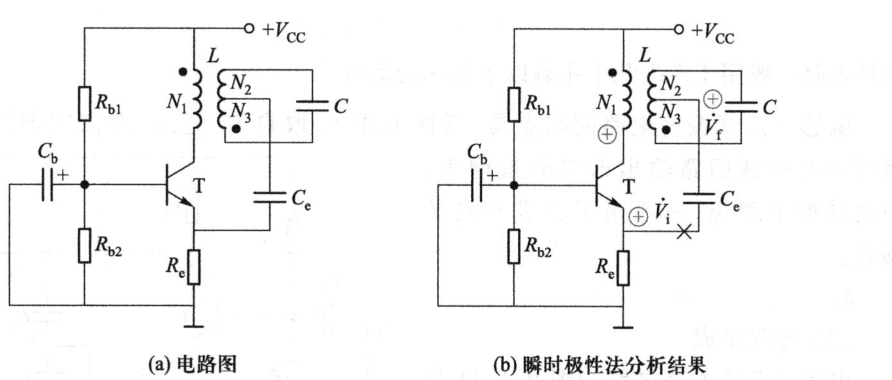

图 9.1.9 例 9.1.1 电路

解 电路中,晶体管 T 接成共基极放大电路,具有较大的电压放大倍数,只要设置合适静态工作点,电路就正常工作。

为了判断相位平衡条件，假设断开反馈回路，在放大电路的输入端加入瞬时极性为正的输入信号 $\dot{V}_i$，其频率等于 LC 并联回路的谐振频率 f_0，见图 9.1.9(b)。此时，晶体管的集电极电位瞬时极性为正。根据图中变压器同名端的标示，绕组 N_3 两端电压的瞬时极性为上正下负，即反馈信号 $\dot{V}_f$ 的瞬时极性为正，与输入信号同相，为正反馈，满足振荡的相位平衡条件。

4. 电感三点式振荡电路

(1) 电路组成

图 9.1.10 是电感三点式振荡电路的原理图。由图可见，这种电路的 LC 并联谐振电路中的电感有首端、中间抽头和尾端三个端点，其交流通路分别同晶体管的三个极相连，反馈信号取自电感 L_2 上的电压，反馈电压的大小可以通过改变抽头的位置来调整。

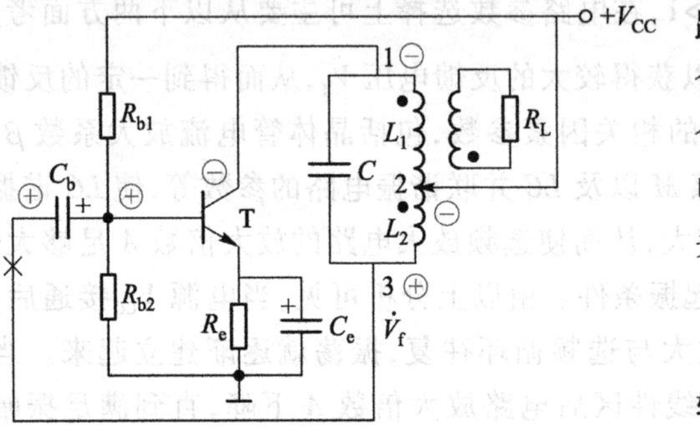

图 9.1.10　电感三点式振荡电路

(2) 相位平衡条件

假设断开反馈回路，在放大电路的输入端加入瞬时极性为正的输入信号 $\dot{V}_i$，其频率等于 LC 并联回路的谐振频率 f_0，此时，晶体管的集电极电位瞬时极性为负，放大电路的相移 $\varphi_a = 180°$。又因 2 端交流接地，因此 3 端的瞬时电位极性为正，反馈网络的相移 $\varphi_f = 180°$，即反馈信号与输入信号同相，为正反馈，满足振荡的相位平衡条件。

(3) 起振条件

由于放大电路的 A_v 较大，只要适当选择 L_2/L_1 的比值，就可实现起振。当加大 L_2(或减小 L_1)时，有利于起振。

(4) 振荡频率

考虑 L_1 和 L_2 之间的互感 M，电路的振荡频率可近似表示为

$$f_0 \approx \frac{1}{2\pi\sqrt{(L_1+L_2+2M)C}} \tag{9.1.17}$$

这种电路一般用于产生几十兆赫以下频率的信号。

电感三点式振荡电路的缺点是，反馈电压 $\dot{V}_f$ 取自 L_2 上，L_2 对高次谐波阻抗大，因而引起振荡回路输出谐波分量增大，输出波形不理想，一般用于要求不高的场合。

5. 电容三点式振荡电路

(1) 电路组成

电容三点式振荡电路如图 9.1.11 所示。图中 C_{b1}、C_{b2} 为耦合电容，对振荡信号可视为短路。由于 C_1、C_2 不能传送直流，因此将 C_1、C_2 间的连线直接接地，构成电

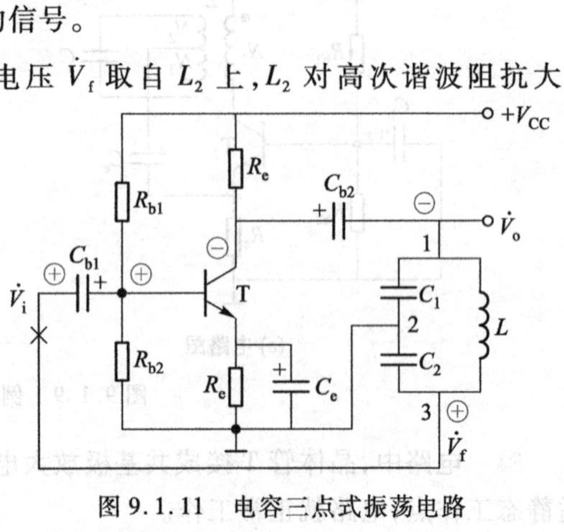

图 9.1.11　电容三点式振荡电路

容三点式电路。电源 V_{CC} 通过 R_c 接到晶体管的集电极，电容 C_2 上的电压为反馈到输入端的电压。

（2）相位平衡条件

电容三点式和电感三点式一样，都具有 LC 并联回路，因此，电容 C_1、C_2 中的三个端点的相位关系与电感三点式也相似。假设断开反馈回路，在放大电路的输入端加入瞬时极性为正的输入信号 $\dot{V}_i$，其频率等于 LC 并联回路的谐振频率 f_0，则可得到晶体管集电极电位为负极性，因为 2 端接地处于零电位，所以 3 端与 1 端的电位极性相反，$\dot{V}_f$ 为正极性，与 $\dot{V}_i$ 同相位，所以满足振荡的相位平衡条件。

（3）起振条件

只要适当选择 C_2/C_1 的比值，并选取 β 值较大的晶体管，就可实现起振。一般常取 $C_2/C_1=0.01\sim0.5$ 左右。由于晶体管的输入电阻 r_{be} 比较小，增大 C_2/C_1 的比值也不会有明显效果，有时为了方便起见，也取 $C_2=C_1$。

（4）振荡频率

电容三点式振荡电路的振荡频率可近似表示为

$$f_0\approx\frac{1}{2\pi\sqrt{L\dfrac{C_1C_2}{C_1+C_2}}} \tag{9.1.18}$$

这种电路的工作频率范围可从几百千赫到一百兆赫兹以上。

电容三点式振荡电路的特点是，反馈电压 $\dot{V}_f$ 取自电容（C_2）两端，对高次谐波阻抗小，因而可滤除高次谐波，所以输出波形好。当频率较高时，电容 C_1、C_2 的容量取值较小，这时，晶体管的极间电容和电路的杂散电容的影响就不可忽略，会影响振荡频率的稳定性。为了减少这种影响，可在电感 L 支路中串接电容 C，使谐振频率主要由 L 和 C 决定，而 C_1、C_2 只起分压作用，其电路如图 9.1.12所示。

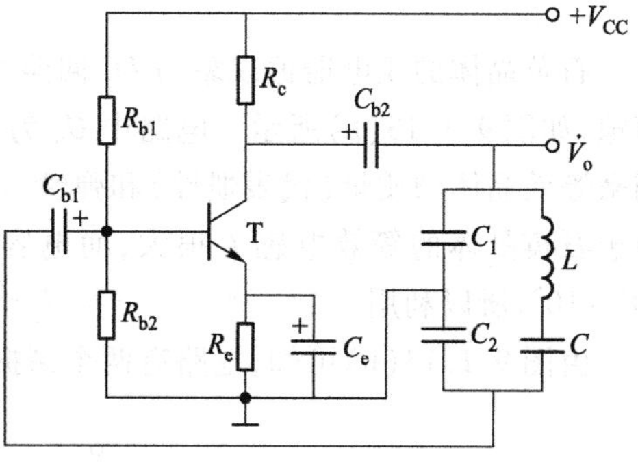

图 9.1.12 电容三点式改进型振荡电路

【例 9.1.2】 电路如图 9.1.12 所示。已知 $L=1\ \mu H$，$C_1=0.1\ \mu F$，$C_2=0.25\ \mu F$，C 为可变电容，其容量为 12 ~ 250 pF，估算振荡频率的可调范围。

解 因 $C\ll C_1$，$C\ll C_2$，所以振荡频率近似为

$$f_0\approx\frac{1}{2\pi\sqrt{LC}}$$

当 $C=12$ pF 时，$f_0\approx\dfrac{1}{2\pi\sqrt{LC}}=\dfrac{1}{2\pi\sqrt{1\times10^{-6}\times12\times10^{-12}}}$ Hz $=45.9$ MHz

当 $C=250$ pF 时，$f_0\approx\dfrac{1}{2\pi\sqrt{LC}}=\dfrac{1}{2\pi\sqrt{1\times10^{-6}\times250\times10^{-12}}}$ Hz $=10$ MHz

9.1.4　石英晶体振荡器

1．正弦波振荡电路的频率稳定问题

工程实际应用中，常常要求正弦波振荡电路的振荡频率有一定的稳定度，有时要求振荡频率十分稳定。频率的稳定度用频率的相对变化量 $\Delta f/f_0$ 来表示，其中 f_0 为振荡频率，Δf 为频率偏移。$\Delta f/f_0$ 值越小，频率稳定度越高。影响 LC 振荡电路频率 f_0 的因素主要是 LC 并联谐振回路参数 L、C 和 R。LC 谐振回路的 Q 值对频率稳定度也有较大影响，可以证明，Q 值越大，频率稳定度越高。为了提高 Q 值，应尽量减小回路的损耗电阻 R 并加大 L/C 值。但一般 LC 振荡电路，其 Q 值只可达数百，其频率稳定度一般只能到达 10^{-4} 数量级。在要求频率稳定度高的场合，可采用石英晶体取代 LC 振荡电路中的 L、C 元件所组成的正弦波振荡电路，它的频率稳定度可高达 $10^{-9}\sim10^{-11}$。下面分别讨论石英晶体的基本特性及石英晶体振荡电路的工作原理。

2．石英晶体的基本特性与等效电路

石英晶体是一种各向异性的结晶体，其化学成分是二氧化硅（SiO_2）。从一块晶体上按一定的方位角切下的薄片称为晶片，在晶片的两个对应表面上涂敷银层作为电极，焊上引线固定在引脚上，用金属外壳或玻璃外壳封装后就构成了石英晶体产品。其电路符号如图 9.1.13(a)所示。如果在晶体的两个电极之间加一电场，就会使晶体产生机械变形；反之，若在晶体的两侧施加机械力，晶体会在相应的方向产生电场，这种现象称为压电效应。如果在两个电极之间所加的是交变电压，就会产生机械变形振动，同时机械变形振动又会产生交变电压。一般来说，这种机械振动的振幅比较小，而其振荡频率很稳定。当外加交变电压的频率与晶体片的固有机械振动频率相等时，机械振动的振幅就会急剧增加，这种现象称为压电谐振，所以石英晶体又称为石英晶体谐振器。

石英晶体的压电谐振现象与 LC 回路的谐振现象十分相似，故可用 LC 回路的参数来模拟，如图 9.1.13(b)所示。电路中 C_0 为切片与金属电极构成的静电电容，L 和 C 分别用来等效晶体的质量（代表惯性）和弹性，电阻 R 用来等效晶片振动时内部的摩擦损耗。由于石英晶体的等效电感 L 很大，而电容 C 很小，R 也很小，因此回路的 Q 很大，可达 $10^4\sim10^6$，所以利用石英晶体组成的振荡电路具有很高的频率稳定度。

由图 9.1.13(b)可知，电路有两个谐振频率，即：

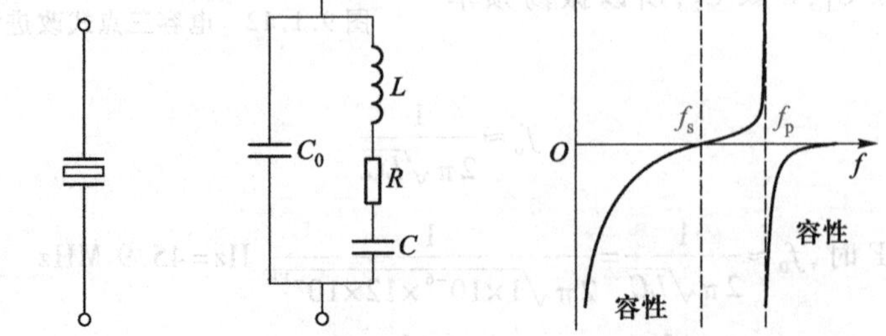

(a) 图形符号　(b) 等效电路　(c) 电抗-频率响应特性

图 9.1.13　石英晶体的电路模型与频率特性

(1) 当 R、L、C 支路发生串联谐振时，$\omega L=\frac{1}{\omega C}$，其串联谐振频率为

$$f_s=\frac{1}{2\pi\sqrt{LC}} \tag{9.1.19}$$

由于 C_0 很小，其容抗比 R 大得多，因此，串联谐振的等效阻抗近似为 R，呈纯电阻性，且其阻值很小。

(2) 当频率高于 f_s 小于 f_p 时，R、L、C 支路相当于一个电感，它与 C_0 发生并联谐振时，其振荡频率为

$$f_p=\frac{1}{2\pi\sqrt{LC}}\sqrt{1+\frac{C}{C_0}}=f_s\sqrt{1+\frac{C}{C_0}} \tag{9.1.20}$$

因为 $C\ll C_0$，所以 f_s 与 f_p 很接近。根据式(9.1.20)可做电抗-频率特性，如图 9.1.13(c)所示。由图可见，当频率低于串联谐振频率 f_s 以及高于并联谐振频率 f_p 时，回路呈电容性，当频率在 f_s 和 f_p 之间时，回路呈感性。

3. 石英晶体振荡电路

(1) 并联型晶体振荡电路

并联型晶体振荡电路及其交流通路如图 9.1.14 所示。从相位平衡的条件出发来分析，这个电路的振荡频率必须在石英晶体的 f_s 和 f_p 之间，也就是说，晶体在电路中起电感的作用。所以图 9.1.14(a)属于电容三点式 LC 振荡电路，其振荡频率为

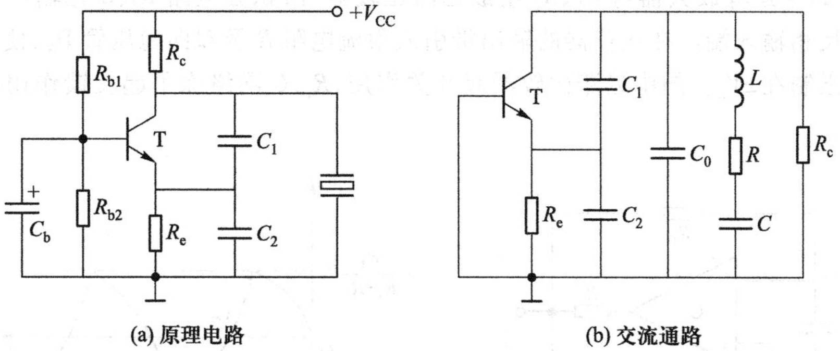

图 9.1.14 并联型晶体振荡电路

$$f_0=\frac{1}{2\pi\sqrt{L\frac{C(C_0+C')}{C+C_0+C'}}} \tag{9.1.21}$$

式中，$C'=\frac{C_1C_2}{C_1+C_2}$，由于 $C\ll(C_0+C')$，所以 f_0 可近似表示为

$$f_0\approx f_s=\frac{1}{2\pi\sqrt{LC}} \tag{9.1.22}$$

(2) 串联型晶体振荡电路

串联型晶体振荡电路如图 9.1.15 所示。由图可见，石英晶体串联在反馈回路中，当

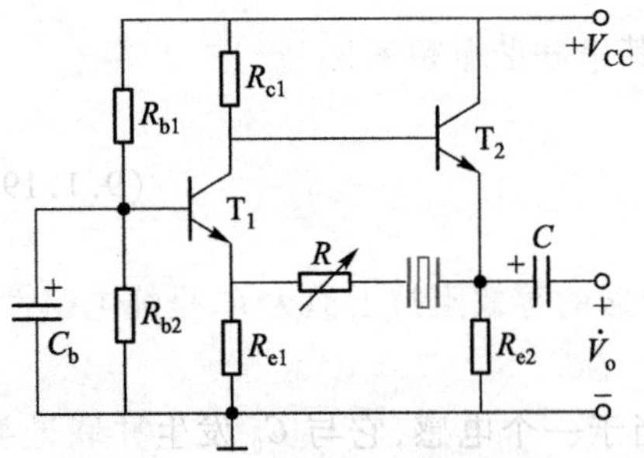

图 9.1.15　串联型晶体振荡电路

振荡频率等于晶体的串联谐振频率 f_s 时，晶体的阻抗最小，并且为电阻性，相移为零，即满足振荡相位平衡条件；由于此时通过晶体的正反馈最强，所以振荡的振幅条件也很容易满足。在图 9.1.15 中，石英晶体起反馈选频作用，其正弦波振荡频率为谐振频率 f_s。调节 R 可以改变反馈量的大小，以便得到不失真的正弦波输出。

PPT 9.2
非正弦信号发生器

9.2　非正弦信号发生器

在实用电路中，除了常见的正弦波外，还有方波、三角波、锯齿波、阶梯波和尖顶波等波形，本节主要介绍由电压比较器及相关元件构成的方波发生电路、三角波发生电路和锯齿波发生电路的组成、工作原理、波形分析及主要参数。

9.2.1　方波发生电路

1. 电路组成

方波发生电路是一种能够直接产生方波或矩形波的非正弦信号产生电路。图 9.2.1(a)中运算放大器与 R_1、R_2 组成迟滞比较器，由积分电路 R_f、C 把输出电压反馈到比较器反相输入端。在比较器的输出端引入限流电阻 R 及双向稳压管 D_Z，使输出电压的幅度被限制在 $\pm V_Z$。图中迟滞比较器起开关作用，R_f、C 网络除了起反馈作用以外还起延迟作用。

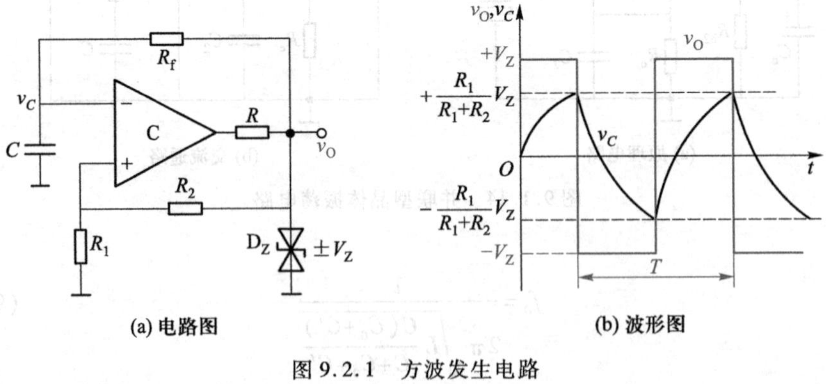

(a) 电路图　　(b) 波形图

图 9.2.1　方波发生电路

2. 工作原理

在电源刚接通瞬间，设 $v_C=0$，$v_O=+V_Z$，则运放同相输入端的电位为

$$v_+=\frac{R_1}{R_1+R_2}V_Z \tag{9.2.1}$$

由于电容两端电压不能突变，所以 $v_C<v_+$，此时比较器输出电压通过 R_f 向电容 C 充电，运放反相输入端的电压 v_C 从零起按指数规律上升，当 v_C 上升到略大于 v_+ 时，输出电

压 v_O 便从 $+V_Z$ 迅速跳变到 $-V_Z$，此时运放同相输入端的电位变为

$$v_+=-\frac{R_1}{R_1+R_2}V_Z \tag{9.2.2}$$

$-V_Z$ 又通过 R_f 向电容 C 反向充电，直到 v_C 略负于 v_+ 时，输出状态再翻转回来。如此循环不已，形成一系列方波输出，如图 9.2.1(b)所示。

3. 主要参数计算

由以上分析可知，电容 C 上的电压 v_C 以指数规律在上转折点 $+\frac{R_1}{R_1+R_2}V_Z$ 和下转折点 $-\frac{R_1}{R_1+R_2}V_Z$ 之间变化，其变化规律由下式决定

$$v_C(t)=v_C(\infty)+[v_C(0)-v_C(\infty)]\mathrm{e}^{-\frac{t}{\tau}} \tag{9.2.3}$$

式中，$\tau=R_fC$。当 v_C 从 $+\frac{R_1}{R_1+R_2}V_Z$ 下降到 $-\frac{R_1}{R_1+R_2}V_Z$ 时，时间为振荡周期的 1/2，即 $T/2$。这一过程中，$v_C(0)=+\frac{R_1}{R_1+R_2}V_Z$，$v_C(\infty)=-V_Z$，当 $t=\frac{T}{2}$ 时，$v_C\left(\frac{T}{2}\right)=-\frac{R_1}{R_1+R_2}V_Z$，代入式(9.2.3)，则有

$$-\frac{R_1}{R_1+R_2}V_Z=-V_Z+\left[\frac{R_1}{R_1+R_2}V_Z-(-V_Z)\right]\mathrm{e}^{-\frac{T}{2R_fC}}$$

对 T 求解，可得

$$T=2R_fC\ln\left(1+\frac{2R_1}{R_2}\right) \tag{9.2.4}$$

振荡频率

$$f=\frac{1}{T} \tag{9.2.5}$$

由式(9.2.4)可以看出，振荡频率与电路的时间常数 R_fC 及 R_1、R_2 有关，而与输出电压的幅值无关。实际应用中一般通过改变 R_f 来调节频率。

通常将矩形波高电平的持续时间与振荡周期的比值称为占空比。上述电路中正、反向充电时间相等，输出电压是正、负半周对称的矩形波，其占空比为 50%。如果需要产生占空比大于或小于 50% 的矩形波，就需改变方波产生电路中积分电容 C 的正、反向充电时间，使其不相等。常见的做法是将电容 C 的正、反向充电回路分开，用图 9.2.2 所示电路代替方波产生电路中的积分电阻 R_f。图中 R_{f1}、R_{f2} 分别是电容 C 正、反向充电时的积分电阻(二极管假定为理想二极管)，选取 R_{f1}/R_{f2} 的比值不同，即可改变占空比。

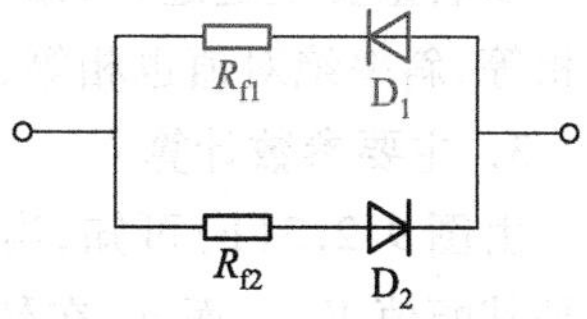

图 9.2.2 改变正、反向充电时间常数的电路

9.2.2 三角波发生电路

1. 电路组成

由图 9.2.3 可见，三角波发生器由同相输入迟滞比较器 C_1 和积分器 A_2 组成，A_2 的输出又反馈回 C_1 的同相输入端。

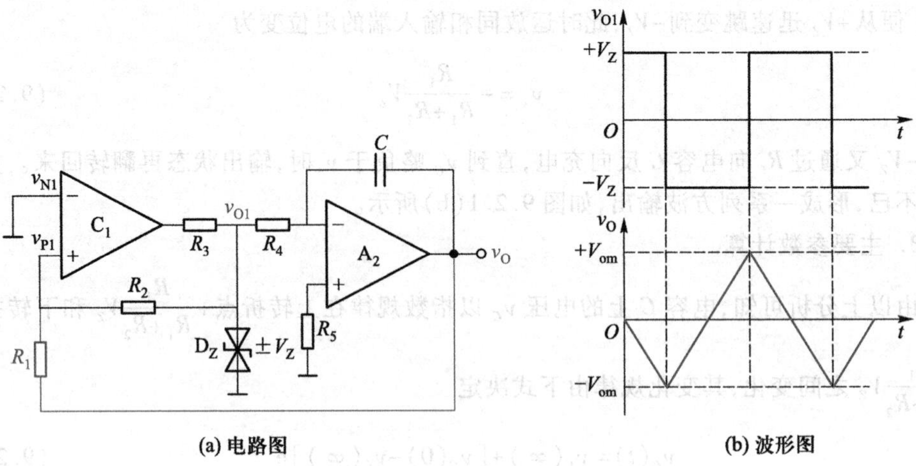

图 9.2.3　三角波发生电路

2. 工作原理

在图 9.2.3(a)中，迟滞比较器的输出电压为 $v_{O1}=\pm V_Z$，积分电路的输出电压 v_O 是迟滞比较器的输入电压，根据叠加原理，可得出比较器 C_1 同相输入端的电位为

$$v_{P1}=\frac{R_2}{R_1+R_2}v_O+\frac{R_1}{R_1+R_2}v_{O1} \tag{9.2.6}$$

(1) 假设 $t=0$ 时积分电容的初始电压为零，$v_O=0$，迟滞比较器的 $v_{O1}=+V_Z$ 时，$v_{P1}=\frac{R_2}{R_1+R_2}v_O+\frac{R_1}{R_1+R_2}V_Z$，经反向积分，输出电压 v_O 将随着时间往负方向线性增长，v_{P1} 将随之减小，当减小到零时，迟滞比较器翻转，输出端从 $+V_Z$ 翻转到 $-V_Z$。

(2) $v_{O1}=-V_Z$ 时，积分电路的输出电压 v_O 将随着时间往正方向线性增长，$v_{P1}=\frac{R_2}{R_1+R_2}v_O-\frac{R_1}{R_1+R_2}V_Z$，$v_{P1}$ 将随之增长，当增长到零时，迟滞比较器再次翻转，输出端从 $-V_Z$ 翻转到 $+V_Z$。

以后重复上述过程，输出电压的波形如图 9.2.3(b)所示。v_O 的上升时间和下降时间相等，斜率绝对值也相等，故 v_O 为三角波。

3. 主要参数计算

由图 9.2.3(b)可知，当 v_{O1} 从 $-V_Z$ 翻转到 $+V_Z$ 或从 $+V_Z$ 翻转到 $-V_Z$ 时，对应 v_O 的值就是其幅值 V_{om}。而 v_O 在翻转时刻，迟滞比较器 C_1 的 $v_{P1}=0$。将 $v_{P1}=0$、$v_O=V_{om}$、$v_{O1}=-V_Z$ 代入式(9.2.6)

$$0=\frac{R_2}{R_1+R_2}V_{om}+\frac{R_1}{R_1+R_2}(-V_Z)$$

得出输出电压幅度

$$V_{om}=\frac{R_1}{R_2}V_Z \tag{9.2.7}$$

由式(9.2.7)可以看出，当稳压管的稳定电压 V_Z 确定后，改变 R_1 或 R_2 的数值就可以改变三角波的幅值。

三角波从 0 变化到$+V_{om}$的时间是 $T/4$,此时 $v_{O1}=-V_Z$,因而

$$V_{om}=-\frac{1}{C}\int_0^{\frac{T}{4}}\frac{v_{O1}}{R_4}dt=\frac{TV_Z}{4R_4C} \tag{9.2.8}$$

将式(9.2.7)代入式(9.2.8)可得三角波发生电路的振荡周期为

$$T=\frac{4R_4R_1C}{R_2} \tag{9.2.9}$$

由式(9.2.9)可以看出,改变 R_4、C 或 R_1/R_2 的比值都可以改变振荡周期,然而,改变 R_1/R_2 的比值将会改变三角波的幅值。

由以上分析可知,图 9.2.3(a)电路产生的三角波为对称波形。如果三角波不是对称的,即波形中电压上升时的斜率和下降时的斜率不相等,这样的波形一般称为锯齿波。利用矩形波中改变占空比的原理,即可实现将三角波产生电路改变为锯齿波产生电路,如图 9.2.4 所示。

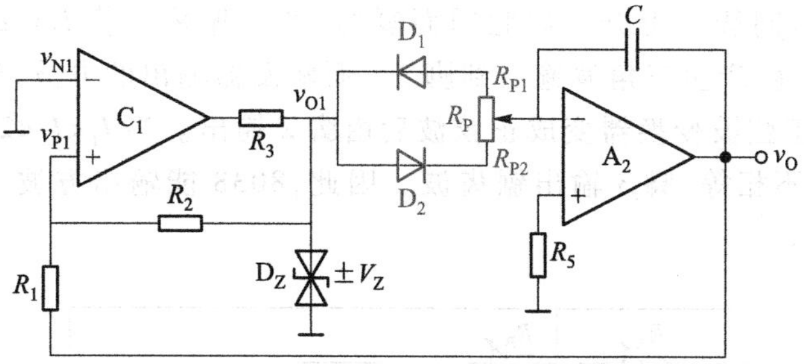

图 9.2.4 锯齿波发生电路电路图

当 $v_{O1}=+V_Z$ 时,D_2 导通,D_1 截止,积分时间常数为 $R_{P2}C$,当 $v_{O1}=-V_Z$ 时,D_2 截止,D_1 导通,积分时间常数为 $R_{P1}C$,通过调整可变电阻 R_P 滑动端的位置,锯齿波电路的波形如图 9.2.5 所示(设 $R_{P1}<R_{P2}$)。

与三角波发生电路计算相似,锯齿波的输出电压峰值为

$$V_{om}=\frac{R_1}{R_2}V_Z \tag{9.2.10}$$

振荡周期为

$$T=\frac{4R_PR_1C}{R_2} \tag{9.2.11}$$

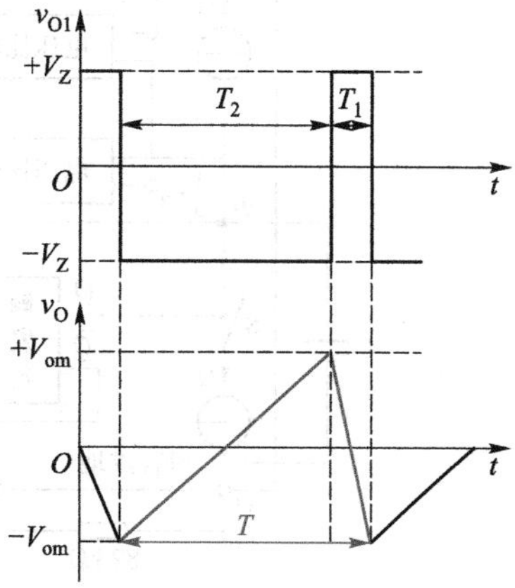

图 9.2.5 锯齿波发生电路的波形

9.3 集成函数发生器

PPT 9.3 集成函数发生器

集成函数发生器是一种大规模集成电路,能产生精度较高的正弦波、方波、矩形波、锯齿波等多种信号,在电路实验和仪器仪表中具有十分广泛的用途。

9.3.1　集成函数发生器ICL8038

1. 内部结构及工作原理

在图9.3.1中，电压比较器1、电压比较器2的门限电压分别为$\frac{2}{3}V_R$和$\frac{1}{3}V_R$（其中$V_R=V_{CC}+V_{EE}$），电流源I_1和I_2的大小可通过外接电阻调节，且I_2必须大于I_1。当触发器的Q端输出为低电平时，它控制开关S使电流源I_2断开。而电流源I_1则向外接电容C充电，使电容两端电压v_C随时间线性上升，当v_C上升到$v_C=\frac{2}{3}V_R$时，比较器1输出发生跳变，使触发器输出Q端由低电平变为高电平，控制开关S使电流源I_2接通。由于$I_2>I_1$，因此电容C被反充电，v_C随时间线性下降。当v_C下降到$v_C\leqslant\frac{1}{3}V_R$时，比较器2输出发生跳变，使触发器输出端$Q$又由高电平变为低电平，$I_2$再次断开，$I_1$再次向$C$充电，$v_C$又随时间线性上升。如此周而复始，产生振荡。若$I_2=2I_1$，$v_C$上升时间与下降时间相等，就产生三角波输出到脚3。而触发器输出的方波，经缓冲器输出到脚9。三角波经正弦波变换器变成正弦波后由脚2输出。当$I_1<I_2<2I_1$时，v_C的上升时间与下降时间不相等，脚3输出锯齿波。因此，8038能输出方波、三角波、正弦波和锯齿波的波形。

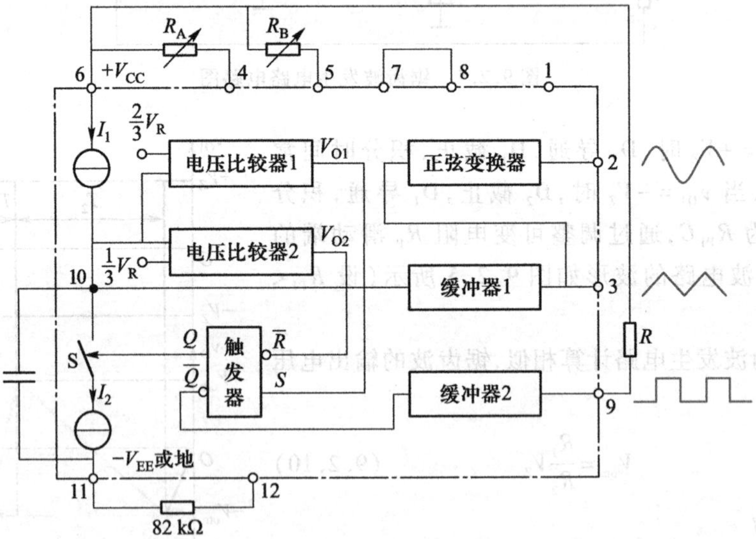

图9.3.1　ICL8038内部结构

2. 性能特点

（1）可同时产生和输出三种波形：正弦波、方波、三角波（或锯齿波）。

（2）电源电压范围宽。采用单电源供电时，为+10～+30 V，采用双电源供电时，可在±5～±15 V内选取。电源电流约15 mA。

（3）振荡频率范围宽，频率稳定性好。频率范围是0.001 Hz～300 kHz。

（4）输出波形失真小。正弦波失真度<5%，经过仔细调整后，失真度还可降低到0.5%。

(5) 矩形波占空比调节范围很宽,为 1% ~99%,由此可获得窄脉冲、宽脉冲或方波。

(6) 外围电路非常简单,通过调节外部阻容元件值,即可改变振荡频率。

(7) 足够低的频率温漂:最大值为 $50\times10^{-6}/℃$。

3. 引脚及功能

ICL8038 的引脚排列如图 9.3.2 所示,引脚及功能如下。

1 脚、12 脚:正弦波线性调节端。通常 1 脚开路或接直流电压,12 脚接电阻到 $-V_{EE}$,用以改善正弦输出波形和减小失真。

2 脚:正弦波输出,输出幅值为 $V_{om}=0.22V_{CC}$。

3 脚:三角波输出,输出幅值为 $V_{om}=0.33V_{CC}$。

4 脚、5 脚:输出信号频率和占空比调节端。通常 4 端接电阻 R_A 到 V_{CC},5 端接电阻 R_B 到 V_{CC},改变阻值可调节频率与占空比。

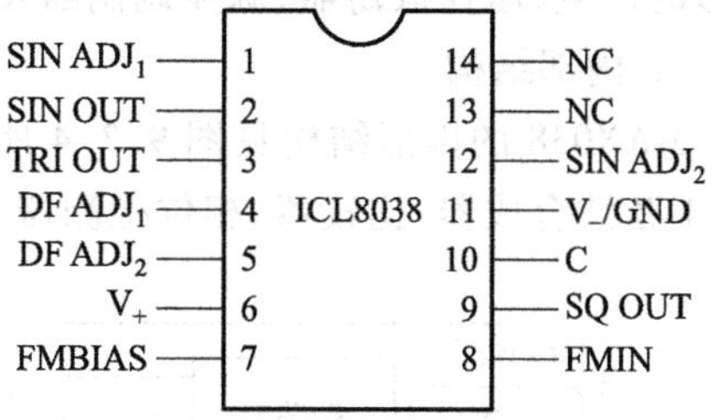

图 9.3.2 ICL8038 的引脚排列

6 脚:正电源 $+V_{CC}$ 接入端。

7 脚:调频偏置电压端。该引脚是 ICL8038 内部两个电阻(10 kΩ 和 40 kΩ)的连接点,这两个电阻组成电源电压分压器。对于给定的外接定时电阻和电容值,当 7 脚与 8 脚直接相连时,输出频率高;相反,当 8 脚接正电源时,输出频率低。

8 脚:调频电压控制输入端。

9 脚:方波输出(集电极开路输出)。

10 脚:外接电容端。10 脚和 11 脚接的外接电容 C,同 4 脚和 5 脚接的电阻 R,共同决定了输出波形的频率。当 10 脚与 11 脚短接时,则振荡立即停止。

11 脚:负电源或接地。

13 脚、14 脚:空脚。

4. 应用电路

图 9.3.3 所示是占空比/频率调节电路。由于器件的方波输出端为集电极开路形式,一般需在正电源与 9 脚之间外接一电阻,其值常选用 10 kΩ 左右。当可变电阻 R_{P1} 动端在中间位置,并且图中管脚 8 与 7 短接时,管脚 9、3 和 2 的输出分别为方波、三角波和正弦波,电路的振荡频率 $f=\dfrac{1}{2\pi\left(R_1+\dfrac{R_{P1}}{2}\right)C}$。调节 R_{P1}、R_{P2} 可使正弦波的失真达到较理想的程度。

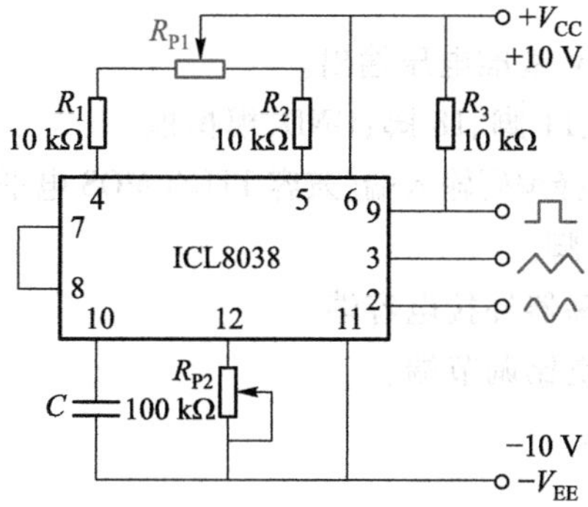

图 9.3.3 8038 接成波形产生器

在图 9.3.3 中,当 R_{P1} 动端在中间位置,断开管脚 8 与 7 之间的连线,若在 $+V_{CC}$ 与 $-V_{EE}$ 之间接一可变电阻,使其动端与 8 脚相连,改变正电源 $+V_{CC}$ 与管脚 8 之间的控制电压(即调频电压),则振荡频率随之变化,因此该电路是一个频率可调的函数发生器。如果控制电压按一定规律变化,则可构成扫频式函数发生器。

9.3.2　高频函数发生器 MAX038

前面介绍的函数发生器芯片 ICL8038 最高振荡频率仅为 300 kHz,而且三种输出波形从不同的引脚输出,使用很不方便。MAX038 是 ICL8038 的升级产品,其最高振荡频率可达 40 MHz,而且由于在芯片内采用了多路选择器,使得三种输出波形可通过编程从同一个引脚输出,输出波形的切换时间可在 0.3 μs 内完成,使用更加方便,因此广泛应用于波形的产生、压控振荡器、脉宽调制器及频率合成器等。

1. 内部结构

MAX038 的内部结构见图 9.3.4 所示,是由振荡器、振荡频率控制器、2.5 V 基准电源、正弦波合成器、比较器、相位检测器、多路选择器和放大器等部分组成。

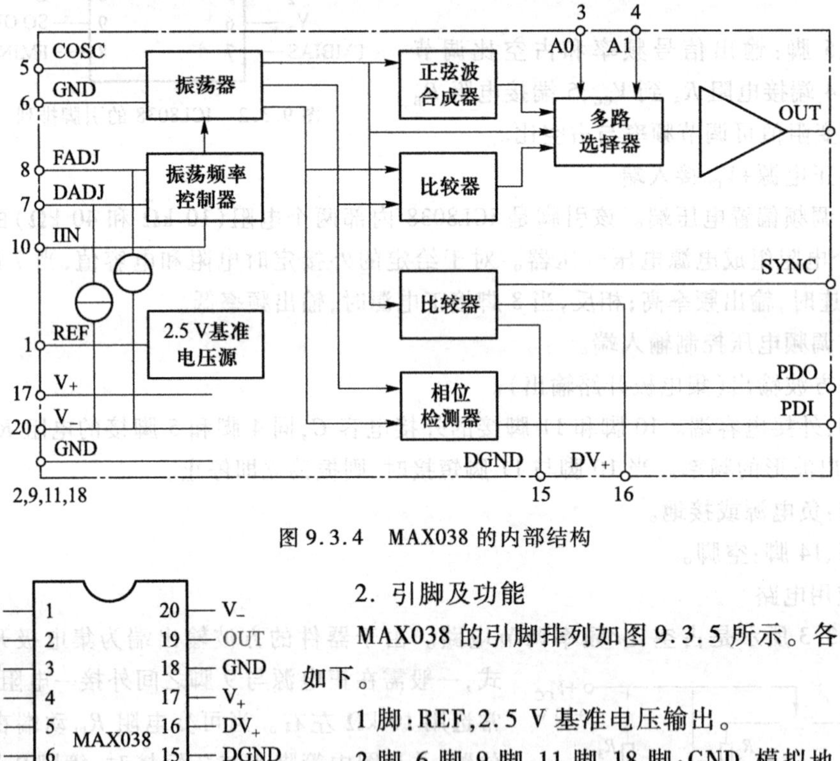

图 9.3.4　MAX038 的内部结构

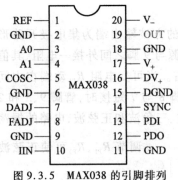

图 9.3.5　MAX038 的引脚排列

2. 引脚及功能

MAX038 的引脚排列如图 9.3.5 所示。各引脚功能如下。

1 脚:REF,2.5 V 基准电压输出。

2 脚、6 脚、9 脚、11 脚、18 脚:GND,模拟地。

3 脚:A0,波形选择编码输入端(兼容 TTL/CMOS 电平)。

4 脚:A1,同 A0 脚。

5 脚:COSC,振荡器外接电容端。

7 脚:DADJ,占空比调节端。

8 脚:FADJ,频率调节端。

10 脚:IIN,电流输入端,用于频率调节和控制。

12 脚:PDO,相位检测器输出端,若相位检测器不用,该端接地。

13 脚:PDI,相位检测器基准时钟输入,若相位检测器不用,该端接地。

14 脚:SYNC,TTL/CMOS 电平输出,用于同步外部电路,不用时开路。

15 脚:DGND,数字地。在 SYNC 不用时开路。

16 脚：DV_+，数字电路的+5 V 电源端。

17 脚：V_+，+5 V 电源端。

19 脚：OUT，正弦波、方波或三角波输出端。

20 脚：V_-，−5 V 电源端。

3. 性能特点

(1) 可精密产生正弦波、方波、三角波信号。由于芯片内采用了多路选择器，使得三种输出波形可通过编程从同一个引脚输出。具体的输出波形由地址 A0 和 A1 的输入数据进行设置，如表 9.1 所示。波形切换可通过程序控制在任意时刻进行，而不必考虑输出信号当时的相位。

表 9.1 输出波形设置方法

A0	A1	波形
×	1	正弦波
0	0	矩形波
1	0	三角波

(2) 振荡频率范围是 0.1 Hz～20 MHz，最高可达 40 MHz，各种波形的峰峰值均为 2 V。

(3) 占空比调节范围宽。占空比和频率均可单独调节，互不影响。占空比最大调节范围 10%～90%。

(4) 输出波形失真小。正弦波失真度<0.75%，占空比调节时非线性度低于 2%。

(5) 采用±5 V 双电源供电，允许有 5% 变化范围，电源电流为 80 mA，典型功耗 400 mW，工作温度范围为 0～70℃。

(6) 内设 2.5 V 基准电压，利用控制端 FADJ、DADJ 实现频率微调和占空比调节。

(7) 低温度漂移：200×10^{-6}/℃。

4. 应用电路

MAX038 的应用电路如图 9.3.6 所示。19 脚是波形输出端，对照表 9.1 的设置方

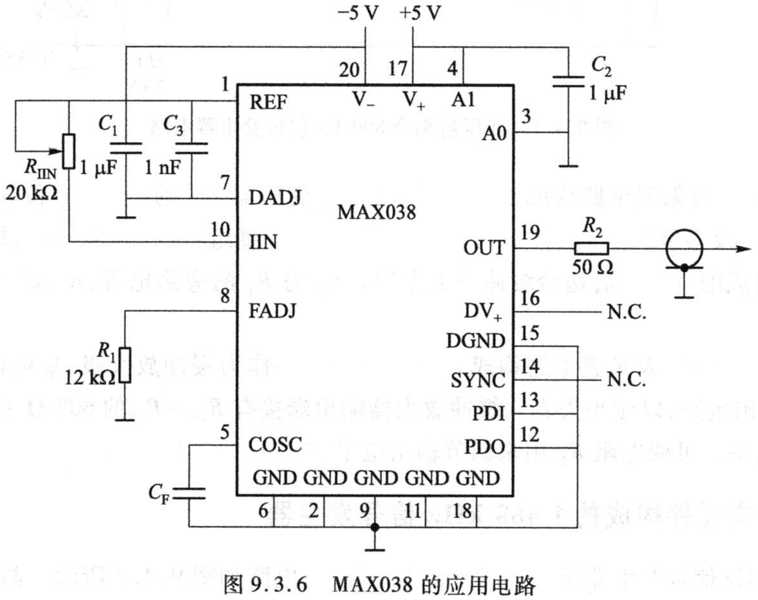

图 9.3.6 MAX038 的应用电路

法,图中应为正弦波输出。利用恒定电流向 C_F 正反向充电,形成振荡,产生三角波和矩形波。可变电阻 R_{IIN} 的作用是控制振荡频率控制器的输入电流。当IIN脚的电流在10～400 μA这个范围变化时,电路可以获得最佳的工作性能。

PPT 9.4 信号发生电路应用举例

9.4　信号发生电路应用举例

9.4.1　变压器耦合800 Hz信号发生器

变压器耦合的800 Hz信号发生器电路如图9.4.1所示。电路工作频率为800 Hz,频率稳定度≤±20 Hz,输出电平为0 dB/600 Ω。电路由 *LC* 振荡级和缓冲放大级组成。

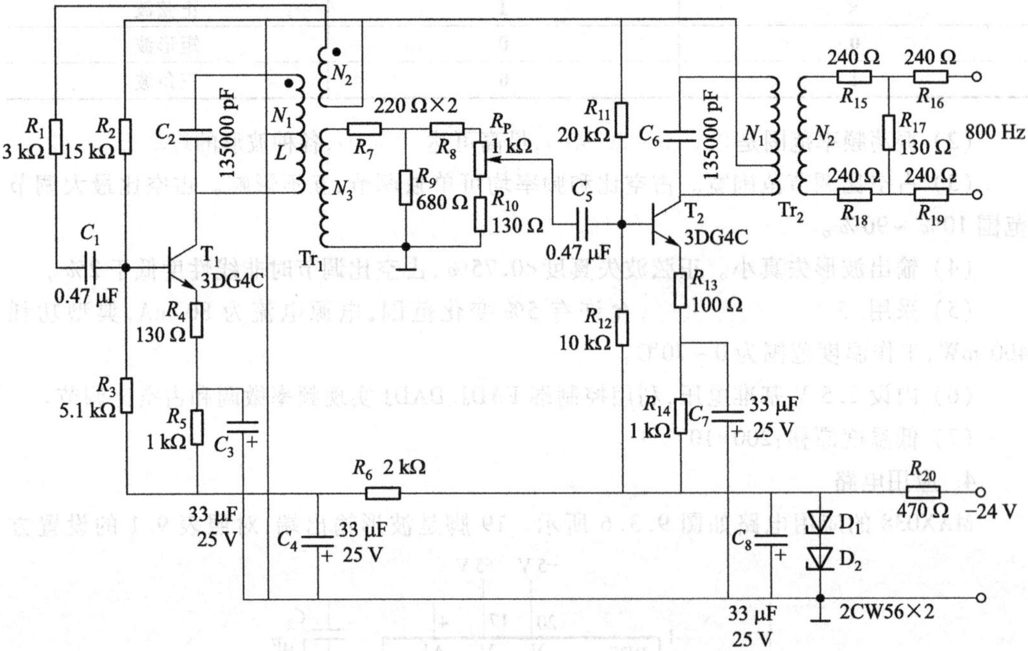

图9.4.1　变压器耦合800 Hz信号发生器电路

振荡级:T_1 及偏置电路构成共射极放大电路,变压器 Tr_1 的 N_1 绕组和电容 C_2 构成 *LC* 选频网络,反馈绕组 N_2 经 R_1、C_1 构成正反馈网络,绕组 N_3 作为输出端,输出信号经 R_7、R_8、R_9 组成的衰减器后送给缓冲放大电路。C_3 为 R_5 的旁路电容,R_6、C_4 为级间电源去耦电路。

缓冲放大级:T_2 及偏置电路构成共射极放大电路作为缓冲放大级,集电极以 C_6、Tr_2 组成调谐输出电路,以减小失真。缓冲放大器输出端接有 R_{15}～R_{19} 的600 Ω衰减器,提供0 dB输出电平。可变电阻 R_P 用来调节输出电平,D_1、D_2、R_{20}、C_8 构成稳压电路。

9.4.2　分立元件构成的1 488 kHz信号发生器

1 488 kHz信号发生器用石英晶体谐振器稳频,电路如图9.4.2所示。晶体管 T_1、二

极管 D_1、电容器 $C_1 \sim C_7$ 及相关元件组成一个电容三点式振荡电路。振荡电压由晶体管 $T_2 \sim T_5$ 及相关元件组成的放大器加以放大。其中，T_5 为射极输出器，它的特点为输入阻抗高、输出阻抗低，使后级带负载能力增强，对前级的振荡信号起到稳定作用。放大后由变压器 Tr 输出 1 488 kHz 的信号。

前置放大器的一部分输出由 T_4 的发射极引至电容器 C_{11}、二极管 D_4、D_5、电容器 C_{16} 及电阻器 R_{22} 组成的倍压整流电路进行整流，整流输出的负电压加至晶体管 T_6 的基极上，同时 T_6 的基极通过电阻器 R_{22} 接至电源正极（地）。当电路起振时，由于 T_6 基极上有从 R_{22} 来的正电位，故 T_6 饱和，集电极电流很大，流过二极管 D_1 的电流很大（二极管 D_1 接于 T_6 的集电极回路上，且 D_1 实际上又是振荡级 T_1 的发射极反馈电阻）。D_1 的动态电阻很小，因而振荡级很快起振。当电路起振后，T_6 的基极电位由于倍压整流电路的负电压加上而降低，T_6 进入放大区工作，最后达到稳定状态。当输出振荡电压因某种原因而下降时，整流的负电压值减少，T_6 基极电位升高，集电极电流加大，流过 D_1 的电流增加，D_1 的动态电阻减小，使 T_1 的振荡幅度加强。若输出振荡电压因某种原因而升高，则一个相反的过程将导致 D_1 动态电阻加大，使 T_1 的振荡幅度减弱，从而起到稳定的振荡作用。这种稳幅控制是通过控制振荡管 T_1 的发射极电阻达到的，是一种较新的控制方式，跟一般控制直流偏压的方法相比较，它具有更高的幅度稳定度。

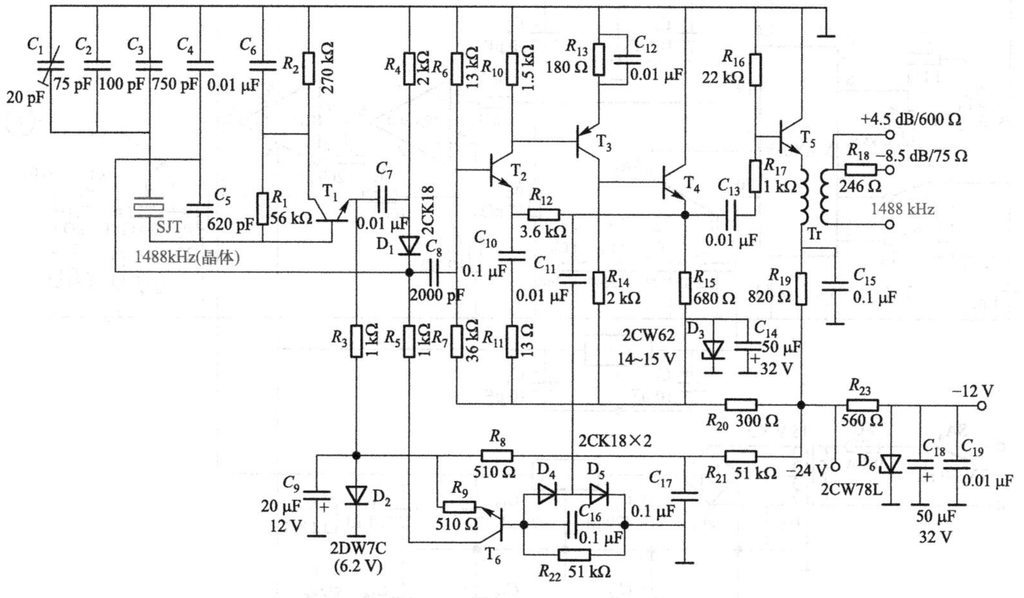

图 9.4.2　分立元件构成的 1 488 kHz 信号发生器

9.4.3　MAX038 构成的函数信号发生器

图 9.4.3 所示电路采用 MAX038 进行设计，可以输出三角波、方波和正弦波，频率范围为 10 Hz ~ 1 MHz。

整机电路由信号产生级、电压放大级、功率输出级和电源四部分组成。信号产生级的核心器件为 MAX038，它的输出波形有三种，由波形设定端 A0（3 脚）、A1（4 脚）控制，其编码表见表9.1所示。MAX038的输出频率f_0由I_{IIN}(10脚)电流,FADJ(8脚)端电压V_{FADJ}和主振荡器COSC(5脚)的外接电容器C_F三者共同确定。当$V_{FADJ}=0$ V时,输出频率$f_0=I_{IIN}/C_F$,$I_{IIN}=V_{IIN}/R_{IIN}=2.5/R_{IIN}$。当$V_{FADJ}\neq 0$ V时,输出频率$f_0=f(1-0.291\ 5\ V_{FADJ})$。由波段开关$SA_2$选择不同的$C_F$值,将整个输出信号分为10 Hz～1 kHz、100 Hz～10 kHz、1 kHz～100 kHz及10 kHz～1 MHz共4个频段。

每频段频率的调节由可变电阻R_{P1}和R_{P2}完成。R_{P1}为粗调可变电阻,改变R_{P1}数值,使振荡电容器C_F的充电电流I_{IN}改变,从而使频率改变。R_{P2}为细调可变电阻,它通过改变V_{FADJ}的数值,使输出频率变化,它的变化范围较小,起微调作用。为简化电路,各种波形的占空比固定为50%,这已能满足多数场合的使用要求。为此将MAX038的DADJ(7脚)端接地。MAX038的各种输出波形的峰-峰值均为2 V,为了得到更大的输出幅度,加有一级电压放大级,由FET输入的低噪声高保真运放OPA604担任。电路中OPA604的闭环电压增益$A_v=1+R_5/R_4=11$,输出电压的峰-峰值增至22 V。功率输出级由高速缓冲运放BUF634担任,输出电流达250 mA,其电压增益为1,但负载能力很强,在电路中起功率扩展的作用。输出信号的幅度由可变电阻R_{P3}调节,为了更精确地调节输出信号幅度,在可变电阻后加有衰减电路,由波段开关SA_3将输出分为×1、×0.1、×0.01三挡。

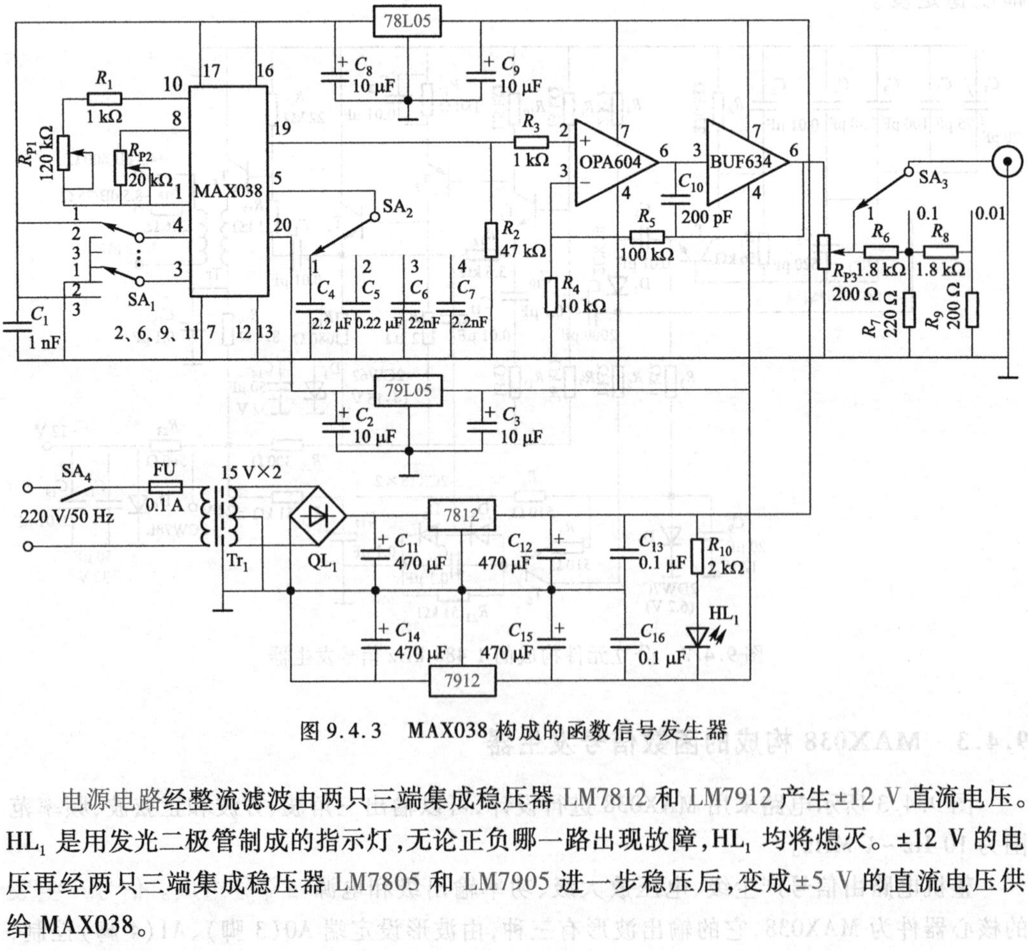

图9.4.3　MAX038构成的函数信号发生器

电源电路经整流滤波由两只三端集成稳压器LM7812和LM7912产生±12 V直流电压。HL_1是用发光二极管制成的指示灯,无论正负哪一路出现故障,HL_1均将熄灭。±12 V的电压再经两只三端集成稳压器LM7805和LM7905进一步稳压后,变成±5 V的直流电压供给MAX038。

本 章 小 结

表 9.2　本章重要概念、知识点及需熟记的公式

<table>
<tr><td rowspan="4">1</td><td rowspan="4">正弦波振荡电路</td><td>放大电路</td><td rowspan="4">振荡的相位条件是电路能否振荡的必要条件，即若要电路振荡则必须有正反馈</td><td rowspan="4" colspan="2">振荡平衡条件：
$AF=1$
$\varphi_a+\varphi_f=2n\pi$
起振条件：
$AF>1$
$\varphi_a+\varphi_f=2n\pi$</td></tr>
<tr><td>反馈网络</td></tr>
<tr><td>选频网络</td></tr>
<tr><td>稳幅环节</td></tr>
<tr><td rowspan="2">2</td><td rowspan="2">RC 桥式正弦波振荡电路</td><td>用 RC 串、并联电路作选频网络和反馈网络</td><td rowspan="2"></td><td rowspan="2" colspan="2">$f_0=\frac{1}{2\pi RC}$
起振条件：
$A_v>3$</td></tr>
<tr><td>振荡频率一般在 20 Hz ~ 200 kHz</td></tr>
<tr><td rowspan="3">3</td><td rowspan="3">LC 正弦波振荡电路</td><td>电容三点式</td><td rowspan="3">振荡频率一般在几百千赫 ~ 几百兆赫，电容三点式振荡电路工作频率高、输出波形好，电感反馈式振荡电路工作频带较宽</td><td rowspan="3" colspan="2">$f_0=\frac{1}{2\pi\sqrt{LC}}$</td></tr>
<tr><td>电感三点式</td></tr>
<tr><td>变压器反馈式</td></tr>
<tr><td rowspan="2">4</td><td rowspan="2">石英晶体振荡电路</td><td rowspan="2">具有很高的频率稳定度，常用在频率稳定度要求高的场合</td><td>并联型晶振</td><td>等效为一个感性元件</td><td rowspan="2"></td></tr>
<tr><td>串联型晶振</td><td>工作在 f_s 时呈纯电阻性，且其阻值很小</td></tr>
<tr><td rowspan="2">5</td><td rowspan="2">模拟电路中的非正弦信号发生电路</td><td rowspan="2">由电压比较器和 RC 延时电路组成。一般通过改变 RC 电路的时间常数来改变电路的振荡频率</td><td>方波、矩形波发生电路图 9.2.1</td><td rowspan="2">当 RC 电路的正向充电和反向充电时间常数不同时，方波就会变成矩形波，三角波就会变成锯齿波</td><td>$T=2R_fC\ln\left(1+\frac{2R_1}{R_2}\right)$
$V_{om}=V_Z$</td></tr>
<tr><td>三角波、锯齿波发生电路图 9.2.3</td><td>$T=\frac{4R_4R_1C}{R_2}$
$V_{om}=\frac{R_1}{R_2}V_Z$</td></tr>
<tr><td rowspan="2">6</td><td rowspan="2">集成函数发生器</td><td>ICL8038</td><td>同时产生和输出三种波形：正弦波、方波、三角波（或锯齿波）</td><td colspan="2">$f=0.001$ Hz ~ 300 kHz</td></tr>
<tr><td>MAX038</td><td>通过编程从同一个引脚输出正弦波、方波、三角波</td><td colspan="2">$f=0.1$ Hz ~ 20 MHz
$f_{max}=40$ MHz</td></tr>
</table>

习　题

9.1　正弦波振荡电路由哪些部分组成？如果没有选频网络，输出信号将有什么特点？

9.2　*RC* 桥式振荡电路的稳幅措施有哪些？说明稳幅的原理。

9.3　分别说明变压器反馈式、电感三点式、电容三点式振荡电路的振荡原理，起振条件是什么？振荡频率与什么有关系？

9.4　比较变压器反馈式、电感三点式、电容三点式振荡电路的特点，如何提高振荡频率的稳定性？

9.5　石英晶体在并联型石英晶体振荡电路中起什么作用？石英晶体在串联型石英晶体振荡电路中起什么作用？

9.6　锯齿波发生电路和三角波发生电路有什么区别？

9.7　比较 ICL8038 集成函数发生器和 MAX038 集成函数发生器的性能特点。

9.8　分别制作频率为 20 Hz～20 kHz 的音频信号发生电路、频率为 2 MHz～20 MHz 的接收机的本机振荡器以及频率非常稳定的测试用信号源，选用哪种正弦波振荡电路比较合适？

9.9　Consider the Wien-bridge shown in Fig. P9.9.

(1) calculate the lower limit value of R_P.

(2) determine the frequency f_0 of oscillation.

9.10　For the Wien-bridge in Fig. P9.10, the steady voltage range is ±6 V for D_Z.

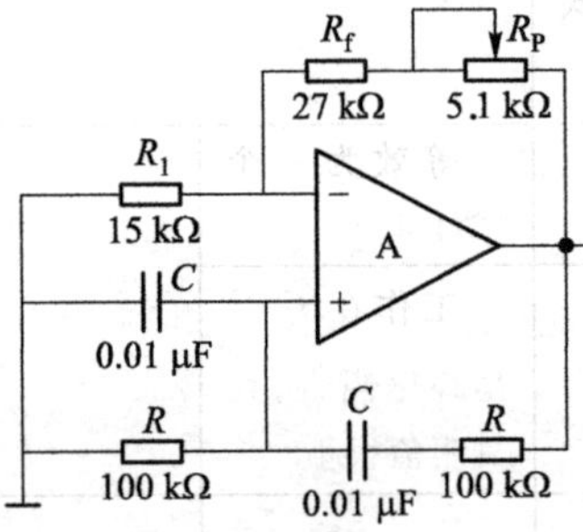

Fig. P9.9

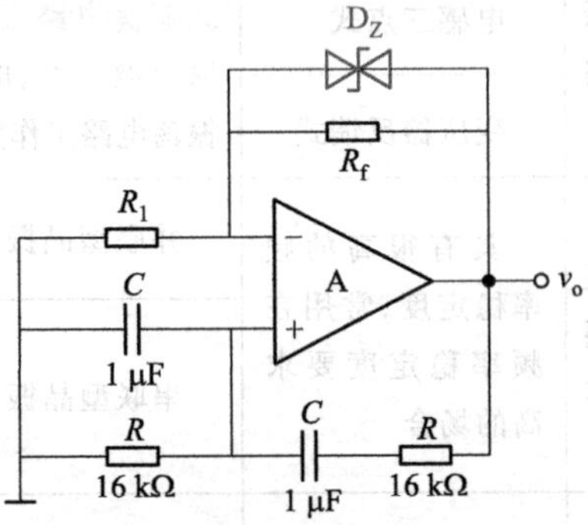

Fig. P9.10

(1) Show the purpose of D_Z.

(2) Find the rms value of v_o in no distortion.

(3) determine the frequency f_0 of oscillation.

9.11　Identify whether the circuits of Fig. P9.11 can oscillate using the phase balance condition.

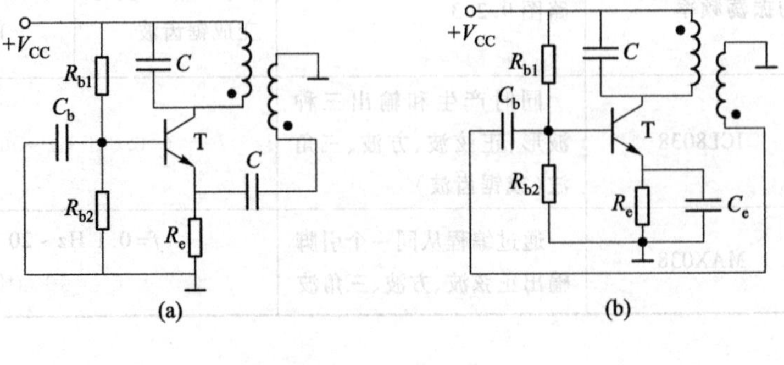

(a)　　(b)

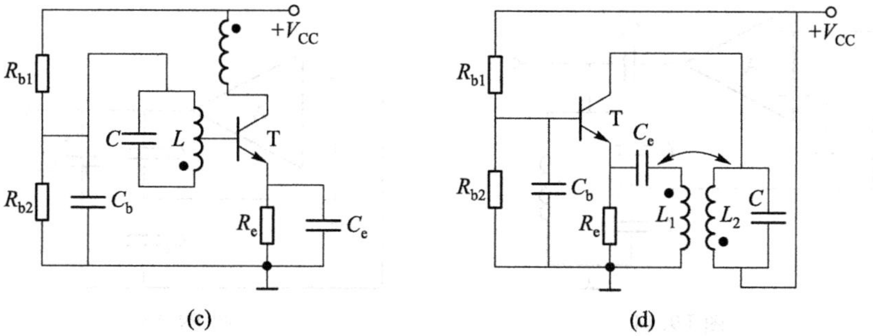

Fig. P9.11

9.12　标出图 P9.12 所示 LC 正弦波振荡电路中变压器二次绕组的同名端，并估算该电路振荡频率的调节范围。设谐振回路的等效电感 $L=5\ \text{mH}$。

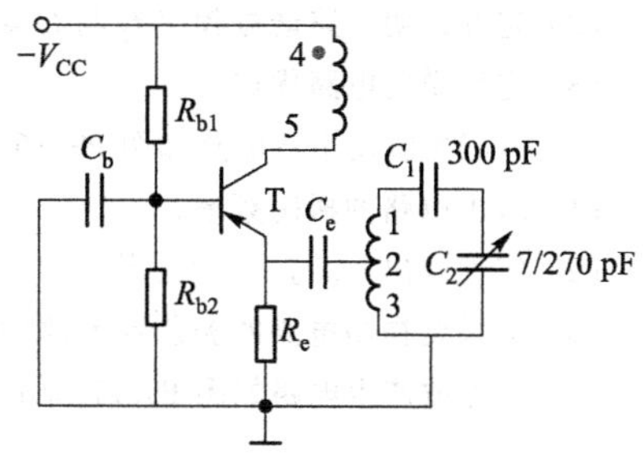

图 P9.12

9.13　电路如图 P9.13 所示，绕组 L_1、L_2 的互感为 M。

（1）用相位平衡条件判断图示各电路能否产生正弦波振荡，若不能，简述理由，若能，属于哪种类型？

（2）说明图中的反馈电压取自哪两端的电压，并写出振荡频率的近似表达式。

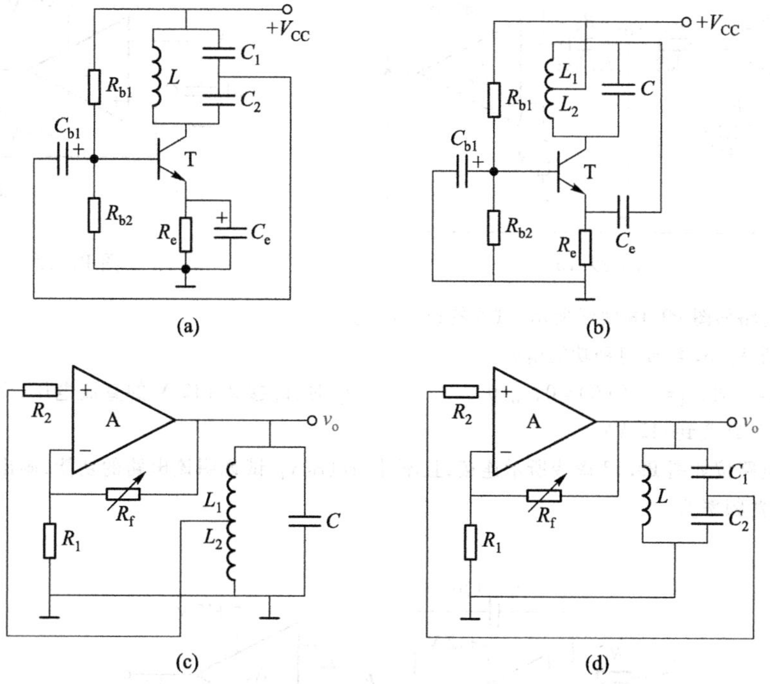

图 P9.13

9.14　电路如图 P9.14 所示。

（1）指出电路名称；

（2）设某瞬时运放输出端信号相位为 0°，求此时谐振回路中 C 点的相位并说明理由；

（3）分析失谐时谐振回路等效阻抗特性。

9.15　电路如图 P9.15 所示。

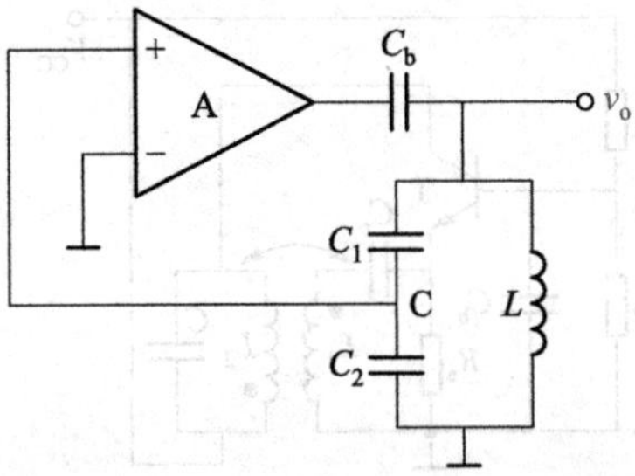

图 P9.14

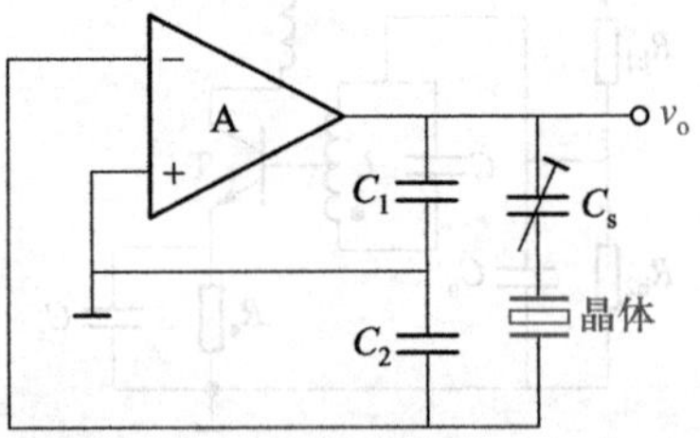

图 P9.15

(1) 指出电路名称；

(2) 定性说明回路谐振频率 f_0 与石英晶体的谐振频率 f_s 之间的关系；

(3) 定性说明电路优点。

9.16　三角波发生器电路如图 P9.16 所示。

(1) 求出电路的振荡频率；

(2) 定性画出 v_{O1} 与 v_O 的波形；

(3) 如果要提高电路的振荡频率，则可改变哪些电路参数？如何改变。

9.17　方波产生电路如图 P9.17 所示，画出 v_O 与 v_C 的波形，并计算振荡频率 f_0。

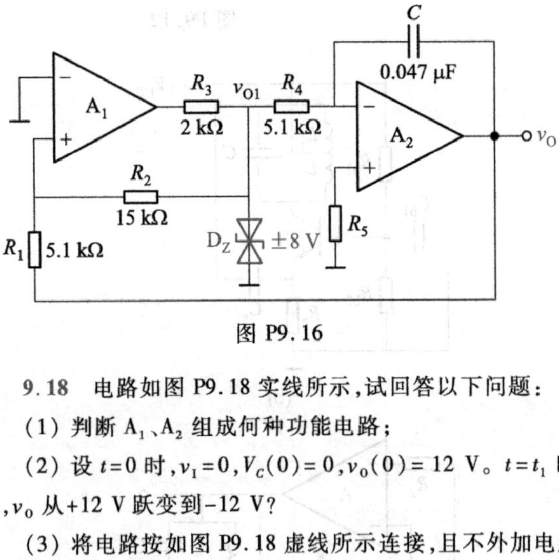

图 P9.16

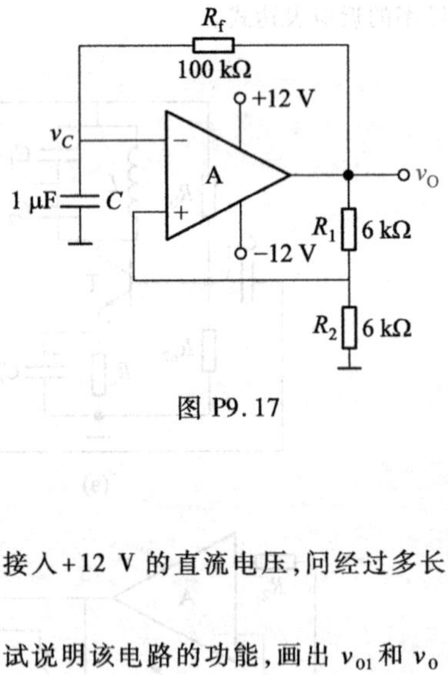

图 P9.17

9.18　电路如图 P9.18 实线所示，试回答以下问题：

(1) 判断 A_1、A_2 组成何种功能电路；

(2) 设 $t=0$ 时，$v_I=0$，$V_C(0)=0$，$v_O(0)=12$ V。$t=t_1$ 时，v_I 接入+12 V 的直流电压，问经过多长时间，v_O 从+12 V 跃变到−12 V？

(3) 将电路按如图 P9.18 虚线所示连接，且不外加电压 v_I，试说明该电路的功能，画出 v_{O1} 和 v_O 的波形，计算振荡频率 f_0。

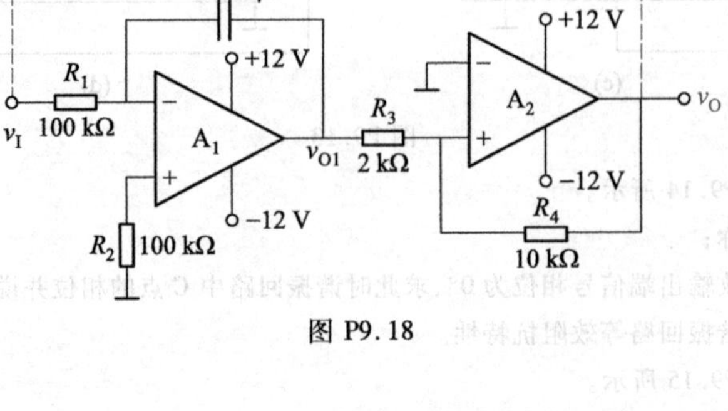

图 P9.18

第10章 功率放大电路

实际应用的电子放大系统都是一个多级放大器,其前置级为电压(流)放大级,最后一级为功率放大级,将前置级送来的低频信号进行功率放大,获得足够大的功率输出以带动负载工作,例如音响设备中扬声器的音频线圈、电动机控制绕组等。这种主要向负载提供功率的放大电路称为功率放大电路。

功率和效率是功率放大电路的两大主要问题,与小信号放大电路的分析与设计的方法有一定区别。本章首先介绍功率放大电路的特点和要求,接着重点分析乙类互补对称功率放大电路和甲乙类互补对称功率放大电路,然后介绍集成功率放大器以及功率器件的散热和保护问题,最后给出了功率放大电路的典型应用电路。

PPT 10.1
功率放大电路概述

10.1 功率放大电路概述

10.1.1 功率放大电路的特点和要求

放大电路本质上是能量转换电路。从能量转换的角度来看,功率放大电路与电压放大电路没有本质的区别,只是研究问题的侧重点不同。电压放大电路一般用于小信号放大,给负载提供不失真的电压信号,讨论的主要指标是电压增益、输入电阻、输出电阻以及频率特性等。功率放大电路主要用于向负载提供足够大的不失真或失真较小的输出功率,通常要研究电路的输出功率、电源供给功率、能量转换效率、功率器件的散热等问题。所以,功率放大电路与一般的电压放大电路相比,有以下几个特点。

1. 要求有尽可能大的输出功率

为了获得大的输出功率,要求功放管的电流和电压都有足够高的输出幅度,即管子往往在接近极限运用状态下工作。输出功率等于输出电压有效值与输出电流有效值的乘积。

微课视频
10.1
功率放大电路的概念

2. 效率要高

从能量转换的观点来看,功率放大电路是将直流电源供给的能量转换成交流电能输送给负载。在能量转换过程中,电源供给的直流功率仅有一部分转换成交流输出功率,而另一部分则被晶体管集电结所损耗,此外还有一部分消耗在晶体管偏置电路的电阻上。这就存在一个效率问题,所谓效率就是负载得到的有用信号功率和电源供给的直流功率之比,这个比值越大,意味着效率越高。对于前置级的电压放大也有效率问题,但是整个电子设备中前置级的功耗与功放级相比微不足道,所以一般不予考虑。

3. 非线性失真要小

功率放大电路是在大信号下工作,所以不可避免地会产生非线性失真,而且同一功率管输出功率越大，非线性失真往往越严重，这就使输出功率和非线性失真成为一对主要矛盾。所以输出大功率时，应将非线性失真限制在允许的范围之内。

4. 要考虑晶体管的散热和保护

在功率放大电路中，有相当大的功率消耗在管子的集电结上，使结温和管壳温度升高。另外，为了输出较大的信号功率，功率管承受的电压要高，通过的电流要大。所以，放大器件必须要有良好的散热条件，还需有一定的过流保护环节。

5. 要采用图解分析法

由于功率放大电路的晶体管处于大信号工作状态，应采用图解法分析电路。

10.1.2　放大电路工作状态的分类

根据放大电路中晶体管在输入信号的一个周期内的导通情况，放大电路分为以下几种类型。

1. 甲类放大

在输入信号的整个周期内都有电流流过晶体管，这类放大电路被称为甲类放大电路（也称 A 类放大电路）。甲类放大电路的典型工作状态如图 10.1.1 所示，此时整个周期都有 $i_C>0$，称功率管的导通角 $\theta=2\pi$。

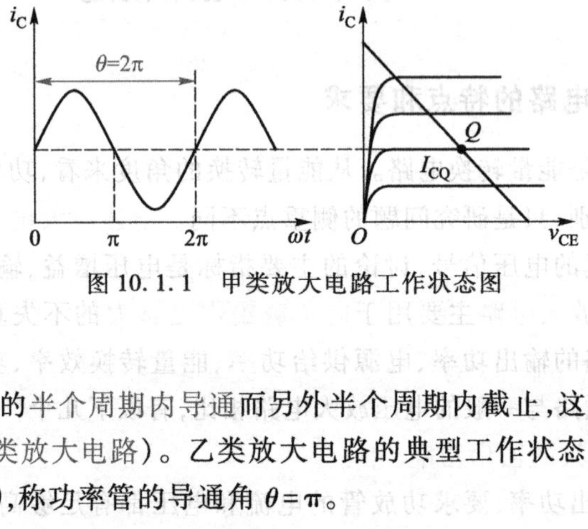

图 10.1.1　甲类放大电路工作状态图

2. 乙类放大

晶体管只在信号的半个周期内导通而另外半个周期内截止，这类放大电路被称为乙类放大电路（也称 B 类放大电路）。乙类放大电路的典型工作状态如图 10.1.2 所示，此时只有半个周期 $i_C>0$，称功率管的导通角 $\theta=\pi$。

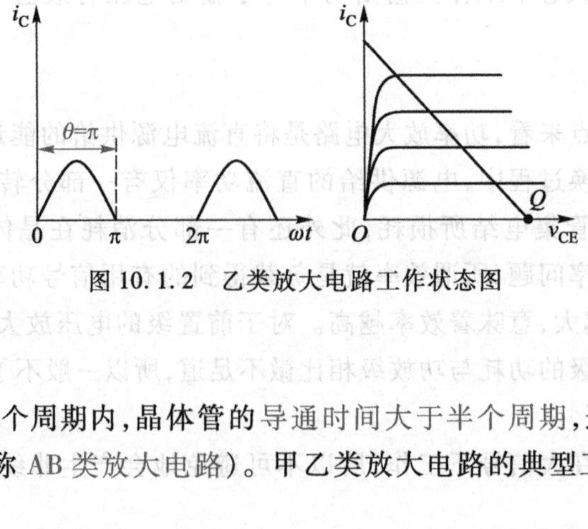

图 10.1.2　乙类放大电路工作状态图

3. 甲乙类放大

在输入信号的整个周期内，晶体管的导通时间大于半个周期，这类放大电路被称为甲乙类放大电路（也称 AB 类放大电路）。甲乙类放大电路的典型工作状态如图 10.1.3

所示，此时大半个周期内有 $i_C>0$，功率管导通角的范围为 $\pi<\theta<2\pi$。

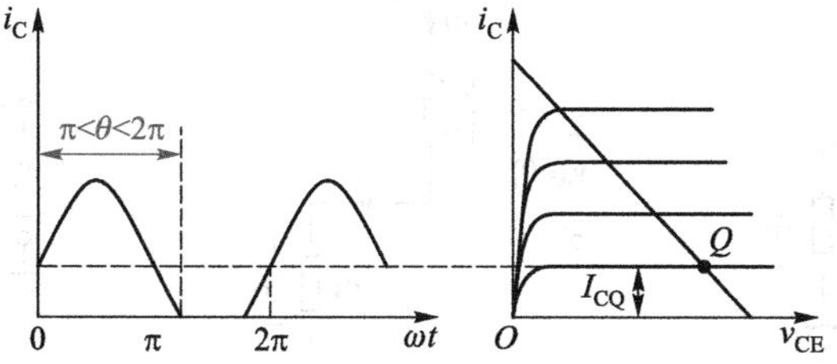

图 10.1.3 甲乙类放大电路工作状态图

10.1.3 提高效率的主要途径

由以上介绍可知，甲类放大电路需设置合适的静态工作点，才能保证输入信号整个周期内都有电流流过晶体管。因此当有信号输入时，电源供给的功率一部分转化为有用的输出功率，另一部分则消耗在管子（和电阻）上，并转化为热能耗散出去。而在没有信号输入时，这些功率全部消耗在管子（和电阻）上。由于电路中存在较大的静态功耗，所以这种放大电路的能量转换效率很低，而且信号越小，其效率越低。

显然，若能减少静态功耗，就可以提高效率。因此如果把静态工作点 Q 向下移动，使信号等于零时电源输出的功率也等于零（或很小），信号增大时电源供给的功率也随之增大，这样电源供给功率及管耗都随着输出功率的大小而变，也就改变了甲类放大时效率低的状况。实现上述设想的电路有乙类和甲乙类放大电路。

乙类和甲乙类放大电路主要用于功率放大电路中。虽然减小了静态功耗，提高了效率，但都出现了严重的波形失真，因此，既要保持静态时管耗小，又要使失真不太严重，这就需要在电路结构上采取改进措施。

10.2 乙类互补对称功率放大电路

10.2.1 电路组成

PPT 10.2 乙类互补对称功放

工作在乙类的放大电路，虽然管耗小，有利于提高效率，但存在严重的失真，使得输入信号半个周期的波形无法传输到输出端。可以设想，如果用两个管子，使之都工作在乙类放大状态，一个在正半周工作，另一个在负半周工作，两管的输出都能加到负载上，则在负载上可以获得一个完整的波形，这样既消除了失真，又提高了效率。

图 10.2.1(a)就是根据以上设想形成的乙类互补对称功率放大电路。T_1 和 T_2 分别为 NPN 型和 PNP 型晶体管，两管的基极和发射极分别相互连接在一起，信号从基极输入，从发射极输出，R_L 为负载。由于该电路无基极偏置，所以 $V_{BE1}=V_{BE2}=0$。当 $v_i=0$ 时，T_1、T_2 均处于截止状态，即该电路为乙类放大电路。这个电路可以看成是由图 10.2.1(b)和(c)两个射极输出器混合而成。

考虑到晶体管发射结处于正向偏置时才导电，因此当输入信号处于正半周时，T_1 导通，T_2 截止，负载获得正半周电流，等效电路如图 10.2.1(b)所示。当输入信号处于负半

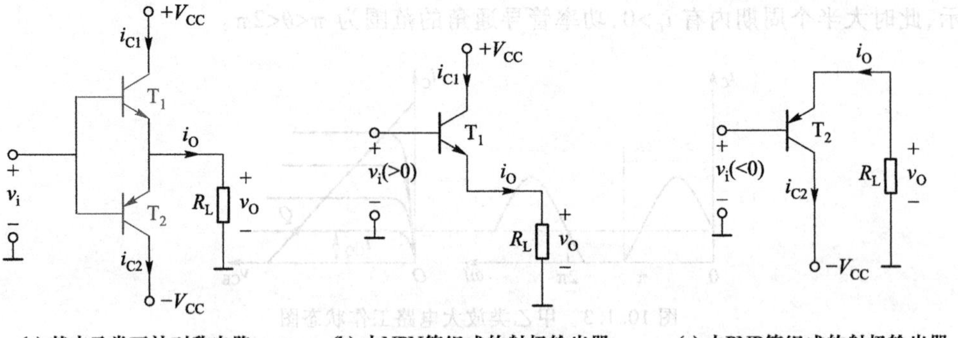

(a) 基本乙类互补对称电路　(b) 由NPN管组成的射极输出器　(c) 由PNP管组成的射极输出器

图 10.2.1　两射极输出器组成的基本互补对称电路

周时，T_1 截止，T_2 导通，负载获得负半周电流，等效电路如图 10.2.1(c)所示。这样，两管在正负半周轮流工作，组成推挽式电路，互补对方的不足，从而在负载上得到一个完整的波形，称为互补电路。

互补电路解决了乙类放大电路中效率与失真的矛盾。为了使负载上得到的波形正、负半周大小相同，还要求两个管子的特性必须完全对称，所以，图 10.2.1(a)所示电路通常称为乙类互补对称电路。

10.2.2　图解分析与计算

图 10.2.2 表明了图 10.2.1(a)电路的工作情况。因为输出信号是两管共同作用的结果，所以将 T_1、T_2 的输出特性曲线合成为一个能反映完整输出信号的特性曲线。合成时考虑到：

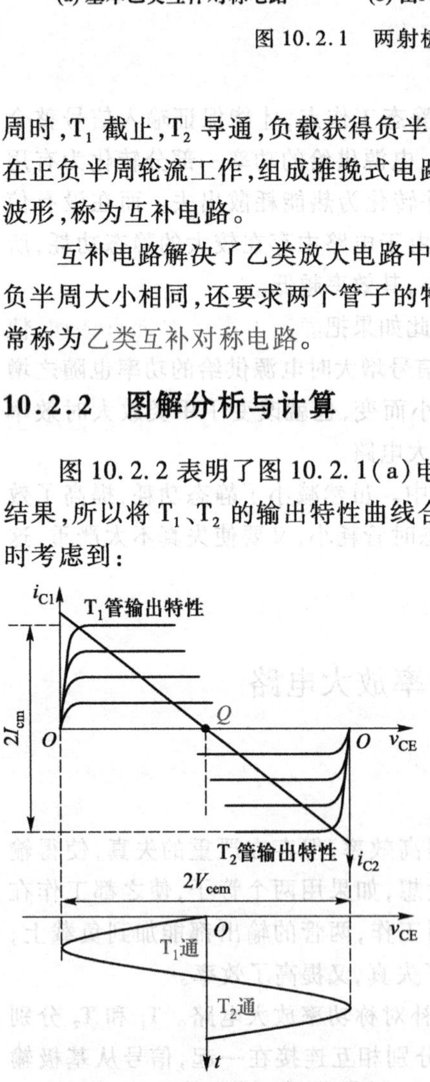

图 10.2.2　互补对称电路图解分析

(1) $v_i=0$ 时，$V_{CEQ1}=-V_{CEQ2}=V_{CC}$。

(2) 由流过 R_L 的电流方向知 i_{C1} 与 i_{C2} 方向相反，即两个纵坐标轴相反。

(3) 特性曲线的横坐标应符合 $v_{CE1}-v_{CE2}=V_{CC}-(-V_{CC})=2V_{CC}$，即两个曲线的交界点为静态工作点 Q。

根据以上三点，这时负载线过 V_{CC} 点形成一条斜线，其斜率为 $-1/R_L$。假设 $v_{BE}>0$ 时管子立即导通，则 i_C 随输入信号的变化而变化，其变化范围为 $2\dfrac{(V_{CC}-V_{CES})}{R_L}=2I_{cm}$，$v_{CE}$ 的变化范围为 $2(V_{CC}-V_{CES})=2V_{cem}=2V_{om}$，图中忽略了管子的饱和压降 V_{CES}。

1. 输出功率

输出功率是输出电压有效值 V_o 和输出电流有效值 I_o 的乘积。设输出电压的幅值为 V_{om}，则输出功率为

$$P_o = V_o \cdot I_o = \frac{V_{om}}{\sqrt{2}} \cdot \frac{V_{om}}{\sqrt{2} R_L} = \frac{V_{om}^2}{2R_L} \qquad (10.2.1)$$

当输入信号足够大,使输出电压的最大值达到 $V_{om} = V_{CC} - V_{CES} \approx V_{CC}$ 时,可获得最大输出功率

$$P_{om} = \frac{V_{om}^2}{2R_L} = \frac{(V_{CC} - V_{CES})^2}{2R_L} \approx \frac{V_{CC}^2}{2R_L} \qquad (10.2.2)$$

2. 直流电源供给的平均功率

电源供给的功率是电源电压与电源电流平均值的乘积。由于负载电流在一个周期内,正负电源各供电半个周期,则电源电流平均值为

$$I_{C(AV)} = \frac{1}{2\pi}\int_0^{\pi} i_C \mathrm{d}(\omega t) = \frac{1}{2\pi}\int_0^{\pi} I_{cm} \sin \omega t \mathrm{d}(\omega t)$$

$$= \frac{1}{2\pi R_L}\int_0^{\pi} V_{om} \sin \omega t \mathrm{d}(\omega t) = \frac{1}{\pi}\frac{V_{om}}{R_L}$$

所以,两个电源供给的总电源功率为

$$P_V = 2V_{CC} I_{C(AV)} = \frac{2}{\pi}\frac{V_{CC} V_{om}}{R_L} \qquad (10.2.3)$$

当输出电压幅值达到最大,即 $V_{om} \approx V_{CC}$ 时,电源供给的最大功率为

$$P_{Vm} = \frac{2}{\pi}\frac{V_{CC}^2}{R_L} \qquad (10.2.4)$$

3. 效率

一般情况下效率为

$$\eta = \frac{P_o}{P_V} = \frac{\dfrac{V_{om}^2}{2R_L}}{\dfrac{2}{\pi}\dfrac{V_{CC} V_{om}}{R_L}} = \frac{\pi}{4}\frac{V_{om}}{V_{CC}} \qquad (10.2.5)$$

当 $V_{om} \approx V_{CC}$ 时,则最大效率

$$\eta_{max} = \frac{\pi}{4} \approx 78.5\% \qquad (10.2.6)$$

这个结论是假定互补对称电路工作在乙类、负载电阻为理想值、忽略管子的饱和压降 V_{CES} 和输入信号足够大($V_{in} \approx V_{om} \approx V_{CC}$)情况下得来的,实际效率比这个数值要低些。

4. 管耗

电源提供的功率一部分转换为输出功率,另一部分则消耗在晶体管上,所以两管的管耗为

$$P_T = P_V - P_o = \frac{2}{R_L}\left(\frac{V_{CC} V_{om}}{\pi} - \frac{V_{om}^2}{4}\right) \qquad (10.2.7)$$

从电路的工作原理可以看出,每只管子的管耗是上式的一半,即

$$P_{T1} = P_{T2} = \frac{1}{R_L}\left(\frac{V_{CC} V_{om}}{\pi} - \frac{V_{om}^2}{4}\right) \qquad (10.2.8)$$

10.2.3　最大管耗和最大输出功率的关系

根据式(10.2.8)可知,管耗 P_{T1} 是输出电压幅值 V_{om} 的函数,因此,可以用求极值的方

法来求解晶体管的最大管耗。由式(10.2.8)有

$$dP_{T1}/dV_{om}=\frac{1}{R_L}\left(\frac{V_{CC}}{\pi}-\frac{V_{om}}{2}\right)$$

令 $dP_{T1}/dV_{om}=0$,则$\frac{V_{CC}}{\pi}-\frac{V_{om}}{2}=0$,故有

$$V_{om}=\frac{2}{\pi}V_{CC} \tag{10.2.9}$$

上式表明,当 $V_{om}=\frac{2}{\pi}V_{CC}\approx 0.6V_{CC}$ 时具有最大管耗,所以

$$P_{T1m}=\frac{1}{R_L}\left(\frac{\frac{2}{\pi}V_{CC}^2}{\pi}-\frac{\left(\frac{2V_{CC}}{\pi}\right)^2}{4}\right)=\frac{1}{\pi^2}\cdot\frac{V_{CC}^2}{R_L} \tag{10.2.10}$$

考虑到最大输出功率 $P_{om}=V_{CC}^2/2R_L$,则每只管子的最大管耗和电路的最大输出功率具有如下的关系

$$P_{T1m}=\frac{1}{\pi^2}\cdot\frac{V_{CC}^2}{R_L}\approx 0.2P_{om} \tag{10.2.11}$$

10.2.4　功率管的选择

在功率放大电路中,为了输出较大的信号功率,管子承受的电压要高,通过的电流要大,功率管损坏的可能性也就比较大,所以功率管的参数选择不容忽视。选择时一般应考虑功率管的三个极限参数,即集电极最大允许管耗 P_{CM}、集电极最大允许电流 I_{CM} 和集电极-发射极间的反向击穿电压 $V_{(BR)CEO}$。在乙类互补对称功率放大电路中,功率管的极限参数必须满足以下条件:

1. 每只功率管的最大允许管耗必须满足 $P_{CM}>0.2P_{om}$。

2. 由于导通管的最大集电极电流近似为 V_{CC}/R_L,所选功率管的 I_{CM} 不能低于此值。

3. 互补对称电路中,当一只管子导通时,另一只管子截止。导通后负载的最大电压幅值近似为 V_{CC},而截止管的集电极电压为电源电压,所以截止管的发射极与集电极之间承受的最大电压近似等于 $2V_{CC}$。因此,要求功率管的反向击穿电压 $|V_{(BR)CEO}|>2V_{CC}$。

注意,在实际选择管子时,其极限参数还要留有充分的余地。

知识扩展
10.1
变压器耦合推挽功放

【例 10.2.1】　电路如图 10.2.1(a)所示,已知 $V_{CC}=12$ V,$R_L=8$ Ω,输入信号是正弦波。求:

(1) 在晶体管饱和压降 V_{CES} 可以忽略不计的条件下,负载上可能得到的最大输出功率 P_{om}、效率 η 及两只管子总的最大管耗 P_{Tm} 分别是多少?

(2) 当输入信号 $v_i=10\sin\omega t$ V 时,负载上得到的功率 P_o 和效率 η 分别是多少?

解　(1)在忽略 V_{CES} 的条件下,由式(10.2.2)可求出

$$P_{om}=\frac{1}{2}\times\frac{V_{CC}^2}{R_L}=\frac{(12\ \text{V})^2}{2\times 8\ \Omega}=9\ \text{W}$$

由式(10.2.6)可求出

$$\eta=\frac{\pi}{4}\approx 78.5\%$$

由式(10.2.11)可求出

$$P_{T1m} \approx 0.2P_{om} = 1.8\ \text{W}$$

$$P_{Tm} = 2P_{T1m} = 3.6\ \text{W}$$

(2) 当 T_1 和 T_2 轮流导通时,电路均等效为共集电极电路,所以有 $A_v \approx 1$、$V_{om} \approx V_{im} = 10\ \text{V}$,由式(10.2.1)和式(10.2.5)可分别求出

$$P_o = \frac{V_{om}^2}{2R_L} = \frac{10^2}{2\times 8}\ \text{W} = 6.25\ \text{W}$$

$$\eta = \frac{\pi}{4}\frac{V_{om}}{V_{CC}} = \frac{3.14\times 10}{4\times 12} \approx 65.42\%$$

PPT 10.3 甲乙类互补对称功放

10.3 甲乙类互补对称功率放大电路

图 10.2.1(a)所示的乙类互补对称电路的主要优点是效率高。由于这种电路的静态工作点设置在截止区,因此放大电路在有输入信号作用之后,只有输入信号的电压高于晶体管发射结的死区电压(硅管约为0.5 V,锗管约为0.1 V)之后管子才能导通,而输入电压低于这个电压值时,两管均不能导通,从而发生失真现象,这种失真是在两管交替变化处,故称这种失真为交越失真,如图 10.3.1 所示。

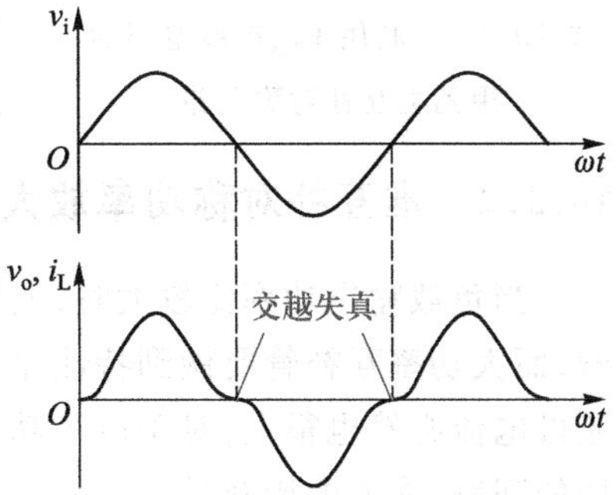

图 10.3.1 乙类双电源互补对称电路的交越失真

10.3.1 甲乙类双电源互补对称电路

为消除交越失真,通常给 T_1 和 T_2 提供一定的静态偏置电流值,使晶体管的静态工作点设置在靠近截止区的放大区,工作于甲乙类状态。这样既能减少交越失真,又不至于使功率和效率有太大影响。利用二极管提供偏置电流的甲乙类互补对称电路如图 10.3.2 所示。

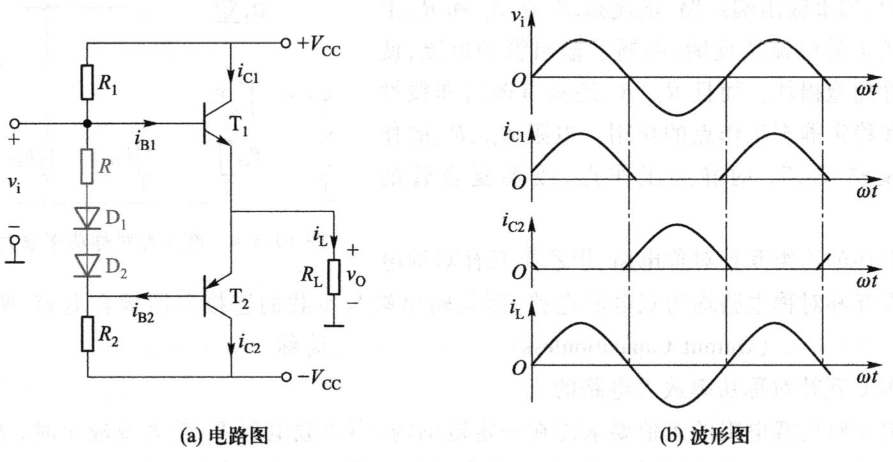

图 10.3.2 二极管偏置的甲乙类互补对称电路

在图 10.3.2(a)中,二极管 D_1、D_2 因施加的正向电压而导通,两二极管的正向压降及电阻 R 上的压降之和,给 T_1、T_2 的发射结提供了正向偏压。因此,在输入信号 $v_i=0$ 时使得两晶体管处于微导通状态,各晶体管均有较小的基极电流(i_{B1}、i_{B2}),且静态时分别相等。由于电路完全对称,静态时 $i_{C1}=i_{C2}$,$i_L=0$,$v_O=0$。当加上正弦输入电压 v_i 时,在正半周 i_{C1} 逐渐增大,而 i_{C2} 逐渐减小至零,晶体管 T_2 截止。在负半周则相反,i_{C2} 逐渐增大,而 i_{C1} 逐渐减小至零,晶体管 T_1 截止。i_{C1}、i_{C2} 及 i_L 的波形如图 10.3.2(b)。可见,两管轮流导通的交替比较平滑,在负载上得到的电流 i_L 和电压 v_O 的波形,更接近于理想的正弦波,从而克服了交越失真。

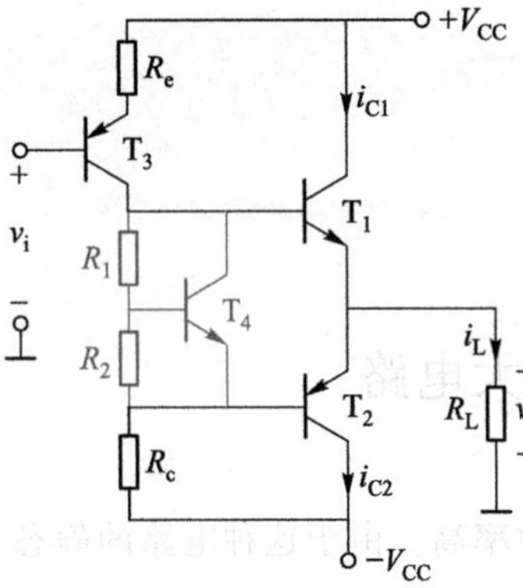

图 10.3.3　利用 V_{BE4} 扩展电路的甲乙类互补对称电路

另一种偏置的甲乙类互补对称电路如图 10.3.3 所示。图中,晶体管 T_4、电阻 R_1 和 R_2 组成 V_{BE} 扩展电路。由于流入 T_4 的基极电流远小于流过 R_1、R_2 的电流,利用 T_4 管的 V_{BE4} 基本为一固定值(硅管约为 0.6～0.7 V),由图可求出 $V_{CE4}=V_{BE4}(R_1+R_2)/R_2$。因此,只要适当调节 R_1、R_2 的比值,就可改变 T_1、T_2 的偏压值。这种方法在集成电路中经常用到。

10.3.2　准互补对称功率放大电路

当负载输出功率比较大时,上述甲乙类互补对称电路中的 T_1、T_2 管需要采用大功率管,而大功率互补管要做到特性完全对称比较困难;同时,由于 T_1、T_2 的输出电流很大,其基极电流必然也很大,对于由小功率管组成的推动级来说,难以实现。为了解决这两方面的问题,采取的措施是功率输出级的晶体管采用复合管。

采用复合管组成的互补对称电路称为准互补对称功率放大电路,如图 10.3.4 所示。图中的 T_1、T_3 复合管为 NPN 型,代替图 10.3.3 中的 T_1,而 T_2、T_4 复合管为 PNP 型,代替图 10.3.3 中的 T_2;电阻 R_{e1}、R_{e2} 的阻值比较小,分别作为正、反向输出电流保护,如果输出端短路,电流猛增,在 R_{e1} 和 R_{e2} 上产生较强的电流负反馈,限制了输出管的电流,使功率管免遭损坏。而且 R_{e1}、R_{e2} 还具有改善非线性失真和稳定静态工作点的作用。电阻 R_{e3}、R_{c4} 的作用是调整 T_1、T_2 的静态工作点,改善复合管的性能。

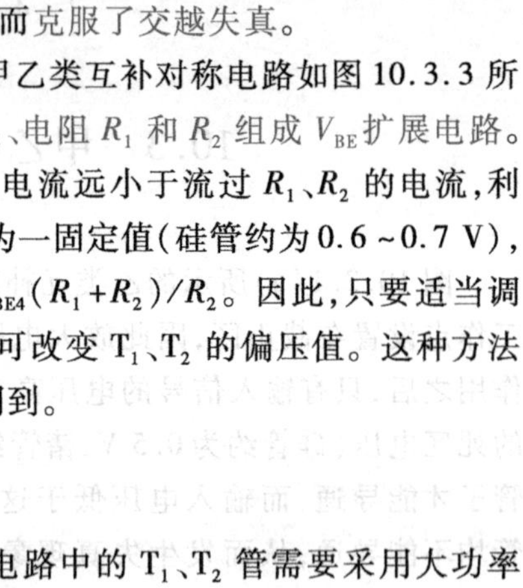

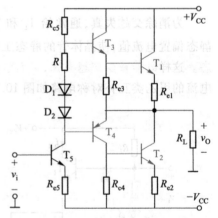

图 10.3.4　准互补对称功率放大电路

上述的乙类互补对称电路、甲乙类互补对称电路和准互补对称电路均为双电源电路,而且输出端与负载的连接不用耦合电容,所以又称为无输出电容(Output Capacitionless)功率放大电路,简称 OCL 电路。

OCL 互补对称功率放大电路的优点是结构简单,效率高,容易小型化,适用于集成电路。但是对负载电阻的阻值要求需在一定范围内,当负载电阻 R_L 较大或较小时,功率管的定额难以满足要求,故在某些情况下需采用变压器耦合功率放大电路。

对于实际的甲乙类互补对称电路，为了提高效率，在设置偏压时，应尽可能地接近乙类，所以通常甲乙类互补对称电路的输出功率、电源供给功率、效率及管耗等参数的估算可近似按前述的乙类互补功率放大电路来处理。

10.3.3 甲乙类单电源互补对称电路

图 10.3.5 是采用一个电源的互补对称原理电路，与图 10.3.2(a)相比省去了一个负电源($-V_{CC}$)，并在电路输出端和负载 R_L 间加接了一大电容 C。静态时，由于电路对称，$i_{C1}=i_{C2}$，$i_L=0$，$v_O=0$，从而使两管公共射极电位为 $V_{CC}/2$。

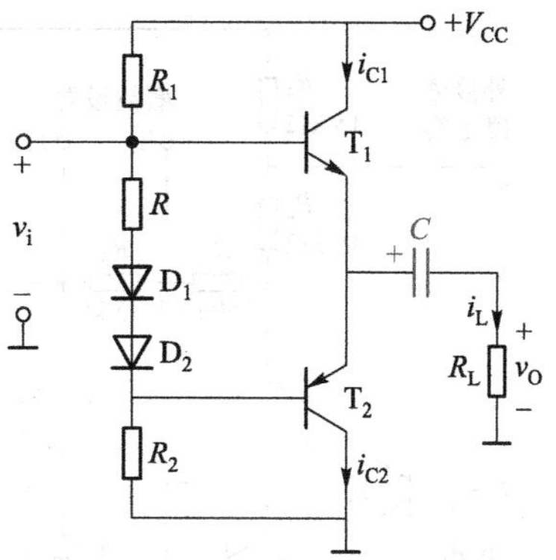

图 10.3.5 甲乙类单电源互补对称功率放大电路

在输入信号的正半周，T_1 导通，T_2 截止，电源通过 T_1 向负载 R_L 提供电流，同时向 C 充电，R_L 获得正半周输出电压，此时电容 C 上的电压近似为 $V_{CC}/2$；在输入信号的负半周，T_2 导通，T_1 截止，则已充电的电容 C 起着图 10.3.2(a)中电源($-V_{CC}$)的作用，通过 T_2 向负载 R_L 放电，R_L 获得负半周输出电压。只要选择时间常数 R_LC 足够大(比信号的最长周期还大得多)，就可以认为用电容 C 和一个电源 V_{CC} 可代替原来的 $+V_{CC}$ 和 $-V_{CC}$ 两个电源的作用。

可以看出，T_1、T_2 的工作电压均为 $V_{CC}/2$，即输出电压幅值 V_{om} 最大也只能达到约 $V_{CC}/2$，所以在计算功率放大电路各项指标时，要用 $V_{CC}/2$ 代替原来公式中的 V_{CC}。

图 10.3.5 所示的单电源互补对称电路，由于输出端采用了电容耦合而不用变压器，因而此种电路常被称为无输出变压器(Output Transformerless)电路，简称 OTL 电路。

10.4 集成功率放大电路

PPT 10.4
集成功率放大电路

集成功率放大电路种类繁多，应用广泛，主要分为通用型和专用型两大类。通用型是指可以用于多种场合的电路，专用型则指用于某种特定场合，如收音机、电视机中的专用功率放大电路。无论哪一种，其内部电路一般均为 OTL 或 OCL 电路。集成功放除了具有分立元件 OTL 或 OCL 电路的优点，还具有体积小、工作可靠稳定、使用方便等优点，下面就两种类型的集成功率放大电路分别作一介绍。

10.4.1 LM386 通用型集成功率放大电路

LM386 是一种频率响应宽(可达数百千赫兹)、静态功耗低(常温下 $V_{CC}=6$ V 时为 24 mW)、适用电压范围宽($V_{CC}=4\sim16$ V)的低电压通用型音频功率放大器，广泛用于收音机、对讲机、双电源转换、信号发生器和电视伴音等系统中。在电源电压为 9 V，负载电阻为 8 Ω 时，最大输出功率为 1.3 W；在电源电压为 16 V，负载电阻为 16 Ω 时，最大输出功率为 2 W。该电路外接元件少，使用时不需要加散热片。

LM386 的内部原理电路如图 10.4.1(a)所示,它由输入级、中间级和输出级组成。晶体管 $T_1 \sim T_4$ 构成复合管差分输入级,由 T_5、T_6 构成的镜像电流源作为有源负载。输入级的单端输出信号传送至由 T_7 组成的共射电路中间级,恒流源作为 T_7 管的有源负载,可实现高增益电压放大。T_9、T_{10} 组成 PNP 型复合管,与 NPN 型 T_8 管构成互补对称输出级。二极管 D_1、D_2 为输出级提供合适的直流偏置,以消除交越失真。

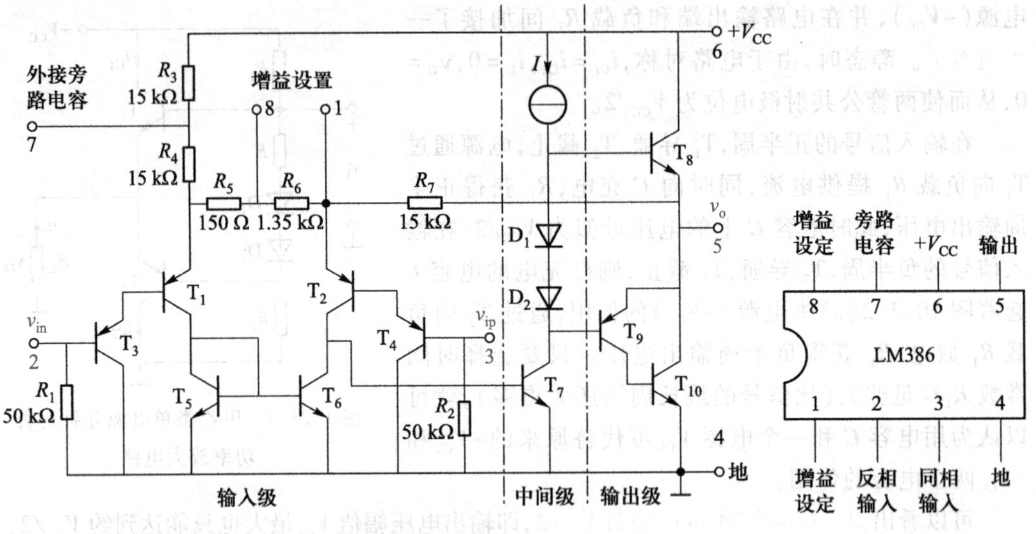

(a) 内部原理电路　　(b) LM386引脚图

图 10.4.1　LM386 集成功率放大器

为了改善电路的性能,通过电阻 R_7 引入了交、直流负反馈。当 1 脚和 8 脚开路时,电压增益为 20,如果在 1 脚和 8 脚之间接阻容串联元件,则最高电压增益可达 200。改变阻容值则电压增益可在 20 ~ 200 之间任意选取,其中电阻值越小,电压增益越大。

10.4.2　SHM1150II 专用型集成功率放大电路

SHM1150II 型电路由于输出级采用了 MOS 功率管,使输出功率得到了很大提高。其特点是应用十分方便,接上电源即可作为双电源互补对称电路直接使用,该电路在 ±12 ~ ±50 V 电压下正常工作,电路的最大输出功率可达 150 W。

图 10.4.2(a)为 SHM1150II 型集成功率放大器的内部电路图。由 T_1、T_2 组成差分输入级。其中 T_1 的集电极输出的 v_{o1} 与 v_i 成反相关系,T_4、R_8 组成电压跟随器,使 $v_{e4} \approx v_{o2}$,这样加在 T_5 发射结的输入信号 $v_{be5} = v_{o1} - v_{e4} \approx v_{o1} - v_{o2}$,信号由 T_5 集电极输出,T_5 完成了将输入级 T_1、T_2 上的双端输出信号转换为单端输出信号。T_5 以电流源 I_2 作有源负载构成高增益的中间放大级。T_7、T_8 为互补对称电路,用于驱动 MOS 管 T_9 和 T_{10}。T_6、R_9、R_{10} 组成 V_{BE} 扩大电路,其作用是为 T_7、T_8 提供适当的直流偏置,以防止 T_9、T_{10} 产生交越失真。由 R_f 和 R_2 引入电压串联负反馈来稳定电路的增益和静态工作点。

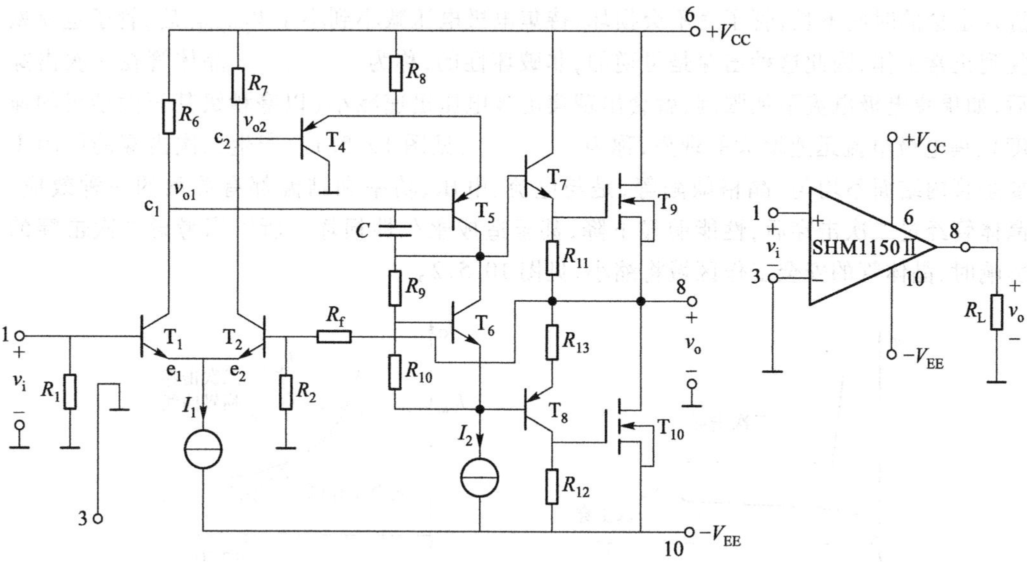

(a) 内部原理电路　　(b) 外部接线图

图 10.4.2　SHM1150II 型集成功率放大器

PPT 10.5
功率器件和散热

10.5　功率器件和散热

10.5.1　双极型功率晶体管

功率放大电路使用的双极型功率晶体管不同于电压放大电路使用的普通晶体管，它具有一个大面积的集电结，并且为了改善散热条件，其集电极衬底通常与它的金属外壳保持良好接触。除此以外，功率晶体管还具有以下特性。

1. 大电流特性

当双极型晶体管的射极电流过大时，从发射区注入基区的少数载流子过多，造成集电结宽度收缩，使有效基区变宽、基区复合电流加大、集电极电流减小，导致晶体管的电流放大系数减小。因而大功率双极型晶体管的 β 比较小（约 10 ~ 20），需要比较大的基极驱动电流，给驱动电路增加了负担。

利用小功率管驱动大功率管的方法构成复合管（也称达林顿管）可以提高电流放大系数 β。用两个以上晶体管构成的复合管，β 可以达到几百倍到几千倍。复合管虽然可以提高电流放大系数 β，但饱和压降却增加了，增大了功率管的损耗。这就使得功率管比较容易因发热而损坏，使用中要特别注意功率管的散热问题。

2. 二次击穿现象

在实际工作中，虽然双极型功率管的参数满足由 P_{CM}、I_{CM} 和 $V_{(BR)CEO}$ 所规定的安全工作条件，但有时会出现管子的性能突然显著下降的现象，这种现象常常是功率管的二次击穿引起的。

对于集电极电压超过 $V_{(BR)CEO}$ 而引起的击穿，只要外电路适当控制击穿后的电流，且进入击穿的时间不长，管子就不会损坏，待集电极电压减小到小于 $V_{(BR)CEO}$后，管子也就恢复到正常工作，因此这种击穿是可逆的，非破坏性的，称为一次击穿。晶体管在一次击穿后，如果集电极电流不加限制，就会出现集电极电压迅速减小（以毫秒级甚至微秒级的速度）、集电极电流迅速增大的现象，称为二次击穿，见图 10.5.1。产生二次击穿的原因主要是管内结面不均匀、晶格缺陷等，是与电流、电压、功率和结温都有关系的一种效应。晶体管经过二次击穿后，性能明显下降，甚至造成永久性损坏。所以当考虑二次击穿的影响时，晶体管的安全工作区域将缩小，见图 10.5.2。

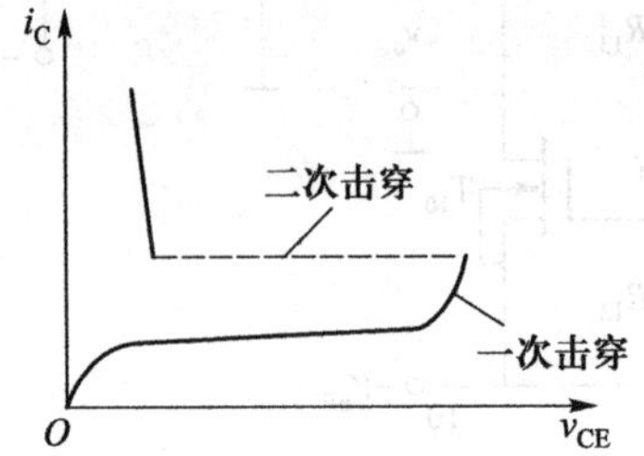

图 10.5.1　二次击穿现象

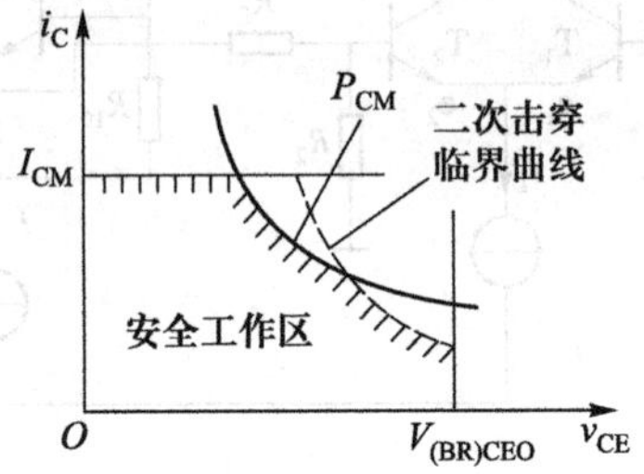

图 10.5.2　BJT 的安全工作区

由以上讨论可知，要提高功率 BJT 可靠性，主要途径是使用时要降低额定值，一般推荐使用下面几种方法来降低额定值：

（1）在最坏的条件下（包括冲击电压在内），工作电压不应超过极限值的 80%；

（2）在最坏的条件下（包括冲击电流在内），工作电流不应超过极限值的 80%；

（3）在最坏的条件下（包括冲击功耗在内），工作功耗不应超过器件最大工作环境温度下的最大允许功耗的 50%；

（4）工作时，器件的结温不应超过器件允许的最大结温的 70% ~80%。

10.5.2　功率 MOS 器件

第 4 章介绍的 MOS 管属于小功率 MOS 管，是横向结构型管子，对散热不利，因而无法承受较大的功率。为了适应大功率的要求，20 世纪 70 年代出现了一种 V 形开槽的纵向 MOS，称为 VMOS。下面以 N 沟道 VMOSFET 为例对其结构和特性作一简要介绍。

1. VMOS 管的结构

图 10.5.3 是 N 沟道 VMOSFET 的结构剖面图。它以 N^+ 型硅材料衬底作漏极，在此基础上依次制作出低掺杂的 N^- 型外延层、P 型层和高掺杂的 N^+ 型层源极区，最后利用光刻的方法沿垂直方向刻出一个 V 形槽，并在 V 形槽表面生长一层二氧化硅，再覆盖一层金属铝，形成栅极。

当栅极加正电压时，靠近栅极 V 形槽下面的 P 型层两边表面上将形成一个反型层 N 型导电沟道（图中未画出）。在漏-源之间加正电压，则电子从源极通过两个沟道，达到 N^- 外延层，再通过 N^+ 衬底流入漏极。可见电子沿导电沟道的运动是纵向的，它与第 4 章介绍的载流子是横向从源极到漏极的小功率 MOSFET 不同。因此这种器件被命名为 VMOS。

由图 10.5.3 可见，VMOS 管的漏区面积大，有利于散热，且 P 层与 N^- 外延层形成一反偏的 PN 结，它的耗尽层大多位于掺杂更轻的外延层中。N^- 外延层的正离子浓度低，电场强度低，因此漏极与源极之间的反向击穿电压较高，有利于制作成大功率器件。目前，有的功率 MOS 管耐压可达 1 000 V 以上，最大连续电流达 200 A。

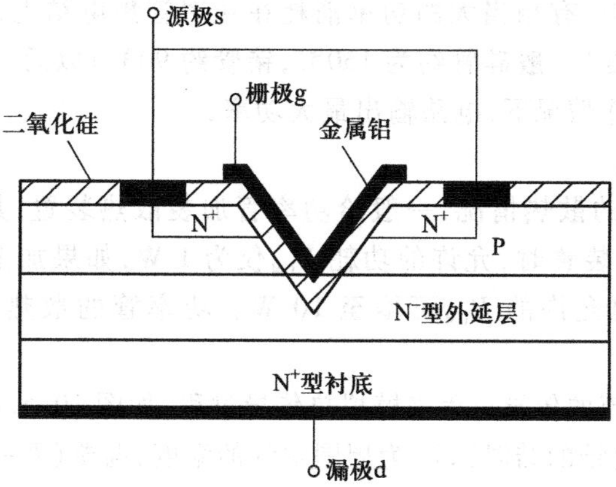

图 10.5.3 VMOSFET 结构剖面图

2. VMOS 管的特点

(1) VMOS 管是电压控制电流器件，输入电阻极高，因此所需驱动电流极小，可用微型计算机或集成控制器的输出直接驱动。

(2) VMOS 管只有多数载流子参与导电，而且极间电容小，其开关时间短（小于 50～100 ns），特征频率高（$f_T \approx 600$ MHz），所以 VMOS 管可用于高频电路或开关式稳压电源等。

(3) 由于漏源电阻为正温度系数，当器件温度上升时，电流受到限制，所以 VMOS 管不会出现二次击穿，温度稳定性高。

(4) 导通电阻（$r_{DS(on)}$）小。

10.5.3 绝缘栅双极型功率晶体管（IGBT）

为了克服大功率 MOSFET 的导通电阻对其功率容量的限制，出现了采用 MOS 管与双极型晶体管相结合的绝缘栅双极型晶体管（isolated gate bipolar transistor），简称 IGBT。它兼顾了 MOSFET 和双极型晶体管各自的优点，扬长避短，使其特性更加优越。因为它具有输入阻抗高、工作速度快、通态电阻低、阻断电阻高、承受电流大的特点，所以发展快、应用广，成为当前功率半导体器件发展的重要方向。

图 10.5.4 是 IGBT 的符号及等效电路。图 10.5.4(a) 中 T_1 是 PNP 管，T_2 是增强型 MOS 管。IGBT 在加入正栅极电压后形成导电沟道，T_2 管导通并形成 T_1 管基极电流，则 IGBT 导通；当栅极电压为负时，沟道消失，T_1 管基极电流切断，使 IGBT 关断。由于 IGBT 具有高耐压、大电流、高开关速度及低噪声的特点，广泛应用于通用逆变器、DC-DC 交换器、高精度数控机床、不间断电源（UPS）、机器人和家用电器等领域。目前已研制出 1 800 V/1 000 A 的 IGBT。

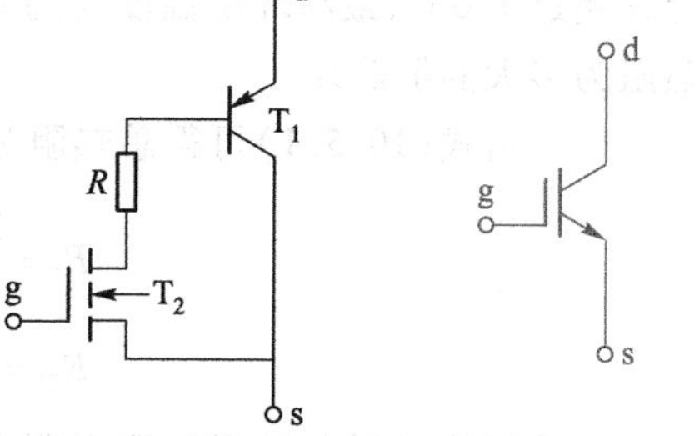

(a) 等效电路 (b) 图形符号

图 10.5.4 IGBT 的等效电路及符号

10.5.4　功率器件的散热

在功率放大电路中，有相当大的功率消耗在功率管集电结上，使结温和壳温升高。当结温升高到一定程度(一般硅管约为 150℃，锗管约 90℃)以后，管子就会损坏。为了保证在功率管正常工作情况下，电路输出最大功率，功率管的散热就成为功放电路需要考虑的一个重要问题。

为了改善功率管的散热情况，一般给功率管加装散热装置，其效果十分明显。以 3AD6 为例，不加散热装置时，允许的功耗 P_{CM} 仅为 1 W，如果加上 120 mm×120 mm×4 mm 的铝散热板，则允许的 P_{CM} 可增至 10 W。功率管的散热示意图如图 10.5.5 所示。

工程上一般用电流的传导过程来模拟热传导过程，如图 10.5.6 所示。图中 T_j 为热源的温度(功率管集电结的结温)，T_a 为周围空气的温度，温差(T_j-T_a)比作电位差，传输的热功率 P_{CM} 比作电流 I，热传导过程中受的阻力用热阻 R_T 表示，单位为℃/W，相应比作电阻 R，则它们之间的关系为

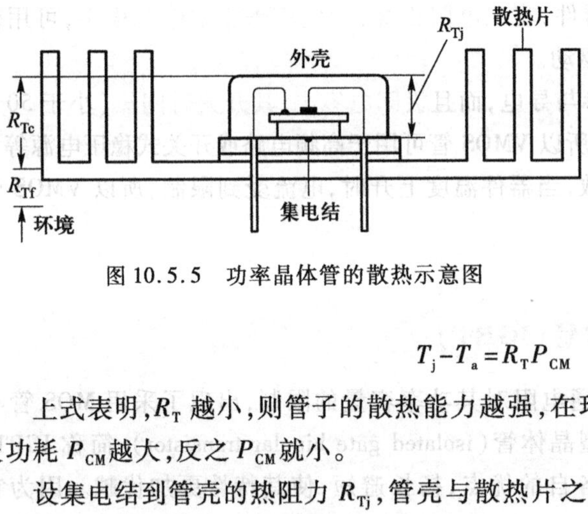

图 10.5.5　功率晶体管的散热示意图

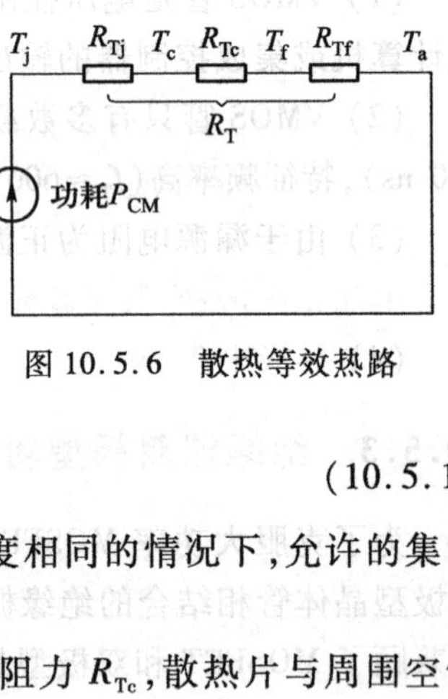

图 10.5.6　散热等效热路

$$T_j-T_a=R_TP_{CM} \tag{10.5.1}$$

上式表明，R_T 越小，则管子的散热能力越强，在环境温度相同的情况下，允许的集电极功耗 P_{CM} 越大，反之 P_{CM} 就小。

设集电结到管壳的热阻力 R_{Tj}，管壳与散热片之间的热阻力 R_{Tc}，散热片与周围空气的热阻为 R_{Tf}，则总的热阻可近似为

$$R_T=R_{Tj}+R_{Tc}+R_{Tf} \tag{10.5.2}$$

【例 10.5.1】　某功率电路中采用双极型晶体管，其允许功耗为 10 W，若最高结温不允许超过 120℃，最高环境温度大约是 40℃，已知 $R_{Tj}=2℃/W$，$R_{Tc}=1℃/W$，试求应选用热阻为多大的散热片。

解　由式(10.5.1)可得总热阻为

$$R_T=\frac{T_{jmax}-T_{amax}}{P_{CM}}=8℃/W$$

$$R_{Tf}=R_T-R_{Tj}-R_{Tc}=5℃/W$$

应选用热阻不大于 5℃/W 的散热片。

PPT 10.6
功率放大电路应用举例

10.6 功率放大电路应用举例

10.6.1 含有功率放大电路的朗读助记器

朗读助记器的整体电路如图 10.6.1 所示，虚线框内为第三部分，是一个带自举升压功能的 OTL 功率放大电路，第一部分及第二部分电路前面章节已介绍，下面重点对第三部分电路的自举升压功能的原理进行介绍。

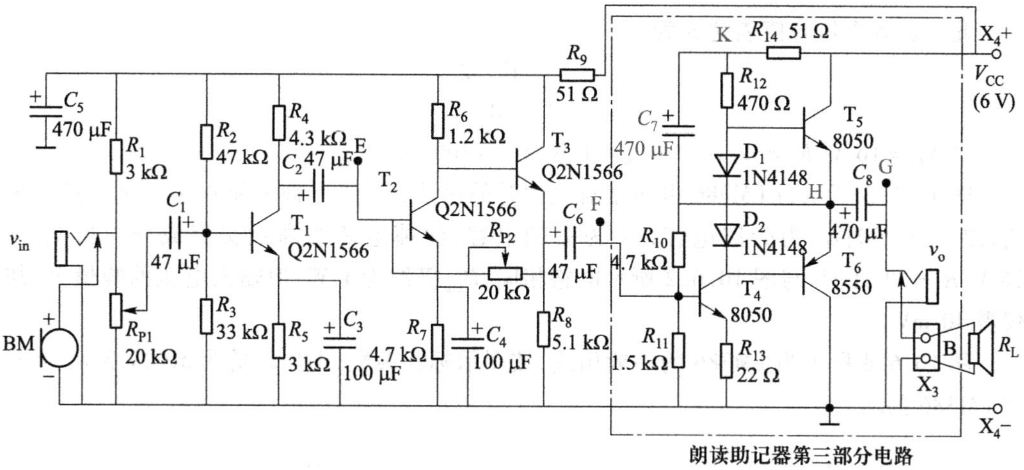

图 10.6.1 朗读助记器整体电路原理图

经过第二部分电路放大的音频信号经 C_6 耦合到 T_4 基极，放大后从 T_4 集电极输出送到输出级，T_5 和 T_6 构成 OTL 电路。D_1 和 D_2 用来减小交越失真，电阻 R_{14}和电容 C_7 构成自举升压电路。如果没有此自举升压电路，OTL 电路输出电压幅值 V_{om}实际上明显小于理想值 $V_{CC}/2$。为什么会出现这种情况呢？我们以 T_4 输出信号的正半周为例来加以说明，此时 T_5 导通，T_5 的基极电流增加，由于 R_{12}上的压降以及 v_{BE5}的存在，当 H 点电位向 $+V_{CC}$接近时，T_5 的基极电流将受限制而不能增加很多，因而也就限制了 T_5 输向负载的电流，使负载 R_L 两端得不到足够的电压变化量，致使 V_{om}明显小于 $V_{CC}/2$。如果将 K 点电位提高，使 $V_K>+V_{CC}$，即可解决此问题。

加有自举升压 R_{14}和 C_7 后，静态工作时，$v_K=V_K=V_{CC}-I_{C4}R_{14}$，而 $v_H=V_H=V_{CC}/2$，因此电容 C_7 两端电压被充到 $V_{C7}=V_{CC}/2-I_{C4}R_{14}$。由于 C_7 容量足够大，可以认为其交流短路，其上电压 v_{C7}基本为常数（$v_{C7}\approx V_{C7}$），不随音频信号而改变。这样，当 T_4 输出的音频信号为正时，T_5 导通，v_H 将由 $V_{CC}/2$ 向更正方向变化，考虑到 $v_K=v_{C7}+v_H=V_{C7}+v_H$，显然，随着 H 点电位升高，K 点电位 v_K 也自动升高。如此一来，即便输出电压幅度升得很高，也能保证 T_5 有足够的基极电流而充分导通，因此该电路称为自举电路，电容 C_7 称为自举电容。

10.6.2 LM386 应用实例

1. LM386 组成 OTL 电路

图 10.6.2 所示为 LM386 的一种基本用法，也是外接元件最少的一种用法，C_1 为输

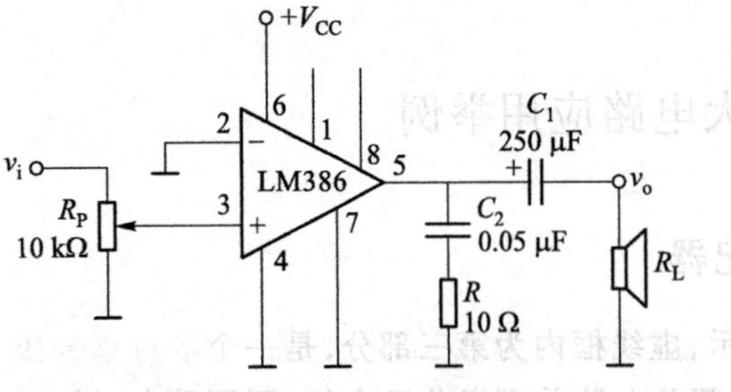

图 10.6.2　LM386 外接元件最少用法

出电容。由于引脚 1 和 8 开路，集成功放的电压增益为 26 dB，即电压放大倍数为 20。利用 R_P 可调节扬声器的音量。R 和 C_2 串联构成校正网络用来进行相位补偿。

静态时输出电容上电压为 $V_{CC}/2$，LM386 的最大不失真输出电压的峰-峰值约为电源电压 V_{CC}。最大功率表达式为

$$P_{om}=\frac{1}{2}\times\frac{(V_{CC}/2)^2}{R_L}=\frac{V_{CC}^2}{8R_L}$$

此时输入电压峰值表达式为

$$V_{im}=\frac{V_{CC}/2}{A_v}$$

当 $V_{CC}=16$ V、$R_L=32$ Ω 时，$P_{om}\approx 1$ W，$V_{im}\approx 400$ mV。

图 10.6.3 所示为 LM386 电压增益最大时的用法，C_2 使引脚 1 和 8 在交流通路中短路，使 $A_v\approx 200$；C_5 为旁路电容，C_1 为去耦电容，滤掉电源的高频交流成分。当 $V_{CC}=16$ V、$R_L=32$ Ω 时，与图 10.6.2 所示电路相同，P_{om} 仍约为 1 W，但输入电压的峰值 V_{im} 却仅需 40 mV。

图 10.6.4 所示为 LM386 的一般用法，按图示标注参数，电压增益为 50，改变 R_2 可改变 LM386 的增益。

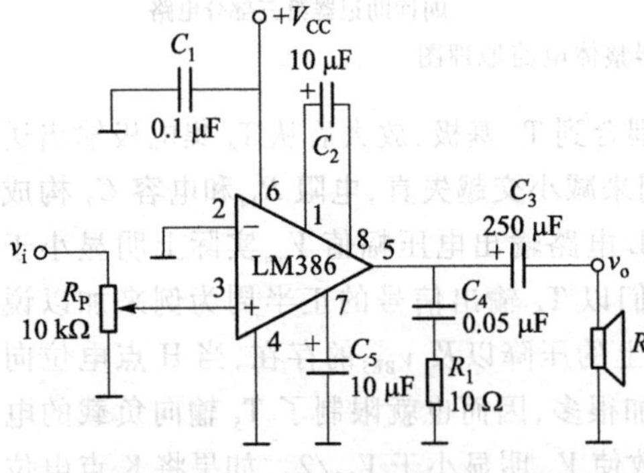

图 10.6.3　LM386 电压增益最大用法

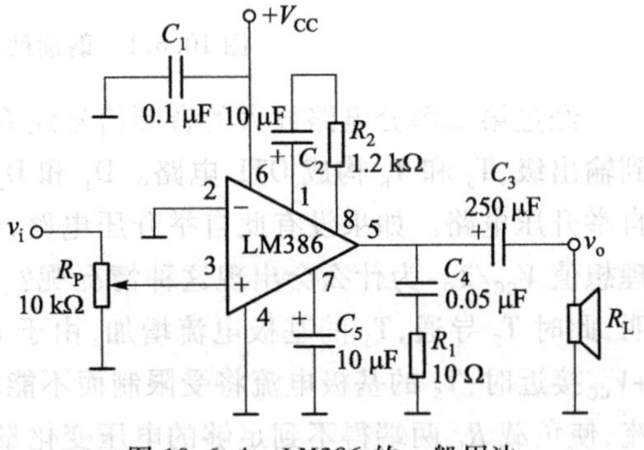

图 10.6.4　LM386 的一般用法

2. LM386 组成 BTL 电路

BTL(bridge-tied-load)意为桥接式负载，BTL 功率放大电路也称为平衡桥式功率放大电路。它由两组对称的 OTL 或 OCL 电路组成，负载接在两组 OTL 或 OCL 电路输出端之间，其中一个放大器的输出是另外一个放大器的镜像输出，也就是说加在负载两端的信号仅在相位上相差 180°，负载上将得到原来单端输出的 2 倍电压，从理论上来讲电路的输出功率将增加 4 倍。在单电源的情况下，BTL 可以不用输出电容，充分利用了系统电压，因此 BTL 结构常应用于低电压系统或电池供电系统中。在汽车音响中当每声道功率超过 10 W 时，大多采用 BTL 形式。

图 10.6.5 为 BTL 功率放大电路原理图。静态时，电桥平衡，负载 R_L 中无直流电流。动态时，在 v_i 正半周，T_1、T_4 导通，T_2、T_3 截止，流过负载 R_L 的电流如图中实线所示；在 v_i

负半周，T_1、T_4 截止，T_2、T_3 导通，流过负载 R_L 的电流如图中虚线所示。忽略晶体管的饱和压降，则 $V_{om}=V_{CC}$，在负载上可得到幅度为 V_{CC} 的输出信号电压，此时输出最大功率 $P_{om}=\frac{V_{CC}^2}{2R_L}$，比原 OTL 电路提高 4 倍。

由 LM386 组成的 BTL 电路如图 10.6.6 所示。其中 LM386(1)接成同相放大器，LM386(2)接成反相放大器。因 1 脚和 8 脚开路，所以每片 LM386 的电压增益为 20 倍，电路总增益为 40 倍。因两片 OTL 功放的静态输出都是电源电压$+V_{CC}$的一半，所以负载上无静态信号。当两片 OTL 的输入端同时加入信号后，由于两端输出相位相反，因此负载上的电压为单个 OTL 驱动时输出电压信号的两倍，从而使最大输出功率增大到单个 OTL 驱动的 4 倍。

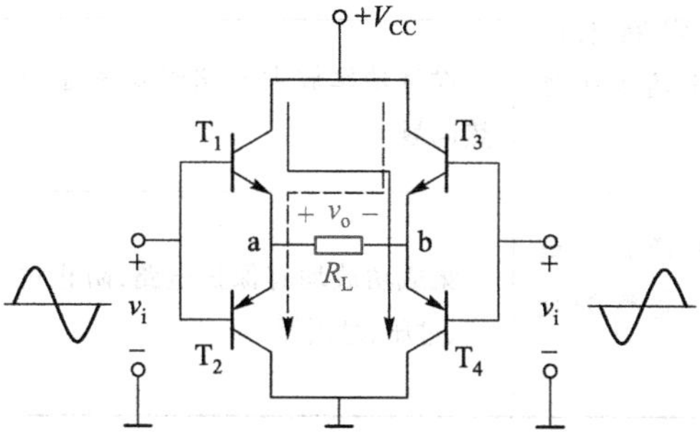

图 10.6.5　BTL 功率放大电路原理图

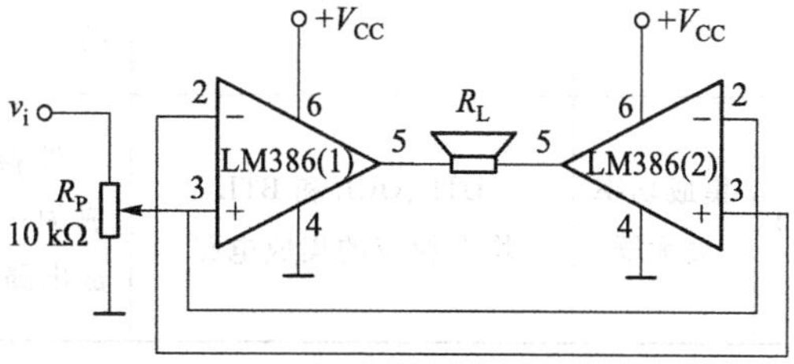

图 10.6.6　由 LM386 组成的 BTL 电路

本章小结

表 10.1　本章重要概念、知识点及需熟记的公式

1	功率放大电路	在保证管子安全工作的条件下，在允许的失真范围内，高效率的输出尽可能大的输出功率	采用图解分析法 功放管通常极限应用 OCL、OTL、BTL	是一种电压增益近似为 1，但电流增益很大的电路，从而能够输出大功率
2	乙类互补对称功率放大电路 OCL(图 10.2.1)	电路上下对称，两管为互补型，管子轮流半周导通，工作在乙类，负载上合成完整周期的信号	效率高 有交越失真	$P_{om}=\frac{V_{CC}^2}{2R_L}$，$P_V=\frac{2}{\pi}\frac{V_{CC}V_{om}}{R_L}$， $\eta=\frac{\pi}{4}\frac{V_{om}}{V_{CC}}$，$\eta_{max}\approx78.5\%$ $P_V=P_o+P_T$，$P_{T1m}=P_{T2m}\approx0.2P_{om}$， $P_{CM}>0.2P_{om}$，$\lvert V_{(BR)CEO}\rvert>2V_{CC}$， $I_{CM}>V_{CC}/R_L$

续表

3	甲乙类互补对称功率放大电路	使功放管处于微导通状态，可消除交越失真（利用二极管或 v_{BE} 扩展电路偏置）	双电源甲乙类互补对称功率放大电路（OCL）	分析计算与乙类放大电路一致
			单电源甲乙类互补对称功率放大电路（OTL）	分析计算用 $V_{CC}/2$ 代替原公式中的 V_{CC}
4	新型功率器件	VMOSFET	具有开关速度快、损耗低、驱动电流小与输入阻抗高、通态电阻低、阻断电阻高、承受电流大等独特的优点	选择功率管时，应保证极限参数的要求，并留有一定裕量
		IGBT		设计功率放大电路时要考虑散热问题
5	集成功率放大器	OTL、OCL 和 BTL 均有相应的集成电路	外接少量元件就成为一个完整的功放电路	集成功放均有保护电路，防止过流、过压、过损耗

习　　题

10.1　在性能要求上，功率放大电路与小信号放大电路相比较，有什么不同？

10.2　功率管的最大输出功率是否仅受其极限参数限制？为什么？

10.3　一功率放大电路要求输出功率 $P_o = 1\,000$ W，当集电极效率 η 由 40% 提高到 70% 时，试问直流电源提供的直流功率 P_V 和功率管耗散功率 P_C 各减小多少？

10.4　Consider the circuit in Fig. P10.4. The supply voltage is $V_{CC} = 12$ V and the R_L resistor value is 8 Ω. The transistor parameters are $I_{CM} = 2$ A, $|V_{(BR)CEO}| = 30$ V and $P_{CM} = 5$ W.

(1) Determine the maximum power P_{om}. Verify that the maximum ratings of each transistor are not exceeded under maximum signal condition.

(2) If the circuit efficiency is $\eta = 0.6$, calculate the output power P_o.

10.5　Refer to the complementary-symmetry cicuit in Fig. P10.4 operating with a pair of power supply. The circuit parameters are $V_{CC} = 12$ V and $R_L = 16$ Ω.

(1) Find the minimum required value of P_{CM} in each transistor.

(2) Determine the minimum required value of $|V_{(BR)CEO}|$.

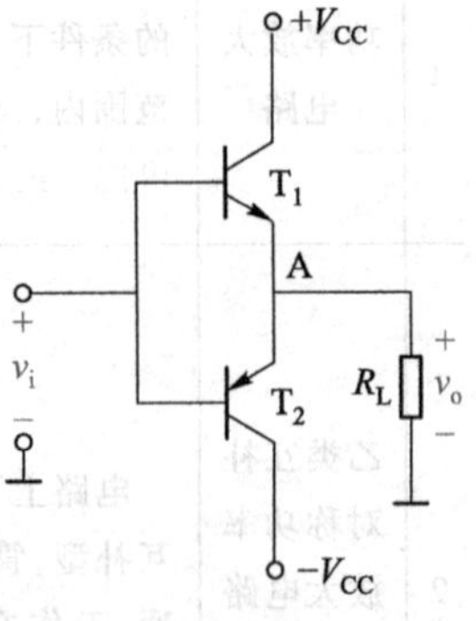

Fig. P10.4

10.6　A simplified class-B power amplifier is shown in Fig. P10.4. The circuit parameters are $R_L = 8$ Ω and $P_{om} = 9$ W, assume the input voltage v_i is the sine wave. Determine:

(1) The minimum required value of the power supply V_{CC}.

(2) The corresponding minimum required value of I_{CM} and $|V_{(BR)CEO}|$.

(3) The power P_V supplied to the circuit.

(4) The minimum required value of P_{CM} in each transistor.

(5) The rms value of v_i.

10.7 设电路如图 P10.4 所示，管子在输入信号 v_i 作用下，在一周期内 T_1 和 T_2 轮流导通约 180°，电源电压 $V_{CC}=20$ V，负载 $R_L=8$ Ω，试计算：

(1) 在输入信号 $V_i=10$ V(有效值)时，电路的输出功率、管耗、效率和直流电源供给的功率；

(2) 当输入信号 v_i 的幅值为 $V_{im}=V_{CC}=20$ V 时，电路的输出功率、管耗、效率和直流电源供给的功率。

10.8 一单电源互补对称功放电路如图 P10.8 所示，设 v_i 为正弦波，$R_L=8$ Ω，管子的饱和压降 V_{CES} 可忽略不计。试求最大不失真输出功率 P_{om}(不考虑交越失真)为 9 W 时，电源电压 V_{CC} 至少应为多大？

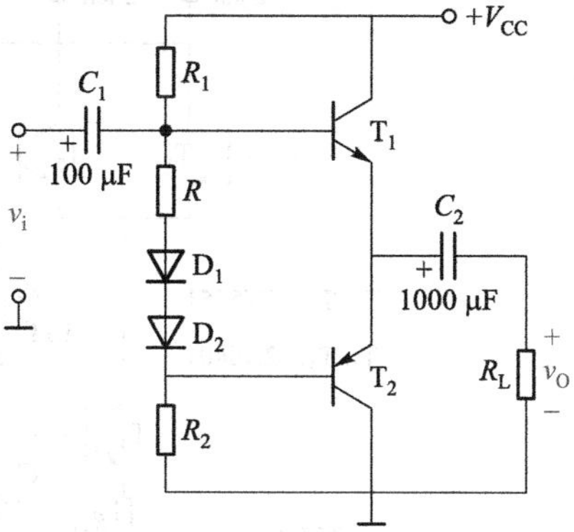

图 P10.8

10.9 一单电源互补对称电路如图 P10.8 所示，设 T_1、T_2 的特性完全对称，v_i 为正弦波，$V_{CC}=12$ V，$R_L=8$ Ω，V_{CES} 可以忽略。回答以下问题：

(1) 指出 D_1、D_2、R 的作用；

(2) 静态时，电容 C_2 两端电压应是多少？调整哪个电阻能满足这一要求？

(3) 动态时，若输出电压 v_O 出现交越失真，应调整哪个电阻？如何调整？

(4) 若 $R_1=R_2=1.1$ kΩ，T_1 和 T_2 的 $\beta=40$，$|V_{BE}|=0.7$ V，$P_{CM}=40$ mW，假设 D_1、D_2、R 中任意一个开路，将会产生什么后果？

10.10 电路如图 P10.10 所示，已知 T_1 和 T_2 的饱和管压降 $|V_{CES}|$ 及直流功耗可忽略不计。回答下列问题：

(1) R_3、R_4 和 T_3 的作用是什么？

(2) 负载上可能获得的最大输出功率 P_{om} 和电路的转换效率 η 各为多少？

(3) 设最大输入电压的有效值为 1 V。为了使电路的最大不失真输出电压的峰值达到 16 V，电阻 R_6 至少应取多少千欧？

10.11 在图 P10.11 所示电路中，已知 $V_{CC}=15$ V，T_1 和 T_2 管的饱和管压降可以忽略不计，集成运放的最大输出电压幅值为±13 V，二极管的导通电压为 0.7 V。

(1) 为了提高输入电阻，稳定输出电压，且减小非线性失真，应引入哪种组态的交流负反馈？画出图来。

(2) 若输入电压幅值足够大，则电路的最大输出功率为多少？

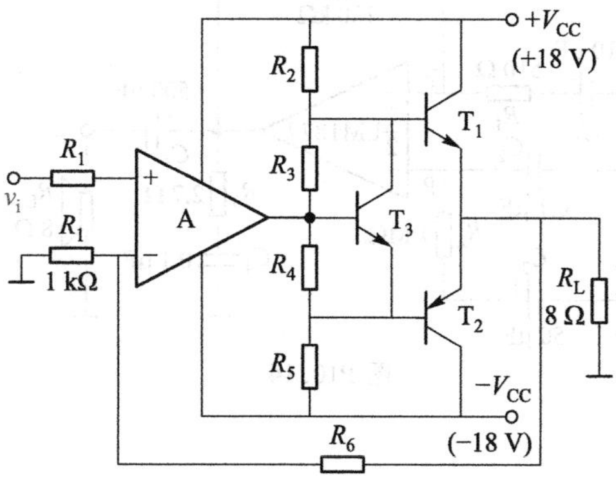

图 P10.10

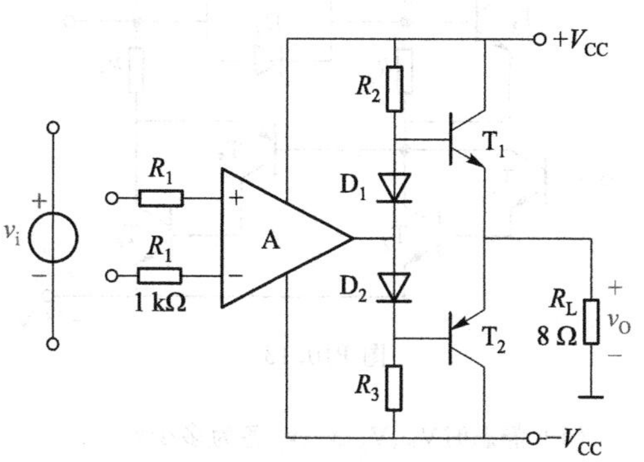

图 P10.11

(3) 若 $v_i = 0.1$ V 时，$v_o = 5$ V，则反馈网络中电阻的取值约为多少？

10.12　图 P10.12 所示为一分立元件组成的 50 W“准互补”推挽放大器，分析电路并回答以下问题：

(1) 说明晶体管 T_3、T_4 的作用？

(2) 如果输出信号出现交越失真，调整哪个元件？如何调？

(3) 定性说明 R_1、R_2 组成的网络对电路输入、输出电阻的影响。

(4) 设 v_i 的有效值为 1 V。计算 v_o 的峰值电压。

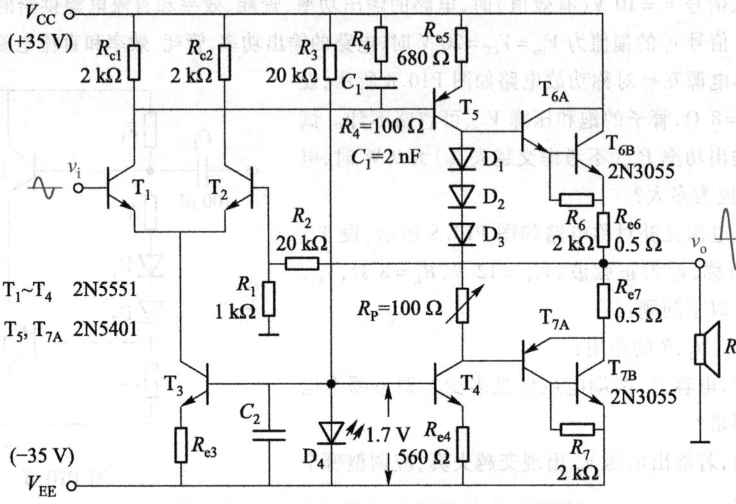

图 P10.12　50W 准互补推挽放大器电路

10.13　某集成电路的输出级如图 P10.13 所示。试说明：

(1) R_1、R_2 和 T_3 组成什么电路，在电路中起何作用；

(2) 恒流源 I 在电路中起何作用；

(3) 电路中引入了 D_1、D_2 作为过载保护，试说明其理由。

10.14　LM1877N-9 为 2 通道低频功率放大电路，单电源供电，最大不失真输出电压的峰峰值 $V_{opp} = (V_{CC} - 6)$ V，开环电压增益为 70 dB。图 P10.14 所示为 LM1877N-9 中一个通道组成的实用电路，电源电压为 24 V，负载为 8 Ω，$C_1 \sim C_3$ 对交流信号可视为短路；R_3 和 C_4 起相位补偿作用。

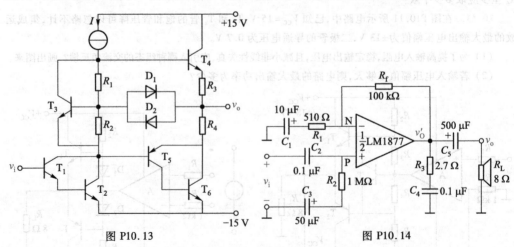

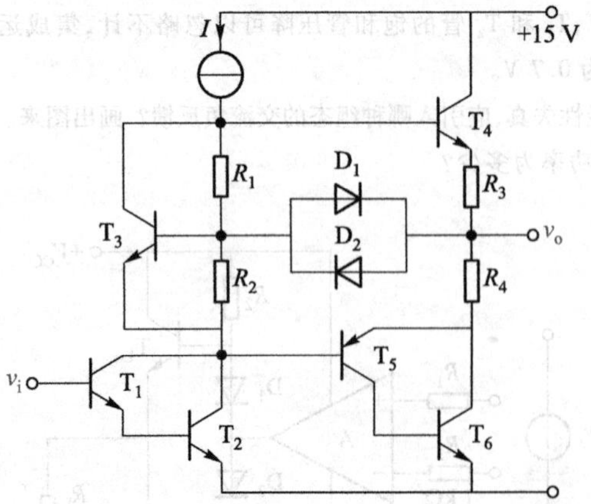

图 P10.13

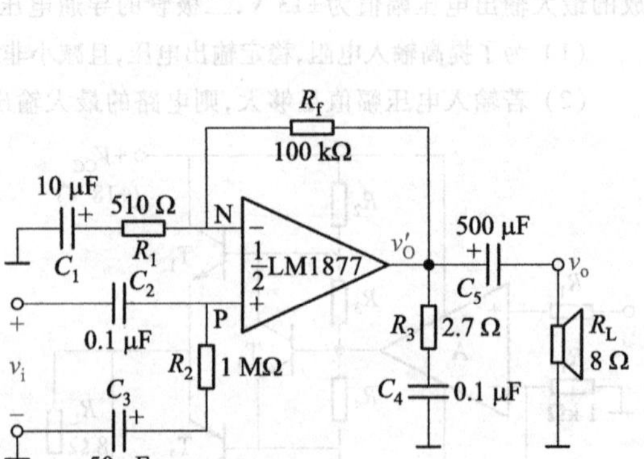

图 P10.14

(1) 静态时 V_P、V_N、v_o'、v_o 各为多少？

(2) 设输入电压足够大，电路的最大输出功率 P_{om} 和效率 η 各为多少？

第 11 章 直流稳压电源

电子仪器和电子设备中电子电路的工作都需要稳定的直流电源供电。虽然有些设备(如手机、平板电脑等便携设备)可用化学电池作为直流电源,但大多数是利用电网提供的交流电源经过转换而得到直流电源的。小功率直流稳压电源一般由电源变压器、整流电路、滤波电路和稳压电路四部分组成,它的任务是将 220 V、50 Hz 的交流电压转换为幅值稳定的直流电压(几伏或几十伏),同时能提供一定的直流电流(几安甚至几十安)。

本章首先介绍整流电路和滤波电路的组成和工作原理,然后分别讨论串联型稳压电路、集成稳压电路和开关型稳压电路的工作原理及其应用。

PPT 11.1
整流滤波电路

11.1 整流滤波电路

11.1.1 单相桥式整流电路

整流电路的任务是利用具有单向导电作用的整流元件(如二极管)将正负交替变化的正弦交流电变换成为单方向的脉动电压。在小功率直流电源中,经常采用单相半波、单相全波和单相桥式整流电路,其中单相桥式整流电路应用最为普遍。

知识扩展
11.1
半波整流电路

1. 工作原理

电路如图 11.1.1(a)所示,图中电源变压器 Tr 将交流电网电压 v_1 变成整流电路要求的交流电压 v_2,四只二极管分成两对,每对串联起来工作,接成桥的形式,所以有桥式整流电路之称。图 11.1.1(b)是它的简化画法。在 v_2 的正半周,电流从变压器二次侧线圈的上端流出,只能经过二极管 D_1 流向 R_L,再由二极管 D_2 流回变压器,所以 D_1、D_2 正向导通,D_3 和 D_4 反偏截止,在负载上产生一个极性为上正下负的输出电压。在 v_2 的负半周,电流从变压器二次侧线圈的下端流出,只能经过二极管 D_3 流向 R_L,再由二极管 D_4 流回变压器,所以 D_1 和 D_2 反偏截止,D_3 和 D_4 正向导通。电流流过 R_L 时产生的电压极性仍是上正下负,与正半周时相同。

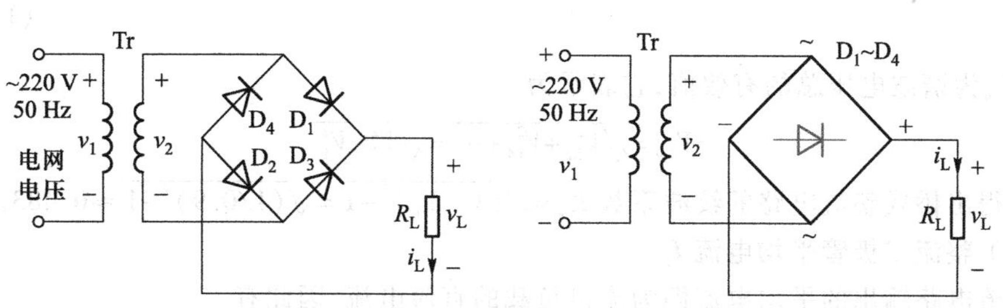

(a) 单相桥式整流电路　　(b) 简化画法

图 11.1.1　单相桥式整流电路图

微课视频
11.1.1
直流稳压电源整流部分

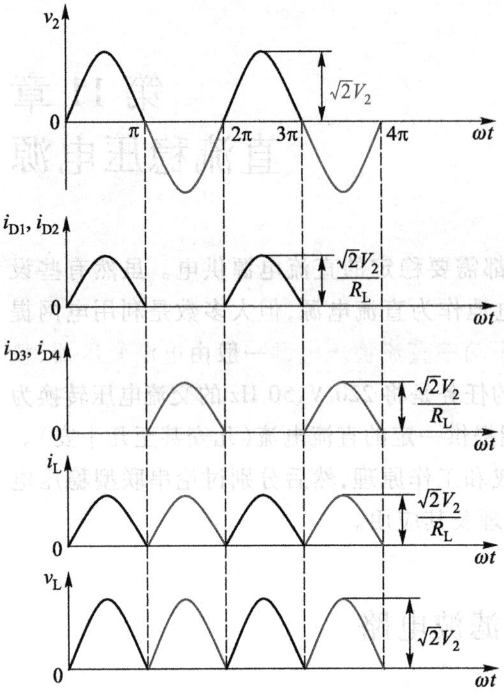

图 11.1.2　单相桥式整流电路波形

根据上述分析，可得桥式整流电路的工作波形如图 11.1.2。由图可见，通过负载 R_L 的电流 i_L 以及电压 v_L 的波形都是单方向的全波脉动波形。

2. 参数计算

(1) 整流输出电压的平均值(即负载电阻上的直流电压 V_L)

V_L 定义为整流输出电压 v_L 在一个周期内的平均值。设 $v_2=\sqrt{2}V_2\sin\omega t$，整流二极管是理想的，则根据桥式整流电路的工作波形，在 v_1 的正半周，$v_L=v_2$，且 v_L 的重复周期为 π，所以

$$V_L=\frac{1}{2\pi}\int_0^{2\pi}v_L\mathrm{d}\omega t=\frac{1}{\pi}\int_0^{\pi}\sqrt{2}V_2\sin\omega t\mathrm{d}\omega t$$

$$=\frac{2\sqrt{2}}{\pi}V_2\approx 0.9V_2 \tag{11.1.1}$$

上式也可用其他方法得到，如用傅里叶级数对图 11.1.2 中 v_L 的波形进行分解后可得

$$v_L=\sqrt{2}V_2\left(\frac{2}{\pi}-\frac{4}{3\pi}\cos 2\omega t-\frac{4}{15\pi}\cos 4\omega t-\frac{4}{35\pi}\cos 6\omega t\cdots\right) \tag{11.1.2}$$

式中恒定分量即为负载电压 v_L 的平均值，因此有

$$V_L=\frac{2\sqrt{2}}{\pi}V_2\approx 0.9V_2 \tag{11.1.3}$$

(2) 纹波系数 K_γ

纹波系数是反映整流输出直流电压平滑程度的一个性能指标参数。由 v_L 的傅里叶级数表达式可以看出，最低次谐波分量的幅值为 $4\sqrt{2}V_2/3\pi$，角频率为电源频率的两倍，即 2ω。其他交流分量的角频率为 4ω、6ω 等偶次谐波分量。这些谐波分量总称为纹波，它叠加于直流分量之上。常用纹波系数 K_γ 来表示直流输出电压中相对纹波电压的大小，即

$$K_\gamma=\frac{V_{L\gamma}}{V_L}=\frac{\sqrt{V_2^2-V_L^2}}{V_L} \tag{11.1.4}$$

式中，$V_{L\gamma}$为谐波电压总的有效值，它表示为

$$V_{L\gamma}=\sqrt{V_{L2}^2+V_{L4}^2+\cdots}=\sqrt{V_2^2-V_L^2}$$

所以可得出桥式整流电路的纹波系数 $K_\gamma=\sqrt{(V_2/V_L)^2-1}=\sqrt{(1/0.9)^2-1}\approx 0.483$。

(3) 整流二极管平均电流 I_D

整流电路输出的平均电流即为流过负载的直流电流，因此有

$$I_L=\frac{V_L}{R_L}=\frac{0.9V_2}{R_L} \tag{11.1.5}$$

根据桥式整流电路的原理，二极管 D_1、D_2 和 D_3、D_4 是两两轮流导通的，所以流经每个二极管的平均电流为

$$I_D=\frac{1}{2}I_L=\frac{0.45V_2}{R_L} \tag{11.1.6}$$

知识扩展 11.2 采用两个二极管的全波整流电路

(4) 最大反向电压

二极管在截止时管子两端承受的最大反向电压可以从桥式整流电路的工作原理中得出。在 v_2 正半周时，D_1、D_2 导通，D_3、D_4 截止。此时 D_3、D_4 所承受的最大反向电压均为 v_2 的最大值，即

$$V_{RM}=\sqrt{2}V_2 \tag{11.1.7}$$

同理，在 v_2 的负半周，D_1、D_2 也承受到同样大小的反向电压。

整流二极管选择的原则一般根据二极管的平均电流 I_D 和二极管所承受的最大反向峰值电压 V_{RM} 进行选择，即二极管的最大整流电流 $I_F>I_D$，反向击穿电压 $V_{BR}>V_{RM}$。

11.1.2 滤波电路

滤波电路一般由电容、电感等储能元件组成，其作用是滤除整流输出电压的波纹，进一步减小输出电压的脉动成分，使其更加平滑。根据滤波元件类型及电路组成，常见滤波电路如图 11.1.3 所示，其中图 11.1.3(a)、(d)为电容输入式滤波电路(电容 C 接在最前面)，图 11.1.3(b)、(c)为电感输入式滤波电路(电容 L 接在最前面)。电容输入式滤波适用于小功率直流电源，电感输入式滤波一般用在大功率大电流直流电源中。

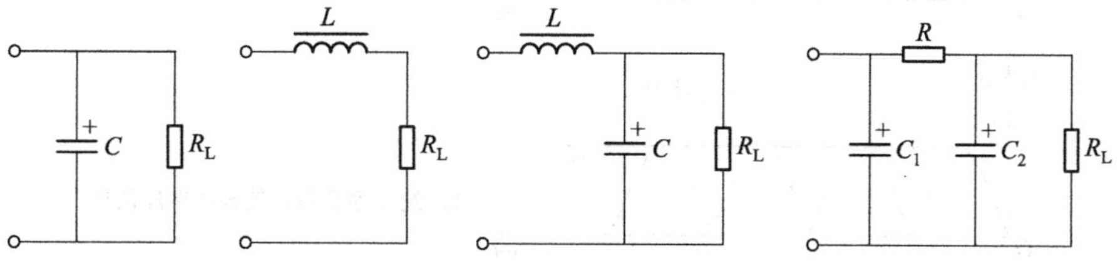

(a) 电容滤波电路 (b) 电感滤波电路 (c) 电感-电容滤波电路 (d) 电容-电阻π型滤波电路

图 11.1.3 常用滤波电路

1. 电容滤波电路

电容元件对直流信号开路，对交流信号阻抗很小，因此可以并联在负载电阻两端。采用电容滤波电路对桥式整流信号滤波，电路如图 11.1.4 所示。在分析电容滤波电路时，要特别注意电容器两端电压 v_C 对整流元件导电的影响，整流元件只有受正向电压作用时才导通，否则便截止。

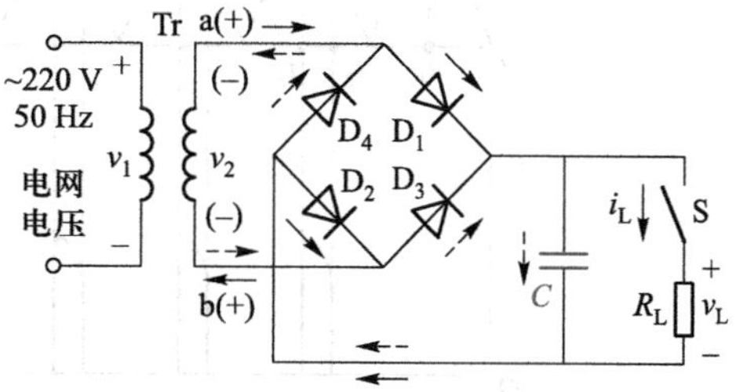

图 11.1.4 桥式整流、电容滤波电路图

(1) 负载为纯电阻(无滤波电容)，则输出波形如图 11.1.5(a)所示。

(2) 负载为纯电容($R_L\to\infty$)，设电容的初始电压为零，接入交流电源后，当 v_2 为正半周时，v_2 通过 D_1、D_2 向电容器 C 充电；v_2 为负半周时，经 D_3、D_4 向电容器 C 充电，充电

时间常数为

$$\tau_c = R_{int}C \quad (11.1.8)$$

其中 R_{int} 包括变压器二次侧线圈的直流电阻和二极管的正向电阻。由于 R_{int} 一般很小，电容器很快就充电到交流电压 v_2 的最大值 $\sqrt{2}V_2$，此后整流二极管 $D_1 \sim D_4$ 被反偏截止，电容无放电回路，输出电压（即电容器 C 两端的电压 v_C）保持为 $\sqrt{2}V_2$，输出为一个恒定的直流，如图 11.1.5(b) 所示。

(3) 滤波电容 C 与负载 R_L 同时存在，当 v_2 正半周时，D_1、D_2 导通，D_3、D_4 截止，电容被充电至峰值 $\sqrt{2}V_2$（$t=t_1$ 时刻），如图 11.1.5(c) 所示。此后 v_2 开始下降，但电容电压不能突变，导致 D_1 和 D_2 反偏截止，电容 C 通过负载 R_L 放电，放电的时间常数为

$$\tau_d = R_L C \quad (11.1.9)$$

因 τ_d 一般比较大，故电容两端的电压 v_C 按指数规律缓慢下降，由于 R_L 比二极管导通内阻大得多，故放电速度远小于充电速度。放电过程直至下一个周期 v_2 上升到和电容上电压 v_C 相等的 t_2 时刻，v_2 通过 D_3、D_4 对 C 充电，直至 $t=t_3$，二极管又截止，电容再次放电。如此循环，形成周期性的电容器充放电过程，得到比较平滑的输出直流电压。电容 C 和负载 R_L 越大，输出直流电压中锯齿状的波纹越小。在有滤波电容存在的电路中，每个二极管的导通时间均小于半个周期，脉冲电流波形如图 11.1.5(d) 所示。

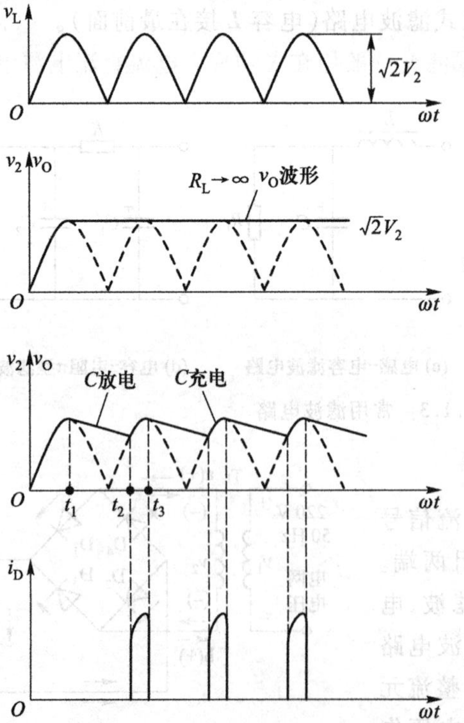

图 11.1.5　桥式整流、电容滤波时的电压、电流波形

一般情况下（接 R_L、C），输出直流电压 V_L 的估算值为：$V_L \approx 1.2V_2$。负载电流由两路整流管提供，故每个整流二极管电流等于负载电流的一半，即 $I_D = I_L/2$。

由以上分析可知，电容滤波电路有如下特点：

(1) 负载平均电压 V_L 升高,纹波(脉动成分)减小。R_LC 越大,电容放电速度越慢,则负载电压中的纹波成分越小,负载平均电压越高。

为了获得较好的滤波效果,工程中一般按下式选择滤波电容的容量

$$R_LC \geqslant (3\sim5)\frac{T}{2} \tag{11.1.10}$$

其中 T 为交流电网电压的周期。一般电容值较大(几十至几千微法),故选用电解电容器,其耐压值应大于$\sqrt{2}V_2$。

(2) 负载直流电压 V_L 随输出电流 I_L 而变化。当负载开路,即 $I_L=0(R_L\to\infty)$时,C 值一定,电容充电达到最大值,此时 $V_L=\sqrt{2}V_2$。当 I_L 增大(即 R_L 减小)时,电容放电加快,使 V_L 下降。当 $C=0$,即无电容时,$V_L=0.9V_2$。滤波电容 C 与负载 R_L 同时存在时,电容滤波电路的输出电压 V_L 在 $0.9V_2\sim\sqrt{2}V_2$ 范围内变化。一般按下式取值

$$V_L=(1.1\sim1.2)V_2 \tag{11.1.11}$$

输出电压与输出电流的变化关系称为整流电路的外特性。电容滤波电路的外特性如图 11.1.6 所示。由图可看出,电容滤波电路的输出电压随输出电流的增大而下降很快,所以电容滤波适用于负载电流变化不大的场合。

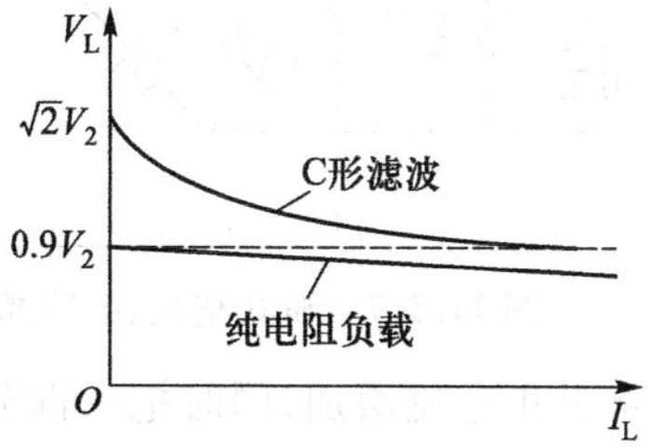

图 11.1.6 电容滤波电路的外特性

(3) 整流二极管的导电角小于 180°,且电容放电时间常数愈大,则导电角愈小。导电角的减小导致流过整流管的瞬时电流很大,如图 11.1.5(d)所示。

电容滤波的优点是电路结构简单,使用方便,输出电压较高,而且在输出电流不大的情况下滤波特性较好。其缺点是带负载能力差,且在电路启动过程中,产生较大的电流,使整流电路承受很大的冲击电流。当要求输出电流较大或输出电流变化较大时,电容滤波就不再适用,应考虑其他形式的滤波电路。

【例 11.1.1】 单相桥式整流、电容滤波电路如图 11.1.4 所示,已知交流电压源为 220 V,交流电源频率 $f=50$ Hz,负载 $R_L=120\ \Omega$,要求直流电压 $V_L=30$ V。

(1) 确定电源变压器二次电压 v_2 的有效值;

(2) 滤波电容 C 的容量和耐压值;

(3) 整流二极管的反向耐压值和正向平均电流;

(4) 当 R_L 开路时,确定输出直流电压。

解 (1) 由式(11.1.11),取 $V_L=1.2V_2$,则

$$V_2=\frac{30}{1.2}\ \text{V}=25\ \text{V}$$

(2) 由式(11.1.10),取 $R_LC=4\times\frac{T}{2}=2T=2\times\frac{1}{50}\ \text{s}=0.04\ \text{s}$,由此可求出滤波电容

$$C=\frac{0.04\ \text{s}}{R_L}=\frac{0.04\ \text{s}}{120\ \Omega}\approx333.3\ \mu\text{F}$$

考虑到电网电压波动±10%,则电容器承受的最高电压为

$$V_{CM}=\sqrt{2}V_2\times1.1=1.4\times25\times1.1\ \text{V}=38.5\ \text{V}$$

(3) 由式(11.1.5),负载电流

$$I_L=\frac{V_L}{R_L}=\frac{30\ \text{V}}{120\ \Omega}=250\ \text{mA}$$

则流过二极管的平均电流

$$I_D=\frac{1}{2}I_L=125\ \text{mA}$$

二极管承受的最大反向电压应大于

$$V_{RM}=\sqrt{2}V_2\approx 35\ \text{V}$$

(4) 当 R_L 开路时

$$V_L=\sqrt{2}V_2\approx 35\ \text{V}$$

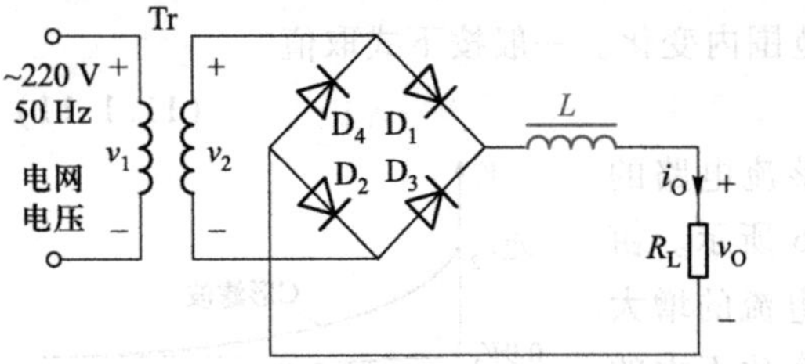

图 11.1.7　桥式整流、电感滤波电路

2. 电感滤波电路

桥式整流电路和负载电阻 R_L 之间串入一个电感 L,组成电感滤波电路,如图 11.1.7 所示。电感也是一种储能元件,当通过的电流发生变化时,电感线圈 L 中产生的自感电动势将阻止电流变化。当通过电感线圈的电流增加时,自感电动势与电流方向相反,将阻止电流增加,同时把一部分能量储存于线圈的磁场中;当电流减小时,自感电动势与电流方向相同,将阻止电流减小,同时把储存的磁场能量释放出来,以补偿电流的减小。此时整流二极管 D 依然导电,导通角增大。利用电感的储能作用可以减小输出电压和电流的波纹,从而得到比较平滑的直流。所以通过电感滤波后,输出电压和直流的脉动都将大为减小。当忽略电感器 L 的电阻时,负载上输出的平均电压和纯电阻(不加电感)负载相同,即 $V_L=0.9V_2$。

电感滤波的特点是,整流管的导通角较大,无峰值电流,输出特性比较平坦。缺点是由于电感器铁芯的存在,体积大,易引起电磁干扰。一般适用于低电压、大电流场合。

3. 其他形式的滤波电路

为了进一步改善滤波效果,降低负载电压中的纹波,可采用混合滤波电路,常用的混合滤波电路由 *LC* 滤波电路、*RC*-π 型滤波电路和 *LC*-π 型滤波电路。

(1) *LC* 滤波电路

在电感滤波电路的基础上,再在 R_L 上并联一个电容,即可组成 *LC* 滤波电路,如图 11.1.8 所示。在 *LC* 滤波电路中,如果电感 L 的值太小,或 R_L 太大,则将呈现出电容滤波的特性。为了保证整流管的导通角为 180°,参数之间要恰好配合,近似条件为 $R_L<3\omega L$。对于电感电容滤波电路,如忽略电感上的压降,则直流输出电压等于电容滤波电路的输出电压,即 $V_O\approx 1.2V_2$。

LC 滤波电路的特点是,在负载电流较大或较小时均有良好的滤波作用,也就是说,*LC* 滤波电路对负载的适应性比较强。

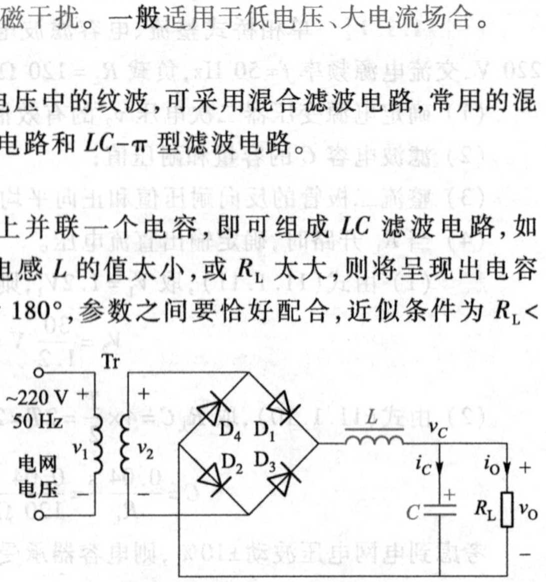

图 11.1.8　*LC* 滤波电路

(2) LC-π 型滤波电路

在电容滤波的基础上再加一级 LC 滤波，就可以构成 LC-π 型滤波电路，如图 11.1.9 所示。由于 C_1 的接入，输出的直流电压值比 LC 滤波电路要高，因此提高了输出直流电压。由于在电容 C_1 两端所得到的已较平滑的输出电压，再经过电感 L 和电容 C_2 进行滤波，使输出电压的脉动大大减小，波形更加平滑，所以，LC-π 型滤波电路的滤波性能比 LC 滤波更好，输出电压也高，在各种电子设备中得到了广泛应用。但是 LC-π 型滤波同样也带来了整流管冲击电流比较大的缺点。

(3) RC-π 型滤波电路

当负载电流较小时，为了使滤波电路结构简单、经济，常采用 RC-π 型滤波电路，如图 11.1.10 所示。经电容 C_1 滤波后，较小的脉动电压又被 R 衰减，再经 C_2 滤波，使滤波效果更好。同时也应注意到，整流管冲击电流比较大，电流流过电阻时，会有直流分量的压降，所以 RC-π 型滤波电路一般适用于输出电流小且负载较稳定的场合。

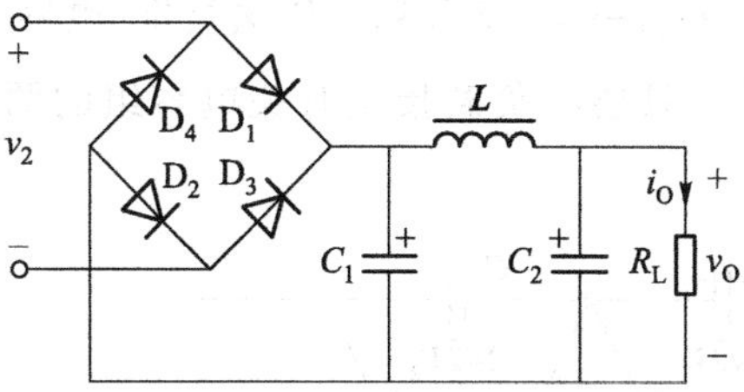

图 11.1.9 LC-π 型滤波电路

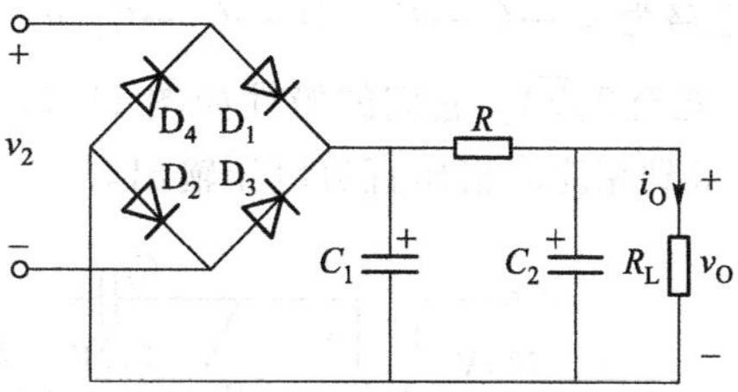

图 11.1.10 RC-π 型滤波电路

下面对桥式整流的各种滤波电路进行比较，如表 11.1 所示。

知识扩展 11.3 有源滤波-电子电路滤波

表 11.1 各种滤波电路的比较

名称	V_O	对整流管的冲击电流	适用场合	带负载能力
电容滤波	$1.2V_2$	大	小电流	差
电感滤波	$0.9V_2$	小	大电流	强
LC 滤波	$1.2V_2$	小	适应性较强	强
LC-π 型滤波	$1.2V_2$	大	小电流	较差
RC-π 型滤波	$1.2V_2$	大	小电流	很差

π 型滤波电路的输出直流电压 V_O 的估算均与电容滤波相同。

11.1.3 倍压整流电路

一个变压器二次侧输出电压(有效值)为 V_2 的交流电源，经过整流和滤波后，一般情况下，它的直流输出电压不会超过 $\sqrt{2}V_2$。但在有些情况下，却需要同样的 V_2 能给出几倍甚至几十倍于 V_2 的直流电压。具有这种功能的电路称为倍压整流电路。实现倍压的指导思想是利用二极管的整流和导引作用，将电压分别存在每一个电容器上，然后把它们按极性相加的原则串联起来。

1. 二倍压整流电路

二倍压整流电路如图 11.1.11 所示，其工作原理是：在 v_2 的正半周 D_1 导通，D_2 截

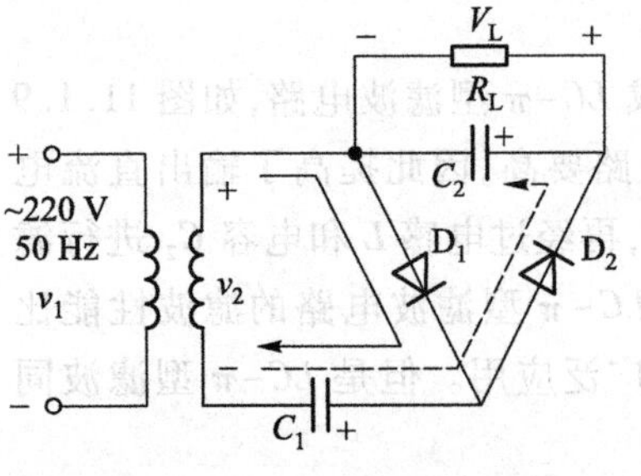

图 11.1.11　二倍压整流电路

止，电容 C_1 被充电到接近$\sqrt{2}V_2$；在 v_2 的负半周，D_1 截止，D_2 导通，这时变压器二次侧电压 v_2 与 C_1 所充电压极性一致，二者串联，且通过 D_2 向 C_2 充电使 C_2 上充电电压可接近 $2\sqrt{2}V_2$。当负载 R_L 并接在 C_2 两端时（R_L 一般较大），则 R_L 上的电压 V_L 也可接近 $2\sqrt{2}V_2$。

2. 多倍压整流电路

多倍压整流电路如图 11.1.12 所示，其工作过程如下：在 v_2 的第一个正半周时，电源电压通过 D_1 将电容 C_1 上的电压充电到$\sqrt{2}V_2$；在 v_2 的第一个负半周时，D_2 导通，v_2 和 C_1 上的电压共同将电容 C_2 上的电压充至 $2\sqrt{2}V_2$。在 v_2 的第二个正半周时，电源对电容 C_3 充电，通路为 $v_2 \to C_2 \to D_3 \to C_3 \to C_1$，$v_{C3}=v_2+v_{C2}-v_{C1}\approx 2\sqrt{2}V_2$；在 v_2 的第二个负半周时，对电容 C_4 充电，通路为 $v_2 \to C_1 \to C_3 \to D_4 \to C_4 \to C_2$，$v_{C4}=v_2+v_{C1}+v_{C3}-v_{C2}\approx 2\sqrt{2}V_2$。依次类推，电容 C_5、C_6 也充至 $2\sqrt{2}V_2$，它们的极性如图 11.1.12 所示。只要将负载接至有关电容组的两端，就可得到相应多倍压直流电压输出。

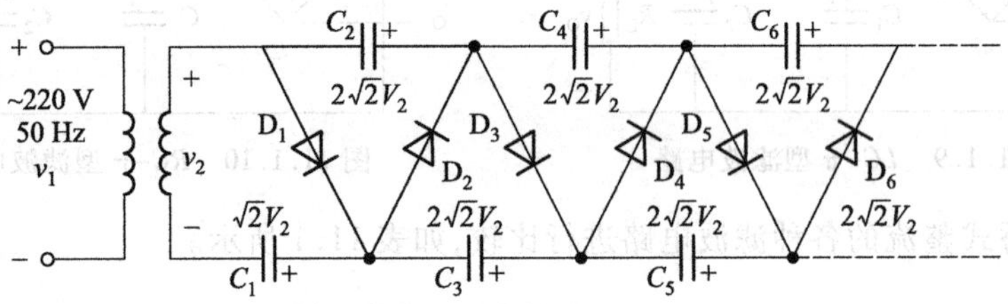

图 11.1.12　多倍压整流电路

上述分析均在理想情况下，即电容器两端电压可充至变压器二次侧电压的最大值。实际上由于存在放电回路，所以达不到最大值，且电容充放电时，电容器两端电压将上下波动，即有脉冲成分。由于倍压整流是从电容两端输出，当 R_L 较小时，电容放电快，输出电压降低，且脉冲成分加大，故倍压整流只适合于要求输出电压较高，负载电流小的场合。

由以上可看出，整流二极管的耐压和电容的耐压均为 $2\sqrt{2}V_2$。

PPT 11.2
串联型线性稳压电路

11.2　串联型线性稳压电路

经过整流和滤波后的输出电压，虽然已经成为较为平滑的直流电压，但是会随着交流电压的脉动和负载的变化而变化。为了保证输出直流电压维持稳定，使其几乎不随输入交流电压和负载电流的变化而变化，就需要在整流滤波电路之后加接直流稳压电路。

按工作原理不同，直流稳压电路分为并联型、串联型和开关型三种，其中并联型稳压电路就是由稳压二极管构成的稳压电路（详见第 2 章半导体二极管部分），虽然电路简单，但是其输出电流较小，输出电压不可调，难以满足大量实际应用的要求。目前应用最广的是后两种类型的稳压电路，特别是其中的开关型稳压电路。本节先讨论串联型稳压电路。

11.2.1 稳压电路的技术指标

为了表征稳压电路的性能，通常用以下指标说明其性能的优劣。

1. 稳压系数

在负载及环境温度不变时，输出直流电压的相对变化量与输入直流电压相对变化量之比，即

$$S_R = \left.\frac{\Delta V_O / V_O}{\Delta V_I / V_I}\right|_{\Delta I_O=0,\Delta T=0} \tag{11.2.1}$$

2. 电压调整率

当负载电流、环境温度保持不变及给定输入电压变化量（通常是电网电压±10%的波动）时，单位输出电压下的输出电压增量与对应输入电压增量之比，即

$$S_V = \left.\frac{\Delta V_O / V_O}{\Delta V_I}\times 100\%\right|_{\Delta I_O=0,\Delta T=0} \tag{11.2.2}$$

3. 输出电阻

当输入电压和环境温度保持不变时，输出电压的变化量与输出电流的变化量之比，即

$$R_O = \left.\frac{\Delta V_O}{\Delta I_O}\right|_{\Delta V_I=0,\Delta T=0} \tag{11.2.3}$$

4. 负载调整率

当输入电压和环境温度保持不变及给定输出电流变化量（通常是指负载电流从空载到满载时的变化量）时，输出电压相对变化量的百分比，即

$$S_I = \left.\frac{\Delta V_O}{V_O}\times 100\%\right|_{\Delta V_I=0,\Delta T=0} \tag{11.2.4}$$

5. 输出电压的温度系数

当输入电压和负载电流保持不变时，并且在规定的温度范围之内，单位温度变化所引起的输出电压相对变化量的百分比，即

$$S_T = \left.\frac{\Delta V_O / V_O}{\Delta T}\times 100\%\right|_{\Delta I_O=0,\Delta V_I=0} \tag{11.2.5}$$

6. 纹波电压

纹波电压是指稳压电路输出端的交流分量，常用有效值或幅值表示。

7. 纹波电压抑制比

输入电压中的纹波电压（峰-峰值）与输出电压中的纹波电压（峰-峰值）之比的分贝数，即

$$S_{RIP} = 20\lg\frac{V_{IPP}}{V_{OPP}} \tag{11.2.6}$$

11.2.2 串联型线性稳压电路的工作原理

1. 电路组成

串联型线性稳压电路如图 11.2.1 所示。图中由限流电阻 R 和稳压管 D_Z 组成基准

电压电路，基准电压 V_{REF} 由稳压管 D_Z 提供，接在集成运放的同相输入端；由 R_1、R_2 和 R_3 组成的反馈网络构成取样电路，它与 R_L 并联。当输出电压发生变化时，取样电阻对变化量进行取样，获得取样电压 V_F 并传送到放大电路的反相输入端；集成运放 A（也可用单管放大电路或差分式放大电路）称为比较放大电路，其作用是将反馈电压与基准电压的差值进行放大，然后得到控制电压 V_B，送到调整管的基极；晶体管 T（可用功率晶体管或复合管）组成的射极输出器构成调整电路，T 也称为调整管。系统构成电压负反馈，从而使输出电压 V_O 稳定。

由于调整管与负载电阻相串联且调整管必须工作在放大状态，故图 11.2.1 所示电路称为串联反馈式线性稳压电路。

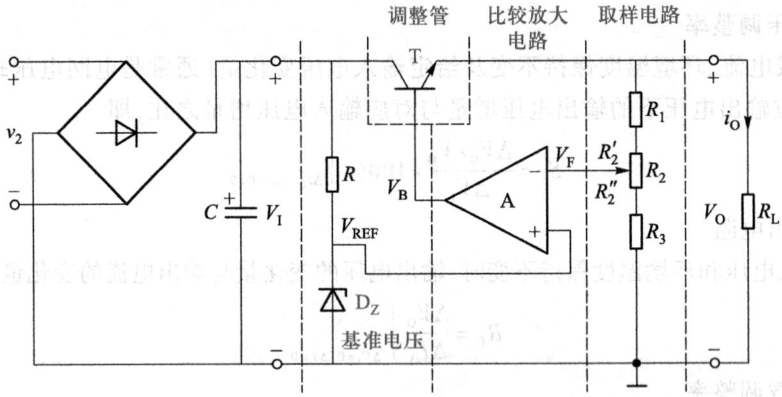

图 11.2.1　串联型线性稳压电路

2. 稳压原理

在图 11.2.1 所示电路中，输出电压的变化量由反馈网络取样经比较放大电路放大后去控制调整管 T 的 c-e 极间的压降 V_{CE}，从而达到稳定输出电压 V_O 的目的。例如，当电网电压（用输入直流电压 V_I 表示）升高或负载电阻增加从而导致输出电压 V_O 增加时，反馈电压 V_F 就会相应地增加。V_F 与基准电压 V_{REF} 相比较，其差值电压经比较放大电路放大后使 V_B 和 I_C 减小，调整管 T 的 c-e 极间电压 V_{CE} 增大，使 V_O 下降，从而维持 V_O 基本不变。这一稳定过程可以表示如下

$$V_I\uparrow（或 R_L\uparrow）\rightarrow V_O\uparrow\rightarrow V_F\uparrow\rightarrow V_B\downarrow\rightarrow V_{CE}\uparrow$$
$$V_O\downarrow\leftarrow$$

同理，当输入电压 V_I 降低或负载电阻减小引起输出电压 V_O 减小时，亦将使输出电压基本保持不变。可见，串联稳压电路是根据 V_F 和 V_{REF} 的比较结果控制调整管的压降来稳定输出电压的。

3. 输出电压及调节范围的确定

基准电压 V_{REF}、调整管 T 和运放 A 组成同相放大电路，输出电压

$$V_O=\left(1+\frac{R_1+R_2'}{R_2''+R_3}\right)V_{REF}=\frac{V_{REF}}{F_v} \tag{11.2.7}$$

上式表明，输出电压 V_O 与基准电压 V_{REF} 近似成正比，与反馈系数成反比。当 V_{REF} 及 F_v 一定时，V_O 也就确定了，因此它是设计稳压电路的基本关系式。

当可变电阻 R_2 的滑动端在最上端时，输出电压最小，为

$$V_{\text{Omin}}=\frac{R_1+R_2+R_3}{R_2+R_3}V_{\text{REF}} \tag{11.2.8}$$

当可变电阻 R_2 的滑动端在最下端时，输出电压最大，为

$$V_{\text{Omax}}=\frac{R_1+R_2+R_3}{R_3}V_{\text{REF}} \tag{11.2.9}$$

4. 调整管的考虑

调整管是串联稳压电路中的核心元件，它一般为大功率管，因而选用原则与功率放大电路中的功率管相同，主要考虑极限参数 I_{CM}、$V_{\text{BR(CEO)}}$ 和 P_{CM}。

(1) 对 I_{CM} 的考虑。调整管中流过的最大集电极电流应为 $I_{\text{CM}}>I_{\text{Cmax}}=I_{\text{Omax}}+I'$。式中 I_{Omax} 为负载电流最大额定值，I' 为取样、比较放大和基准电源等环节所消耗的电流。

(2) 对 P_{CM} 的考虑。当调整管 T 通过的电流和承受的电压都是最大值（I_{Cmax}、V_{CEmax}）时，管子功耗最大，$P_{\text{TCmax}}=I_{\text{Cmax}}V_{\text{CEmax}}$，即要求 $P_{\text{CM}}>I_{\text{CM}}(V_{\text{Imax}}-V_{\text{Omin}})$。

(3) 对击穿电压 $V_{\text{BR(CEO)}}$ 的考虑。调整管承受的最大电压 $V_{\text{CEmax}}=V_{\text{Imax}}-V_{\text{Omin}}$，所以 $V_{\text{BR(CEO)}}>V_{\text{Imax}}-V_{\text{Omin}}$。当输出短路时，输入最大电压 V_{Imax} 将全加在调整管 c、e 间，此时 $V_{\text{BR(CEO)}}>V_{\text{Imax}}$。

(4) 采用复合调整管。当要求负载电流较大时，调整管的基极电流也很大，靠放大器来推动有时十分困难。与功率放大相似，可用复合管组成调整管，如图 11.2.2 所示。图中 R' 的作用是减小 T_2 管的穿透电流流入 T_1 管基极，从而改善了 T_1 管的温度特性。

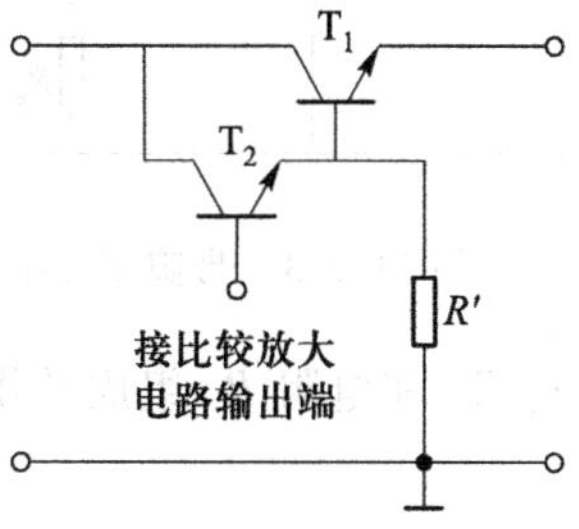

图 11.2.2 复合调整管电路

【例 11.2.1】 电路如图 11.2.1 所示，$R_1=R_2=R_3=510\ \Omega$。(1) 设变压器二次侧电压的有效值 $V_2=21$ V，求 $V_\text{I}=?$ (2) 当 $V_\text{Z}=6$ V，$R_2'=R_2''$ 且不接负载电阻 R_L 时，计算 V_{CE} 的值；(3) 计算输出电压的调节范围；(4) 当 $V_\text{O}=12$ V，$R_\text{L}=150\ \Omega$，V_I 有 10% 变化时，计算调整管 T 的最大功耗 P_{C3}。

解 (1) 由式(11.1.11)可得，$V_\text{I}=(1.1\sim1.2)V_2$，取 $V_\text{I}=1.2V_2=1.2\times21\text{ V}=25.2\text{ V}$。

(2) 当 $R_2'=R_2''$ 时，调整管 T 的集电极电位

$$V_\text{C}=V_\text{I}=25.2\text{ V}$$

发射极电位

$$V_\text{E}=2V_\text{F}=2V_\text{Z}=2\times6\text{ V}=12\text{ V}$$

则

$$V_{\text{CE}}=V_\text{C}-V_\text{E}=(25.2-12)\text{ V}=13.2\text{ V}$$

(3) 输出电压的最小值和最大值分别由式(11.2.8)和式(11.2.9)得

$$V_{\text{Omin}}=\frac{R_1+R_2+R_3}{R_2+R_3}V_\text{Z}=\frac{1530}{1020}\times6\text{ V}=9\text{ V}$$

$$V_{\text{Omax}}=\frac{R_1+R_2+R_3}{R_3}V_\text{Z}=\frac{1530}{510}\times6\text{ V}=18\text{ V}$$

因此，输出电压调节范围为 9～18 V。

（4）当 $V_O=12\ \text{V}, R_L=150\ \Omega$ 时

$$I_L=\frac{12}{150}\times10^3\ \text{mA}=80\ \text{mA},\quad I_{R1}=\frac{12}{1530}\times10^3\ \text{mA}=7.8\ \text{mA}$$

所以

$$I_C=I_L+I_{R1}=(80+7.8)\ \text{mA}=87.8\ \text{mA}$$

当 V_I 有 10% 变化时

$$V_{CEmax}=V_{Imax}-V_O=(25.2\times1.1-12)\text{V}=15.7\ \text{V}$$

$$P_{C3}=V_{CEmax}\times I_C=15.7\ \text{V}\times87.8\times10^{-3}\ \text{A}=1.38\ \text{W}$$

11.2.3　高精度基准电压源

基准电压源是稳压电路的电压基准，它直接影响稳压电路的性能，为此要求基准电压源输出电压稳定性高，温度系数小，噪声电压低。用稳压管组成的基准电压源虽然电路简单，但其输出电阻大，所以常采用带隙基准电压源，电路如图 11.2.3 所示。

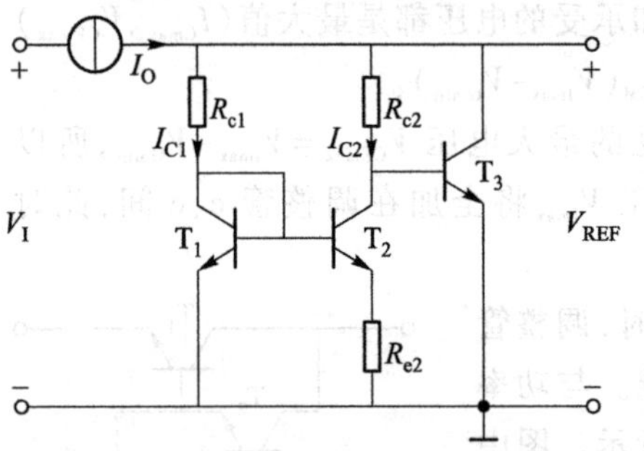

图 11.2.3　带隙基准电压源电路

由图可知，基准电压为

$$V_{REF}=V_{BE3}+I_{C2}R_{c2} \tag{11.2.10}$$

式中，V_{BE3} 是 T_3 管的发射结电压，它具有较大的负温度系数（−2mV/℃），因而采用一个具有正温度系数的电压 $I_{C2}R_{c2}$ 来补偿。I_{C2} 是由晶体管 T_1、T_2 和电阻 R_{e2} 组成的微电流源电路提供，其值为

$$I_{C2}=\frac{V_T}{R_{e2}}\ln\left(\frac{I_{C1}}{I_{C2}}\right) \tag{11.2.11}$$

将式(11.2.11)带入式(11.2.10)可得

$$V_{REF}=V_{BE3}+\frac{V_T R_{c2}}{R_{e2}}\ln\left(\frac{I_{C1}}{I_{C2}}\right) \tag{11.2.12}$$

如果合理的选择 I_{C1}/I_{C2} 和 R_{c2}/R_{e2} 的值，使电压 $I_{C2}R_{c2}$ 的正温度系数正好补偿电压 V_{BE3} 的负温度系数，可获得零温度系数的基准电压为

$$V_{REF}=\frac{E_G}{q}=1.205\ \text{V} \tag{11.2.13}$$

式中，q 为电子电荷，E_G 为硅材料在 0 K 时禁带宽度。因此，上述电路称为带隙基准电压源（Bandgap reference）电路。这类带隙基准电压源可方便地转换成 1.2～10 V 等多挡稳定性极高的基准电压，温度系数可达 2 μV/℃，输出电阻极低，而且近似具有零温漂及微伏级的热噪声。常见的集成基准电压源有 MC1403、AD580、AD680 等。

11.2.4　集成三端稳压器

集成三端稳压器只有输入、输出和公共引出端三个引脚，内部集成了串联反馈线性稳压电路、高精度基准电压源和相关保护电路等，具有外接元件少、可靠性高、使用灵活方便等优点，用途十分广泛。按输出电压是否可调，集成三端稳压器分为固定式和可调

式两种。

1. 固定式三端集成稳压器

固定式集成三端稳压器分为正电压输出(78××)和负电压输出(79××)两个系列,型号后面的两位数字(××)表示输出电压值,以 V 为单位,分别为±5 V、±6 V、±9 V、±12 V、±15 V、±18 V 和±24 V 等多挡;输出电流一般分为三个等级,100 mA(78L××/79L××系列)、500 mA(78M××/79M××系列)、1.5 A(78××/79××系列)。如 7805 表示输出电压为 5 V、输出电流为 1.5 A,79M12 表示输出电压为−12 V、输出电流为 0.5 A。由于这类集成稳压器的产品封装只有输入端、输出端和公共端三个引线端,故称之为集成三端稳压器,见图 11.2.4(a)。

固定式三端集成稳压器的典型接法如图 11.2.4(b)、(c),正常工作时,输入、输出电压差为 2 ~3 V。电路中靠近引脚处接入电容 C_1、C_2,用来实现频率补偿,防止稳压器产生高频自激振荡和抑制电路引入的高频干扰。C_3 是电解电容,以减小稳压电源输出端由输入电源引入的低频干扰。使用时要特别注意,78××系列和 79××系列的管脚接法不同,如果连接不正确,极易损坏稳压器芯片。

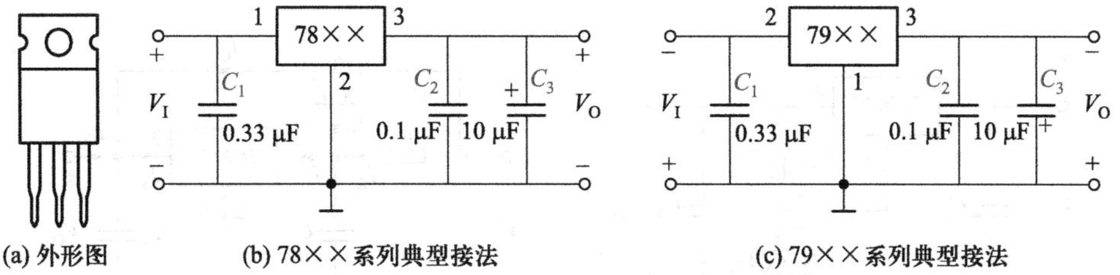

图 11.2.4 78/79 系列固定式集成三端稳压器典型接法

图 11.2.5 为输出电压可调的稳压电路,它由稳压器 78××和电压跟随器 A 组成。图中电压跟随器 A 的输出电压 V_A 等于其输入电压 V_F,即

$$V_A = V_F = \frac{R_2''+R_3}{R_1+R_2+R_3}V_O$$

由图可得

$$V_O = V_{××}+V_A = V_{××}+\frac{R_2''+R_3}{R_1+R_2+R_3}V_O$$

输出电压为

$$V_O = \frac{R_1+R_2+R_3}{R_1+R_2'}V_{××}$$

其输出电压调节范围为

$$\frac{R_1+R_2+R_3}{R_1+R_2}V_{××} \leqslant V_O \leqslant \frac{R_1+R_2+R_3}{R_1}V_{××}$$

若 $R_1 = R_2 = R_3 = 300\ \Omega$,$V_{××} = 12$ V,则输出电压 18 V≤V_O≤36 V。可根据输出电压调节范围和输出电流的大小选择三端稳压器、运放和取样电阻。

为了提高输出电压,可采用图 11.2.6 所示电路。由图可知 $V_{××}$为 78××稳压器的固定输出电压,显然:$V_O = V_{××}+V_Z$。

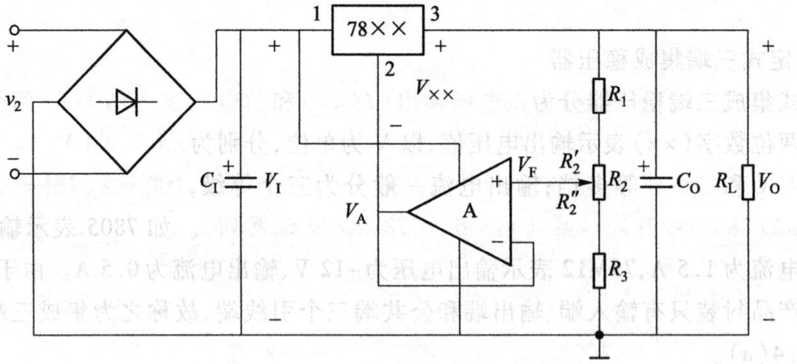

图 11.2.5　输出电压可调的稳压器

图 11.2.7 为扩大输出电流的电路。当电路所需电流大于 1 ~2 A 时，可采用外接功率管 T 的方法来扩大输出电流。由于电路中加入了功率晶体管 T，输出电流 $I_O=I_3+I_C$。图中 I_3 为稳压管的输出电流，I_C 是功率管的集电极电流，I_R 是电阻 R 上的电流，I_2 可忽略不计，故

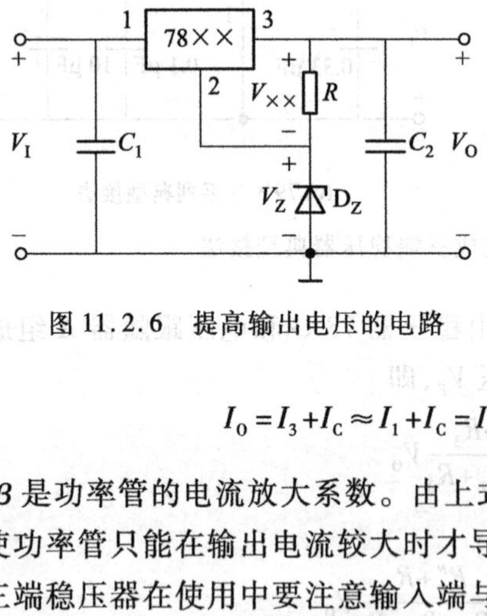

图 11.2.6　提高输出电压的电路

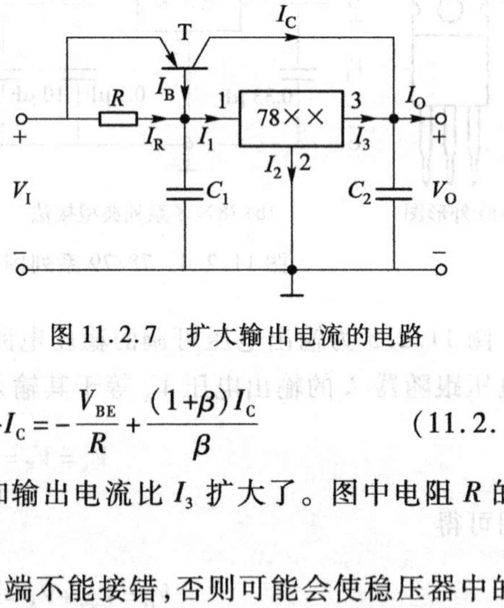

图 11.2.7　扩大输出电流的电路

$$I_O=I_3+I_C\approx I_1+I_C=I_R+I_B+I_C=-\frac{V_{BE}}{R}+\frac{(1+\beta)I_C}{\beta}\qquad(11.2.14)$$

式中，β 是功率管的电流放大系数。由上式可知输出电流比 I_3 扩大了。图中电阻 R 的阻值要使功率管只能在输出电流较大时才导通。

三端稳压器在使用中要注意输入端与输出端不能接错，否则可能会使稳压器中的调整管由于承受过高的反向电压而导致击穿。另外，78××系和列 79××系列的功耗大，所以要安装散热片，否则稳压器内部的保护电路会由于过热而进行输出电压的限制，使稳压器停止工作。另外这类稳压器是依靠外接电阻来调节输出电压的，为保证输出电压的精度和稳定性，要选择精度高的电阻，同时电阻要紧靠稳压器，防止输出电流在连线电阻上产生误差电压。

2. 可调式三端集成稳压器

可调式集成三端稳压器有正电压输出的 LM×17 系列和负电压输出的 LM×37 系列，LM×17 系列的产品有 LM117（军品级）、LM217（工业级）、LM317（商业级）；LM×37 系列的产品有 LM137（军品级）、LM237（工业级）、LM337（商业级）。可调式集成三端稳压器保持了固定式集成三端稳压器简单方便的特点，具有调压范围宽、稳压性能好、噪声低、纹波抑制比高等优点，其性能指标优于固定式稳压器，可将它作为一种通用化、标准化的

集成稳压器应用。它的三个接线端分别称为输入端 V_I、输出端 V_O 和调整端 adj。下面以 LM317 为例进行介绍。

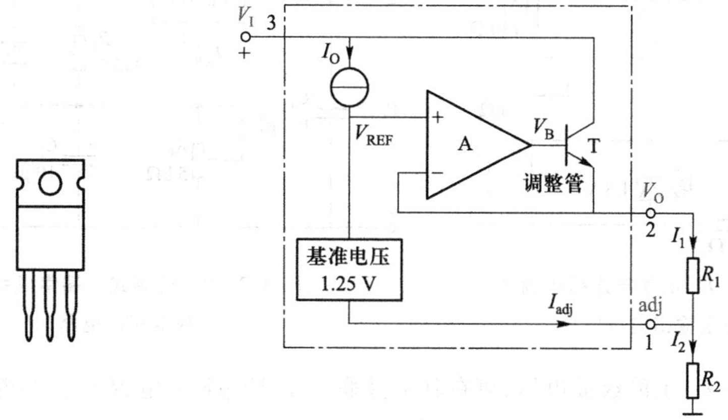

(a) 外形图　　(b) 内部结构图

图 11.2.8　三端可调式集成稳压器

LM317 的输出电压范围是 1.25 V 到 37 V，负载电流最大为 1.5 A，其电路结构和外接元件如图 11.2.8(b)所示。它的内部电路有比较放大器 A、偏置电路(图中未画出)、电流源电路和带隙基准电压等，器件本身无接地端，所以消耗的电流都从输出端流出，内部基准电压(约 1.25 V)接至比较放大器的同相端和调整端之间。若接上外部电阻 R_1、R_2 后，输出电压为

$$V_O=V_{REF}+I_2R_2=V_{REF}+\left(I_{adj}+\frac{V_{REF}}{R_1}\right)R_2=V_{REF}\left(1+\frac{R_2}{R_1}\right)+I_{adj}R_2 \qquad (11.2.15)$$

LM317 的 $V_{REF}=1.25$ V，$I_{adj}=50$ μA。由于调整端电流 $I_{adj}\ll I_1$，故可以忽略，上式可简化为

$$V_O=V_{REF}\left(1+\frac{R_2}{R_1}\right) \qquad (11.2.16)$$

通常 LM317 系列不需要外接电容，除非输入滤波电容到 LM317 输入端的连线超过 15 cm。使用输出电容能改变瞬态响应。调整端使用滤波电容能得到比标准三端稳压器高得多的纹波抑制比。

LM337 稳压器是与 LM317 对应的负电压三端可调集成稳压器，它的工作原理和电路结构与 LM317 相似。

图 11.2.9 为从零起连续可调的稳定输出电压的电路。为了取得接近零伏的低电压输出，电阻 R_2 一端接 −10 V 电压，另一端串接一只稳压管 D_Z，在 R_2 与 D_Z 相连处提供 −1.3 V 的负基准电压，可变电阻 R_P 接于此端。

图 11.2.10 所示为 LM317 系列稳压器基本应用电路。为保证稳压器在空载时也能正常工作，要求流过电阻 R_1 的电流不能太小。一般取 $I_{R1}=5\sim10$ mA，故 $R_1=V_{REF}/I_{R1}=1.25/(5\sim10)$ mA $\approx120\sim240$ Ω。忽略调整端电流 I_A，由图 11.2.10 可求得输出电压

$$V_O=V_{REF}\left(1+\frac{R_P}{R_1}\right) \qquad (11.2.17)$$

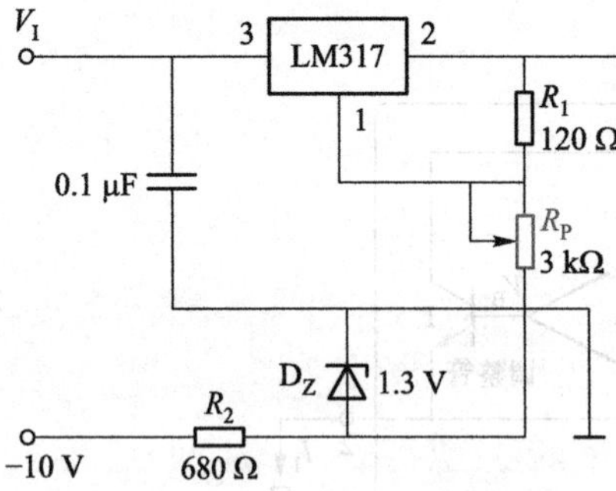

图 11.2.9　从零起连续可调的稳定输出电压电路

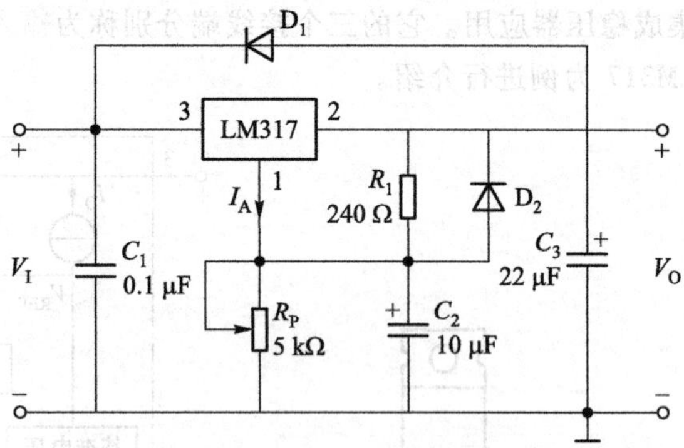

图 11.2.10　可调式三端集成稳压器基本应用电路

为了减小 R_P 上的纹波电压，可在其上并联一个 10 μF 的电容 C_2。当输出电压较高而 C_3 容量又较大时，必须在 LM317 的输入端与输出端之间接上保护二极管 D_1，否则，一旦输入短路时，未经释放的 C_3 上的电压会通过稳压器内部的输出晶体管放电，可能造成输出晶体管发射结反向击穿。接上 D_1 后，C_3 可通过 D_1 放电。同理，D_2 可用来当输出端短路时为 C_2 提供放电通路，同样起保护稳压器的作用。调节 R_P，可改变输出电压的大小。

11.2.5　高效率低压差线性集成稳压器

低压差线性集成稳压器（low dropout regulator，LDO）是一种高效的线性稳压集成电路，可作为高效 DC/DC 变换器使用。前面介绍的传统线性稳压电路普遍采用电压控制型，为了保证稳压效果，稳压器的输入/输出电压差 ΔV（调整管 C、E 之间）一般取 4 ~ 6 V，这是造成电源效率低的主要原因。低压差线性稳压器采用电流控制型，并且选用低压降的 PNP 型晶体管作为内部调整管，从而把 ΔV 降低到 0.5 ~ 0.6 V。现在很多低压差稳压器的 ΔV 已降低为 65 ~ 150 mV，显著地提高了稳压电源的效率，在笔记本电脑、小型数字仪表和测量装置及通信设备中得到了广泛的应用。

1. KA78 系列低压差稳压器

KA78L05 低压差集成稳压器的基本功能与 78L05 相同，但性能上有很大提高。它的最大压差为 0.6 V（典型值为 0.1 V）；过压保护可达 60 V；静态电流小，并有过热保护及输出电流限制电路。KA78L05 在输入电压 6 ~ 26 V，输出电流 100 mA 时，其输出电压为（5±0.25）V。内部结构框图及引脚排列如图 11.2.11 所示。基本应用与 78L05 相同。

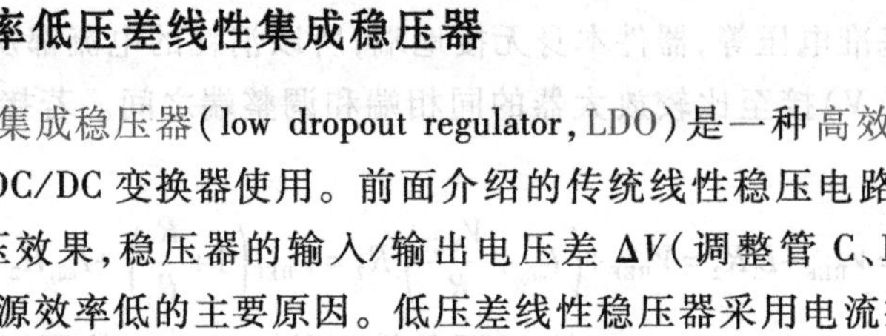

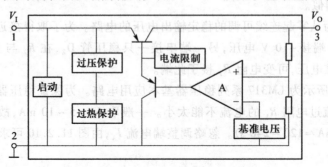

图 11.2.11　KA78L05 内部结构框图

KA78R05/12 是输出 5 V/12 V(1 A)的集成稳压器,是 7805/12 的替代产品。它增加了一个电源开关控制端 V_C,使功能更加完善。KA78R05/12 的特点是:最大压差为 0.5 V;内部有过流及过热保护电路;输出电压精密度分别为(5±0.12) V 和(12±0.3) V。内部结构框图及引脚配置如图 11.2.12 所示,典型应用电路如图 11.2.13 所示,在控制端 V_C 加 2 V 以上的高电平时,电源导通,加低于 0.8 V 的低电平时,电源关闭。

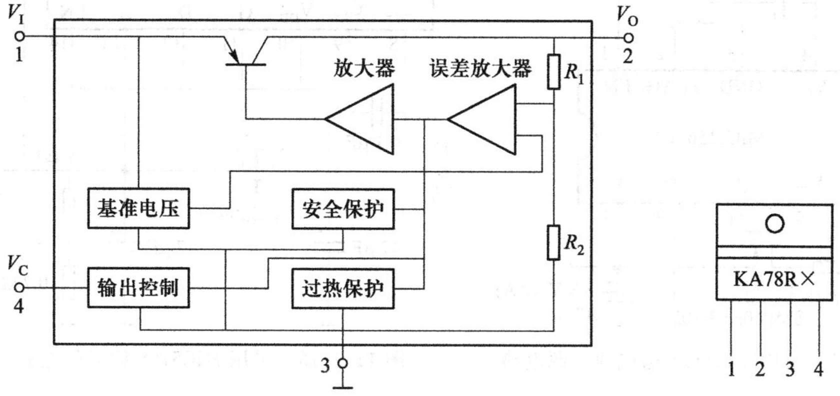

(a) 内部结构框图 (b) 引脚排列

图 11.2.12 KA78R05/12 的内部结构框图与引脚配置

2. MIC 系列低压差稳压器

现在个人电脑新增加了 3.3 V 输出电压挡,将 5 V 电压变换到 3～4 V 之间电压的计算机电源电路,有多种方法。最简单的方法是在母板上使用单片 LDO 提供 V_{CC},有固定电压输出和可调电压输出两种电路,如图 11.2.14 所示为 MIC29710、MIC29712 组成的简单电源电路。

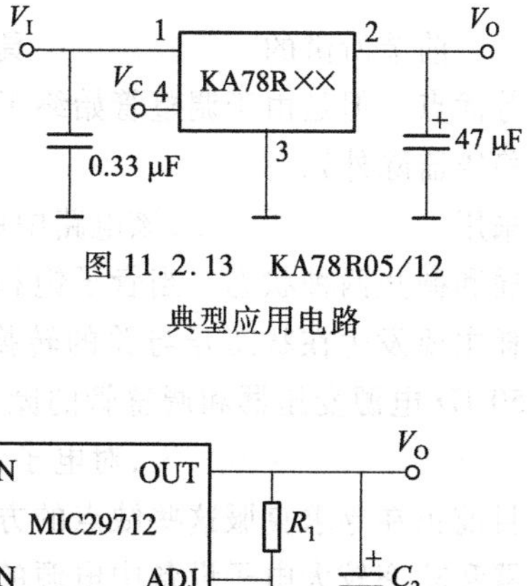

图 11.2.13 KA78R05/12 典型应用电路

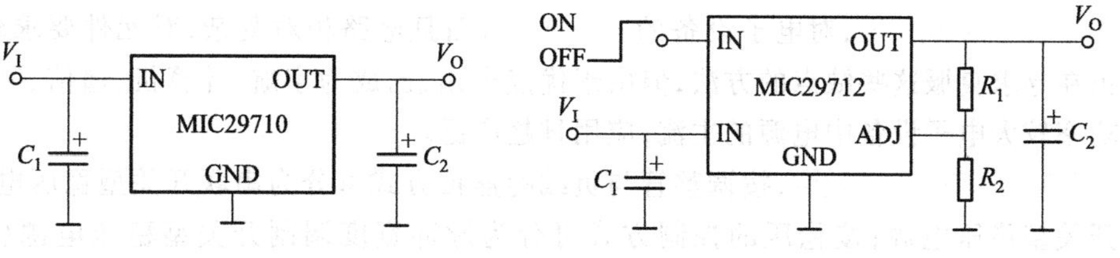

(a) 固定电压输出 (b) 可调电压输出

图 11.2.14 简单电源电路

使用低压差线性稳压器 MIC5156 及功率 MOS 场效晶体管可构成一个压差非常低的稳压器,用来提供固定的 3.3 V、5.0 V 或可调的电压,如图 11.2.15 所示。MIC5156 利用 PC 的 12 V 电源驱动场效晶体管,当输出电压达到 3.3 V 时,FLAG 脚输出高电平。若此脚接入另一场效晶体管,此时可将 5 V 电源接入第 2 负载,该电路可用于某些双电源处理器。R_S 为限流电阻,其作用是保证输出电流不大于 12 A。

图 11.2.16 所示为超低压差线性稳压器 MIC5158 的实用电路,将 5 V 转化为 3.3 V,用法与 MIC5156 基本相同。

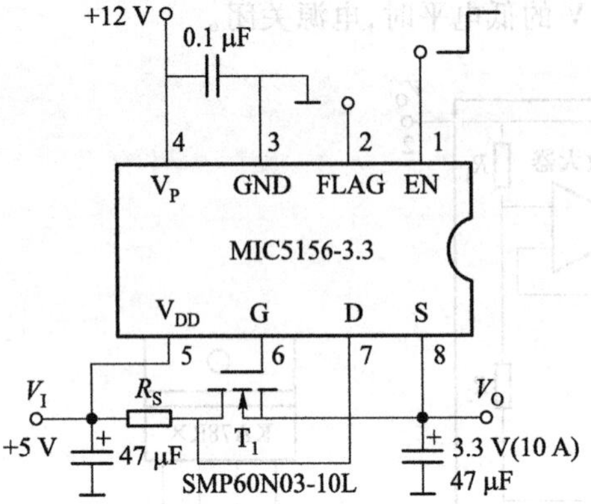

图 11.2.15　采用 MIC5156 构成的电源电路

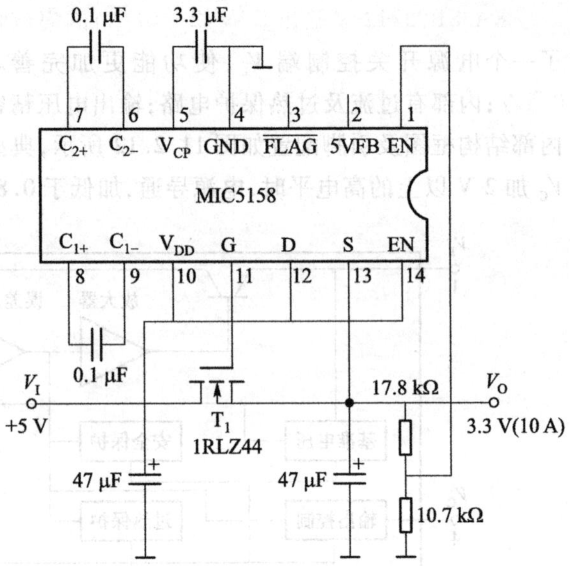

图 11.2.16　采用 MIC5158 构成的电源电路

PPT 11.3 开关型稳压电源

11.3　开关型稳压电源

前节所讲的线性稳压电源具有结构简单、调节方便、输出电压稳定度高、纹波电压小等优点。但是由于调整管始终工作在放大状态，自身功耗较大，故效率较低（低压差线性稳压器除外），仅为 30% ~50%，有时还需配备庞大的散热设备。为了克服上述缺点，可采用开关式稳压电路，该电路中的调整管工作在开关状态，即调整管主要工作在饱和导通和截止两种状态。当管子饱和导通时，管压降 V_{CES} 和截止时管子的电流 I_{CEO} 都很小，管耗主要发生在状态开与关的转换过程中，电源效率可提高到 75% ~95%。由于省去了 50 Hz 电源变压器和调整管的庞大散热装置，所以其体积小，重量轻。它的主要缺点是输出电压中所含纹波较大，对电子设备的干扰较大，而且电路相对复杂，对元件要求较高。目前正在寻求克服这些缺点的方法，但由于优点突出，已成为宇航、计算机、通信、家用电器和功率较大电子设备中电源的主流，应用日趋广泛。

开关稳压电源种类较多，按调整管与负载的连接方式可分为串联开关型稳压电源和并联开关型稳压电源；按稳压的控制方式可分为脉冲宽度调制开关型稳压电源（pulse width modulation，PWM）、脉冲频率调制开关型稳压电源（pulse frequency modulation，PFM）和混合调制（即脉宽-频率调制）开关型稳压电源；按调整管是否参与振荡可分为自激式开关型稳压电源和它激式开关型稳压电源；按使用开关管的类型可分为晶体管开关型稳压电源、VMOS 管开关型稳压电源和晶闸管开关型稳压电源。

本节主要介绍双极型管作开关管的串联开关型稳压电源组成及工作原理。

11.3.1　串联开关型稳压电源的工作原理

1. 电路组成

串联开关型稳压电路原理框图见图 11.3.1 所示。和串联线性稳压电路相比，增加了由二极管 D 和 LC 组成的高频整流滤波电路及三角波电压发生电路和比较器 A_2 组成的控制电路。

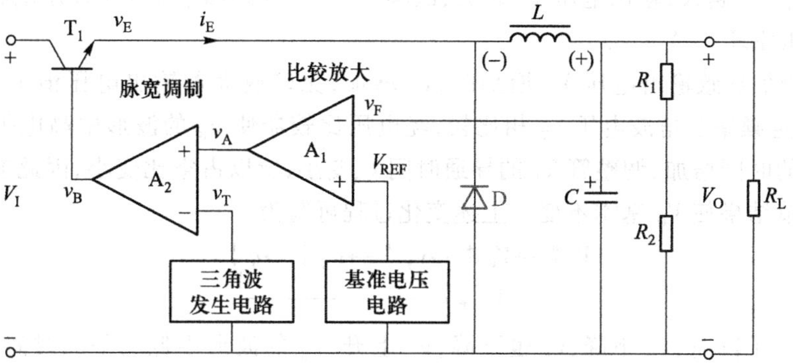

图 11.3.1　串联型开关稳压电源电路原理图

2. 工作原理

电路中,V_I 是整流滤波电路的输出电压,v_B 是比较器 A_2 的输出电压,利用 v_B 控制开关管 T,将 V_I 变成断续的矩形波电压 v_E。取样电压 v_F 与基准电压 V_{REF} 比较并经比较放大电路放大,输出电压为 v_A,v_A 传送到比较器的同相输入端,三角波发生电路产生的三角波信号 v_T 加在比较器的反相输入端。

(1) 当 $v_A>v_T$ 时,v_B 为高电平,T_1 饱和导通,输入电压 V_I 经 T_1 加到二极管 D 的两端,电压 v_E 等于 V_I(忽略管 T_1 的饱和压降)。此时二极管 D 承受反向电压而截止,负载中有电流流过,电感 L 储存能量,同时向电容 C 充电,输出电压略有增加。

(2) 当 $v_A<v_T$ 时,比较器输出电压 v_B 为低电平,T_1 截至,$i_E=0$,滤波电感产生自感电势(极性如图所示),使二极管 D 导通,于是电感中储存的能量通过 D 向负载 R_L 释放,使负载继续有电流流过,因而常称 D 为续流二极管。此时调整管发射极电位 $v_E=-V_D$(二极管正向压降)。由此可见,v_E 的波形为不对称的矩形波,经 LC 滤波后,在输出端得到平滑的直流电压 V_O。电路中各点波形如图 11.3.2 所示。

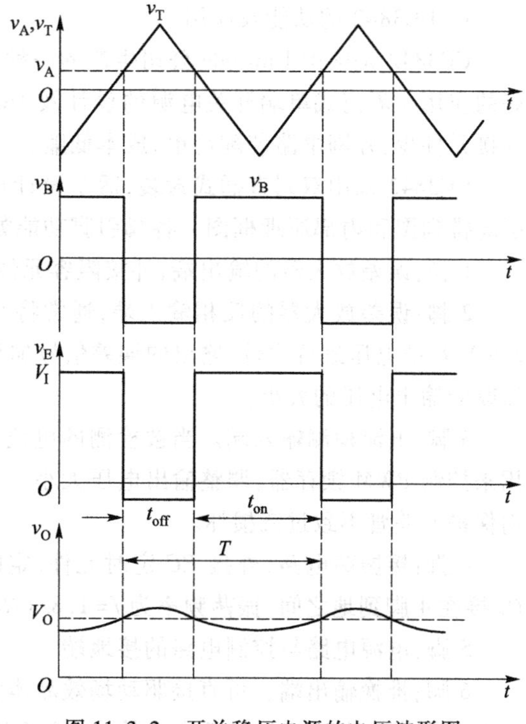

图 11.3.2　开关稳压电源的电压波形图

3. 输出电压估算

在图 11.3.2 中,t_{on}是开关管 T_1 的导通时间,t_{off}是开关管 T_1 的截止时间,$T=t_{on}+t_{off}$是开关转换周期。忽略滤波电感 L 的直流压降,输出电压的平均值为

$$V_O=\frac{t_{on}}{T}(V_I-V_{CES})+(-V_D)\frac{t_{off}}{T}\approx V_I\frac{t_{on}}{T}=qV_I \tag{11.3.1}$$

式中，$q=\frac{t_{on}}{T}$称为脉冲波形的占空比。可见，对于一定的 V_I 值，通过调节占空比即可调节输出电压 V_O。q 越大，输出电压 V_O 越大，故称脉宽调制（PWM）型开关稳压电源。

4. 稳压原理

当 V_I 增加导致输出电压 V_O 增加时，v_F 增加，比较放大器输出电压值 v_A 相应地减少，v_A 与固定频率三角波电压 v_T 相比较，经电压比较器使 v_B 的波形中高电平的时间减小，低电平的时间增加，调整管 T_1 的导通时间 t_{on}变小，所以占空比变小，因此输出电压随之减小，调节结果使 V_O 基本不变。上述变化过程可写为

$$V_I\uparrow\rightarrow V_O\uparrow\rightarrow v_F\uparrow\rightarrow v_A\downarrow\rightarrow q\downarrow$$
$$V_O\downarrow\leftarrow$$

同理，V_I 下降时，V_O 下降，v_F 也下降，v_A 上升，v_B 的波形中低电平的时间减小，高电平的时间增加，占空比变大，因此输出电压随之增大，调节结果使 V_O 维持恒定。

由于负载电阻变化时影响 LC 滤波电路的滤波效果，因而开关型稳压电路不适用负载变化较大的场合。

11.3.2　集成开关型稳压电源

集成开关稳压器一般有两大类型。一类被称为集成控制器，它将基准电压电路、三角波电压发生电路、比较放大器和脉宽调制式电压比较器等电路集成在一块芯片上，也称为 PWM 控制器，如电压控制型的 SG3524 和电流控制型的 UC3842 等。另一种类型称为单片开关型集成稳压器，它是将调整管也集成在芯片内部，如 TPS5430、L4960 等，被誉为新型高效节能直流稳压电源。下面对 UC3842 及 TPS5430 的特性、原理及应用做简单介绍。

1. UC3842 的功能及应用

UC3842 是美国 Unitrode 公司生产的一种高性能单端输出式电流型控制器芯片，能很好的应用在隔离式单端开关电源的设计及 DC/DC 电源变换器设计之中，其最大优点是外接元件少，外围电路装配简单，成本低廉。

UC3842 采用双列直插式封装，适于设计小功率开关电源。图 11.3.3 是 UC3842 的引脚排列图和内部原理框图。各脚引脚功能如下。

1 脚：误差放大器的输出端，外接阻容元件用于改善误差放大器的增益和频率特性。

2 脚：误差放大器的反相输入端，通常将开关电源输出电压取样后加至此端，与内部 2.5 V 基准电压进行比较，输出的误差信号加至 PWM 锁存器，用来控制振荡脉冲的脉宽，以改变输出电压的大小。

3 脚：电流检测输入端。当被检测的电流流经电阻时，即转换为检测电压送入此脚，用来控制 PWM 锁存器，调整输出电压大小。当该脚电压超过 1 V 时，关闭输出脉冲，从而保护开关管不致过流损坏。

4 脚：接振荡电路，外接 RC 定时元件，定时电阻 R_T 接在 4 脚和 8 脚之间，定时电容 C_T 接在 4 脚到地之间，振荡频率为 $f=1.8/(R_TC_T)$。其振荡频率最高可达 500 kHz。

5 脚：电源电路与控制电路的接地端。

6 脚：推挽输出端。可直接驱动场效晶体管，驱动电流的平均值可达 200 mA，最大可达 1 A 峰值电流，1.5 V 的低电平输出，13.5 V 的高电平输出。

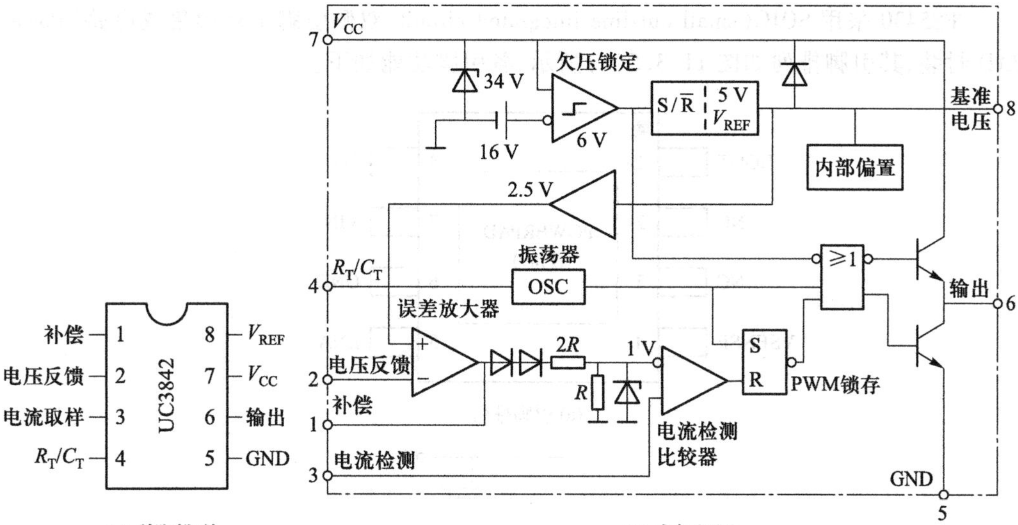

(a) 引脚排列　　(b) 内部框图

图 11.3.3　UC3842 的引脚图内部框图

7 脚：电源端，外接电源电压 V_{CC}。UC3842 输入电源电压可达 30 V。该电源经内部基准电压电路的作用产生 5 V 基准电压作为 UC3842 的内部电源使用，并经衰减得到 2.5 V 电压作为内部比较器的基准电压。

8 脚：基准电压源输出端，可提供 2.5 V 的稳定基准电压源。

图 11.3.4 所示为采用 UC3842 控制的升压 DC-DC 电路。电路中输入电压 V_I 给芯片提供电源，同时又供给升压变换电路。开关管以 UC3842 设定的频率周期通断，使电感 L 储存能量并释放能量。当开关管导通时，电感以 V_I/L 的速度充电，把能量储存在 L 中。当开关截止时，L 产生反向感应电压，通过二极管 D 把储存的电能以 $(V_O-V_I)/L$ 的速度释放到输出电容器 C_2 中。输出电压由传递的能量多少来控制，而传递能量的多少通过电感电流的峰值来控制。

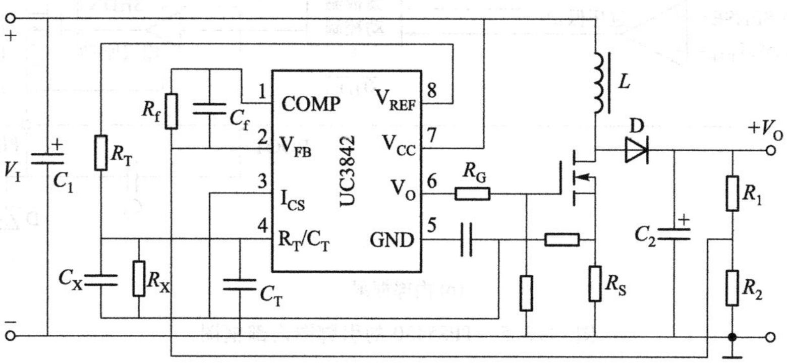

图 11.3.4　UC3842 的开关电源典型应用电路

2. TPS5430 的功能及应用

TPS5430 是 TI 公司开发生产的一款性能优越的降压 DC/DC 开关电源转换芯片，具有宽输入电压范围（5.5～36 V）、宽输出电压范围（最低可以调整降到 1.221 V）、输出电流大（3 A）以及工作频率高（500 kHz）等优点。

TPS5430 采用 SOIC(small out-line integrated circuit,双侧引脚小外形集成电路)Power PAD 封装,其引脚排列如图 11.3.5(a)所示,各引脚功能如下。

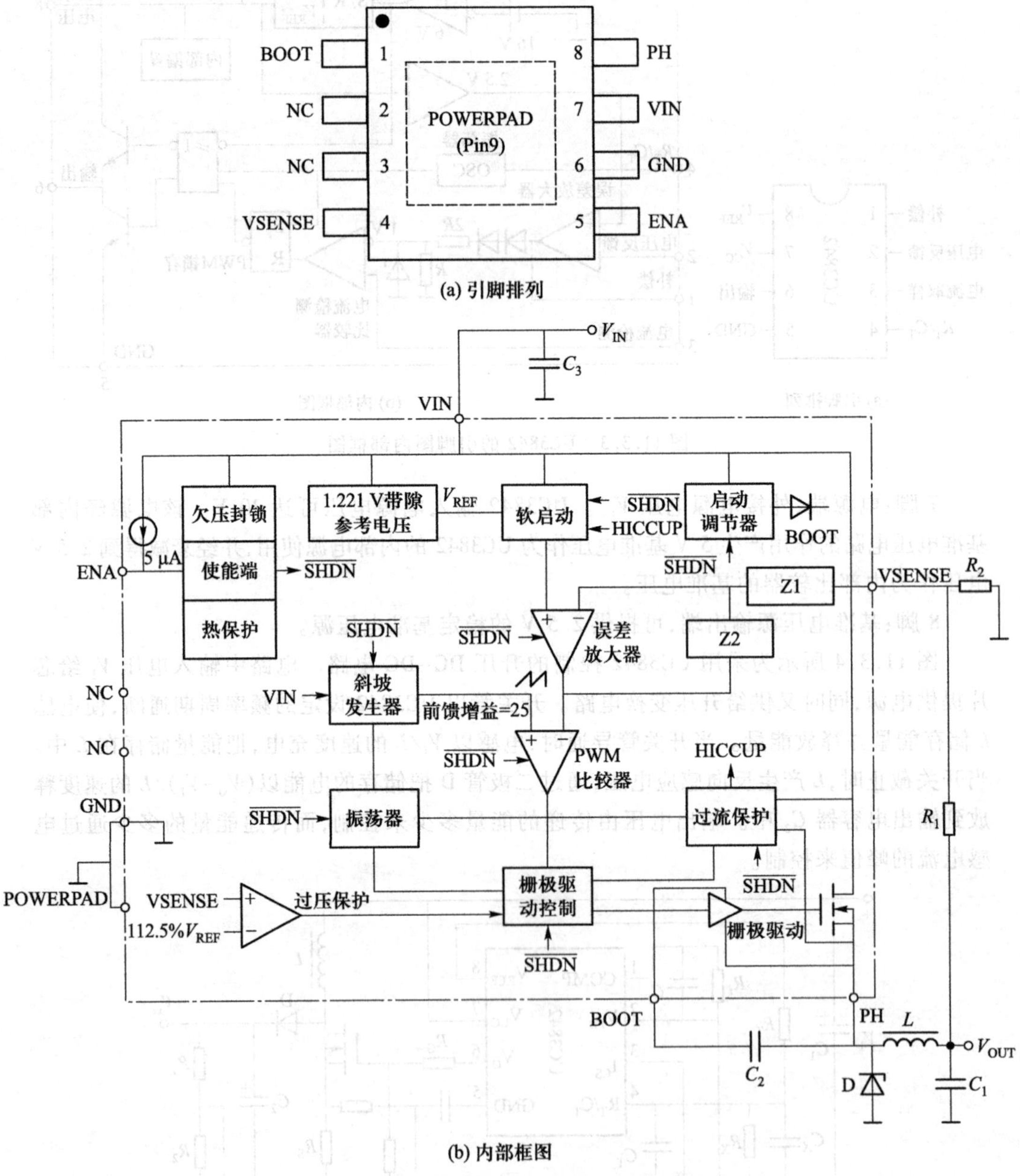

图 11.3.5 TPS5430 的引脚图内部框图

1 脚:BOOT 脚,接高边 FET 栅极驱动用自举电容。

2、3 脚:NC 脚,空脚。

4 脚:VSENSE 脚,稳压器反馈电压输入端,接至输出电压分压器,产生基准电压值。

5 脚:ENA 脚,开/关控制使能端,该脚电位低于 0.5 V 时,器件停止工作。浮空时,器件工作。

6 脚:GND 脚,地端,与 Power PAD 连接。

7 脚:VIN 脚,直流电压输入端。

8 脚:PH 脚,相位端,与外部 *LC* 滤波器连接。

9 脚:Power PAD,为使器件正常工作,GND 脚必须与 Power PAD 裸露焊盘连接,用于散热。

图 11.3.5(b)为 TPS5430 内部结构框图,主要由以下各部分组成。

(1) 锯齿波信号发生器

固定 500 kHz 转换速率,使得在同样的输出波纹要求下,输出电感更小。

(2) 参考电压源

参考电压源采用高稳定性的带隙基准电压源,能在室温下提供 $V_{REF}=1.221$ V 的精准电压。

(3) 使能和内部软启动电路

当 ENA 脚上的电压超过极限电压时转换器和内部的软启动开始工作,低于极限电压时转换器停止工作,软启动开始复位。ENA 脚接地或电压小于 0.5 V 时转换器停止工作。ENA 脚可以悬空。

(4) 欠压封锁

TPS5430 带有欠压封锁(under voltage lockout,UVLO)电路。无论在上电或掉电过程中,只要 VIN(输入电压)低于极限电压,转换芯片不工作。UVLO 比较器的典型迟滞值为 330 mV。

(5) 功率 MOSFET 驱动电路

在 BOOT 脚和 PH 脚间连接 0.01 μF 的陶瓷电容,为高边 MOSFET 提供门电压。

(6) 外部反馈和内部补偿

输出电压通过外部电阻分压被反馈到 VSENSE 脚。在稳定状态下,VSENSE 脚的电压等于电压参考值 1.221 V。TPS5430 拥有内部补偿电路,简化了芯片设计,提高了稳压器工作的稳定性。

(7) 电压正反馈

内部的电压正反馈保证了无论输入电压如何变化,电源芯片都有一个恒定的增益。这大大简化了稳定性分析,改进了瞬态响应。TPS5430 的正反馈增益典型值为 25。

(8) PWM 控制

器件采取固定频率(500 kHz)的脉宽调制控制方式。

(9) 过流保护

过流保护电路使得电流超过极限值时,内部的过流指示器设置为真,过流保护被触发。

(10) 过压保护

过压保护用于最小化当器件从失效状态中恢复时的输出电压过冲。

(11) 热开断保护

接点温度超过了温度关断点,电压参数被置为地,高边 MOSFET 关断。受软启动电路的控制,当接点温度降到比温度关断点低 14℃时,芯片重新启动。

图 11.3.6 是 TPS5430 的典型应用电路。电路输入电压为 10 ~ 35 V,输出电压为 5 V。输出电流可达 3 A。

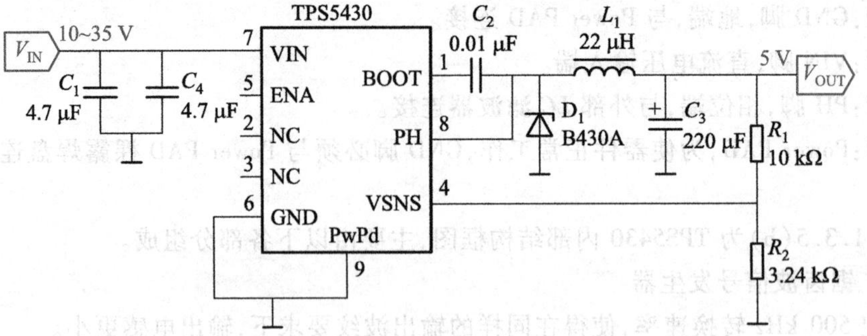

图 11.3.6　TPS5430 典型应用电路

PPT 11.4 稳压电源应用举例

11.4　稳压电源应用举例

11.4.1　晶体管稳压电源实例

1. 采用互补差分式放大电路的稳压电源

图 11.4.1 是采用互补差分式放大电路的稳压电源电路，其输出为 100 mA/75 V 的高压电源。电路中，T_3 和 T_4 把 T_1 和 T_2 的差分输出变为单端输出。提供基准电压要选用稳定度高，噪声低的稳压二极管，电路中 D_Z 采用 1S2190，并在其两端并联电容 C_1（47 μF），把输出噪声抑制在 100 μV 以下。误差放大电路的增益过大，容易产生振荡，因此，在 T_4 的集电极基极之间接入电容 C_2 进行相位补偿。因输出电压高达 75 V，所以要选用 $V_{(BR)CEO}$ 大于 100 V 的晶体管。

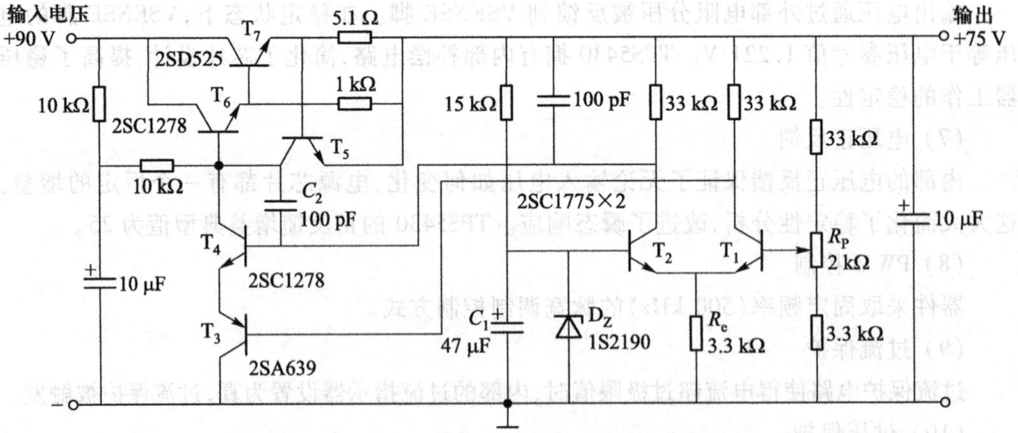

图 11.4.1　采用互补差分式放大电路的稳压电源电路

2. 输出 1 A/12 V 的实用稳压电源

图 11.4.2 是输出 1 A/12 V 的实用稳压电源电路。允许环境温度为 50℃，采用硅晶体管。纹波电压为 0.5 ~ 1 mV，直流内阻为 0.05 Ω，交流（0 ~ 100 kHz）阻抗为 0.2 Ω 以下。误差放大管 T_4 的集电极采用辅助电源，通过倍压整流再经 R_7 和 D_{Z1} 组成的稳压电路提供稳定的电压。这样，误差放大器的供电电压就不会受到负载电流的影响，而且 T_4

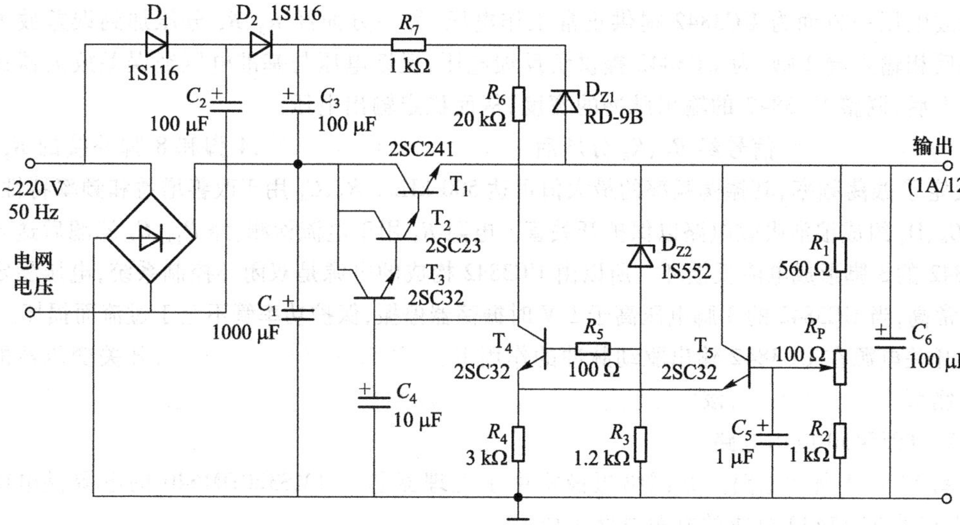

图 11.4.2 输出 1 A/12 V 的实用稳压电源电路

的负载电阻 R_6 可以足够大，误差放大器的增益更大，使得输出电压的稳定性可改善 1 个数量级。为了减小温度变化对输出电压的影响，误差放大器采用由 T_5 和 T_4 组成的差分放大电路，基准电压稳压管 D_{Z2} 选用温度系数低的 1S552。0℃～50℃时误差放大器的输出漂移为 30 mV，换算成温度系数为 3×10^{-5}℃，接近稳压管 1S552 的温度系数（2×10^{-5}℃）。

11.4.2 开关稳压电源实例

1. UC3842 应用电路

图 11.4.3 所示电路是采用 UC3842 的一个实际开关稳压电源电路。交流输入电压由电源噪声滤波器滤除电磁干扰，再经桥式整流后变为直流电压，该电压经电阻 R_1 对 C_1 充电，C_1 两端电压逐渐上升，当该电压经电阻 R_2 降压后使 UC3842 的 7 脚（V_{CC}端）达到导通门限电压（16 V），UC3842 则开始工作。电路开始工作后变压器的二次绕组 N_2 的整

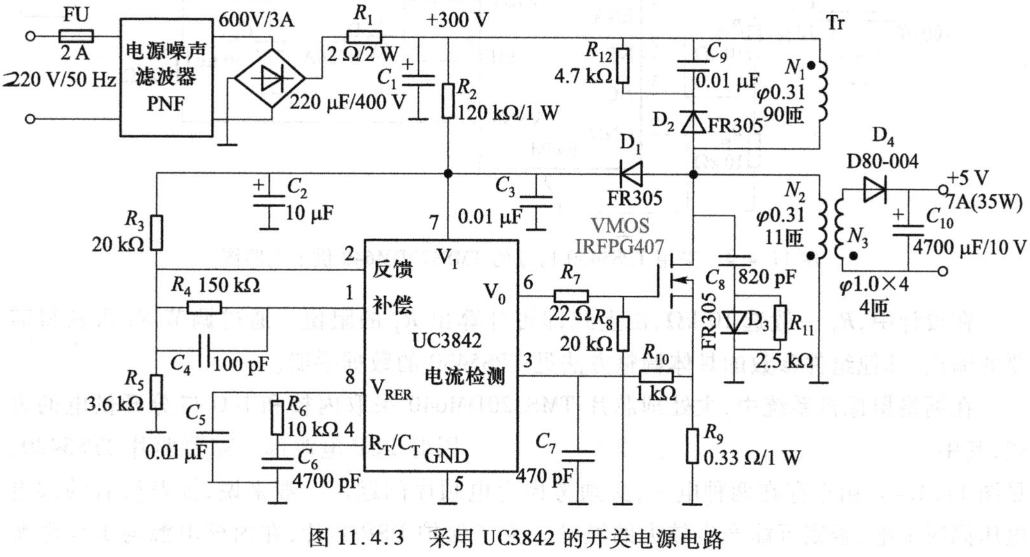

图 11.4.3 采用 UC3842 的开关电源电路

流滤波电压一方面为UC3842提供正常工作电压，另一方面经R_3、R_5分压加到误差放大器的反相输入端2脚，为UC3842提供负反馈电压，反馈电压与基准电压经误差放大器比较放大后，调整UC3842的输出脉冲的宽度，从而稳定输出电压。

6脚输出的方波信号经R_7、R_8分压后驱动VMOSFEF功率管，4脚和8脚外接的R_6、C_6决定了振荡频率，其振荡频率的最大值可达500 kHz。R_4、C_4用于改善增益和频率特性。R_{12}、C_9、D_2组成浪涌吸收电路以保护开关管。电阻R_9用于电流检测，经R_{10}、C_8滤滤后送入UC3842的3脚形成电流反馈环。所以由UC3842构成的电源是双闭环控制系统，电压稳定度非常高，当UC3842的3脚电压高于1 V时振荡器停振，保护功率管不至于过流而损坏。

开关电源在UC3842输出驱动脉冲的作用下，开关管交替导通与关断，开关变压器的二次侧可得到交流电压，该电压经整流滤波后，可获得稳定的直流输出电压供负载使用。

2. TPS5430应用电路

图11.4.4所示电路为某网络摄像机中主处理器芯片TMS320DM640的电源供电电路，由双路TPS5430组成的电源电路组成。

TPS5430的输出电压由分压电阻R_1和R_2决定，关系满足

$$R_2=(R_1\times1.221)/(V_{out}-1.221)$$

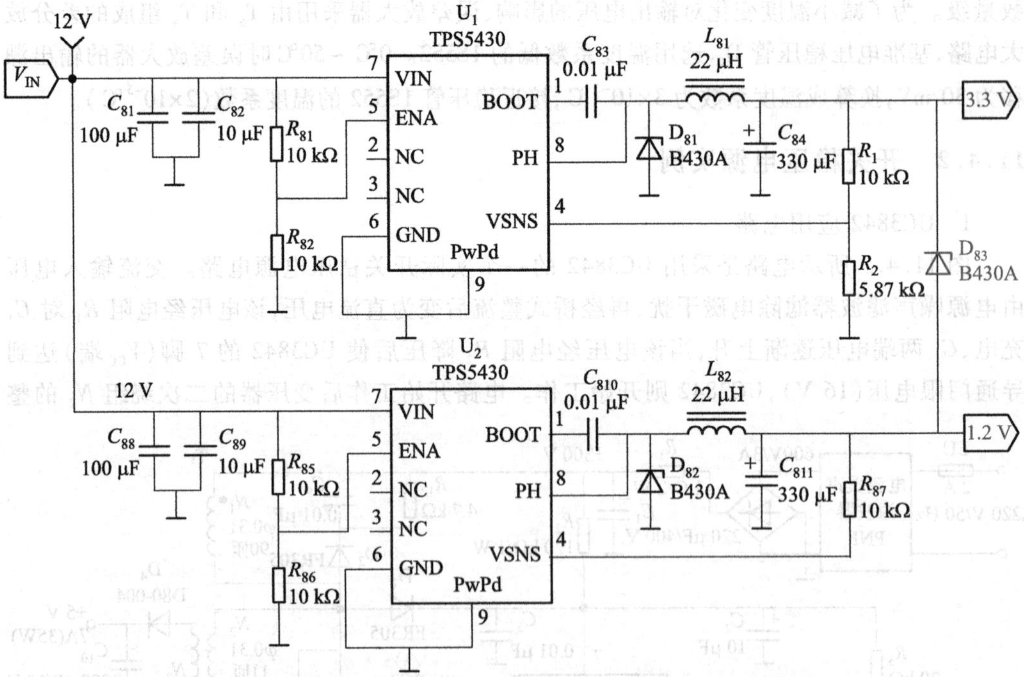

图11.4.4　采用TPS5430构成的TMS320DM640供电电路图

在设计中，R_1一般选10 kΩ，由上式即可计算出R_2的阻值。通过调节R_2可获得需要的输出，其他组件参数的具体调整方法见TPS5430的数据手册。

在网络摄像机系统中，主处理芯片TMS320DM640采取内核和I/O口分开供电的方式，其中内核供电电压为1.2 V，I/O口为3.3 V，因此DSP电源部分需要两片TPS5430，见图11.4.4。由于存在两种电压，必须考虑上电顺序问题。一般来说，推荐所有的供电电压同时上电，否则可能产生较大的波动。为了保护DSP芯片，在内核电源与I/O电源

之间加一肖特基二极管。采用此供电电路对 DSP 芯片供电，电源体积小，外围电路简单，具有高度的可靠性，很好地满足了系统的需求。

本章小结

表 11.2　本章重要概念、知识点及需熟记的公式

<table>
<tr><td rowspan="10">1</td><td rowspan="10">小功率直流稳压电源</td><td>电源变压器</td><td>将交流电网电压变为所需的 v_2</td><td></td><td colspan="3"></td></tr>
<tr><td>整流电路</td><td>将交流电转变为脉动的直流电</td><td>单相桥式整流电路</td><td colspan="3">$V_L=0.9\ V_2$
$I_D=\frac{0.45\ V_2}{R_L}$
$V_{RM}=\sqrt{2}V_2$</td></tr>
<tr><td rowspan="4">滤波电路</td><td rowspan="4">滤除脉动直流电压中的纹波</td><td rowspan="2">电容滤波
适用于输出电流较小且负载几乎不变的场合</td><td colspan="3">开路输出时 $V_L=\sqrt{2}V_2$</td></tr>
<tr><td colspan="3">接入纯阻负载时 $V_L\approx1.2V_2$</td></tr>
<tr><td>电感滤波
适用于输出大电流的场合</td><td colspan="3">$V_L=0.9V_2$</td></tr>
<tr><td>混合型滤波
适用于滤波效果要求较高的场合</td><td colspan="3"></td></tr>
<tr><td rowspan="2">稳压电路</td><td rowspan="2">使脉动直流电压进一步稳定</td><td>串联型线性稳压电路</td><td colspan="3"></td></tr>
<tr><td>开关稳压电源</td><td colspan="3"></td></tr>
<tr style="display:none"><td></td></tr>
<tr style="display:none"><td></td></tr>
<tr><td rowspan="6">2</td><td rowspan="6">串联型线性稳压电路</td><td rowspan="2">调整管</td><td rowspan="6">调整管是工作在线性放大区，利用控制调整管的管压降来调整输出电压。稳压性能好、输出纹波电压小、响应速度快、电路简单，但功耗较大，电路的工作效率较低</td><td rowspan="4">三端集成稳压器</td><td rowspan="4">外接元件少、可靠性高、使用灵活方便，效率约为 30% ~ 50%</td><td rowspan="2">固定式</td><td>正电压 78××</td></tr>
<tr><td>负电压 79××</td></tr>
<tr><td rowspan="2">取样环节</td><td rowspan="2">可调式</td><td>正可调 LM×17</td></tr>
<tr><td>负可调 LM×37</td></tr>
<tr><td>基准电压</td><td rowspan="2">低压差线性集成稳压器</td><td rowspan="2">能显著提高稳压电源的效率，可提高到 95% 以上</td><td rowspan="2" colspan="2"></td></tr>
<tr><td>比较放大</td></tr>
</table>

续表

3	开关稳压电源	调整管工作在开关状态，利用开关状态导通与截止时间的比例来稳定输出电压	优点：效率高（75% ~95%）、体积小、重量轻，电压变换输出可升压、降压和反压，允许电网电压波动范围宽，一般应用在中大功率稳压电源和便携式电子设备等场合 缺点：纹波和噪声电压较大，动态响应时间长

习　　题

11.1　在整流滤波电路中，采用滤波电路的主要目的是什么？电容滤波和电感滤波电路各有什么特点？各应用于何种场合？

11.2　串联反馈式稳压电路由哪几部分组成？各部分的作用是什么？

11.3　串联型稳压电路为何采用复合管作为调整管？为了提高温度稳定性，组成复合管采取了什么措施？

11.4　分别列出两种输出电压固定和输出电压可调三端稳压器的应用电路，并说明电路中接入元件的作用。

11.5　串联开关式稳压电源与串联反馈式线性稳压电源的主要区别是什么？两者相比较各有什么优缺点？

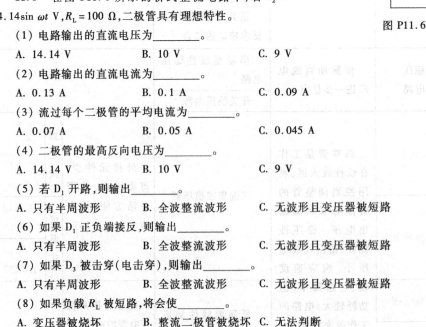

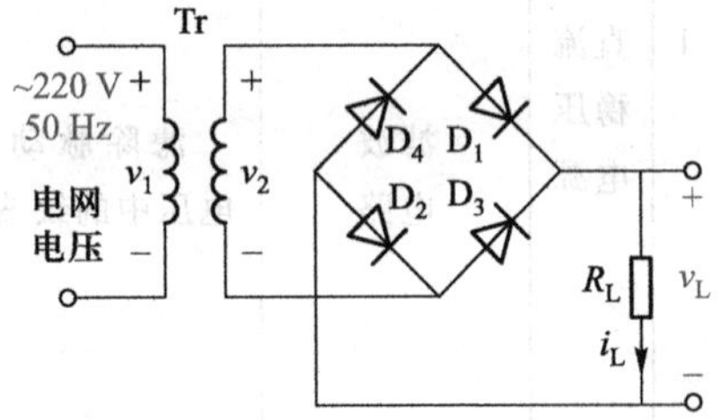

图 P11.6

11.6　在图 P11.6 所示的桥式整流电路中，若 $v_2 = 14.14\sin\omega t$ V，$R_L = 100\ \Omega$，二极管具有理想特性。

(1) 电路输出的直流电压为________。

A. 14.14 V　　B. 10 V　　C. 9 V

(2) 电路输出的直流电流为________。

A. 0.13 A　　B. 0.1 A　　C. 0.09 A

(3) 流过每个二极管的平均电流为________。

A. 0.07 A　　B. 0.05 A　　C. 0.045 A

(4) 二极管的最高反向电压为________。

A. 14.14 V　　B. 10 V　　C. 9 V

(5) 若 D_1 开路，则输出________。

A. 只有半周波形　　B. 全波整流波形　　C. 无波形且变压器被短路

(6) 如果 D_1 正负端接反，则输出________。

A. 只有半周波形　　B. 全波整流波形　　C. 无波形且变压器被短路

(7) 如果 D_3 被击穿（电击穿），则输出________。

A. 只有半周波形　　B. 全波整流波形　　C. 无波形且变压器被短路

(8) 如果负载 R_L 被短路，将会使________。

A. 变压器被烧坏　　B. 整流二极管被烧坏　　C. 无法判断

11.7　在图 P11.7 所示桥式整流电容滤波电路中，若二极管具有理想的特性，那么，当 $v_2 = 14.14\sin\omega t$ V，$R_L = 10\ \text{k}\Omega$，$C = 50\ \mu\text{F}$ 时：

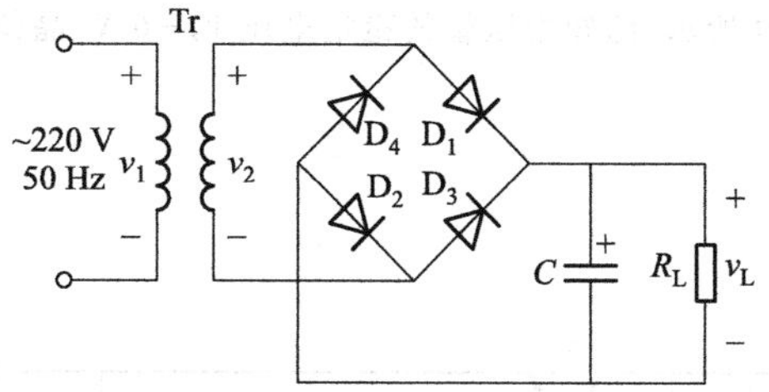

图 P11.7

(1) 电路输出的直流电压为________。

A. 9 V　　B. 10 V　　C. 12 V

(2) 电路输出的直流电流为________。

A. 0.9 mA　　B. 1 mA　　C. 1.2 mA

(3) 流过每个二极管的平均电流为________。

A. 0.45 mA　　B. 0.5 mA　　C. 0.6 mA

(4) 二极管的最高反向电压为________。

A. 14.14 V　　B. 10 V　　C. 9 V

(5) 二极管的导通角________。

A. 360°　　B. 180°　　C. 小于 180°

(6) 二极管将________。

A. 会承受更高的反向电压　　B. 会有较大的冲击电流

C. 会被击穿

(7) 电容滤波电路只适合于负载电流________的场合。

A. 比较小或基本不变　　B. 比较小且可变　　C. 比较大

(8) 如果滤波电容断路,则输出电压________。

A. 升高　　B. 降低　　C. 不变

(9) 如果负载开路,则输出电压________。

A. 升高　　B. 降低　　C. 不变

11.8　在图 P11.8 所示电路中,已知输出电压平均值 $V_O = 15$ V,负载电流平均值 $I_L = 100$ mA。

(1) 变压器二次侧电压有效值 $V_2 \approx$?

(2) 设电网电压波动范围为±10%。在选择二极管的参数时,其最大整流平均电流 I_D 和最高反向电压 V_{RM} 的下限值约为多少?

11.9　如图 P11.9 所示倍压整流电路,试标出每个电容上的电压和二极管承受的最大反向电压;求输出电压 V_{L1}、V_{L2} 的大小,并标出极性。

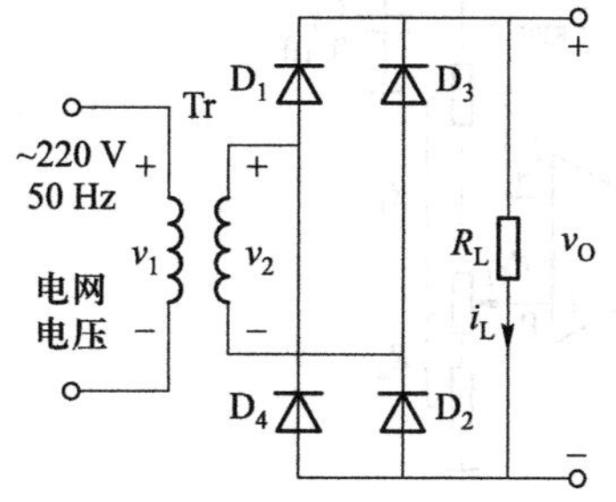

图 P11.8

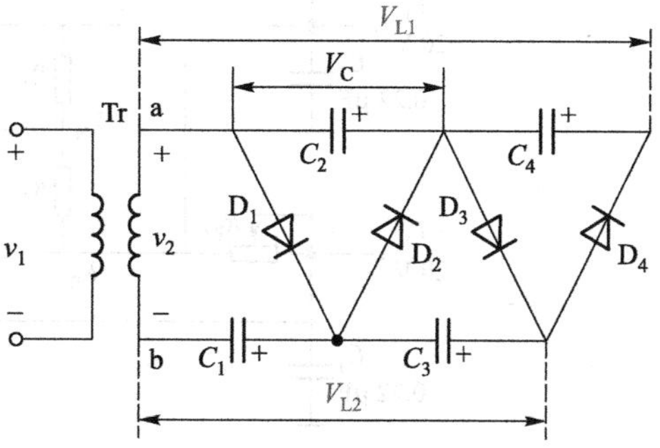

图 P11.9

11.10　电路如图 P11.10 所示，已知稳压管的稳定电压 $V_Z=6$ V，晶体管的 $V_{BE}=0.7$ V，$R_1=R_2=R_3=300\ \Omega$，$V_I=24$ V。

(1) 指出电路名称；

(2) 指出 T_2、T_3 作用；

(3) 计算 V_O 变化范围。

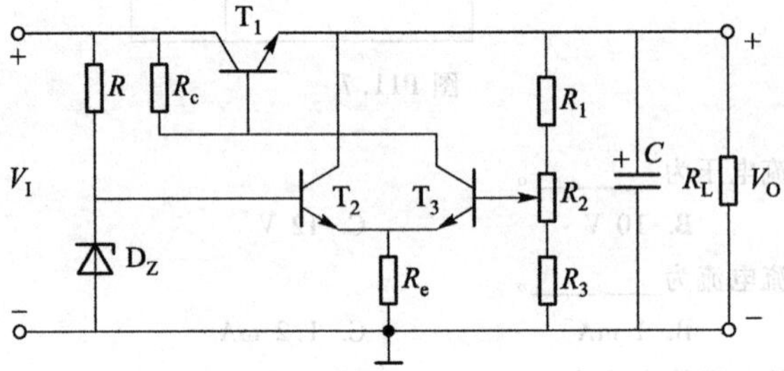

图 P11.10

11.11　直流稳压电源如图 P11.11 所示。

(1) 指出电路的整流电路、滤波电路、调整管、基准电压电路、比较放大电路、取样电路等部分各由哪些元件组成。

(2) 要使电路引入负反馈，集成电路的输入端应如何设置？

(3) 写出输出电压的表达式。

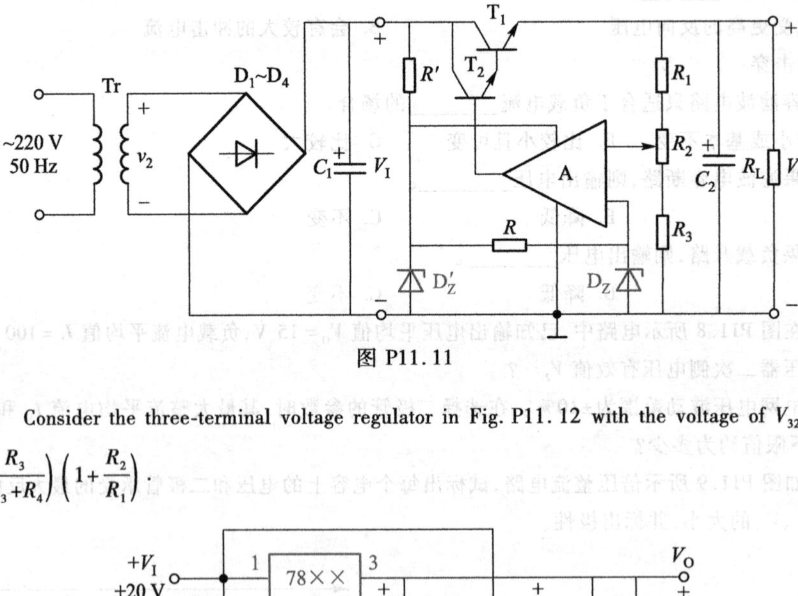

图 P11.11

11.12　Consider the three-terminal voltage regulator in Fig. P11.12 with the voltage of $V_{32}=V_{\times\times}$. Prove $V_O=V_{\times\times}\left(\dfrac{R_3}{R_3+R_4}\right)\left(1+\dfrac{R_2}{R_1}\right)$.

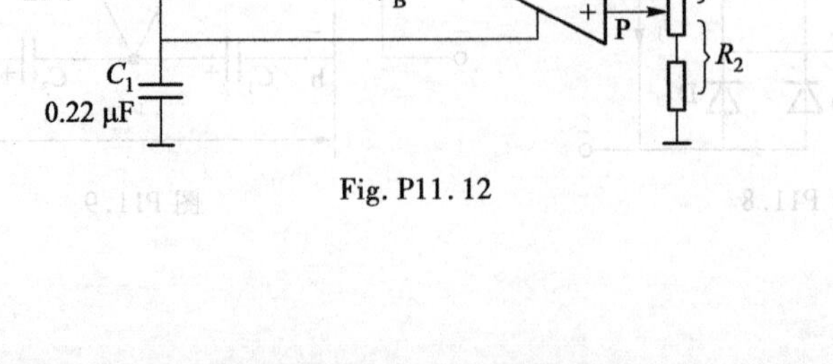

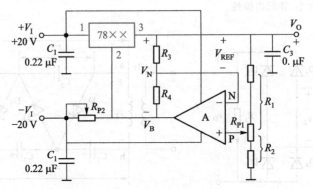

Fig. P11.12

11.13 The dc power supply is shown in Fig. P11.13. Assume the voltage at the secondary side is $v_2 = 28.2\sin\omega t$ V. Determine:

(1) The output voltage V_O.

(2) The voltage of V_C.

(3) The maximum reverse voltage of each diode.

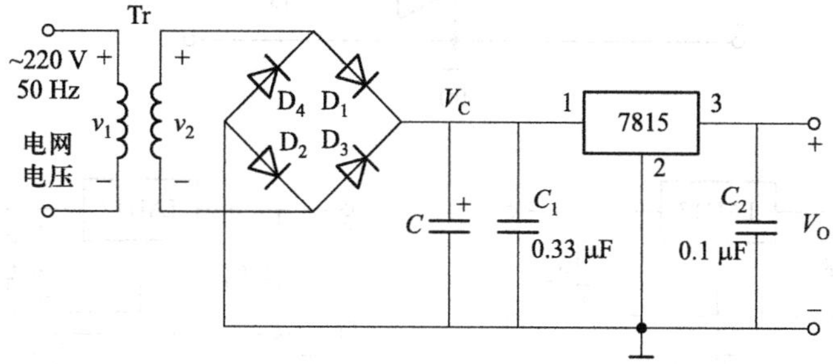

Fig. P11.13

11.14 The LM117 adjustable voltage regulator is shown in Fig. P11.14. The circuit parameters are $R_1 = 240\ \Omega$, $R_2 = 3\ \text{k}\Omega$. The allowable voltage range of LM117 is 3 ~ 40 V betweent its input terminal and its output terminal.

(1) Point out the fuction of C_1 and C_2.

(2) Calculate the minmum and maximum output voltage.

(3) Determine the input voltage range.

11.15 图 P11.15 为 LM317 组成的输出电压可调典型电路，$V_{31} = V_{REF} = 1.2$ V，流过 R_1 的最小电流 I_{Rmin} 为(5 ~ 10) mA，调整端 1 的输出电流 $I_{adj} \ll I_{Rmin}$。

(1) 求 R_1 的值；

(2) 当 $R_1 = 210\ \Omega$，$R_2 = 3\ \text{k}\Omega$ 时，求出电压 V_O；

(3) 当 $V_O = 37$ V，$R_1 = 210\ \Omega$，$R_2 = ?$ 电路的最小输入电压 $V_{Imin} = ?$

(4) 调节 R_2 从 0 变化到 6.2 kΩ 时，输出电压的调节范围是多少。

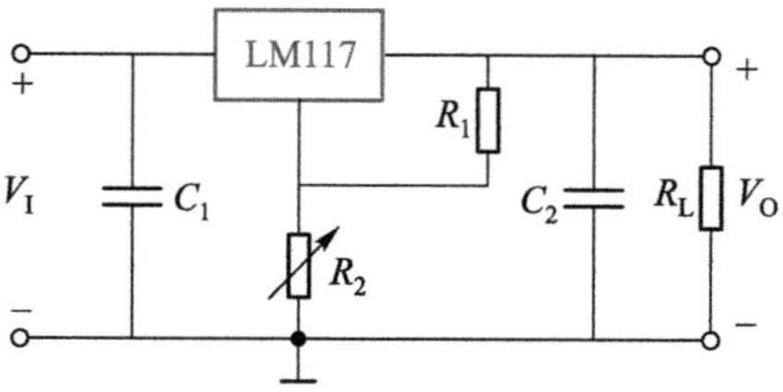

Fig. P11.14

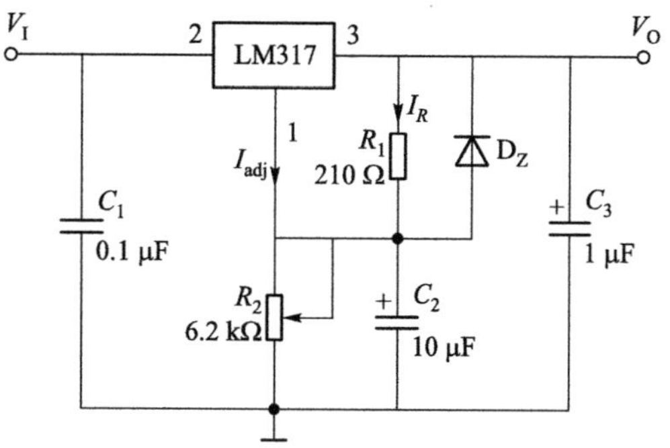

图 P11.15

11.16 试分别求出图 P11.16 所示各电路输出电压的表达式。

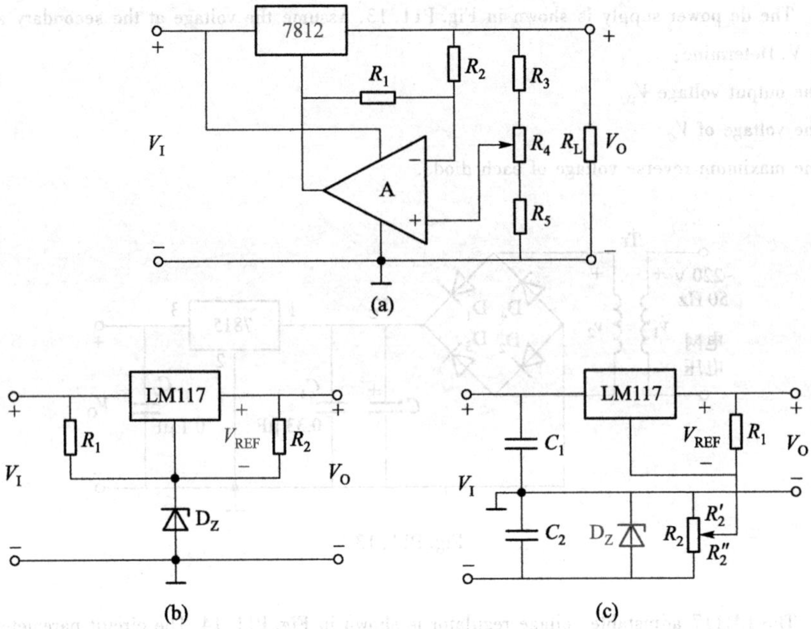
7812
R1
R2
R3
R4
R5
RL
VO
VI
A
(a)
LM117
R1
R2
VREF
VI
VO
DZ
(b)
LM117
C1
C2
DZ
R1
R2
R2′
R2″
VREF
VI
VO
(c)

图 P11.16

附　录

附录一　模拟测试题

《模拟电子技术基础》模拟测试题一

一、单项选择题(每空 1 分,共 10 分)

1. PN 结加正向电压时,空间电荷区将______。

A. 变窄　　B. 基本不变　　C. 变宽

2. 稳压管正常稳压时,其工作在______区。

A. 正向导通　　B. 反向截止　　C. 反向击穿

3. 当晶体管工作在放大区时,发射结电压和集电结电压应为______。

A. 前者反偏、后者也反偏　　B. 前者正偏、后者反偏

C. 前者正偏、后者也正偏　　D. 前者反偏、后者正偏

4. 差分放大电路的差模输入信号是两个输入端信号的______,共模输入信号是两个输入端信号的______。

A. 差　　B. 和　　C. 平均值　　D. 任一输入信号

5. 在输入量不变的情况下,若引入反馈后______,则说明引入的反馈是负反馈。

A. 输入电阻增大　　B. 输出量增大　　C. 净输入量增大　　D. 净输入量减小

6. 乙类互补对称功率放大电路中存在一种特殊的失真,称为______。

A. 交越失真　　B. 线性失真　　C. 频率失真

7. 功率放大电路的转换效率是指______。

A. 输出功率与晶体管所消耗的功率之比

B. 输出功率与电源提供的平均功率之比

C. 晶体管所消耗的功率与电源提供的平均功率之比

8. 直流稳压电源中整流电路的目的是______。

A. 将交流变为直流　　B. 将高频变为低频

C. 将正弦波变为方波

9. 直流稳压电源中滤波电路的目的是______。

A. 将交流变为直流　　B. 将高频变为低频

C. 尽可能地滤除交、直流混合量中的交流成分

二、填空题(每空 1 分,共 10 分)

1. NPN 型晶体管共射极放大电路,若增大输入信号,首先出现输出电压顶部削平的

失真，则这种失真是______失真，原因是静态工作点偏______。

2. 多级放大电路常见的三种耦合方式为：阻容耦合、______耦合和______耦合。

3. 场效晶体管可以组成______、______和共漏三种基本放大电路。

4. 在放大电路中，引入电压负反馈可以稳定______、降低______。

5. 集成运放的种类繁多，但结构基本相同，通常由______电路、输入级、______和输出级四部分组成。

三、分析判断题（每题 10 分，共 20 分）

1. 判断图 A1.1、图 A1.2 所示电路能否实现电压放大，若不能，请指出其中错误。图中各电容对交流可视为短路。

2. 判断图 A1.3 放大电路的反馈类型，并指出反馈对输入电阻和输出电阻的影响。

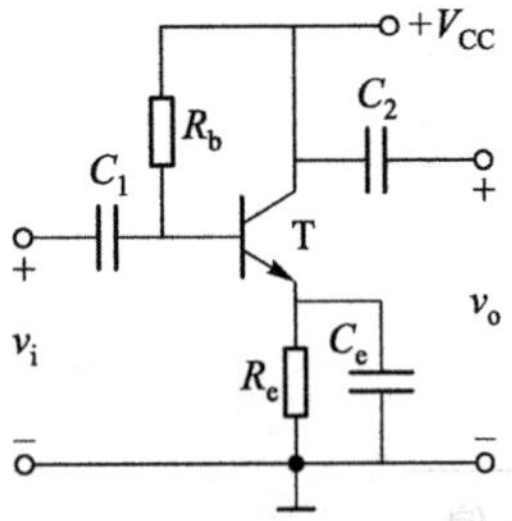

图 A1.1

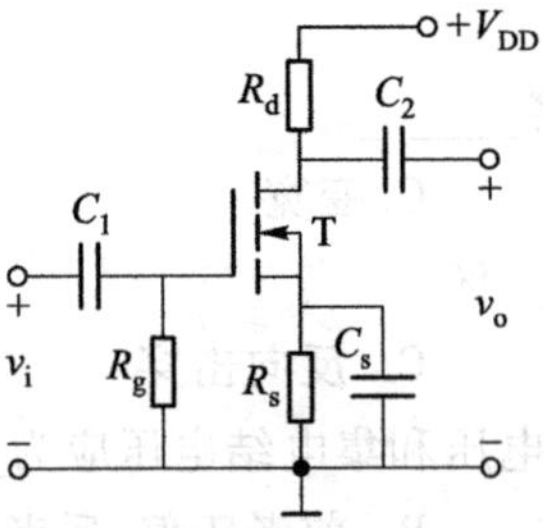

图 A1.2

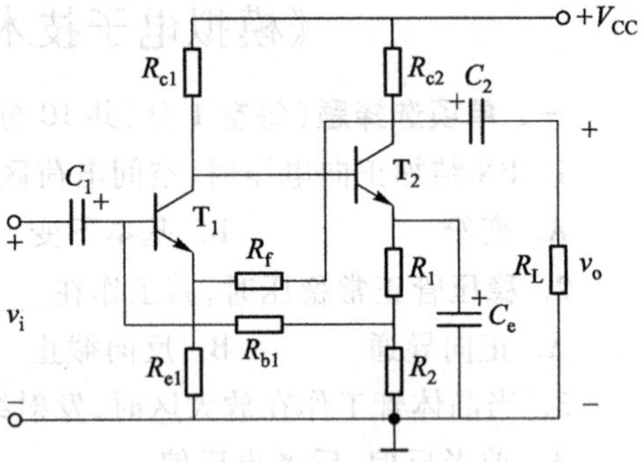

图 A1.3

四、画图题（每题 10 分，共 20 分）

1. 电路如图 A1.4 所示，已知 $v_i = 5\sin\omega t$ V，二极管导通电压 $V_D = 0$ V。试画出 v_i 与 v_o 的波形，并标出幅值。

2. 画出图 A1.5 所示各电路的电压传输特性。

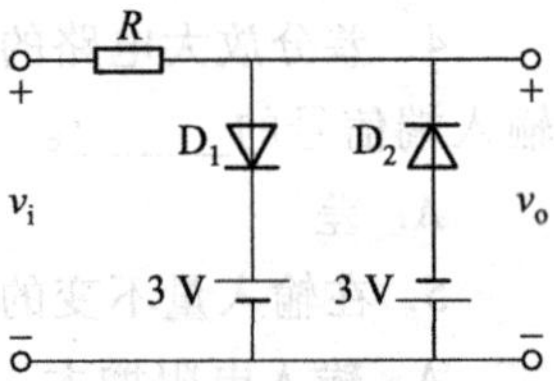

图 A1.4

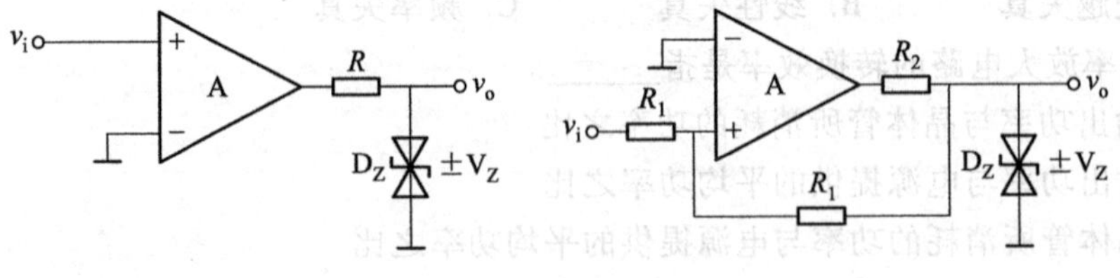

(a) (b)

图 A1.5

五、综合题（40 分）

1. （16 分）电路如图 A1.6 所示，已知 BJT 的 $\beta_1 = \beta_2 = 100$，$V_{BE1} = V_{BE2} = 0.7$ V，$r_{bb'1} = r_{bb'2} = 200\ \Omega$，设两管的 r_{ce} 很大可近似视为开路，电容 C_1、C_2、C_3、C_e 对交流信号可视为短路。试求：

(1) 两级放大电路的静态工作点 Q；

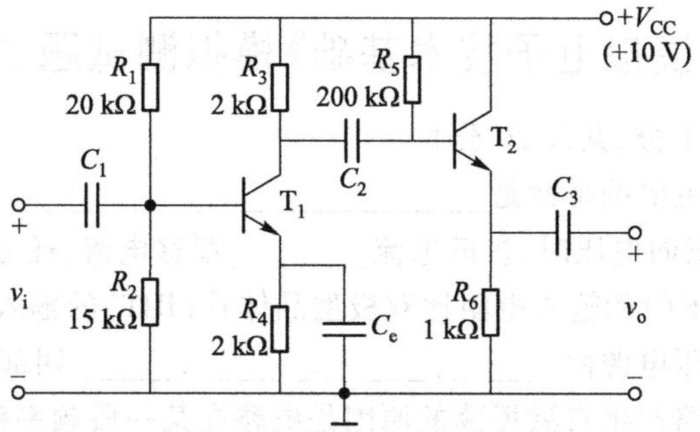

图 A1.6

（2）电压放大倍数 A_v、输入电阻 R_i 和输出电阻 R_o。

2.（8 分）图 A1.7 所示电路参数理想对称，晶体管的 β 均为 50，$r_{bb'}=100\ \Omega$，$V_{BEQ}\approx 0.7$ V。试计算 R_P 滑动端在中点时 T_1 管和 T_2 管的发射极静态电流 I_{EQ}，以及动态参数 A_{vd} 和 R_{id}。

3.（8 分）电路如图 A1.8 所示，设 A_1、A_2、A_3 为理想运放，$R_1=10$ kΩ，$R_2=20$ kΩ，$R_3=R_4=R_5=R_6=R_7=30$ kΩ，求 v_{o1}、v_{o2}、v_{o3} 的值。

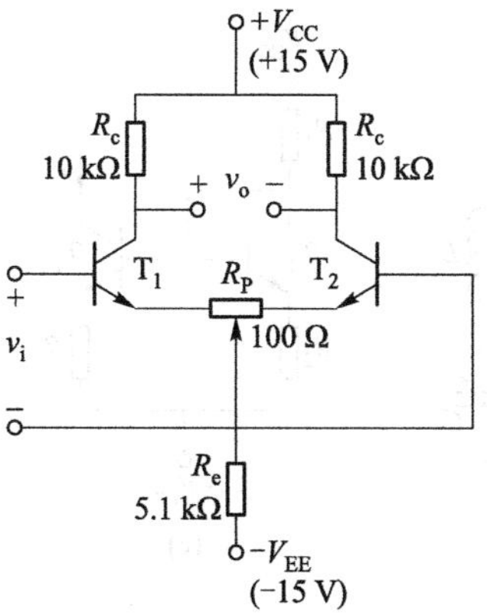

图 A1.7

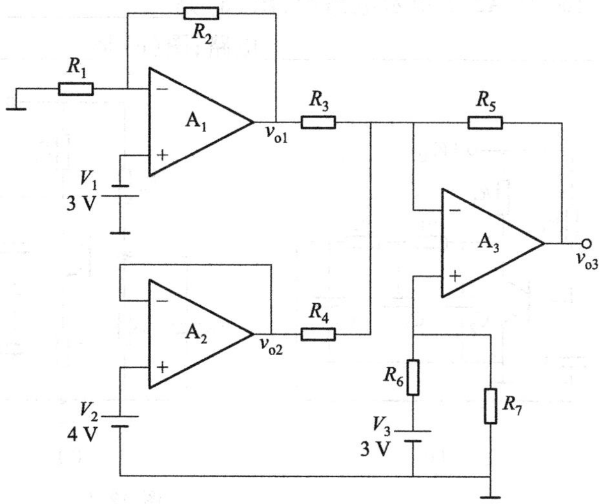

图 A1.8

4.（8 分）电路如图 A1.9 所示，已知 T_1 和 T_2 的饱和管压降 $|V_{CES}|=2$ V，直流功耗可忽略不计。

回答下列问题：

（1）D_1、D_2 的作用是什么？

（2）负载上可能获得的最大输出功率 P_{om} 和电路的转换效率 η 各为多少？

（3）设最大输入电压的有效值为1 V。为了使电路的最大不失真输出电压的峰值达到 16 V，电阻 R_f 至少应取多少千欧？

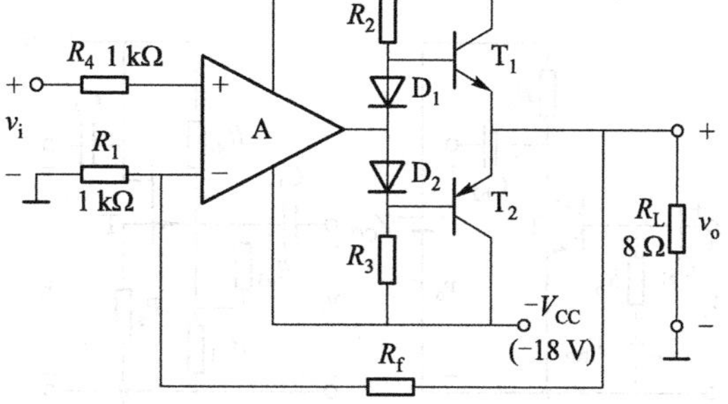

图 A1.9

《模拟电子技术基础》模拟测试题二

一、填空题(每空 1 分,共计 20 分)

1. 晶体二极管最主要的特性是____________________。

2. 当 PN 结外加正向电压时,扩散电流________漂移电流,耗尽层________。

3. 场效晶体管(FET)的输入电阻比双极型晶体管(BJT)的输入电阻________。

4. 小功率直流稳压电源由______、______、______、______四部分组成。

5. 负反馈放大电路产生自激振荡的原因是电路在某一段频率范围内变成了______。

6. 差分放大电路抑制零点漂移的原理是____________________。

7. 集成运放电路中常采用恒流源做基本放大电路的有源负载,可提高电路的电压增益和动态输出范围,主要是因为恒流源具有________________特点。

8. 集成运放的输入级采用差分放大电路是因为可以____________________。

9. 双极型晶体管的共发射极电流放大系数 β 反映了__________极电流对__________极电流的控制能力;而单极型场效晶体管常用__________参数反映__________对______________的控制能力。

10. 图 A2.1 所示电路中,图(a)是____________________电路;图(b)是____________________电路;图(c)是________________电路。

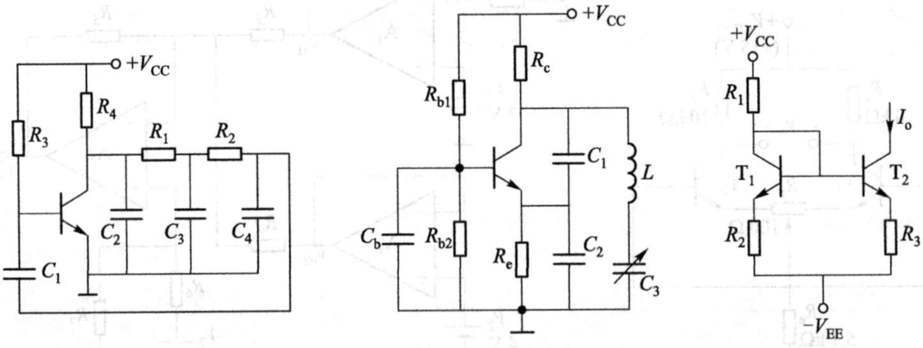

图 A2.1

二、简答题(共 20 分)

1. (10 分)图 A2.2 所示电路是否合理,若不合理,请加以改正。

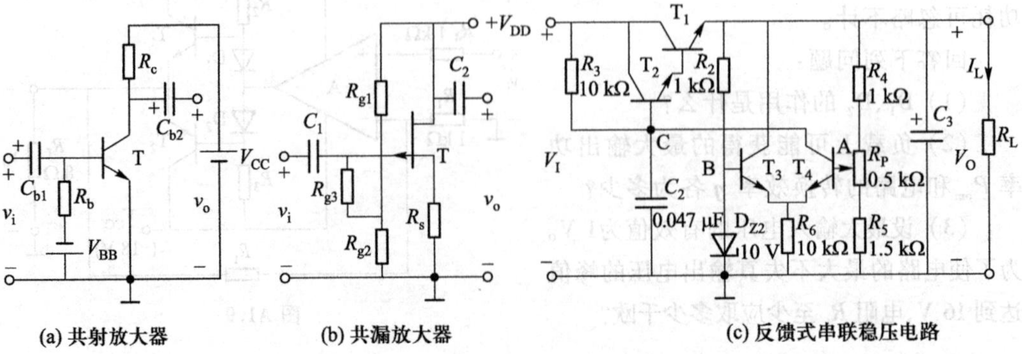

(a) 共射放大器　　(b) 共漏放大器　　(c) 反馈式串联稳压电路

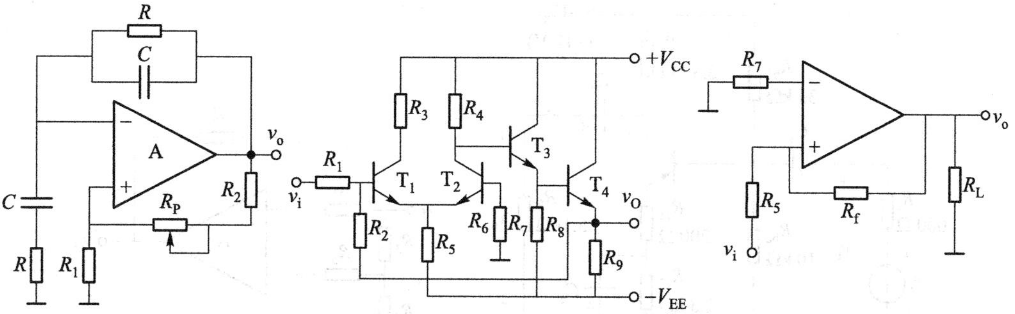

(d) RC正弦波振荡器　　(e) 电压串联负反馈放大器　　(f) 同相放大器

图 A2.2

2. (4 分)判断图 A2.3 所示电路的反馈类型,写出深度负反馈条件下闭环电压增益表达式。

3. (6 分)已知某固定偏置放大电路如图 A2.4(a)所示,其中晶体管的输出特性曲线和放大电路的交、直流负载线如图 A2.4(b)所示,由图可得电源电压 V_{CC} =____,电阻 R_b =____,R_c =____,R_L =________。当输入正弦波幅度由小逐渐增大时,输出波形先出现____部削平的____失真,最大不失真电压幅值为____。

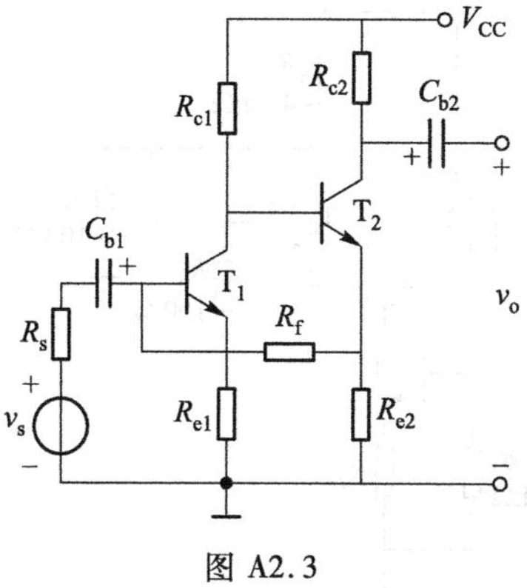

图 A2.3

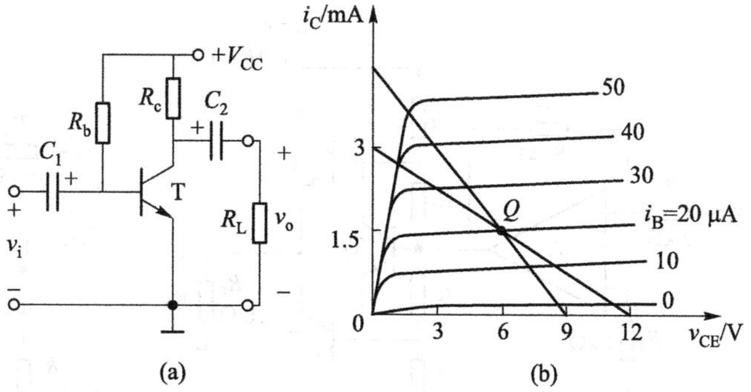

图 A2.4

三、计算题(共 60 分)

1. (16 分)图 A2.5 所示电路,已知晶体管的 $r_{bb'}=300\ \Omega$,$V_{BE}=-0.7$ V,$\beta=50$。

(1) 求静态工作点 Q;

(2) 画出小信号等效电路;

(3) 求放大电路的 A_v、R_i 和 R_o;

(4) 当 $v_s=15\sin\omega t$ mV 时,试求 v_o 的表达式。

2. (6 分)由理想集成运放组成的电路如图 A2.6 所示,试求输出电压 v_O 的表达式。

3. (14 分)由理想运放等构成的某放大电路如图 A2.7 所示,已知 T_1、T_2 饱和管压降 $|V_{CES}|=2$ V,输入电压 v_I 为正弦波。试分析:

(1) 最大不失真输出功率 P_{om}、此时电路的效率 η 和输入信号幅度 V_{im};

(2) T_1、T_2 管子允许的管耗 P_{CM}、$V_{(BR)CEO}$ 和 I_{CM};

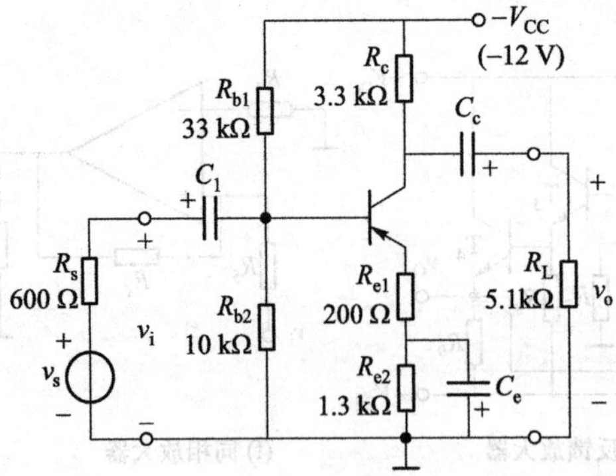

图 A2.5

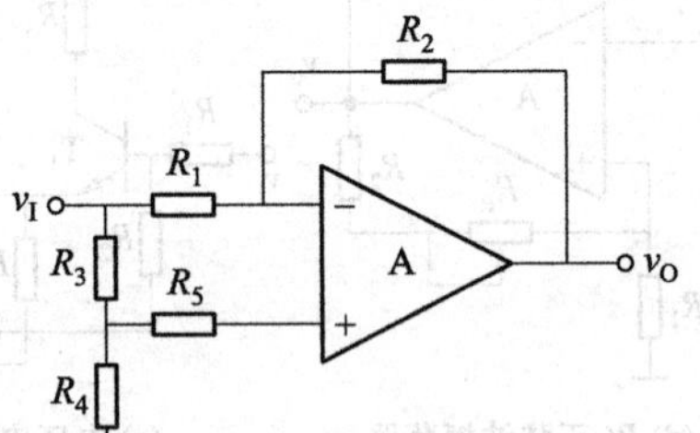

图 A2.6

(3) T_3、R_5 和 R_6 元件的作用是什么？若要增强该电路的带负载能力和提高输入电阻，如何改动连线？

4. (12 分)差分放大电路如图 A2.8 所示，已知各管的 $r_{bb'}=100\ \Omega$，$V_{BE}=0.7\ V$，$\beta=50$，r_{ce}近似开路。

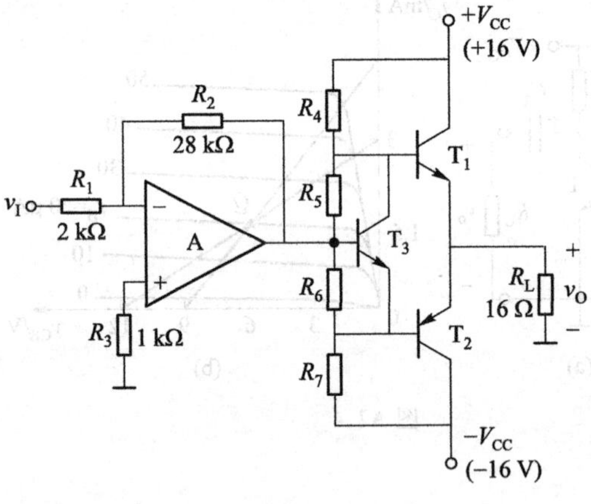

图 A2.7

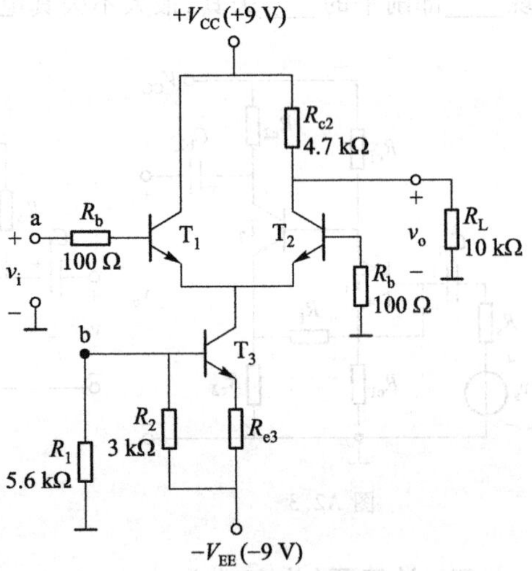

图 A2.8

(1) 若 $I_{CQ3}=2\ mA$，则 R_{e3}、V_{CEQ1}和 V_{CEQ2}分别为多少？

(2) 求 A_{vd}、A_{vc}、R_{id}和 R_o；

(3) 当 $v_i=5\sin\omega t$ mV 时，写出输出电压 v_o 的表达式。

5. (12 分)由理想集成运放组成的电路如图 A2.9(a)、(b)所示，图 A2.9(a)中的开关 K 由电压 V_K 控制，当 V_K>0 V 时接通、当 V_K<0 V 时断开。

(1) 图 A2.9(b)构成的是什么电路？试画出 v_{O2}与 v_{I2}的关系曲线；

(2) 试写出 v_{O1}与 v_{I1}的关系表达式；

(3) 若将 v_{O2}作为 V_K，而 v_{I1}和 v_{I2}接同一个正弦输入信号 v_i［如图 A2.9(c)①所示］，试画出 v_{O1}和 v_{O2}的波形，并回答该电路的功能是什么？

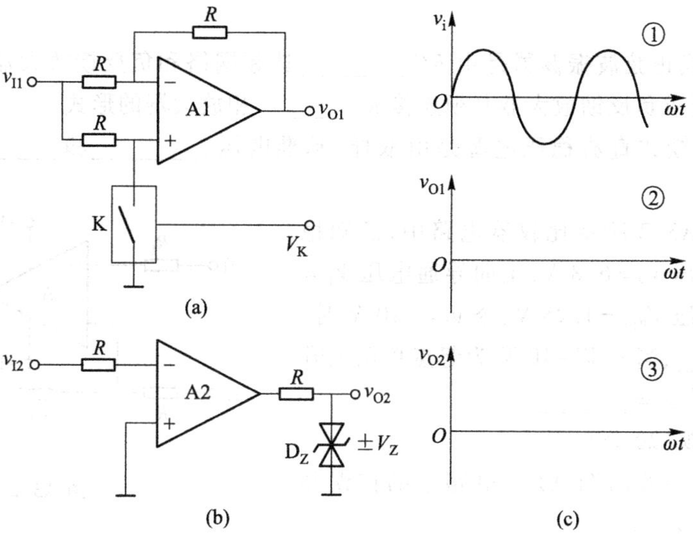

图 A2.9

《模拟电子技术基础》模拟测试题三

一、填空(每空 1 分,共 20 分)

1. PN 结的反向电流是由＿＿＿＿＿＿形成的,其反向电流的大小与＿＿＿＿＿＿关系密切。

2. 测得晶体管的各极电位如图 A3.1 所示,其中图 A3.1(a)所示的晶体管工作在＿＿＿＿＿＿状态,图 A3.1(b)所示的晶体管工作在＿＿＿＿＿＿状态。

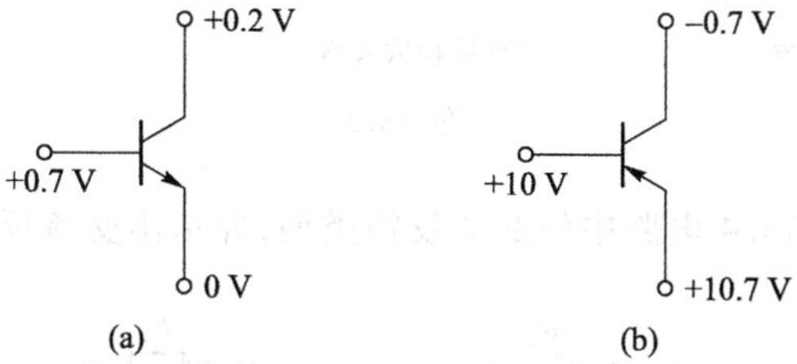

图 A3.1

3. 差分放大电路常用于集成运算放大器的＿＿＿＿,射极耦合式差分放大电路中恒流源的作用是＿＿＿＿＿＿＿＿＿。

4. 在多级阻容耦合交流放大器中,其总的通频带一般要比单级的通频带＿＿＿＿,而总增益的分贝数为各单级增益的分贝数相＿＿＿＿。

5. 由单个集成运放组成的反相比例放大器的反馈类型为＿＿＿,其输入电阻较＿＿＿＿。

6. 在电压串联负反馈放大器中,当满足＿＿＿＿负反馈条件下,负反馈放大器的电压增益近似由反馈网络的参数来决定,在共射极、共基极和共集电极三种基本组态的放大器中,其中＿＿＿＿属于电压串联负反馈放大器。

7. 乙类功率放大器中晶体管的静态电流等于＿＿＿＿,其特有的一类非线性失真是

________。

8. *RC* 桥式正弦波振荡器是由 *RC* ________选频网络和负反馈放大器组成，为了满足振荡条件，要求负反馈放大器必须连接成________相放大器的形式。

9. 串联反馈式直流稳压电源是由取样、基准电压、________和________四个环节组成。

10. 在图 A3.2 所示比较器电路中，已知稳压管的稳定电压 $V_Z = 6.8$ V，正向导通电压 $V_D = 0.7$ V，参考电压 $V_{REF} = 1.25$ V，令 $v_i = -10$ V 时，则 v_o =________，当 v_i 以 −10 V 为起点单调上升到 2 V 时，此时 v_o =________。

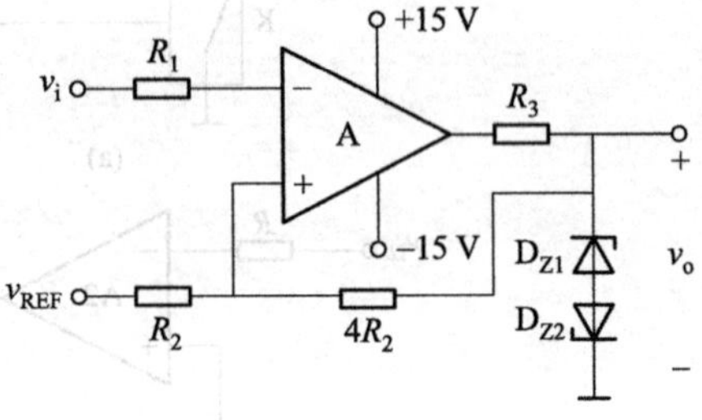

图 A3.2

二、简答题(20 分)

1. (9 分)请找出图 A3.3 电路中的错误并在原图上加以改正。

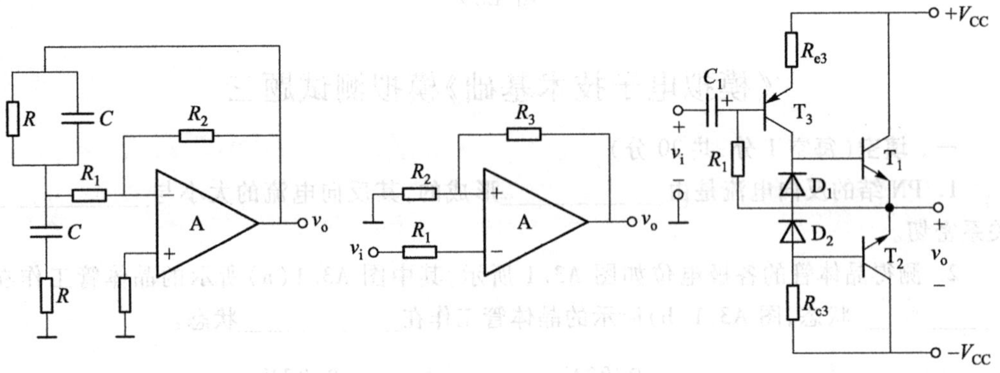

(a) *RC*桥式正弦波振荡器　　(b) 反相放大器　　(c) 双电源互补对称电路

图 A3.3

2. (4 分)判断图 A3.4 电路中的交流反馈类型，并指出交流反馈元件。

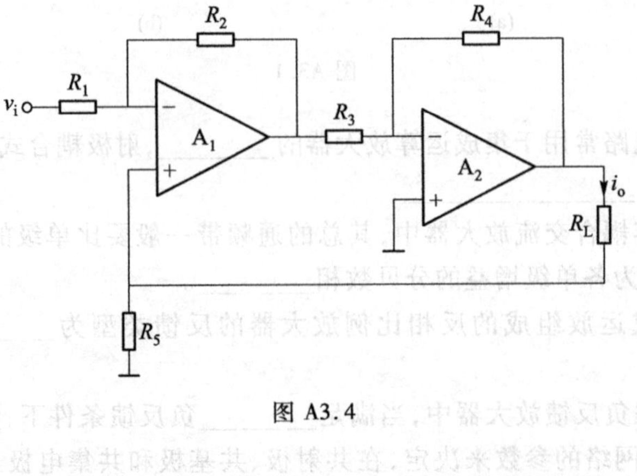

图 A3.4

3. (7 分)有一个放大器，其输入电阻为 1 kΩ，当信号源内阻为 9 kΩ 时，测得放大器负载两端的电压幅度为 $V_{om} = 0.1$ V。现在信号源与放大器输入端之间插入一理想的电压跟随器,请问负载上的电压幅度有无变化,若有变化,请问其电压幅度应为多少?

三、计算及综合题(60 分)

1.(8 分)图 A3.5 电路为一差分放大器,其中晶体管处于放大状态,R_c 和恒流源电流 I_0(单位为 mA)为已知量,晶体管 β 足够大。

(1) 试根据已知条件推导出该电路的电压放大倍数 A_v 的近似表达式。

(2) 该电路通过改变 I_{EQ} 可实现何种控制功能?

2.(12 分)电路如图 A3.6 所示,已知晶体管的 $\beta=80$,$r_{bb'}=200\ \Omega$ 发射结正向导通电压为 0.7 V,电容容量均足够大,其他参数已在图中标出。

(1) 求出静态工作点 I_{CQ}、V_{CEQ} 的值;

(2) 若 $R_P=500\ \Omega$,求 A_v、R_i 和 R_o;

(3) R_P 的作用是什么?改变 R_P 会影响静态工作点吗?

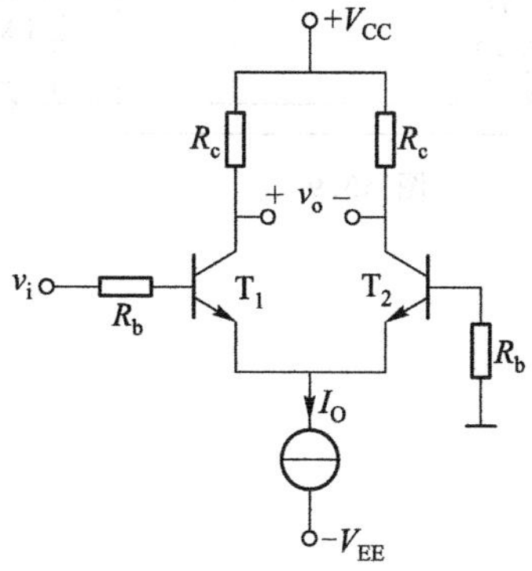

图 A3.5

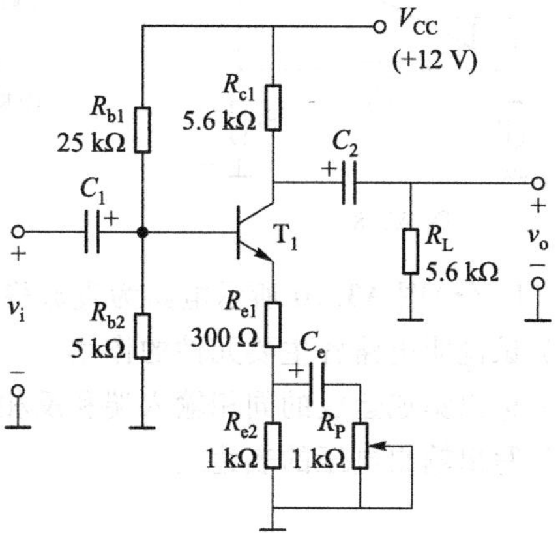

图 A3.6

3.(6 分)在图 A3.7 所示电路中,已知输入电压 v_I 的波形如图 A3.7(a)所示,若 $R_2=R_1$,且电容 C 的容量足够大。

(1) 试画出 v_O 波形图;

(2) 从 v_O 波形中,你能看出电路实现了什么功能?

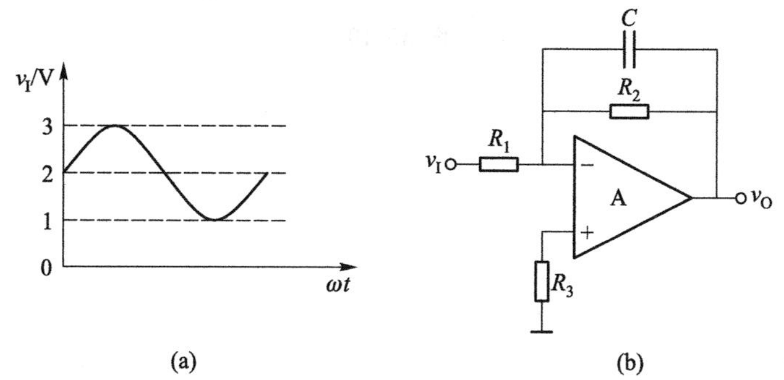

(a)　　(b)

图 A3.7

4.(10 分)电路如图 A3.8 所示,运放为理想运放,工作于线性状态,T 为大功率 MOSFET,并处于放大状态。

(1) 试根据已知条件推导出 v_O 与输入电压 v_I 的关系,并说明该电路功能;

(2) 当 $v_I=1$ V,$R_2=10$ kΩ,$R_3=51$ kΩ,$R_L=510$ Ω 时,计算 v_O 的值;

(3) 说明大功率 MOSFET 的作用。

5. (12 分)如图 A3.9 所示电路满足深度反馈条件。

(1) 判断电路反馈类型;

(2) 计算反馈系数?

(3) 求该电路的电压增益。

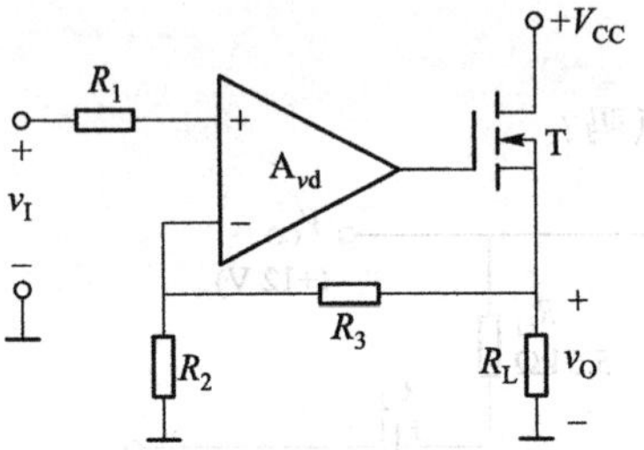

图 A3.8

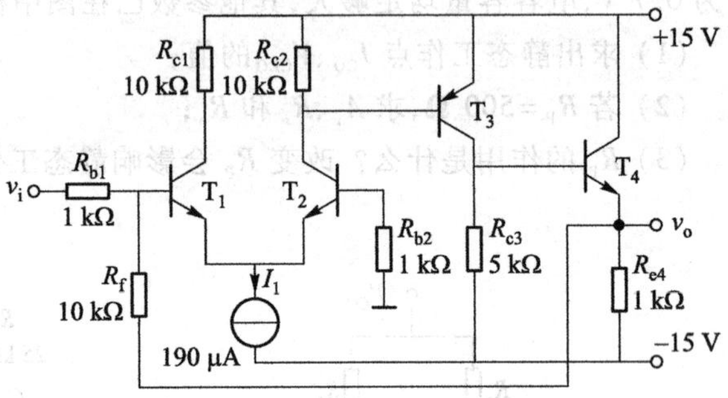

图 A3.9

6. (12 分)图 A3.10 所示电路为直流稳压电源。

(1) 试说明电路各主要元件的作用。

(2) 标出集成运放的同相输入端和反相输入端。

(3) 写出输出电压的表达式。

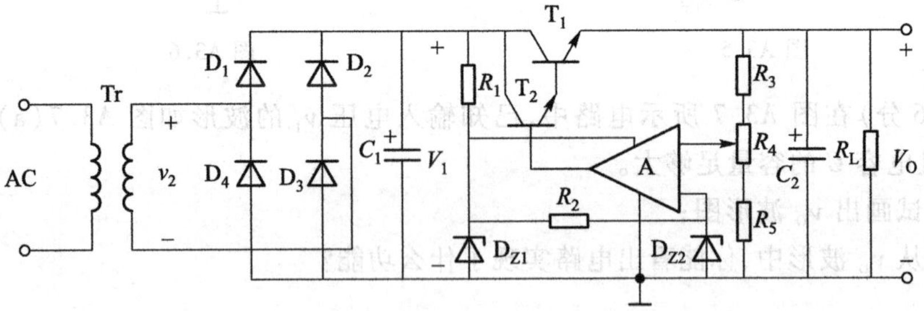

图 A3.10

附录二　部分习题参考答案

第 2 章

2.1　(1) C　(2) C　(3) C

2.2　(a) D 导通，$V_{AB}=-15$ V；　(b) D_1 导通、D_2 截止，$V_{AB}=0$ V；　(c) D_1 D_2 D_3 导通、D_4 截止，$V_{AB}=0$ V

2.3　$v_O=(700+0.98\sin\omega t)$ mV

2.4

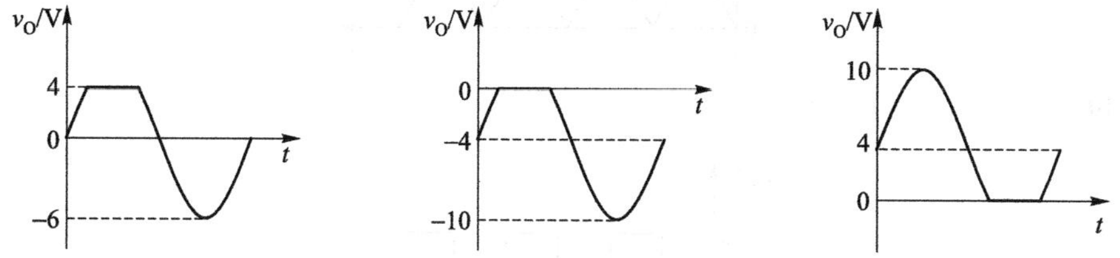

(a)　(b)　(c)

2.5

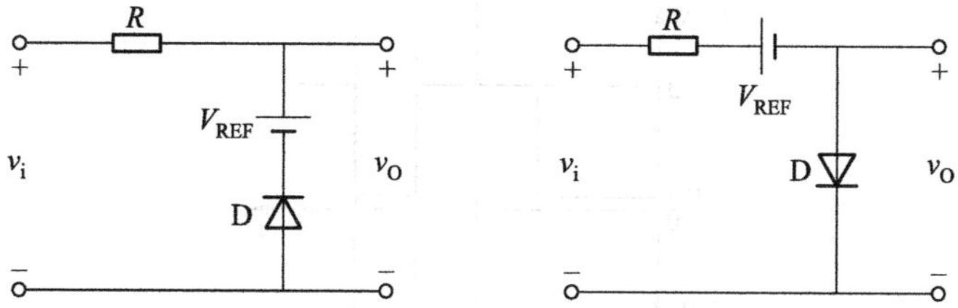

(a)　(b)

2.6

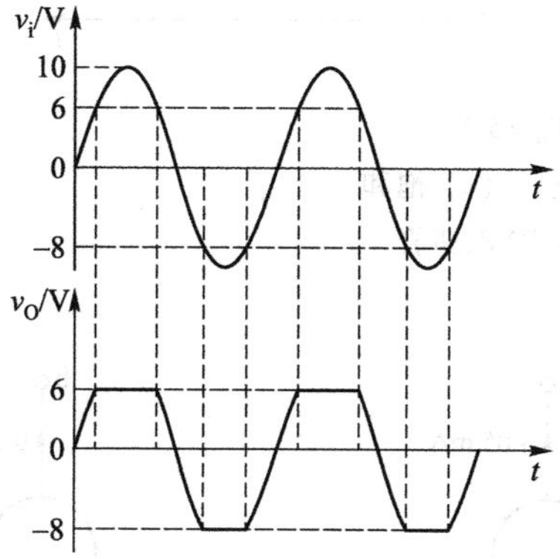

2.7　$46\ \Omega<R<49.5\ \Omega$

2.8　(1) $V_I=10$ V 时，$V_O=5.07$ V；　$V_I=15$ V 时，$V_O=3.38$ V；$V_I=35$ V 时，$V_O=6$ V

(2) $I_Z>I_{Zmax}$，稳压管烧坏

2.9

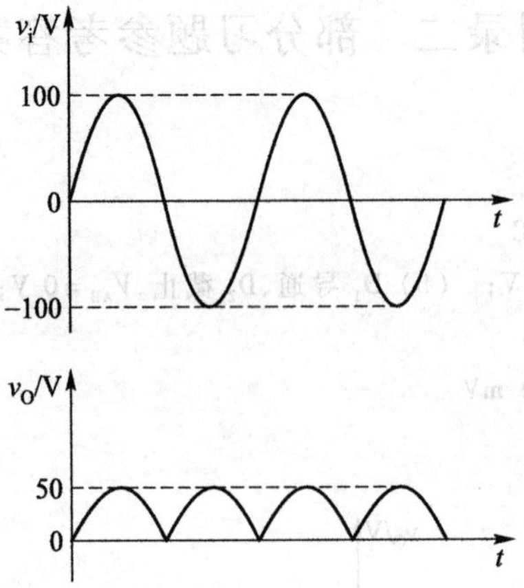

2.10

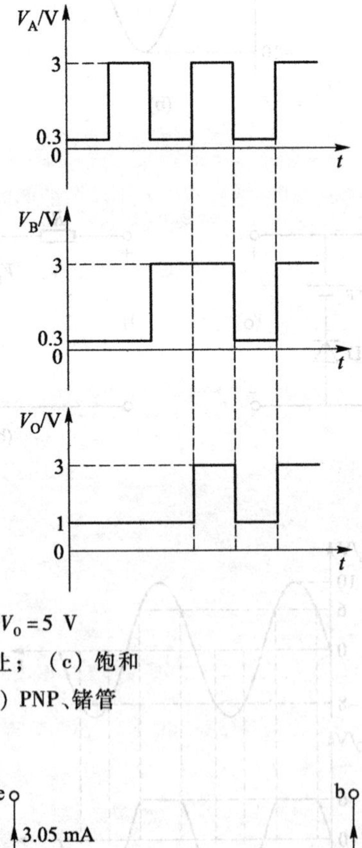

2.11　(a) $V_O=6$ V；(b) $V_O=5$ V

2.12　(a) 放大；(b) 截止；(c) 饱和

2.13　(a) PNP、硅管；(b) PNP、锗管

2.14

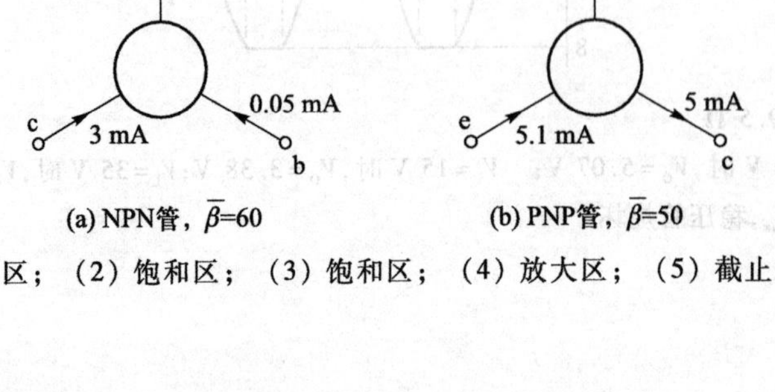

(a) NPN管，$\bar{\beta}$=60　　(b) PNP管，$\bar{\beta}$=50

2.15　(1) 放大区；(2) 饱和区；(3) 饱和区；(4) 放大区；(5) 截止区

2.16 若 $V_{CE}=10$ V,$I_C\leqslant 15$ mA； 若 $I_C=10$ mA,$V_{CE}\leqslant 15$ V

2.17 选 $\beta=50$、$I_{CBO}=10$ μA 的 BJT,因为其温度稳定性更好

第 3 章

3.1 (a) 不能； (b) 不能； (c) 不能； (d) 能； (e) 不能； (f) 不能

3.2 (1) $I_{CQ}\approx 2$ mA,$V_{CEQ}\approx 6$ V,$I_{BQ}\approx 20$ μA

(2) 受截止失真限制的 $V'_{om}\approx 3$ V;受饱和失真限制的 $V''_{om}\approx 5.7$ V;$V_{om}\approx 3$ V

3.3 (1) $I_{CQ}=2.5$ mA,$I_{BQ}\approx 31.25$ μA,$R_b\approx 362$ kΩ

(2) $A_v=100$,$R_L\approx 1.56$ kΩ

3.4 (1) $I_{BQ}\approx 30.3$ μA,$I_{CQ}\approx 1.818$ mA,$V_{CEQ}\approx -2.728$ V

(2) 略

(3) $A_v\approx -149.7$,$R_i\approx 1.02$ kΩ,$A_{vs}\approx -125$,$R_o=5.1$ kΩ

3.5 (1) $I_{BQ}\approx 26.49$ μA,$I_{CQ}\approx 1.59$ mA,$V_{CEQ}\approx 4.03$ V

(2) $A_v\approx -142$,$R_i\approx 1.077$ kΩ,$R_o=5.1$ kΩ

(3) $A_v\approx -1.38$,$R_i=88.16$ kΩ,$R_o=5.1$ kΩ

3.6 (1) $A_v\approx -14.16$,$R_i\approx 28.25$ kΩ,$R_o=10$ kΩ

(2) $A_{vs}\approx -13.22$,$v_o\approx -39.67\sin\omega t$ mV

3.7 (1) $I_{BQ}\approx 142.7$ μA,$I_{CQ}\approx 8.56$ mA,$V_{CEQ}\approx 7.18$ V

(2) 略

(3) $A_v\approx 0.98$,$R_i\approx 5.8$ kΩ,$A_{vs}\approx 0.646$,$R_o=37.3$ Ω

3.8 (1) $I_{BQ}\approx 14.5$ μA,$I_{CQ}\approx 1.16$ mA,$V_{CEQ}\approx -5.5$ V

(2) $A_v\approx 0.991$,$R_i\approx 139.9$ kΩ,$R_o\approx 26.7$ Ω

3.9 (1) $I_{CQ}\approx 2.25$ mA,$V_{CEQ}\approx 4.5$ V

(2) 略

(3) $R_i\approx 18.927$ kΩ

(4) $A_{v1}\approx -0.979$,$A_{v2}\approx 0.996$

(5) $R_{o1}=3$ kΩ,$R_{o2}\approx 55$ Ω

3.10 (1) $R_e\approx 2.29$ kΩ,$R_c\approx 3.54$ kΩ

(2) 略

(3) $A_v\approx 299$,$R_i\approx 11.7$ Ω,$R_o\approx 3.54$ kΩ

3.11 (a) $I_{BQ}\approx 20$ μA,$I_{CQ}=1.6$ mA,$V_{CEQ}\approx 2.78$ V

(b) 略

(c) $A_v\approx 173$

(d) $R_i\approx 17.7$ Ω,$R_o\approx 6.2$ kΩ

3.12 (a) $I_{BQ}\approx 13.9$ μA,$I_{CQ}=1.39$ mA,$V_{CEQ}\approx 3.2$ V

(b) $A_v\approx 244$

(c) $R_i\approx 19.87$ Ω

3.13 $A_{vmax}\approx 94.1$,$A_{vmin}\approx 1.15$

3.14 (a) $I_{CQ}\approx 1.17$ mA,$V_{CEQ}\approx -2.15$ V

(b) 略

(c) $A_v\approx -8.44$

(d) $R_i\approx 13.14$ kΩ,$R_o\approx 10$ kΩ

3.15 $I_{C2}\approx 0.049$ mA,$V_{CE2}\approx -7.1$ V

3.16 $A_i=6$

3.17 $I_{C2} \approx 1.027$ mA, $I_{C3} = 3.021$ mA

3.18 $A_v \approx -183.4$, $R_i \approx 4.36$ kΩ, $R_o \approx 10$ kΩ

3.19 $A_v \approx -138$, $R_i \approx 2.3$ kΩ, $R_o \approx 10$ Ω

3.20 $A_v \approx 106.4$, $R_i \approx 75.71$ kΩ, $R_o \approx 3$ kΩ

3.21 (1) $A_{vd} \approx 15$, $A_{vc} \approx -0.1906$

(2) $K_{CMR} \approx 78.71$

(3) $R_{id} \approx 8\,904$ Ω, $R_{ic} \approx 350.5$ kΩ, $R_o \approx 2$ kΩ

3.22 (1) $I_{B1Q} = I_{B2Q} \approx 1.71$ μA, $I_{C1Q} = I_{C2Q} = 0.188$ mA, $V_{CE1Q} = V_{CE2Q} \approx 3.1$ V

(2) $A_{vd} \approx -157.3$, $A_{vc} = 0$

(3) $R_{id} \approx 35.3$ kΩ, $R_o \approx 102$ kΩ

3.23 (1) $A_{vd} \approx -11.26$

(2) $R_{id} \approx 79.1$ kΩ, $R_o \approx 164$ kΩ

3.24 (1) $A_{vd} \approx -31.77$, $A_{vc} \approx -0.002\,005$

(2) $K_{CMR} \approx 15\,846$

(3) $R_{id} \approx 44.07$ kΩ, $R_{ic} \approx 349\,146.8$ kΩ, $R_o \approx 56$ kΩ

3.25 (1) $I \approx 0.94$ mA

(2) $A_v \approx -219.56$

(3) $R_o \approx 7.5$ kΩ

3.26 (1) $A_{vM} = 80$ dB $= 10\,000$

(2) $f_H = 1$ MHz, $f_L = 0$ Hz

(3) $|A_{vM}BW| = 10^{10}$ Hz

(4) $A_v(10^6) \approx 77$ dB, $\varphi = -45°$

3.27 (1) 发生非线性失真，但无频率失真

(2) 无失真

(3) 无失真

(4) 存在频率失真，但无非线性失真

(5) 存在频率失真和非线性失真

3.28 $r_{bb'} = 51$ Ω, $g_m \approx 114.4$ mS, $r_{b'e} \approx 1\,049$ Ω, $C_{b'e} \approx 47$ pF

3.29 $A_{vM} = 40$ dB, $f_H = 159$ kHz, $|A_{vM}BW| \approx 15.9$ MHz

3.30 (1) 略

(2) $f_H \approx 0.537$ MHz

(3) $|A_{vsM}f_H| \approx 62.55$ MHz

第4章

4.1 (a) P 沟道耗尽型 MOSFET, $V_P = 4$ V, $I_{DSS} = 6$ mA；(b) N 沟道增强型 MOSFET, $V_T = 2$ V, $I_{DO} = 6$ mA；(c) P 沟道 JFET, $V_P = 4$ V, $I_{DSS} = 8$ mA；(d) P 沟道增强型 MOSFET, $V_T = -2$ V, $I_{DO} = 3$ mA；(e) N 沟道 JFET, $V_P = -4$ V, $I_{DSS} = 8$ mA

4.2 (a) N 沟道 JFET 或 N 沟道耗尽型 MOSFET；(b) N 沟道增强型 MOSFET

4.3 $v_I = 4$ V 时, $v_O = 0$; $v_I = 10$ V 时, $v_O = 5.4$ V; $v_I = 12$ V 时, $v_O \approx 3$ V ($\leqslant 7$ V)

4.4 (a) $V_{GS} = -2.22$ V, $V_{DS} = 9.84$ V, $I_D = 1.58$ mA

(b) $V_{GS} = -1.9$ V, $V_{DS} = 6.1$ V, $I_D = 1.22$ mA

4.5 (1) 若 $R_1 = 2$ kΩ, $g_m = 1$ ms, $A_v \approx -8$

(2) $R_2 \approx 74$ kΩ

4.6 (a) $V_{GS} = -1.8$ V, $V_{DS} = 9.84$ V, $I_D = 1.58$ mA, $g_m \approx 2.2$ mS

(c) $A_v \approx -5.28$

(d) $R_i \approx 239\ \text{k}\Omega, R_o = 2.4\ \text{k}\Omega$

4.7　$A_v \approx 0.92, R_i \approx 2.1\ \text{M}\Omega, R_o \approx 1\ \text{k}\Omega$

4.8　$A_v = 8.1, R_i \approx 0.32\ \text{k}\Omega, R_o = 3.6\ \text{k}\Omega$

4.9　$r_{AB} = R + (1 + g_m R) r_{ds}$

4.10　$A_v \approx 539, R_i = 3.3\ \text{M}\Omega, R_o = 2.2\ \text{k}\Omega$

4.11　$A_v = -\dfrac{g_m R_c}{1 + g_m R_1}, R_i = R_g, R_o = R_c$

4.12　$A_v = \dfrac{g_m (1+\beta) R_e}{1 + g_m [r_{be} + (1+\beta) R_e]}, R_i = R_g, R_o = \dfrac{\dfrac{1}{g_m} + r_{be}}{1+\beta} /\!/ R_e$

4.13　$R = 2.21\ \text{k}\Omega, I_{01} = 1\ \text{mA}, I_{02} = 2\ \text{mA}$

4.14　$I_{REF} \approx 1.72\ \text{mA}, I_0 = 5.16\ \text{mA}$

4.15　$A_{vd} = 112$

4.16　$A_{vd} = -(g_{m1} + g_{m3})(r_{ds1} /\!/ r_{ds3})$

第 5 章

5.1　晶体管；电阻；电容

5.2　输入级：差分放大电路，输入电阻大，温漂小，放大倍数尽可能大；

中间级：共射放大电路，放大倍数大；

输出级：互补电路，带负载能力强，最大不失真输出电压尽可能大；

偏置电路：电流源电路，提供稳定的静态电流

5.3　恒流源；有源；提高电压增益

5.4　$V_{BR} = (0.7 + 0.7 + 50 + 5)\ \text{V} = 56.4\ \text{V}$

5.5　(1) v_{i2}为同相端，v_{i1}为反相端；

(2) T_3、T_4 对管组成镜像电流源作为 T_1、T_2 的有源负载，使单端输出的电压增益接近于双端输出的电压增益；

(3) 是 T_6 构成的共射放大电路的恒流源负载，动态电阻大，共射放大电路增益高

5.6　(1) $I_{C1} = I_{C2} \approx 1\ \text{mA}, I_{C5} \approx 4.7\ \text{mA}$

(2) $A_v \approx 9\ 446$

(3) 没有变化

5.7　略

5.8　略

5.9　(1) 0.367 mA　(2) 3.3 kΩ

5.10　$S_R \geqslant 2\pi f V_{om} = 0.628\ \text{V}/\mu\text{s}$

5.11　(1) 通用型　(2) 高速型　(3) 高精度型　(4) 高阻型　(5) 功率型　(6) 高压型　(7) 低功耗型

第 6 章

6.1　(a) 电压串联负反馈；(b) 电流并联负反馈；(c) 电压并联负反馈

(d) 电流串联正反馈；(e) 电流串联负反馈；(f) 电压并联负反馈

6.2　$A = 1500, F \geqslant 0.009\ 33$

6.3　从输出电压端到运放同相端引入反馈支路 R_f

6.4　$A_{vf} \approx 5$

6.5　$A_{vf} \approx 267.8$

6.6 $A_{vf}\approx-2.65$

6.7 $A_{vf}\approx6.6$

6.8 (1) 引入电压串联负反馈，从$+v_o$处经R_f到T_2管的基极

(2) $A_{vf}=1+\dfrac{R_f}{R_b}$

6.9 (1) R_f接b_1，b_3开关接c_1。电流并联负反馈，$A_{vf}\approx55$

(2) R_f接b_2，b_3开关接c_2。$A_{vf}\approx-60$

6.10 电压串联负反馈，$A_{vf}\approx4.85$，R_{if}增加，R_{of}减小

6.11 $v_o\approx I_D(R_1+R_2)$

6.12 $A_v=-1\sim1$

6.13 $R_2=100\ \Omega$，精度为1%

6.14 (1) 电压串联负反馈

(2) $A_{vf}=25.2$

(3) 略

第7章

7.1 (1) $v_P-v_N\geq\pm10\ \mu V$

(2) $i_i=\pm0.01\ pA$

7.2 (1) $v_o=-15\ V$，实际$v_o=-11\ V$

(2) 略

7.3

v_I/V	0.1	0.5	1.0	1.5
v_{O1}/V	-1	-5	-10	-14
v_{O2}/V	1.1	5.5	11	14

7.4 (1) $v_O=-4\ V$；(2) $v_O=-4\ V$；(3) $v_O=-14\ V$；(4) $v_O=-8\ V$

7.5 (1) $v_O=1\ V$；(2) S_1和S_2均闭合时$v_O=-1\ V$；S_1闭合、S_2断开时$v_O=1\ V$

7.6 $v_O=v_{I1}+v_{I2}$

7.7 (1) $v_N=v_P=-1\ V$；$v_O=5\ V$ (2) $v_N=v_P=-0.5\ V$，$v_o\approx-2.5\ V$

7.8 $v_O=-(R_1v_{i2}+v_{i1}R_2)(R_4R_5+R_4R_6+R_5R_6)/R_1R_2R_6$

7.9 (a) $v_o=-2v_{i1}-2v_{i2}+5v_{i3}$；(b) $v_o=-10v_{i1}+10v_{i2}+v_{i3}$；

(c) $v_o=8(v_{i2}-v_{i1})$；(d) $v_o=-20(v_{i1}+v_{i2})+40v_{i3}+v_{i4}$

7.10 (a) $v_{ic}=v_{i3}$；(b) $v_{ic}=(10/11)v_{i2}+(1/11)v_{i3}$；

(c) $v_{ic}=(8/9)v_{i2}$；(d) $v_{ic}=(40/41)v_{i3}+(1/41)v_{i4}$

7.11 $v_o=4\ V$；$i_1=i_2=0.333\ mA$；$i_3=i_4=-0.2\ mA$；$i_L=0.8\ mA$；$i_o=1\ mA$

7.12 $A_{vd}=v_o/(v_{i1}-v_{i2})=-10$

7.13 $R_1=R_3=25\ k\Omega$；$R_2=R_4=750\ k\Omega$

7.14 将R_g分成固定电阻R_{1a}和可变电阻R_{1b}的串联。可变电阻R_{1b}为100 kΩ的电位器，$R_{1a}=0.606\ k\Omega$，$R_3=75.5\ k\Omega$

7.15 $R_f=4.4\ k\Omega$；若选$R_2=30\ k\Omega$，则$R_1=38.17\ k\Omega$；$R_3=9.25\ k\Omega$，$R_4=31.5\ k\Omega$

7.16 $v_o=-\dfrac{R_2\delta}{2R_1(2+\delta)}v_i$

7.17 $I_L=0.6\ mA$

7.18 (1) $v_o=10(v_{i2}-v_{i1})$； (2) $v_o=100$ mV；

(3) $R_{2max}=R_P-R_{1min}\approx(10-0.143)$ kΩ≈9.86 kΩ

7.19 $|v_G|>|v_P|$，开关断开，$v_o=v_i$；$v_G=0$，开关导通，$v_o=-v_i$。图略。

7.20 $RC=0.1$ ms

7.21 $v_o(50\ \mu s)=0$ V，$t\in(50,150)$线性积分，$v_o(150\ \mu s)=-5$ V；$t\in(150,250)$保持不变，$v_o(250\ \mu s)=-5$ V，$t\in(250,350)$线性积分，$v_o(350\ \mu s)=-10$ V；$t\geqslant350$ μs 以后保持-10 V 不变；图略。

7.22 $0\leqslant t<5$ μs 时，$v_o=-4.4$ V；5 μs$\leqslant t<10$ μs 时，$v_o=4.4$ V；

10 μs$\leqslant t<15$ μs 时，$v_o=-4.4$ V，15 μs$\leqslant t<20$ μs 时，$v_o=4.4$ V；图略。

7.23 $v_O=-\dfrac{1}{RC}\int(v_{I3}+v_{I2}-v_{I1})\,dt$

7.24 $v_o=\dfrac{v_X v_Y}{v_Z}$

7.25 9.9%，1.1%，0.11%，0.01%，0.001%

7.26 $R_{if}=5\ 000$ MΩ

7.27 (1) $R_{of}=0.1$ Ω，(2) $R_{of}=10$ Ω

7.28 略

7.29 $v_o=\sqrt[3]{-\dfrac{v_i}{K^2}}$

7.30 $v_o=-KV_{sm}^2$，其余略

第 8 章

8.7 $A_v(s)=-\dfrac{1}{1+sRC}$，$f_c=1\ 061.57$ Hz

8.8 $A_{vf}=-10$，$f_c=159$ Hz

8.9 $f_c=15.92$ Hz，$A_{vf}=1.586$

8.10 $f_c=1.59$ kHz，$BW=4.27$ kHz

8.11 图(a)：$A_v(s)=-\dfrac{sR_2C}{1+sR_1C}$，高通滤波器；图(b)：$A_v(s)=-\dfrac{R_2}{R_1}\cdot\dfrac{1}{1+sR_2C}$，低通滤波器

8.13 不能实现。图(a)为同相过零比较器的传输特性，所以实现电路中“-”和“+”互换且运放反相输入端应为0电位

8.14 (1) $V_T=0$ V； (3) $V_T=-5$ V，其余略

8.15 $V_{T-}\approx-0.33$ V，$V_{T+}\approx5.67$ V

8.16 (1) 反相输入双门限(迟滞)电压比较电路；(2) $V_{T+}=6$ V，$V_{T-}=-6$ V

第 9 章

9.9 (1) $R_P>3$ kΩ，(2) $f_0\approx159$ Hz

9.10 (1) 稳幅作用；(2) 输出电压有效值为 $V_o\approx6.36$ V；(3) $f_0\approx9.95$ Hz

9.12 $f_0=(189\sim861)$ kHz

9.16 $f_0=3\ 067.6$ Hz

9.17 $f_0=4.55$ Hz

9.18 (2) 20 ms；(3) $f_0=12.5$ Hz

第 10 章

10.3 1 071 W

10.4 (1) $P_{om}=9$ W，安全工作；(2) $P_o=5.3$ W

10.5 (1) $P_{CM}\geqslant0.9$ W；(2) $|V_{(BR)CEO}|\geqslant24$ V

10.6 (1) $V_{CC}\geqslant 12$ V;(2) $I_{CM}\geqslant 1.5$ A,$|V_{(BR)CEO}|\geqslant 24$ V;(3) $P_V=11.46$ W;(4) $P_{CM}\geqslant 1.8$ W;(5) $V_i=8.49$ V

10.7 (1) $P_o=12.5$ W、$P_{T1}=5$ W、$P_V=22.5$ W、$\eta=55.6$;(2) $P_o=25$ W、$P_{T1}=3.42$ W、$P_V=31.84$ W、$\eta=78.5$

10.8 $V_{CC}\geqslant 24$ V

10.9 (1) 克服交越失真;(2) 6 V,调整 R_1 或 R_2;(3) 增大 R 的值;(4) 烧坏 T_1

10.10 (1) 消除交越失真;(2) $P_{om}=20.25$ W,$\eta\approx 78.5\%$;(3) 10.3 kΩ

10.11 (1) $P_{om}\approx 10.6$ W;(2) 电压串联负反馈;(3) $R_f\approx 49$ kΩ

10.12 (4) $V_{om}=29.7$ V

10.14 (1) $v_o'=v_P=v_N=12$ V,$v_o=0$ V;(2) $P_{om}\approx 5.06$ W,$\eta\approx 58.9\%$

第 11 章

11.8 (1) $V_2\approx 16.7$ V; (2) $I_D>55$ mA,$V_{RM}>26$ V

11.9 $V_{RM}=2\sqrt{2}V_2$,$V_{L1}=4\sqrt{2}V_2$,$V_{L2}=3\sqrt{2}V_2$

11.10 (1) 串联反馈式稳压电路;(2) T_2、T_3 组成差放作为比较放大电路;(3) 9 V$\leqslant V_O\leqslant$18 V

11.11 (3) $\dfrac{R_1+R_2+R_3}{R_2+R_3}\cdot V_Z\leqslant V_O\leqslant\dfrac{R_1+R_2+R_3}{R_3}\cdot V_Z$

11.13 (1) $V_O=15$ V;(2) $V_C=23.9$ V;(3) $V_{RM}=28.2$ V

11.14 (2) $V_O=(1.2\sim 16.2)$ V;(3) $V_{Imin}=V_{Omax}+V_{12min}\approx 20$ V,$V_{Imax}=V_{Omin}+V_{12max}\approx 41.25$ V

11.15 (1) $R_1=(240\sim 120)$ Ω;(2) $V_O=18.3$ V;(3) $R_2=6.3$ kΩ,$V_{Imin}=39$ V;(4) $V_O=(1.2\sim 36.6)$ V

11.16 (a) $V_R=\dfrac{12R_2}{R_1+R_2}$ $\dfrac{R_3+R_4+R_5}{R_3+R_4}\cdot V_R\leqslant V_O\leqslant\dfrac{R_3+R_4+R_5}{R_3}\cdot V_R$; (b) $V_O=(V_Z+1.25)$ V; (c) $V_O=V_{REF}\sim(V_{REF}-V_Z)$

参考文献

[1] 康华光,陈大钦,张林.电子技术基础(模拟部分)[M].5版.北京:高等教育出版社,2006.

[2] 孙肖子,谢松云,李会方,等.模拟电子技术基础[M].北京:高等教育出版社,2012.

[3] 王志功,沈永朝.电路与电子线路基础　电子线路部分[M].北京:高等教育出版社,2013.

[4] 童诗白,华成英.模拟电子技术基础[M].3版.北京:高等教育出版社,2001.

[5] Donald A. Neamen. Electronic Circuit Analysis and Design [M]. Second Edition. McGraw-Hill Inc. ,2000.

[6] Robert L. Boylestad, Louis Nashelsky. Electronic Devices and Circuit Theory. 李立华,译. Ninth Edition. 北京:电子工业出版社,2007.

[7] Thomas L. Floyd, David Buchla. Fundamentals of Analog Circuits. 2nd ed.. Prentice-Hall Inc. ,2002.

[8] 冯军,谢嘉奎,王蓉,等.电子线路　线性部分[M].5版.北京:高等教育出版社,2010.

[9] 杨拴科,赵进全.模拟电子技术基础[M].2版.北京:高等教育出版社,2010.

[10] 李振梅,白明,梅雪岩.模拟电子技术基础[M].北京:高等教育出版社,2010.

[11] 秦曾煌.电工学　电子技术[M].6版.北京:高等教育出版社,2004.

[12] 王成华,王友仁,胡志忠,等.电子线路基础[M].北京:清华大学出版社,2008.

[13] 清华大学电子学教研组,杨素行.模拟电子技术基础简明教程[M].3版.北京:高等教育出版社,2006.

[14] 张凤言.电子电路基础—高性能模拟电路和电流模式技术[M].北京:高等教育出版社,1995.

[15] 许杰,王立志,石雨荷,等.模拟电子线路[M].北京:国防工业出版社,2006.

[16] 孙肖子,张企民,赵建勋,等.模拟电子电路及技术基础[M].2版.西安:西安电子科技大学出版社,2008.

[17] 张小木,许杰,王立志,等.模拟电子技术基础辅导讲案[M].西安:西北工业大学出版社,2008.

[18] 高吉祥,盛义发,朱卫华.模拟电子技术学习辅导及习题详解[M].北京:电子工业出版社,2006.

[19] 华中科技大学电子技术课程组,张林,陈大钦,等.模拟电子技术基础[M].3版.北京:高等教育出版社,2014.

[20] Sergio Franco.基于运算放大器和模拟集成电路的电路设计[M].刘树棠,朱茂林,荣玫,译.2版.西安:西安交通大学出版社,2009.

郑重声明

防伪查询说明

用户购书后刮开封底防伪涂层，使用手机微信等软件扫描二维码，会跳转至防伪查询网页，获得所购图书详细信息。

防伪客服电话　(010) 58582300

网络增值服务使用说明

一、注册/登录

访问http://abook.hep.com.cn/，点击“注册”，在注册页面输入用户名、密码及常用的邮箱进行注册。已注册的用户直接输入用户名和密码登录即可进入“我的课程”页面。

二、课程绑定

点击“我的课程”页面右上方“绑定课程”，正确输入教材封底防伪标签上的20位密码，点击“确定”完成课程绑定。

三、访问课程

在“正在学习”列表中选择已绑定的课程，点击“进入课程”即可浏览或下载与本书配套的课程资源。刚绑定的课程请在“申请学习”列表中选择相应课程并点击“进入课程”。

如有账号问题，请发邮件至：abook@hep.com.cn。